Konstruktionslehre des Stahlbetons

Von

Gotthard Franz

Erster Band
Grundlagen und Bauelemente

Dritte durchgesehene Auflage

Springer-Verlag Berlin Heidelberg GmbH 1970

Dr.-Ing. GOTTHARD FRANZ

ord. Professor an der Universität Karlsruhe (TH)

ISBN 978-3-662-23428-0   ISBN 978-3-662-25480-6 (eBook)
DOI 10.1007/978-3-662-25480-6

Mit 362 Abbildungen

© by Springer-Verlag Berlin Heidelberg 1964, 1966 and 1970
Originally published by Springer-Verlag Berlin Heidelberg New York in 1970
Softcover reprint of the hardcover 3rd edition 1970

Library of Congress Catalog Card Number: 73-106193

Titel-Nr. 0257

Vorwort zur dritten Auflage

Ähnlich wie schon die erste Auflage ist auch die zweite in kurzer Zeit vergriffen. Inzwischen ist der II. Band erschienen, aber der III. Band steht noch aus. Eine durchgreifende Neubearbeitung des I. Bandes, die mir eigentlich am Herzen gelegen hätte, mußte ich darum nochmals verschieben. Auch die endgültige Fassung der neuen DIN 1045 konnte ich leider noch nicht berücksichtigen, da sich ihre Einführung bis ins nächste Jahr verzögern wird. Doch ist das nicht von schwerwiegender Bedeutung für das vorliegende Buch, das ja ohnehin nur die Grundlagen bringt und die Ausprägung in Gebrauchsformeln und Bemessungstafeln spezieller Darstellungen in Normblättern (man findet eine ausführliche Zusammenstellung im II. Band) sowie in Hand- und Taschenbüchern überläßt.

In den beiden Neuauflagen sind notwendig gewordene Ergänzungen aufgenommen und Druckfehler sowie mißverständliche Darstellungen in Text und Abbildungen beseitigt. Bei der Durchsicht der zweiten Auflage hat mich Herr Dr.-Ing. KURT SCHÄFER, bei der dritten Herr Dipl.-Ing. WALTER SCHULZ wirksam unterstützt, wofür ich ihnen zu Dank verpflichtet bin.

Karlsruhe, im November 1969

Gotthard Franz

Vorwort zur ersten Auflage

> Der Bauende soll nicht herumtasten und versuchen; was stehen bleiben soll, muß recht stehen und, wo nicht für die Ewigkeit, doch für geraume Zeit genügen. Man mag doch immer Fehler begehen, bauen darf man keine!
>
> J. W. v. GOETHE
> (Wilh. Meisters Wanderjahre, II, 8)

Dieses Buch soll in die Grundlagen des Konstruierens einführen und damit die Arbeiten über den bewehrten Beton ergänzen. Die bisherige Literatur schließt meist mit der Darstellung der Theorie ab. Anschließend daran soll hier, die vorhandenen Rechenergebnisse verwertend und ergänzend, vor allem in die universelle Tätigkeit des „construere", des Zusammenfügens, als ein ständiges Sich-entscheiden-Müssen zwischen verschiedenen Möglichkeiten eingeführt werden. Wir wollen versuchen, die Fragen zu beantworten, warum es gerade „so gemacht" wird, oder aber, warum es manchmal „schief gegangen" ist. Das Buch soll also auch das Verständnis von Schilderungen fertiger Bauwerke in Büchern und Zeitschriften erleichtern.

Diesem Ziel entsprechend wendet sich der Verfasser in erster Linie an junge Ingenieure, hofft aber, auch älteren Fachkollegen manche wissenswerte Ergänzung zu bieten. Ferner zielt die Darstellung auch darauf ab, Architekten das Verständnis für die Bauwerke aus Stahlbeton zu erleichtern.

Außerdem sollen verschiedene Erfahrungen, die der Verfasser als Gutachter sammelte, als Warnungen dienen. Dabei handelt es sich oftmals um Schäden an Bauwerken, die zwar im Sinne der Normen „richtig" berechnet wurden und deren Standsicherheit meist nicht gefährdet war. Jedoch wurde ihre Brauchbarkeit durch Schäden beeinträchtigt, die auf Eigenarten der Baustoffe und der Konstruktionen zurückzuführen waren und damit den Rechnungsannahmen nicht entsprachen. Wir führen solche Fälle an, da es viel billiger ist, aus anderer Leute Fehler zu lernen als aus den eigenen und man es vorziehen sollte, nicht erst aus eigenen Erfahrungen klug zu werden.

Oberingenieure klagen mitunter, daß ihre Nachwuchskräfte wohl theoretisch gut geschult seien, aber beim Konstruieren Fehler begingen. Auch Prüfingenieure machen häufig die gleiche Erfahrung mit jungen Beratenden Ingenieuren. Ja, es wurde schon als Tragik bezeichnet [1], daß theoretisch hoch befähigte Ingenieure es oftmals verschmähen, den Stift in die Hand zu nehmen, um selbst zu entwerfen. Dann ist der Vorwurf von seiten der Architekten berechtigt, wenn sie von den Ingenieuren als „Rechenknechten" sprechen. Wir wollen deshalb den „Statiker" anregen und anleiten, den Schritt zum „Konstrukteur" zu tun und selbst zur Gestaltung beizutragen.

Den Ingenieuren bereitet es andererseits oft Sorgen, die Ideen der Architekten zu verwirklichen, da diese mit den Gesetzen und Grenzen der Konstruktion nicht unbedingt vertraut sind. Wir glauben, daß angesichts der anwachsenden Schwierigkeiten bei Entwürfen der Versuch gemacht werden sollte, den Architekten wenigstens einen qualitativen Einblick in die konstruktive Wirkungsweise der Bauten zu vermitteln.

Konstruieren ist eine Kunst und verlangt außer der Gesamtkonzeption des Entwurfes auch das Gestalten und Durchbilden der Einzelteile und ihre Abstimmung aufeinander. Die Berechnung ist das „Handwerkszeug"; sie wird zunächst als Überschlag gehandhabt und verdichtet sich schließlich zum endgültigen Standsicherheitsnachweis. „Der Ingenieur errechnet eine Brücke" ist eine vernebelnde Phrase, die der Wirklichkeit nicht gerecht wird. Auch der Einsatz von elektronischem Rechengerät ändert daran nichts. Dieses befreit den Ingenieur zwar von vieler „Hosenbodenarbeit" und erleichtert ihm Vergleichsuntersuchungen, kann aber keine konstruktive Idee liefern. Diese Auffassung finden wir auch bei NERVI [2]: „Der Anfang ist die Suche nach dem technisch und wirtschaftlich günstigsten Strukturschema, dann folgt ein mit Geduld und Hingabe betriebenes Ausarbeiten der verschiedenen Elemente." FREYSSINET fordert, der Ingenieur müsse sich durch Erfahrungen ein instinktives Wissen um das Richtige aneignen, um ein guter Konstrukteur zu werden. TORROJA [3] und SIEGEL [4] haben wohl deshalb in ihren Büchern das konstruktive Gestalten der Bauwerke ausschließlich qualitativ behandelt.

Der verständnisvolle Konstrukteur muß die Grenzen der üblichen Berechnungsgrundlagen beurteilen können. Diese beruhen stets auf Idealisierungen des Verhaltens von Baustoffen und Tragwerken. Allen Untersuchungen liegen daher nur mehr oder weniger zutreffende Modelle der Wirklichkeit zugrunde. Dementsprechend sind die Ergebnisse einzuschätzen und große Genauigkeit in der Zahlenrechnung ist nur als Illusion zu werten. Es wäre zumeist besser, mehr zu denken, als zu rechnen. Deswegen ist es richtiger, die mechanischen Zusammenhänge durch einen Näherungsansatz zutreffend zu erfassen, als sich mit schematischen Ansätzen zu begnügen und diese mit großem mathematischem Aufwand auszuwerten.

Um die technischen Komponenten des Konstruierens kritisch darzustellen, wurde folgende Gliederung des Stoffes gewählt:

1. Die *Baustoffe*, ihre Eigenheiten und deren Auswirkungen auf die Bauwerke; nicht als Ersatz, sondern als Ergänzung einer „Baustoffkunde". Auf einige häufige Fehlerquellen bei der Herstellung des Betons wird hierbei besonders eingegangen.

2. Die *Bauelemente* aus Stahl- und Spannbeton, ihre Wirkungsweise und ihre Anwendung in Ortbeton und in Form von Fertigteilen. Vorausgesetzt wird die Kenntnis der Grundzüge von Bemessung und Bestimmungen.

3. Die *Bauwerke* und ihre Gestaltung werden im 2. Band behandelt.

Wir beabsichtigen mithin nicht, eine detaillierte *An*weisung zum Konstruieren zu geben, sondern vielmehr eine *Weg*weisung zum richtigen Anwenden des bewehrten Betons. Die Berechnungen werden wir nur in den Grundgedanken andeuten und es vorziehen, als „Witz der Sache" die gesetzmäßigen Zusammenhänge, d. h. den mechanischen Inhalt der Ansätze, an einfachen Beispielen zu zeigen; denn nicht gelernte Formeln, sondern der Einblick in das Funktionieren führt zum Verständnis.

Im übrigen wird auf die Literatur verwiesen. Dabei werden wir auch ausländische Arbeiten anführen, da die modernen Probleme des Stahl- und Spannbetons so umfangreich sind, daß man auf internationale Zusammenarbeit in der Forschung angewiesen ist. Dieser sowie dem Streben nach einheitlichen Rechengrundlagen dienen die technisch-wissenschaftlichen Körperschaften wie CEB (Comité Européen du Béton), FIP (Fédération Internationale de la Précontrainte), IASS (International Association for Shell Structures), IVBH (Internationale Vereinigung für Brückenbau und Hochbau), RILEM (Réunion Internationale des Laboratoires d'Essais et de Recherches sur les Matériaux et les Constructions). Junge Ingenieure mögen hieraus erkennen, wie notwendig es ist, Sprachen zu lernen!

Mit Rücksicht auf den Buchumfang wird auch auf die Wiedergabe der geläufigen Tabellen für Bemessung und Berechnung, sowie der einschlägigen DIN-Vorschriften verzichtet.

Der Verfasser ist sich klar, daß sein Ziel nicht vollständig erreichbar ist. Er ist daher für Anregungen zur Ergänzung dankbar und wird sie gegebenenfalls in einer zweiten Auflage berücksichtigen.

Nach gutem Brauch darf sich der Autor an dieser Stelle an diejenigen wenden, die am Entstehen dieses Werkes mitgewirkt haben. Ich danke zunächst dem Springer-Verlag, der großzügig auf meine Gedanken und Wünsche eingegangen ist. Weiter gilt mein Dank meinen Assistenten, wissenschaftlichen Mitarbeitern und Hilfsassistenten. Von diesen allen nenne ich nur die Herren Dr.-Ing. F. P. Müller, Dr.-Ing. G. Schüring und Dr.-Ing. W. Teepe. Schließlich hat auch meine liebe Frau ihren guten Anteil am Entstehen dieses Buches, nicht nur durch Korrekturlesen, sondern auch dadurch, daß sie mir unermüdlich so viele Dinge des Alltags abgenommen und über das Maß der Arbeit gewacht hat, über das man nicht ungestraft hinausgehen darf. Ich danke ihr dafür.

Karlsruhe, im September 1963

Gotthard Franz

Inhaltsverzeichnis

Inhalt der weiteren Bände

II. Band: Tragwerke

1969. Mit 276 Abbildungen. XII, 443 Seiten

III. Band: Bauwerke

(in Vorbereitung)

Einleitung

Die Konstruktion bestimmt den Entwurf eines Bauwerkes neben der Funktion, der Wirtschaftlichkeit und der formalen Gestaltung als gleichberechtigte Komponente. Mitwirkende Faktoren sind darüber hinaus örtliche Verhältnisse, rechtliche Bindungen, einschränkende Vorschriften, politische Absichten, Neigungen zu Tradition und Prestige usw. Architekt und Ingenieur haben diese Forderungen aufeinander abzustimmen und damit eine schwere und stets neue Aufgabe zu bewältigen. Es ist oft zu beobachten, daß eine ausgewogene Synthese der vier Hauptkomponenten, die aus verständnisvoller und sorgfältiger Zusammenarbeit gleichwertiger Partner hervorgeht, sich sowohl in der Harmonie des Gesamtbauwerkes als auch der Einzelteile deutlich ausprägt. Vorbedingung hierzu ist der rechtzeitige Kontakt zwischen Bau-Ingenieur und -Künstler und deren Fähigkeit, die Arbeitsweise des anderen zu verstehen. Nur so läßt sich der Riß überbrücken, der in der ersten Hälfte des vorigen Jahrhunderts aus dem universellen „Baumeister" zwei spezialisierte Bauberufe werden ließ. Diese Spaltung war der Preis für das Werkzeug „Naturwissenschaft", das erst die technische Entwicklung des Bauwesens bis zu seiner heutigen Höhe ermöglichte. Die harmonische Gestaltung von Bauwerken ist deshalb jetzt — bis auf wenige Ausnahmen — nur in enger Gemeinschaftsarbeit der Spezialisten möglich.

Die modernen Bauweisen haben ihren Ursprung in der allgemeinen Entwicklung der Technik, die, durch die politischen Verhältnisse begünstigt, als „erste technische Revolution" bezeichnet worden ist. In jenen Jahrzehnten um die Mitte des vorigen Jahrhunderts forderten einerseits Industrie und Handel sowie Transport und Lagerung wachsender Warenmengen und die Verkehrsbedürfnisse neue, leistungsfähigere Bauweisen, andererseits konnten Stahl und Zement erst im Zeitalter der Kraftmaschinen in großen Mengen wirtschaftlich hergestellt werden.

Die damals erfundene Kombination von Stahl und Beton eroberte sich vermöge ihrer Anpassungs- und Leistungsfähigkeit rasch weite Gebiete des Ingenieur- und Hochbaues. Die Bemessung war anfangs nur den Erfahrungen der Konstrukteure überlassen und noch nicht wissenschaftlich fundiert. Erst um die Jahrhundertwende setzte die systematische, theoretische und experimentelle Forschung ein, die in Deutschland weitgehend auf MÖRSCH zurückgeht. Dieser hat durch die Darstellung der Ergebnisse in seinem Lehrbuch [5] den Weg für die allgemeine Anwendung des Stahlbetons gebahnt.

In den Jahren zwischen den beiden Weltkriegen, und in verstärktem Maße nach dem zweiten, brachte die Forschung neue betontechnologische und metallurgische Erkenntnisse, die eine erhebliche Qualitätssteigerung und Differenzierung der Baustoffe ermöglichten. Deren entsprechend höhere Beanspruchungen erforderten ein genaueres Erfassen des Kräftespiels und des Verhaltens der Bauwerke als bisher. Für neuartige konstruktive Möglichkeiten ließen sich die Eigenschaften der höchstwertigen Baustoffe aber erst voll ausnutzen, als durch Vorspannung Rissefreiheit des Betons gewährleistet werden konnte.

Die Berechnung der Tragwerke beruht auf der klassischen Statik (Ermittlung der Schnittkräfte) und Festigkeitslehre (Ermittlung der Spannungen). Beide bilden als Zweige der Mechanik ein stattliches Gebäude, das auf einheitlichen, linearen Gesetzen des Gleichgewichtes und der Formänderungen aufgebaut ist. Durch zahlreiche Versuche und langjährige Erfahrung ist ihre Anwendung zur Beurteilung der Sicherheit von Bauwerken gerechtfertigt. Jedoch darf nicht vergessen werden, daß diese theoretischen Grundlagen gegenüber der Wirklichkeit stark vereinfacht sind. Das betrifft in erster Linie die Formänderungsgesetze, die in ihrer linearisierten Form u. U. erhebliche Abweichungen der Berechnungsergebnisse vom tatsächlichen Verhalten der Bauteile zur Folge haben können.

Unsere Theorien sind in den letzten Jahren von der großen Neuorientierung in der Physik ergriffen worden, die auf dem Gebiet der Mechanik als der Weg von der Ideal- zur Realmechanik charakterisiert worden ist (GRAMMEL). Das klassische Gebäude der Stahlbetontheorie wird hiervon nicht verschont. Zwar bleibt es weiterhin in Benutzung, wird aber derzeit durch einen Anbau erweitert, der auf nichtlinearen Formänderungsgesetzen der Baustoffe fundiert ist. Auf diese Weise gelingt es, den „kritischen Zustand" bei Überschreitung der Lasten des Gebrauchszustandes bis zum „Bruch" rechnerisch zu verfolgen. Damit wird ein besserer Einblick in die Sicherheit der Tragwerke gewonnen, als wenn nach „zulässigen Spannungen" bemessen wird.

In diesem Zusammenhang ist es nötig geworden, den Begriff der „Sicherheit" erneut zu diskutieren und zu definieren [6]. Die Verantwortung und auch die Haftung des Bauingenieurs für die Tragfähigkeit seiner Werke geht ja viel weiter als z. B. diejenige des Maschineningenieurs.

In der Sicherheit muß nicht nur die Möglichkeit von Überlastungen, sondern vor allem auch von Herstellungsfehlern (Mindergüten der Baustoffe, Maßabweichungen, Fehler der Ansätze und Berechnungen usw.) berücksichtigt werden. Erfahrungsgemäß sind ja Einstürze meist auf Fehlstellen an Bau- und Hilfsbaugliedern (Rüstungen), insbesondere auf Knickerscheinungen, seltener auf übermäßige Belastung zurückzuführen.

Die rasche Entwicklung der Stahlbetonbauweise ließ bereits zu Anfang dieses Jahrhunderts den Wunsch nach einer allgemein verbindlichen Formulierung der „anerkannten Regeln der Baukunst" aufkommen. Damit sollten sowohl die Bauherren als auch die Öffentlichkeit vor leichtfertigen Unternehmern geschützt sowie eine gleichmäßige Basis für den Wettbewerb und für Ausschreibungen geschaffen werden. Vom „Deutschen Betonverein" ging daher die Anregung zur Gründung des „Deutschen Ausschusses für Eisenbeton" aus, der 1904 die ersten „Vorläufigen Leitsätze für die Vorbereitung, Ausführung und Prüfung von Eisenbetonbauten" herausgab [7]. Diese wurden später als DIN 1045 „Bestimmungen für Stahlbeton" in das Deutsche Normenwerk eingefügt und durch DIN 1075 (Massivbrücken), DIN 4225 (Fertigteile) und DIN 4227 (Spannbeton) sowie zahlreiche DIN-Blätter für Einzelgebiete [8] ergänzt. Wir werden jeweils die derzeit gültigen Fassungen dieser Blätter berücksichtigen. Zu beachten ist, daß diese von Zeit zu Zeit den neuen, gesicherten Erkenntnissen entsprechend umgearbeitet werden; das betrifft insbesondere derzeit DIN 1045. Ferner werden wir auch die Formelgrößen mit den heute benutzten Symbolen bezeichnen und noch nicht die neue, etwas ungewohnte DIN 1080 (Bezeichnungen) berücksichtigen. Diese sieht hauptsächlich folgende Änderungen vor, die mitunter schon verwendet werden:

für Beton:	Würfelfestigkeit	β_w	statt	W
	Prismenfestigkeit	β_p	statt	K_b
	Biegezugfestigkeit	β_{bz}	statt	B
für Stahl:	Zugfestigkeit	β_Z	statt	σ_B
	Streckgrenze	β_s	statt	σ_s
für Kräfte:		kp	statt	kg
		Mp	statt	t

Die Einhaltung der „Bestimmungen" ist zwar notwendig für eine sichere Konstruktion, gewährleistet diese aber noch nicht allein. Es ist in Ausnahmefällen möglich, die durch die Bestimmungen gesetzten Grenzen zu überschreiten, wenn eine stichhaltige Begründung gegeben und die Genehmigung der Aufsichtsbehörde erlangt werden kann.

Wir werden außer den geläufigen auch einige Forschungsergebnisse mitteilen, die heute noch nicht allgemein anwendbar sind, jedoch zum Verständnis des Verhaltens der Bauwerke beitragen. Denn die Forschung von heute ist die Praxis von morgen.

1*

Abschließend halten wir es für nötig, darauf hinzuweisen, daß die Anleitung zum Konstruieren nur dann zum zielsicheren und erfolgreichen Entwerfen führt, wenn sie durch viel eigene Arbeit ergänzt wird. Zur Meisterschaft in dieser Kunst gehört allerdings wie überall eine besondere Begabung. Immerhin kann man das „Konstruktionsgefühl" bewußt schulen, wenn man abwechselnd skizzenhaft entwirft und überschläglich berechnet, um dann Schätzung und Bemessung rückblickend zu vergleichen.

Dem Charakter eines Lehrbuches entsprechend enthält sich der Verfasser der Empfehlung einzelner Produkte. Er vermeidet es daher, Wegweiser sowohl durch das Marktgetriebe der Konkurrenzen als auch durch das Dickicht der Patente zu sein.

1. Baustoffe

Das Verhalten eines Bauwerkes wird durch eine mathematische Idealisierung erfaßt, die nicht alle Eigentümlichkeiten berücksichtigen kann, welche während der Lebenszeit eines Bauwerkes eine Rolle spielen. Wenn die Konstruktion diesen Eigentümlichkeiten nicht Rechnung trägt, machen sich Schäden bemerkbar und das Bauwerk wird krank. Der Konstrukteur muß daher durchaus vertraut sein mit dem Verhalten der Baustoffe [9], um ein dauerhaftes Werk zu schaffen. Wir beginnen unsere „Konstruktionslehre" deshalb damit, daß wir uns mit den Hauptbestandteilen des Stahlbetons beschäftigen und auf die Bedeutung ihrer Eigenschaften für die Bauwerke hinweisen. Insbesondere müssen wir auf den Beton eingehen, der eine große Variationsbreite seiner Beschaffenheit besitzt und während seines ganzen Bestandes laufend seine Form ändert [10]. Da er zudem in den meisten Fällen auf der Baustelle hergestellt wird, muß der dort verantwortliche Ingenieur viel eingehender über die notwendigen Bedingungen zur Erzielung der gewünschten Betongüte Bescheid wissen als über die Herstellung des Stahles, den er ja fertig aus den Werken mit garantierter, überwachter Qualität geliefert bekommt. Zu dessen Verarbeitung und vor allem seinem Zusammenwirken mit dem Beton sind jedoch einige Hinweise nötig. Ein grundlegender Unterschied der Hauptbaustoffe zeigt sich darin, daß die Betonfestigkeiten gegenüber den Sollwerten erheblich stärker streuen als diejenigen des Stahles. Bei unvermuteten Kontrollen auf mittleren und kleineren Baustellen sind leider oft erhebliche Abweichungen der Betongüte nach unten festgestellt worden [11], die fast alle auf unsachgemäße Herstellung zurückzuführen waren. Jede Weiterentwicklung, sowohl der Bindemittel als auch der Konstruktionen und ihrer rechnerischen Erfassung hat aber zur Voraussetzung, daß ihr eine entsprechende Steigerung der Sorgfalt bei der Ausführung gegenübersteht [12].

1.1 Beton

In Bauteilen aus Beton werden diesem in erster Linie die Druckkräfte zugewiesen, da seine Zugfestigkeit σ_z im Verhältnis zur Druckfestigkeit W_{28} verhältnismäßig gering ist ($\sigma_z \approx (0,10 \div 0,14) \, W_{28}$). Die Zugkräfte

weist man grundsätzlich der Stahlbewehrung zu, verzichtet also sicherheitshalber auf die Zugfestigkeit des Betons, auch wenn man in besonderen Fällen, wo es auf die Dichtigkeit des Bauwerkes ankommt (z. B.
Behälter), den Beton so bemißt, daß er die Zugkräfte aufnehmen kann.

Der Beton hat weiterhin den Schutz der Bewehrung zu übernehmen,
da diese der Korrosion ausgesetzt ist. Beide Baustoffe ergänzen sich also
in ihren Eigenschaften und kompensieren — wie in einer guten Ehe! —
die Schwächen des anderen Teiles. Eine noch höhere Stufe der Harmonie
ist beim Spannbeton erreicht, wo durch künstliche Anspannung der
Bewehrung die dem Beton so unbequemen Zugspannungen nahezu vollständig ausgeschaltet und damit neue konstruktive Möglichkeiten er-
schlossen werden.

1.11 Herstellen der Betonbauteile
1.111 Bestandteile des Betons

Die Voraussetzungen, welche die Komponenten des Betons, Zement,
Zuschläge und Anmachwasser, erfüllen müssen, sind in der Literatur
über die Herstellung des Betons [13] ausführlich dargelegt und in
Normblättern (DIN 1045, 1164, 4226) fixiert.

Bei den Zementen [564] sind durch werkmäßige Herstellung und Überwachung Schwankungen der Güte selten. Diese übertrifft zumeist die
geforderten Mindestwerte. Die Prüfungen auf der Baustelle sind daher
nur als zusätzliche Kontrollen, insbesondere des Abbindevorgangs und
der Raumbeständigkeit [14], zu betrachten. Nicht in den Vorschriften
berücksichtigt und zahlenmäßig auch kaum erfaßbar ist die Konsistenz,
die der angemachte Zement annimmt. Der Praktiker unterscheidet
zwischen „langem" und „kurzem" Zement, je nach der Neigung, das für
die Verarbeitung notwendige überschüssige Wasser festzuhalten oder
z. T. abzusetzen („Bluten" des Betons) und dementsprechend einen
mehr sämigen oder bröckeligen Beton zu liefern. Die Plastizität der
frischen Mischung ist heute noch nicht befriedigend meßbar. Sie besitzt
nicht unmittelbar für die Betonfestigkeit, jedoch für die Verarbeitbarkeit Bedeutung und kann durch Zusätze verbessert werden (vgl. Abschn.
1.113). Die Wasserabgabe ist für das „Setzen" des frischen Betons (vgl.
Abschn. 1.115) verantwortlich und kann durch plastifizierende Zusätze
verringert werden.

Die Hauptmängel der Zuschlagstoffe bestehen erfahrungsgemäß in
Verunreinigungen durch organische und tonige Beimengungen, die
besonders dann gefährlich werden, wenn sie fest an den Körnern haften
und damit den Verbund mit dem Zementleim verhindern. Die in DIN 4226
angegebenen Höchstwerte abschlämmbarer Bestandteile (Körnung
0/3 : 4%; 0/7 : 3%; 0/70 : 1,5%) sind daher nur als grober Anhaltspunkt
zu betrachten. Verschmutztes Material muß unbedingt vor der Ver-

wendung für Stahlbetonbauten intensiv maschinell gewaschen werden. Eine andere häufig störende Unregelmäßigkeit besteht im Kornaufbau der getrennt angelieferten Körnungen, welche die DIN 1045 für Stahlbeton vorschreibt. Die einzelnen Komponenten, z. B. 7/15 mm Korngröße, sollen diese Größen wiederum in einigermaßen gleichförmiger Mischung enthalten, praktisch herrscht aber meist die eine oder andere Korngröße je nach Herkunft vor (Über- oder Unterkorn). Bei der Festlegung der Mischungen ist dieser Abweichung, die besonders beim Sandanteil (fehlendes oder zu reichliches Feinkorn) die Betongüte stark beeinflußt, durch Anfertigung von Eignungswürfeln vor Beginn der Betonarbeiten Rechnung zu tragen. Die schematische Angabe der Prozentsätze der einzelnen Korngrößen auf den Zeichnungen erweckt daher nur die Illusion einer nicht vorhandenen Genauigkeit. Mitunter treten chemische Reaktionen zwischen den Zuschlägen und dem Bindemittel ein. Sie können eine stark festigkeitssteigernde Wirkung haben, wie z. B. die von α-Quarz bei Druck-Wärmebehandlung. Andererseits sind aber Treiberscheinungen möglich, wie die Bildung von „Betonwürmern" bei Verwendung von Feuerstein [15].

Dem Anmachwasser braucht man wesentlich weniger Aufmerksamkeit zu schenken als dem Grundwasser, das den Beton umgibt (vgl. Abschn. 1.32). Der wesentliche Unterschied besteht darin, daß sich letzteres in ständiger Bewegung befindet und daher gegebenenfalls laufend neue aggressive Substanzen herantransportiert. Die geringen Mengen jedoch, die das Anmachwasser enthalten kann, werden rasch gebunden und unschädlich gemacht. Ein Wasser, dessen p_H-Wert etwa bei 5 liegt, das also Säuren, selbst aggressive Kohlensäure enthält, ist als Anmachwasser unbedenklich. Auch Meerwasser ist notfalls verwendbar. Nur sehr starker Säure- oder Salzgehalt und grobe chemische (z. B. Phenole!) oder organische Verschmutzung (Zucker bereits in Spuren!) sind gefährlich. Im Zweifelsfall sei man lieber zu vorsichtig und lasse von einer Beratungsstelle [16] eine Wasseruntersuchung vornehmen. Zur Erzielung besonderer Eigenschaften, insbesondere guter Wärmedämmung (vgl. Abschn. 2.51), werden mitunter stark lufthaltige Betone hergestellt. Sie besitzen entweder durch Ausfallkörnungen (Haufwerkporigkeit) oder Leichtzuschläge (Kornporigkeit) geringes Gewicht und geringere Festigkeit [17].

1.112 Zusammensetzen und Mischen des Betons

In der Literatur sind ausführliche Anweisungen für das zielsichere Herstellen einer bestimmten Betongüte zu finden [18]. Den Hauptforderungen der Festigkeit und Dichtigkeit wird entsprochen, wenn der Beton ein Minimum an Hohlräumen enthält, wenn also einerseits der Mörtel die Zwischenräume der Grobkörner und andererseits der Zementleim diejenigen der Sandkörner ausfüllt. Der Zementbedarf wird dabei um so kleiner, je gröbere Zuschläge wir verwenden. Vermischen wir beispielsweise 1 m³ Zementleim, der etwa 1400 kg Zement enthält, mit Sand, bis jenes Optimum erreicht ist, so erhalten wir etwa 2,5 m³ Mörtel mit rund 550 kg Z/m³. Setzen wir nun Kies von 30 mm Korngröße so lange zu, bis wieder die Hohlräume ausgefüllt sind, erhalten wir etwa 5,0 m³ Beton mit rund 280 kg Z/m³. Wir könnten nun weiter Steine von 100 bis 200 mm zusetzen und damit etwa 8,5 m³ Grobbeton mit 165 kg Z/m³ herstellen. Mit noch größeren Steinen ließe sich die Betonmenge jeweils mit der gleichen Zementmenge und mit theoretisch gleicher Festigkeit noch weiter vermehren, da diese in erster Linie von derjenigen des Zementleimes abhängt. Wir sehen aus diesem vereinfachten Gedankenexperiment, daß die Angabe ,,300 kg Zement je m³ Beton" nur etwas über Festigkeit und Dichtigkeit aussagt in Verbindung mit der Körnungskurve der Zuschläge. Bei Mörtel (bis 3 mm) wäre dieser Gehalt zu gering, bei Konstruktionsbeton (bis 30 mm) ausreichend, bei Talsperrenbeton (bis 300 mm) zu groß. Diese mögliche Zementeinsparung (und Zement ist ja der teuerste Bestandteil!) durch Vergröberung der Mischung findet aber ihre Grenze an der Verarbeitbarkeit. Bei Stahlbeton darf das größte Korn nur 30 mm sein, da sonst die Bewehrung nicht mehr vollständig umhüllt wird und sich leicht ,,Kiesnester" bilden. Diese ,,Sperrigkeit" hängt außerdem noch von der Kornform ab: runde Zuschläge (Kies) rollen sich leichter in dichte Lagerung hinein als eckige (Splitt), die eher ,,Brücken" bilden. Das Größtkorn muß auch auf die kleinste Abmessung des Bauteiles abgestimmt werden (etwa 1/5÷1/4 davon). Das gilt auch für Fugen- oder Estrichmörtel.

Die Kornverteilung paßt man meist der ,,Fuller-Kurve" an, die das Minimum der Hohlräume und damit des Zementbedarfes ergibt. Es hat sich jedoch gezeigt, daß bei gleicher Mörtelfestigkeit Abweichungen davon, etwa mit Rücksicht auf die Verarbeitbarkeit, zu gleichen Festigkeiten führen, sofern der gleiche Verdichtungsgrad erreicht wird [19].

Der Wasserzusatz hat doppelte Bedeutung. Der Zement benötigt zur Gelbildung und vollständigen Hydratation etwa 40% seines Gewichtes an Wasser [20], die zunächst kapillar gebunden werden. Ferner müssen alle Zuschlagkörner benetzt werden, um den Beton verarbeitbar zu machen, wobei ein erheblicher Unterschied zwischen glattem und rauhem (gebrochenem) Korn besteht. Man muß daher bei Stahlbeton etwa $W/Z = 0,5÷0,6$ zusetzen (Wasserzementfaktor). Der Wasserüberschuß verdunstet später größtenteils und hinterläßt Wasserporen, welche die Festigkeit herabsetzen (Abb. 1.1/1) [21]. Viele Fälle von Minderfestigkeiten sind auf zu große Wasserbeigabe zurückzuführen. Das bequemere Einbringen eines nassen Betons wird mitunter durch einen Prozeß wegen Minderfestigkeit teuer bezahlt!

Die Abmessung nach Raummaß läßt sich bei den Zuschlägen einigermaßen rechtfertigen, ist aber bei Zement ganz unzulässig, da dessen Raumgewicht lose eingelaufen etwa 1,2 t/m³, fest gepreßt bis 2,0 t/m³ betragen kann. Auf kleinen Baustellen ist daher der Zement nach Säcken beizugeben. Auf größeren Baustellen kommt heute nur noch die Dosierung mit automatischen Waagen in Betracht. Das Wasser wird i. allg. mit einem Durchlaufzähler zugemessen. Man kann die Menge nicht ganz schematisch festlegen, da meist eine Korrektur zum Ausgleich der wechselnden Eigenfeuchte von Sand und Kies nötig ist. Diese kann bis zu 5% des Sand- oder 3% des Kiesgewichtes betragen, also auf 1 m³ Beton mit etwa 1900 kg Kiessand rund 70 kg Wasser bringen, entsprechend 1/2 des Wasserbedarfs bei 300 kg Z/m³ und einem $W/Z = 0,5$!

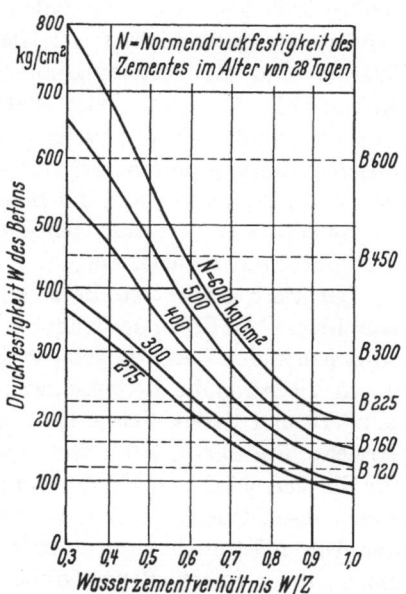

Abb. 1.1/1. Druckfestigkeit des Betons abhängig vom Wasserzementfaktor und von der Zementsorte [20]

Da kleine Abweichungen der Festigkeit vom Mittelwert im Laufe eines Baues unvermeidlich sind [11] (selbst zwischen Würfeln aus *einer* Mischung schwankt die Druckfestigkeit bis zu 10% um das Mittel!), wird ein vorsichtiger Bauleiter bei der Errechnung der Mischung und Anfertigung der Eignungsproben eine etwa 10% höhere Festigkeit als die verlangte anstreben. Je gleichmäßiger diese eingehalten wird, um so kleiner kann er den Sicherheitsüberschuß wählen und um so präziser und sparsamer kann er den Zementgehalt festsetzen. Gleichmäßigkeit der Betongüte ermöglicht mithin Zementersparnis! Eine jetzt noch nicht geforderte, aber diskutierte Vorschrift will nicht nur die Mittelfestigkeit, sondern auch eine Mindestfestigkeit festlegen, die von einem bestimmten Prozentsatz der Probewürfel nicht unterschritten werden darf [22]. Das würde eine gleichmäßige Betonbereitung belohnen und zu größerer Wirtschaftlichkeit führen.

Der Mischvorgang ist beim heutigen Entwicklungsstand der Mischmaschinen kaum jemals zu beanstanden, wenn die vorgeschriebenen kürzesten und längsten Mischzeiten eingehalten werden. Peinliche Säuberung dieser Maschinen nach Gebrauch ist nicht nur ein Gebot der Rentabilität, sondern auch für die Gleichmäßigkeit des Betons notwendig. Kleine Beimengungen bereits abgebundenen, zermahlenen Betons haben die Wirkung eines „Anregers" und verkürzen die Zeit bis zur Erstarrung.

1.113 Einbringen und Verdichten des Betons

Der Beton wird zur Einbaustelle auf verschiedene Weise gefördert, mit Karren, mit Bändern oder durch Rohre mechanisch, neuerdings hydraulisch gepumpt oder mit Druckluft geblasen. In Gebieten mit größerer Bautätigkeit hat sich die Herstellung des Betons in zentralen Werken und die Verteilung mit Liefermischern als wirtschaftlich erwiesen [23]. In jedem Falle sind größere Fallhöhen, Werfen mit der Schaufel und Vorkopfschütten zu vermeiden, da dies alles zum Entmischen führt; man schüttet stets *gegen* den vorhandenen Beton. Ferner ist darauf zu achten, daß die Bewehrung nicht durch die Fördermittel erschüttert wird. Sie löst sich dadurch vom eben erstarrten Beton ab und haftet nicht wieder an.

Der frisch geschüttete Beton enthält stets größere oder kleinere Lufteinschlüsse. An Stelle des früher mit geringem Erfolg geübten Stocherns wird heute der Beton allgemein durch Rütteln verdichtet. Dabei wird durch Vibration die Reibung zwischen den Körnern vorübergehend vermindert und deren dichte Lagerung sowie eine wirksame Entlüftung erreicht. Der Beton kann dann steif-plastisch eingebracht werden. Die für die verschiedenen Geräte vorgeschriebenen Einwirkungszeiten sind einzuhalten, da sonst ein Entmischen und damit eine Qualitätsminderung der oberen Betonschichten eintritt. Im allgemeinen sind auf der Baustelle Innenrüttler verschiedener Größen mit hoher Drehzahl (etwa 9000/min und mehr) am zweckmäßigsten. Ihr Wirkungsbereich liegt zwischen $0{,}4 \div 1{,}0$ m [24]. Sie sind so zu führen, daß sie die Bewehrung nicht berühren, da diese sonst ebenfalls vibriert und sich mit Zementschlämpe umgibt, wodurch die Haftung herabgesetzt wird. Außenrüttler sind weniger verbreitet, da ihre Anbringung an der Schalung schwierig und aufwendig ist und sie nur mittelbar wirken. Außerdem haben sie bei dichter Schalung (Stahl, Sperrholz) leicht eine Verminderung der Oberflächengüte durch Schlämpenbildung zur Folge. Immerhin sind sie für dünnwandige Bauteile geeignet (z. B. Stege hoher Träger, dünne Stützen und Wände), die dem Innenrüttler nicht zugänglich sind. Höchst wirksam für die Herstellung von Fertigteilen sind Rütteltische, welche die ganze stählerne Schalform in Vibration versetzen [25]. Die Betonoberfläche ist hierbei durch eine Auflastplatte zu beschweren, da sonst eine Lockerung der oberen Schicht eintritt. Deren Wirkung wird noch erhöht, wenn sie mit einem Oberflächenrüttler ausgerüstet wird. Wandernde Oberflächenrüttler dienen zur Verdichtung von Platten und Straßendecken mit nicht mehr als 20 cm Dicke.

Die mitunter geäußerte Besorgnis, daß durch das Rütteln einer neuen Betonschicht das Abbinden der darunterliegenden gestört werde, ist grundlos. Nach neueren Untersuchungen [26] verbessert im Gegenteil ein Nachrütteln noch im Erstarrungszustand ihre Festigkeit, da der Beton sich dann ähnlich wie eine thixotrope Masse verhält, und vermindert das „plastische Schwinden" (vgl. Abschn. 1.115).

Die Konsistenz des Betons ist auf das Rüttelverfahren abzustimmen. „Flüssiger" Beton kann nicht gerüttelt werden, da er sich entmischt. „Weich-plastischer" Beton (Ausbreitmaß 40÷45 cm) wird bei dichter Bewehrung verwendet und durch Rütteln verbessert; „steif-plastischer" Beton (Ausbreitmaß 35÷38 cm) ist jedoch vorzuziehen. „Erdfeuchter" Beton läßt sich nur auf dem Rütteltisch einwandfrei entlüften und verdichten.

Beton mit größerem Wasserzementfaktor als 0,4, wie er für Stahlbeton nötig ist, kann man nur durch Erhöhung des Feinanteils wasserdicht herstellen [27], und zwar sind erforderlich: bei einem Größtkorn von 8−16−32−64 mm und guter Abstufung ein entsprechender Feinstanteil $\leq$ 0,2 mm von 500−425−350−275 kg/m³ einschließlich Zement. Als Ergänzung zum Zement wird hierzu Steinmehl, besser chemisch reagierender Traß oder gemahlene Hochofenschlacke verwendet. Die Beigabe von chemischen Dichtungsmitteln [28] hat nur Erfolg, wenn schon der Kornaufbau des Zuschlagmittels ein Hohlraumminimum gewährleistet. Dann können sie bei Feuchtigkeitswanderung im Beton durch Quellstoffe (Thixotone) die Kapillaren verstopfen, d. h. einen guten Beton noch etwas verbessern, aber nicht einen schlechten Beton dicht machen.

Die Verarbeitbarkeit des Betons kann durch Zusätze verbessert werden, wodurch man eine Minderung des Wasseranteiles und dementsprechend eine Erhöhung der Festigkeit bei gleichem Ausbreitmaß erreicht. Diese sog. „Verflüssiger", besser: Plastifizierungsmittel, sind entweder Benetzungsmittel, die eine bessere Umhüllung der Feinkörner mit Wasser und damit eine Herabsetzung der Reibung bewirken, oder „LP-Stoffe" (Luftporenbildner), die durch die Bildung von feinsten Blasen die gleiche Wirkung haben [20]. Die von den Herstellern angegebenen und in den amtlichen „Zulassungen" festgesetzten Dosierungen sind genau einzuhalten, zusätzlich ist eine Eignungsprüfung durchzuführen, da ein nur geringfügig vergrößerter Porengehalt die Druckfestigkeit empfindlich herabsetzt (1% Blasen zuviel: bis zu etwa 10% Festigkeitsverlust!).

Für besondere Bauaufgaben stehen spezielle Einbauverfahren zur Verfügung. Das Absaugen des überflüssigen Wassers bis auf etwa $W/Z = 0,35$ verleiht dem Beton durch Kapillarkräfte eine Pseudofestigkeit, die ein Ausschalen selbst mehrerer Meter hoher Bauteile sofort nach dem etwa 20 Minuten dauernden Absaugevorgang gestattet („Vakuum-

Verfahren") [29]. Neben diesem Vorteil eines beschleunigten Bauvorganges ist eine wesentliche Steigerung der Festigkeit durch die Verringerung des W/Z-Faktors zu verzeichnen. Das Vakuum wird in einer Streckmetallage zwischen Schalung und Beton erzeugt. Sie ist nach außen durch einen Gummimantel, nach innen durch eine Gewebelage, die den Wasserdurchtritt gestattet, abgedichtet.

Bei hohen, schlanken Mauern, Vorblendungen, Verstärkungen, Unterwasserbeton od. dgl. bereitet das Einbringen des Betons mitunter Schwierigkeiten. Hier kann mittels des Einpreßverfahrens ein einwandfreier Beton hergestellt werden. Dabei wird zunächst die Schalung mit den gröberen Bestandteilen des Betons gefüllt und dann der Mörtel durch eingestellte Rohre von unten her eingepreßt. An dessen Geschmeidigkeit werden besondere Anforderungen gestellt [30]. Diese Bauweise ist auch für die Ausführung des biologischen Schutzschildes von Reaktoren aus Schwerstbeton, in dem zahlreiche, genau justierte Rohrleitungen eingebettet sind, besonders geeignet [31].

Bei Schalen und Faltwerken ist zu beachten, daß plastischer Beton bis zu 25÷30°, trockener Beton durch Anwerfen bis zu 50° Neigung der Schalung aufgebracht werden kann. Darüber hinaus ist doppelte Schalung erforderlich.

1.114 Unterbrechungen des Betoniervorganges

Es ist stets anzustreben, ein Bauwerk monolithisch in einem Guß zu betonieren. Aus betrieblichen Gründen läßt sich aber oft eine Unterteilung nicht vermeiden. Diese muß bei größeren Bauten gut überlegt und darf nicht dem Gutdünken der Baustelle überlassen werden. Arbeitsfugen sind daher bereits in den Zeichnungen anzugeben. Ferner ist stets für einen Reservemischer usw. zu sorgen, um bei Ausfällen den Betonierbetrieb, notfalls mit geringerer Leistung, weiterführen zu können. Grundsätzlich sind Fugen so zu legen, daß die zu übertragende Betondruckkraft etwa senkrecht dazu, jedenfalls innerhalb eines Reibungswinkels von etwa $\pm 20°$ steht. Diese Kraft ist die Resultierende aus den Betondruckspannungen und der Querkraft im Querschnitt (Abb. 1.1/2a). Der Winkel zwischen Fuge und Schalung soll nur wenig von einem rechten abweichen, da eine spitzwinklige Kante leicht abbricht. Ist es nicht möglich, die Druckresultierende innerhalb des Reibungswinkels unterzubringen, ordnet man eine Verzahnung an (Abb. 1.1/2b). Auf die Verdübelung durch die Bewehrung kann man sich nicht verlassen, da leicht die Betondeckung abplatzen würde.

Senkrechte Fugen werden meist mit Holzschalung abgestellt, die aber wegen der durchzuführenden Bewehrung ebenso mühsam einzubauen wie zu entfernen ist. Um letzteres zu ersparen, benützt man oft Streckmetallplatten, die im Beton verbleiben. Sie dürfen aber nur bei

sehr steifem Beton verwendet werden; flüssiger Beton läßt Zementschlämpe durchtreten und verursacht Nesterbildung. Die bloßliegende
Bewehrung ist von Verschmutzung durch Mörtel frei zu halten, da dieser
bei warmem Wetter rasch „verdurstet" und die Haftung verhindert.

Ein gutes Anhaften des Neubetons an den Altbeton ist dadurch zu
erreichen, daß man diesen einige Stunden stark annäßt, damit er nicht

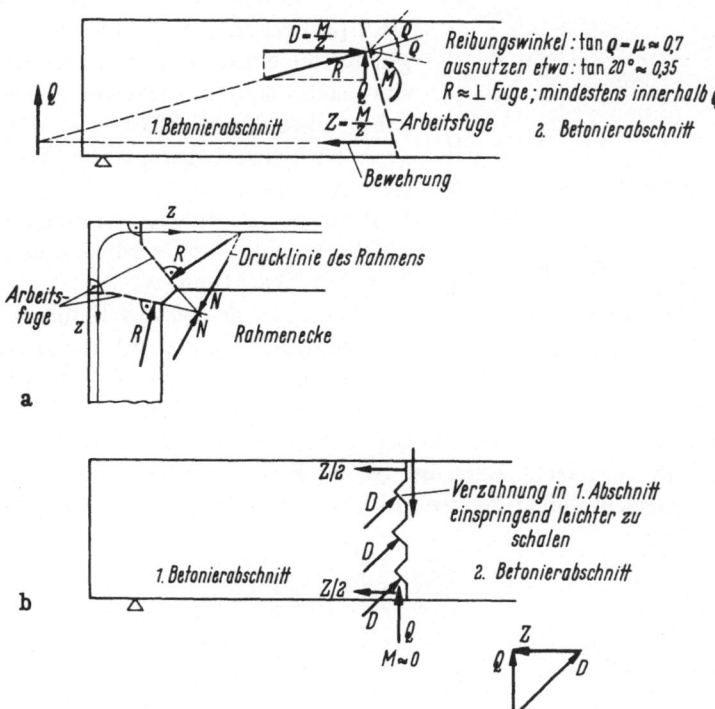

Abb. 1.1/2a u. b. Anordnung von Arbeitsfugen.
a) Arbeitsfuge soll möglichst senkrecht zur Druckresultierenden verlaufen [32],
b) Arbeitsfuge mit Verzahnung zur Aufnahme der Querkraft bei kleinem Biegungsmoment

jenem zuviel Wasser entzieht [33]. Dann ist er mit feinem Mörtel oder
Zementschlämpe zu überziehen, am besten einzubürsten, ehe man weiter
betoniert. Um Kiesnester, besonders bei waagrechten Fugen, zu vermeiden, bringt man zunächst eine wenige Zentimeter dicke Schicht
Beton ohne grobes Korn, dann erst die normale Mischung ein.

1.115 Setzen des Betons

Setzen des Betons, auch „plastisches Schwinden" genannt [34],
die meist unvermeidliche Abgabe von Überschußwasser (vgl. 1.112),

bedeutet eine Volumenverminderung des Betons und eine Anreicherung der oberen Schicht mit Wasser. Letztere hat eine Verringerung der Betonfestigkeit zur Folge (vgl. Abschn. 1.112), erstere ein Zusammensacken. Um die Folgen dieser Erscheinung zu mildern, schreibt DIN 1045 bei Stützen eine maximale Steiggeschwindigkeit des Betons von 2 m/h vor. Die Normen der USA [35] gehen noch weiter und verlangen für die einzelnen Zonen von Stützen eine nach oben abnehmende Wasserbeigabe. Diese Vorschriften sind übrigens auch bezüglich Lagerung der Bestandteile, Abmessen, Mischen, Transport und Einbringen des Betons viel eingehender als die unsrigen und verdienen in vielen Punkten Beachtung.

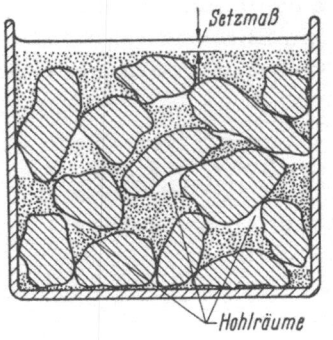

Abb. 1.1/3. Hohlstellen unter großen Zuschlagkörnern durch Setzen (Wasserabgabe) nassen Betons [20]

Wenn das Setzen des Betons behindert wird, kann das recht unangenehme Folgen haben. So können sich unter Grobzuschlägen Hohlstellen bilden (Abb. 1.1/3), die natürlich die Festigkeit herabsetzen. Auch die Bewehrung setzt dem Sacken Widerstand entgegen und verursacht Risse im Beton. Diese zeichnen dann die Bügel an der Oberseite hoher Balken (Abb. 1.1/4a) oder an den Seitenflächen

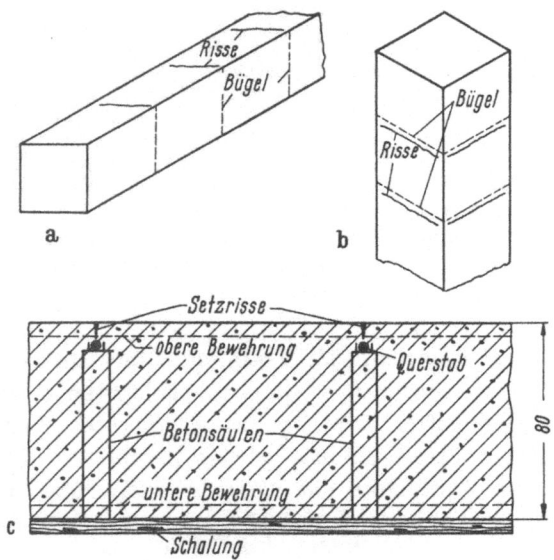

Abb. 1.1/4a—c. Risse infolge Behinderung des Setzens.
a) bei Balken, b) bei Stützen, c) bei Brückenplatten

von Stützen ab (Abb. 1.1/4b). Auch bei einer dicken Platte waren diese „rätselhaften" Risse zu beobachten (Abb. 1.1/4c), die hier durch eine zu starre Abstützung der oberen Bewehrung an Stelle der üblichen, elastischen Stehbügel verursacht wurden. Diese ärgerlichen Risse lassen sich durch möglichst geringen Wasserzusatz klein halten und durch nochmaliges Rütteln nach dem Ende des „Blutens" beseitigen (etwa 1÷4 Stunden nach dem Einbringen, je nach Zementsorte und Temperatur).

1.116 Schutz des frischen Betons

Der Abbindevorgang wird bei Temperaturen gegen 0 °C überaus träge, so daß der frische Beton auf wenigstens etwa 10 °C gehalten werden soll. Er wird beim Einhalten dieser Temperatur nach etwa 3 Tagen frostunempfindlich, wenn die Festigkeit $W \approx 50 \frac{\text{kg}}{\text{cm}^2}$ erreicht hat [36]. Bei Zusatz von LP-Stoffen soll $W/Z \leqq 0{,}70$, ohne Zusatz $\leqq 0{,}55$ sein. Bei kaltem Wetter ist daher auf eine ausreichende Anfangstemperatur zu achten, die durch Vorwärmen des Wassers und der Zuschläge mittels Dampflanzen leicht erreicht werden kann. Ferner müssen die Wärmeverluste des eingebauten Betons durch Abdecken oder Vorhängen von Strohmatten klein gehalten werden. Auch eine starke Holzschalung trägt zur Wärmedämmung ihren Teil bei, während eine Stahlschalung die Wärme rasch ableitet. Da bei starkem Frost die

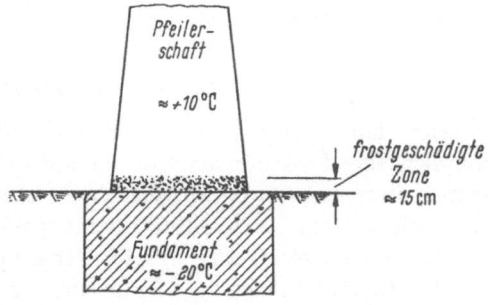

Abb. 1.1/5. Frostschäden an frischem Beton infolge Wärmeentzuges durch älteren Beton

Eigen- und Abbindewärme des Zementes nicht mehr ausreicht, um die Verluste auszugleichen, empfiehlt es sich, unter die Matten zusätzlich Dampf einzuleiten. Bei Eintritt warmer Witterung „zieht" zwar kalter Beton „nach", jedoch sind durch Kältegrade stets Festigkeitsminderungen zu erwarten. Frischer Beton ist auch bei genügender Eigenwärme durch darunterliegenden sehr kalten Beton gefährdet. Beispielsweise wurde nach längerem, starkem Frost bei aufgehendem Wetter auf einem fertigen Fundament ein Pfeilerschaft betoniert (Abb. 1.1/5). Der ältere Beton entzog dem frischen so viel Wärme, daß dieser ebenfalls gefror und in einer Dicke von 10÷15 cm nur sehr mangelhaft erhärtete. Es blieb nichts anderes übrig, als den Pfeilerschaft abzubrechen und neu aufzuführen! Heute allerdings würde man mit einem

Mörtel-Einpreßverfahren den geschädigten Beton abschnittweise aus-
wechseln und den Schaft retten können.

Das Gefrieren des Anmachwassers kann durch chemische Zusätze
verhindert und dadurch das Abbinden auch bei Frost gefördert werden.
Da diese meist $CaCl_2$ (Kalziumchlorid) enthalten, das stark rostfördernd
auf Eisen wirkt, darf man bei Stahlbeton keinen Gebrauch davon
machen [37]. Zudem blühen die zugeführten Salze später häufig an
der Betonoberfläche aus (vgl. Abschn. 1.118).

Bei warmem Wetter kann der frische Beton durch Wasserverdun-
stung an der Oberfläche „verdursten", d. h. das zum Abbinden nötige
Wasser verlieren. Daher stammt die Regel, die auch in DIN 1045 niedergelegt ist, den Beton 7 Tage lang naß zu halten. Allerdings führt man
ihm nur Wasser zu, um Verluste zu vermeiden. Auf dieser Erkenntnis
beruhen die neuen, noch in Entwicklung befindlichen Verfahren, den
gerade erstarrten Beton mit einer wasserdichten Kunstharzhaut zu überziehen, die aufgelegt oder besser aufgespritzt wird. Besonders bei dünnen
Platten und Straßendecken läßt sich so die zum Abbindevorgang nötige
Feuchtigkeit konservieren. Die Entfernung der Folien überläßt man
meist dem Verkehr.

1.117 Der Erhärtungsvorgang

Der langjährige Streit zwischen Gel- und Kristall-Theorie ist
durch neuere Forschungen, vor allem durch Einblicke mittels des Elek-
tronenmikroskops, einer einheitlichen Auffassung gewichen, wonach das
Gel sich als ein „Kristallfilz" herausgestellt hat [20]. Es bindet chemisch irreversibel bis 25% Wasser, ferner physikalisch weitere 15%, die
durch intensive Trocknung wieder ausgetrieben werden können. Jedoch
brauchen keineswegs die gesamten Zementkörner in Gel umgewandelt
zu werden, so daß der Zement auch mit weniger Wasser erhärtet und,
wenn seine Verdichtung gelingt, sogar besonders große Festigkeiten erreicht. Die Geschwindigkeit und der Grad der Erhärtung sind von
Zementsorte, Wasserbeigabe sowie Feuchtigkeit und Temperatur der
Umgebung abhängig [38]. Sie läßt sich auch durch Zusätze beeinflussen, wenn man für Sonderzwecke (Abdichtung) Schnellbinder erzeugen will. Unter normalen Bedingungen erhärten die Zemente um so
rascher, je höher ihre Anfangsfestigkeit ist (bei Mörtel nach 3 Tagen,
bei Beton nach 7 Tagen) (Abb. 1.1/6). Diese Kurven weichen naturgemäß für verschiedene Fabrikate voneinander ab, so daß die in DIN 1045
und 4227 angegebenen Verhältniszahlen zwischen den Druckfestigkeiten
nach 7, 28 und „unendlich vielen" Tagen nur grobe Mittelwerte darstellen. Genaueren Aufschluß können stets nur Angaben der Werke
oder eigene Versuche geben.

Trotz der erheblichen Kosten ist es bei der Massenherstellung von Fertigteilen oft wirtschaftlich vorteilhaft, eine Beschleunigung des Erhärtungsprozesses durch zusätzliche Wärme herbeizuführen, da hierdurch erhebliche Ersparnisse an Schalungen und Fabrikationsraum erreicht werden. Eine Behandlung mit nassem Dampf ist wegen der gleichzeitigen Befeuchtung vorzuziehen. Die Zemente reagieren hierauf sehr verschieden, so daß in jedem Fall Vorversuche anzustellen sind. Als Anhalt kann bei einem Z 425 dienen, daß nach einer notwendigen Schonzeit von etwa 2÷3 Stunden die Fertigteile in den Stahlformen,

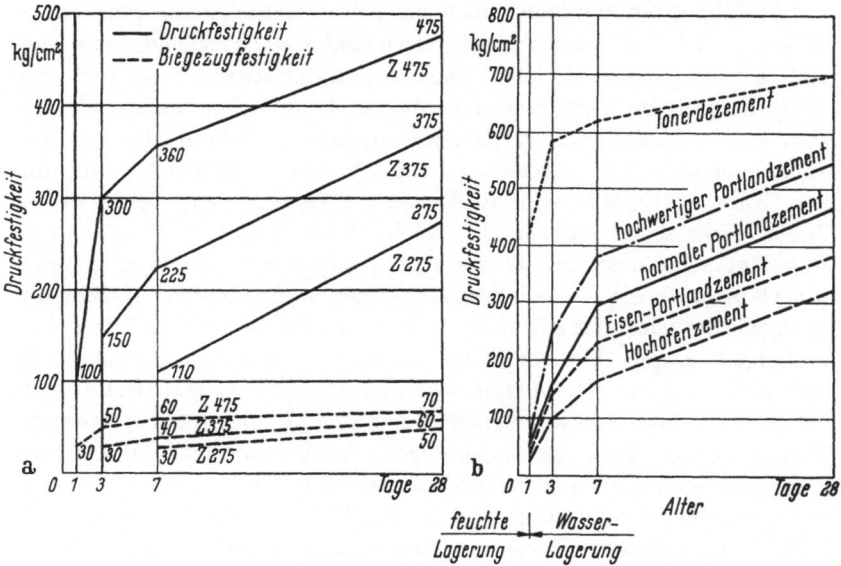

Abb. 1.1/6 a u. b. Erhärtungskurven verschiedener Zemente.
a) Normenfestigkeiten nach DIN 1164, b) beobachtete Verläufe [10.1]

oder bereits vorsichtig ausgeformt („Sofortentschalung"), 8÷10 Stunden bei 60÷70 °C zu beheizen sind und dann bereits 80÷90% ihrer Endfestigkeit besitzen. Spannbetonfertigteile können kurz darauf der vollen Spannkraft ausgesetzt werden, so daß man sie bereits 12 bis 14 Stunden nach Herstellung einstapeln oder versenden kann.

Diese Warmbehandlung bringt nur ein „Vorholen" der Endfestigkeit. Durch Temperaturen über 100 °C und Druck von einigen atü kann jedoch die Festigkeit erheblich gesteigert werden [39]. Dieses „Autoklaven"-Verfahren besitzt aber wegen der sehr teuren Einrichtung nur für ausgesprochene Massenartikel (z. B. Wandsteine und Platten aus Leichtbeton) Bedeutung.

Während des Abbindens des Zementes entsteht Wärme, deren Menge von der Zementsorte abhängt [20]. Sie strömt nach außen ab,

2 Franz, Konstruktionslehre I, 3. Aufl.

wodurch ein Temperaturgefälle erzeugt wird, das von der Geschwindigkeit, mit der die Wärme entsteht, und von den Abmessungen des Betonteiles abhängt (vgl. Abschn. 1.161). Die Festigkeit von Tonerdeschmelzzement geht stets mit der Zeit durch Umkristallisation zurück; außerdem wird dadurch der Rostschutz der Bewehrung vermindert, so daß dieser Zement nicht für tragende Bauteile insbesondere aus Spannbeton verwendet werden darf.

1.118 Ausblühungen

Ausblühungen gehören nicht zu den Betonschädigungen, die in Abschn. 1.3 behandelt werden, sondern sind eine natürliche, wenn auch lästige Erscheinung, die leicht nach dem Ausschalen auftritt und sorgfältig hergestellte Sichtflächen verderben kann. Diese weißen Flecken sind auf kalkgesättigtes Kapillarwasser zurückzuführen, das aus dem Inneren nach außen wandert, an der Oberfläche verdunstet und dort den Kalk zurückläßt. Oberflächenwasser (Regen) trägt ebenfalls zu dieser Wirkung bei [40]. Auch manche Zusätze (Chloride) neigen zum Ausblühen. Bei niedrigen Temperaturen geht sowohl der Hydratationsprozeß als auch die Verdunstung langsamer, so daß laufend Kalkhydrat nachgeliefert wird und sich deshalb in der kühlen Jahreszeit öfters Ausblühungen zeigen. Sie hören auf, wenn der Beton ausgetrocknet ist und können dann abgebürstet werden. Bereits karbonatisierter Kalk haftet fester und muß mit verdünnter Salzsäure abgewaschen werden. Vorher ist der Beton gut anzunässen, damit die Säure nicht in die Kapillaren eindringen und Schaden anrichten kann. Danach muß kräftig nachgewaschen werden, damit die Kalkauflösung nicht weitergeht. Ausblühungen werden zur Dauererscheinung, wenn ständig Wasser von der Rückseite nachgeliefert wird, wie z. B. bei Gewölben oder Stützmauern. Sie können dann zu Stalagtiten ausarten, deren Wachstum nur durch Isolierung der Rückseite verhindert werden kann (vgl. Abschn. 1.32 und 2. Bd.).

Kalkarme Zemente blühen weniger aus. Auch die Beigabe kieselsäurereicher Bestandteile (Traß, Thurament) und manche Zusatzmittel mildern diese Erscheinung. Letztere reagieren aber je nach Zementsorte verschieden, so daß vor ihrer Anwendung positive Erfahrungen vorliegen sollten.

1.119 Schalung und Beton

Schalung und Beton stehen in Wechselwirkung. Beton ist von Natur aus amorph, sowohl hinsichtlich seiner Gestalt als auch der Struktur seiner Oberfläche. Beides verleiht ihm erst die Schalung. Andererseits wird die Schalung durch die konstruktiven Formen und durch den Druck, den der frische Beton auf sie ausübt, bestimmt.

1. Die Schalung prägt den Beton. Die anderen Baustoffe stehen als Elemente mit vorgegebenem Profil zur Verfügung: Stahl in der

Form von Blech- und Walzprofilen, Holz als Bretter und Balken, Steine
als Quader und Ziegel. Der Stahlbeton wurde bisher allein durch die
Holzschalung charakterisiert, die den Traggliedern die typische „Holz-
form" des gleichbleibenden Rechteckquerschnittes aufzwingt. Diese
Form ist aber konstruktiv ungünstig, da sie sich den wechselnden

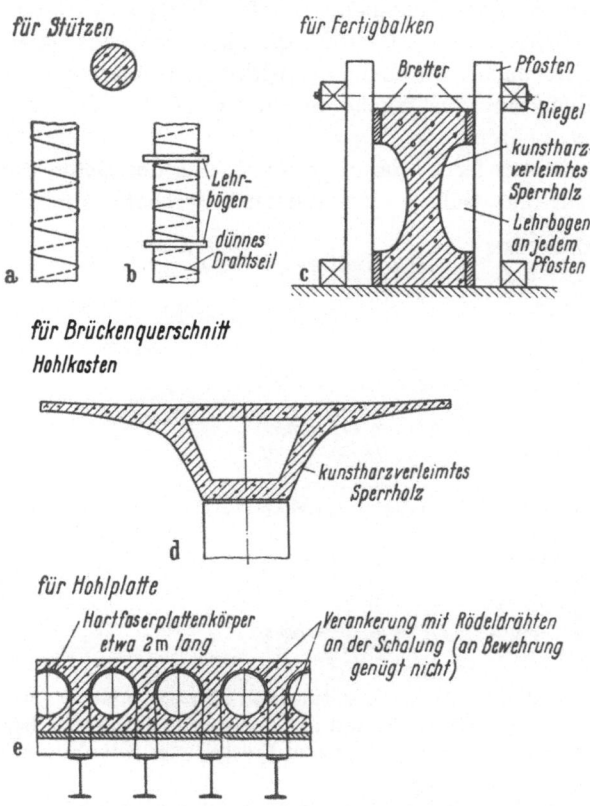

Abb. 1.1/7 a—e. Gekrümmte Schalungen.
a) für Stützen. Aus Blechstreifen gewickelt, Fugen gebördelt; b) für Stützen.
Latten, Holzfaserhartplatten oder Sperrholz; c) für Fertigbalken. Schalung für
vorfabrizierte Balken; d) für Brückenquerschnitte; e) für Hohlplatten. Verankerung
gegen Auftrieb

Schnittkräften nicht anpaßt. Nur bei der Gestaltung größerer Balken
und Rahmen folgt man deren Verlauf und erhält durch sich verändernde
Breite oder Höhe der Querschnitte „betongemäßere" Bauformen, deren
Vorteile hinsichtlich der Materialausnutzung und Gewichtsersparnis den
Nachteil komplizierterer Schalungen aufwiegen können. Bei der Be-
messung des Spannbetons (vgl. Abschn. 2.232, 1 a) wird auf die doppelte
Bedeutung der Profilierung der Querschnitte hingewiesen; wir verwenden

2*

bei diesem daher oftmals gegliederte Querschnitte und „straffere" Träger-
formen, die die statische Wirkungsweise deutlich hervortreten lassen.

Einfach konische Formen lassen sich in Holz oder Stahl noch ohne
großen Mehraufwand schalen. Doppelt konische oder abgerundete
Formen bei Holzschalung verursachen viel Arbeit und hohe Kosten.
Hierfür bürgern sich zunehmend Holzfaserhartplatten oder kunstharz-
verleimtes Sperrholz ein, deren Biegsamkeit das Einschalen gewölbter
Flächen leicht macht. Durch Schalenwirkung erhalten diese gekrümmten
Tafeln zudem eine zusätzliche Steifigkeit (Abb. 1.1/7) und bedürfen
nur weniger Lehren.

Wir haben uns ferner daran gewöhnt, daß der Beton die belebende
Brettstruktur und -teilung einer rauhen Holzschalung zeigt. Sichtbeton

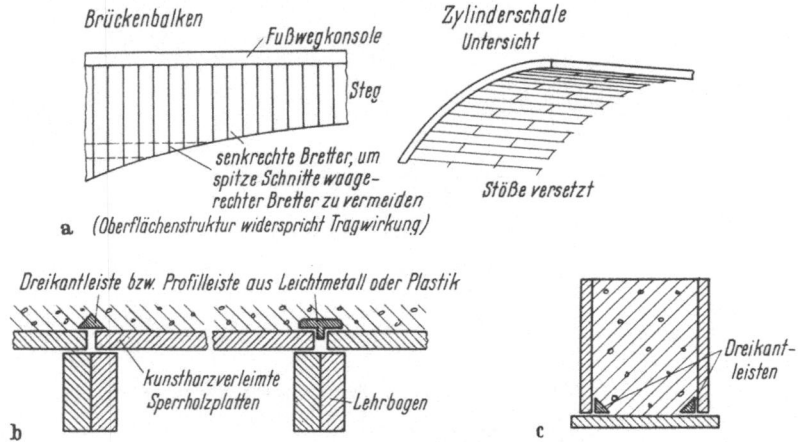

Abb. 1.1/8 a—c. Gestaltung von Sichtbetonflächen.
a) Schalung aus gleichbreiten Brettern; b) Deckleisten auf den Stößen von Schal-
platten; c) Dreikantleisten zum Brechen von Betonkanten

pflegt man oft mit gleichbreiten, gehobelten und gespundeten Brettern
zu schalen, um die den strengen technischen Formen nicht anstehende
Natürlichkeit der Holzstruktur mit ihren Ästen und Jahreslinien zu
unterdrücken (Abb. 1.1/8 a). Diese entliehenen Motive passen aber höchstens zu den „Holzformen" alter Prägung. Erst mit den neu entwickelten
Schalungsmitteln, wie Stahltafeln oder kunstharzverleimtem Sperrholz
bekennt man sich zu der glatten, strukturlosen Betonoberfläche. Es ist
allerdings dabei kaum möglich, kleine Wasserporen ganz zu vermeiden,
die bei Holz infolge seiner Saugwirkung nicht auftreten. Diese hat auch
eine Entwässerung zur Folge, so daß man i. allg. bei undurchlässiger
Schalung steifer betonieren muß. Die Stöße der Schaltafeln zeichnen
sich unvermeidlich sichtbar ab. Man macht zweckmäßig aus dieser Not
eine Tugend, indem man die Fugen durch Holz- oder Leichtmetall-

leisten einheitlich gestaltet und betont, wodurch wieder eine rhythmische Belebung der Gesamtfläche entsteht (Abb. 1.1/8b).

Alle Schalungen werden vor dem Betonieren mit sog. Schalölen gestrichen oder gespritzt, um das Anhaften des Betons zu vermeiden. Dabei ist auf folgendes zu achten:

a) Die Bewehrung darf nicht durch das Trennmittel beschmutzt werden, das ja das Anhaften des Betons stark beeinträchtigt.

b) Manche Entschalungsmittel verursachen häßliche Flecken auf der Betonoberfläche, die allerdings auch aus der wechselnden Zusammensetzung von Beton und Zement herrühren können. Bei Sichtbetonbauten sind daher vorherige Versuche ratsam.

c) Nicht wenige „Schalöle" enthalten verseifbare Bestandteile, die auf den Kalk des Zementes reagieren. Hierdurch entsteht eine dünne, seifige Schicht, auf der kein Putz oder Anstrich haftet.

d) Die meisten Entschalmittel sind zur Verwendung bei normaler Temperatur bestimmt. Sie verharzen aber mitunter bei den höheren Temperaturen der Wärmebehandlung von Fertigteilen (vgl. Abschn. 1.117) und haben dann die gegenteilige Wirkung.

Besondere ästhetische Wirkungen erzielt man durch Entfernen der geschalten Oberfläche, wodurch das Gefüge des Betons, insbesondere die groben Zuschläge, zur Geltung kommen. Hierzu gibt es verschiedene Wege:

a) Das Abspülen der äußersten Mörtelschicht mittels Wasserstrahl nach dem Erstarren des Betons ist nur mit großer Vorsicht für den Bestand des Bauteiles möglich.

b) Der gleiche Erfolg wird sicherer durch Bestreichen der Schalung mit einem das Abbinden verhindernden Zusatz und späteres Abspülen der deckenden Mörtelschicht erreicht. Beide Verfahren bezeichnet man als „Waschbeton".

c) Die oberste, dünne, erhärtete Mörtelschicht wird mittels Sandstrahlgebläse entfernt, ehe der Beton große Festigkeit erlangt hat [41], wodurch das Mittel- und Grobkorn bloßgelegt wird.

d) Das steinmetzmäßige Bearbeiten des erhärteten Betons (Stocken, Scharieren) begegnet mitunter Bedenken, weil durch Lockern der Grobkörner die Witterungsbeständigkeit leiden könnte. Umfangreiche Großversuche und Beobachtungen haben sie aber zerstreut [42]. Die Betondeckung der Bewehrung ist bei dieser Art der Bearbeitung aber unbedingt entsprechend zu vergrößern.

Über das Streichen der Betonflächen, deren Grau ja keineswegs einen heiteren Eindruck vermittelt, sind in ästhetischer Hinsicht die Auffassungen geteilt. Warum soll man aber nur diejenigen Baustoffe, wie Holz und Stahl, mit einem Anstrich versehen, die diesen zur Erhaltung

benötigen ? Nach Meinung des Verfassers wirken z. B. bunt getönte
Brücken in Holland sehr erfreulich. Geeignete Anstriche werden insbesondere aus Kunstharz-Emulsionen hergestellt. Ein DIN-Ausschuß
[43] ist mit der Sammlung von Erfahrungen und der Schaffung von
Richtlinien beauftragt. Farbzusätze zum Beton [44], gegebenenfalls
in Vorsatzschichten, sind teurer, aber haltbarer als Anstriche, sofern sie
lichtecht sind.

Die Genauigkeit zimmermannsmäßiger Schalungen, und damit der
Betonabmessungen, liegt innerhalb von $\pm 1 \div 2$ cm. Kleinere Toleranzen
können nur unter erheblichen Mehrkosten für Versteifungen eingehalten
werden. Fertigteile lassen sich in festen Stahlformen naturgemäß erheblich genauer herstellen (Toleranz nach mm).

Betonkanten sind beim Ausschalen und auch späterhin besonders gefährdet. Kanten mit einem Winkel < 90° lassen sich kaum ausführen. Es
ist aber auch beim rechten Winkel zu empfehlen, die Kanten mittels
Dreikantleisten auf $2 \times 135°$ zu brechen (Abb. 1.1/8c). Diese stoffgerechte
Maßnahme war früher allgemein üblich.

2. Der Beton prägt die Schalung. Der Beton beansprucht die Schalung durch sein Gewicht und den Seitendruck. Die Schalung wird nach
handwerklicher Tradi-
tion [45] oder nach
ingenieurmäßigen Ge-
sichtspunkten [46]
konstruiert. Über den
Seitendruck des Be-
tons gehen die Mei-
nungen noch stark aus-
einander. Die Schwie-
rigkeit liegt darin, daß
wir es mit drei inein-
ander übergehenden
„Aggregat"zuständen
zu tun haben (Abb.

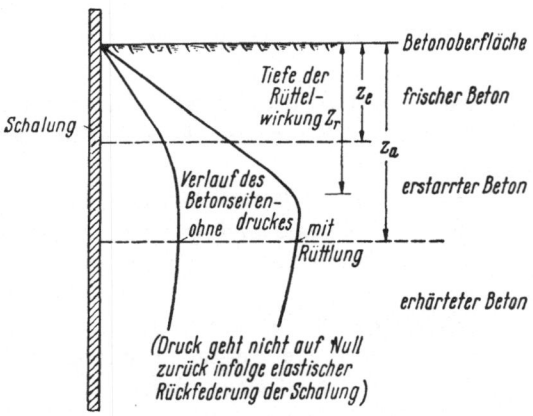

Abb. 1.1/9. Schalungsdruck des Betons (schematisch)

1.1/9): dem frischen
Beton, der eine ge-
wisse innere Reibung besitzt, dem erstarrenden Beton, der thixotrope
Eigenschaften, d. h. eine Kohäsion besitzt, aber bei Erschütterungen
wieder plastisch wird, und dem im Abbinden begriffenen Beton, der
bereits seine echte Festigkeit entwickelt. Die Dicke dieser Schichten
hängt von der Steiggeschwindigkeit v des Betons ab, die sich aus
der Mischerleistung Q (m³/h) und der zu füllenden Fläche F (m²) zu
$v = Q/F$ (m/h) ergibt. Braucht der Zement die Zeit t_e bis zum Beginn
des Erstarrens, so ist die Dicke der Frischbetonschicht $z_e = v \cdot t_e$,

während nach der Zeit t_a bis zum Anfang des Abbindens der Beton die Dicke $z_a = v \cdot t_a$ erreicht hat. Die Zeiten t_e und t_a sind von der Zementsorte und der Betontemperatur stark abhängig. Mit dem inneren Reibungswinkel ϱ, der von der Konsistenz des Betons abhängt, läßt sich unter Vernachlässigung der Wandreibung der Seitendruck innerhalb des Frischbetons angeben zu $p_s = \gamma z \cdot \tan^2\left(45° - \dfrac{\varrho}{2}\right)$. Im Bereich des erstarrenden Betons wird die Druckzunahme wegen der Kohäsion kleiner, im abgebundenen Beton verschwindet sie. Das bedeutet aber nicht, daß zwischen Beton und Schalung dann kein Druck mehr herrscht: die elastischen Deformationen der Schalung werden durch den abgebundenen Beton ja fixiert, so daß dort nun die Schalung gegen den Beton drückt. Die größte, beim Steigen des Betons auftretende Druckordinate bleibt also z. T. erhalten. Um einen Begriff von der Größenordnung des Druckes zu bekommen, setzen wir für einen weichplastisch eingebrachten Beton $\gamma = 2,3$ t/m³, $\varrho = 17,5°$ und erhalten $p_s = 1,25 z$, also 25% mehr als bei Wasserdruck. Da man den Beton mit Rücksicht auf die Verarbeitung mit nicht mehr als $v = 1$ m/h, höchstens 2 m/h steigen lassen darf, könnten wir die Schalung für einen von Hand verdichteten Beton mit einem linear bis zu dem Höchstwert von $p_s = 1,25 \div 2,5$ t/m² anwachsenden Seitendruck bemessen.

Wenn man jedoch Rüttler zur vorübergehenden Aufhebung der Reibung zwischen den Körnern einsetzt (vgl. Abschn. 1.113), werden wir sicherheitshalber $\varrho = 0°$ einsetzen müssen. Außerdem wird bei entsprechender Rütteltiefe die oberste Schicht des erstarrenden Betons wieder verflüssigt und einen Seitendruck ausüben. Der Seitendruck ist also hydrostatisch mit $p_s = \gamma \cdot z = 2,3 z$ anzusetzen. Der Wirkungsbereich des Rüttlers ist zwar begrenzt, breitet sich aber mit seinem Weiterwandern aus. Wenn auch der Druck örtlich wieder abfällt, können die Deformationen der Schalung nur teilweise zurückgehen, da sogleich die innere Reibung des Betons wirksam wird und einen erheblichen Widerstand des Betons von max. $p_s' = \gamma z \tan^2\left(45° + \dfrac{\varrho}{2}\right) = 4,4 z$ zur Folge hat. Wir werden daher aus Sicherheitsgründen gut tun, bei 1 m wirksamer Betonhöhe, wobei ein Teil der erstarrenden Schicht mitzurechnen ist, in großen Betonkörpern den Seitendruck auf die Schalung linear ansteigend mit einer Größtordinate von etwa $p_s = 2,3$ t/m² anzunehmen [47]. Da die wirksame Betonhöhe praktisch 1,5 m nicht übersteigt, beträgt der Seitendruck höchstens 4 t/m², was mit Messungen übereinstimmt [48]. Ältere Veröffentlichungen über den Schalungsdruck, z. B. [49], berücksichtigen nicht die Drucksteigerung durch das Rütteln, sind also heute nicht mehr anwendbar.

Beim Betonieren von Wänden und Stützen rechnet man zu ungünstig, wenn man die Wandreibung, die einen Teil des Betongewichtes

aufnimmt, bei der im Verhältnis zur Höhe geringen Betondicke vernachlässigt (Abb. 1.1/10 a). Da man wie in der Erddrucktheorie das Ver-

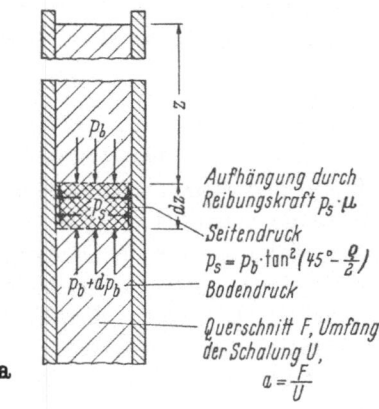

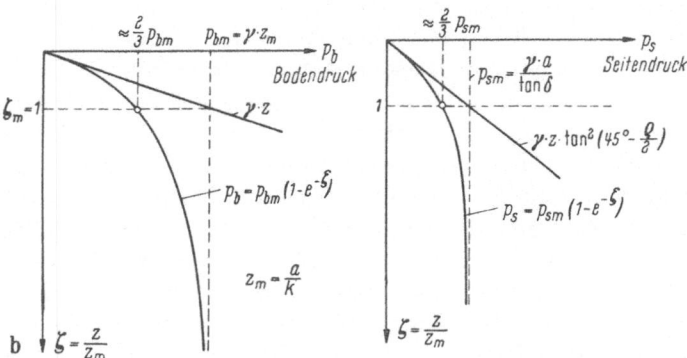

Abb. 1.1/10a u. b. Aufhängewirkung des Betons durch Wandreibung gegen die
Schalung.

a) „Silowirkung" [50], innerer Reibungswinkel des Betons: ϱ,
    Wandreibungswinkel des Betons: δ; $\tan\delta = \mu$, Raumgewicht des Betons: γ,

b) Seiten- und Bodendruck in einer engen Schalung;

    Beispiel: $\gamma = 2{,}3 \text{ t/m}^3$; $\varrho = 17{,}5^\circ$; $\delta = \dfrac{\varrho}{2}$

	d cm	a m	z_m m	p_{bm} t/m²	p_{sm} t/m²
Wand:	10	0,05	0,61	1,40	0,75
	25	0,125	1,51	3,48	1,87
	50	0,25	3,02	6,95	3,74
quadr. Säule:	25	0,0625	0,76	1,75	0,94
	50	0,125	1,51	3,48	1,87

hältnis $\dfrac{p_s}{p_b} = \tan^2\left(45° - \dfrac{\varrho}{2}\right)$ als konstant ansetzen darf, tritt eine Aufhängungskraft proportional dem Seitendruck ein. Die Änderung des Seitendruckes p_s ist also jeweils von dem erreichten Wert abhängig, so daß sie sich nach dem Gesetz des organischen Wachsens vollzieht:

$$p_s = p_{sm}(1 - e^{-\zeta});$$

$$a = \frac{F}{U}; \quad z_m = \frac{a}{k}; \quad \zeta = \frac{z}{z_m}; \quad k = \tan\delta \cdot \tan^2\left(45° - \frac{\varrho}{2}\right); \quad p_{sm} = \frac{a \cdot \gamma}{\tan\delta}.$$

Der Seitendruck strebt also einem von der Wandhöhe unabhängigen Größtwert p_{sm} zu (Abb. 1.1/10 b), sofern der Beton bis zu dieser Tiefe weich bleibt und noch nicht erstarrt. Die Anfangstangente entspricht dem linearen Druckverlauf im unbegrenzten Betonkörper. Auch diese Verhältnisse ändern sich naturgemäß grundlegend durch das Rütteln. Es ist aber aussichtslos, dafür rechnerisch etwas über die Druckverhältnisse aussagen zu wollen, da die „Aufhängewirkung" des Betons an den Wänden nur lokal ausgeschaltet wird. Man wird reichlich sichergehen, wenn man, entsprechend der Abschätzung im unbegrenzten Beton, den doppelten Druck des ungerüttelten Betons annimmt.

Diese groben Annahmen liegen auf der sicheren Seite. Eine genauere Erfassung des Druckes ist wegen der großen Zahl der Einflüsse (Temperatur, Konsistenz des Betons, Zusätze, Rauhigkeit der Zuschlagstoffe, Bewehrung, Rauhigkeit und Durchlässigkeit der Schalung usw.) nicht möglich, so daß die eingehenderen Studien über einzelne Faktoren [51] nur in speziellen Fällen durch Versuche oder Beobachtungen bestätigt werden konnten.

1.12 Die Festigkeiten des Betons

Der Schlüssel zur Beurteilung der Sicherheit der Bauwerke ist die Verknüpfung des Spannungszustandes mit den Stoffeigenschaften. Dabei zeigt sich, daß die einfachen Begriffe von Druck- und Zugfestigkeit keineswegs zur Beschreibung aller Brucherscheinungen ausreichen [53].

1.121 Arten der Festigkeiten

Bereits bei der Beanspruchung auf einfachen (einaxialen) Druck stellen wir fest, daß die Gestalt des Körpers, die Art der Lasteintragung sowie die Zeit eine erhebliche Rolle spielen und für ein und denselben Beton verschiedene Druckfestigkeiten ergeben (Abb. 1.1/11). Einen ersten Schritt zur Klärung bringt die Erkenntnis, daß die Spannungen in den geprüften Körpern keineswegs gleichförmig verteilt sind, daß also die einzelnen Fasern ganz verschieden beansprucht werden. Beispielsweise wird der Beton durch Reibung gegen eine starre Druckplatte festgehalten und seine Querdehnung behindert (Abb. 1.1/12) [52]. Legen wir jedoch eine Gummiplatte zwischen beide, so behindert diese zwar die Querdehnung des Betons nicht mehr, aber ihre eigene Querdehnung läßt sie am Rande ausweichen, wodurch dort die Druckspannungen herabgesetzt werden. Der Beton wird dann in der Mitte stärker gepreßt

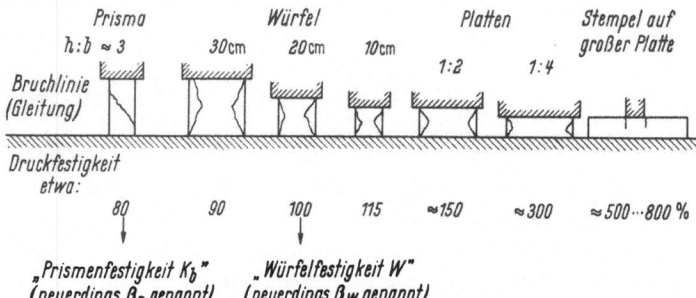

Abb. 1.1/11. Abhängigkeit der Druckfestigkeit von der Körperform

als außen, was waagrecht gerichtete Zugspannungen infolge der Umlenkungen der Drücke zur Folge hat (vgl. Abschn. 2.74). Auch eine zu schwache Druckplatte konzentriert durch ihre Verbiegung die Drücke in der Mitte und verfälscht damit das Ergebnis [53.1]. Unter einem

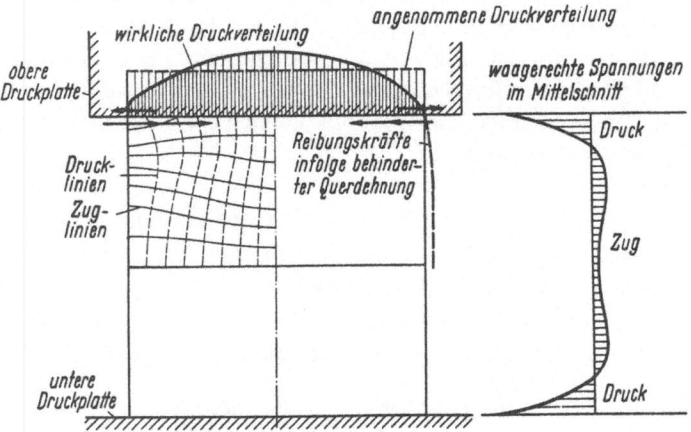

Abb. 1.1/12. Wirkung der behinderten Querdehnung des Betons beim Würfeldruckversuch infolge der Reibung an den Druckplatten [52]

starren Stempel, der auf den Beton drückt, verteilen sich die Pressungen ebenfalls ganz ungleichmäßig (Abb. 1.1/13a). Das gleiche Bild zeigen die Druckspannungen in einem eingeschnürten Druckglied (Abb. 1.1/13b).

Der nächste Schritt zur Klärung der Bruchgefahr ist die Antwort auf die Frage: Wie bricht Beton? Von den verschiedenen Bruchtheorien paßt zu den Versuchsergebnissen mit Beton verhältnismäßig am besten das Kriterium einer Grenzkurve für den ebenen Spannungszustand von MOHR [56]. Sie fußt auf der Darstellung eines durch σ_x, σ_y und τ charakterisierten Spannungszustandes im Spannungskreis (Abb. 1.1/14), der

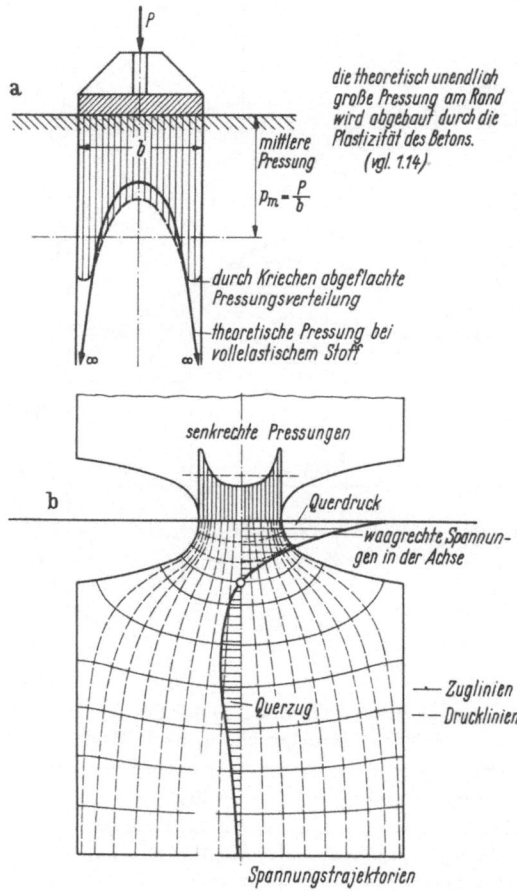

Abb. 1.1/13a u. b. Örtliche Belastung des Betons (vgl. Abb. 1.1/24).

a) durch starren Stempel (Lagerplatte) [54]; b) in einer Einschnürung aus Symmetriegründen gleiche Wirkung wie starrer Stempel [55] (schematisch)

Größe σ_1 und σ_2 und Richtung φ der Hauptspannungen liefert. Alle innerhalb einer parabelähnlichen Grenzkurve [57] liegenden Kreise beschreiben Zustände, die vom Material ertragen werden können. Ein Bruch tritt auf, wenn der Kreis die Grenzkurve berührt. Diese Darstellung zeigt folgendes:

a) Zug verursacht rechtwinklig zu seiner Richtung einen reinen Trennbruch, der innerhalb einer weiten Grenze unabhängig von der dazu senkrecht wirkenden Spannung ist.

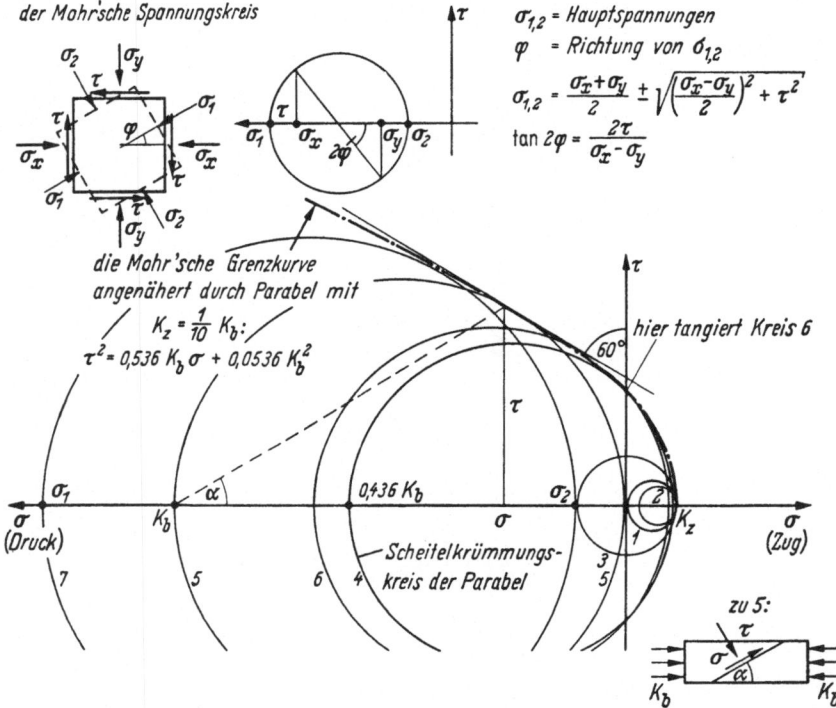

Abb. 1.1/14. Spannungskreis und Grenzkurve der Festigkeit von Beton unter zweiachsiger Beanspruchung nach MOHR

Kreis Nr.	Beanspruchungsart	ergibt	Bemerkung
1	einaxiale Zugbeanspruchung	Trennbruch	maßgebend K_z
2	zweiaxiale Zugbeanspruchung	Trennbruch	maßgebend nur größeres $\sigma = K_z$
3	reine Schubbeanspruchung	Trennbruch	Riß $\perp$ Hauptzugspannung $\alpha = 45°$
4	Druck- und Zugbeanspruchung Grenzfall: $\sigma_d = 0{,}436\,K_b$ $\sigma_z = K_z$	Trennbruch	Zugfestigkeit maßgebend, unabhängig vom Querdruck, solange $\sigma_d \leq 0{,}436 \cdot \sigma_z$
5	einaxiale Druckbeanspr. K_b	Gleitbruch	in der Gleitfläche wirken σ und τ
6	Kombinierte Druck- und Zugbeanspruchung Spezialfall: $\sigma_d = 0{,}68\,K_b$; $\sigma_z = 0{,}85\,K_z$	Gleitbruch	in der Gleitfläche wirkt τ und $\sigma = 0$
7	zweiaxiale Druckbeanspruchung	Gleitbruch	Erhöhung der Druckfestigkeit durch Querdruck

b) Druck verursacht einen Gleitbruch in einem spitzen Winkel ($a \approx$ 25 ÷ 30° bei einachsiger Beanspruchung) zur Druckrichtung.

c) Die Größe der Schubspannung interessiert nicht als solche, da ein reiner Schubbruch praktisch nicht verifizierbar ist. Sie wird nur zur Bestimmung der Hauptspannungen und ihrer Richtungen gebraucht.

Die Aussagen dieses einfachen Kriteriums, das ja nur auf den Gleichgewichtsbedingungen aufgebaut ist und bei dem der Einfluß der dritten Hauptspannung vernachlässigt wird, sind in den meisten Fällen recht befriedigend. Zu den Beispielen Abb. 1.1/11 gibt es einleuchtende Erklärungen: Beim Prisma kann sich unter der Spannung K_b ein Verschiebungsbruch einstellen. Denken wir uns diese Säule unter 45° durchschnitten, so herrscht in diesem Schnitt eine Schubspannung $\tau = K_b/2$, also weit mehr als die sog. „Schubfestigkeit", die man zu etwa $K_b/8$ annimmt. Sie hat jedoch keine Bedeutung für die Festigkeit, da in der Schnittfläche gleichzeitig eine Normalspannung $\sigma = \tau$ anzutreffen ist. Beim Würfel können sich die Gleitflächen nicht frei ausbilden, und es lösen sich die bekannten Doppelkegel seitlich ab. Im Kern ist infolge der behinderten Querdehnung die Festigkeit höher, so daß die Würfelfestigkeit größer als die Prismenfestigkeit ausfällt ($K_b \approx 0,75 ÷ 0,8$ W). Die noch stärkere Behinderung der Querdehnung und die dadurch bedingte Ausbildung von Querdruckspannungen erklären die stark anwachsende Festigkeit niedriger und auch teilbelasteter Betonkörper.

Die Invarianz der Zugfestigkeit und der unbeirrbare Verlauf der Risse rechtwinklig zu den Zugspannungen zeigen sich dagegen am schönsten im Rißbild eines Balkens (Abb. 2.2/63), auf das in Abschn. 2.241, 1 näher eingegangen wird. Der reine Schubbruch läßt sich nicht einmal im sog. Scherversuch erreichen (vgl. Abschn. 2.26, Abb. 2.2/104 c).

Es ist zu beachten, daß die Bruchtheorie von MOHR nur die größte und kleinste der drei räumlichen Hauptspannungen berücksichtigt (Kreis 2 und 7 in Abb. 1.1/14 sind daher streng genommen dreiaxialen Beanspruchungen zugeordnet). Neuere Versuche, bei denen die Querdehnung an den Lasteintragungsflächen nicht behindert wurde [58], haben zwar einen geringen Einfluß der mittleren Hauptspannung auf die Druckfestigkeit nachgewiesen, die Theorie von MOHR jedoch im wesentlichen bestätigt.

Über die Festigkeit beim dreiachsigen Spannungszustand sagt die MOHRsche Grenzkurve nichts aus. Die Zugfestigkeit dürfte auch hier in gewissen Grenzen invariant sein. Große Bedeutung besitzt jedoch das beachtliche Ansteigen der Druckfestigkeit bei dreiachsiger Druckbeanspruchung. Wenn die bei Stempellast in einem begrenzten Körper auftretenden Querzugkräfte durch Behinderung der Querdehnung (etwa eine kräftige Umschnürung, vgl. Abschn. 2.74) ausgeschaltet und in Druck verwandelt werden, kann der Beton ohne Schaden eine Spannung gleich

etwa dem Dreifachen der Würfelfestigkeit W_{28} ertragen [59]. Die
DIN 1045 macht von dieser Tatsache in § 29 nur sehr vorsichtigen Gebrauch, indem sie bei Teilbelastung maximal $\dfrac{W_{28}}{2}$ zuläßt.

Bei lang andauernder Beanspruchung tritt der Bruch bei einer geringeren Spannung ein als bei dem in wenigen Minuten durchgeführten Versuch. Diese sogenannte Dauerstandfestigkeit des Betons liegt für Druck
bei etwa 90% der entsprechenden Kurzzeitfestigkeit, für Zug bei etwa
70% [60]. Die Festigkeit des Betons wird noch stärker beeinträchtigt,
wenn er rasch zwischen einer oberen und unteren Grenze wechselnd

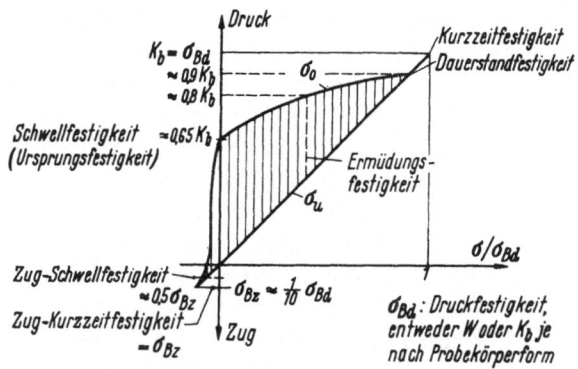

Abb. 1.1/15. Dauerfestigkeiten des Betons bei schwingender Beanspruchung zwischen einer oberen Spannung σ_o und einer unteren σ_u (2 Mill. Lastwechsel) [60]

beansprucht wird (Ermüdungsfestigkeit) (Abb. 1.1/15). Die Darstellung zeigt, daß die sogenannte Ursprungsfestigkeit, bei der die Unter-
spannung = 0 ist, nur bei etwa $^2/_3$ der Kurzzeitfestigkeit liegt. Diese
„Ermüdung" des Betons wird in der Sicherheitszahl sowie den Schwingbeiwerten der DIN 1075 (Massivbrücken) und DIN 120 (Kranbahnen)
berücksichtigt. Die Wirkung der Dauerbeanspruchung ist in den zulässigen Spannungen der DIN 1045 enthalten.

1.122 Prüfung der Festigkeiten des Betons

Die in verschiedenen Normblättern (DIN 1045, 1048) festgelegten
Prüfverfahren stellen Vereinbarungen dar, die zwar keinen Erkenntnis-
wert besitzen, sich aber als Vergleichszahlen zur Beurteilung der Betongüte und damit der Sicherheit bewährt haben [61].

1. **Druckfestigkeit.** Die Druckfestigkeit wird normalerweise an
Würfeln 20/20/20 cm im Alter von 28 Tagen bestimmt (W_{28}). Wird
der Eile halber im Alter von 7 Tagen geprüft, so ist diese Festigkeit W_7
nach DIN 1045 § 6 als 70% von W_{28} bei Zement Z 275, bzw. 80% von W_{28}
bei Z 375 und Z 475 anzusehen. Die Endwerte der Festigkeit werden

nach DIN 4227, 8 etwa bei 1,3 W_{28} bzw. 1,15 W_{28} liegen. Diese Mittelwerte können aber im Einzelfall je nach Zementsorte sehr schwanken.

Den für feinkörnigen Beton verwendeten Würfeln 10/10/10 cm schreibt man bei gleicher Betonqualität 1,15 W_{28}, den für besonders groben Beton verwendeten Würfeln 30/30/30 cm 0,9 W_{28} zu. Neuere Versuche zeigten, daß diese Unterschiede, die aus den Zeiten des Gußbetons stammen, für den Rüttelbeton kaum noch vorhanden sind. Sie waren beim flüssigen Beton auf das Abgeben von Wasser (vgl. Abschn. 1.115) zurückzuführen, das sich beim großen Würfel stärker als beim kleinen bemerkbar macht. Da die Würfel quer zur Füllrichtung der Formen gedrückt werden, wirken sich die verschiedenen Festigkeiten der Schichten in einer Herabsetzung des Mittelwertes aus [62]. Außerdem macht sich beim großen Würfel die erwähnte Verbiegung der Maschinendruckplatte durch eine relativ größere Lastkonzentration stärker als beim kleinen bemerkbar.

Für die Druckfestigkeit von Bauteilen (Stützen, Druckzone von Balken) ist die Prismen-Festigkeit K_b maßgebend, weshalb man in manchen Ländern dazu übergegangen ist, den Beton in Form von Prismen oder Zylindern zu prüfen.

2. Zugfestigkeit. Die Zugfestigkeit wurde früher an einem 8 förmigen Körper (Abb. 1.1/16 a) ermittelt. Man erhielt hierbei verhältnismäßig geringe Werte, die man mit Exzentrizitäten usw. zu erklären suchte. In Wirklichkeit waren infolge der Kerbwirkung die Spannungen sehr ungleichmäßig verteilt und für den Bruch die hohe Randspannung maßgebend [63]. Ein plastischer Ausgleich kann bei dem spröden Beton nicht eintreten. Der Mörtel besaß scheinbar nur eine Festigkeit gleich der Mittelspannung σ_{zm}. Dieses Beispiel zeigt die Wichtigkeit theoretischer Überlegungen vor dem Beginn eines Versuches.

Man prüft die Zugfestigkeit von Mörtel jetzt an kleinen Biegebalken 4/4/16 cm nach DIN 1056, die von Beton an Balken 10/15/70 cm nach DIN 1048, da die Einleitung einer zentrischen Zugkraft in einen größeren Körper schwierig ist (Abb. 1.1/16 b). Der Balken liefert eine etwa 30%· höhere Zugfestigkeit als der zentrische Versuch. Man führte früher die Differenz darauf zurück, daß der Beton auf Zug einen kleineren und mit der Spannung abnehmenden Elastizitätsmodul als auf Druck habe und sich hieraus eine gekrümmte Spannungsverteilung mit geringerer Randspannung ergebe (Abb. 1.1/16 d). Der Unterschied der Elastizitätszahlen dürfte aber bei diesen kleinen Spannungen gering sein und kaum zur Erklärung hinreichen. Einen erheblichen Einfluß besitzt nach neueren Beobachtungen die Größe der beanspruchten Fläche. Der Zugbruch geht wegen der Sprödigkeit des Betons stets von der Spannungsspitze an einer Störung — z. B. einer Blase, einer Schmutzstelle an einem Zuschlagkorn — aus und breitet sich sofort auf die ganze Fläche aus. Wenn nun ein Probebalken eine bestimmte Zahl von Störstellen enthält, so kann beim zentrischen Zugversuch jede einzelne den Bruch herbeiführen. Beim Biegeversuch hingegen wird nur die Randfaser einer Seite auf eine kurze Strecke voll auf Zug beansprucht und daher die Wahrscheinlichkeit eines Bruches infolge einer Störstelle weitaus geringer [65]. Daraus ließe sich die höhere durchschnittliche Zugfestigkeit eines Balkens erklären.

Für die Zugfestigkeit des Betons ist in erster Linie die Haftung des Mörtels an den Grobzuschlägen maßgebend. Da sie i. allg. bei gebrochenem Material besser ist als bei Rundkorn, gibt jenes eine höhere Zugfestigkeit.

Eine neue Methode, die zentrische Zugfestigkeit zu bestimmen, ist in den USA entwickelt worden. Sie beruht darauf, daß eine Schneidenlast längs zweier Erzeugender eines Zylinders eine fast gleichförmige Querzugspannung erzeugt, wie die Berechnung als Scheibe zeigt (Abb. 1.1/16c). Sie läßt sich also mit der gleichen Druckpresse und am gleichen Probekörper wie die Zylinderdruckfestigkeit ermitteln. Die Vorteile dieses Verfahrens liegen auf der Hand und es ist zu wünschen, daß es auch bei uns zugelassen wird.

3. Zerstörungsfreie Betonprüfung. Die Normverfahren setzen voraus, daß sachgemäß hergestellte und gelagerte Probekörper in genügender Zahl vorhanden sind und die Entnahme über das ganze Bauwerk verteilt war. Wenn sie verbraucht sind, ist keine weitere Kontrolle möglich außer an von Hand ausgestemmten oder besser herausgebohrten Probestücken, was aber wegen der Kosten auf Ausnahmefälle beschränkt bleibt.

Man hat daher verschiedene Prüfverfahren entwickelt, die ohne Probekörper Aufschluß über die Betonfestigkeit geben.

a) Die mechanischen Prüfverfahren benutzen die Wirkung einer Stahlkugel, die mit einem bestimmten, durch eine Feder aufgespeicherten Arbeitsvermögen auf den Beton „geschossen" wird. Diese Schlagenergie wird teils in bleibende Formänderungen des Mörtels an der Oberfläche (Stoßverlust), teils in elastische Verformung des umgebenden Betons umgesetzt, wobei der letztere Anteil ein Rückprallen der Kugel bewirkt. Beim „Frankschen Hammer" wird die plastische Verformung des Mörtels als Maß seiner Festigkeit durch Ausmessen des Kugeleindruckes bestimmt. Die Relation zwischen diesem und der Würfelfestigkeit wurde rein empirisch durch „Beschießen" von Würfeln bekannter Festigkeiten gewonnen und ist in einer dem Gerät beigegebenen Tabelle angegeben [66].

Der ähnlich wirkende „Schmidt-Hammer" mißt dagegen den durch elastische Rückfederung des Betons wiedergewonnenen Anteil der

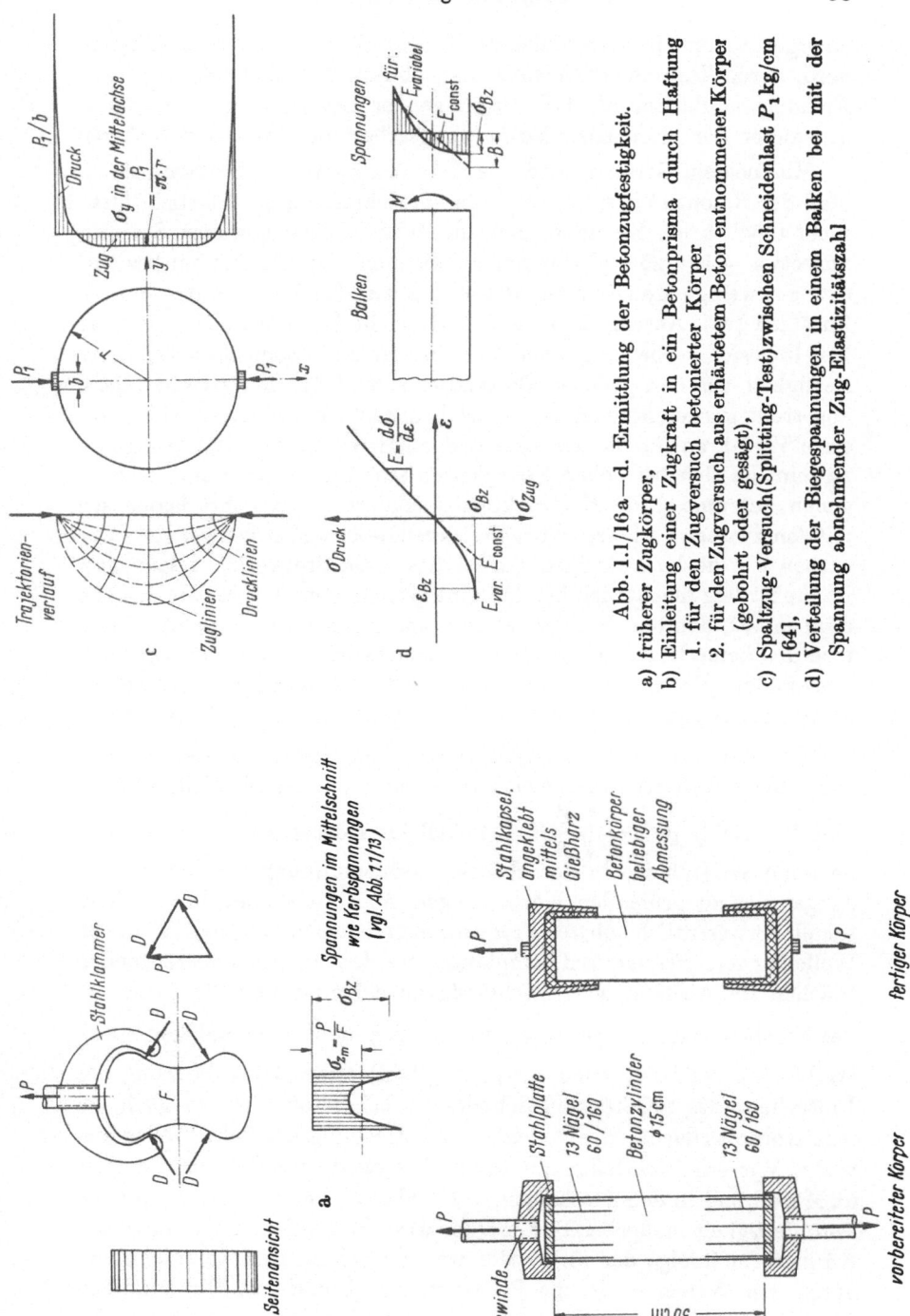

Abb. 1.1/16a—d. Ermittlung der Betonzugfestigkeit.
a) früherer Zugkörper,
b) Einleitung einer Zugkraft in ein Betonprisma durch Haftung
1. für den Zugversuch betonierter Körper
2. für den Zugversuch aus erhärtetem Beton entnommener Körper (gebohrt oder gesägt),
c) Spaltzug-Versuch (Splitting-Test) zwischen Schneidenlast P_1 kg/cm [64],
d) Verteilung der Biegespannungen in einem Balken bei mit der Spannung abnehmender Zug-Elastizitätszahl

Energie, indem die rückprallende Kugel mit einer Feder aufgefangen wird, deren Zusammendrückung man abliest. Die ebenfalls empirische Eichung beruht darauf, daß mit steigender Betongüte der Stoßverlust gegenüber der elastischen Verformungsarbeit des Betons zurückgeht.

Mit beiden Geräten wird die Zerstörungsarbeit (Stoßverlust) als Maß der Betonfestigkeit benutzt, da ein Schluß auf die Elastizitätszahl nicht möglich ist. Sie haben sich im Rahmen einer gewissen Streuung von etwa $\pm 15 \div 25\%$ als brauchbar erwiesen. Die Eichkurven beziehen sich auf wenige Monate alten Beton und sind bei Verwendung von LP-Zusätzen (vgl. Abschn. 1.113 und 1.31) nicht brauchbar. Die Genauigkeit läßt sich verbessern, wenn Vorversuche an Betonproben bekannter Festigkeit aus den gleichen Bestandteilen und Mischungsverhältnissen angestellt werden können. Nach Erfahrungen des Verfassers scheint das erste Verfahren für die geringen und mittleren Festigkeiten geeigneter zu sein, da sich bei hohen Festigkeiten sehr kleine und damit nur ungenau auszumessende Eindrückungen ergeben. Umgekehrt lassen sich mit dem zweiten Verfahren die schlechteren Betonsorten weniger gut untersuchen als die hochwertigen, da bei diesen der Stoßverlust relativ groß ist. Außerdem macht sich bei ihm eine geringe Betonmasse, wie etwa bei dünnen Wänden und Schalen, störend im Sinne einer zu kleinen Rückfederung bemerkbar. Systematische Versuchsreihen unter verschiedenen Umständen (Beschaffenheit der Oberfläche, der Feuchtigkeit und des Alters des Betons) liegen noch nicht in genügendem Umfange vor.

b) Die akustischen Prüfverfahren bedienen sich der Beziehung zwischen der Schallgeschwindigkeit v in einem Stab, der Elastizitätszahl E und der Dichte ϱ: $v = \sqrt{\dfrac{E}{\varrho}}$ [67]. Schall im Hörbereich ist ungeeignet, da seine Wellenlänge in der gleichen Größenordnung wie die Abmessungen der zu prüfenden Körper liegen. Man verwendet daher Ultraschall mit wesentlich höheren Frequenzen und dementsprechend kürzeren Wellenlängen. Sender und Empfänger werden an gegenüberliegenden Flächen im Abstand a kraftschlüssig angeklemmt und die Laufzeit t des Schalles elektrisch gemessen, woraus sich die Geschwindigkeit $v = \dfrac{a}{t}$ ergibt. Die bei homogenen Körpern (Stahl) anwendbare Messung des Eintreffens des reflektierten Schalles ist bei Beton nicht möglich, da jede Kornoberfläche eine Reflexion und Brechung der Schallwellen bewirkt. Wir erhalten daher nur einen Mittelwert zwischen der Laufzeit im Mörtel und in den Zuschlägen, wobei aber i. allg. nur ersterer für die Betonfestigkeit maßgebend ist. Ferner wird die Laufzeit noch durch die Körperform infolge der mehr oder weniger behinderten Querdehnung, durch den Wassergehalt, die Porosität usw. beeinflußt. Die erhaltene Elastizitätszahl stimmt meist nicht gut mit derjenigen aus dem Kompressionsversuch überein, die durch Mittelbildung im Bereich der Gebrauchsspannungen gewonnen wird (vgl. Abschn. 1.13), weil beim Ultraschall nur ganz kleine Spannungsintervalle um die Spannung 0 herum auftreten.

Man meinte nun, aus der Laufgeschwindigkeit auch auf die Festigkeit schließen zu können. Hierüber vermag die Schallmessung aber nichts auszusagen, da die Beziehung zwischen der Elastizitätszahl E und der Würfelfestigkeit W ein reines Problem der Betontechnologie ist. Da erstere die reversiblen Formänderungen, letztere einen Gleitvorgang des inhomogenen Stoffes „Beton" beschreibt, kann nur eine stark streuende, generelle Beziehung angegeben werden. Verschiedene Autoren haben sehr abweichende Formulierungen gewählt. Wir benutzen [10] $E = k \sqrt{W}$ mit $k = 16\,000 \div 24\,000$ (E und W in kg/cm²) und erhalten hieraus $W = \dfrac{E^2}{k^2}$ und mit der Laufgeschwindigkeitsbeziehung $E = v^2 \cdot \varrho$ $W = v^4 \dfrac{\varrho^2}{k^2}$. Die Festigkeit reagiert also sehr empfindlich auf Streuungen der Laufgeschwindigkeit ($v \pm 5\%$ ergibt $W \pm 20\%$; $v \pm 10\%$ ergibt $W \pm 45\%$!). Diese Überlegung zeigt schon, abgesehen von der Unsicherheit des Wertes k, daß man die Festigkeitsbestimmung mit Ultraschall mit großer Vorsicht aufnehmen muß. Außerdem geht in die Messung in erster Linie die Festigkeit der Zuschläge ein, die etwa 80% des Betonvolumens ausmachen, und nicht die des Zementleimes, auf die es ja hauptsächlich ankommt. Immerhin kann der Ultraschall in gewissen Fällen ein wertvoller Helfer sein [68]:

a) Die Laufzeitmessung kann einen Anhalt über lokal abweichende Festigkeiten, Hohlstellen usw. und damit rasch und bequem einen Überblick über den Gesamtzustand eines Bauwerkes geben.

b) Gefügestörungen durch Frost oder chemische Einflüsse können mit Ultraschall im Entstehen verfolgt werden, längst ehe sie sich in Formänderungen auswirken. Auch die Dauerstandfestigkeit verrät sich schon im Kurzzeitversuch durch zunehmende Laufzeiten infolge beginnender Gefügestörungen bei etwa 80% der Prismenfestigkeit [69].

1.13 Elastizität des Betons

Elastizität und Plastizität bezeichnen den bei Entlastung umkehrbaren bzw. den nicht umkehrbaren Anteil der Stauchungen des Betons. Beide lassen sich wie auch die Druckfestigkeit nicht durch konstante Werte beschreiben und im Versuch zudem nur schwer voneinander trennen. Bereits bei der Erstbelastung eines Versuchskörpers zeigt sich eine bleibende Verformung („jungfräuliche Zusammendrückung") (Abb. 1.1/17a). Man ermittelt daher den E-Modul für den Gebrauchszustand durch mehrmalige Be- und Entlastung mit der zulässigen Spannung als sog. Sehnenmodul. Steigert man die Oberspannung, so zieht sich

3*

die Verformungsgerade in Hysteresisschleifen auseinander, die letzten Endes $\left(\text{etwa bei } \frac{2}{3} W_{28}\right)$ nicht mehr zum Stehen kommen. Man nähert sich dann der Schwingungsfestigkeit. Jedenfalls kann man aus dem Erstversuch nicht etwa einen „Tangentenmodul" in der Form $E = \dfrac{d\sigma}{d\varepsilon}$

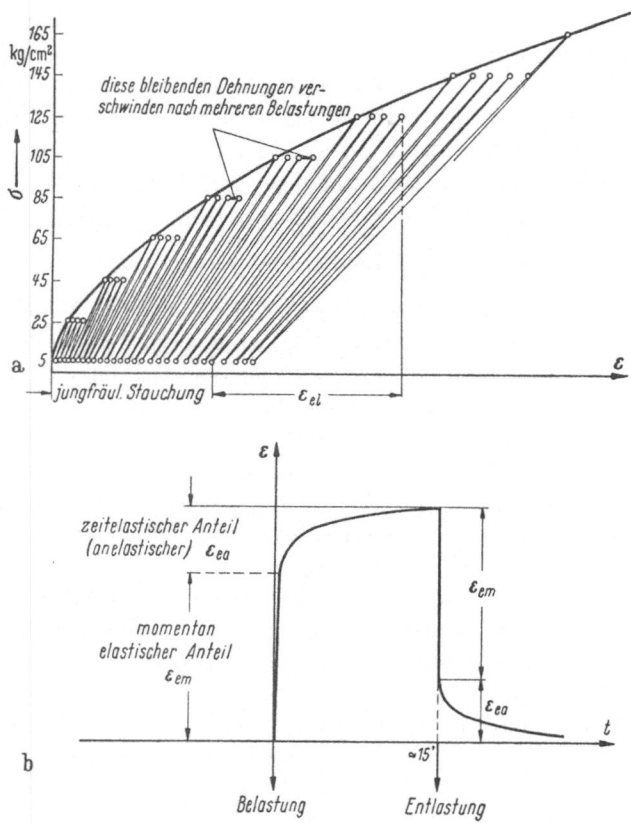

Abb. 1.1/17 a u. b. Spannungsdehnungsdiagramm des Betons.
a) im wiederholten Druckversuch [70], b) Zeiteinfluß bei elastischen Formänderungen von Beton: Momentane und „aufgeschobene" Elastizität [71]

ableiten, da bei Lastrückgang die Verformungskurve des Hingangs nicht eingehalten wird.

Ein **Zeiteinfluß** macht sich aber auch schon bei rein elastischen, d. h. voll umkehrbaren Verformungen bemerkbar, wenn man dem Beton dazu Zeit läßt (Abb. 1.1/17 b). Diese Erscheinung ist z. B. bei der Messung von Brückendurchbiegungen zu beobachten. Wenn die Lasten rasch aufgebracht werden, wachsen die Senkungen innerhalb etwa 10 Min. um rund $10 \div 15\%$ der anfangs gemessenen Werte an. Ebenso gehen die Durchbiegungen nach Entlastung zu $85 \div 90\%$ sofort zurück; der Rest folgt wieder in einigen Minuten (anelastische Stauchung).

Aus dieser Vielfalt der Erscheinungen hat man Mittelwerte für die Elastizitätszahlen E der verschiedenen Betonklassen abgeleitet, um eine allgemein verbindliche Grundlage zu schaffen und in DIN 4227, 7.31 für Spannbeton niedergelegt. In der DIN 1045 sind allerdings für Stahlbeton wesentlich kleinere E festgelegt. Worin ist dieser Unterschied begründet? Bei der Berechnung der Spannbetonbauteile sind die Auswirkungen des Betonkriechens auf den Spannungszustand gesondert zu verfolgen, während man gemeinhin das Kriechen bei der Bemessung von Stahlbetonquerschnitten außer acht läßt. In der für die Bemessung vorgeschriebenen Verhältniszahl $n = \dfrac{E_e}{E_b} = 15$ steckt $E_b = 140\,000$ kg/cm², wodurch die Anfangsstauchung und ein Teil der Kriechwirkung erfaßt ist. Ferner hat man bei der Abfassung der Norm (1943!) nur an die einfacheren Betonsorten gedacht, denen der Wert $E = 210\,000$ kg/cm² entspricht, der ja auch laut DIN 1045 zur Berechnung der Formänderungen anzuwenden ist.

Die festgesetzten Werte gelten für wenige Monate alten Beton. Mit wachsendem Alter nimmt die Elastizitätszahl wie auch die Festigkeit noch erheblich zu. Um diesem Einfluß Rechnung zu tragen, findet man in der Literatur [10] verschiedene rein statistisch gefundene Interpolationsformeln, von denen der Ausdruck $E = k\sqrt{W}$ ($k = 16 \div 24\,000$, i. M. 19000; E und W in kg/cm²) schon erwähnt wurde.

Für die Abschätzung des Schwingungsverhaltens von Stahlbetonbauten braucht man den ,,dynamischen E-Modul", der nicht gleich dem statischen Wert gesetzt werden darf. Neuere Versuche [74] haben für B 300 : $E = 300\,000$ kg/cm², für B 450 : $E = 325\,000$ kg/cm² und für B 600 : 340000 kg/cm² ergeben. Bei kleineren Frequenzen ($1 \div 10$ Hz) entspricht er etwa dem statischen E-Modul. Der Beton der Versuchsbalken wurde hierbei zur Ausschaltung von Zugspannungen und damit von Rissen vorgespannt. Die Dämpfung erwies sich als sehr klein ($D = 0,01$).

Die Elastizitätszahl des Betons bei Zug wird kleiner als die für Druck angegeben [10]. Sie besitzt nur geringe Bedeutung, da man beim Stahlbeton in der Zugzone aus Sicherheitsgründen ja auf die Mitwirkung des Betons verzichtet und beim Spannbeton Zugspannungen ganz ausschaltet oder nur in geringem Maße zuläßt. Die größte Zugdehnung kurz vor dem Bruch liegt bei $0,10 \div 0,20^0/_{00}$, ohne daß die Arbeitslinie wesentliche Abweichungen von einer Geraden erkennen läßt.

Außer der Stauchung in Richtung x der Spannung zeigt der Beton Querdehnungen in den beiden anderen Achsrichtungen y und z. Da kein gedrückter Körper im Bereich der Gebrauchsspannungen sein Volumen vergrößert, kann sich die Querdehnungszahl $\nu = \dfrac{\varepsilon_y}{\varepsilon_x} = \dfrac{\varepsilon_z}{\varepsilon_x}$ äußerstenfalls dem Wert 0,5 nähern. Für gewöhnlichen Beton wird $\nu = 0,15 \left(\approx \dfrac{1}{6} \right)$ gesetzt, bei hochwertigen Betonsorten steigt ν auf $0,2 \div 0,25$. Das Elastizitätsgesetz des Betons bei mehrachsiger Beanspruchung wird durch Überlagerung der Wirkungen wie bei einachsiger Beanspruchung in linearer Form angesetzt: $\varepsilon_x = \dfrac{1}{E}\,(\sigma_x - \nu\,\sigma_y - \nu\,\sigma_z)$ usw. Dieses Superpositionsgesetz begründet die Anwendung der Elastizitätstheorie auf zwei- und dreidimensional wirkende Bauteile und ist durch Erfahrungen und Versuche im Gebrauchszustand hinreichend bestätigt.

1.14 Plastizität des Betons (Kriechen)

Die Plastizität des Betons im Sinne bleibender Stauchungen ist aus der Krümmung der Arbeitslinien für einachsige Beanspruchung bei höheren Spannungen zu erkennen. Mit zunehmender Betongüte strecken sich die Arbeitskurven, während die Bruchstauchungen abnehmen (Abb. 1.1/18a). Die Bruchstauchungen am Rand von Balken z. B. sind außerdem erheblich von der Querschnittsform (Abb. 1.1/18b) und von der Belastungsgeschwindigkeit abhängig [76]. Sie sind bei mehrachsiger Beanspruchung wesentlich größer (Abb. 1.1/19a) als bei einachsiger, wie ja in diesem Falle auch die Festigkeit stark ansteigt (vgl. Abschn. 1.121). Beispielsweise verkürzen sich Mörtelzylinder, ohne Zerstörungserscheinungen (Gleitflächenbildung) zu zeigen, dann bis zu 20% (Abb. 1.1/19b). Die Querdehnungszahl nimmt bei diesen hohen Spannungen stark zu, d. h., die Verminderung des Volumens verschwindet und geht schließlich kurz vor dem Bruch in eine Vermehrung über (Abb. 1.1/20). Auf diesem Verhalten beruht die Wirkung von Umschnürungen (vgl. Abschn. 2.11), in denen bei höheren Laststufen dann Ringkräfte erzeugt werden, die ihrerseits Querdruckspannungen im Beton und eine Erhöhung seiner Festigkeit ergeben.

Außer den kurzzeitigen Verformungen führt der Beton bereits unter den Gebrauchsspannungen noch langzeitige aus, die wiederum in umkehrbare (Anelastizität oder Kriecherholung) und nicht umkehrbare (Plastizität, Kriechen) unterteilt werden können (Abb. 1.1/21a). Der Beginn ist bereits im Kurzzeitversuch festzustellen (vgl. Abschn. 1.13), so daß der Begriff der rein elastischen Verformung sich als ein idealisierter Grenzwert erweist (Abb. 1.1/21b). Der von DISCHINGER [80] herrührende Ansatz für die Kriechstauchung $\varepsilon_k = \varepsilon_{k\infty}\,(1 - e^{-At})$, oder nach Division mit ε_0: $\varphi = \varphi_\infty (1 - e^{-A t})$, ist zwar mathematisch einfach zu behandeln, entspricht aber nur dem Kriechvorgang in längeren Zeiträumen. In den ersten Wochen geht die Stauchung rascher vor sich und wird besser etwa in der Form $\varepsilon_k = \varepsilon_0 \cdot 0{,}165 \cdot \sqrt[3]{t}$ (t in std.) [81]

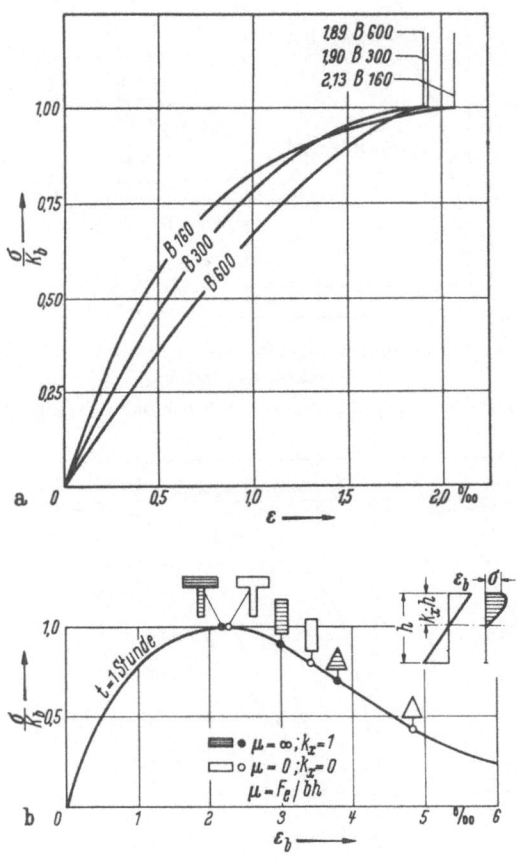

Abb. 1.1/18a u. b.

a) Verformungsdiagramme von Prismen aus verschiedenen Betonsorten [75],
b) größte Bruchstauchungen am Rande der Druckzone gebogener Balken für verschiedene Querschnittsformen und Bewehrungsgrenzen [75]

wiedergegeben. Dieser Verlauf besitzt für die Erfassung der Wirkung stufenweiser Belastung Bedeutung.

Die Größe der Kriechstauchung ε_k ist im Bereich der Gebrauchsspannungen proportional zur elastischen Stauchung ε_{el}, mithin $\varepsilon_k = \varphi \cdot \varepsilon_{el} = \varphi \dfrac{\sigma_0}{E_0}$. Durch diese lineare Beziehung wird die mathematische

Behandlung entscheidend vereinfacht, da verschiedene Kriechvorgänge wie die Belastungszustände linear überlagert werden können.

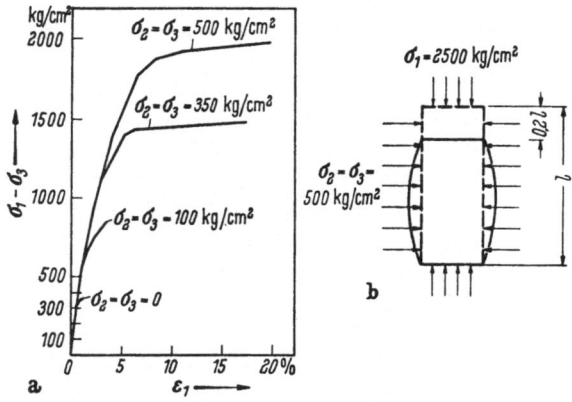

Abb. 1.1/19 a u. b. Verformungsfähigkeit von Zementmörtel bei mehrachsiger Druckbeanspruchung.

a) Versuche an Prismen [77], b) Versuchskörper nach Verkürzung um 20% [77]

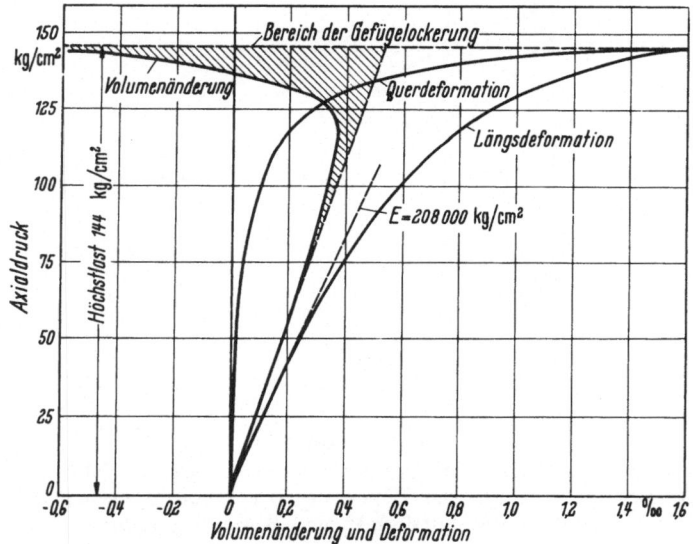

Abb. 1.1/20. Formänderungen eines unbewehrten Betonzylinders für verschiedene Laststufen [78]

Die Kriechzahl φ_∞ gibt das Endkriechmaß an, das nach mehreren Jahren erreicht wird. Da wir über die physikalische Natur des Kriechens noch wenig wissen [82], sind für die Kriechzahl von ver-

schiedenen Forschern erheblich voneinander abweichende empirische
Werte gefunden worden [83]. Sie hängt von einer großen Zahl von
Faktoren ab, als deren wichtigste wir folgende anführen [84]:

a) Das Kriechen spielt sich nur im Zementleim ab, so daß die Kriechzahl um so höher ausfällt, je mehr Zement der Beton enthält.

b) Die höherwertigen Zementsorten zeigen ein geringeres Kriechmaß als die normalen.

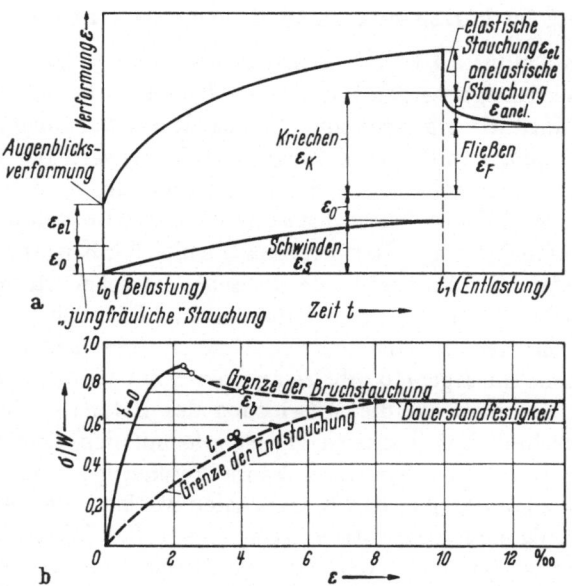

Abb. 1.1/21 a u. b. Gesamtstauchungen des Betons im Langzeitversuch.
a) im Bereich der Gebrauchsspannungen [71], b) bis zur Bruchstauchung als
Funktion der Belastungsdauer. Elastische Stauchung als unterer Grenzwert der
Zeitformänderung für $t = 0$ (Kurzzeitbelastung) [79]

c) Je fester der Beton zur Zeit des Belastungsbeginnes im Verhältnis zu seiner Endfestigkeit ist, um so mehr verringert sich das
Kriechmaß. Die plastische Deformation wird also durch Hinausschieben
des Belastungszeitpunktes vermindert („Kriechschonzeit") [85].

d) Größere Feuchtigkeit der Umgebung setzt das Kriechen herab.
Das oft beobachtete kleinere Kriechmaß großer Bauwerke gegenüber Probekörpern im Laborformat dürfte darauf zurückzuführen sein,
daß jene im Inneren noch lange feucht bleiben.

e) Die Zuschläge spielen insofern eine Rolle, als sie nicht kriechen
und sich dadurch die Spannungen vom Zement teilweise auf die Körner
umlagern, die sich nur elastisch deformieren. Die Wirksamkeit dieser

Umlagerung, d. h. die Entlastung des Mörtels, ist um so größer, je härter die Zuschläge sind, so daß mit Basalt, Quarz oder Kalk hergestellter Beton kleinere Gesamtformänderungen zeigt als solcher mit Sandstein oder Basalttuff (kleineres E).

f) Die Porigkeit des Betons setzt das Kriechmaß bedeutend herauf und kann den Einfluß des Mörtelgehaltes überdecken. Es ist daher zur Herabsetzung des Kriechens wirkungsvoller, einen dichten Beton durch etwas mehr Zement und geringere Wasserbeigabe anzustreben, als den Zementzusatz zu kürzen und dafür einen porigen Beton zu erhalten.

Da diese Einflüsse bei praktischen Aufgaben unmöglich alle zahlenmäßig berücksichtigt werden können — abgesehen davon, daß sie erst zum Teil quantitativ erforscht sind —, enthält das Normblatt DIN 4227 für die Bemessung von Spannbetonbauteilen Mittelwerte der Endkriechmaße, die nur abhängig von den Umweltbedingungen sind. Der vor: herrschende Einfluß des Belastungszeitpunktes wird durch den Korrekturfaktor k berücksichtigt. Darüber hinaus sollte der Konstrukteur Maßnahmen treffen, um das meist unerwünschte Kriechen zu vermindern. Die angeführten Punkte $a \div f$ enthalten hierzu Hinweise.

Die Vorschriften und die meisten Versuche beziehen sich auf das Druckkriechen. Naturgemäß gibt es aber auch ein Kriechen unter Zugspannungen. Da man auf die Mitwirkung des Betons in der Zugzone zumeist verzichtet, hat man sich ebenso wie mit den elastischen Verlängerungen mit den plastischen kaum beschäftigt und wird diese gegebenenfalls mit den gleichen Kriechzahlen wie bei Druck abschätzen.

Ebensowenig sind systematische Versuche in der Literatur über das Querkriechen zu finden, so daß man im Bereich der Gebrauchsspannungen die gleiche Querdehnungszahl ν wie für elastische Verformungen ansetzt. Einzelne Versuche deuten allerdings darauf hin, daß die Querkriechzahl unter den üblichen Spannungen hinter der elastischen Querdehnungszahl ν zurückbleibt.

Das Kriechen des Betons hat sowohl erwünschte als auch unerwünschte Folgen, die dem Konstrukteur geläufig sein müssen. Wir erwähnen hier zunächst nur qualitativ einige wichtige Erscheinungen, die z. T. später an geeigneter Stelle noch quantitativ weiter verfolgt werden.

Unerwünschte Wirkungen:

a) Stahlbetonbalken vergrößern mit der Zeit ihre anfängliche Durchbiegung durch zunehmende Kompression der Druckzone. Würden sie nur aus Beton bestehen und Zug- und Druckkriechen gleich sein, so würde sich das φ-fache der elastischen Durchbiegung einstellen. Da aber die Zugkräfte durch den nicht kriechenden Stahl aufgenommen werden, stellt sich nur etwa $^1/_3$ jenes Wertes ein (vgl. Abschn. 2.224, 1).

b) Spannbetonbalken ändern ebenfalls mit der Zeit ihre anfänglichen Verformungen. Vorzeichen und Größe richten sich nach dem Verlauf der Spannungen in den Querschnitten, die in ihrer ganzen Fläche Druckspannungen aufweisen. Sie nähern sich in ihrem Verhalten daher homogenen Betonbalken und dürften angenähert das $0{,}7 \cdot \varphi$-fache ihrer Anfangsdurch- oder -aufbiegung als Kriechverformung zeigen (vgl. Abschn. 2.224, 2).

c) Vorgespannte Bewehrung steht im Verbund mit dem umgebenden Beton, der unter ständiger Last gedrückt wird. Da dieser mithin eine plastische Stauchung erleidet, verkürzt sich auch die Bewehrung mit der Zeit und verliert an Spannung (vgl. Abschn. 2.232, 1a).

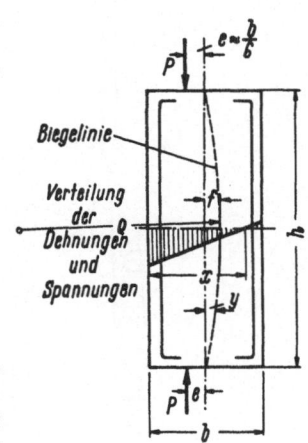

Abb. 1.1/22. Kriechauswirkung bei einer exzentrisch belasteten Stütze.

Konstante Exzentrizität erzeugt konstantes Moment $M = P\,e$

Elastischer Zustand: $\varepsilon_{el} = \dfrac{\sigma_0}{E_0}$; ε_{el} = Randstauchung; σ_0 = -spannung,

Krümmung in der Mitte $\varphi' = \dfrac{1}{\varrho_0} = \dfrac{\varepsilon_{el}}{x}$ (Gerissene Zugzone),

Ausbiegung der Stütze: $f_0 \approx \dfrac{h_2}{10 \cdot \varrho_0}$

Plastischer Zustand (angenähert ohne Berücksichtigung der Bewehrung) $\varepsilon = \varepsilon_{el} + \varepsilon_K = \varepsilon_{el}\,(1+\varphi)$,

$\dfrac{1}{\varrho} \approx \dfrac{\varepsilon_{el}}{x}\,(1+\varphi);\ f \approx f_0\,(1+\varphi)$

Diese Vergrößerung der Ausbiegung vermehrt die Lastexzentrizität in der Mitte, damit weiterhin σ, ε und f (Theorie 2. Ordnung), so daß eine Gefährdung durch Druckbruch eintreten kann (vgl. Abschn. 2.11)

Da der Ausgleich dieses Verlustes den Stahlaufwand und damit die Kosten erhöht, hat man sich, erst veranlaßt durch die Entwicklung des Spannbetons, intensiv mit dem Kriechen beschäftigt.

d) In zentrisch belasteten Stahlbetonstützen verkürzt sich der Beton plastisch, aber der Stahl nur elastisch. Da beide ihre Länge um das gleiche Maß vermindern, tritt eine starke Umlagerung der Last vom Beton auf die Längsstäbe ein, deren Spannung erheblich anwächst (vgl. Abschn. 2.11).

e) Stahlbetonstützen mit exzentrischer Belastung besitzen eine Anfangskrümmung (Abb. 1.1/22), die sich plastisch mit der Zeit vergrößert. Dadurch wachsen die Lastexzentrizitäten und Spannungen an [86] und können die kritischen Werte selbst dann erreichen, wenn die Stützen im elastischen Zustand mit der vorgeschriebenen Sicherheit bemessen wurden (vgl. Abschn. 2.11).

f) Werksteinverkleidungen von Betonstützen nehmen am Kriechen nicht teil, da sie ja zumeist unter dem Druck von Hunderten von at gestanden haben. Sie widersetzen sich daher wie der Stahl in Stützen dem Kriechen des Betons und beteiligen sich mit der Zeit an der Lastaufnahme (Abb. 1.1/23a). Die dabei im Naturstein auftretende Spannung kann so groß werden, daß dessen Festigkeit erschöpft wird oder daß

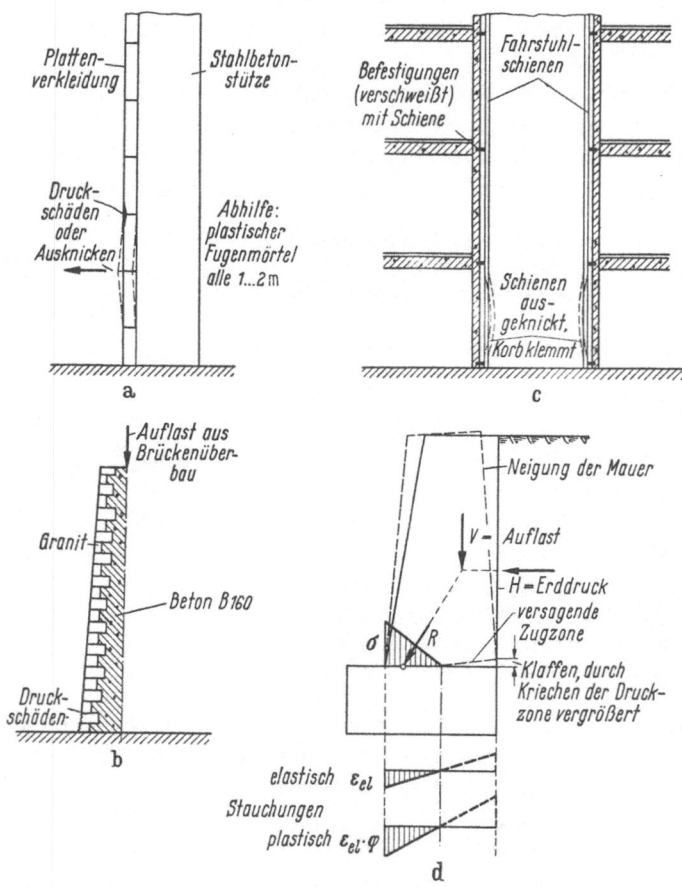

Abb. 1.1/23a—d. Schäden durch Kriechverkürzung des Betons.
a) Schäden an der Natursteinverkleidung einer Hochhausstütze, b) hoher Brückenpfeiler mit Werksteinverkleidung, c) Klemmen eines Fahrstuhles im Erdgeschoß eines Hochhauses, d) Vergrößerung der Schiefstellung einer Stützmauer und der Öffnung der Aufstandsfuge

die Verkleidung ausknickt. Dieser Erscheinung kann man dadurch abhelfen, daß man in geringen Abständen (etwa 1÷2 m) die Lagerfugen mit einer plastischen Masse ausfüllt oder die Platten einzeln, mit offenen Fugen anheftet. Solche Überbeanspruchung ist auch an Werksteinverkleidungen hoher Brückenpfeiler und an keramischen Verkleidungen von Betonstützen beobachtet worden (Abb. 1.1/23b). Die Umlagerung kann wie bei Stahlbetonstützen berechnet werden (vgl. Abschn. 2.11).

g) Durch dieselbe Wirkung des Ausknickens klemmten die Leitschienen eines Aufzuges in einem Hochhaus nach 3 Monaten Betriebszeit den Korb fest (Abb. 1.1/23c). Sie waren in einem Stück versetzt und mit dem Stahlbetonschacht fest verbunden. Hier setzte wiederum eine Lastumlagerung ein, unter deren Wirkung die Leitschienen ausgeknickt waren. Der Schaden wäre leicht durch bewegliche Schienenstöße oder gleitende Befestigung des ganzen Stranges von unten bis oben zu vermeiden gewesen.

h) Risse in unbewehrtem Beton infolge exzentrischer Belastung (Abb. 1.1/23d) öffnen sich zunehmend durch das Kriechen, sofern die zugehörige Verdrehung nicht behindert ist (vgl. Abschn. 2.241, 2; Abb. 2.2/86).

Wohltätige Wirkungen:

a) Abbau von Spannungsspitzen. Nach der Elastizitätstheorie errechnete ∞ große Spannungsordinaten (vgl. Abschn. 2.74) überschreiten ohnehin den Gültigkeitsbereich des linearen Formänderungsgesetzes und werden durch Plastifizierung abgebaut. Darüber hinaus flachen sich nichtlineare Spannungsverteilungen in ebenbleibenden Querschnitten durch das Kriechen ab. Beispielsweise wird sich auf diese Weise die große Pressung am Rande eines starren Stempels mit der Zeit dem Mittelwert nähern (Abb. 1.1/13a). Diese Tatsache spielt eine große Rolle bei den Ankerkörpern von Spanngliedern. Wenn diese nicht, wie gewöhnlich, in jungem, stark kriechfähigem Beton unter Last gesetzt würden, sondern in altem, sprödem, würden sich zweifellos in manchen Fällen lokale Risse einstellen. Auch die sehr großen Druckspannungen in Rahmenecken werden plastisch abgebaut (Abb. 1.1/24), da sonst oftmals Schäden zu beobachten sein müßten.

b) Umschnürungen von gedrückten Betonkernen werden, wie erwähnt, bei Kurzzeitbelastung erst in höheren Laststufen in nennenswerte Spannungen versetzt. Diese Wirkung ist durch die Kriechquerdehnung aber schon unter den ständigen Lasten zu erwarten und erhöht damit die Querdruckspannungen im Beton und mittelbar dessen Festigkeit.

c) Wenn die ständige Last nur einen mäßigen Anteil der Gesamtlast ausmacht, wird der Beton in der Zugzone von Stahlbetonbalken noch nicht reißen. Das Zugkriechen wird hier, ähnlich wie bei den Stützen, eine Umlagerung der Zugkraft auf die Bewehrung und damit eine Herabsetzung der Zugspannungen im Beton bewirken. Die Rißbildung infolge hinzukommender Nutzlast wird dadurch wesentlich hinausgeschoben. Die Stahlbetonbauweise verdankt diesem stillen, unbeachteten Wirken des Kriechens zweifellos das Ausbleiben eines großen Teiles von Rissen, die sie — wenn auch ungern — in Kauf zu nehmen bereit ist.

d) Zwängungsspannungen, die durch langsame Vorgänge wie Schwinden oder Stützensetzungen infolge von bindigen Böden ent-

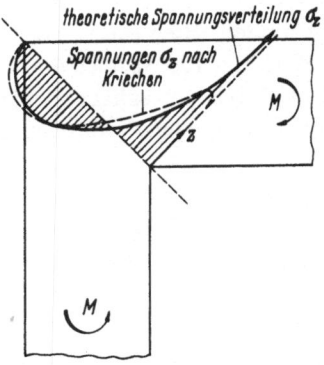

stehen, werden ebenfalls durch Kriechen wesentlich abgebaut, sofern der Rhythmus beider Vorgänge einigermaßen übereinstimmt (vgl. Abschn. 2.222). Diese Erscheinung spielt auch bei Gewölben, Rahmen und Durchlaufbalken oftmals eine ungeahnt günstige Rolle.

e) Den statischen Berechnungen werden meist vereinfachte Systeme der Tragwerke zugrunde gelegt, indem man einige Zusammenhänge vernachlässigt. Die hierdurch entstehenden zusätzlichen Biegungen und Torsionen werden ebenfalls durch das Kriechen abgebaut, die Konstruktion „kriecht sich zurecht",

Abb. 1.1/24. Abbau der Spannungsspitze in einer Rahmenecke („Druckecke") durch Kriechen des Betons (vgl. auch Abb. 1.1/13a)

allerdings unter der Bedingung, daß durch sogenannte „konstruktive Bewehrungen" den zugehörigen Zugkräften Rechnung getragen wird, um grobe, sich mit der Zeit ständig erweiternde Risse zu vermeiden.

1.15 Das Schwinden des Betons

Das Schwinden des Betons besteht in einer langsamen Verkürzung *ohne* Belastung. Neuere Forschungen haben gezeigt, daß es sich nicht einfach um einen Austrocknungsvorgang handelt, sondern um recht komplexe Vorgänge. Wenn man z. B. einen Zementbrei durch ständiges Rühren am Abbinden hindert und keinen Wasserverlust zuläßt, tritt trotzdem eine Volumenabnahme ein. Ein Teil des Anmachwassers „verschwindet", da er chemisch, ein weiterer, da er physikalisch gebunden wird [87] (vgl. Abschn. 1.117). Letzterer kann teilweise unter Schrumpfen des Zementes abgegeben und auch wieder aufgenommen werden (Quellen des Zementes) [88]. Dieser Wasserverlust ruft zunehmende, kapillare Oberflächenspannungen des verbleibenden Wassers hervor, die den Beton zusammenziehen [89]. Da das Kriechen zweifellos auch mit dem Wasserhaushalt zusammenhängt, besteht mit dem Schwinden eine gewisse Verwandtschaft in den erwähnten fördernden und hemmenden Faktoren (vgl. Abschn. 1.14): Der Mörtel- und damit der Zementsteingehalt sowie der Wasserzementfaktor W/Z sind hierfür ausschlaggebende Faktoren (Abb. 1.1/25a). Feuchtigkeit der Umgebung (Abb. 1.1/25b) und Härte

der Zuschlagstoffe wirken sich entsprechend aus. Eine Erhöhung des
Schwindmaßes um 20÷50% verursachen auch die meisten Plastifizierungsmittel (vgl. Abschn. 1.113), was u. a. bei Spannbeton eine Rolle
spielt. Durch Naßhalten während der ersten 2÷3 Wochen läßt sich eine
gewisse Herabsetzung des Schwindmaßes erreichen, was der Kriechschonzeit entspricht.

Die in dem Diagramm
Abb. 1.1/25a dargestell-
ten Schwindverkürzungen
beziehen sich auf Probe-
körper in Laborformat.
Die wirklichen Bauteile
haben weit größere Ab-
messungen und geben ihr
Kapillarwasser daher viel
langsamer (über Jahre)
und im Freien unvollkom-
mener ab. Ihre Schwind-
maße sind daher wesent-
lich geringer, was in den
vorgeschriebenen Werten
der DIN 1045, 1075 und
4227 berücksichtigt ist.

Der zeitliche Rhyth-
mus des Schwindens
hängt einerseits vom Ab-
bindevorgang ab, der bei
energischen Zementen ra-
scher verläuft, anderer-
seits vom Feuchtigkeits-
gehalt der Außenluft und
den Abmessungen des
Bauteils. Im allgemeinen
nimmt man ihn, bequem

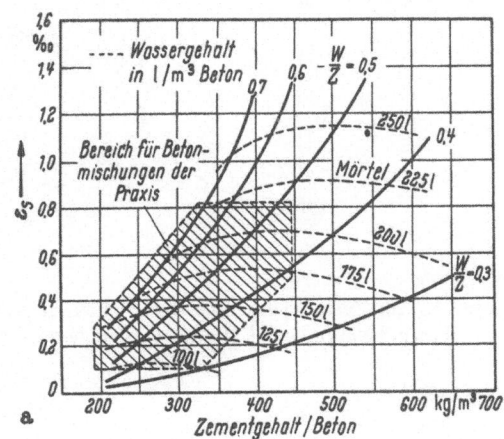

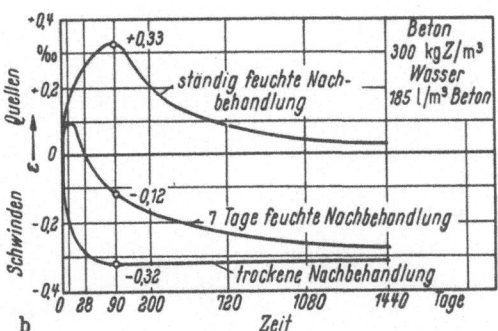

Abb. 1.1/25a u. b. Schwindmaß ε_S von Beton.
a) Einfluß von Zement- und Wassergehalt [20],
b) Einfluß der Lagerung [90]

für die Rechnung, parallel zum Kriechrhythmus an, obgleich erhebliche Abweichungen durch spätere Belastung oder rasche Austrocknung möglich
sind (vgl. Abschn. 2.222 u. 2.232, 1a), wie Versuche an Mörtelringen über
einem Stahlkern [20] zeigten. Selbst ein kleines Schwindmaß bei extrem
raschem Schwindvorgang und voller Behinderung der Zusammenziehung
führte zu einem Riß, weil der Abbau der Schwindspannungen durch Kriechen nicht nachkam (Abb. 1.1/26). Der Tonerdezement „brachte dabei
sich selbst um", da er sehr stürmisch abbindet und schwindet. Der Portlandzement erhärtete langsamer, baute aber währenddessen die Schwind-

spannungen soweit ab, daß er erst bei der sechsfachen Schwindverkürzung (an Parallelproben gemessen) riß. Der hydraulische Kalk ließ sich

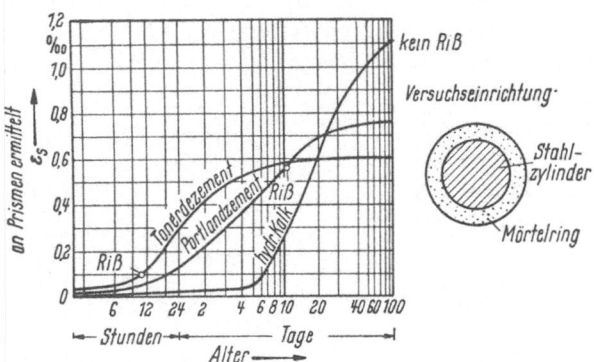

Abb. 1.1/26. Zusammenwirken von Schwinden und Kriechen: Kriechabbau von Schwindspannungen [20]. Schwinden gemessen an besonderen Probekörpern

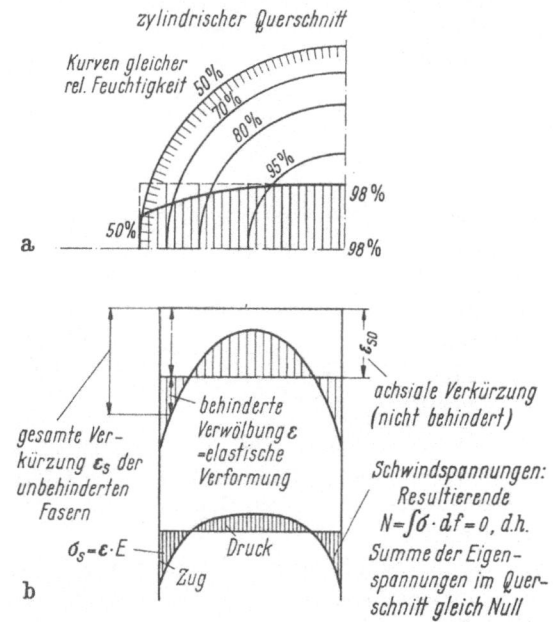

Abb. 1.1/27a u. b. Schwinddifferenzen führen zu Eigenspannungen.
a) Austrocknungsvorgang nach 30 Tagen [20], b) Schwindspannungen durch Behinderung der Querschnittsverwölbung in einem länglichen Stab (Querschnitte bleiben eben)

noch mehr Zeit zum Erhärten, aber auch zum Kriechen, so daß er bei der elffachen Schwindverkürzung noch nicht gerissen war. Natürlich spielt in diese Vorgänge auch die Zugfestigkeit und der Elastizitätsmodul hinein. Man kann aber erkennen, daß die Rißgefahr keineswegs nur vom Schwindmaß abhängt, sondern auch sehr stark von der Schnelligkeit des Schwindvorganges [91].

Welche Folgen hat das Schwinden für unsere Konstruktionen? Die Schwindverkürzungen sind zumeist ungleichmäßig über den Querschnitt verteilt, da die Austrocknung von der Oberfläche ausgeht. Das Feuchtigkeitsgefälle ist daher bei dicken Baugliedern und an Kanten besonders stark (Abb. 1.1/27a). Bei einem stabförmigen Bauglied, dessen Länge das Vielfache der Querabmessungen beträgt, müssen die Querschnitte eben bleiben, so daß elastische Dehnungen ε und Spannungen $\sigma = \varepsilon \cdot E$ entstehen, die die Schwindverwölbung rückgängig machen. Die Fasern müssen sich also alle auf eine mittlere Verkürzung derart einigen, daß die Summe der entstehenden Spannungen gleich Null ist (Abb. 1.1/27b). Ein solcher Zustand wird als „Eigenspannungen" bezeichnet und hat die zwangsläufige Begleiterscheinung, daß keine Stützkräfte auftreten. Man merkt von diesen Eigenspannungen nichts, bis infolge Zug an der Außenseite Risse auftreten. Alle Stahl- und Spannbetonbauglieder pflegt man daher mit einem leichten Bewehrungsnetz zu versehen, das diese Risse zwar nicht verhindert, aber ihre Abstände und Breite klein hält (vgl. Abb. 2.2/84). Wenn sich noch Zugspannungen aus Lasten überlagern, wird schon bei auffällig niedrigen Laststufen die Zugfestigkeit des Betons überschritten. Beispielsweise zeigte ein 20 m langer, 1 m hoher, vorgespannter Versuchsbalken bereits bei einer rechnerischen Zugspannung von 25 kg/cm² (Differenz zwischen Last- und Vorspannung) die ersten Kantenrisse, obgleich eine Zugfestigkeit von wenigstens 50 kg/cm² zu erwarten war. Der Unterschied von $50 - 25 = 25$ kg/cm² ließ auf Eigenspannungen infolge von Schwind- und Temperaturdifferenzen schließen.

Bei der Ermittlung der Biegefestigkeit an Probebalken muß man diese 3 Tage vor der Prüfung in Wasser lagern, um die Eigenspannungen auszuschalten (DIN 1045 und DIN 4032).

Wenn der Schwindvorgang sich im Grenzfall bis in das Innere der Bauglieder gleichmäßig ausgebreitet hat, tritt nur eine axiale Verkürzung ein, die nach den Vorschriften allein zu berücksichtigen ist. Sie kann entweder durch innere oder äußere Widerstände behindert werden und Spannungen verursachen. Eine *äußere* Behinderung der Schwindverkürzung tritt nur bei statisch unbestimmten Systemen ein, erzeugt Stützkräfte (Zwängungen) und als Folge davon „Zwängungsspannungen". Die entstehenden Schnittkräfte sind mit den vorgeschriebenen Schwindverkürzungen nach den Regeln der Statik zu berechnen und den Kräften aus den äußeren Lasten zuzuschlagen. Sie spielen besonders bei flachen, steifen Bögen und Rahmen eine wesentliche Rolle. Auch diese Span-

Abb. 1.1/28a—d. Behinderung gleichmäßigen Schwindens aller Fasern erzeugt Spannungen.

a) Behinderung durch Bewehrung,   b) durch Verbund von altem mit neuem Beton (vgl. Abb. 2.2/98),   c) Abschätzung der Spannungen infolge Behinderung des gleichmäßigen Schwindens durch die Bewehrung. Annahme: Ebenbleiben der Querschnitte, elastisches Verhalten der Baustoffe, Beton wirkt homogen, d) schematische Darstellung der Schwindspannungen im Mörtel, abhängig von der Korngröße und der Dicke der umgebenden Mörtelschicht

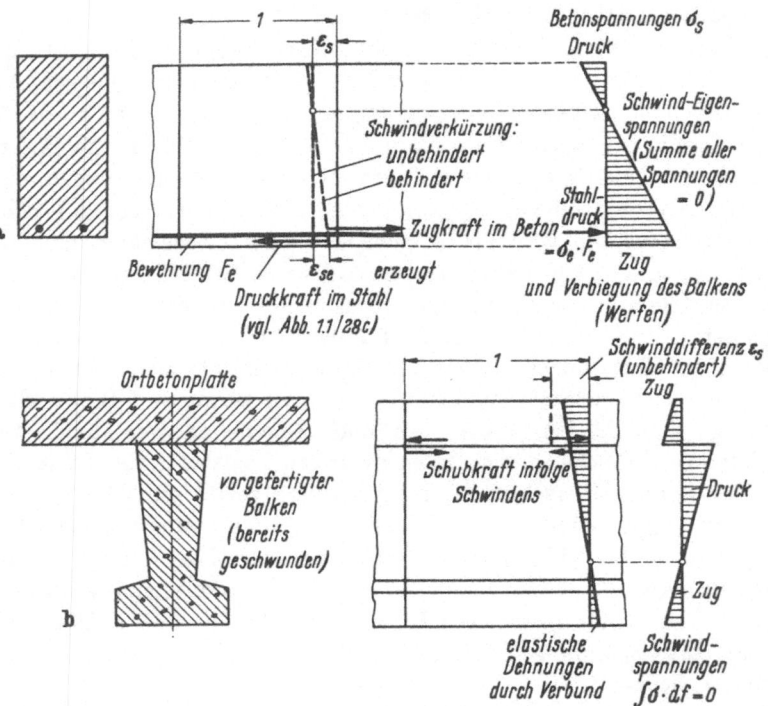

c, 1. Zentrische Bewehrung: Ohne den Widerstand des Stahles würde in diesem

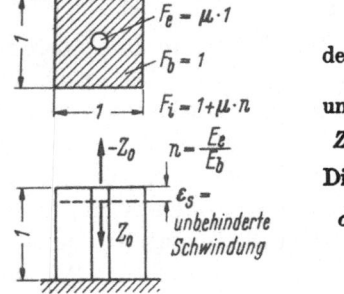

entstehen: $\sigma_{e0} = -\varepsilon_s \cdot E_e$; $Z_0 = \sigma_{e0} \cdot \mu$.

Von der negativen äußeren Kraft Z_0 nimmt der Stahl auf:

$$Z_e = Z_0 \cdot \alpha$$

und der Beton:

$$Z_b = Z_0 \,(1 - \alpha); \quad \text{wobei} \quad \alpha = \frac{n \cdot \mu}{1 + n \cdot \mu} \text{ ist.}$$

Die Spannungen betragen:

$$\sigma_{b0} = \varepsilon_s \cdot E_b; \quad \sigma_e = \sigma_{e0}\,(1 - \alpha) = \frac{\sigma_{e0}}{1 + n \cdot \mu}$$

$$\sigma_b = -\frac{\sigma_{e0}}{n} \cdot \alpha = \sigma_{b0} \cdot \alpha \; (\text{Zug})$$

Beispiel mit: $\varepsilon_s = 0{,}2^0/_{00} \; \hat{=} \; 20\,^\circ\text{C Temperaturabfall}$

$$n = 15 \text{ entsprechend } E_b = 140000 \text{ kg/cm}^2$$
$$n = 7 \text{ entsprechend } E_b = 300000 \text{ kg/cm}^2$$

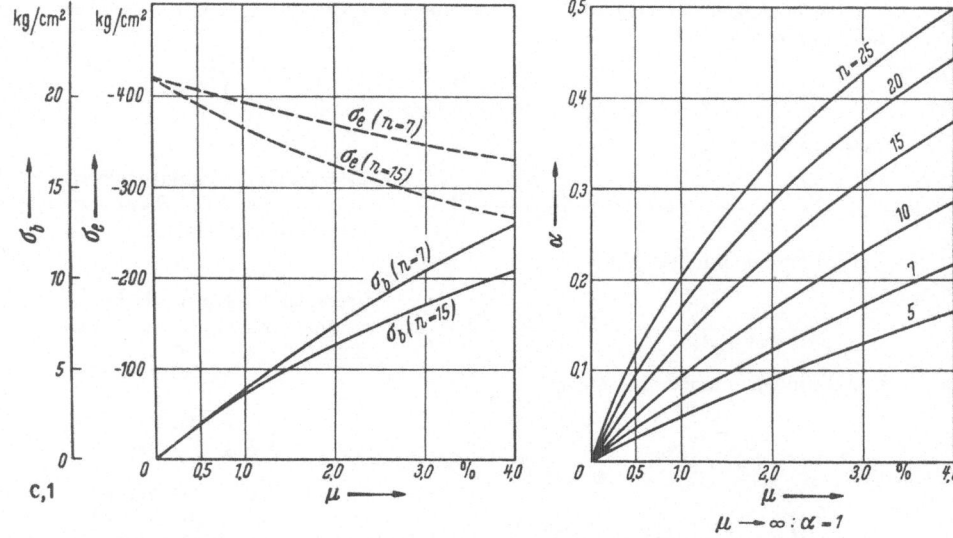

c,1

c, 2. Exzentrische Bewehrung: Mit der fiktiven Stahlspannung und fiktiven
Kraft: $\sigma_{e0} = -\varepsilon_s \cdot E_e;\ Z_0 = \sigma_{e0} \cdot \mu$

ergeben sich die gleichen Spannungen wie bei 1., jedoch ist

$$\alpha = \frac{n \cdot \mu}{1 + n \cdot \mu}\left[1 + \left(\frac{e_i}{i_i}\right)^2\right]$$

für $e = \dfrac{d}{2}$ ist $\alpha = \dfrac{4 \cdot n \cdot \mu}{1 + 4 \cdot n \cdot \mu}$.

$i_i^2 = J_i/F_i \qquad F_e = \mu \cdot 1 \cdot 1$

Rechteck-
querschnitt

Beispiel mit: $\varepsilon_s = 0{,}2^0/_{00} \triangleq -20\ ^\circ\text{C};\ n = 15$ und $n = 7$.

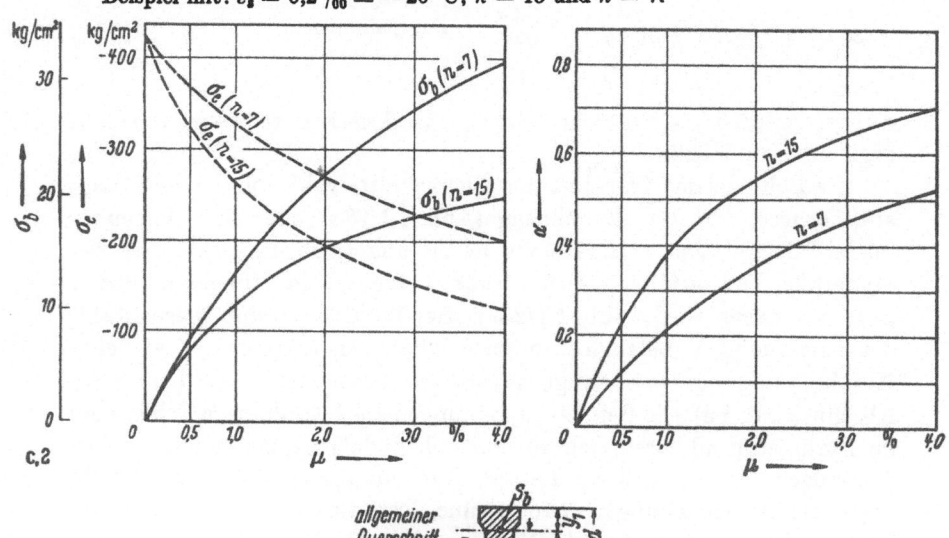

c,2

allgemeiner
Querschnitt

4*

Bei beliebigem Querschnitt und Abstand e der Bewehrung von der Schwerlinie des Betons ist:

$$\alpha = \alpha_0 \cdot \frac{1 + \eta^2}{1 + \alpha_0 \cdot \eta^2}; \quad \alpha_0 = \frac{n \cdot \mu}{1 + n \cdot \mu}; \quad \eta = \frac{e}{i}; \quad i = \sqrt{\frac{J_b}{F_b}}.$$

Betonrandspannungen:

$$\sigma_{b1,2} = -\frac{Z_e}{F_b}\left(1 \pm \frac{y_{1,2} \cdot e}{i^2}\right);$$

$Z_e = \sigma_e \, F_e = $ Stahldruckkraft,
$y_{1,2}$: Abstände der Randfasern von Betonschwerachse

Verkrümmung infolge „Werfens":

$$\frac{1}{\varrho} = \frac{d^2 y}{d x^2} = \frac{d\varphi}{d x} = \varphi' = \frac{\varepsilon_u - \varepsilon_0}{d} = \frac{\sigma_{b1} - \sigma_{b2}}{E_b \cdot d}$$

(wesentlich kleiner als im gerissenen Zustand, vgl. Abb. 2.2/27).

d) Schwindspannungen im Mörtel

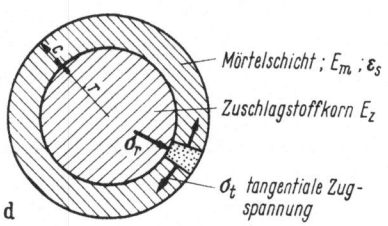

Mörtelschicht; E_m; ε_s

Zuschlagstoffkorn E_z

σ_t tangentiale Zugspannung

d

$$\sigma_t = \sigma_{t_0} \frac{1}{1 + \dfrac{c}{r} \cdot \dfrac{E_m}{E_z}}$$

$\sigma_{t_0} = \varepsilon_s \cdot E_m$; Schwindspannung bei voller Behinderung

$$\varepsilon_t = \varepsilon_r = \varepsilon_s \left(1 - \frac{1}{1 + \dfrac{c}{r} \cdot \dfrac{E_m}{E_z}}\right)$$

Beispiel mit $E_m = 200\,000$; $E_z = 400\,000$ kg/cm^2; $c = 5$ mm.

r [mm]	c/r	σ_t/σ_{t_0}	$\varepsilon_r/\varepsilon_s$
0	∞	0	1
0,5	10	0,17	0,83
5	1	0,67	0,33
50	0,1	0,95	0,05

Ergebnis: Mörtelschichten, die dünn im Vergleich zur Korndicke sind, werden praktisch voll am Schwinden gehindert und erhalten entsprechende Zugspannungen.

nungen werden im Entstehen durch das Kriechen teilweise abgebaut (vgl. Abschn. 2.222).

Die Behinderung *innerhalb* der Querschnitte geht von den Zuschlagstoffkörnern, von der Bewehrung (Abb. 1.1/28a) oder bei „Verbundquerschnitten" von dem älteren Beton aus (Abb. 1.1/28b). Der behindernde Teil erfährt dabei Druck, während im jüngeren Beton Zug verursacht wird (Abb. 1.1/28c). Bei Stahlbeton sind diese Stahldruckspannungen belanglos, müssen aber bei Spannbeton als eine Herabsetzung der Spanngliedkraft berücksichtigt werden (vgl. Abschn. 2.232, 1a). Die Betonzugspannungen aus behindertem Schwinden im Stahlbeton addieren sich zu den Schwindeigenspannungen und zu denjenigen aus den äußeren Lasten. Ihre Summe entsteht also erst im Zuge des Austrocknungsvorganges und löst durch Überschreiten der Zugfestigkeit nach und nach Risse aus. Hierdurch werden die in den ersten Wochen zunehmenden Durchbiegungen von Stahlbetonbalken erklärt (vgl. Abschn. 2.224, 1). Da aber in dieser Zeit auch schon das Kriechen beginnt, lassen sich die einzelnen Anteile nicht getrennt beobachten.

Die Behinderung des axialen Schwindens durch die Bewehrung führt zu einer Verdrehung der Querschnitte gegeneinander, die man als „Werfen" bezeichnet und die eine zusätzliche Durchbiegung der Stahlbetonbalken zur Folge hat (Abb. 1.1/28 a) (vgl. Abschn. 2.224, 1).

Die inneren Spannungen infolge des Schwindens des Mörtels wachsen mit der Korngröße der Zuschlagstoffe, bezogen auf die mittlere Dicke der umgebenden Mörtelschicht, an (Abb. 1.1/28 d), während das Gesamtschwindmaß abnimmt.

1.16 Wärmedehnung des Betons

Im Temperaturbereich, in dem sich unsere Bauwerke normalerweise befinden, rechnet man mit der runden Dehnzahl von $1 \cdot 10^{-5}/°C$ oder anschaulicher mit 1 mm Verlängerung je m bei 100 °C Erwärmung. Dieser Mittelwert resultiert aus der etwa 100% höheren Dehnung des Zementleims und der etwa 30% kleineren der Zuschläge, so daß sehr fette Betone sich mehr ausdehnen.

Der Erwärmungszustand wird von zwei Stoffkonstanten: der Wärmekapazität (Speicherzahl) und der -leitzahl bestimmt. Letztere hängt von der Natur der Zuschläge, der Porosität usw. ab, läßt sich aber angenähert als Funktion des Raumgewichtes darstellen (Abb. 1.1/29). Die Wärmekapazität von Beton schwankt jedoch wenig und beträgt etwa $0,2 \frac{kcal}{kg °C}$ bei mittlerer Feuchtigkeit [92]. Die Temperaturen im Inneren des Betons werden gewöhnlich für einen stationären Wärmedurchgang (zugeführte gleich abströmender Wärmemenge) mit linearer Temperaturverteilung nach DIN 4108 berechnet. Die Temperaturdifferenz fällt dann um so größer aus, je kleiner die Leitzahl und je dicker die Schicht ist [92]. Zwischen festen und gasförmigen Stoffen besteht stets ein Temperatursprung (Wärmeübergangszahl), der von der Strömungsgeschwindigkeit des Gases abhängt und das Umwälzen eines ruhenden Gases bewirkt. Hierdurch wird ebenfalls Wärme zu- oder abgeführt (Konvektion). Die gute Dämmwirkung von Gasen kommt nur zur Geltung, wenn diese Konvektion verhindert wird (enge Spalte von wenigen mm, Glas- und Steinwolle, Schaumstoffe, Porenbeton, Faser- und Spanplatten). Die Wärmestrahlung wird bei den im Bauwesen üblichen Ansätzen meist nicht berücksichtigt, obgleich sie bei großen Fensterflächen in beiden Richtungen eine große Rolle spielen kann [93].

Wenn die Außenfläche einer Platte dagegen plötzlich durch einen Luft- oder Flüssigkeitsstrom oder durch Strahlung (Sonne) erwärmt

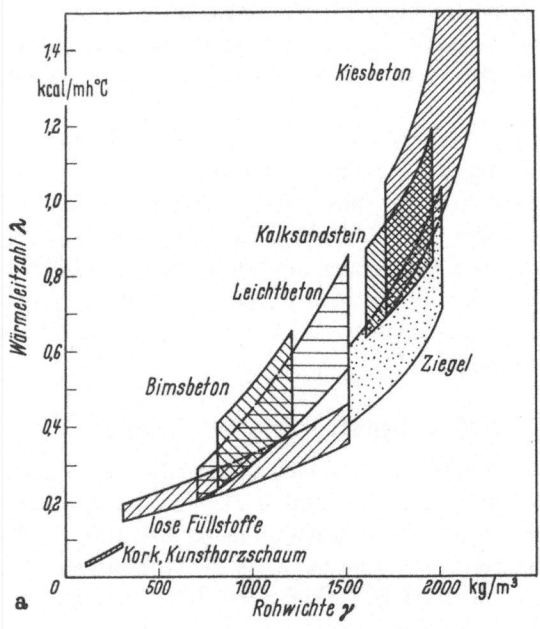

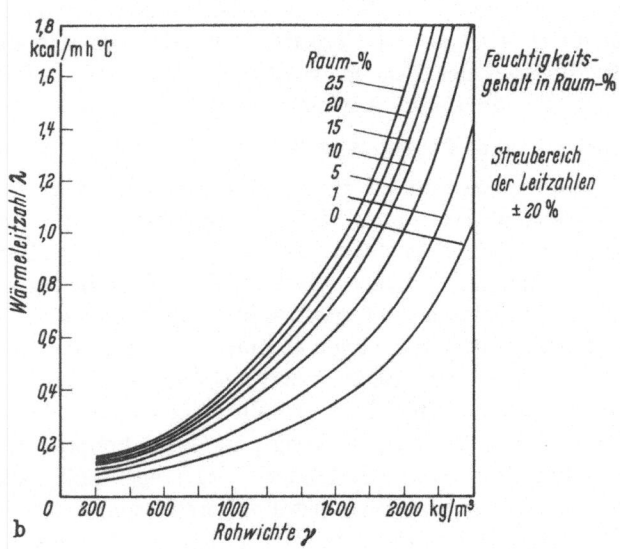

Abb. 1.1/29 a u. b. Wärmeleitzahlen und Raumgewichte einiger Baustoffe.

a) Wärmeleitzahlen verschiedener Materialien. Mittlere Rechenwerte vgl. DIN 4108,
Tafel 1, b) Einfluß der Feuchtigkeit auf die Wärmeleitzahl

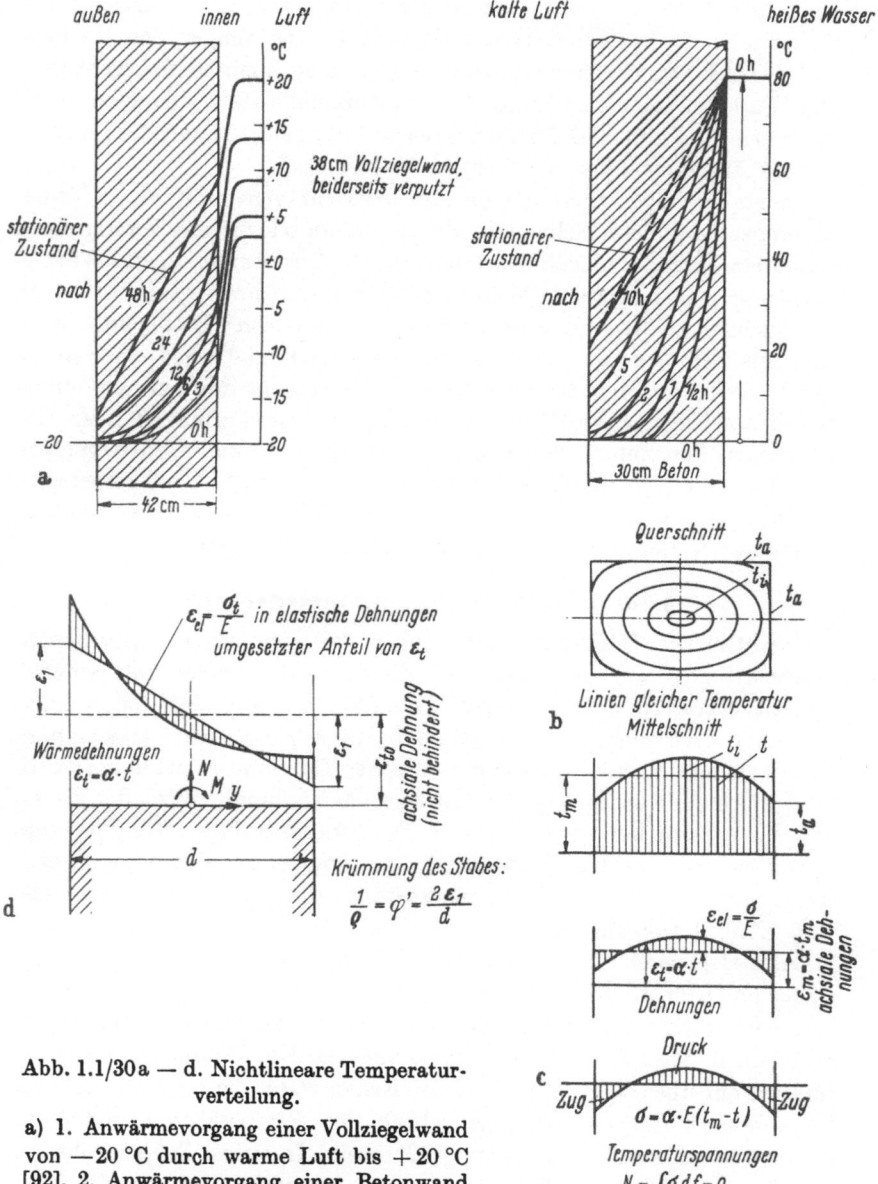

Abb. 1.1/30a — d. Nichtlineare Temperaturverteilung.

a) 1. Anwärmevorgang einer Vollziegelwand
von −20 °C durch warme Luft bis +20 °C
[92], 2. Anwärmevorgang einer Betonwand
durch heißes Wasser [92], b) und c) Ab-
bindewärme des Zementes (vgl. Schwindspannungen, Abb. 1.1/27b), d) Eigenspannungen infolge ungleichmäßiger Erwärmung in einer Wand mit ebenbleibenden Querschnitten (einseitig erwärmt).

Grundlinie für ε_{el} bestimmt durch: $N = \int \sigma_t \cdot df = 0$ und $M = \int \sigma_t \cdot y \cdot df = 0$,
wobei $\sigma_t = \varepsilon_{el} \cdot E$.

wird, dringt die Wärme im Beton vor (Abb. 1.1/30a) und erzeugt eine nichtlineare Temperaturverteilung, die erst nach einiger Zeit, je nach Dicke der Platte, in einen stationären, linearen Zustand übergeht [94]. Ein ähnliches ungleichförmiges Temperaturgefälle stellt sich auch durch die Wärme des abbindenden Zementes im Beton ein, die nach den Außenflächen abströmt (Abb. 1.1/30b).

In stabförmigen Bauteilen können die Dehnungen ε_t infolge Wärmedifferenzen wie beim Schwinden durch äußere oder innere Zwängungen behindert werden und sich dann in elastische Verformungen und Wärmespannungen σ_t umsetzen. Wir müssen nun auf einen grundsätzlichen Unterschied zu den Schwindspannungen hinweisen: Diese entwickeln sich mit dem Austrocknen des Zementes nach und nach, so daß sie durch Kriechen, wie erwähnt, teilweise abgebaut werden und einen Beton wachsender Festigkeit antreffen. Die Erwärmungen oder Abkühlungen des Betons gehen dagegen meist in Stunden oder wenigen Tagen vor sich, so daß keinerlei Kriechabbau eintritt. Die Temperaturspannungen führen daher viel häufiger zu Rissen, besonders in Stadien, in denen der Beton erst eine geringe Festigkeit besitzt.

1.161 Nichtlineare Temperaturverteilungen

Nichtlineare Temperaturverteilungen erzeugen wieder „Eigenspannungszustände" (vgl. Abschn. 1.15), die durch das Fehlen von Schnitt- und Stützkräften charakterisiert sind (Abb. 1.1/30c) [93]. Man kann sie daher auch nicht durch statisch bestimmte Lagerung ausschalten. Der Stab bleibt gerade bei symmetrischer Temperaturverteilung (z. B. infolge Abbindewärme oder beidseitiger Abkühlung). Wird der Beton von *einer* Seite her erwärmt (z. B. Sonnenbestrahlung, Füllung eines Behälters mit heißer Flüssigkeit), so überlagert sich den Eigenspannungen ein linearer Dehnungszustand, der unter 1.162 behandelt wird (Abb. 1.1/30d).

Als Beispiele für Eigenspannungen führen wir zunächst einen Brückenträger an (Abb. 1.1/31a), der bei Frostwetter mit hochwertigem Zement betoniert wurde und nach dem Ausschalen der Seitenflächen (nach 3 Tagen) in etwa 2 m Abstand Risse aufwies. Der Beton hatte sich im Inneren auf über 60 °C erwärmt! Die Ecken waren bewehrt, so daß die Risse dort aufhörten. Nach Ausgleich der Temperaturen und Vorspannen verschwanden die Risse größtenteils. In einem Schleusenhaupt mit Umläufen (Abb. 1.1/31b) zeigten sich jeweils im Scheitel der Umläufe als der schwächsten Stelle wenige Tage nach dem Betonieren Risse. Nach drei Wochen war die Abbindewärme abgeströmt; die Risse waren dann auch mit einer Lupe nicht mehr zu finden. Schließlich sei von militärischen Bunkerbauten mit 1,5 m Wandstärke berichtet, die der Eile halber mit hochwertigem Zement (entgegen dem Rat der Bauleute!) hergestellt wurden. Im Innenraum entwickelte sich nach einigen Tagen eine Temperatur von über 50 °C und auf der Außenseite ein reiches Netzwerk von Rissen, zum Entsetzen der Verteidiger!

Wie können diese unliebsamen Erscheinungen vermieden werden? Es stehen verschiedene Wege zur Verfügung, die sich gegebenenfalls auch kombinieren lassen:

a) Verwendung eines langsam abbindenden Zementes mit geringer Wärmeentwicklung (Z 275, HOZ, gegebenenfalls low-heat-Zement, auch deutsche Spezialzemente). Es kommt dabei in erster Linie auf eine Verzögerung der Wärmeentstehung, weniger auf die gesamte Wärmemenge an. Beispielsweise entwickelt Tonerdeschmelzzement nur etwa die Hälfte der Gesamtwärme wie Portlandzement, tut das aber in den ersten 24 Stunden, während dieser einige Tage dazu braucht. Ersterer ist deshalb für Bauglieder mit mehr als 25 cm Dicke nicht zu verwenden.

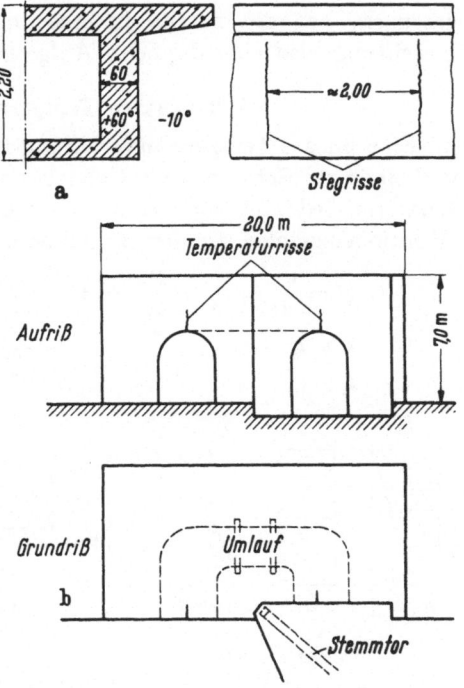

Abb. 1.1/31 a u. b. Risse infolge von Temperatur-Eigenspannungen.
a) Kastenträger einer Eisenbahnbrücke,
b) Schleusenhaupt

b) Abführung der Abbindewärme des Zementes in gekühlte Zuschlagstoffe. Die Beigabe des Anmachwassers in Form von fein verteiltem Eis ist ein wirkungsvolles, aber teures und etwas riskantes Verfahren wegen evtl. verbleibender Hohlräume. Bei massigen Bauten, wie Talsperren oder großen Brückenträgern, bei denen man einen langsam abbindenden Zement mit Rücksicht auf den Baufortschritt nicht brauchen kann, kann man Rohre einbauen, durch die Kühlflüssigkeit geleitet wird. Statt der teuren, verlorenen Rohre stellt man neuerdings Kanäle im Beton mittels Aufblähschläuchen her, die wieder herausgezogen und durch eingepreßten Mörtel ersetzt werden.

c) Verhinderung der Abkühlung durch Wärmedämmung der Außenseiten nach dem „Kochkistenprinzip". Man verwendet dazu mehrlagige Strohmatten, die bei großer Kälte mit Dampf oder warmem Wasser beheizt oder warm berieselt werden. Auch die Holzschalung hält bereits die Wärme gut und sollte bei kaltem Wetter etwa $1 \div 2$ Wochen belassen werden. Unangebracht ist in dieser Hinsicht das kalte Berieseln während des Abbindens bei Massenbauten.

d) Da solche Wärmespannungen bei allen dicken Bauteilen auf-treten und wie das ungleichmäßige Schwinden an der Oberfläche Zug erzeugen, hat die bereits in Abschn. 1.15 geforderte, leichte Netz-bewehrung also eine doppelte Aufgabe.

1.162 Lineare Temperaturverteilung

Eine lineare Temperaturverteilung läßt sich in einen symmetrischen und einen zur Schwerlinie antimetrischen Anteil zerlegen (Abb.1.1/32a). Letzterer bedeutet eine Verkrümmung der Längeneinheit des Stabes (Kontingenzwinkel $d\varphi$ der Biegelinie w) um

$$\varphi' = \frac{d\varphi}{ds} = \frac{1}{\varrho} = \frac{d^2w}{dx^2} = \alpha \cdot \frac{t_a - t_i}{d} = \frac{\alpha \cdot \Delta t}{d} = \frac{\alpha \cdot t_1}{y_1} = \alpha \frac{t_2}{y_2}.$$

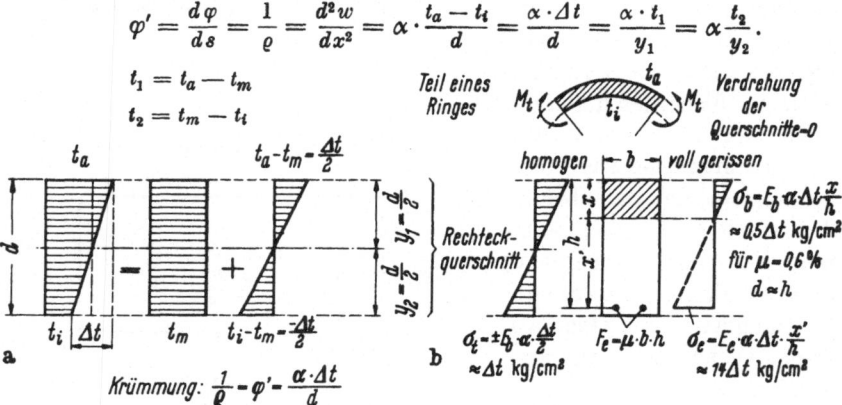

Abb. 1.1/32a u. b. Wärmespannungen aus einem linearen Temperaturgefälle bei voller Behinderung der Krümmung (Einspannung, geschlossener Ring oder Rahmen). α_t als α eingeführt

a) Aufteilung der Temperaturen in eine axiale Erwärmung t_m und ein Ge-fälle Δt, b) Temperaturspannungen

Eine Behinderung durch die Bewehrung tritt im Gegensatz zum Schwinden nicht ein, da der Stahl praktisch die gleiche Dehnzahl besitzt und durch die Einbettung im Beton auch dessen Temperatur annimmt. Bei statisch bestimmter Lagerung weist der Stab die Endverdrehungen $\varphi_a = \varphi_b = \varphi' \cdot \dfrac{l}{2}$ und die Durchbiegung $f \approx \dfrac{l^2}{8\varrho} = \dfrac{\alpha \cdot \Delta t \cdot l^2}{8d}$ auf. In einem statisch un-bestimmten Tragwerk werden diese Verformungen behindert, z. B. die-jenigen eines Rahmenriegels durch die Stiele. Die entstehenden Stütz- und Schnittkräfte sind dann aus den angegebenen Verformungen des einseitig erwärmten Stabes nach den Regeln der Statik zu berechnen.

Wenn die Endverdrehungen voll behindert werden, wie beispielsweise bei einem geschlossenen Rahmen, einem Ring oder dem Mittelfeld eines langen durchlaufenden Balkens, lassen sich die Zwängungskräfte leicht angeben. Dann müssen die Temperaturverkrümmungen voll in elastische Verformung umgesetzt werden, d. h. es muß in jeder Faser eine Spannung σ vorhanden sein, welche die Temperaturdehnung $\varepsilon_t = \alpha \cdot t$ rückgängig macht: $\sigma = \varepsilon_t E_b = \alpha \cdot t E_b$. Für E_b wird man sinngemäß aus DIN 1045 210 000 kg/cm² wie für die Ermittlung der Zwängungskräfte einzusetzen haben und erhält $\sigma = t\frac{210000}{100000} = 2,1 \cdot t$ kg/cm². Am Rand eines symmetrischen Querschnittes ist $t = \frac{\Delta t}{2}$ und $\sigma \approx 1,0 \times \Delta t$ kg/cm², allgemein $\sigma_{1,2} = 2,1 \cdot \Delta t \frac{y_{1,2}}{d}$ kg/cm² (Abb. 1.1/32 b). Dieser Ansatz gilt für homogene Querschnitte so lange, bis die Zugfestigkeit des Betons erreicht wird, also für einen mittleren Beton bis etwa $\sigma = 30$ kg/cm². Will man rissefrei konstruieren, so darf also Δt innerhalb des Betons etwa 30 °C nicht überschreiten, was z. B. bei heißgehenden Kaminen oder Flüssigkeitsbehältern zu beachten ist.

Bei größeren Temperaturdifferenzen als etwa $\Delta t = 30$ °C wird der Beton in der Zugzone reißen. Vernachlässigt man die Zugzone, so ergibt sich, da die Lage der Nullinie dieselbe wie bei reiner Biegung sein muß,

$$\sigma_b = \varepsilon_t E_b, \quad \varepsilon_t = \varphi' x = \frac{\alpha \cdot \Delta t \cdot x}{h}, \quad \sigma_b = \alpha \cdot \Delta t E_b \frac{x}{h}. \quad \text{(Abb. 1.1/32 b)}$$

$\frac{x}{h}$ ist nur vom Bewehrungsprozentsatz μ abhängig:

$$\mu = 0,4; \ 0,6; \ 0,8 \ \% : \ \longrightarrow \ \frac{x}{h} \approx 0,3; \ 0,35; \ 0,4.$$

E_b wird, wie für die Bemessung vorgeschrieben, mit 140 000 kg/cm² eingesetzt. Als Mittelwert ergibt sich: $\sigma_b = \Delta t \frac{140000}{100000} 0,35 \approx 0,5 \cdot \Delta t$ [kg/cm²], also etwa halb soviel wie beim homogenen Querschnitt. Entsprechend ist $\sigma_e = \alpha \cdot \Delta t E_e \frac{x'}{h} \approx \Delta t \frac{2100000}{100000} 0,65 \approx 14 \cdot \Delta t$ [kg/cm²].

Diese Werte sind aber weitaus zu niedrig, da der Beton der Zugzone doch in gewissem Umfang mitwirkt. Dann kann man nur über den experimentell gewonnenen Zusammenhang des Momentes M mit $\varphi' = \frac{\alpha \cdot \Delta t}{h}$ (Abb. 1.1/33 a) [94] ein Bild über die auftretenden Beanspruchungen von Beton und Stahl gewinnen, die ja allein eine Funktion des Bewehrungsverhältnisses μ und M sind. Letzteres läßt sich daher eliminieren und ein unmittelbarer Zusammenhang zwischen Δt und den Spannungen herstellen (Abb. 1.1/33 b) [95]. Hinzukommende Lastmomente sind als Annäherung zu M_t zu addieren und dann erst ist der Spannungsnachweis zu führen.

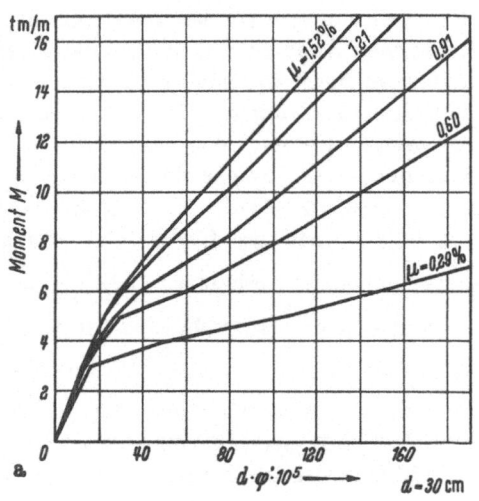

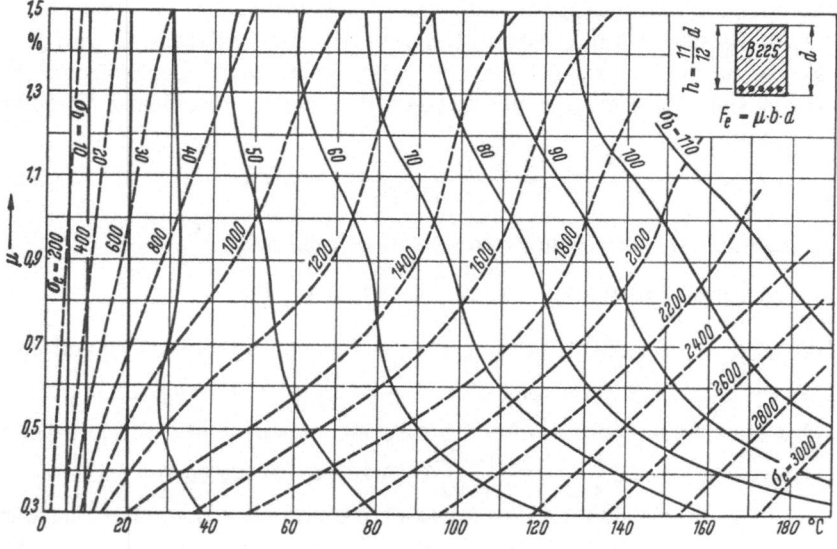

b

Abb. 1.1/33a u. b. Temperaturspannungen in einem Stab mit teilweise gerissener Zugzone.

a) Beziehung M/φ' [95.1], b) Temperaturspannungen (in kg/cm²) in Stahlbetonquerschnitten [95.2]

1.163 Gleichförmige Temperaturverteilung

Eine gleichförmige Temperaturverteilung ergibt eine axiale Verlängerung oder Verkürzung des Stabes. Es ist unbedingt anzuraten, diesen Bewegungen keinen wesentlichen Widerstand entgegenzusetzen.

Bei ihrer Behinderung treten sonst außerordentlich große Kräfte auf, die sich meist gewaltsam einen Weg schaffen. Beispielsweise vermag eine Betonplatte von 1 m Breite und 10 cm Dicke, wenn die Wirkung einer Erwärmung um 10 °C voll behindert wird, einen Druck von 20÷30 t je nach Betongüte auszuüben. Um die Verformung der gleichen Platte bei einer Temperatur*differenz* von 10 °C rückgängig zu machen, genügt ein Moment von nur 0,18 tm (Abb. 1.1/34). Diese Temperaturkräfte sind von der Dehnzahl α und dem Elastizitätsmodul E abhängig und daher bei Beton wesentlich größer als etwa bei Steinen und Ziegeln (vgl. Abschn. 2.6), so daß man ihnen eine um so größere Aufmerksamkeit schenken muß. Auf die nötigen konstruktiven Vorkehrungen wird in den Abschnitten „Fugen" und „Lager" (Abschn. 2.6 und 2.7) eingegangen. Wir erwähnen als Beispiel die überaus häufigen Temperaturschäden an Flachdächern, die keine genügende Wärmedämmung besitzen („Flachdachkrankheit") (vgl. Abschn. 2.414). Ferner gehört hierher die „Pfeilerkrankheit" [96], die als Folge der Behinderung einer

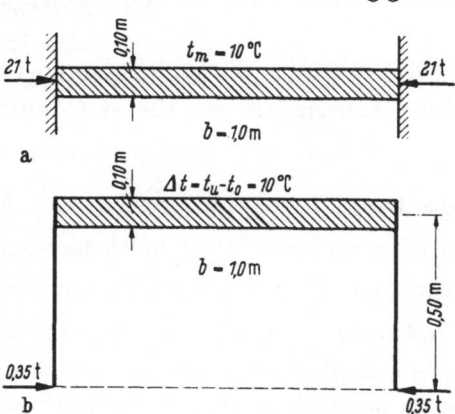

Abb. 1.1/34 a u. b. Zwängungskräfte einer Betonplatte bei voller Behinderung der Temperaturdehnungen ($E = 210000\,\text{kg/cm}^2$). a) Gleichförmige Erwärmung, b) ungleichförmige Erwärmung

Verkürzung aus Abkühlung und Schwinden zu diagnostizieren ist (vgl. Abschn. 2.532, Abb. 2.5/21). Sie befällt auch frisch betonierte Wände, die auf älteren Fundamenten stehen. Der junge Beton erwärmt sich beim Abbinden auf etwa 30÷40 °C, während der alte etwa 10÷20 °C haben mag. Die bei Temperaturausgleich entstehenden Risse erweitern sich später durch Schwinden. Diesem wird sozusagen durch die Temperatur vorgearbeitet.

1.2 Baustahl

Der Baustahl wird als fertiges Produkt auf die Baustelle geliefert. Über seine Technologie braucht der Bauingenieur daher bei weitem nicht so eingehend unterrichtet zu sein wie über die des Betons, den er selbst herstellt. Der Bauleiter kann sich daher aus den Werk-Attesten der einzelnen Lieferungen ein Bild über die Einhaltung der vorgeschriebenen Qualitäten machen [100].

Die Entwicklung zur Höherzüchtung und Differenzierung, die die Technik unseres Jahrhunderts auszeichnet, haben die Baustähle ebenfalls mitgemacht. Die Verwendung dieser leistungsfähigeren, aber auch empfindlicheren Produkte setzt einerseits eine genaue Kenntnis der Umstände voraus, unter denen sie ihren Dienst verrichten sollen, andererseits eine genügende Vertrautheit mit den Eigenarten ihrer Zusammenarbeit mit dem Beton.

1.21 Eigenschaften
1.211 Preis

Die Entwicklung der Baustähle geht in erster Linie auf wirtschaftliche Antriebe zurück. Um eine bestimmte Zugkraft Z aufzunehmen, braucht man einen Stahlquerschnitt $F_e = \dfrac{Z}{\text{zul } \sigma_e}$. Dem entspricht auf die Länge 1 ein Stahlgewicht $G_e = F_e \cdot 1 \cdot \gamma = \dfrac{\gamma \cdot Z}{\text{zul } \sigma_e}$. Die aufzuwendenden Kosten K belaufen sich dann auf $K = P_1 G_e = \gamma \cdot Z \cdot \dfrac{P_1}{\text{zul } \sigma_e} = c \dfrac{P_1}{\sigma_e}$, wenn der Preis der betreffenden Stahlsorte P_1 [DM/t] beträgt. Das Verhältnis $\dfrac{P_1}{\sigma_e}$ kann also ein Maß für die Wirtschaftlichkeit einer Stahlsorte abgeben. Die Aufwendungen für die Verarbeitung nehmen wir etwa proportional zum Einheitspreis an, was auf eine Vergrößerung des

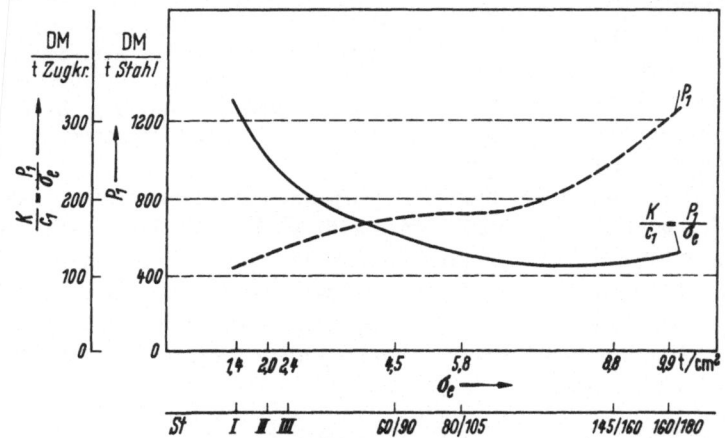

Abb. 1.2/1. Stahlkosten für die Aufnahme einer konstanten Zugkraft Z auf 1 m Länge.

Stahlquerschnitt $F_e = \dfrac{Z}{\sigma_e}$

Stahlgewicht $\quad G_e = F_e \cdot \gamma_e,$

Stahlkosten $\quad K = G_e \cdot P_1; \quad P_1 = \text{Einheitspreis/t}$

$\qquad\qquad\quad = c \dfrac{P_1}{\sigma_e} \qquad c = \gamma \cdot Z = \text{const.}$

Verarbeitungskosten etwa proportional zu Gewicht und Preis, daher: $K = c_1 \dfrac{P_1}{\sigma_e}$

konstanten Faktors c hinausläuft. Wenn man verschiedene Stahlsorten miteinander vergleicht (Abb. 1.2/1), zeigt sich der wirtschaftliche Vorsprung der hochwertigen Stähle, der auch zur Entwicklung des Spannbetons, abgesehen von dessen konstruktiven Vorteilen (vgl. Abschn. 2.221), beigetragen hat.

1.212 Festigkeiten

Der steigenden Zugfestigkeit verschiedener Stahlsorten steht eine abnehmende Bruchdehnung gegenüber (Abb. 1.2/2), so daß ihr Arbeits-

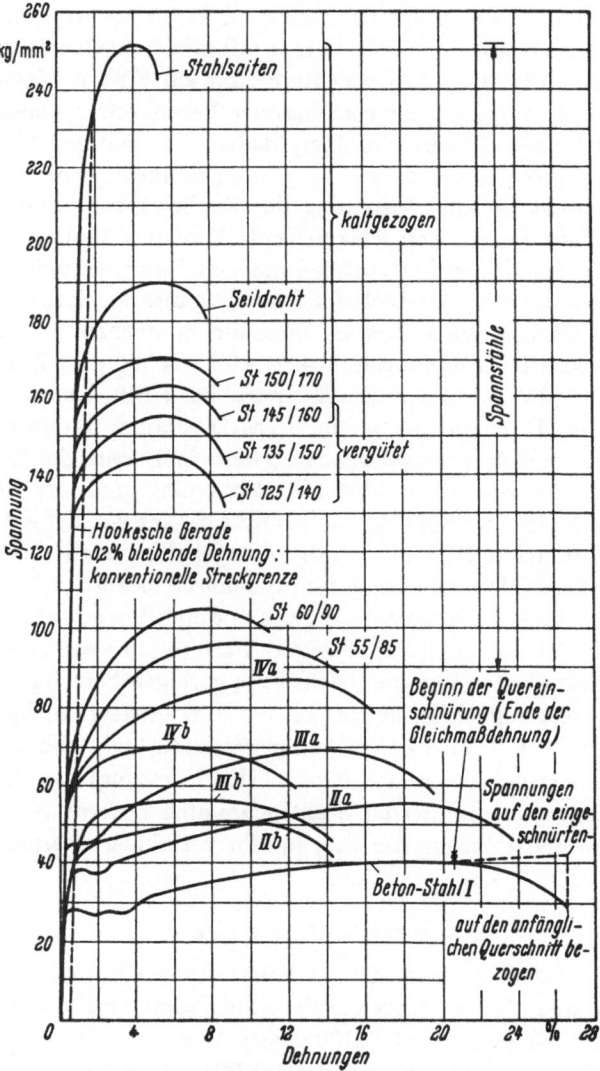

Abb. 1.2/2. Arbeitslinien der Stähle am δ_{10}-Stab (σ/ε-Diagramme), Meßlänge $= 10d$

vermögen nicht allzusehr voneinander abweicht. Es wird durch die Fläche des σ/ε-Diagramms („Arbeitslinie") dargestellt. Die Dehnungen werden am sog. δ_{10}-Stab ermittelt, dessen Prüflänge gleich dem zehnfachen Stabdurchmesser ist. Im Bruchzustand sind die Dehnungen jedoch nicht mehr gleichmäßig über die Stablänge verteilt, sondern konzentrieren sich auf die kurze Strecke der plastischen Einschnürung, innerhalb der der Bruch liegt. Die auf den ganzen Stab bezogene Bruchdehnung nimmt daher mit steigender Stablänge ab. Letztere beeinflußt auch die Festigkeit negativ, denn die Wahrscheinlichkeit einer Fehlstelle ist in einem größeren Stabstück höher als in einem kurzen (ähnlich wie die Zugfestigkeit des Betons mit größerem Querschnitt sinkt; vgl. Abschn. 1.12) [101]. Andererseits besitzt ein Stab in einem Bündel von gleichartigen Stäben mit gemeinsamer Verankerung scheinbar eine größere Festigkeit als ein einzelner, da sein vorzeitiges Fließen und Einschnüren durch die anderen Stäbe „aufgefangen" wird. Auch diese Tatsache spricht für die Aufteilung der Zugbewehrung eines Balkens in eine größere Anzahl von Stäben (vgl. Abschn. 1.234).

Außer der im Kurzzeitversuch gefundenen Festigkeit spielt das Verhalten des Stahles unter wechselnder Spannung insbesondere bei Brücken und unter schwingenden Lasten (Maschinenunterbauten usw.) eine wichtige Rolle. Die Ermüdungsfestigkeit wird aus WÖHLER-Diagrammen [102] (Abb. 1.2/3a) gewonnen. Die Endwerte bei 2 Mill. Lastwechseln, als Funktion der Mittel-Spannung im SMITH-Diagramm dargestellt (Abb. 1.2/36), zeigen, daß die ertragene Schwingweite im Bereich der Gebrauchsspannungen nur wenig von der Mittelspannung und der statischen Festigkeit abhängt. Bei Spanngliedern wird sie stark von der Art der Verankerung, mit deren Hilfe die Drähte festgehalten werden, beeinflußt [103]. Aus diesen Gründen sind für dynamisch beanspruchte „höherwertige" Baustähle auch die Schwingweiten durch Vorschriften begrenzt worden (vgl. Zulassungen). Die „harten" Stähle sind wegen ihrer hohen statischen Festigkeiten und vergleichsweise geringen Schwingweiten nur für Spannbeton geeignet, da sie dort aus der Verkehrslast nur Spannungsschwankungen von etwa 0,7 t/cm² ausgesetzt sind (vgl. Abb. 2.2/2). Die nachteiligen Auswirkungen der Rippen (Kerbwirkung) auf die Ermüdungsfestigkeit von profilierten Stählen konnten neuerdings durch geeignete Form und Führung der Rippen sehr vermindert werden.

1.213 Verformungen

Bei allen Stahlsorten ist die im Kurzzeitversuch ermittelte Elastizitätszahl E auch für schwingende Belastung sowie im Zug- und Druckbereich praktisch gleich groß (2100 t/cm²). Wenn die Dehnung von der „HOOKEschen Geraden" um mehr als 0,1⁰/₀₀ abweicht, wird die Pro-

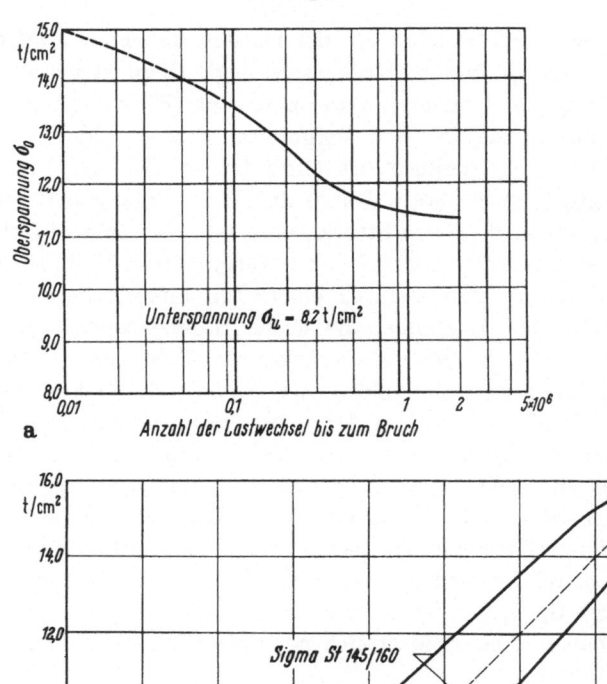

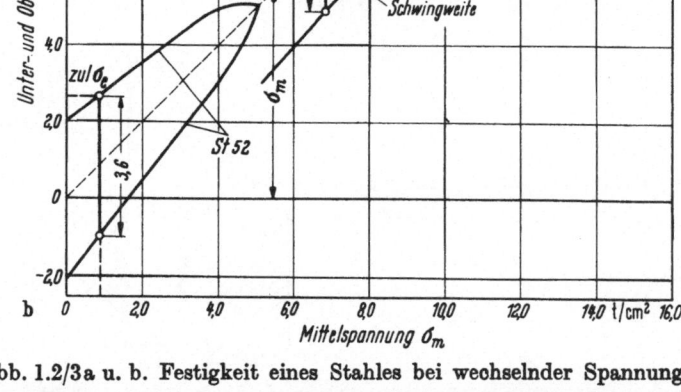

Abb. 1.2/3a u. b. Festigkeit eines Stahles bei wechselnder Spannung.

a) Wöhlerdiagramm für einen warm vergüteten Spannstahl St 135/150, ⌀ 8 mm [102],
b) Schwingweiten für einen warm vergüteten Spannstahl St 145/160 und einen
Normalstahl St 52 [102], die nach 2 Millionen Lastwechseln zum Bruch führen,
als Funktion der Mittelspannung (SMITH-Diagramme)

portionalitätsgrenze überschritten, die bei den üblichen Stählen höchstens $5 \div 10\%$ unterhalb der Streckgrenze liegt. Diese ist bei den naturharten Stählen durch einen ausgesprochenen Fließvorgang gekennzeichnet, während sie bei den vergüteten Stählen durch bleibende Reckungen von $2^0/_{00}$ definiert ist (Abb. 1.2/2). Für Zug und Druck liegt sie praktisch gleich hoch. Durch den Reckvorgang tritt eine Verfestigung ein, die eine höhere Streckgrenze bewirkt. Diese Erscheinung macht man sich bei den durch Recken vergüteten b-Stählen zunutze. Naturgemäß nimmt man dadurch einen Teil ihres Arbeitsvermögens vorweg, so daß bei Bauteilen, die große Stoßbeanspruchungen aufzunehmen haben (z. B. Schutzbalken unter Hängebahnen), Stahl mit möglichst großem innerem Arbeitsvermögen verwendet werden soll (vgl. Abschn. 2.233). Bei beiden Arten von hochwertigen Stahldrähten für Spannbeton (kaltgezogene oder warmvergütete) [104] liegt die Streckgrenze so hoch [105], daß bis zur zulässigen Spannung σ_e ($0{,}55\,\sigma_B$ nach DIN 4227) ein erwünschter Abstand von $\approx 0{,}6\,\sigma_e$ für unbeabsichtigtes Überspannen bleibt. Bei mittelharten Spannbetonstählen liegt σ_s relativ niedriger, so daß bei diesen der Abstand geringer ist. Mit diesem Spielraum hängt auch der Begriff der „Grenzlast" eines Spannbetonbalkens, bei dem er sich noch elastisch verhält, zusammen (vgl. Abschn. 2.232, 2).

1.214 Wärmedehnung und -leitung

Die gute Zusammenarbeit von Stahl und Beton (vgl. Abschn. 1.1) wird dadurch gefördert, daß beide praktisch den gleichen Ausdehnungskoeffizienten $\alpha_t \approx 1 \cdot 10^{-5}/°C$ haben. Deshalb entstehen zwischen beiden bei gleicher Erwärmung keine Zwängungen. Die Wärmeleitzahl von Stahl ist dagegen rund 50 mal so groß wie die von Beton. Wenn also

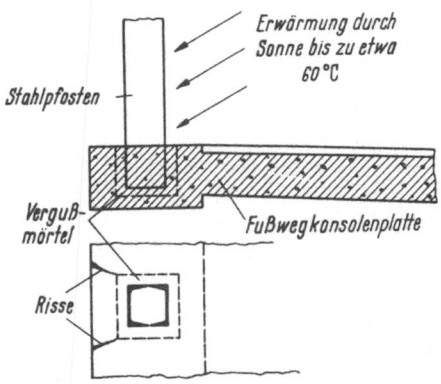

Abb. 1.2/4. Sprengwirkung erwärmter, einbetonierter Stahlprofile („Geländerkrankheit")

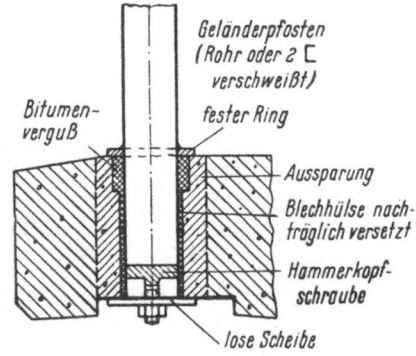

Abb. 1.2/5. Verbesserte Geländerbefestigung

Stahlstäbe aus dem Beton herausstehen, wird die Dehnungsgleichheit empfindlich gestört. Sie übertragen die Temperaturwechsel der Umgebung viel rascher in das Innere des Betons als dieser selbst. Bei beträchtlicher Erwärmung eines fest eingegossenen Stabes, z. B. eines Geländerpfostens, kann es bis zur Sprengwirkung kommen (Abb. 1.2/4). Der erste Riß ist dann der Anfang zur „Geländerkrankheit" vieler Brücken. Dieser Zustand verschlimmert sich durch Eisbildung im Riß, ferner dadurch, daß die dünnen Fußwegkonsolen stärker schwinden als die kompakten Hauptträger. Es ist daher besser, die Pfosten mit einem gewissen Spiel einzuklemmen (Abb. 1.2/5) und den Rand der Konsole stets mit einer kräftigen Schwindbewehrung zu versehen.

1.215 Temperatureinfluß

Die Sicherheit von Betonbauten ist im Brandfalle durch erhöhte Temperaturen gefährdet, die sowohl Streckgrenze als auch Festigkeit des Stahles erheblich herabsetzen (Abb. 1.2/6) [106]. Bei Bewehrungs-

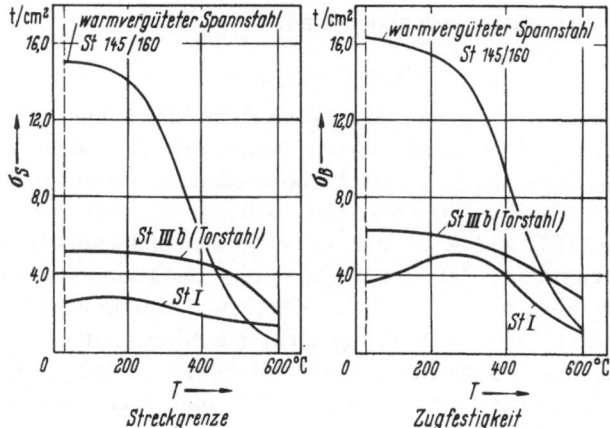

Abb. 1.2/6. Temperatureinfluß auf Festigkeit und Elastizität von Stählen [106]

Stahl beginnt der Abfall bei rund 400 °C, bei Spannstählen bereits bei 250°. Da die Wärme nur langsam zum Stahl vordringt, weil die Bewehrung durch den Beton geschützt wird, widerstehen Stahlbetonbauten bekanntlich stundenlang einem Großbrand. Allerdings muß man beim Löschen darauf achten, daß die Tragglieder nicht direkt vom Wasserstrahl getroffen werden, denn der Beton springt durch plötzliche Abkühlung in Schalen ab und legt die Bewehrung bloß, was den Bruch bei Balken beschleunigt. Ein erfahrener Brandbekämpfer wird aber ohnehin nicht von oben in die Flamme spritzen, sondern dem Feuer von unten zu Leibe gehen.

5*

Die Widerstandsfähigkeit gegen Brand kann durch eine Ummantelung gesteigert werden, die um so wirkungsvoller ist, je tiefer ihr E liegt und je poröser sie ist; Kalkputz oder Putz mit Leichtzuschlägen haben sich gut bewährt (DIN 4102).

1.216 Kriechen

Das Kriechen spielt bei den Baustählen im Bereich der Gebrauchsspannungen keine Rolle; auch bei den warmvergüteten Spannstählen kann es vernachlässigt werden [102]. Die gewöhnlichen, kaltgezogenen Drähte hingegen zeigen merkbares Kriechen, das allerdings um eine Größenordnung schneller verläuft als bei Beton, so daß die Relaxation der Drähte (Nachlassen der Spannung bei unveränderlicher Dehnung) durch Nachspannen nach etwa einer Woche größtenteils beseitigt werden kann. So verfährt man im Ausland, wo solche Drähte mitunter noch verwendet werden, oder man zieht dort von der Anfangsspannung 8÷12% für den Kriechverlust ab. Neuerdings werden gezogene Drähte künstlich gealtert, so daß auch bei ihnen Kriechverformungen praktisch nicht mehr vorhanden sind.

1.217 Korrosion

Korrosion wird, obgleich Beton stets mehr oder weniger Feuchtigkeit enthält, durch den Zement wirksam verhindert. Der alkalische Schutz hört aber auf, wenn der Beton voll karbonatisiert ist. Dieser Prozeß beginnt an der Oberfläche, schreitet aber äußerst langsam fort (8 mm in 50 Jahren) [107] und stellt deshalb bei dichter und ausreichend starker Betondeckung keine Gefahr dar. Eine saure Reaktion kann auch durch Elektrolyse eintreten, so daß die Bewehrung durch vagabundierende Ströme rosten kann (Bewehrung nicht als Blitzableiter verwenden!). Eine vorhandene Rostschicht wird vom Beton „aufgefressen", indem sich Eisenkarbonate als brauner Hof um den Bewehrungsstab herum bilden. Das Rosten kommt jedoch nicht zum Stillstand, wenn dem Beton Kalziumchlorid ($CaCl_2$) enthaltende Frostschutzmittel oder Erhärtungsbeschleuniger beigegeben werden [108]. Bei Spannbeton ist die Beigabe dieser Mittel noch gefährlicher, so daß Zusätze mit Chlorgehalt verboten sind [109]. Bei ihrer Verwendung muß aber nicht nur an die Bewehrung, sondern auch an andere rostempfindliche Eisenteile gedacht werden; z. B. wurden bei einem Krankenhausneubau im Winter zahlreiche Gas-, Wasser- und Heizungsrohre in Mauer- und Deckenschlitze verlegt und diese mit erheblichem Kalziumchloridzusatz als Abbindebeschleuniger vermörtelt. Alle Leitungen rosteten stark und eine Gasleitung wurde vollständig durchgefressen, so daß es fast zu einer Explosion kam. Dieser Prozeß ging selbst in trockenen Innenräumen vor sich, da $CaCl_2$ hygroskopisch ist und sich

die zu seiner Wirkung notwendige Feuchtigkeit aus der Luft heran-
zieht. Unter erheblichem Kostenaufwand mußten sämtliche Leitungen
erneuert werden!

Zusätzlich gefährdet sind die hochwertigen Stahldrähte, besonders
die warmvergüteten, durch eine interkristalline Rostbildung, die sogenannte „Spannungskorrosion" [110]. Sie wird in gespannten oder stark
gebogenen Drähten durch Feuchtigkeit und vor allem durch gewisse
Chemikalien eingeleitet (Gehalt an $CaCl_2$ im Zement darf 0,1% nicht
überschreiten!). Spannstähle müssen daher einwandfrei trocken gelagert werden. Das Behandeln mit einem „abwaschbaren Korrosions-
schutzöl" macht die Drähte unempfindlicher und hat den Vorteil, die
Reibung der Bündel in den Spanngliedkanälen etwas herabzusetzen.
Durch starkes Spülen der Kanäle, zum Schluß mit einem Benetzungsmittel, muß das Öl vor dem Verpressen mit Zementmörtel entfernt
werden.

1.22 Die Verarbeitung

Die Verarbeitung des Stahles erfordert große Gewissenhaftigkeit, da
Lage und Beschaffenheit der Bewehrung nach dem Betonieren nicht

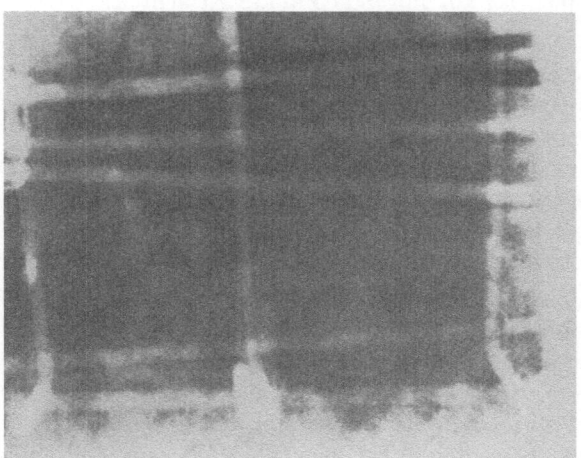

Abb. 1.2/7. Nachweis der Stahlstäbe im erhärteten Beton. Nachweis mit Hilfe von
γ-Strahlen [111]

mehr sichtbar, aber für die Tragfähigkeit des Bauwerkes von ausschlaggebender Bedeutung sind. Es ist daher in DIN 1045, § 9 vorgeschrieben,
jede Bewehrung vor dem Betonieren durch die Bauaufsichtsbehörde oder
einen von ihr beauftragten Prüfingenieur zu kontrollieren und „abzuneh-
men". Später kann sie entweder bei Betonstärken bis zu 60 cm durch Foto-

grafieren mit harten γ-Strahlen (Abb. 1.2/7) [111] oder in Tiefen bis
zu etwa 10 cm durch einen „Eisensucher" nachgewiesen werden. Dieser
besteht aus einem starken Elektro-Magneten, aus dessen Feldstörungen
auf Richtung, Tiefe oder Durchmesser der Stahlstäbe geschlossen werden
kann (Abb. 1.2/8) [112]. Mit diesem Instrument wurde schon in vielen

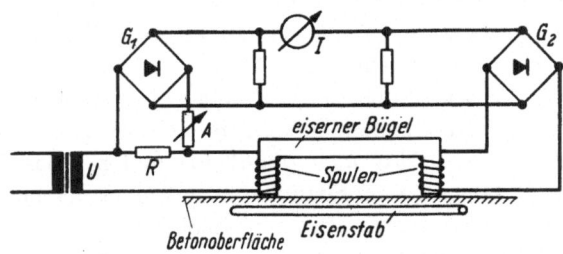

Abb. 1.2/8. Elektromagnetischer Eisensucher [112].
A Widerstand zum Abgleich der Anzeige, $G_{1,2}$ Gleichrichter, I Amperemeter
(Differenz der Stromstärke), R Vorwiderstand, U transformierte Spannung

Fällen nachgewiesen, daß z. B. die obere Bewehrung von Kragplatten
zu tief lag, so daß diese sich durchbogen und abgerissen werden mußten!
Im einzelnen ist auf folgende Punkte zu achten:

1.221 Biegen der Bewehrung

Beim Kaltbiegen der Stäbe treten plastische Verformungen auf, die
einen Eigenspannungszustand hinterlassen (Abb. 1.2/9a) [113]. Dieser
überlagert sich den Lastspannungen, wodurch schon bei verhältnismäßig
geringen Belastungen örtlich Spannungen bis zur Fließgrenze auftreten
können. Unter äußeren Lasten „arbeitet" dann der Stahl in Spannungs-
bereichen mit verschiedener Steifigkeit beim Be- und Entlasten (Hyste-
resis) und setzt bei jedem Spannungswechsel einen Teil der zugeführten
Formänderungsarbeit in plastische Gefügeänderungen um. Dies führt bei
häufig wiederholter (schwingender) Belastung zur „Ermüdung" des
Stahles. Eine Verfestigung des Stahles wie bei hohen statischen Lasten
ist dann nicht möglich, da sie bei Lastumkehr teilweise wieder rückgängig
gemacht wird (Bauschinger-Effekt). Die Minderung der Schwingungsfestigkeit von höherwertigen Stählen durch Kaltbiegen ist bei den zulässigen Spannungen für dynamische Beanspruchung berücksichtigt.
    Um Anrisse und Sprödbrüche unter Belastung auszuschließen,
müssen die Biegedurchmesser (DIN 1045, § 14) mindestens $10\,d$ ($d =$
Stabdurchmesser) betragen. Wie wichtig die Anwendung der richtigen Aufsatzplatten in der Biegemaschine ist, zeigte sich beispielsweise bei mehreren Rahmen, die alle bereits beim Ausrüsten grobe Eckrisse aufwiesen (Abb. 1.2/9b). Die Untersuchung ergab, daß ein großer

Teil der Stäbe $\varnothing$ 28 mm mit $D = 6 \div 8$ cm, also etwa $D = 2 \div 3\, d$, gebogen worden und verformungslos gebrochen waren. Die Rahmenriegel mußten daraufhin durch eine Ummantelung mit neuer Tragbewehrung verstärkt werden. Die Versprödung wirkte sich in den Rahmenecken besonders verhängnisvoll aus, da dort die Bewehrung ihre höchste Spannung erhält. Man sollte deshalb wie auch aus Gründen einer besseren Kraftumlenkung (vgl. Abschn. 1.231) an dieser Stelle größere Biegedurch-

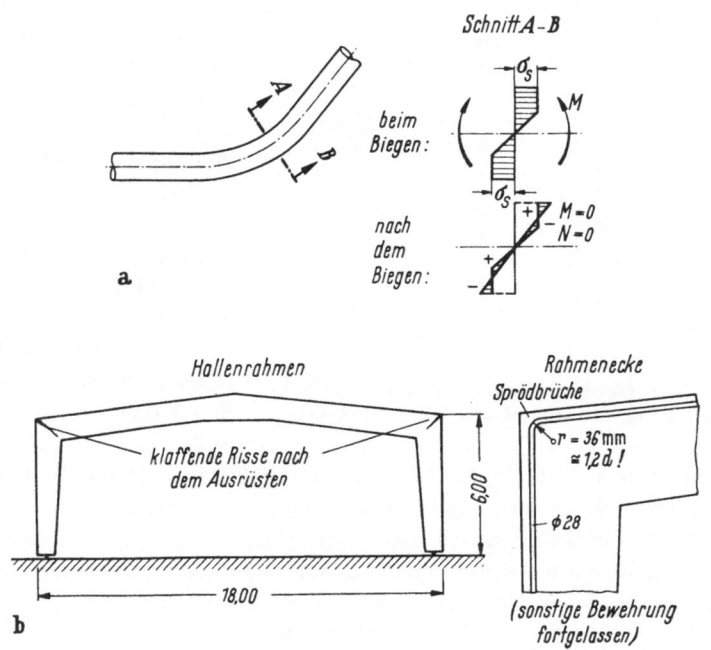

Abb. 1.2/9a u. b. Restspannungen in einem Stab nach plastischer Verformung. a) Spannungen, b) Versprödung als Folge zu scharfer Biegung

messer als die nach DIN 1045 geforderten anwenden. Bei Balkenbewehrungen liegen die Aufbiegungen meist an Stellen geringerer Stahlbeanspruchung, so daß sich etwaige Fehler weniger auswirken werden.

Bei der Krümmung von Spannbetonstählen ist zu unterscheiden zwischen ruhenden Umlenkungen, z. B. in Ankerkörpern, wo Biegedurchmesser von $10\, d$ für Drähte $\varnothing$ 5 mm zugelassen sind. Wenn jedoch die Spannglieder beim Spannvorgang über Umlenkungen hinweggleiten, müssen die hierdurch verursachten Zusatzspannungen $\sigma_e = E \dfrac{d}{D}$ auf 15% von zul. σ_e begrenzt werden. Daraus ergibt sich der kleinste

Radius $R = \dfrac{D}{2} = 3{,}3\, d \cdot \dfrac{E}{\text{zul } \sigma_e}$.

1.222 Verbinden von Bewehrungsstäben

Wenn die in Lagerlängen von rund 14 m gelieferten Stäbe (Überlängen kosten Aufpreise!) nicht ausreichen, werden sie durch Überdecken auf die „Haftlänge" (vgl. Abschn. 1.232) gestoßen, sofern ihr Durchmesser 26 mm oder weniger beträgt. An Arbeitsfugen sollten die Verbindungsstäbe möglichst nicht allzuweit herausragen. Es können

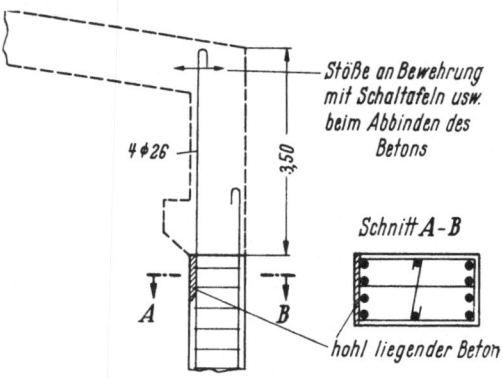

sonst im jungen Beton durch Bewegungen dieser Anschlußeisen schwer zu beseitigende (Abb. 1.2/10) Hohlstellen entstehen. Ebenso wie Rostabsprengungen müssen sie „torkretiert" werden (vgl. Abb. 1.2/13b). Stärkere Stäbe können nur durch Stumpfschweißung oder durch Spannschlösser verbunden werden. In beiden Fällen ist eine Einbuße an Festigkeit zu

Abb. 1.2/10. Hohlstellen an Arbeitsfuge bei Rahmenstiel infolge zu lang überstehender Bewehrung

berücksichtigen (DIN 1045, § 14), die durch Zulagen auszugleichen ist. Im ersten Fall können Schlackeneinschlüsse entstehen, im letzteren wird der Querschnitt durch das eingeschnittene Gewinde vermindert. Er kann jedoch auf besonderen Nachweis hin beim Schweißen, wenn gewissenhafte Ausführung gewährleistet ist, sowie beim Spannschloß mit

Abb. 1.2/11. Verbinden von Bewehrungsstäben bis 10 mm ∅ durch maschinelle Umwicklung mit hartem Draht (Rödeln) (Schrägstellung nach Erstbelastung)

aufgerolltem, nicht eingeschnittenem Gewinde voll beansprucht werden. Von Aufrollgewinden wird i. allg. nur bei mittelhartem Stahl für Spannbewehrung Gebrauch gemacht [114].

Spannstähle dürfen nicht durch Schweißen gestoßen werden, da durch das Ausglühen die Streckgrenzenerhöhung verlorengeht. Für Bewehrungsstähle ist Abbrennstumpfschweißung zugelassen, z.T. auch elektrische Lichtbogenschweißung bei Überlappungsstößen und X-Nähten [115]. Allein bei den aus St IV (gezogenen Drähten) maschinell hergestellten Baustahlmatten ist die Verbindung durch Punktschweißung zugelassen, da die Einbrandzone sehr gering und daher unschädlich ist. Vorspanndrähte können auch durch Umwickeln mit hartem Draht maschinell gerödelt werden (Abb. 1.2/11).

1.223 Einbau der Bewehrung

Für den Einbau der Bewehrung sind die wichtigsten Grundsätze, daß einerseits die statisch richtige Lage gesichert, andererseits ihre Betondeckung gewährleistet ist. Die Zeichnungen müssen daher die Bewehrung mit deutlichen Maßen, bezogen auf die *Außenseite* der Stäbe, festlegen. Zur Einhaltung der Deckung werden Klötzchen aus Beton, Stahlblech, Kunststoff oder ähnlichem an die Bewehrung gebunden oder geklemmt (Abb. 1.2/12). Die Überdeckung mit einem dichten Beton (vgl. Abschn. 1.32) ist, wie leider zahlreiche Schäden immer wieder lehren, von *lebenswichtiger* Bedeutung für die Bauwerke. Die in DIN 1045

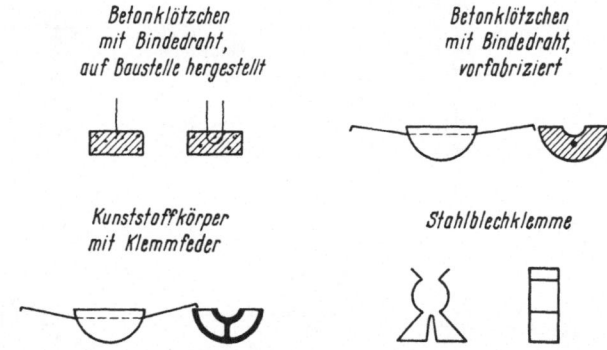

Abb. 1.2/12. Abstandhalter zwischen Schalung und Bewehrung

§ 14 angegebenen Maße von $1 \div 2{,}5$ cm sind Mindestwerte und sollten unter ungünstigen Umständen (ständige Feuchtigkeit, insbesondere Seewasser, aggressive Niederschläge wie schwefelhaltiger Rauch oder andere Chemikalien) auf $3 \div 5$ cm vergrößert werden. Selbst noch nach vieljährigem, einwandfreiem Bestand hat der Verfasser an einer Straßenbrücke über Eisenbahngleisen schwere Schäden entstehen sehen (Abb. 1.2/13).

Damit die Bewehrung von Balken und Stützen beim Betonieren nicht verschoben wird, fixiert man sie am besten durch Bildung fester Körbe. Aus diesem Grunde sind stets geschlossene Bügel, nicht wie früher oft üblich offene Bügel zu verwenden (Abb. 1.2/14). Außerdem wird der Bauvorgang beschleunigt, wenn die Bewehrung der Säulen und Balken schon während des Schalens geflochten und dann im ganzen versetzt wird. Daran ist bereits beim Aufzeichnen der Bewehrung zu denken! Eine Diagonalversteifung (Abb. 1.2/15a) kann man i. allg. der Baustelle überlassen. Sollen jedoch hohe, schwere Bewehrungen aufgestellt werden, so ist der Baustelle eine wirksame Abstützung auf der Zeichnung anzugeben.

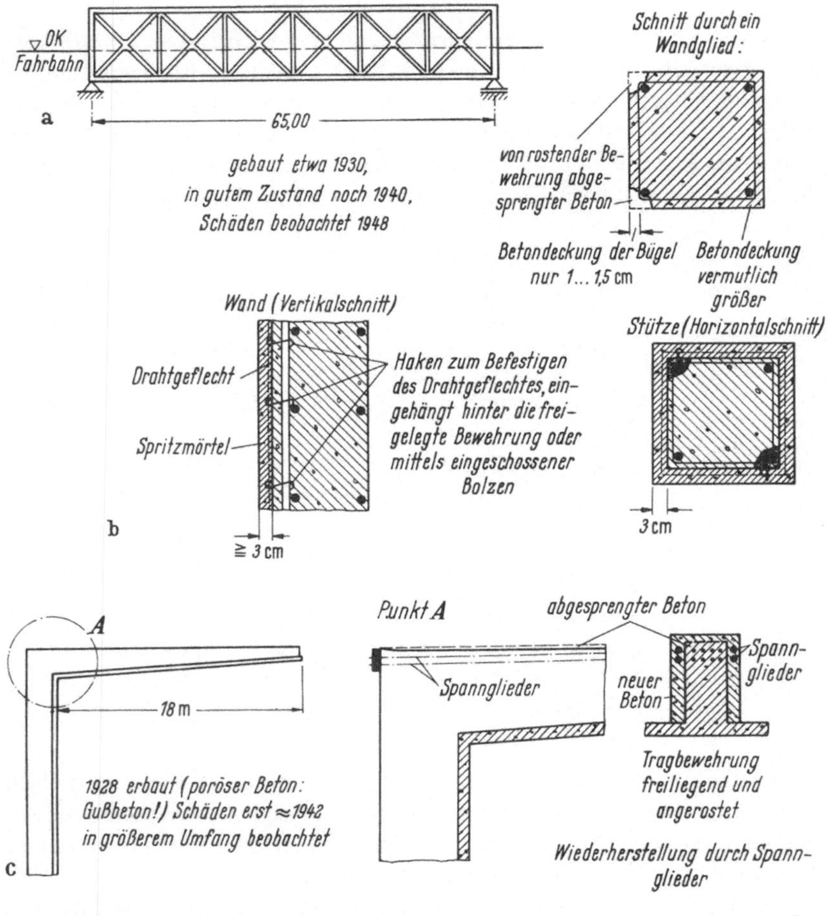

▽ OK
Fahrbahn

a ├─────── 65,00 ───────┤

gebaut etwa 1930,
in gutem Zustand noch 1940,
Schäden beobachtet 1948

Schnitt durch ein
Wandglied:

von rostender Be-
wehrung abge-
sprengter Beton

Betondeckung der Bügel
nur 1...1,5 cm

Betondeckung
vermutlich
größer

Wand (Vertikalschnitt)

Drahtgeflecht

Spritzmörtel

Haken zum Befestigen
des Drahtgeflechtes, ein-
gehängt hinter die frei-
gelegte Bewehrung oder
mittels eingeschossener
Bolzen

Stütze (Horizontalschnitt)

b   ≧ 3 cm

3 cm

A

├─── 18 m ───┤

1928 erbaut (poröser Beton:
Gußbeton!) Schäden erst ≈1942
in größerem Umfang beobachtet

c

Punkt A

Spannglieder

abgesprengter Beton

neuer
Beton

Spann-
glieder

Tragbewehrung
freiliegend und
angerostet

Wiederherstellung durch Spannglieder

Abb. 1.2/13 a—c. Abplatzungen infolge Rostens der Bewehrung und ihre Beseitigung.
a) Straßenbrücke über Eisenbahngleisen, b) Reparatur durch Spritzmörtel
(Torkret), c) Kragdach einer Tribüne

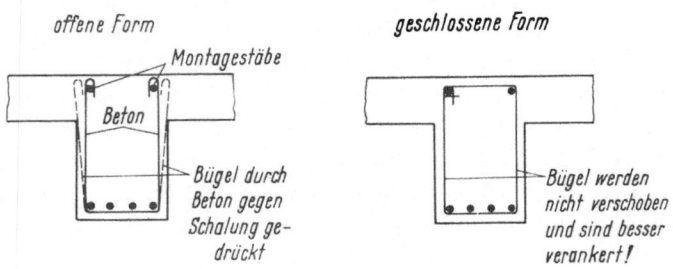

offene Form

Montagestäbe

Beton

Bügel durch
Beton gegen
Schalung ge-
drückt

geschlossene Form

Bügel werden
nicht verschoben
und sind besser
verankert!

Abb. 1.2/14. Balkenbügel

Den geringsten Arbeitsaufwand hat die Baustelle, wenn sie vorfabrizierte, frei tragende Balkenbewehrungen geliefert bekommt (Abb. 1.2/15 b) [116], die höchstens noch durch einige Zulagen zu ergänzen sind. Sie bedürfen einer Zulassung und werden im Hochbau in Verbindung mit Hohlsteinen zu Decken oft verwendet. Die seitliche Stabilität des Ober-

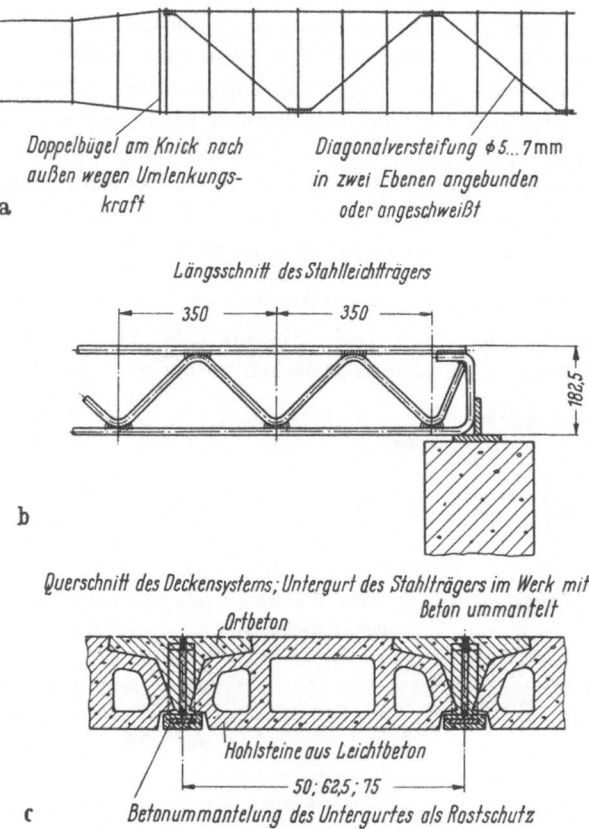

a   Doppelbügel am Knick nach außen wegen Umlenkungskraft   Diagonalversteifung ⌀ 5...7 mm in zwei Ebenen angebunden oder angeschweißt

Längsschnitt des Stahlleichtträgers

b

Querschnitt des Deckensystems; Untergurt des Stahlträgers im Werk mit Beton ummantelt

c   Betonummantelung des Untergurtes als Rostschutz

Abb. 1.2/15 a—c. Versetzen vorbereiteter Bewehrungen.
a) Fertig gebundene Stützenbewehrung, b) vorfabrizierte, frei tragende Bewehrung für kleinere Balken und Rippendecken, c) Querschnitt des Deckensystems: Untergurt des Stahlträgers im Werk mit Beton ummantelt

gurtes vor dem Betonieren und die gute Umhüllung des Untergurtes durch Mörtel erfordern besondere Aufmerksamkeit [116]. Da dieser nicht in dünne Fugen eindringt, wird der Untergurt am besten gleich im Werk mit Beton ummantelt (Abb. 1.2/15 c):

Frei tragende Bewehrung mit angehängter Schalung (sog. Melan-Bauart) ist in einzelnen Fällen auch in großem Maßstab für Brücken angewandt worden (z. B. Echelsbach-Brücke [117]). Ein wirtschaftlicher Vorsprung ist damit i. allg. nicht erreicht worden. Zudem ist die Haftung zwischen Stahlprofilen und Beton noch ungeklärt. Sie wird an denjenigen Stellen, wo der Beton bereits erstarrt ist, zweifellos beim weiteren Betonieren durch die zunehmende Belastung des Stahltragwerkes gestört. Diesen Nachteil kann man zwar durch dessen Vorbelastung ausschalten, was den Bauvorgang aber recht kompliziert.

Schließlich ist beim Einbau darauf zu achten, daß die Bewehrung vor dem Betonieren nicht durch Öl, insbesondere Schalungsöl, „abgestorbene" Zementmilch usw. verschmutzt wird, da sonst der vorausgesetzte Verbund mit dem Beton nicht zustande kommt. Bewehrte Fundamente dürfen also nicht „gegen Grund", sondern nur in Schalung auf einem Unterbeton (sog. Sauberkeitsschicht) betoniert werden. Dieser besteht aus Magerbeton und kann nie als Betondeckung dienen.

1.224 Nachträglicher Korrosionsschutz bei Spannbeton

Im Spannbettverfahren (vgl. Abschn. 2.241,2) wird anfänglicher Verbund und damit Rostschutz zwischen vorher gespannter Bewehrung

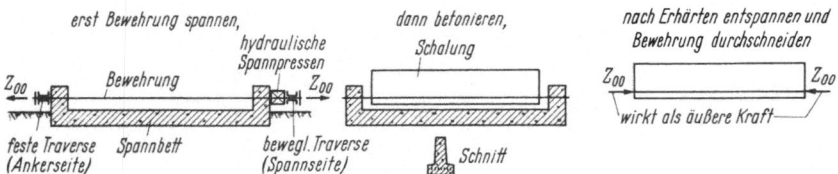

Abb. 1.2/16. Vorspannung gegen feste Widerlager mit anfänglichem Verbund (vgl. auch Abschn. 2.252)

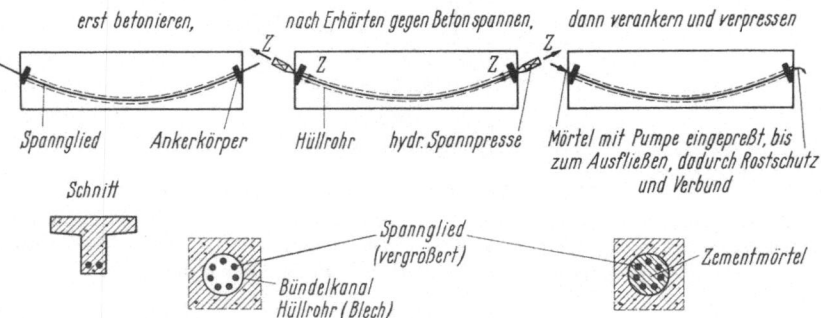

Abb. 1.2/17. Vorspannung gegen den erhärteten Beton mit nachträglichem Verbund

und nachträglich eingebrachtem Beton hergestellt (Abb. 1.2/16). Bei Vorspannung gegen den erhärteten Beton werden die Spannglieder in Kanälen verlegt und nach dem Spannen verankert (Abb. 1.2/17). Um nun die Stäbe oder Drähte gegen Rosten zu schützen, müssen die verbleibenden Hohlräume mit Zementmörtel verpreßt werden. Dieser hat außerdem die Aufgabe, nachträglichen Verbund herzustellen, muß daher eine ausreichende Festigkeit besitzen ($W_{28} = 300 \text{ kg/cm}^2$) und darf kein Wasser abscheiden $\left(\dfrac{W}{Z} \leqq 0{,}5\right)$. Mangels Luftzutrittes würde es zwar zu

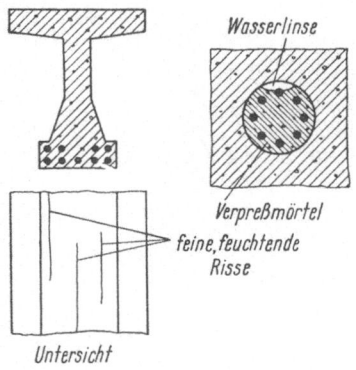

keiner Korrosion, wohl aber zu Eisbildung führen, welche die Bauglieder auseinander treiben kann (Abb. 1.2/18). Fest eingeschlossenes Wasser vermag einen Eisdruck von über 1000 at auszuüben! Andererseits muß der Mörtel geschmeidig genug sein, um alle Drähte voll zu umhüllen und im Spanngliedkanal nicht steckenzubleiben. Diese Forderungen sind in Richtlinien niedergelegt [118], jedoch sind die Entwicklungsarbeiten auf diesem Gebiet noch nicht abgeschlossen [119]. Suspensionszusätze und Blähmittel, die das Schwinden ausgleichen sollen, verbessern die Eignung des Mörtels wesentlich.

Abb. 1.2/18. Auffrierungen an Spannbetonbalken nach Abscheiden von Wasser aus zu nassem Verpreßmörtel

Zugbewehrungen, deren Hauptbeanspruchung aus ständiger Last herrührt, sind mitunter erst nach dem Ausrüsten mit Beton ummantelt worden (Abb. 1.2/19), so daß dieser nur aus Verkehrslast Zug erhält [120]. Dieses Verfahren führt zu erheblichen Nebenspannungen im Beton und ist durch das künstliche Vorspannen überholt.

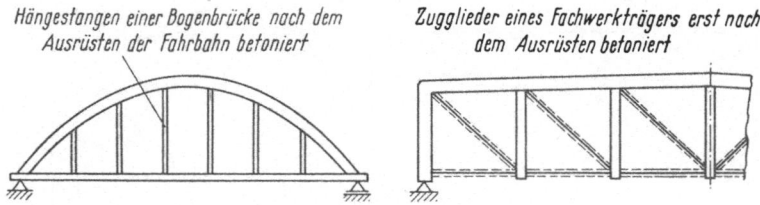

Abb. 1.2/19. Nachträgliches Ummanteln von Zugbewehrungen zur teilweisen Ausschaltung von Zugspannungen im Beton

1.23 Die Zusammenarbeit von Beton und Stahl

Die geschilderte Zusammenarbeit von Beton und Stahl setzt eine zweckmäßige Überleitung der Bewehrungskräfte auf den Beton durch Leibungsdrücke, Haftung oder Verankerung voraus.

1.231 Leibungskräfte

Leibungskräfte p_l treten an jeder Umlenkung einer Kraft Z mit dem Radius R auf und betragen $p_l = \dfrac{Z}{R}$ (Abb. 1.2/20a). Nimmt man

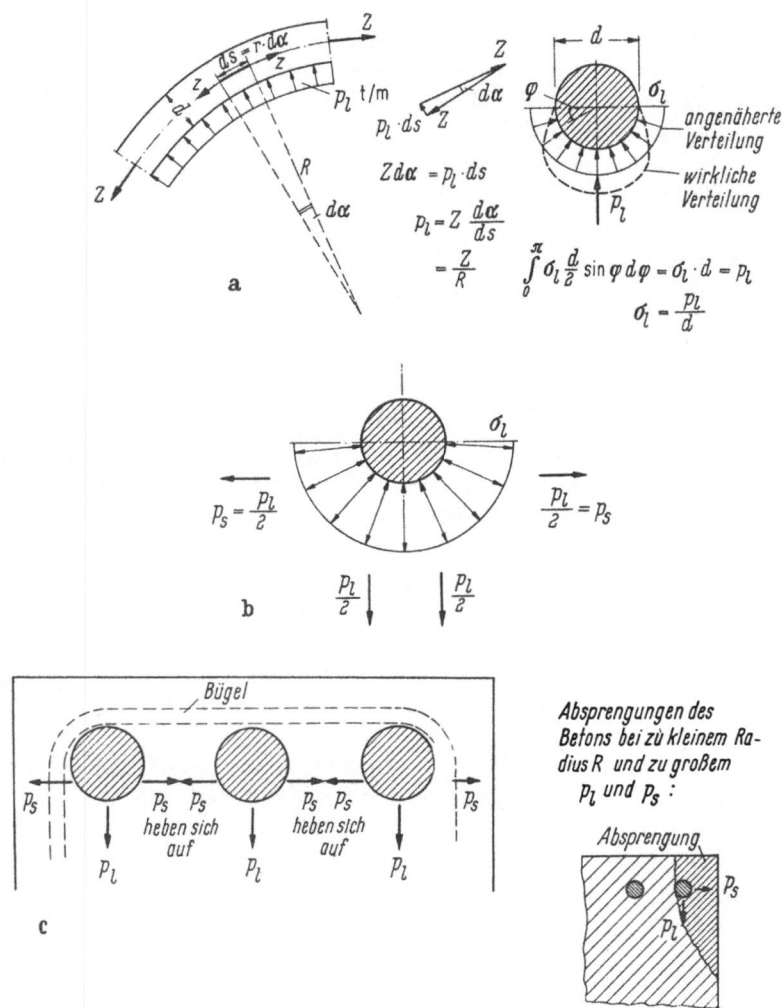

Abb. 1.2/20 a—c. Leibungskräfte an der Umlenkung eines Bewehrungsstabes. a) Leibungsdruck σ_l und Leibungskraft p_l, b) Seitendruck eines Bewehrungsstabes, c) Wirkung der Seitendrücke mehrerer gekrümmter Bewehrungsstäbe

sie gleichförmig über die innere Leibung eines Rundstabes verteilt an, so übt dieser den Leibungsdruck $\sigma_l = \dfrac{p_l}{d} = \dfrac{Z}{dR}$ auf den Beton aus. Der Beton kann örtlich sehr hohe Pressungen aufnehmen (vgl.

Abschn. 1.121), die nach DIN 4227 nur zu einem kleinen Bruchteil ausgenutzt sind. Die DIN 1045, § 14 begrenzt die Leibungsdrücke nur mittelbar, weil die Biegeradien mit Rücksicht auf den Stahl ohnehin beschränkt sind (vgl. Abschn. 1.221). Man erhält z. B. für einen St III mit

$$D = 10\,d : \sigma_l = \frac{F_e \cdot \sigma_e}{d \cdot 5\,d} = \frac{\pi \cdot d^2 \cdot \sigma_e}{4 \cdot 5 \cdot d^2} = \frac{\pi}{20} \cdot \sigma_e \approx \frac{\sigma_e}{6} = \frac{2400}{6} = 400 \text{ kg/cm}^2.$$

Nun darf aber nicht übersehen werden, daß ein Stab außer der Leibungskraft p_l auch einen Seitendruck $p_s = \frac{p_l}{2}$ ausübt (Abb. 1.2/20 b). Während sich bei mehreren nebeneinanderliegenden Stäben die inneren Horizontalkräfte aufheben, bleiben die äußeren übrig und sind vom Beton bzw. der Verbügelung aufzunehmen (Abb. 1.2/20 c). Die Randstäbe müssen daher, damit der Beton nicht aufgerissen wird, einen größeren Biegedurchmesser (15 d) erhalten.

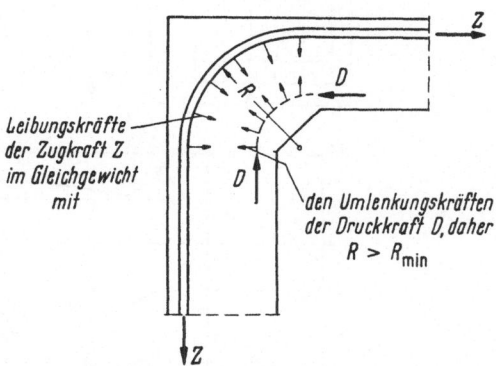

Um die Umlenkungskraft auf eine größere Strecke zu verteilen, wird empfohlen, bei Rahmenecken usw. geringere Krümmungen anzuwenden, auch wenn diese auf der Biegemaschine etwas schwieriger herzustellen sind (Abb. 1.2/21).

Abb. 1.2/21. Zweckmäßige Führung der Zugbewehrung in einer Rahmendruckecke

Außer dieser Seitenkraft in Höhe der Bewehrung tritt noch eine Querzugkraft auf, die aus der Überleitung der Streifenlast auf eine größere Breite herrührt (Abb. 1.2/22). Bei der Bemessung der Lager (Abschn. 2.74) haben wir uns hiermit ausführlicher zu beschäftigen und entnehmen von dort, daß diese Querzugkraft etwa die Größe $\frac{P}{4}$, d. h. hier $\frac{p_l}{4} = \frac{Z}{4\,R}$ t/m, besitzt und in einer Tiefe ungefähr gleich 1/2 Verteilbreite b angreift [122]. Diese Zugspannungen kann der Beton aufnehmen, wenn man die vorgeschriebenen Radien einhält. Bei der Umlenkung von Spannstählen mit kleineren Radien (Abb. 1.2/23) werden die Querzugspannungen so groß, daß der Beton eine Querbewehrung erhalten muß. In diesem Falle ordnet man eine Umschnürung durch eine Wendelbewehrung an, deren Querschnitt durch Summierung über den Umlenkungsbogen l für die Kraft $\frac{Z \cdot l}{4\,R} \approx \frac{3}{4} Z$ im mittleren Teil bemessen werden kann und durch Zulassungsversuche zu bestätigen ist.

Der Konstrukteur muß sich darüber klar sein, mit welchen Beton-
kräften diese Leibungsdrücke im Gleichgewicht stehen. In Balken ge-

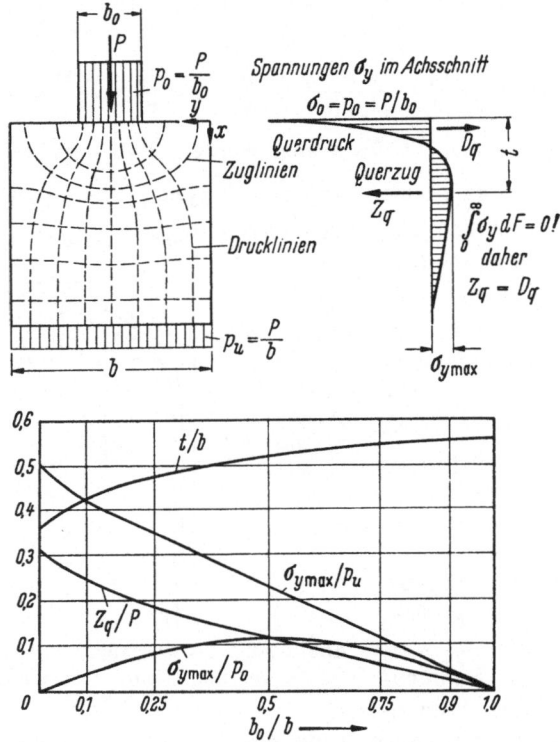

Abb. 1.2/22. Querzugspannungen σ_y und Querzugkraft Z_q bei Teilbelastung eines
Betonkörpers mit der Höhe h [121]

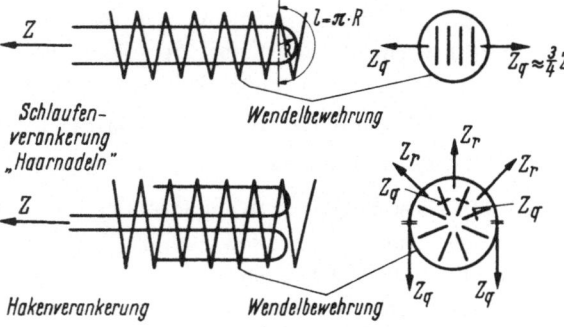

Abb. 1.2/23. Aufnahme der Querzugkräfte Z_q bei kleinen Radien und großen Zugkräften Z (Spannstahl)

hören zu den Umlenkkräften aufgebogener Stäbe entsprechende Schräg-
druckkräfte (vgl. Abschn. 2.241,1) (Abb. 2.2/67). Bei schwach ge-

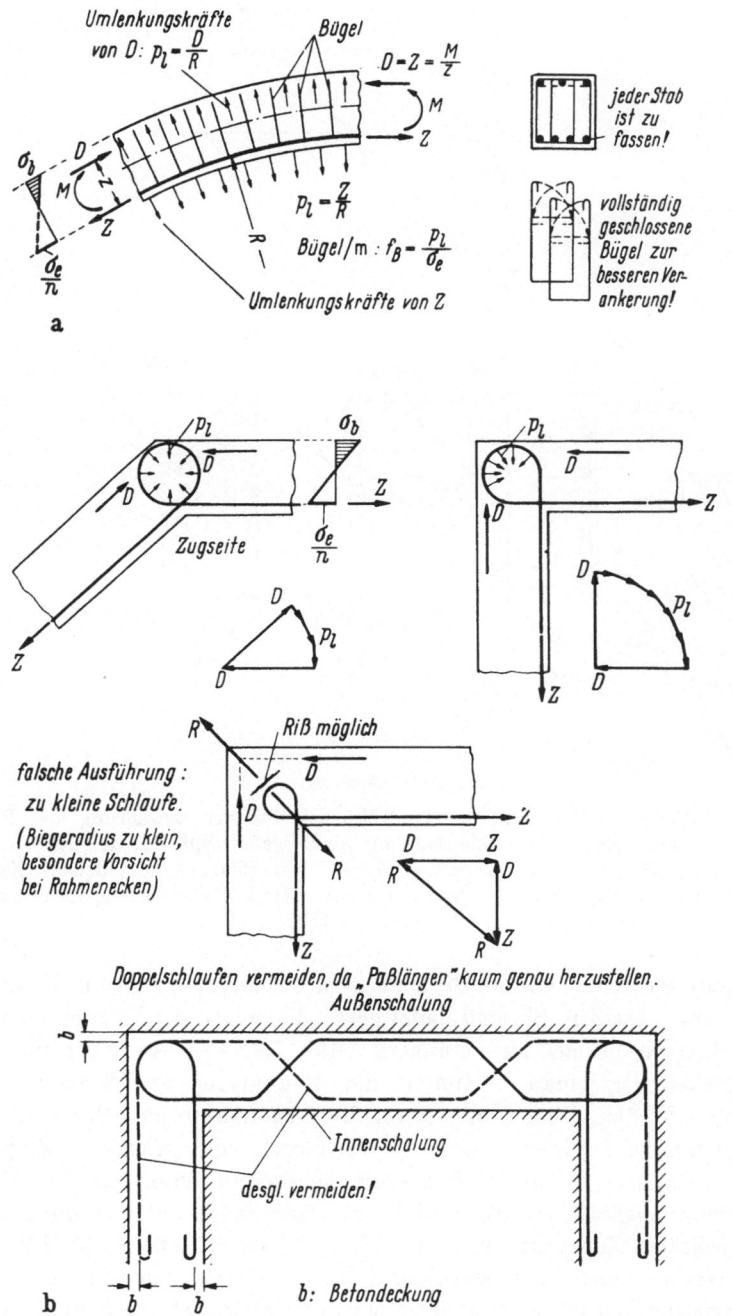

Umlenkungskräfte
von D: $p_l = \dfrac{D}{R}$

Bügel

$D = Z = \dfrac{M}{z}$

$p_l = \dfrac{Z}{R}$

Bügel/m : $f_B = \dfrac{p_l}{\sigma_e}$

Umlenkungskräfte von Z

jeder Stab
ist zu
fassen!

vollständig
geschlossene
Bügel zur
besseren Ver-
ankerung!

a

Zugseite

falsche Ausführung:
zu kleine Schlaufe.

(Biegeradius zu klein,
besondere Vorsicht
bei Rahmenecken)

Riß möglich

Doppelschlaufen vermeiden, da „Paßlängen" kaum genau herzustellen.

Außenschalung

Innenschalung

desgl. vermeiden!

b: Betondeckung

b

Legende u. Fortsetzung der
Abb. 1.2/24 a—d auf S. 82

6 Franz, Konstruktionslehre I, 3. Aufl.

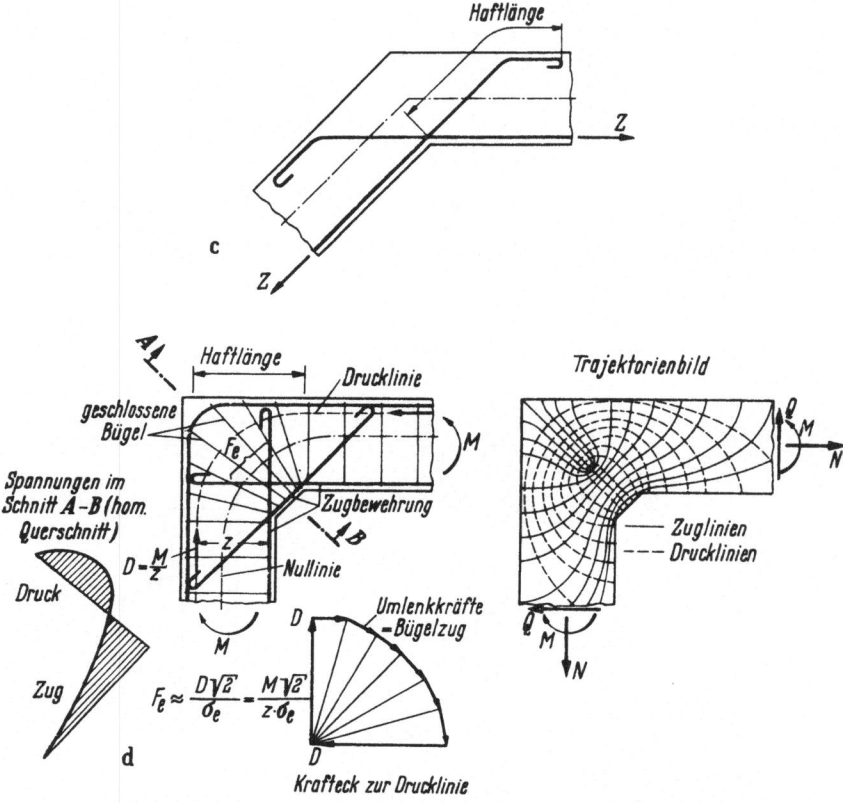

Abb. 1.2/24a—d. Aufnahme der Umlenkungskräfte der Bewehrung von Balken bei reiner Biegung (Abschätzung der Rißgefahr vgl. Bd. II, S. 100)
a) durch Bügel, b) an Zugecken durch Schlaufen, c) bei kleinen Kräften (Platten) an Zugecken durch Übergreifen, d) Zugecke bei großen Kräften (Rahmen) [123]

krümmten Balken können die Radialkräfte der Zugbewehrung die Betondeckung abreißen. Sie sind daher gegen diejenigen der Druckzone durch geschlossene Bügel zu verankern (Abb. 1.2/24a). An einspringenden Zugecken legt man mitunter die Bewehrung als Schlaufen ein (Abb. 1.2/24b). Diese sind bis an die Außenkante zu führen, um die Gegenkräfte zu fassen. Leichter einzulegen sind gekreuzte Zugstäbe (Abb. 1.2/24c), die in der Druckzone gehörig zu verankern sind. Deren Umlenkungskraft ist durch radial verlaufende Bügel aufzunehmen, sofern die schrägen Zugspannungen unzulässige Werte erreichen (Abb. 1.2/24d).

Wenn jedoch eine gekrümmte Zugbewehrung nur zur Aufnahme zentrischer Längskräfte infolge einer radialen Belastung dient, benötigt man keine Verankerung. Bei Flüssigkeitsbehältern oder Druckrohren

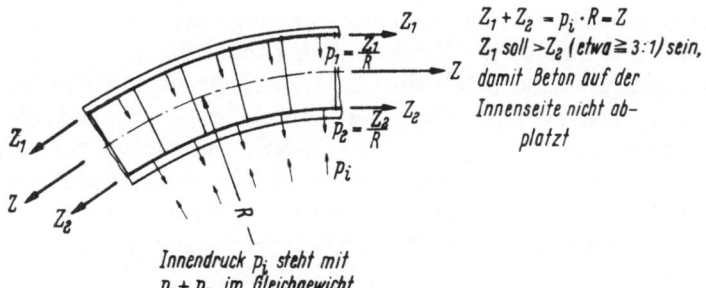

$$Z_1 + Z_2 = p_i \cdot R = Z$$
Z_1 soll $> Z_2$ (etwa $\gtrsim 3:1$) sein, damit Beton auf der Innenseite nicht abplatzt

Innendruck p_i steht mit $p_1 + p_2$ im Gleichgewicht

Abb. 1.2/25. Aufnahme der Umlenkungskräfte bei reiner Längskraftbeanspruchung (Ringbewehrung von runden Behältern und Druckrohren)

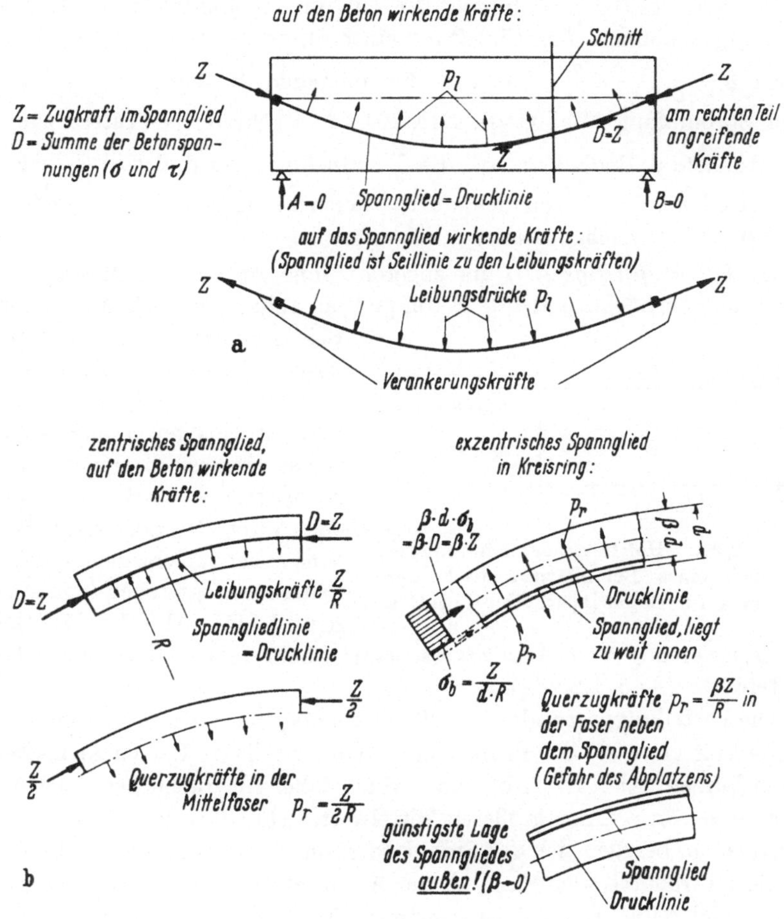

auf den Beton wirkende Kräfte:

Schnitt

Z = Zugkraft im Spannglied
D = Summe der Betonspannungen (σ und τ)

p_l

$D - Z$

am rechten Teil angreifende Kräfte

$A = 0$ Spannglied = Drucklinie $B = 0$

auf das Spannglied wirkende Kräfte:
(Spannglied ist Seillinie zu den Leibungskräften)

Leibungsdrücke p_l

a

Verankerungskräfte

zentrisches Spannglied, auf den Beton wirkende Kräfte:

$D - Z$

$D - Z$

Leibungskräfte $\dfrac{Z}{R}$

Spanngliedlinie = Drucklinie

$\dfrac{Z}{2}$

$\dfrac{Z}{2}$ Querzugkräfte in der Mittelfaser $p_r = \dfrac{Z}{2R}$

exzentrisches Spannglied in Kreisring:

$\beta \cdot d \cdot \sigma_l = \beta \cdot D = \beta \cdot Z$

p_r

$\beta \cdot d$

Drucklinie

Spannglied, liegt zu weit innen

p_r

$\sigma_b = \dfrac{Z}{d \cdot R}$ Querzugkräfte $p_r = \dfrac{\beta Z}{R}$ in der Faser neben dem Spannglied (Gefahr des Abplatzens)

günstigste Lage des Spanngliedes außen! ($\beta \to 0$)

Spannglied

Drucklinie

b

Abb. 1.2/26 a u. b. Wirkungen eines gekrümmten Spanngliedes.
a) in einem geraden Bauteil, b) in einem geschlossenen Ring

gehört eine solche schlaffe wie auch eine vorgespannte Ringbewehrung stets auf die Außenseite der Wandung (Abb. 1.2/25). Denn auch im Vorspannungszustand heben sich die Leibungsdrücke des Spanngliedes und die Umlenkungskräfte der gleich großen Druckkraft auf (Abb. 1.2/26). Der Querzug ist um so größer, je weiter innen das Spannglied liegt; er ist gegebenenfalls durch Bügel aufzunehmen. Eine Verbiegung kann aus Gründen der Rotationssymmetrie nicht eintreten, so daß in jedem Falle die Betondruckspannungen gleichförmig verteilt sind.

1.232 Der Verbund

Der Verbund bewirkt, daß der Stahl an den elastischen Längenänderungen des Betons teilnimmt. Er muß die dabei auftretenden Kräfte übertragen können. Zur Einleitung einer Stabkraft Z gehört die Haftlänge $a = \dfrac{Z}{U\,\tau_1} = d\,\dfrac{\sigma_e}{4\,\tau_1}$, die von der mittleren Haftspannung τ_1 und dem Stabumfang U abhängt. DIN 1045, § 14 schreibt τ_1 (Tafel V) und bei Rundstahl Endhaken vor, die $\dfrac{Z}{3}$ aufnehmen, so daß $a = d\,\dfrac{\sigma_e}{6\,\tau_1}$ ist. Die Analyse des Verbundes durch Versuche hat drei verschiedene Komponenten nachgewiesen:

a) Die Haftfestigkeit τ_h im engeren Sinne ist von der Rauhigkeit der Stahloberfläche und der Betonqualität abhängig [124]. Mit einem

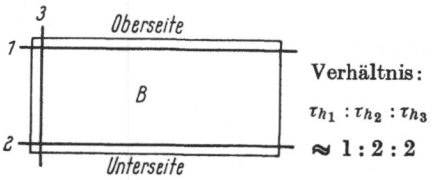

Verhältnis:

$\tau_{h1} : \tau_{h2} : \tau_{h3}$

$\approx 1 : 2 : 2$

Abb. 1.2/27. Haftfestigkeitsunterschiede innerhalb eines Betonkörpers nach der Zulassung für Betonrippenstähle I bis IV a

Schmiermittel behandelte, gezogene Drähte besitzen ein wesentlich geringeres Haftvermögen als gewalzte. τ_h kann selbst innerhalb eines Versuchskörpers stark wechseln, weil durch das Setzen des Betons meist verschiedene Festigkeitszonen entstehen (vgl. Abschn. 1.115) (Abb. 1.2/27). Bei der Auswertung von Ausziehversuchen erhält man daher ungleiche Mittelwerte (Abb. 1.2/28a).

Die Verteilungskurve der τ_h muß mit Null beginnen, da die Betonoberfläche kräftefrei ist. Bei einem langen Körper fällt sie flacher ab als bei einem kurzen (Abb. 1.2/28b); man erhält daher für diesen bei gleichem Maximum von τ_h einen größeren Mittelwert. Schließlich liefert der Ausziehversuch, bei dem sich der Stahl infolge der Querdehnung vom Beton abzulösen trachtet, kleinere τ_h als der Ausdrückversuch. Die gefundenen Werte sind daher kritisch zu beurteilen und die vorsichtig gewählten Werte der zulässigen Haftspannung τ_1 der DIN 1045 sind durchaus verständlich. Da außerdem verunreinigte Bewehrungsstäbe streckenweise

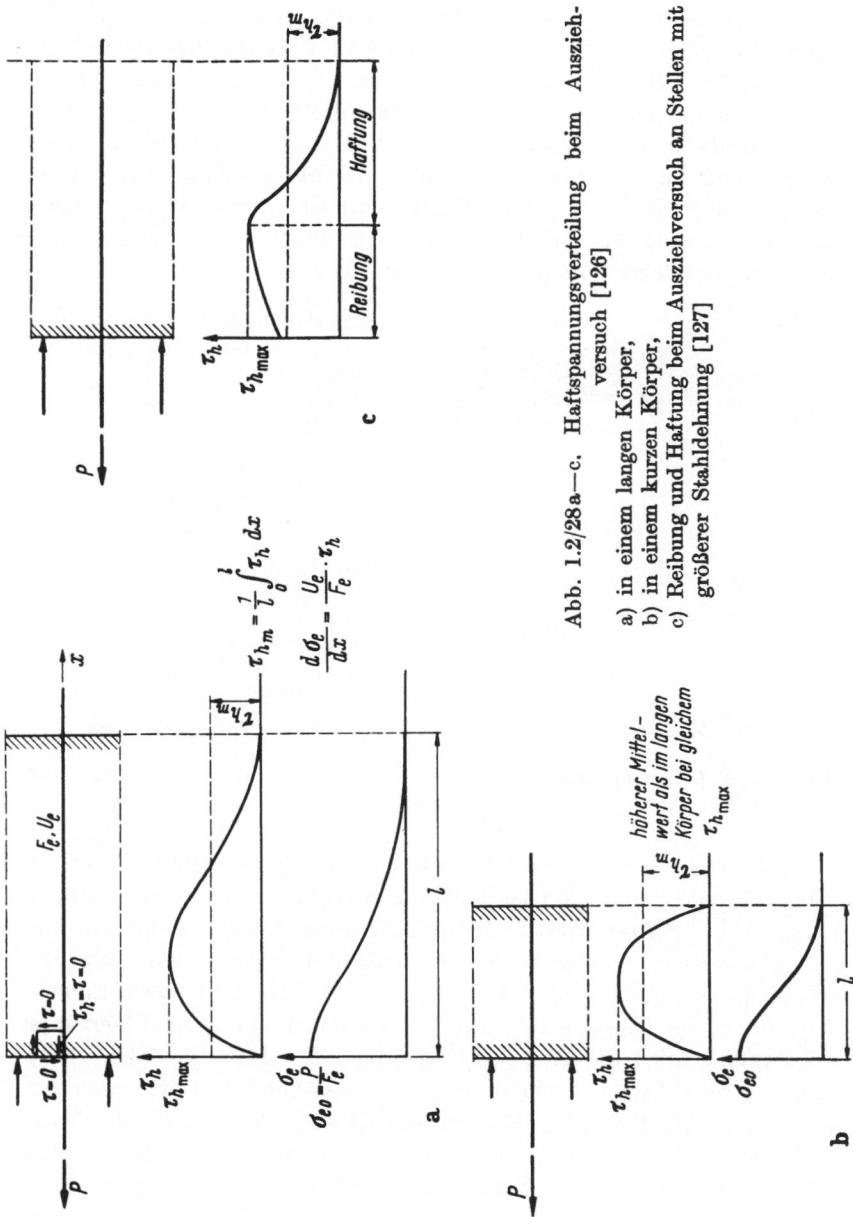

Abb. 1.2/28a—c. Haftspannungsverteilung beim Auszieh-versuch [126]
a) in einem langen Körper,
b) in einem kurzen Körper,
c) Reibung und Haftung beim Ausziehversuch an Stellen mit größerer Stahldehnung [127]

schlecht haften, sind die für glatte Stäbe an den Enden geforderten sog. „Angsthaken" (DIN 1045, § 14) berechtigt.

b) Die Reibung zwischen Beton und Stahl spielt bei geraden, glatten Stäben im Bereich der größeren Stahldehnungen, wo der Haftverbund gestört ist, eine Rolle [127] (Abb. 1.2/28c). Eine Gleitung tritt bei Überlastung beiderseits von Rissen ein und stört das Ebenbleiben der Querschnitte. Durch künstliche Anpressung des Betons an die Bewehrung kann die Reibung vermehrt werden, was zuverlässig aber nur durch Keilwirkung möglich ist (Abb. 1.2/29). Der „Hoyer-Effekt“, den man früher an den Enden gespannter Drähte als Folge ihrer Querdehnung nach dem Entspannen [128] voraussetzte, wird durch Kriechen des Betons stark abgebaut und kann erfahrungsgemäß auf die Dauer nicht als reibungserhöhend in Rechnung gestellt werden.

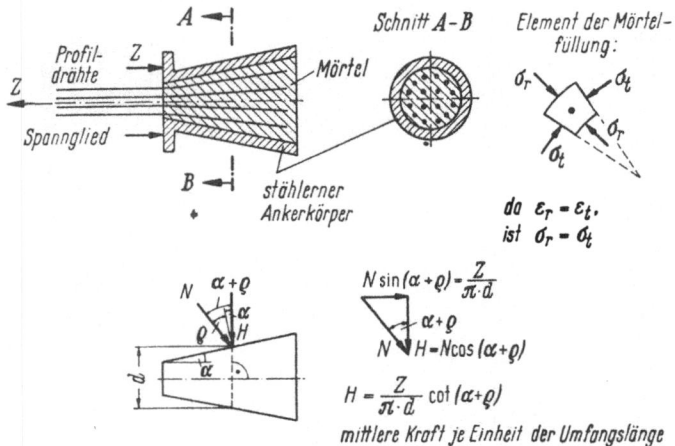

Abb. 1.2/29. Erhöhung des Reibungsverbundes durch Querdruck infolge Keilwirkung

  c) Formverbund. Der Verbund zwischen Beton und Stahl wird wirksam verbessert, wenn die Oberfläche der Stäbe gerippt oder eingedellt ist [129] (Abb. 1.2/30a). Da der Beton sehr große lokale Pressungen auszuhalten vermag, genügen verhältnismäßig niedrige Rippen, um eine erhebliche Verkürzung der Haftlänge (DIN 1045, § 14 sowie Sonderzulassungen für Rippenstähle [130]) zu erreichen. Maßgebend hierfür ist selbstverständlich die Betonfestigkeit, so daß bei Profilstählen neuerdings, je nach Lage der Stäbe im Balken, verschiedene Haftlängen vorgeschrieben werden [130]. Da sich die lokalen Druckkräfte im Beton ausbreiten (Abb. 1.2/30b), entstehen Ringzugspannungen, die zu einer „Sprengwirkung“ führen. Erfahrungsgemäß können diese Spannungen bei den zugelassenen Profilstählen vom Beton aufgenommen werden. An den Enden von Spannbetonbalken empfiehlt sich jedoch eine Umschnürungsbewehrung (Abb. 1.2/30c). Rechnerisch sind diese Querzugspannungen kaum zutreffend abzuschätzen (Abb. 1.2/30b) [55], da sie von der Größe der Haftspannungen, deren Verlauf unbekannt ist, abhängen. Je kürzer die „Übertragungslänge“, um so höher sind die Zugspannungen. Diese Haftverankerungen können mithin für die Zulassung nur durch Bruchversuche festgelegt werden. Für ovalgerippte Spannstahldrähte haben Messungen Haftlängen zwischen 15 und 50 cm ergeben.

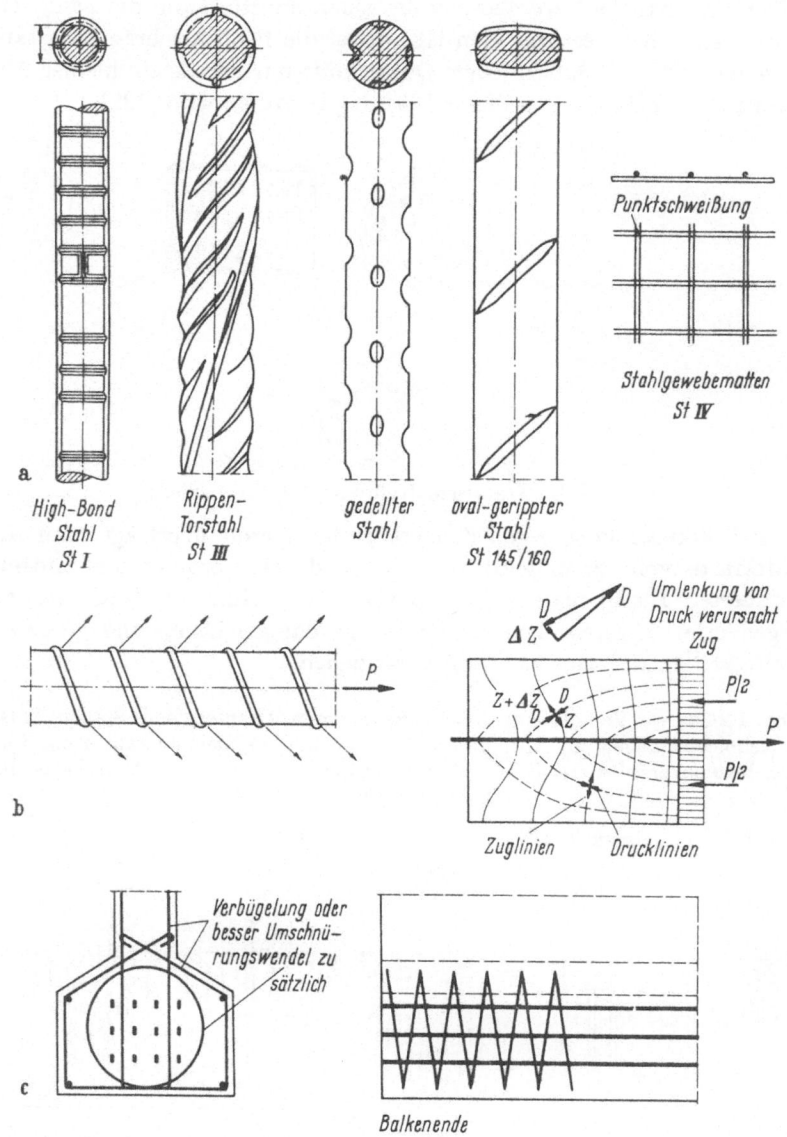

Abb. 1.2/30 a—c. Profilierung von Bewehrungsstäben zur Erhöhung des Verbundes. a) Oberflächenformen, b) Spannungen im Beton bei einem Rippenstahl, c) Umschnürungsbewehrung an den Eintragungsstellen großer Zugkräfte zur Aufnahme der „Sprengwirkung"

Form und Verlauf der Rippen sind aber auch für den Stahl bedeutsam, da sie am Rippenfuß die Spannung erhöhen, was sich besonders bei schwingender Belastung als Kerbwirkung bemerkbar macht [131]. Selbst eine örtliche Vergrößerung des Querschnittes kann die Zähigkeit eines Stahles herabsetzen! Man läßt daher die Rippen schräg zur Stabachse verlaufen, so daß in jedem Querschnitt nur jeweils ein kleiner Abschnitt des Umfanges von dieser Wirkung betroffen wird [132].

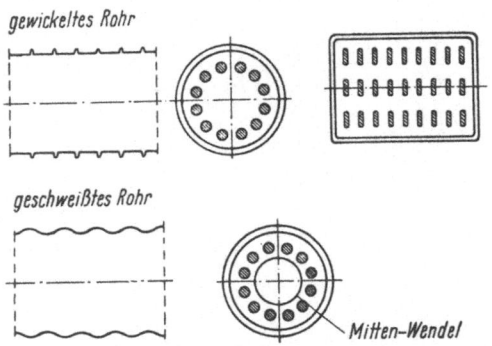

Abb. 1.2/31. Profilierte Hüllrohre für Spannglieder

Bei Vorspannung gegen den erhärteten Beton überträgt man die Haftkräfte vom Spannglied zum Beton durch Formverbund mittels profilierter Blechkanäle (Abb. 1.2/31). Diese Hüllrohre sind glatten wegen ihrer besseren Biegsamkeit in der Längsrichtung und größeren Steifigkeit in der Querrichtung vorzuziehen.

Abb. 1.2/32a—e. Verankerung von vorgespannten Drähten und Stäben [114]. a) Keilbefestigungen, b) Gewindeverankerung [134], c) Klemmverankerung [135], d) Schlaufenverankerung [105], e) Haftverankerung in einem Ankerblock mit Querbewehrung [105]

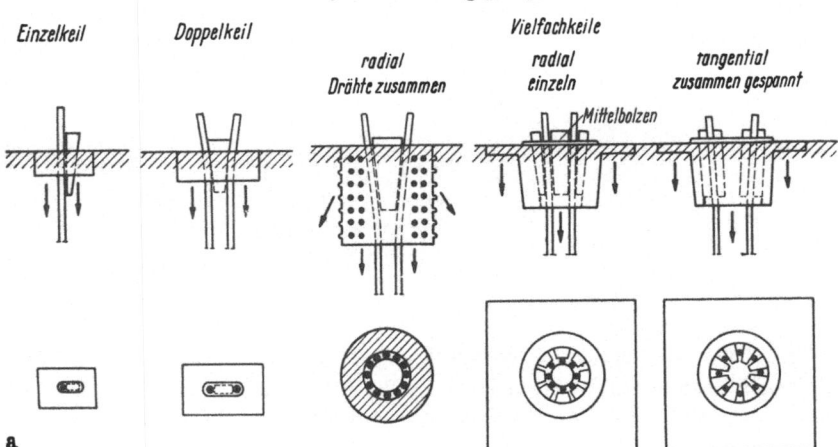

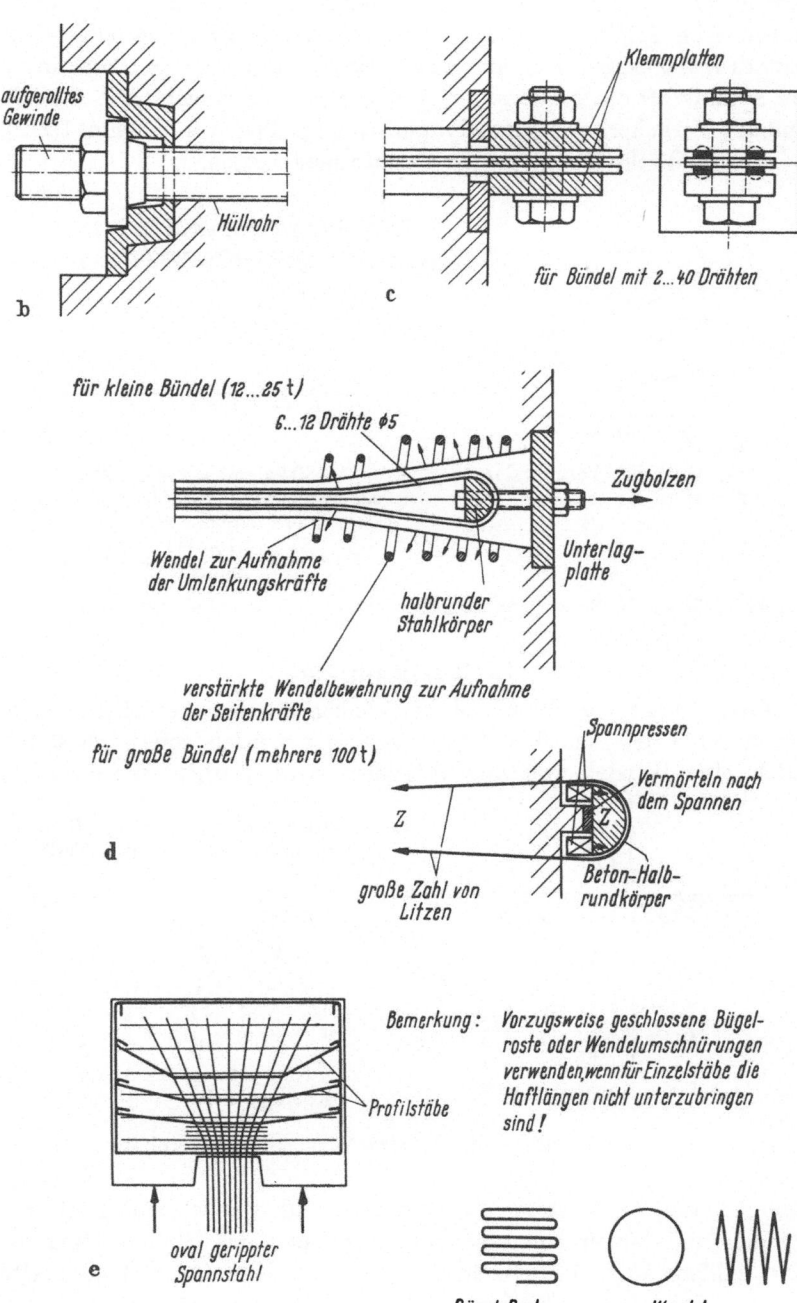

b   aufgerolltes Gewinde

Hüllrohr

c   Klemmplatten

für Bündel mit 2...40 Drähten

für kleine Bündel (12...25 t)

6...12 Drähte ⌀5

Zugbolzen

Wendel zur Aufnahme der Umlenkungskräfte

Unterlag-platte

halbrunder Stahlkörper

verstärkte Wendelbewehrung zur Aufnahme der Seitenkräfte

für große Bündel (mehrere 100 t)

d   Spannpressen

Vermörteln nach dem Spannen

Z

große Zahl von Litzen

Beton-Halb-rundkörper

e   Profilstäbe

oval gerippter Spannstahl

Bemerkung: Vorzugsweise geschlossene Bügel-roste oder Wendelumschnürungen verwenden, wenn für Einzelstäbe die Haftlängen nicht unterzubringen sind!

Bügel-Roste   Wendel

d) Die Kräfte hochfester Stäbe und Drähte der Spannglieder werden zumeist mittelbar durch besondere *Verankerungen* auf den Beton übertragen (Abb. 1.2/32). Obgleich infolge des nachträglich hergestellten Verbundes i. allg. keine oder nur sehr geringe pulsierende Schwankungen der Spannkraft aus Nutzlast am Ankerkörper ankommen (Abb. 1.2/33), sind alle Verankerungen auch dynamisch zu prüfen (vgl. Abschn. 1.212), da sie die Wechselfestigkeit der Drähte herabsetzen.

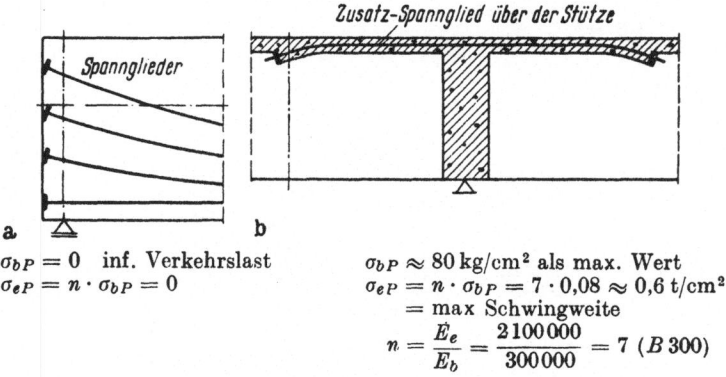

$\sigma_{bP} = 0$ inf. Verkehrslast

$\sigma_{eP} = n \cdot \sigma_{bP} = 0$

$\sigma_{bP} \approx 80 \text{ kg/cm}^2$ als max. Wert

$\sigma_{eP} = n \cdot \sigma_{bP} = 7 \cdot 0{,}08 \approx 0{,}6 \text{ t/cm}^2$

$\phantom{\sigma_{eP}} = \text{max Schwingweite}$

$n = \dfrac{E_e}{E_b} = \dfrac{2\,100\,000}{300\,000} = 7 \; (B\,300)$

Abb. 1.2/33 a u. b. Stahlspannungsschwankungen an den Verankerungsstellen

1.233 Ankerdrücke

Ankerdrücke von Spanngliedern können durch hohe örtliche Pressungen (etwa W_{28}) auf den Beton übertragen werden, sofern der Beton durch eine Wendelbewehrung gehindert wird, seitlich auszuweichen

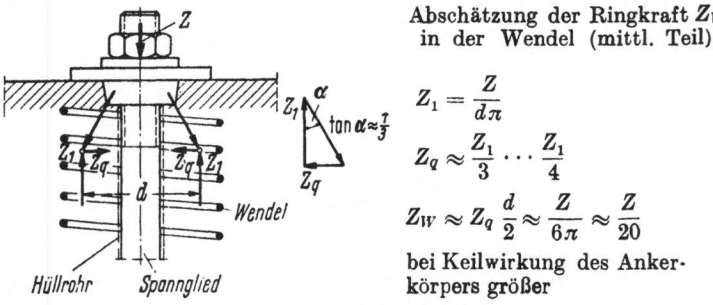

Abschätzung der Ringkraft Z_W in der Wendel (mittl. Teil):

$$Z_1 = \frac{Z}{d\pi}$$

$$Z_q \approx \frac{Z_1}{3} \cdots \frac{Z_1}{4}$$

$$Z_W \approx Z_q \frac{d}{2} \approx \frac{Z}{6\pi} \approx \frac{Z}{20}$$

bei Keilwirkung des Ankerkörpers größer

Abb. 1.2/34. Örtliche Wendelbewehrung unter Ankerplatte

(Abb. 1.2/34). Auch diese Anordnungen sind versuchsmäßig zu begründen und bilden einen Teil der Zulassung des Spannverfahrens. Eine zahlenmäßige Untersuchung, etwa als eine starre Lagerplatte auf einem elastischen Halbraum [54] (vgl. Abschn. 2.7), führt zu unendlich großen Spannungsspitzen an den Rändern, die aber infolge des nichtlinearen Verhaltens des Betons und des Kriechens abgebaut werden.

Die Wendelbewehrung unter dem Ankerkörper hat nur lokale Bedeutung. Breitet sich die Ankerkraft infolge der Form eines Bauteils

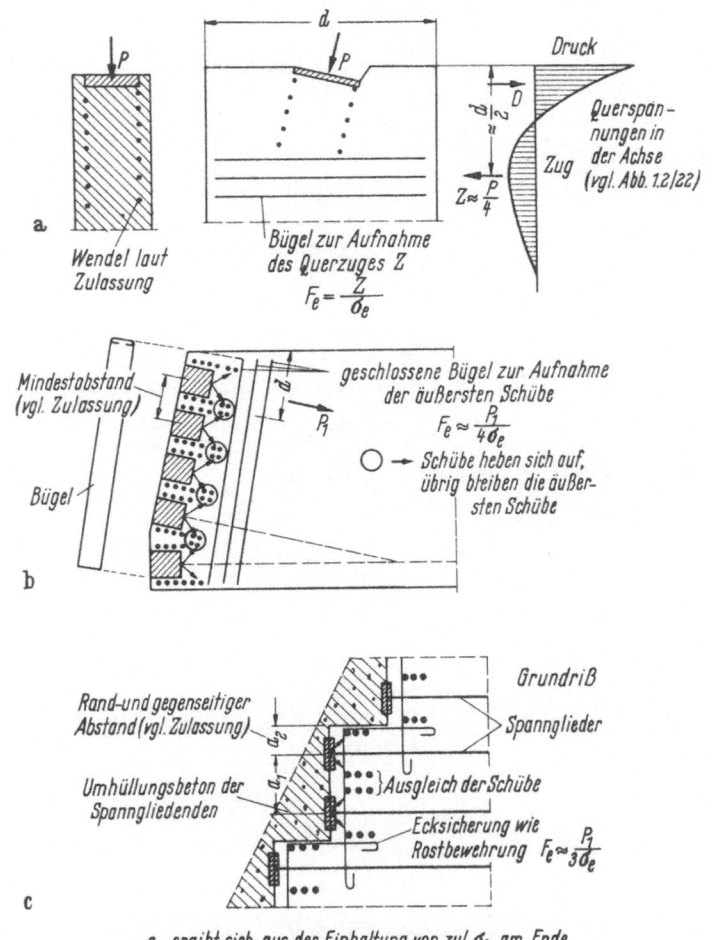

Abb. 1.2/35a—c. Bewehrung unter Ankerkörpern am Balkenende.
a) Einzelner Ankerkörper, b) mehrere Ankerkörper, c) gestaffelte Ankerkörper
(Auflager einer schiefen Platte)

weiter aus (Abb. 1.2/35), so sind die dabei entstehenden Querzugspannungen ebenfalls zu verfolgen und durch Bewehrung abzudecken (vgl. Abschn. 2.74).

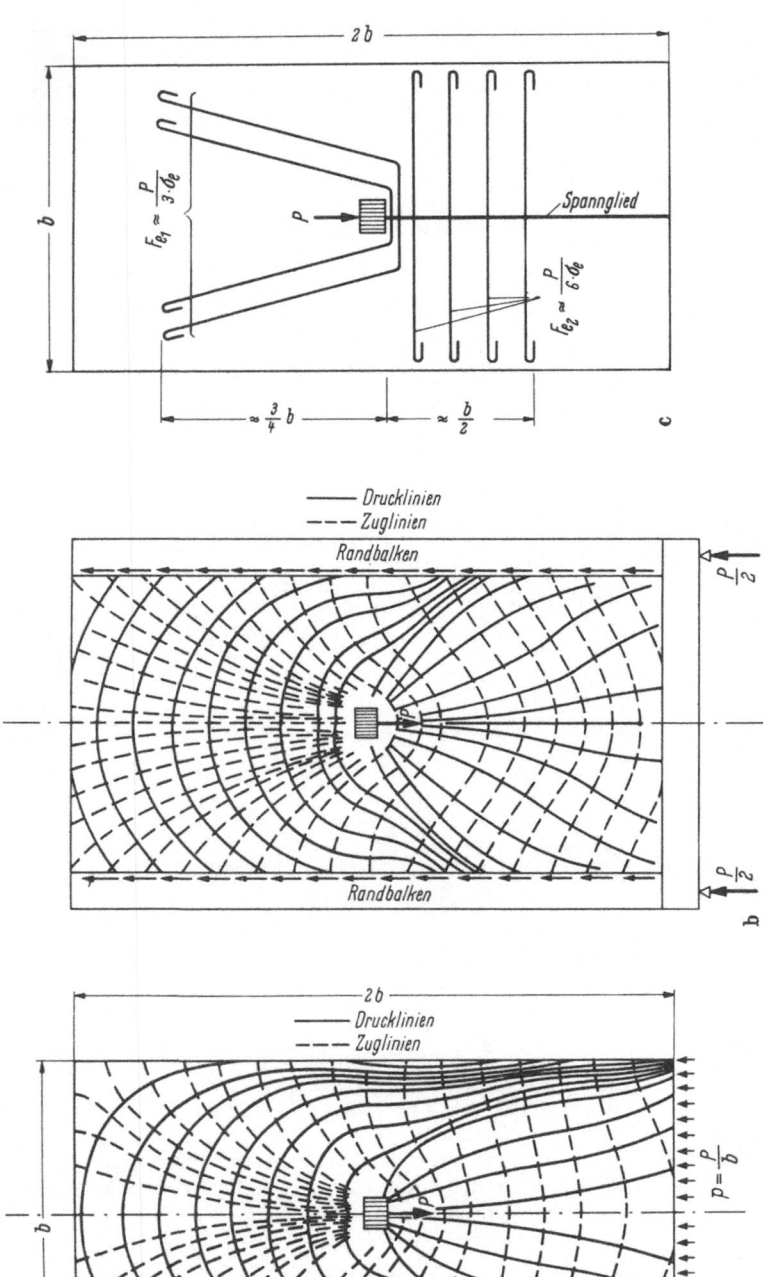

Abb. 1.2/36a—c. Platte mit Ankerkörper (Abb. 1.2/33). Ausbreitung der zentrischen Kraft durch Zug- und Druckspannungen.
a) Stützung am Querrand, b) Stützung an den Längsrändern, c) Vorschlag für die lokale Zusatzbewehrung in beiden Fällen

Das ist auch nötig, wenn ein Ankerkörper nicht am Rande, sondern im Innern einer Scheibe sitzt, denn dann wird ein Teil der Kraft (rund 30%) durch Zugkräfte nach „hinten" übertragen [136] (Abb. 1.2/36).

1.234 Rißbildung

Wir bemessen die Bewehrung des Stahlbetons für Stadium II, d. h., daß sie unter Verzicht auf die Mitwirkung des Betons die gesamten

		zul. σ	ε ‰	1	2	3	4 ‰ 5
Beton B300	Druck	100	≈ 0,3…0,5				
	Zug	40	≈ 0,15…0,2				
Stahl St	I	1,4	0,7				
"	II	1,8	0,9				
"	III	2,4	1,1				
"	IV	2,8	1,3				
"	90	4,5	2,2				
"	160	8,8	4,4				

Abb. 1.2/37. Dehnungen von Beton und Stahl unter Gebrauchslast

Zugkräfte aufzunehmen vermag (vgl. Abschn. 2.231). Die verschiedenen Dehnungen von Beton und Stahl unter Gebrauchslast (Abb. 1.2/37) führen zu Rissen, deren Breite wegen der Korrosionsgefahr der Bewehrung 0,2÷0,3 mm nicht überschreiten darf [137]. Allerdings bezieht sich dieses Maß nur auf die Betonoberfläche. Es ist aber beobachtet worden, daß die Risse sich nach dem Stahl zu verzweigen und deshalb an Breite abnehmen (Abb. 1.2/38), während man früher dem unmittelbar am Stahl haftenden Beton ein größeres Dehnvermögen zutraute [138]. In diesen feinsten Rissen kann die Feuchtigkeit nicht bis zum Stahl vordringen. Außerdem „heilen" ruhende Risse im Beton durch Kalksinterbildung bei Nässe zu.

Rißbreite und -abstand hängen nun keineswegs nur von der Stahlspannung ab, sondern auch von der Güte des Verbundes, von der Betonsorte und ihrer Zugfestigkeit, vom Prozentsatz und der Verteilung der Bewehrung im Beton [570]. Rechnerische Erklärungen [139] haben bisher

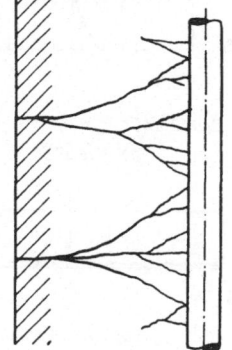

Steigerung der Anzahl und Verminderung der Breite von der Oberfläche nach den Bewehrungsstäben zu

Abb. 1.2/38. Rißverteilung im Beton

wegen der vielen Einflüsse noch zu keinem sicheren Resultat geführt. Einen gewissen Einblick haben statistische Auswertungen von Rißver-

suchen gegeben [140]. Abb. 1.2/39a zeigt schematisch das Zusammenwirken von Haftung und Betonzugfestigkeit: Je größer erstere ist, um so
rascher akkumuliert sich von einem Riß aus die Zugkraft im Beton, bis

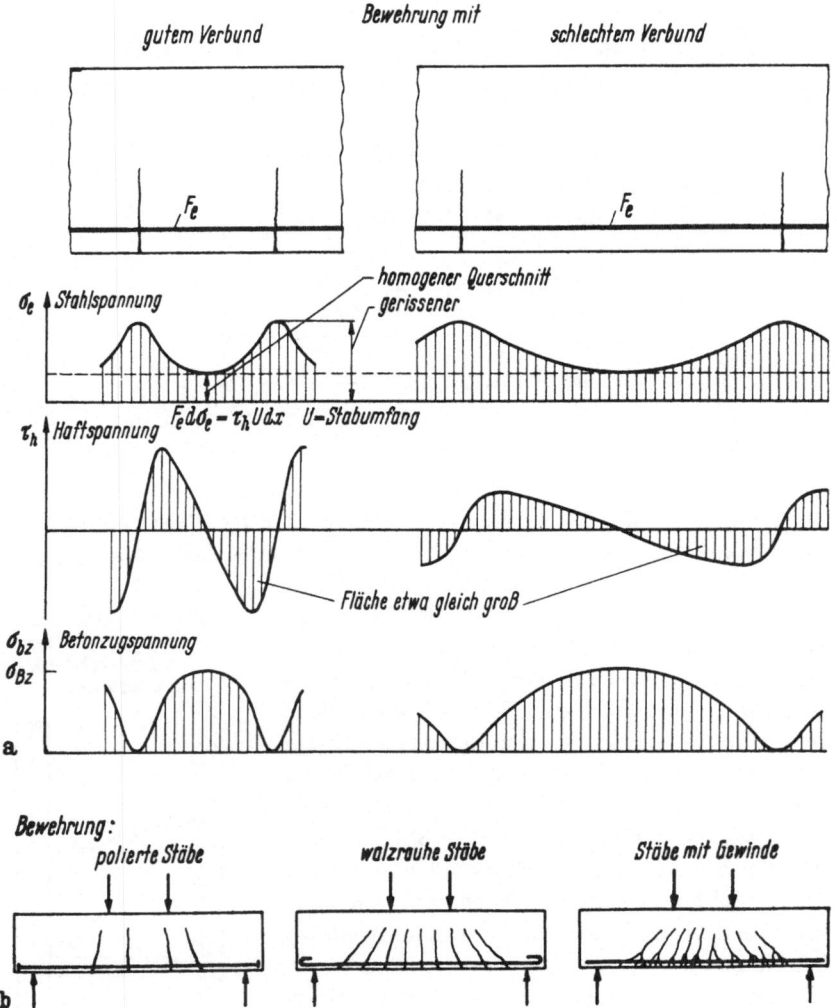

Abb. 1.2/39a u. b. Rißbildung im Beton der Zugzone von Balken.
a) Spannungsverlauf von Stahl, Beton und Haftung, b) Rißbilder in gleichartigen Balken bei verschiedenem Verbund [140]

dessen Zugfestigkeit erreicht ist. Sie wirkt also verringernd auf die Riß-
entfernung und damit auch auf die Rißbreite (Abb. 1.2/39b). Man muß
deshalb hochwertige Stahlstäbe profilieren (Abb. 1.2/30), um ihre größere

Dehnung durch besseren Verbund zu kompensieren. Steigende Güte des Betons bewirkt einerseits eine Vergrößerung der Rißabstände, da sie zwischen den Rissen eine höhere Zugspannung zuläßt, andererseits hat sie einen besseren Verbund zur Folge, der dieser Verschlechterung entgegenwirkt. Wie stark sich die Aufteilung der Bewehrung in einer Verfeinerung des Rißbildes auswirkt, zeigt Abb. 1.2/40 [141]. In Österreich trägt die Önorm 4200 dieser Erscheinung Rechnung, indem sie bei Brücken höhere

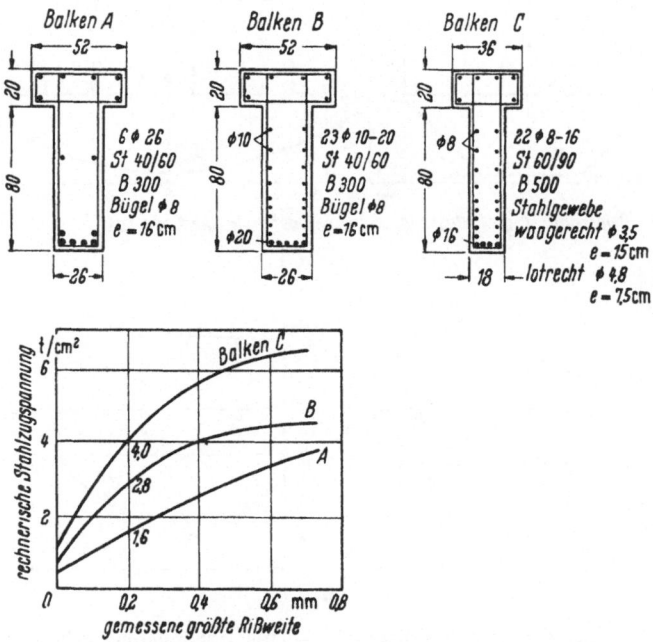

Abb. 1.2/40. Bewehrungsverteilung und Rißbreite [141]

Stahlspannungen zuläßt, wenn die Bewehrung im Zugquerschnitt durch Verwendung dünnerer Stäbe besser verteilt wird. Auch haben beispielsweise derart bewehrte schwedische, vorfabrizierte Balken (vgl. Abb. 2.2/66) in statischen und dynamischen Versuchen bewiesen, daß ohne Bedenken Stahlspannungen von 4,0 t/cm² in sehr dünnen Stäben zugelassen werden könnten [142]

Der Übergang vom homogenen zum gerissenen Zustand kann zu einem jähen Bruch der Bewehrung (Sprödbruch) führen, wenn diese so schwach ist, daß sie die Zugkraft des Betons nicht aufzunehmen vermag. Der kritische Bewehrungssatz hängt von den Stoffgüten ab und beträgt bei reiner Biegung von Rechteckquerschnitten etwa 0,1÷0,25% [143].

Radikal wird das Problem der Risse erst durch Vorspannungen im Beton gelöst (Abb. 1.2/16 und 17) (Spannbeton; vgl. Abschn. 2.232). Hierbei wird die Bewehrung nicht mehr *passiv* in den Beton gelegt in dem Sinne, daß sie erst mit wachsender Belastung Spannungen erhält (Abb. 1.2/41 a), sondern man verleiht der Bewehrung eine eigene *Aktivität*, indem man sie *vor* der Belastung in Spannung versetzt (daher *Vorspannungen*!) (Abb. 1.2/41 b). Die mittels hydraulischer Pressen erzeugte Spannkraft wird entweder durch Haftung oder durch Ankerkörper auf

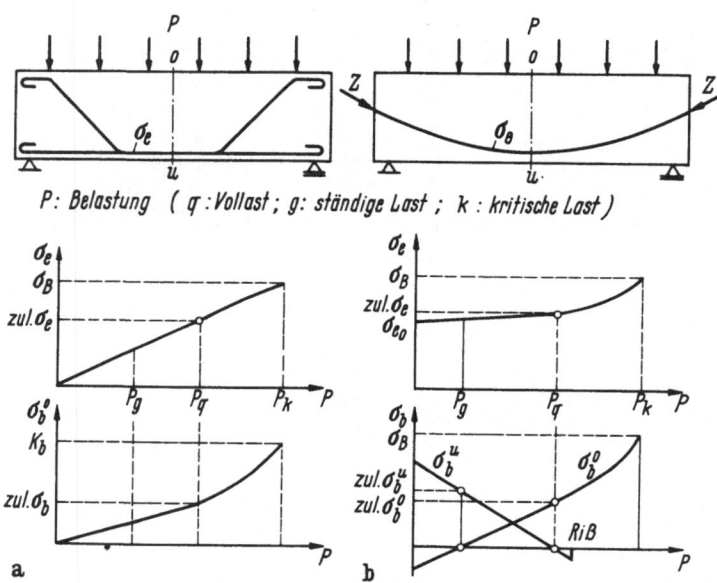

Abb. 1.2/41 a u. b. Balken aus Stahlbeton (links) und Spannbeton (rechts) — Verlauf der Beton- und Stahlspannungen im Mittelschnitt als Funktion der Belastung.
a) Stahlbeton (passive Bewehrung), b) Spannbeton (aktive Bewehrung)

den Beton übertragen (vgl. Abschn. 1.232 u. 1.233) und erzeugt in diesem einen Spannungszustand, der sich den Lastspannungen überlagert. Auf diese Weise lassen sich Zugspannungen ganz oder teilweise ausschalten und die zulässigen Druckspannungen an den Querschnittsrändern einhalten.

1.3 Schutz gegen Angriffe

Streitigkeiten zwischen dem Bauherrn, dem Planer und dem Ausführenden wegen Schäden an Bauwerken sind leider keine Seltenheit. Sie würden meist vermieden, wenn man vorher berücksichtigte, daß die dauernde Brauchbarkeit nicht nur von der statischen Bruchsicherheit (vgl. Abschn. 2.02) abhängt, sondern mitunter noch von mancherlei anderen Faktoren beeinträchtigt wird [150]. Welche Krankheiten kann ein nach den geltenden Vorschriften hergestelltes Bauwerk haben?

1. Statische Schäden

a) Übermäßiges Reißen der Zugzone führt zum Eindringen von Feuchtigkeit und Rosten der Bewehrung (vgl. Abschn. 1.234). Mitunter sind schon feine Risse schädlich, wenn es auf die Dichtigkeit eines Bauwerkes (z. B. Behälter) ankommt (vgl. Abschn. 2.231, 1).

b) Übermäßige elastische und plastische Deformationen des Tragwerkes, die zu lästigen Gefälleveränderungen und mittelbaren Schäden an darauf oder darunter befindlichen Bauteilen (Wänden usw.) führen (vgl. Abschn. 2.224, 2.34 und 2.42).

c) Übermäßige, besonders ungleichmäßige Setzungen des Baugrundes bewirken Reißen, Senken und Schiefstellen des Bauwerkes. Sie können auf der ständigen Belastung oder Bewegungen des Untergrundes (Bergsenkungen) beruhen (vgl. 2. Bd.).

d) Überlastungen.

2. Dynamische Schäden

Erschütterungen oder erzwungene Schwingungen durch benachbarte Maschinen, fallende Lasten oder Erdbeben rufen übermäßige dynamische Deformationen des Tragwerkes hervor. Sie haben zur Folge:

a) Überbeanspruchung der Konstruktion oder der Gründung, da die Spannungen proportional zur dynamischen Vergrößerung der statischen Ausbiegungen ansteigen (dynamischer Vergrößerungsfaktor).

b) Schäden an den Maschinen selbst, da deren Massenkräfte und Lagerbeanspruchungen beim Mitschwingen des Unterbaues infolge der Vergrößerung der Exzentrizität der umlaufenden Massen anwachsen.

c) Schäden an Gebäuden und Apparaturen durch fortgeleitete Schwingungen.

d) Beeinträchtigung des Befindens der Benutzer eines Bauwerkes. Schall und Vibrationen empfindet der Mensch subjektiv sehr stark (z. B. Brückenschwingungen), obgleich die Amplituden meist nur klein sind.

3. Physikalische Oberflächenschäden an Bauwerken

Sie entstehen durch die Einwirkung von Witterung (Frost, Hitze), Reibung und Schlag und können mit der Zeit auch ins Innere des Betons vordringen.

4. Chemische Oberflächenschäden an Bauwerken

Diese treten an Beton auf, der dauernd von aggressivem Wasser benetzt wird (Meerwasser, schädliches Fluß-, Grund- und Sickerwasser). Weiter greifen die Abgase und Abwässer von Industrieanlagen mitunter den

Beton an. Auch beim Bau von Kläranlagen, chemischen Fabriken.
Lederfabriken, Molkereien, Abstellplätzen von Flugzeugen usw. muß
man diese Frage prüfen.

Wir stellen im folgenden einige Maßnahmen zusammen, durch die
solche Schäden vermieden werden können.

1.31 Mechanische Beanspruchung der Oberfläche

1.311 Frostschäden

Frostschäden an erhärtetem Beton (an frischem Beton vgl. Abschnitt 1.116) entstehen durch Gefrieren des Wassers in den unvermeidlichen Kapillaren des Betons. Da das Volumen des Wassers sich hierbei
um 9% vergrößert und Drücke bis über 1000 at entstehen können, wird
das Gefüge des Betons bei wassergefüllten Hohlräumen unweigerlich
gesprengt [151]. Beton geringer Güte ist daher im allgemeinen stark
frostgefährdet. Wenn die Kapillaren jedoch in gewissen Abständen
(höchstens 0,25 mm) durch luftgefüllte Poren unterbrochen werden.
kann das Eis dahin expandieren, wodurch nach Art eines Sicherheits-
ventils die Entstehung schädlicher Drücke verhindert wird [152]. Die
luftporenbildenden Zusätze (vgl. Abschn. 1.113) bewirken daher eine
wesentliche Erhöhung der Frostbeständigkeit von Beton. Die Poren
sollen nur 2÷4% des Betonvolumens betragen, da 5 und mehr Prozent
zu erheblichen Festigkeitsrückgängen führen. Die Porenbildung wird im
frischen Beton überwacht [153] und nach den amtlichen Richtlinien
[154] im Frostwechselversuch nachgeprüft. Da dieser aber bezüglich
des Wassergehaltes keinen definierten Zustand voraussetzt (meist wird
er während des Versuches durch das Auftauen in warmem Wasser sogar
noch verändert), bedarf er der Ergänzung durch die Bestimmung des
möglichen Wassersättigungsgrades des Betons (S-Wert) [155]. Dieser
gibt Aufschluß über die dem Wasser zugänglichen Poren und damit die
Frostgefahr. Ganz große Poren (Einkornbeton) sind selten wassergefüllt.
Leichtbetone sind bei Wasserzutritt stets frostgefährdet.

1.312 Reibungsabnutzung

Reibungsabnutzung tritt besonders bei vielbegangenen Treppen, in
Lagerräumen, auf Rampen, bei Schleusen und Absturzbecken auf. Beton
mit normalen Zuschlägen ist ihr stark unterworfen. Abriebfester Beton
soll einen Wasserzementfaktor $\leq 0,45$ aufweisen, der Zementgehalt
350 kg/m³ und das Größtkorn 30 mm betragen. Den erheblichen
Schäden und der Staubentwicklung begegnet man durch Hartestriche
nach DIN 1100, die besonders feste Zuschläge (Siliziumkarbid, Korund,
besondere Schlacken, metallische oder natürliche Hartstoffe wie Quarz)
enthalten. Die Widerstandsfähigkeit der Estriche wird mit der Böhme-
Scheibe nach DIN 52108 geprüft. Der Beton von Straßendecken wird

durch gummibereifte Fahrzeuge nur wenig abgerieben und benötigt daher keinen besonderen Schutz. Stahlbereifte Räder wirken auf die Oberfläche in anderer Weise als die gleitende Reibung. Sie ergeben besonders hohe lokale Drücke, unter denen manche spröde Hartstoffe splittern können, vor allem wenn der verbindende Mörtel durch Reibung z. T. herausgeschliffen ist. Der Ebner-Prüfer [156] soll diese Verhältnisse nachahmen.

Bei besonders hohen Beanspruchungen gewährt nur eine besondere Deckschicht dem Beton ausreichenden und leicht ersetzbaren Verschleißschutz (Holzpflaster, Klinker, Asphaltplatten oder -belag). Am widerstandsfähigsten sind Schmelzbasalt oder auch starke, gebördelte Blechplatten für schwersten Verkehr.

1.313 Stöße harter Körper

Stöße harter Körper schaden dem spröden Beton sehr. Der Stoßdruck P, der über einen Weg s die kinetische Energie $K = m \frac{v^2}{2}$ eines mit der Geschwindigkeit v auftreffenden Körpers mit der Masse m aufnimmt $\left(\int P \, ds = K = P \frac{s}{2} \right.$, wenn P linear anwächst$\left. \right)$, wird um so größer, je kleiner der Weg s ist. Wenn die Federung des Betonkörpers (vgl. Abschn. 1.34) (z. B. auf festem Boden liegende Fußböden oder Fundamente) gering ist, wird der Federungsweg infolge der großen Elastizitätszahl von Beton klein und der Stoßdruck sehr groß. Da das plastische Formänderungsvermögen des Betons nicht ins Gewicht fällt, tritt infolge seiner Sprödigkeit meist eine lokale Zerstörung ein, die sich durch Keilwirkung in Sprüngen fortsetzt (vgl. Abschn. 1.12). Man wird deshalb die Stoßenergie möglichst durch Medien abfangen, die infolge ihrer elastischen oder plastischen Verformungsfähigkeit den Stoßdruck herabmindern (Teller- oder Wendelfedern, Gummipuffer, Holz usw.; vgl. Abschn. 1.343). Oder man verwendet Stahlbetonbalken, die die Energie eines einmaligen Stoßes in plastische Deformation der Bewehrung umsetzen (vgl. Abschn. 2.233).

1.32 Chemische Angriffe auf die Oberfläche des Betons

Schäden durch die Einwirkung chemischer Agenzien auf Betone entstehen in der Hauptsache durch Veränderungen in der chemischen Zusammensetzung des Zementleimes oder durch physikalisch-chemische Wechselwirkung von Salzen an der Betonoberfläche. Nur in seltenen Fällen führen Veränderungen im Zuschlagmaterial zu einer Zerstörung des Betons durch Reaktionen mit dem Zement, wenn dessen Alkalien z. B. mit amorpher Kieselsäure (Feuerstein [15], kieselige Kalksteine) Gele bilden.

Die verschiedenen schädlichen Stoffe lassen sich entsprechend der Wirkungsweise in drei Gruppen einteilen. Eine scharfe Abgrenzung ist allerdings nicht möglich, da sich beim Zusammenwirken mehrerer schädlicher Substanzen diese Grenzen zum Teil verwischen.

a) Stoffe, die durch *Herauslösen* hauptsächlich des freien und auch des bereits karbonatisierten Kalkes aus dem Zementklinker eine Verminderung an Bindemittel herbeiführen.

b) Substanzen, die mit einer der Klinkerkomponenten unter *Neubildung* einer Verbindung reagieren und dadurch eine Beeinträchtigung des Betongefüges verursachen.

c) *Einwirkende* Salze, die auf Grund ihres physikalisch-chemischen Verhaltens einen schädlichen Einfluß auf den Beton ausüben.

Zu a): In diese Gruppe gehören vor allem mineralstoffarme sowie kalkaggressive Kohlensäure enthaltende Wässer, die Kalk (Kalziumkarbonat) bis zum Sättigungsgrad lösen. Die kalkaggressive Kohlensäure greift Kalziumkarbonat unter Bildung von wasserlöslichem Kalziumbikarbonat an. Moorwässer enthalten stets Huminsäuren, die ebenfalls zersetzend auf den Zementleim einwirken.

Zu b): Als Vertreter dieser Gruppe sind in erster Linie die sulfathaltigen Wässer zu nennen, da sie die häufigsten und schwersten Schäden an Betonbauwerken verursachen. Der Anlaß für die Zerstörungen ist die Aufblähung des Zementleimes durch die Bildung von Ettringit („Zementbazillus") aus der Klinkerkomponente C_3A (Trikalziumaluminat) mit Sulfationen [157]. Schäden durch die Einwirkung von Chloriden sind selten.

Zu c): Manche wasserlösliche Salze können eine Oberflächenzerstörung des Betons, zumindest häßliche Ausblühungen, verursachen. Diese Schäden treten vor allem in der Erd-Luft-Grenzzone nur in Gegenwart von Wasser auf und beruhen auf dem sich ständig wiederholenden Rhythmus des Lösens und Kristallisierens in Abhängigkeit vom wechselnden Temperatur- und Feuchtigkeitsgefälle.

Grundsätzlich ist festzustellen, daß sich die Schäden um eine Größenordnung rascher entwickeln, wenn die aggressiven Substanzen in das Innere des Betons eindringen und dadurch ihre Angriffsfläche vervielfachen können. Erste Bedingung für die Widerstandsfähigkeit des Betons ist daher die *Dichtigkeit*, die durch gute Abstufung der Körnung und volle Ausfüllung der Hohlräume mit Zementleim sowie durch möglichst geringe Wasserbeigabe erreicht wird (vgl. Abschn. 1.112). Natürlich gehört dazu auch gute Rüttelverdichtung und rissefreie Konstruktion. Poröse Struktur, wie sie Stampf- und Gußbeton aufweisen, fördert die rasche Zerstörung von Beton in aggressivem Grundwasser. Frisch in aggressives Wasser gebrachter Beton (Bohrpfähle, Unterwasserbeton)

muß daher besonders dicht sein. Man soll ferner aggressive Wässer
wenigstens einige Wochen vom jungen Beton fernhalten, bis dessen fort-
geschrittene Hydratation ihn weniger empfindlich macht. Zum Beispiel
sollen Rammpfähle möglichst schon einige Monate alt sein, ehe man sie
einschlägt. Schließlich kommt es darauf an, wie rasch die Substanzen,
die mit Betonbestandteilen reagieren, ständig neu herangeführt werden.
In stark lehmigem Boden ist aggressives Grundwasser weniger zu
fürchten als in grobem, sauberem Kies, da es in diesem rascher strömt.
Einmalig vorhandene Mengen in der üblichen Konzentration setzen so
geringe Mengen des Zementes um, daß keine Schädigung eintritt [158].

Es ist deshalb unbedenklich, ein mäßig aggressives Grund- oder Fluß-
wasser als Anmachwasser zu verwenden (vgl. Abschn. 1.111), wenn es
nicht grob verschmutzt ist [159]. Nur Zucker ist auch in geringster Konzentration (0,1% des Zementgewichtes) unbedingt schädlich, da er das
Abbinden verhindert. Beispielsweise sind schwere Schäden durch Spuren
von Zucker in losem Zement entstanden, der in einem vorher für Zucker
benutzten Waggon transportiert worden war.

Vor allem ist es der lose gebundene Kalk des Zementes, der durch
Säuren gefährdet wird. Die Frage nach der schädlichen Konzentration
von Säuren hängt daher außer von der Zementsorte und deren CaO-
bzw. C_3A-Gehalt auch, wie erwähnt, stark von der Verarbeitung des
Betons ab, so daß nur ungefähre Werte angegeben werden können [160].
Außerdem ist auch eine gegenseitige Unterstützung der Wirkung verschiedener freier Säuren bzw. Salze festgestellt worden. Für einen normalen Portlandzement gelten etwa folgende Werte:

Aggressivität	schwach	stark
p_H-Wert	$6 \div 7$	< 6
SO_3 (Säurerest)	< 140	> 160 mg/l
CO_2 (aggressive Kohlensäure)	< 10	> 15 mg/l
$KMnO_4$-Verbrauch	< 25	> 30 mg/l
(Reagenz auf organische Stoffe, Humus)		

Bei der Kohlensäure (CO_2) ist in der Wasseranalyse zu unterscheiden
zwischen unschädlichem in Karbonaten gebundenem, in Bikarbonaten
halb gebundenem, freiem (gelösten) und aggressivem CO_2.

Wie können wir den Beton gegen aggressives Wasser schützen? Ein
absoluter Schutz wird nur durch vollständiges Abhalten des Wassers
erreicht. Praktisch läßt sich aber auf Jahrzehnte hinaus nach unseren
heutigen Erkenntnissen auch ein benetzter Beton hinreichend schützen.

a) Primär und von überwiegender Bedeutung ist die Beschränkung
des Angriffes auf die Oberfläche durch bestmögliche Dichtigkeit des
Betons (vgl. Abschn. 1.113). Während für den Rostschutz bis W/Z = 0,8

möglich ist, muß dieser Wert zur Erzielung von Wasserdichtigkeit bei dicken Baukörpern auf 0,7, bei dünnen auf 0,55 beschränkt werden. Letzterer genügt auch für den Frostschutz und bei schwachem chemischen Angriff. Bei starkem Angriff ist 0,45 einzuhalten. Selbstverständlich ist der Frischbeton ausreichend zu verdichten.

b) Die Feinporen und Kapillaren des Zementleimes können durch Zusätze (Eiweißkörper, Kunstharze, Salze) verstopft werden, wodurch das Eindringen von Wasser und damit die Möglichkeit von Angriffen weiterhin vermindert wird (sog. Sperrbeton). Ein poröser Beton wird jedoch durch einen Zusatz *nicht* dicht!

c) Zusätzlich wählt man eine Zementsorte mit verringertem CaO- bzw. C_3A-Gehalt, der bei PZ etwa 65% beträgt. Die Herabsetzung gelingt durch Ersatz des „Portland-Klinkers" durch mindestens 60% Hochofenschlacke, um mittlerer Aggressivität zu begegnen. Widerstandsfähiger, insbesondere gegen Kohlensäure, sind Zemente mit 80% Hochofenschlacke (Hüttenzemente), wobei allerdings nicht alle Schlacken gleichwertig sind, da die Zusammensetzung der Zuschläge der Ofenführung und der Gangart des Erzes angepaßt wird.

d) Bewährt haben sich auch die SiO_2-reichen Zusätze (Thurament, Puzzolan und Traß) zum Zement, die einen Teil des CaO binden und damit seine Empfindlichkeit herabsetzen. Sie sind mit dem Zement vor der Beigabe innig zu vermischen [161]; erstere können einen Teil des Zementes ersetzen, letzterer nur bei Vermischung mit Portlandzement und nur in bestimmten Grenzen.

e) Man hat auch speziell sulfatbeständige Zemente (C_3A-frei) entwickelt, die aber nicht auch gegen Kohlensäure usw. widerstandsfähig zu sein brauchen. Eine Einzelberatung durch Prüfanstalten oder den Hersteller ist daher in Zweifelsfällen sehr zu empfehlen. Die für die Untersuchung der Aggressivbeständigkeit entwickelten verschiedenen Schnellprüfverfahren, z. B. die Anstedtprobe [162] oder die Zerstörung sowie Säureaufnahme bei Einlagerung [163], sind noch umstritten und haben leider noch nicht zu einer anerkannten Normprüfung wie für die anderen Eigenschaften des Zementes geführt. In den USA z. B. ist ein Einlagerungsversuch genormt [164]. Aufschlußreich aber langwierig sind Einlagerungsversuche von Probekörpern in natürlichem, aggressivem Wasser.

f) Durch eine besondere Dichtungsschicht wird der Beton noch besser geschützt. Ein altbewährtes, billiges Mittel, selbst zur Auskleidung von Beizebehältern, ist ein fetter Lehmschlag (Tonschicht), der auch auf der Außenseite von Fundamenten gegen aggressives Grundwasser zweckmäßig ist. Er muß allerdings stets feucht bleiben, da sonst Schwindrisse entstehen.

Die Innenseite von Behältern dichtet man meist mit einem Zementputz, der von Hand oder mit Druckluft im Torkretverfahren angeworfen wird und zweckmäßigerweise einen Dichtungszusatz erhält. Sein Mischungsverhältnis soll von dem des Wandbetons nur wenig abweichen, um die Schwinddifferenz klein zu halten. Aus dem gleichen Grunde soll die Wand möglichst frühzeitig, unbedingt jedoch *vor* einem evtl. Vorspannen geputzt werden.

Dichtungsanstriche werden auf die sehr glatt geschalte oder geputzte Wand aufgebracht. Bitumina werden gelöst in flüchtigen Mitteln oder als Emulsionen verwendet. Beide geben dichte Filme; letztere sind erst wasserunempfindlich, wenn sie und die Betonunterlage völlig getrocknet sind, wodurch erst die Emulsion „bricht". Neuerdings bürgern sich Kunstharzfilme ein (Polyacetat-Emulsionen, Chlorkautschuklacke u. dgl.) [165]. Ebenso wird durch Verkieseln der Betonoberfläche mittels in Wasser gelösten oder gasförmigen [166] Fluaten ein Porenschluß erreicht. Eine weitere Möglichkeit ist die Verwendung von Paraffin, das heiß auf den trockenen Beton aufgebracht werden muß. Alle diese Anstriche bilden Dichtungshäute geringer Dicke, können aber i. allg. im Beton entstehende Risse nicht überbrücken. Dünne Schichten sind zudem leicht mechanischen Beschädigungen ausgesetzt, so daß sie nicht als Dauerschutz zu betrachten sind. Die üblichen Bitumenanstriche von Baukörpern im Erdreich haben deshalb zumeist nur die Aufgabe, den *jungen* Beton, der besonders empfindlich gegen aggressives Grundwasser ist, zu schützen. Sie decken ja auch nur die Seiten, während die Sohle dem Grundwasser ausgesetzt bleibt, da der Unterbeton („Sauberkeitsschicht") porös ist.

g) Hochwertige, widerstandsfähige Beschichtungen mit Metallfolien (dünnen Blechen) oder aufgespritzten Gießharzen (Polyester) werden neuerdings für Sonderzwecke (Behälter, Rohre, Dichtungen) verwendet.

h) Nur den Beton ganz umhüllende Dichtungsschichten („Dichtungswanne") schützen ihn *vollständig* und dauerhaft, auch wenn er reißt, gegen das Grundwasser. Sie sind als mehrfach geklebte Bitumendichtungen nach AIB [167] und DIN 4031 mit größter Sorgfalt auszuführen, da Schäden später kaum noch zu beseitigen, ja selbst schwer aufzufinden sind. Dazu gehört außer der eigentlichen Klebarbeit eine solide, glatte, trockene Wanne aus Beton oder geputztem Mauerwerk, die so lange durch Absenken frei von Grundwasserzudrang gehalten werden muß, bis das Bauwerk darin betoniert ist und Seitendrücke und Auftrieb aufnehmen kann. Durch einen 5 cm starken Estrich und 1/4÷1/2 Stein starke, satt angemauerte Wände (Putz ist kein voller Ersatz) muß die Dichtungshaut gegen Beschädigungen beim Bewehren und Betonieren des Bauwerkes geschützt werden. Verfasser hat die Herstellung dieser Schutzschicht aus Garantiegründen stets von der Dichtungsfirma über-

wachen lassen. Man kann auch die Dichtigkeit durch längere Wasser-
füllung kontrollieren. An Stelle der früher üblichen Pappen verwendet
man heute vielfach bitumengetränktes Glaswollevlies sowie Kunstharz-

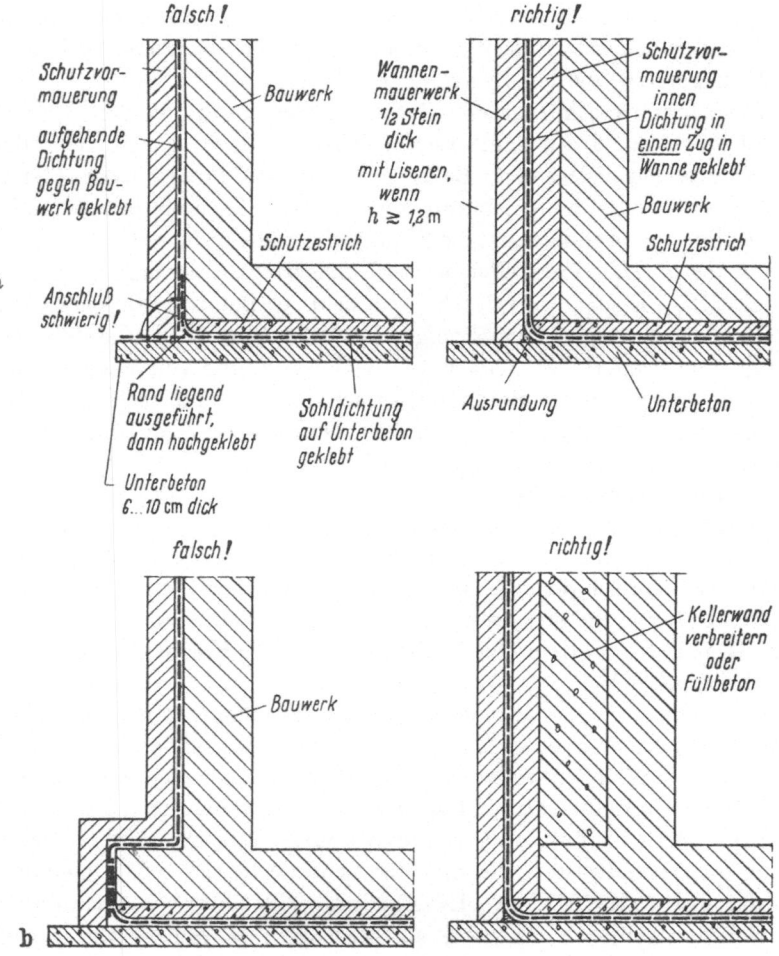

Abb. 1.3/1. Anordnung von Grundwasserdichtungen.
a) Wechsel der Klebung vermeiden! b) Unterschneidungen vermeiden!

oder Metallfolien allein oder zwischen Papplagen, da sie dauerhafter
sind. Es ist unbedingt dafür zu sorgen, daß durch Hinterfüllen der
Wanne die Dichtungsschicht an das Bauwerk gepreßt wird.

Schon beim Entwurf von Bauwerken, die ins Grundwasser tauchen.
ist auf größte Einfachheit der Umrisse zu achten, da alle Kanten und
Kehlen schwierig zu kleben sind. Es darf nicht abwechselnd von außen

und von innen geklebt werden, um die Seitenwände der Wanne zu sparen, ebenso ist das Unterschneiden von Dichtungsflächen zu vermeiden (Abb. 1.3/1).

1.33 Wärme und Feuer

Beton ist bei *gleichmäßiger* Erwärmung widerstandsfähig bis etwa 500 °C. Dann beginnt sich sein Gefüge zu lockern, da die Wärmedehnungen von Zementleim und Zuschlägen verschieden sind. Bei plötzlicher, hoher, von außen vordringender Erwärmung springen meist, von den Kanten beginnend, Schalen ab (vgl. Abschn. 1.16) (Abb. 1.3/2). Je härter und spröder der Beton ist, desto mehr leidet er infolge seiner hohen Elastizitätszahl unter Wärmedifferenzen. Diese geht bei hohen

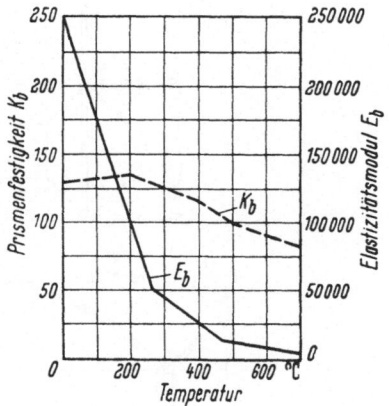

Abb. 1.3/2. Beton im Brandfall. Schalenbildung, beginnend von einer Kante

Abb. 1.3/3. Festigkeit und Elastizität des Betons bei hohen Temperaturen [168]

Temperaturen zurück (Abb. 1.3/3) [168], so daß bei Bränden die Durchbiegungen zunehmen. Die Stahleinlagen leiden durch Hitze weitaus stärker (vgl. Abschn. 1.215, Abb. 1.2/6). Solange sie aber durch den deckenden Beton geschützt sind, bleibt ihre Gefährdung in erträglichen Grenzen. Maßgebend für den Bestand ist daher nur das Verhalten des ganzen Baugliedes [169]. Die Erfahrungen haben gezeigt, daß Stahlbeton-Skelettbauten sich auch bei Großbränden gut gehalten haben und vielfach durch Aufbringen von bewehrtem Spritzbeton wiederhergestellt werden konnten (vgl. Abschn. 1.223, Abb. 1.2/13). Bei schwächeren Konstruktionsteilen brandgefährdeter Bauten werden Schutzmaßnahmen (DIN 4102) gefordert. Beton und Mörtel geringer Festigkeit leiten die Wärme schlechter und überstehen infolge ihrer starken Verformbarkeit hohe Temperaturdifferenzen besser als sehr fester Beton. Besonders Spannbetonbalken aus höchstwertigem Beton werden daher durch einen weichen Schutzputz von Kalkmörtel oder Zementputz mit leichten Zuschlagstoffen wesentlich widerstandsfähiger gegen Brände [170].

Zur Beschränkung des Brandumfanges sind besonders gefährdete Gebäude (Speicher usw.) durch Brandwände mit feuerfesten Türen zu unterteilen. Es wird ferner empfohlen, etwa 3 cm breite Dehnungsfugen im Abstand von höchstens 30 m anzuordnen [171]. Der Lokalisierung

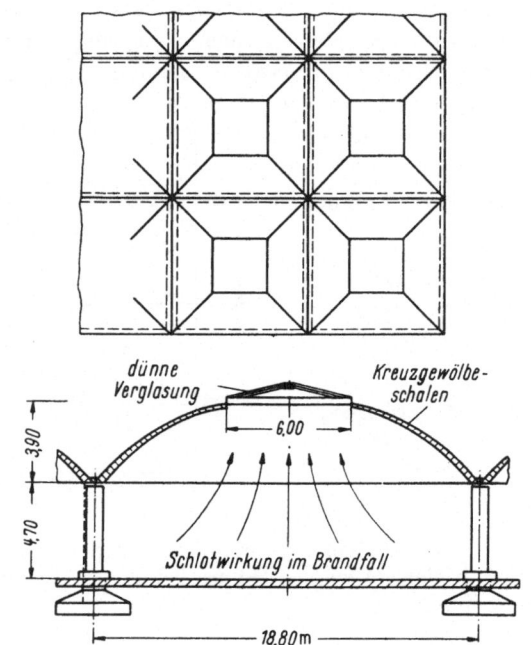

Abb. 1.3/4. Dach für Baumwolle-Lagerhalle in Le Havre [172]

eines Brandes einer großräumigen Lagerhalle dient auch die Unterteilung des Daches in einzelne Kuppeln mit Lüftungsaufsatz, die eine Schlotwirkung ausüben sollen (Abb. 1.3/4) [172].

Besonders feuerfesten Beton (bis über 1000 °C) stellt man aus Tonerdeschmelzzement mit Zuschlägen aus Ziegel- oder besser Schamottesplitt her [173].

Beton schmilzt bei Temperaturen von etwa 1600°. Hierauf beruht das Schmelzbohrverfahren [174], bei dem entsprechende Temperaturen durch ein verbrennendes dünnes Stahlröhrchen, in dem der Sauerstoff zugeführt wird, erzeugt werden.

1.34 Schall und Erschütterungen

Schall und Erschütterungen sind periodische Bewegungen elastischer Medien. Sie werden, ohne daß eine scharfe Grenze zu ziehen ist, dadurch unterschieden, daß Schall im hörbaren Frequenzbereich liegt, während Erschütterungen durch den Tastsinn wahrgenommen werden.

1.341 Schall

In der Bauakustik unterscheidet man zwischen Luftschall und Körperschall, wobei man als Körperschall die Schwingungen der Bauteile (Wände, Decken, Rohrleitungen usw.) bezeichnet.

Ertönt in einem Raum eine Schallquelle, so breiten sich die von ihr ausgehenden Schallwellen aus und werden von den Raumbegrenzungsflächen reflektiert. Es bildet sich ein System von stehenden Wellen, das sog. Raumschallfeld. Beim Auftreffen einer Schallwelle auf eine Wand wird ein Teil der Energie umgesetzt, ein weiterer Anteil wird durchgelassen, der Rest wird in den Raum reflektiert. Je mehr Energie reflektiert wird, desto höher ist der Pegel des Raumschallfeldes. Er kann durch Absorption in porösen Materialien (Glaswolle, Filz, sog. Schallschluckplatten), in denen die Schallenergie über Reibung umgewandelt wird, herabgesetzt werden. Ferner läßt sich die Schallenergie auch durch schwingungsfähige Gebilde absorbieren (Plattenschwinger oder Luftresonatoren, hauptsächlich für tiefe Frequenzen) [175].

Der im Raum herrschende Luftschall regt die Wände und Decken zu Schwingungen mit gleicher Frequenz an, deren Amplituden um so kleiner ausfallen, je größer ihr Gewicht je m² ist. Die in die angrenzenden Räume abgestrahlte Schallenergie nimmt im gleichen Verhältnis ab (DIN 4109 und 52210).

Die Schalldämmung einer Einfachwand (einschalig) kann durch Vorsetzen einer sog. biegeweichen Schale (z. B. Rabitzputz) verbessert werden, da die Schallabstrahlung einer Platte unterhalb ihrer durch die Masse und die Biegesteifigkeit gegebenen Grenzfrequenz stark abnimmt. Diese Grenzfrequenz liegt bei normalen einschaligen Wänden sehr tief (etwa 50 ÷ 400 Hz). Setzt man nun eine zweite Schale, deren Grenzfrequenz sehr hoch liegt, ohne feste Verbindung mit der Einfachwand davor, erhält man eine starke Verringerung der Schallabstrahlung (Abb. 1.3/5a).

Die Dämmung des Körperschalls ist i. allg. schwieriger als die Luftschalldämmung. Der am häufigsten auftretende Fall ist die Dämmung des Trittschalls von Decken. Am einfachsten ist die Aufbringung von weichen Belägen (Gummi auf Schaumgummi, Plastik auf Filz, Teppiche od. dgl.). Die normalen, harten Beläge müssen auf einem „schwimmenden Estrich" verlegt werden (Abb. 1.3/5b). Die Estrichplatte ruht dabei nicht direkt auf der Rohdecke, sondern „schwimmt" auf einer weichen

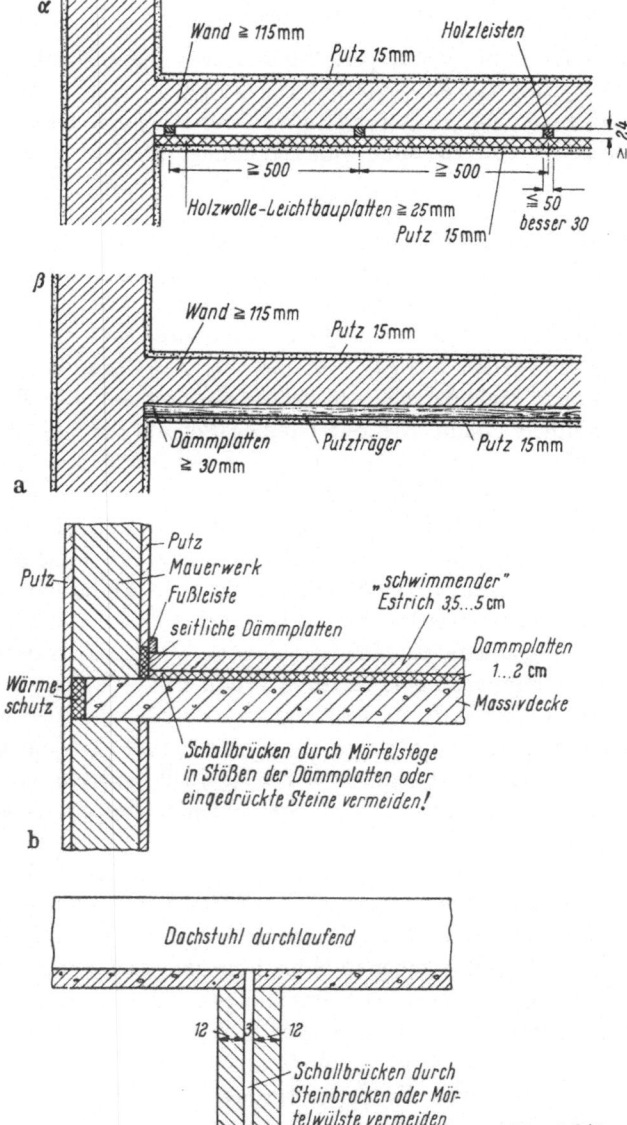

α

Wand ≥ 115 mm   Holzleisten
Putz 15 mm

≥ 24

≥ 500   ≥ 500

Holzwolle-Leichtbauplatten ≥ 25 mm
Putz 15 mm   ≤ 50
besser 30

β

Wand ≥ 115 mm   Putz 15 mm

Dämmplatten   Putzträger   Putz 15 mm
≥ 30 mm

a

Putz
Mauerwerk   „schwimmender"
Putz   Fußleiste   Estrich 3,5...5 cm

seitliche Dämmplatten   Dämmplatten
1...2 cm
Wärme-   Massivdecke
schutz

Schallbrücken durch Mörtelstege
in Stößen der Dämmplatten oder
eingedrückte Steine vermeiden!

b

Dachstuhl durchlaufend

12   3   12

Schallbrücken durch
Steinbrocken oder Mör-
telwülste vermeiden,
daher Zwischenraum
Decken auch   mit Leichtplatten aus-
unterbrechen!   füllen

Massivdecken

c

Abb. 1.3/5 a—c. Schalldämmung durch zweischalige Bauweise (DIN 4109).

a) Trennwände mit biege-
weichen Vorsatzschalen,

b) Decke zwischen Wohn-
geschossen (DIN 4108),

c) Doppelwände bei Reihenhäusern

Platte oder Matte aus mineralischen oder pflanzlichen Fasern. Auch Platten aus geschäumtem Kunststoff (Styropor) können dazu verwendet werden. Durch einen schwimmenden Estrich wird nicht nur die Trittschalldämmung, sondern auch die Luftschalldämmung einer Decke verbessert. Der schwimmende Estrich ist sehr sorgfältig zu verlegen, weil selbst geringe Schallbrücken die Dämmwirkung erheblich herabsetzen (Abb. 1.3/5 b u. c). Als solche Schallbrücken können auch Rohrleitungen wirken, die die Heizkörper und die Wände, an denen sie befestigt sind, zum Mitschwingen bringen und dadurch eine kräftige Abstrahlung bewirken. Schließlich kann der Schall auch durch kleine Öffnungen (Aussparungen für Rohrleitungen, Türspalte, Schlüssellöcher) von einem Raum in den andern dringen. Die Öffnungen wirken dabei als neue Schallquelle, so daß mehr Schall übertragen wird als der Größe der Öffnungen entspricht. Sie machen daher Schalldämm-Maßnahmen (Doppeltüren usw.) häufig zunichte.

Im Normblatt DIN 4109 („Schallschutz im Hochbau") sind Beispiele der gebräuchlichen schalldämmenden Konstruktionen und Formeln für ihre Berechnung angegeben.

Bei Reihenhäusern oder großen Wohnblocks verhindert man die Körperschallübertragung von einer Wohneinheit zur andern dadurch, daß man die Wohnungstrennwände in zwei gleiche Wände unterteilt (doppelschalige Wände), die durch einen durchgehenden Luftspalt von etwa 3 cm völlig voneinander getrennt sind (Abb. 1.3/5 c). In dem Spalt sind zweckmäßigerweise Dämmplatten anzubringen, damit nicht Mörtelreste Schallbrücken bilden können. Ist die Fortleitung des Körperschalls von einer Quelle aus nicht zu unterbinden, so kann man durch Vorsetzen biegeweicher Schalen vor die schwingenden Bauteile die Abstrahlung stark verringern.

1.342 Erschütterungen

Erschütterungen und Schwingungen entstehen durch periodische Anregung mit einer bestimmten Frequenz (Unwuchten umlaufender Massen) oder mit einem kontinuierlichen, ausgedehnten Frequenzband (Webstühle, Kugelmühlen), durch Stoß oder Schlagerregung. Im ersten Fall werden erzwungene, im zweiten Fall werden freie Schwingungen ausgelöst. Die bereits erwähnte, lästige Ausbreitung dieser Schwingungen läßt sich a) durch Verringerung der erzeugenden Kräfte, b) durch Behinderung der Fortleitung oder c) durch Beschränkung des Mitschwingens abmindern [176].

a) Da an die Abstützung abgegebene periodische Massenkräfte dynamische Beanspruchungen auch der Maschine selbst, insbesondere der Lager, bedeuten, sind deren Hersteller in zunehmendem Maße bemüht, umlaufende Maschinen möglichst gut „auszuwuchten". Das kann auch

noch nachträglich geschehen. Zum Beispiel hat man an großen liegenden
Kolbenmaschinen Ausgleichsmassen angebracht, um eine Fundament-
unruhe zu beseitigen. Diese durch eine Verstärkung der Gründung, etwa
durch Pfähle zu beseitigen, war nicht möglich. Im vorliegenden Falle
hatten sich die freien Massenkräfte im wassergesättigten Untergrund
fortgepflanzt und ein vierstöckiges Verwaltungsgebäude mit zufällig
gleicher Eigenfrequenz wie die Maschinendrehzahl (etwa 120/min) in

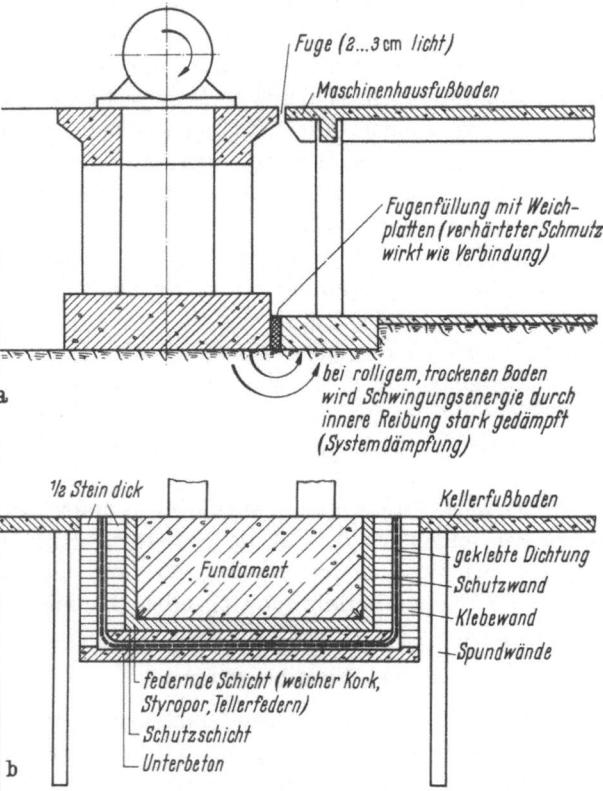

Abb. 1.3/6a u. b. Grundregel des Erschütterungsschutzes: Abtrennung der Ma-
schinenbauten von angrenzenden Bauteilen.
a) Turbinentischunterbau im Maschinenhauskeller, b) Grundplatte des Unterbaues im Grundwasser

höchst unangenehme, periodische Schwankungen versetzt. Beim Neubau eines weiteren Kompressorenhauses hat man die teuren Ausgleichs-
getriebe vermieden, indem man die vier Maschinen auf eine gemeinsame,
steife Grundplatte stellte und ihre Phasen paarweise um 180° gegeneinander versetzte, so daß sich die freien, waagerechten Massenkräfte
innerhalb der Gründung ausglichen.

b) Die wichtigste konstruktive Grundregel, um die Ausbreitung von Erschütterungen zu vermeiden, ist die Abtrennung der Maschinenunterbauten von angrenzenden Bauteilen (Abb. 1.3/6a). Die Fugen müssen mit weichem, gut verformbarem Material ausgefüllt sein, da erfahrungsgemäß schon verfestigte Schmutzmassen genügen, Erschütterungen zu übertragen. Günstig für die Aufnahme von Schwingungsenergien ist trockener, rolliger Baugrund, da er diese durch innere Reibung in Wärme umwandelt. Vorsicht ist bei Fundamenten im Grundwasser geboten (Abb. 1.3/6b), da dieses vermöge seiner Elastizität und wegen seiner geringen Systemdämpfung Schwingungen gut weiterleitet. Es ist deshalb empfehlenswert, zwischen Grundplatte und nassem Boden eine weiche und dämpfende Schicht anzubringen, die die Schwingungsamplituden ,,verschluckt" (Korkplatten, Styropor od. dgl., etwa 5 cm stark). Allerdings muß dann die Grundplatte schwer genug sein, um eine genügende Einspannung des Maschinenunterbaues zu gewährleisten.

c) Der elastische Unterbau einer Maschine (Tischfundament), die periodische, freie Massenkräfte besitzt, führt unter deren Wirkung erzwungene Schwingungen gleicher Frequenz mit der Amplitude $f = V \cdot f_0$ aus. f_0 ist die statische Ausbiegung des elastischen Tragwerkes unter dem Größtwert P_0 der periodischen Kraft $P = P_0 \sin \omega_m t$. Der ,,dynamische Vergrößerungsfaktor" ist $V = \dfrac{1}{1 - \eta^2}$ (konstante Erregung).

ω_m Winkelweg je sec $= \dfrac{n_m \cdot \pi}{30}$ $\left.\vphantom{\dfrac{n_m \cdot \pi}{30}}\right\}$ der periodischen Kraft P,

n_m Schwingzahl je min

n_e Eigenschwingzahl des Tragwerkes,

$\eta = \dfrac{\omega_m}{\omega_e} = \dfrac{n_m}{n_e}$ Abstimmverhältnis.

Die Schwingungen werden zumeist von einer umlaufenden Massenkraft $P = m_0 \, r \, \omega_m^2 \sin \omega_m t$ erzwungen, deren Größe also von der Frequenz abhängt. Der dynamische Faktor ist dann $V = \dfrac{\eta^2}{1 - \eta^2}$ [177] (quadratische Erregung). Er ist identisch mit dem ,,Lastzuschlag" nach DIN 4024 auf die rotierenden Gewichte, weil dort als Abstimmungsverhältnis $\dfrac{n_e}{n_m}$ gesetzt ist. Der Verlauf der Resonanzkurve in der üblichen Darstellung [177] (Abb. 1.3/7) zeigt:

1. Eine langsam wechselnde periodische Kraft ($n_m \ll n_e$) verursacht zunehmende Ausbiegungen, da sich ihre Wirkung und die der Massenkräfte des Tragwerkes addieren.

2. Mit der Annäherung der Frequenz der erregenden Kraft an die Eigenfrequenz ($n_m \approx n_e$) nehmen die Ausbiegungen bis zum theoretischen Wert ∞ zu. In diesem Resonanzzustand stehen Federkraft und Massenkraft im Gleichgewicht; die Größe des Ausschlages wird

jedoch durch die Dämpfung begrenzt. Es genügen dann bereits ganz kleine periodische Kräfte, um große Massen „aufzuschaukeln" (vgl. Abb. 1.3/7). Da sich die Spannungen im Tragwerk zu den Ausbiegungen proportional verhalten, bedeutet Resonanz stets Gefahr für die Festigkeit!

3. Nach Überschreiten der Resonanz sind Massenkraft und erregende Kraft entgegengesetzt gerichtet und vermindern zunehmend die Ausbiegungen bis gegen Null, wenn $n_m \gg n_e$.

4. Bei quadratischer Erregung ist der Vergrößerungsfaktor für $\eta = 0$ ebenfalls 0, bei kleinem n_m gering, bei großem n_m nähert er sich dem Wert 1. Die Resonanzfrequenz bleibt ungeändert. Eine vorhandene innere oder äußere Dämpfung verkleinert die Ausbiegungen und damit den Vergrößerungsfaktor V. Praktisch ist in DIN 4024 die statische Ersatzkraft auf $P = 15\,L$ (L Läufergewicht) begrenzt.

5. Die gezeigte Resonanzkurve gilt für rein elastische Federung mit linearer Charakteristik. Für Baukonstruktionen gilt die konstante Erregung, da die Maschinendrehzahlen für den Gebrauchszustand i. a. konstant sind.

Für die Tragkonstruktion einer Maschine mit der Drehzahl n_m bestehen mithin zwei Möglichkeiten, gefährliche dynamische Verformungen und Schnittkräfte zu vermeiden:

1. Bei der einen Art der „Verstimmung" (auf konstante Maschinenfrequenz bezogen) wird das Tragwerk so steif konstruiert, daß die Eigen-

Abb. 1.3/7. Resonanzkurven des ungedämpften Schwingers [177]

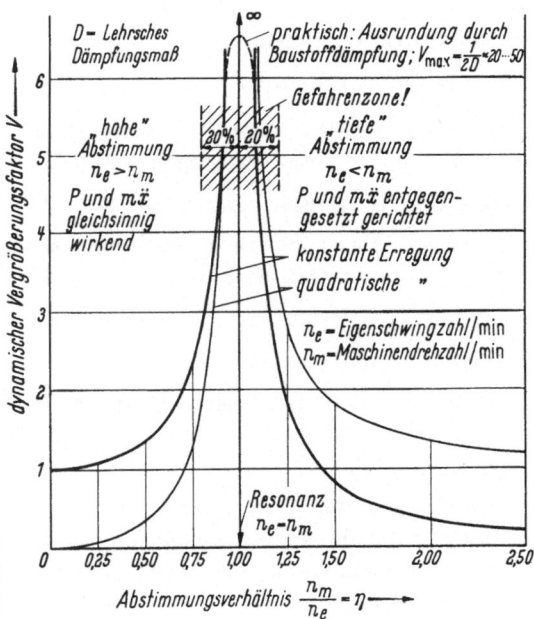

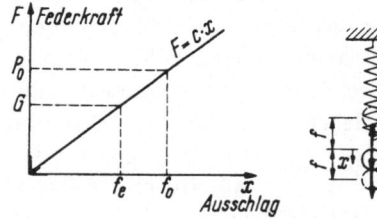

Schwingungsgleichung: $m\ddot{x} + cx = P$ $P = Erregerkraft$

konstante Erregung:

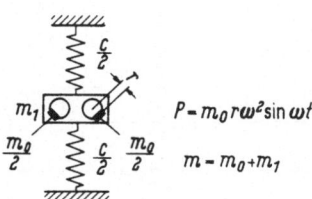

$c \, [t/cm] = Federziffer = \dfrac{G}{f_e}$

$F = c \cdot x = Federkraft$

$-m\ddot{x} = -m\dfrac{\partial^2 x}{\partial t^2} = Trägheitskraft$

$P = P_0 \cdot \sin \omega t = P_0 \dfrac{x}{f} = Erregerkraft$

statische Auslenkung
unter der ruhenden Kraft P_0: $f_0 = \dfrac{P_0}{c}$

unter dem Gewicht G: $f_e = \dfrac{G}{c}$

quadratische Erregung:
(Fliehkraft)

m_1 $P = m_0 \, r \omega^2 \sin \omega t$

$\dfrac{m_0}{2}$ $\dfrac{m_0}{2}$ $m = m_0 + m_1$

Vergleichsauslenkung

$f_1 = r \dfrac{m_0}{m}$

Konstante periodische Erregung
eingetragene Kraft: $P = P_0 \sin \omega_m t$

Frequenzverhältnis: $\eta = \dfrac{\omega_m}{\omega_e} = \dfrac{n_m}{n_e}$

dynamischer Vergrößerungsfaktor der Auslenkungen und Kräfte

$V = \left| \dfrac{1}{1 - \eta^2} \right|$

dynamische Auslenkung $f = V \cdot f_0$

Quadratische periodische Erregung (Massenkrafterregung)
eingetragene Kraft: $P = m_0 \cdot r \cdot \omega_m^2 \cdot \sin \omega_m t$,

Frequenzverhältnis: $\eta = \dfrac{\omega_m}{\omega_e} = \dfrac{n_m}{n_e}$

dynamischer Vergrößerungsfaktor der Auslenkungen und Kräfte

$V = \left| \dfrac{\eta^2}{1 - \eta^2} \right|$

dynamische Auslenkung $f = V \cdot f_1$

frequenz *über* der Maschinendrehzahl liegt ($n_e > n_m$, sog. „hohe Abstimmung"). Da die erregenden Kräfte in der Regel aber sehr klein
sind, können die hieraus folgenden Erschütterungsausschläge in Kauf genommen werden. Dieser Fall ist rechnerisch einfach zu behandeln, da nur
die niedrigste Eigenschwingung interessiert. Stabtragwerke (aufgelöste
Unterbauten) besitzen außerdem noch eine große Zahl von Eigenschwin-
gungen höherer Frequenz. Diese können i. allg. außer Betracht bleiben.

2. Die andere Art der Abstimmung fordert eine solche Weichheit des Tragwerkes in der Erregerrichtung, daß die Eigenfrequenz *unter* der Maschinendrehzahl liegt ($n_e < n_m$, sog. „tiefe Abstimmung"). Die resultierenden Erschütterungsausschläge sind auch bei größeren freien Massenkräften der Maschine und genügend hohem Frequenzunterschied ($n_m \gtrless 2 \cdot n_e$) klein, bei äußerst weicher Abstützung („frei schwebender Körper") gehen sie gegen Null. Die rechnerische Untersuchung ist wesentlich komplizierter, weil man außer der Grundeigenfrequenz auch die nächsten Oberschwingungen berechnen muß, damit keine hiervon mit der Maschinendrehzahl zusammenfällt [178, 568]. Man muß diese also zwischen zwei Oberschwingungen „eingabeln". Während man sich bei hoher Abstimmung mit groben Näherungen begnügen kann und auf der sicheren Seite befindet, muß man bei tiefer Abstimmung Abstützung, System und elastische Verhältnisse möglichst genau erfassen, da eine Abweichung nach *jeder* Seite zu einer Resonanz führen kann.

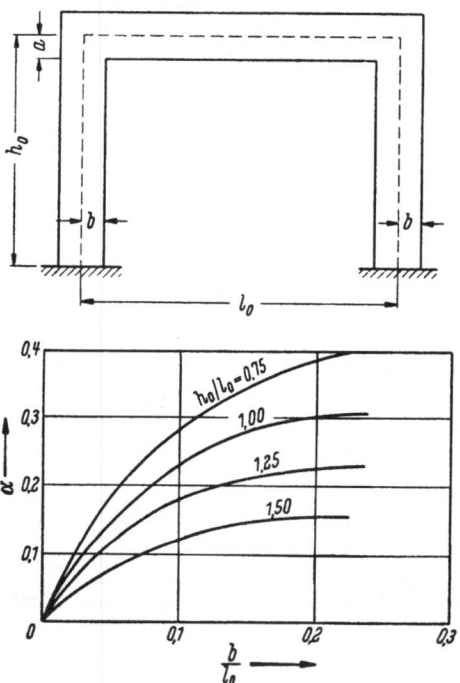

Abb. 1.3/8. Wirkung steifer Knoten bei schwingenden Rahmen bei Berechnung der Ausbiegungen [181].
Berechnung mit „wirksamen Stablängen"
$$h = h_0 - \alpha \cdot a, \quad l = l_0 - \alpha \cdot 2b$$

Damit keine nennenswerte Aufschaukelung im Resonanzbereich eintritt, muß man beim Anfahren der Maschine die Grundfrequenz möglichst rasch durchfahren. Fährt man zu langsam hoch, kann das System voll einschwingen und durch ständige Energiezufuhr eine gefährliche Amplitude entstehen.

In jedem Falle ist vom Resonanzfall ausreichend Abstand zu halten; n_m sollte um wenigstens $\pm 20\%$ von n_e abweichen. Es wird dringend empfohlen, ihn besser größer zu wählen, da alle Schwingungsberechnungen mit erheblichen Unsicherheiten behaftet sind (Elastizitätszahl, Trägheitsmomente durch Rißbildung, Abstützung, Idealisierung des statischen Systems).

Die Eigenfrequenzen werden zumeist angenähert für Punktmassen mit elastischer Koppelung ermittelt, wobei die Stabgewichte in den Knoten und in Feldmitte konzentriert werden [180]. Eine zutreffendere Idealisierung liefert wohl die Berücksichtigung der stetigen Massenverteilung längs der Stäbe und der Kontinuitätsbedingungen in den Knoten [179]. Durch die Unsicherheit der Randbedingungen (Stützung und Einspannung) und der Baustoff-Kennzahlen kommt man aber auch

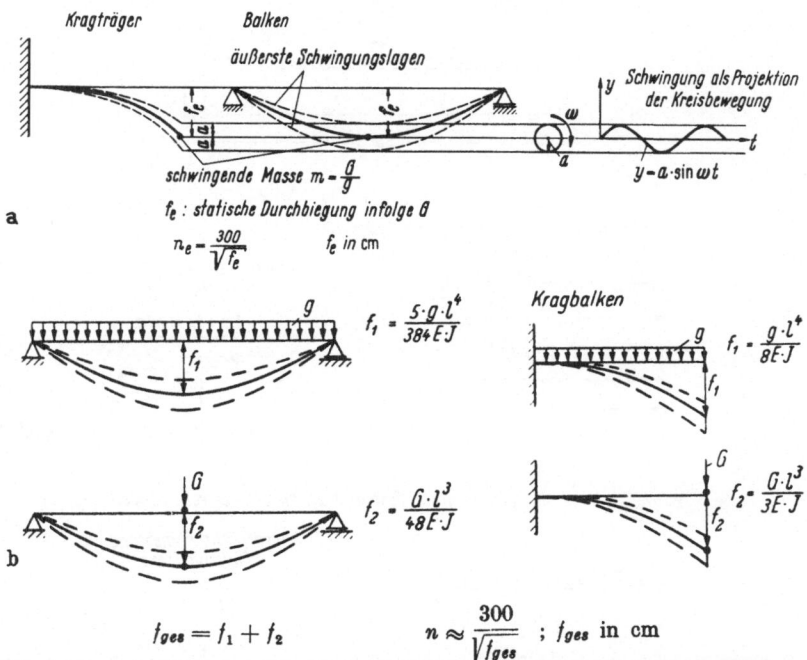

Abb. 1.3/9 a u. b. Einfacher Schwinger als Idealisierung eines schwingenden Balkens. a) Balkenmasse vernachlässigbar gegenüber Einzelmasse, b) Einzelmasse und Balkenmasse; Näherung nur für Hochabstimmung brauchbar, da nur Grundfrequenz erhalten wird!

nur zu einem angenäherten Resultat. Ferner läßt sich die gegenseitige Versteifung der Stäbe in den Knoten, die man bei der üblichen Berechnung näherungsweise berücksichtigen kann (Abb. 1.3/8) [181], in die „genauere" Rechnung nicht einbauen. Schließlich beruhen alle Ansätze auf der geradlinigen Spannungsverteilung, die bei gedrungenen Pfosten und Riegeln $\left(\dfrac{2b}{l_0} > \dfrac{1}{3}\right)$ samt den daraus abgeleiteten Verformungen nicht mehr gut erfüllt ist und neben der Idealisierung der Arbeitslinie durch die HOOKEsche Gerade zu dem Näherungscharakter aller Untersuchungen beiträgt.

In vielen Fällen genügt die Idealisierung eines Maschinenunterbaues als einfacher Schwinger mit *einem* Freiheitsgrad (Abb. 1.3/9). Seine

8*

Abb. 1.3/10a u. b. Beispiele für einfache Abstimmungen.

a *Motor auf Decke*

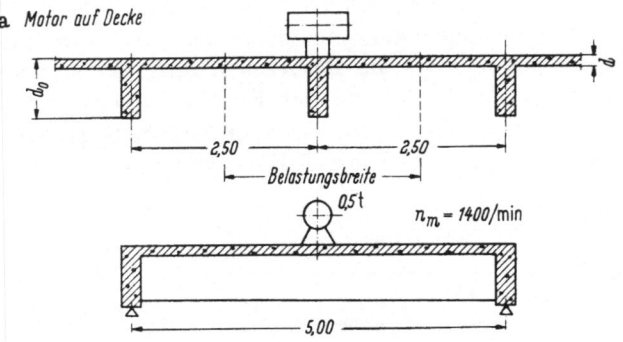

1. *Hochabstimmung (vereinfachtes System)*

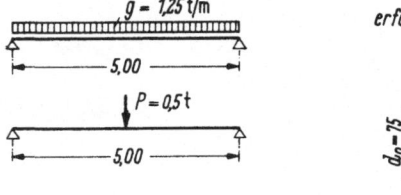

erforderliche Abmessung des
Plattenbalkens

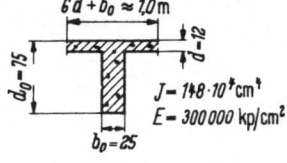

$$J = 148 \cdot 10^{3} \text{cm}^{4}$$
$$E = 300\,000 \text{ kp/cm}^{2}$$

2 *Tiefabstimmung (vereinfachtes System, sicherheitshalber volle Einspannung)*

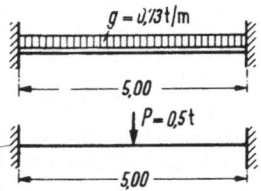

erforderliche Abmessung des
Plattenbalkens

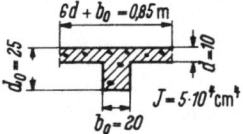

$$J = 5 \cdot 10^{3} \text{cm}^{4}$$

a) Motor auf Decke

1. $f_1 \; = \dfrac{5\,p\,l^4}{384\,EJ} \approx 2{,}25 \cdot 10^{-2} \;\; [\text{cm}]$

$f_2 \; = \dfrac{P\,l^3}{48\,EJ} \approx 0{,}30 \cdot 10^{-2} \;\; [\text{cm}]$

$f_{ges} = 2{,}55 \cdot 10^{-2} \;\; [\text{cm}]$

$\left. \right\}$ $n = \dfrac{300}{\sqrt{f_{ges}}} \approx 1900 > 1400/\text{min}$

2. $f_1 \; = \dfrac{p\,l^4}{384\,EJ} \approx 7{,}90 \cdot 10^{-2} \;\; [\text{cm}]$

$f_2 \; = \dfrac{P\,l^3}{192\,EJ} \approx 2{.}10 \cdot 10^{-2} \;\; [\text{cm}]$

$f_{ges} = 10{.}0 \cdot 10^{-2} \;\; [\text{cm}]$

$\left. \right\}$ $n = \dfrac{300}{\sqrt{f_{ges}}} \approx 950 < 1400/\text{min}$

b) **Fundamentrahmen**

1. **Lotrechtschwingzahl**

Q_1 = Einzellast in Riegelmitte,

q = verteilte Last auf dem Riegel,

Q_2 = vom Längsträger an den Rahmen abgegebene Lasten,

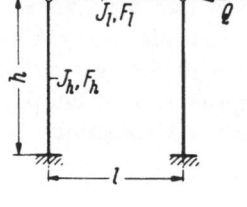

$$n \approx \frac{300}{\sqrt{f_a + f_b + f_c + f_d}}\,; \ K = \frac{h}{l} \cdot \frac{J_l}{J_h}$$

$$f_a = \frac{Q_1 \cdot l^3}{384\,E\,J_l} \cdot \frac{8 \cdot K + 4}{K + 2} = \text{Durchbiegung der Riegel-}$$
mitte unter der Last Q_1,

$$f_b = \frac{q\,l \cdot l^3}{384\,E\,J_l} \cdot \frac{5 \cdot K + 2}{K + 2} = \text{Durchbiegung der Riegelmitte unter der ver-}$$
teilten Last $q \cdot l$,

$$f_c = \frac{3}{5} \cdot \frac{\left(Q_1 + \dfrac{q \cdot l}{2}\right) \cdot l}{2\,G \cdot F_l} = \text{Senkung in Riegelmitte zufolge der Schubkräfte.}$$
$$G \approx 0,4 \cdot E,$$

$$f_d = \left[\frac{1}{2}\,(Q_1 + q \cdot l) + Q_2\right]\frac{h}{E\,F_h} = \text{Verkürzung der Stütze infolge der Nor-}$$
malkräfte.

2. **Waagerechtschwingzahl (Grundschwingung)**

2.1. **Hoch abgestimmter Rahmen (selten):**

Q = Riegelgewicht und die Hälfte der Stützengewichte,

Steifigkeit des Riegels vernachlässigt,

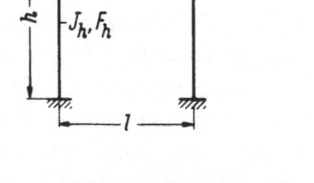

$$f_{w1} \approx \frac{Q \cdot h^3}{2 \cdot 3\,E\,J_h}$$

$$\left.\begin{array}{c} \end{array}\right\} \quad n \approx \frac{300}{\sqrt{f_{w1} + f_{w2}}}$$

Schubverformung:

$$f_{w2} = 1,2 \cdot \frac{Q \cdot h}{2\,G\,F_h}$$

$$G \approx 0,4 \cdot E$$

2.2 **Tief abgestimmter Rahmen:**

$$E\,J_h f_w = \int M\overline{M} \cdot ds = Q \cdot \int \overline{M}^2\,ds$$

$\overline{M}$ = Momente einer waagerechten Last $\overline{1}$,

Q = Riegelgewicht und die Hälfte der Stützengewichte,

Schubverformung vernachlässigt, da günstig wirkend.

$$n \approx \frac{300}{\sqrt{f_w}\ \text{(cm)}}.$$

Bei durch Längsriegel gekoppelten Rahmen sind die angegebenen Formeln nicht mehr ausreichend. Der Schwingungsberechnung sind dann Mehrmassensysteme zugrunde zu legen [182].

Schwingungen um die Nullage (statische Ausbiegung) können als Projektion einer Kreisbewegung mit der Winkelgeschwindigkeit ω_e aufgefaßt werden. Die beim Nulldurchgang vorhandene Bewegungs-(kinetische) Energie $\dfrac{m\,v^2}{2} = \dfrac{m\cdot a^2\,\omega_e^2}{2}$ setzt sich bei der größten Auslenkung a in Formänderungs- (potentielle) Energie $P\dfrac{a}{2} = \dfrac{a^2 c}{2}$ um. Da keine Energie zu- oder abgeführt wird, liefert die Gleichsetzung $m\,\dfrac{a^2\cdot\omega_e^2}{2} = c\,\dfrac{a^2}{2}$ die Eigenkreisfrequenz $\omega_e = \sqrt{\dfrac{c}{m}}$. Diese ist also *unabhängig* von der Größe der Auslenkung. Drückt man die Federkonstante c in der durch das Gewicht $G = mg$ verursachten statischen Durchbiegung f_e aus $\left(c = \dfrac{G}{f_e} = \dfrac{P_0}{f_0}\right)$, so ist die Winkelgeschwindigkeit $\omega_e = \sqrt{\dfrac{g}{f_e}}$ und $n_e = \dfrac{30}{\pi}\cdot\sqrt{\dfrac{g}{f_e}}$ die Eigenschwingzahl je Minute. Da praktisch $g \approx 100\,\pi^2$, ist $n_e \approx \dfrac{300}{\sqrt{f_e}}$, wobei f_e in cm einzusetzen ist, z. B. ist

für $f_e = 25$ cm $n_e = \quad\;\; 60/\mathrm{min} = \;\;\,1$ Hz (1 Schwingung/sec)

$\quad\;\; = \;\;\,1$ cm $= \;\; 300/\mathrm{min} = \;\;\,5$ Hz

$\quad\;\; = 0{,}4$ mm $= 1500/\mathrm{min} = 25$ Hz

$\quad\;\; = 0{,}1$ mm $= 3000/\mathrm{min} = 50$ Hz (Wechselstromfrequenz)

Man erkennt daraus, daß große Massen (schwere Maschinen auf hohen, aufgelösten Unterbauten) nicht mehr so starr abgestützt werden können, wie das der „hohen Abstimmung" entspricht. Man bevorzugt daher heute die „tiefe Abstimmung", die außerdem infolge der schlankeren Bauglieder wesentlich weniger Platz im Maschinenhauskeller beansprucht. Zwei Beispiele (Abb. 1.3/10) zeigen die verschiedenen konstruktiven Maßnahmen bei einfachen Fällen schwingender Lasten.

1.343 Stöße

Durch Stöße werden bestimmte Energiemengen auf das Bauwerk übertragen, die wegen ihrer großen zeitlichen Intervalle einzeln betrachtet werden können.

a) Hammerfundamente (DIN 4025) sind i. a. „hoch abgestimmt", da die Schlagfrequenz meist tiefer als die Eigenfrequenz liegt. Ihre Beanspruchung wird aus der Energie des Fallhammers abgeschätzt, von der ein Teil durch die Formänderungen des Werkstückes und der Unterlage (Schabotte) (Abb. 1.3/11a) teils plastisch, teils elastisch aufgenommen wird. Ein weiterer Teil der Energie wird in der lokalen Deformation des Fundamentes und der Federung der Gesamtmasse auf dem Baugrund gespeichert. Der Weg s, über den die Schlagenergie $E = G\cdot h$ umgewandelt wird, kann ebenso wie die Stoßkraft P aus $P\dfrac{s}{2} \approx E$, $P \approx \dfrac{2E}{s}$, also nur roh abgeschätzt werden. Die Beanspruchungen des

Betons müssen dabei noch im elastischen Bereich bleiben. Sie werden
klarer übersehbar, wenn die stets unsicher zu erfassende Nachgiebigkeit
des Baugrundes durch eine federnde Abstützung des Fundamentblockes

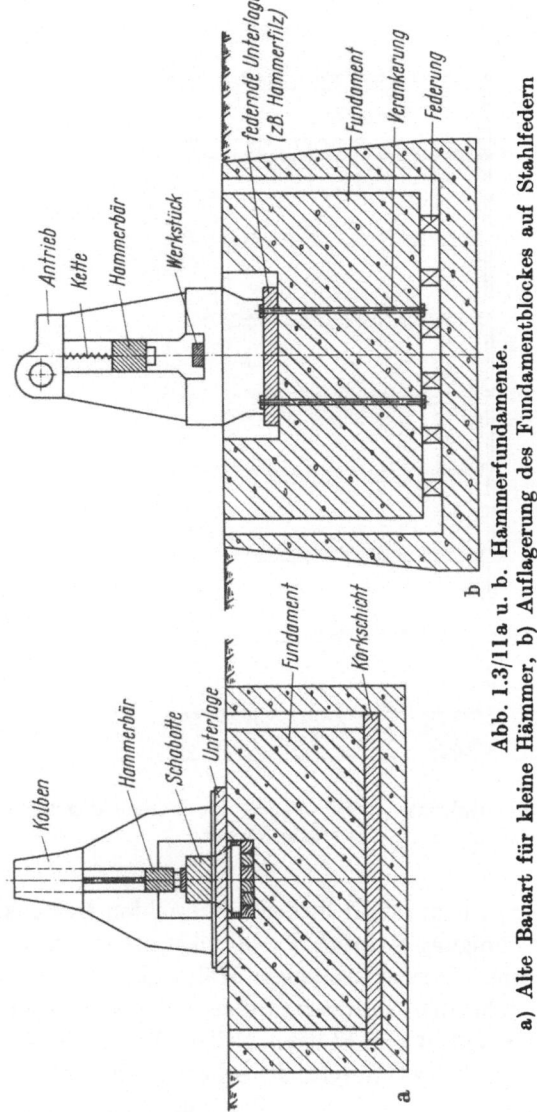

Abb. 1.3/11a u. b. Hammerfundamente.
a) Alte Bauart für kleine Hämmer, b) Auflagerung des Fundamentblockes auf Stahlfedern

ersetzt wird (Abb. 1.3/11) (vgl. 2. Bd., Abschn. 5.3). Die Fortleitung
an Energie und die Belästigung der Umgebung ist dann auch viel
geringer.

b) Stoßbeanspruchung. Hat im Katastrophenfall ein Balken einen Verkehrsraum vor einer herabfallenden Last (z. B. Abstürzen eines Hängebahnwagens) zu schützen, nimmt man plastische Verformungen in Kauf. Hierbei wird das große Arbeitsvermögen des Stahles herangezogen (vgl. Abschn. 2.233).

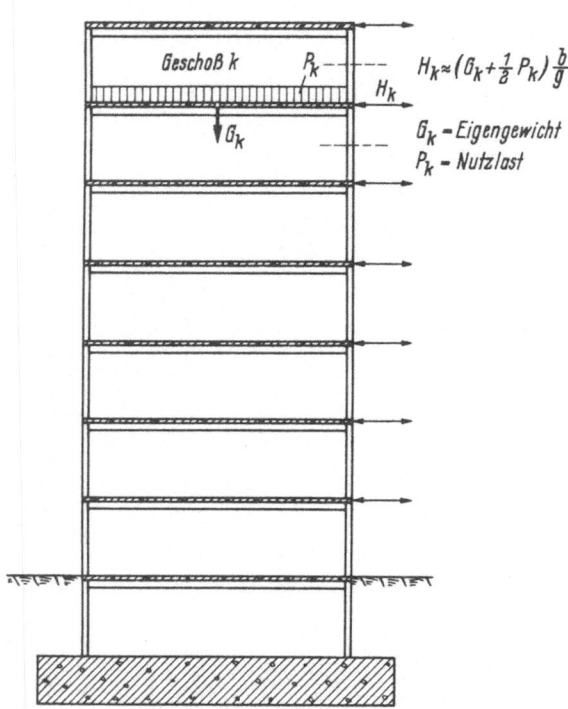

Abb. 1.3/12. Erdbebenkräfte rufen waagerechte Beschleunigungen und Massenkräfte hervor

c) Erdbeben. Die durch Erdbeben verursachten Massenkräfte rühren aus den Beschleunigungen durch Bodenwellen her und gehören ebenfalls zu den dynamischen Beanspruchungen. Während die durch senkrechte Bewegungen entstehenden Zusatzlasten innerhalb des üblichen Sicherheitsspielraumes der Balken und Stützen bleiben, bewirken die waagrechten Beschleunigungen b des Untergrundes erhebliche bis katastrophale Horizontalkräfte H aus der Masse $m = \dfrac{G}{g}$ des Bauwerkes: $H = m \cdot b = G \dfrac{b}{g}$. Sie wirken sich naturgemäß besonders stark bei Hochhäusern aus und erfordern eine entsprechende horizontale Aussteifung in Form kräftiger Stockwerkrahmen oder besser noch durchgehender Scheiben (vgl. 2. Bd.).

Aus langjährigen Beobachtungen in den einzelnen Erdbebengebieten liegen Erfahrungen über die größten waagrechten Beschleunigungen vor, die man als Bruchteile der Fallbeschleunigung angibt. In den deutschen Erdbebengebieten (DIN 4149) sind bis zu 10 % der Gewichte als waagrecht wirkend anzusetzen. Hierbei ist ein nach der Benutzungsart des Gebäudes zu schätzender Anteil der Nutzlast, jedoch nicht gleichzeitig die Windlast, zu berücksichtigen (Abb. 1.3/12). Beim Spannungsnachweis für Erdbebenlasten dürfen die zulässigen Spannungen wesentlich erhöht werden (z. B. die nach DIN 1045 zulässige Betonspannung auf das doppelte, die Stahlspannung nahezu bis zur Fließgrenze).

2. Bauelemente

Vor einer Betrachtung der Gesamtbauwerke (im 2. Band) ist es notwendig, sich eingehend mit der Wirkungsweise ihrer Elemente zu befassen. Konstruieren (construere: zusammenbauen) bedeutet das Zusammenfügen von Einzelteilen und die Abstimmung aufeinander. Dabei wird aus wirtschaftlichen Gründen gleiche Sicherheit in allen Teilen gefordert, denn ein Bauwerk ist so sicher wie sein schwächster tragender Teil. Die gleiche Sorgfalt sollte aber auch bei untergeordneten Konstruktionsgliedern angewendet werden, die für die Tragfähigkeit unwichtig sind und oft nicht sichtbar bleiben, um der Berufsauffassung und Freude am Werk willen.

Wir teilen die Elemente, aus denen sich die Bauwerke aufbauen, nach der Art ihrer Beanspruchung ein (Abb. 2.0/1). Rahmen und Bögen sowie Faltwerke und Schalen werden bei den Bauwerken im 2. Band behandelt. Diese Systematik ist wie jede Einteilung gewachsener Formen weder vollständig, noch bedeutet sie eine scharfe Abtrennung da es stets Übergangsformen gibt. Allerdings ist sogleich darauf hinzuweisen, daß wir hier Idealisierungen der Abstützung und Beanspruchung benutzen, die praktisch nie rein verwirklicht sind. Infolge von Reibungen, zusätzlichen Festhaltungen, exzentrischen Lasteintragungen usw. treten Behinderungen der Formänderungen und entsprechende Randkräfte (Zwängungskräfte) auf. Diese sollen nach dem Prinzip: „so zu konstruieren, wie man rechnet", möglichst ausgeschaltet werden, um Überraschungen zu vermeiden. Man folgt dieser Regel im Brückenbau weitgehend mit Rücksicht auf Größe und Gewicht der Bauwerke. Im Hoch- und Tiefbau ist man meist weniger streng und unterläßt die entsprechende Unterteilung der Bauwerke durch Gelenke und Fugen aus wirtschaftlichen Gründen. Man verzichtet damit auf vollständige statische Klarheit. Außerdem bringen Vereinfachungen des statischen Systems i. allg. zusätzliche Reserven an Tragfähigkeit. Sie fordern aber eine konstruktive Berücksichtigung, um klaffende Risse zu vermeiden. Angesichts der Tatsache, daß unsere Berechnungen den Charakter von mehr oder weniger guten Näherungen besitzen, ist stets ebensoviel Überlegung auf deren Voraussetzungen wie auf ihre Durchführung zu verwenden. Wir kennen viele scharfsinnige theoretische Untersuchungen, deren Grundannahmen so wenig zutreffen, daß ihre Ergebnisse nur den Wert von Abschätzungen besitzen. Behält man nicht gleichzeitig Theorie

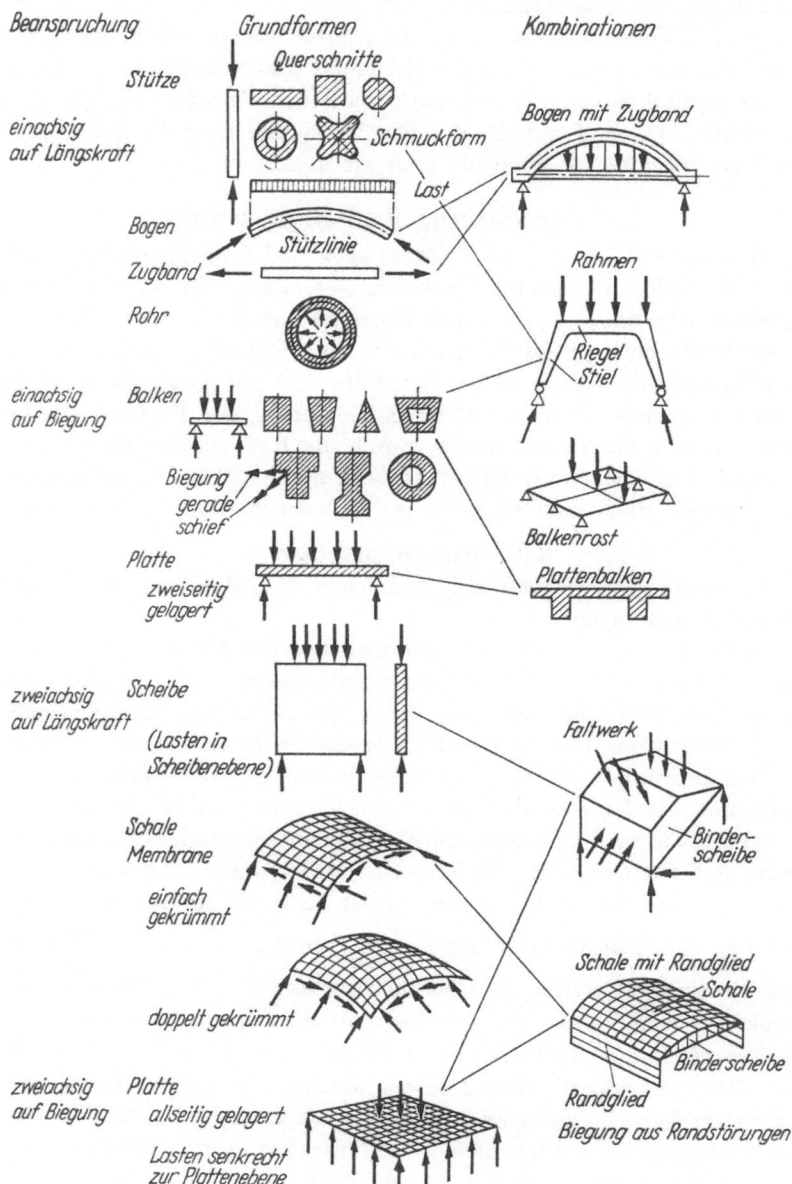

Abb. 2.0/1. Grundformen und Kombinationen von Bauelementen

und Wirklichkeit im Auge, kann es vorkommen, daß man die Meinung jenes englischen Baumeisters aus dem 19. Jahrhundert, TREDGOLD, bestätigt, die Dauerhaftigkeit eines Bauwerkes stünde im umgekehrten Verhältnis zur Gelehrsamkeit des Erbauers! Allein die genaue Kenntnis des mechanischen Inhaltes der mathematischen Formulierung gestattet ein Urteil über die Tragweite der Ergebnisse und über die Zulässigkeit von Vereinfachungen, ohne die man nie auskommt.

2.0 Berechnung und Bemessung

Eine kurze Übersicht über Grundlagen und Hilfsmittel der klassischen Methoden und über die neueren Untersuchungen soll die in den einzelnen Abschnitten gegebenen Hinweise auf die Theorie ergänzen.

Als Vorbemerkung jeder Berechnung sind stets die zugrunde gelegten Belastungen, die vorgesehenen Baustoffe und das gewählte statische System anzugeben. Ferner ist zur Erleichterung der Prüfung, die für jeden „Standsicherheitsnachweis" durch die Bauaufsichtsbehörde vorgeschrieben ist, die benutzte Literatur aufzuführen [200]. Bezeichnungen und Formeln sind unter Beachtung der Normen [201] zu verwenden.

2.01 Gebrauchszustand

Die heute überwiegend gebräuchlichen Berechnungen fußen auf linearen Beziehungen:

a) Den *Gleichgewichtsbedingungen* zwischen den Stütz- und Schnittkräften einerseits und den Belastungen andererseits. Die Linearität setzt voraus, daß die Formänderungen „klein" genug bleiben, um die geometrische Gestalt des Tragwerkes nicht wesentlich zu ändern. Die Theorie „zweiter Ordnung", die für die Untersuchung von Druckgliedern, insbesondere von deren Stabilität, gebraucht wird, macht hiervon eine Ausnahme. Sie berücksichtigt den Einfluß der Formänderungen auf die Stütz- und Schnittkräfte, die ihrerseits wieder die Verformungen vergrößern, so daß die Ausbiegungen rascher als linear anwachsen.

b) Den *Elastizitätsgesetzen* der Baustoffe in der Form $\varepsilon = \frac{\sigma}{E}$ (HOOKEsches Gesetz). Sie treffen im Gebrauchszustand mit ausreichender Genauigkeit zu und erlauben die Addition der Spannungs- und Verschiebungszustände für verschiedene Belastungen. Ohne die Gültigkeit dieses linearen Superpositionsgesetzes werden alle mechanischen und mathematischen Zusammenhänge bei statisch unbestimmten Tragwerken sehr unübersichtlich, da die Wirkungen der einzelnen Belastungen nicht mehr überlagert werden können [566].

c) Dem *Ebenbleiben der Querschnitte* (Theorem von BERNOULLI) schlanker Stäbe, dünner Schalen und Platten. Hieraus ergeben sich in Verbindung mit b) lineare Spannungsdiagramme (NAVIERsche Verteilung der Spannungen). Im Anwendungsbereich bis zu Balkenschlankheiten von etwa $d : l = 1 : 3$ ist die Verkrümmung der Querschnitte infolge der Schubspannungen vernachlässigbar klein (vgl. Abschn. 2.531,2).

Die Brauchbarkeit der auf diesen Grundlagen aufgebauten Elastizitätstheorie [202] ist allgemein durch praktische und experimentelle Erfahrungen erwiesen und bei Bauteilen aus Stahlbeton dadurch legitimiert, daß mit ihrer Hilfe das entstehende Rißbild und die Rißlasten mit befriedigender Genauigkeit angegeben werden können.

2.011 Ermittlung der Schnittkräfte

Zur Ermittlung der Schnittkräfte von statisch bestimmten Stabwerken reichen die Gleichgewichtsbedingungen aus. Statisch unbestimmte Systeme besitzen überzählige äußere Stützungen oder innere Verbindungen, deren Kräfte von den Verformungen abhängen. Zu ihrer Berechnung stehen die Kraftmethode (Kräfte als Überzählige) oder die Formänderungsmethode (Verschiebungen als Überzählige) zur Verfügung [203]. Bei der letzteren werden die Schnittkräfte erst durch Rekursion aus den Verschiebungen erhalten. Hochgradig statisch unbestimmte Stabwerke, z. B. Rahmen, werden vorwiegend mittels Iterationsverfahren [204] untersucht, die bei unverschieblichen Systemen rasch konvergieren. In vielen Fällen genügt bereits die erste Verteilungsstufe der Momente, die als „c_o/c_u-Verfahren" in DIN 1045 § 28 für rahmenartige Tragwerke zugelassen ist.

Für Flächentragwerke (Scheiben, Platten, Schalen) kommt (außer bei Membranen) nur das Formänderungsverfahren in Betracht, wobei die Kraftgrößen durch die Verschiebungen der Mittelfläche ausgedrückt werden [205]. Die Integration der dadurch erhaltenen partiellen Differentialgleichungen und insbesondere die Erfüllung der Randbedingungen ist stets mühsam. Man verwandelt daher zur Lösung einer bestimmten Aufgabe mitunter die Differentialgleichungen in Differenzengleichungen zwischen ausgewählten, in einem regelmäßigen Netz angeordneten Verschiebungsordinaten [206]. Die Schnittlinien durch die Biegefläche werden dabei durch Polygonzüge ersetzt. Dieses Verfahren ist von STÜSSI durch parabolische Approximation verbessert worden [207], wodurch die Genauigkeit erhöht und der Arbeitsaufwand durch die Möglichkeit größerer Maschen vermindert wird. Die Berücksichtigung höherer Taylorglieder der Schmiegungsfläche führt zu einer noch größeren Genauigkeit bzw. einem zulässigen gröberen Raster [208]. Diese numerischen Verfahren gewinnen mit der Verbreitung der Rechenautomaten zunehmend an Bedeutung, vor allem wenn die Programmierungsarbeit für lineare Matrizen bereits geleistet ist. Hierfür liegen umfangreiche Vorarbeiten für Stabwerke und Flächentragwerke bei verschiedenen Recheninstituten vor, deren Mitarbeit oftmals Zeit- und Kostenaufwand für umfangreiche Untersuchungen herabsetzt.

Bei unregelmäßigen Berandungen von Flächentragwerken versagen auch die Differenzenansätze. Man ermittelt dann die Beanspruchungen an Modellen unter Berücksichtigung der Modellgesetze [209]. Hierfür werden homogene Modellwerkstoffe verwendet, die sich in guter Annäherung linear elastisch verhalten und damit gut den Voraussetzungen der Elastizitätstheorie entsprechen. Die Lastverformungen werden mit Methoden ausgemessen, die der Art des Tragwerkes angepaßt sind (vgl. Abschn. 2.312). Die Modelle sind als eine Art von Rechengeräten anzusehen, deren Anwendung mit dem Prüfer zu vereinbaren und von diesem zu überwachen ist.

2.012 Bemessung

Der Bemessung werden stets die Schnittkräfte zugrunde gelegt, die für homogene Tragwerke nach der Elastizitätstheorie ermittelt worden sind, obgleich man aus Gründen der Tragsicherheit grundsätzlich auf die Mitwirkung der Betonzugfestigkeit verzichtet und alle Zugkräfte durch Bewehrung aufnimmt (mit Ausnahme von Schrägzugspannungen, sofern diese ein gewisses Maß nicht überschreiten). Die „gerissene Zugzone" setzt das Trägheitsmoment streckenweise gegenüber demjenigen für den homogenen „ideellen Querschnitt" stark herab, da die Stahldehnungen größer als die des ausfallenden Betons sind (vgl. Abb. 2.2/11). Die Verformungen $\left(\text{Krümmungen } \dfrac{1}{\varrho} = \dfrac{M}{EJ}\right)$ wachsen dadurch in diesen Bereichen erheblich an und verändern die Steifigkeitsverhältnisse statisch unbestimmter Tragwerke. Die Praxis zeigt aber, daß die Vernachlässigung dieses Umstandes wie auch des Einflusses der sich durch das Reißen der Zugzone verschiebenden Schwerachse der Querschnitte zugelassen werden können.

Die Querschnitte werden nach den Regeln der Festigkeitslehre unter Einhaltung „zulässiger Spannungen" bemessen. Diese sind bei Stahl aus der Streckgrenze durch Division mit einer Sicherheitszahl von i. M. 1,75, bei Beton aus der Würfelfestigkeit W_{28} mit einer Sicherheitszahl von i. M. 3,0 abgeleitet. Die höhere Sicherheitszahl beim Beton ist gerechtfertigt, da für Bauteile aus Beton die Prismenfestigkeit K_b maßgebend (etwa 0,75 bis 0,8 W, vgl. Abschn. 1.121) ist. Außerdem muß bei Beton gegenüber Stahl mit größeren Streuungen der Festigkeit und Einbußen durch Ermüdung gerechnet werden.

2.013 Verformungen

Die Verformungen der Bauwerke besitzen mit der wachsenden Schlankheit infolge höherer Baustoffgüten zunehmende Bedeutung. Sie können sich als Verkürzung von Stützen, als Durchbiegung von Balken und Platten, insbesondere durch die hinzukommenden Kriech- und Schwindeinflüsse recht unangenehm bemerkbar machen (vgl. Abschn. 2.1,

Abb. 2.0/2a — d. Anwendung des Prinzips der virtuellen Verschiebungen und des Reduktionssatzes zur Berechnung der Verformungen statisch unbestimmter Tragwerke.

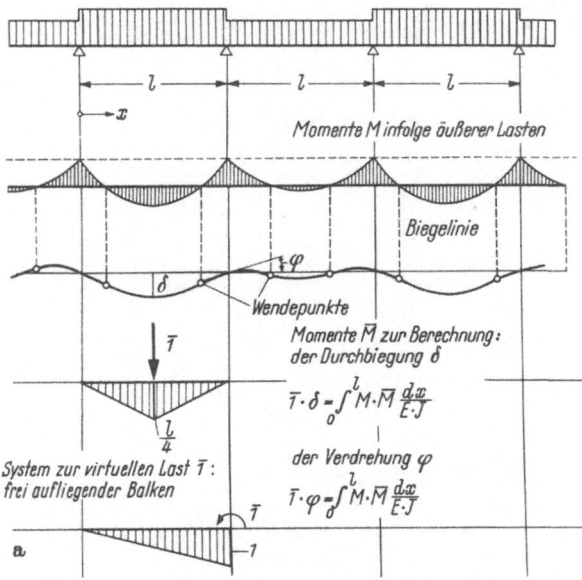

a) Stabwerke (Weiterführung vgl. Abb. 2.2/27a),

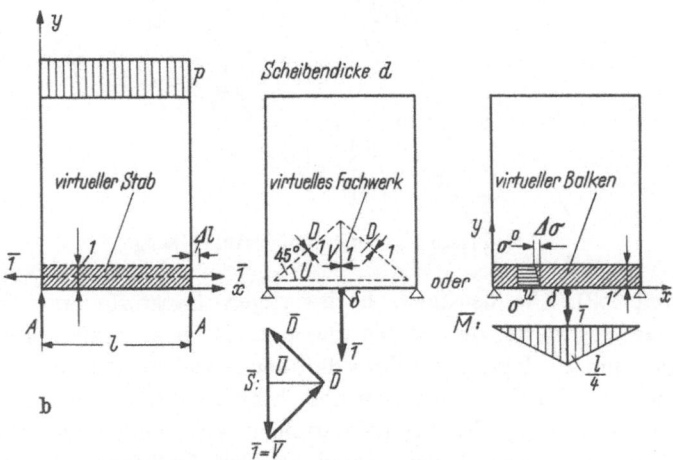

b) Scheibe (Querdehnung vernachlässigt).

Verlängerung der Spannweite

$$\bar{1} \cdot \Delta l = \int\limits_0^l \sigma_x \cdot \bar{\sigma}_x \cdot d \cdot \frac{d\,x}{E} = \frac{1}{E} \int\limits_0^l \sigma_x \, d\,x.$$

Fortsetzung der Abb. s. S. 128 und 129

Durchbiegung des unteren Randes:

$$\bar{1}\cdot\delta = \Sigma\,\bar{S}\cdot\varDelta s \qquad\qquad \text{oder} \qquad\qquad \bar{1}\cdot\delta = \int\limits_0^l \overline{M}\cdot\acute{\sigma}_x\cdot\frac{d\,x}{E}$$

$$\varDelta s = \int\limits_0^s \sigma_s\cdot\frac{d\,s}{E} = \frac{\sigma_{sm}\cdot s}{E} \qquad\qquad \acute{\sigma}_x = \frac{\partial\,\sigma_x}{\partial\,y}\overline{\underset{\varDelta y=1}{}}\,\varDelta\sigma_x$$

σ_s = Spannung in Stabrichtung $\left(= \dfrac{1}{2}\,(\sigma_x + \sigma_y) \pm \tau_{xy}\ \text{für } 45°\right)$

σ_{sm} = mittlere Spannung in Stabrichtung,

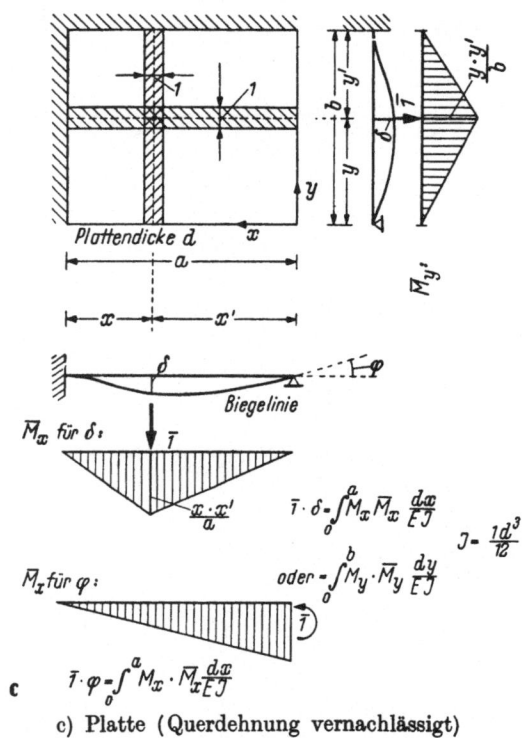

c) Platte (Querdehnung vernachlässigt)

2.2 und 2.3). Die heutigen, hochwertigen Baustoffe ermöglichen so schlanke Bauwerke, daß es bei diesen nicht mehr genügt, nur an die Spannungen zu denken, sondern daß der Konstrukteur sich stets auch ein Bild von den Verformungen und ihren Folgen machen muß.

Zur Beurteilung der Formänderungen wird selten die vollständige Biegelinie gebraucht. Meist genügt es, den Größtwert δ der Durchbiegung in der Mitte der Spannweite oder die Auflagerverdrehung zu kennen. Diese werden in einfachen Fällen aus Tabellen entnommen oder bei statisch unbestimmten Systemen mit Hilfe einer virtuellen Last $\bar{1}$ (1 t oder 1 tm) in der Form $\bar{1}\cdot\delta = \int M\,\overline{M}\,\dfrac{ds}{EJ} + \int N\,\overline{N}\,\dfrac{ds}{EF} + \int Q\,\overline{Q}\,\dfrac{ds}{GF}$

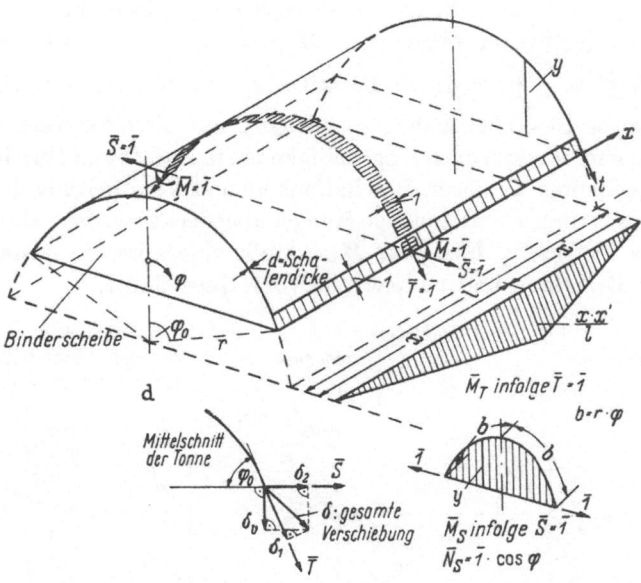

d) Zylinderschale (frei tragende Tonne, symmetrisch zur Längsachse belastet),
Verschiebung in Richtung Tangente:
(wie bei Scheibe Abb. 2.0/2b) $\overline{T} = \overline{1}$:

$$\overline{1} \cdot \delta_1 = \int_0^l \overline{M}_T \cdot \sigma_x' \frac{dx}{E}; \qquad \sigma_x' = \frac{\partial \sigma_x}{\partial t} = \frac{1}{r} \cdot \frac{\partial \sigma_x}{\partial \varphi}$$

Verschiebung in Richtung Sehne, $\overline{S} = \overline{1}$:

$$\overline{1} \cdot \delta_2 = \int_0^b M_\varphi \cdot y \frac{dt}{EJ} + \int_0^b N_\varphi \cos\varphi \frac{dt}{E \cdot d}; \quad J = \frac{d^3}{12}$$

Verdrehung des Randes, $\overline{M} = \overline{1}$; $\overline{M}_\varphi = \overline{1}$; $dt = r\,d\varphi$,

$$\overline{1} \cdot \vartheta = \int_0^b M_\varphi \cdot \frac{dt}{E \cdot J}$$

Senkrechte Verschiebung des Randes:

$$\delta_v = \frac{\delta_1 - \delta_2 \cdot \cos\varphi_0}{\sin\varphi_0}$$

berechnet, wobei die Schnittkräfte aus der Last $\overline{1}$ einem beliebigen,
aber stabilen statisch bestimmten Teilsystem entnommen werden
können (Reduktionssatz) [203] (Abb. 2.0/2).

2.02 Bruch- (kritischer) Zustand

Obgleich das nichtlineare Verhalten der Baustoffe nach Überschreiten
der Gebrauchslast und Annäherung an den Bruch (kritische Last) eine
Grundlage der Elastizitätstheorie außer Kraft setzt (Abb. 2.0/3), ist erwiesen, daß die hiermit berechneten Bauwerke genügende Sicherheit

9 Franz, Konstruktionslehre I, 3. Aufl.

besitzen (vgl. Abschn. 2.223). Diese wird aber zutreffender durch Vergleich des „kritischen Momentes" M_k mit dem Gebrauchsmoment M_q beurteilt $\left(v = \dfrac{M_k}{M_q}\right)$ als durch Festsetzung von zulässigen Spannungen. Durch diese Sicherheitszahl v sollen nicht nur unvorhergesehene Laststeigerungen, sondern auch Ungenauigkeiten in Ansatz und Durchführung der Berechnung, Fehler in Beschaffenheit und Verarbeitung der Stoffe, Maßabweichungen und sonstige Mängel abgedeckt werden. Die Ermittlung des kritischen Momentes M_k umfaßt einerseits die Abhängigkeit von der Belastung und andererseits vom Querschnitt.

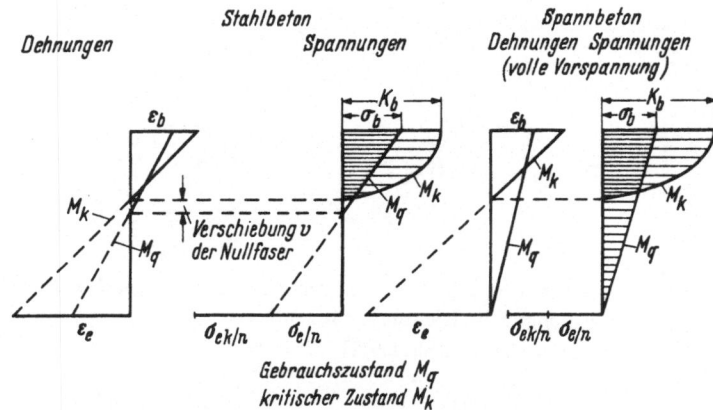

Abb. 2.0/3. Spannungsdiagramme bei reiner Biegung im kritischen Zustand (kurz vor dem Bruch)

2.021 Schnittkräfte

In statisch bestimmten Systemen sind die Schnittkräfte von den Verformungen unabhängig, so daß sie von den nichtlinearen Arbeitslinien unberührt bleiben. Bei statisch unbestimmten Tragwerken ändert sich dagegen im Nenner des Ausdruckes für die Krümmung

$$\frac{1}{\varrho} = \varphi' = \frac{d^2 y}{d x^2} = \frac{M}{E J}$$

infolge der erheblich von der HOOKEschen Geraden abweichenden Arbeitslinien der Baustoffe (vgl. Abschn. 1.13 und 1.213) mit wachsendem M sowohl der Elastizitätsmodul E als auch mit fortschreitender Rißbildung das Trägheitsmoment J (vgl. Abb. 2.2/23). Das Superpositionsgesetz verliert damit seine Gültigkeit, so daß die Überzähligen nicht mehr aus linearen Elastizitätsgleichungen gewonnen werden können. Sie sind mit Hilfe des Prinzips der virtuellen Verrückungen durch Iteration zu berechnen (vgl. Abschn. 2.222) oder mittels stark vereinfachter Ansätze für das Formänderungsgesetz (vgl. Abschn. 2.223

und 2.33) zu überschlagen. Dabei zeigt sich, daß die üblicherweise angenommene Proportionalität zwischen der kritischen Last P_k und dem
kritischen Moment $M_k \left(\nu = \dfrac{M_k}{M_q} = \dfrac{P_k}{P_q}\right)$, bezogen auf die Werte M_q
und P_q im Gebrauchszustand, auf der sicheren Seite liegt, da zumeist M
langsamer anwächst als P (vgl. Abschn. 2.222) [210].

2.022 Bemessung

Zentrisch gedrückte Querschnitte verhalten sich im Bruchzustand,
insbesondere bei Verwendung verschiedener Stahlsorten, sehr ab-
weichend vom elastischen Zustand, so daß die DIN 1045 bereits die
Bemessung nach dem kritischen Zustand vorschreibt (vgl. Abschn. 2.11).
Bei reiner Biegung von Stahlbetonquerschnitten ist eine Ableitung der
Tragfähigkeit aus dem Bruchzustand entbehrlich, da die ausreichende
Sicherheit der Bemessung mit zulässigen Spannungen nachgewiesen ist
[211]. Immerhin wird mitunter aus wirtschaftlichen Gründen eine zutreffendere Bemessung auf Biegung unter Berücksichtigung eines nichtlinearen Verhaltens angewandt [212]. (Traglastverfahren vgl. Abschn.
2.231, 1.) Bei Spannbeton wird jedoch der „Bruchsicherheitsnachweis"
stets gefordert, da sich der Spannungszustand bei Annäherung an
die „kritische Last" wesentlich stärker wandelt als bei Stahlbeton
(Abb. 2.0/3).

2.1 Stützen

Stützen besitzen als Tragglieder für vorwiegend senkrechte Lasten
eine besondere Bedeutung, die darin zum Ausdruck kommt, daß sie für
die zentrische Belastung mit der Sicherheitszahl 3 zu bemessen sind.

Das hat verschiedene Gründe:

a) *Alle* Fasern *jeden* Querschnittes, also das *gesamte* Volumen der
Stütze, sind gleichermaßen voll ausgenutzt, während bei einem Balken
nur die *äußeren* Fasern *eines* Querschnittes volle Druckspannung erhalten. *Eine* örtliche Fehlstelle des Betons wird sich daher bei Stützen
stets nachteilig auswirken, beim Balken nur mit viel geringerer Wahrscheinlichkeit.

b) Die Tragfähigkeit einer Stütze nimmt proportional zur Betonfestigkeit ab. Bei einem Rechteckbalken gleicht sich eine Betonminder-
festigkeit zum Teil dadurch aus, daß sich im Bruchzustand die Druckzone vergrößert und daher die Tragfähigkeit nur wenig zurückgeht (vgl.
Abschn. 2.231, 1).

c) Der Bruch durch Gleitflächenbildung in einer Stütze (vgl.
Abschn. 1.12) tritt oft rasch und ohne Ankündigung ein, während sich
das Versagen eines Balkens durch starke Rißbildung allmählich an-
kündigt.

9*

d) Der Bruch einer Stütze zieht mitunter mehrere Stockwerke in Mitleidenschaft, gefährdet daher i. allg. mehr Menschen und Werte als ein versagender Balken, der meist nur einen lokalen Schaden verursacht.

e) Die Erreichung des „kritischen Momentes" (Streckgrenze des Stahles) in einem Querschnitt hat bei Balken in statisch unbestimmten Systemen und Platten eine Umlagerung der Schnittkräfte zur Folge (vgl. Abschn. 2.223); die Tragfähigkeit ist deshalb noch nicht erschöpft. Überbeanspruchten Stützen hilft diese „Anpassung" nur in sehr geringem Maße.

f) Die Lasten der inneren Stützen einer Decke dürfen bei Hochbauten i. allg. ohne Berücksichtigung der Kontinuität und der Auflagerverdrehung der Deckenbalken angesetzt werden. Beide Vernachlässigungen haben aber Spannungserhöhungen zur Folge, die durch die Sicherheitszahl gedeckt werden müssen.

2.11 Bemessung[1]

Die Bemessung der Stützen nach DIN 1045 geht für die zentrische Belastung vom Bruchzustand („Additionsgesetz") unter Berücksichtigung der Prismenfestigkeit K_b des Betons und der Stauchgrenze σ_s des Stahles $\left[{}_{zul}P = \frac{K_b}{3}(F_b + n'F_e); \; n' = \frac{\sigma_s}{K_b} \right]$ aus. Dagegen können bei elastischem Verhalten im Gebrauchszustand größere Stahlfestigkeiten nicht zum Ausdruck kommen $\left[{}_{zul}P = {}_{zul}\sigma_b(F_b + nF_e); \; n = \frac{E_e}{E_b} \right]$, obgleich sie die Tragfähigkeit in Wirklichkeit merkbar vergrößern. Außerdem tritt infolge des Kriechens eine weitgehende Umlagerung der Stützenkraft vom Beton auf die Bewehrung ein (Abb. 2.1/1). Dies wurde bei einer stark bewehrten Stütze durch Querrisse sichtbar gemacht, indem die Belastung nach langer Wirkungszeit entfernt wurde. Der Stahl hatte einen großen Teil der Last getragen und verursachte beim Entlasten eine erhebliche Zugkraft im Beton.

Bei Berücksichtigung zusätzlicher Biegung geht man wie bei Balken zur Anwendung der Elastizitätstheorie mit $n = 15$ über. Dieser Momenteneinfluß ist bei Randstützen von Decken stets zu verfolgen. Der einfachste Ansatz für die Momente (vgl. Abschn. 2.011) genügt (DIN 1045 § 28). Gegebenenfalls sind beide Nachweise zu führen. Bei schlanken Stützen ($h : d > 15$) ist die Last mit der Knickzahl ω (DIN 1045 § 27) zu vervielfachen, um dem Einfluß der Ausbiegung bzw. der Stabilität Rechnung zu tragen. In Stockwerkbauten ist hierbei die Knicklänge gleich der Stockwerkhöhe zu setzen, wenn sich die Geschoßdecken nicht gegeneinander verschieben können.

Durch die stets vorhandene Einspannung in die Riegel werden unvermeidlich Biegungsmomente in die Stütze eingetragen, die eine

---

[1] In vorläufiger Neufassung von DIN 1045 § 27 z. T. geändert [563].

Exzentrizität der Längskraft bewirken. Neuere Untersuchungen haben gezeigt, daß bei konstanter exzentrischer Gelenklagerung eine Erhöhung der Knickgefahr durch Kriechdeformationen der Stütze eintritt [213] (Abb. 1.1/22). Wenn jedoch die Stütze mit einem ihr gegenüber steifen Riegel verbunden ist, entsteht ein rückdrehendes Moment (Abb. 2.1/2), das die Exzentrizität der Eintragung vermindert und die Knicklänge reduziert. Die steife Verbindung beider besitzt daher eine doppelte konstruktive

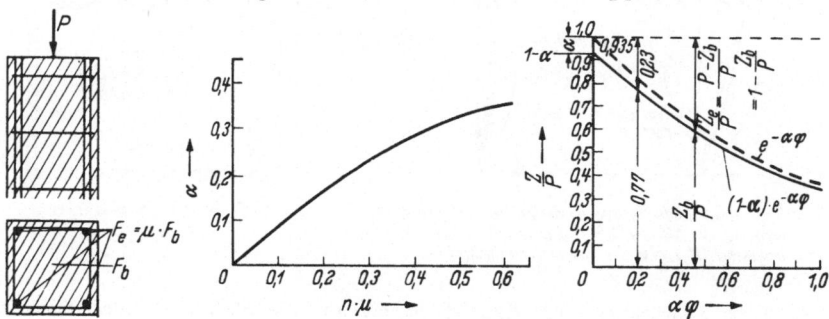

Abb. 2.1/1. Kräfteumlagerung bei Stützen infolge Kriechens und Schwindens.

Elastische Kraftanteile:

$$\text{des Stahles } Z_{e_0} = P \cdot \alpha,$$
$$\text{des Betons } Z_{b_0} = P (1 - \alpha),$$
$$\alpha = \frac{n \cdot \mu}{1 + n \cdot \mu} \qquad n = \frac{E_e}{E_b}$$

(vgl. Abb. 1.1/28c),

plastische Anteile am Ende des Kriechens:

$$\text{des Stahles } Z_e = P \left[1 - (1 - \alpha) e^{-\alpha \varphi}\right]$$
$$\text{des Betons } Z_b = P (1 - \alpha) e^{-\alpha \varphi},$$

(vgl. Abb. 2.2/50)

Beispiel: $B\,300$, $\mu = 1\%$ $\varphi = 3$ $n = \dfrac{2\,100\,000}{300\,000} = 7$ $n \cdot \mu = 0,07$

$$\alpha = 0,065 \qquad \alpha \cdot \varphi \approx 0,20 \qquad e^{-\alpha \varphi} = 0,82$$

$$\frac{Z_b}{P} = (1 - 0,065) \cdot 0,82 = 0,77 = 82\% \text{ von } \frac{Z_{b_0}}{P}$$

$$\frac{Z_e}{P} = 1 - 0,77 = 0,23 = 350\% \text{ von } \frac{Z_{e_0}}{P}$$

$$\sigma_{b_0} = \frac{P}{F_i} = 100 \text{ kg/cm}^2 \text{ angenommen}$$

$$\sigma_{e_0} = 7 \cdot 100 = 700 \text{ kg/cm}^2$$

$$\sigma_{ek} = 700 \cdot 3,5 = 2450 \text{ kg/cm}^2.$$

Dazu Schwindspannungen (ohne Kriechabbau) (vgl. Abschn. 1.15, Abb. 1.1/28) aus

$$\varepsilon_s = 0,2^0/_{00}: \; \sigma_{es_0} = \varepsilon_s \cdot E_e = 0,2 \cdot 2100 = 420 \text{ kg/cm}^2$$

$$\sigma_{es} = \sigma_{es_0}(1 - \alpha) = 420 \cdot 0,935 = 400 \text{ kg/cm}^2$$

Insgesamt: $\sigma_{ek} + \sigma_{es} = 2450 + 400 = 2850 \text{ kg/cm}^2 > \sigma_s \text{ von St I!}$

Bedeutung. Die unvermeidlichen Biegemomente erfordern beiderseits eine Bewehrung von mindestens 0,4% F_b. Sie ist, ebenso wie eine

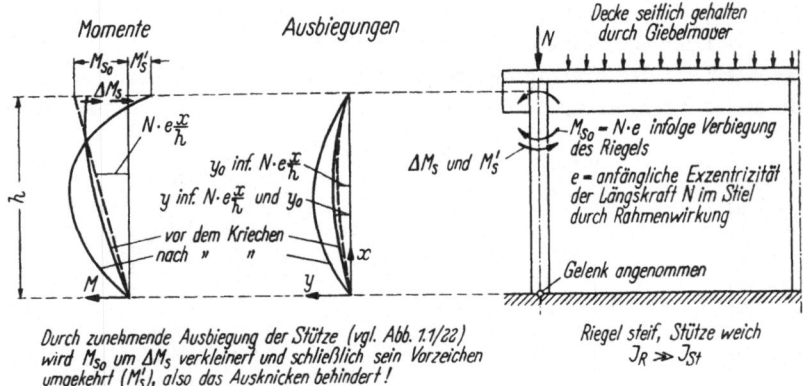

Abb. 2.1/2. Auswirkung der Riegelsteifigkeit auf die Stabilität einer Stütze (schematische Darstellung)

etwa erforderliche stärkere Biegebewehrung, symmetrisch zu verteilen, um eine Krümmung der Stütze infolge der Kriechbehinderung

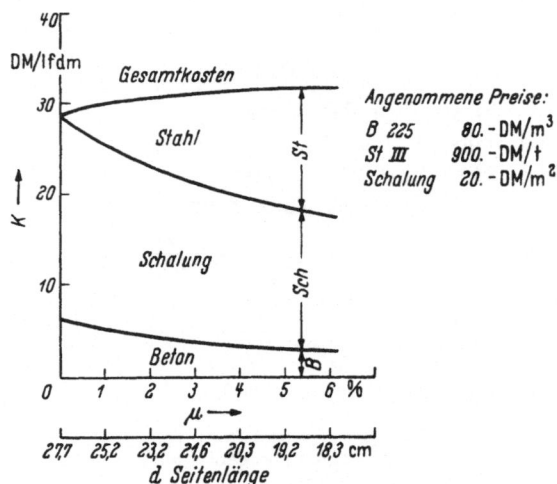

Abb. 2.1/3. Kosten für 1 m quadratische Stütze für 50 t zentrische Last (ohne Knickgefahr) bei verschiedener Bewehrung

durch einseitige Bewehrung zu vermeiden. Bei vorherrschender Biegung darf die Zugbewehrung überwiegen.

Wenn nach wirtschaftlichen Erwägungen konstruiert wird, ist die Bewehrung auf das zulässige Minimum zu beschränken, da Druckkräfte stets billiger durch Beton als durch Stahl aufgenommen werden (Abb. 2.1/3). Außerdem muß jeder Druckbewehrungsstab einzeln gegen Ausknicken gesichert werden. Das trifft auch für exzentrisch gedrückte Stützen (Biegung mit Längskraft) zu, wie sie bei Rahmenstielen usw. vorkommen. Sie werden unter Anwendung des Kunstgriffes bemessen,

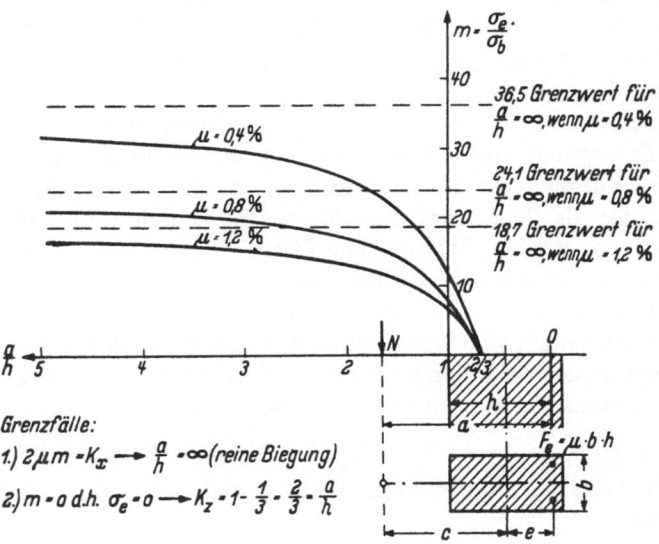

Abb. 2.1/4. Mögliches Spannungsverhältnis $m = \dfrac{\sigma_e}{\sigma_b}$ bei Bemessung für Biegung mit Druckkraft.

$$N + F_e \cdot \sigma_e = D \quad \text{und} \quad D\,z = M_e = N\,a$$

$$\text{ergeben:} \quad \frac{a}{h} = \frac{k_z}{1 - \dfrac{2 \cdot \mu \cdot m}{k_x}};$$

daß man die Längskraft in die Achse der Zugbewehrung verlegt. Dann kann der Querschnitt getrennt für das Versetzungsmoment $M_e = N \cdot a = N(c + e) = M_0 + N \cdot e$ (Abb. 2.1/4) wie für reine Biegung und für Längskraft N berechnet werden. Man erhält dann die Bewehrung aus zwei entsprechenden Anteilen: $F_e = \dfrac{M_e}{z\,\sigma_e} - \dfrac{N}{\sigma_e}$. Liefert diese Differenz ein negatives F_e, so ist mit der Stahlspannung σ_e zurückzugehen. Der mögliche Wert von σ_e, bzw. bei bestimmter Betonspannung σ_b das Spannungsverhältnis $m = \dfrac{\sigma_e}{\sigma_b}$, läßt sich aus den Gleichgewichtsbedingungen: $M_e = N \cdot a$ und $D = N + |Z|$ implizite ableiten zu $\dfrac{a}{h} = \dfrac{k_z}{1 - \dfrac{2\,m\,\mu}{k_x}}$, wobei $k_x = \dfrac{1}{1 + \dfrac{m}{n}}$, $k_z = 1 - \dfrac{k_x}{3}$ ist. Aus den

Kurven für die verschiedenen Bewehrungssätze $\mu = \dfrac{F_e}{b\,h}$ erkennt man,
daß σ_e mit a abnehmen muß. Da man stets etwas Druckbewehrung
einlegt, wird man praktisch die passende Stahlspannung durch Probieren suchen. Die graphischen Tafeln von MÖRSCH und PUCHER ent-
heben einen dieser Mühe und liefern σ_e für ein gewähltes μ.

Für kleine Exzentrizitäten ($c \lesssim 0{,}3\,h$) läßt DIN 1045 § 27 ein vereinfachtes Bemessungsverfahren zu (Querschnitt als homogen betrachtet).

Umschnürte Stützen benutzen die Erhöhung der Betonfestigkeit
durch Erzeugung eines Querdruckes aus der Behinderung der Querdehnung mittels einer Ringbewehrung (vgl. Abschn. 1.121); sie sind
stets teurer als längsbewehrte Stützen. Die Umschnürung ist nur bei
gedrungenen, runden Stützen am Platze, wenn deren Durchmesser
möglichst gering gehalten werden soll.

Stützen mit Rechteckquerschnitt und Biegung nach zwei Achsen
(,,schiefe Biegung'') sind umständlich zu bemessen, so daß man zunächst
näherungsweise den Betonquerschnitt allein unter Einhaltung der zulässigen Betonspannung und der Annahme homogenen Verhaltens fest-
legt $\left(\sigma = \dfrac{N}{F} + \dfrac{M_x}{W_x} + \dfrac{M_y}{W_y} \approx \text{zul}\,\sigma_b\right)$. Für die Ermittlung der Bewehrung
und der tatsächlichen Betoneckspannung zieht man dann Hilfstafeln
heran [214].

2.12 Ausbildung von Ortbetonstützen

2.121 Bewehrung

Die Längsstäbe von reinen Druckstützen sind mit rechtwinkligen
Haken zu versehen; bei Profilstäben sind keine Haken nötig. Die in
Balken üblichen Rundhaken sind bei Stützen zu vermeiden, da sich
bei Versuchen gezeigt hat, daß sie sprengend wirken. Werden Längsstäbe wegen einer Querschnittsverminderung abgekröpft, so sind die
nach außen gerichteten Abtriebskräfte durch Bügel aufzunehmen
(Abb. 2.1/5a). Bewehrung zur Aufnahme von Eckmomenten in Riegel
und Stütze wird zweckmäßigerweise aus dieser herausgezogen, nicht
in sie hineingeführt, um das Verlegen zu erleichtern (Abb. 2.1/5b).
Auf gewissenhafte Verbügelung jedes Stabes im vorgeschriebenen Abstand ist zu achten, da eine nicht gehaltene Druckbewehrung bei höheren
Belastungen ausknickt und dadurch die Tragfähigkeit herabsetzt (Abb.
2.1/6). Man wehre sich energisch gegen zu geringe Betonabmessungen,
da die dann erforderliche starke Bewehrung sich kaum noch ordnungs-
gemäß mit Beton umhüllen läßt. Besondere Beachtung verdienen die

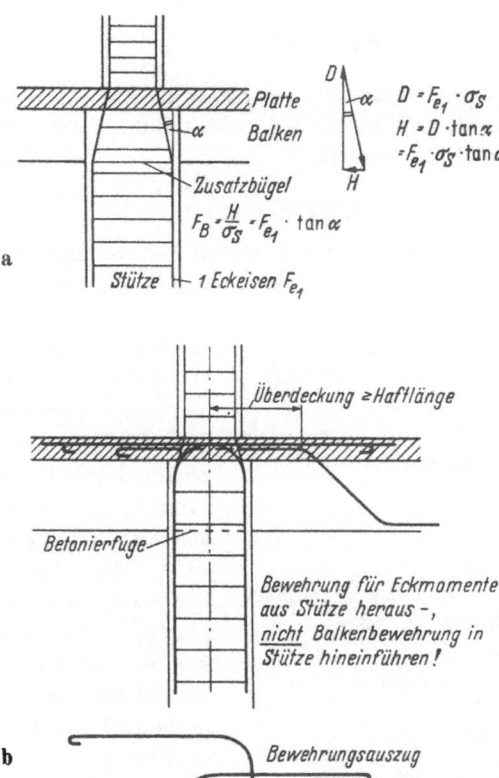

Abb. 2.1/5a u. b.
a) Sicherung einer gekröpften Stützenbewehrung gegen Ausknicken, b) biegefeste
Verbindung von Stütze und Riegel

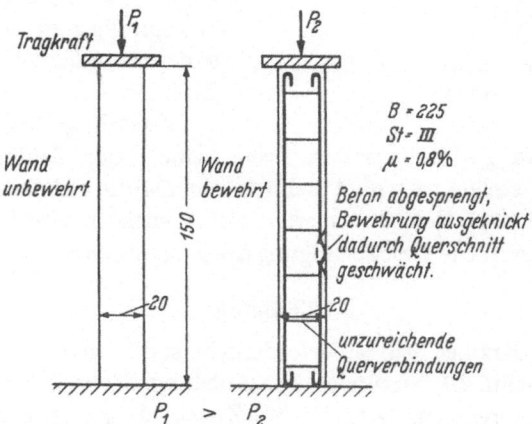

Abb. 2.1/6. Versuche mit zentrisch belasteten Tragwänden

Stoßstellen. Ein abschreckendes Beispiel zeigt Abb. 2.1/7. Die beabsichtigte Tragkrafterhöhung durch Stahl wird dann mitunter durch schlechteren Beton zunichte gemacht.

2.122 Schalung

Rechteckige Stützen werden tunlichst um wenigstens 5 cm breiter gehalten als die einmündenden Balken (Abb. 2.1/8), da ein genau fluchtgerechtes Anstoßen der Balkenschalung an die Säulenschalung bei gleicher Breite kaum möglich ist. Außerdem läßt sich dann die Balkenbewehrung ohne Zwang durch die Stützenbewehrung hindurchführen. Schließlich ist auch in formaler Hinsicht das Durchlaufen der Stützenkanten besser als ein plattes Ineinanderübergehen von Stützen und Balken. Dreikantleisten sind zur Erzielung sauberer Kanten unerläßlich.

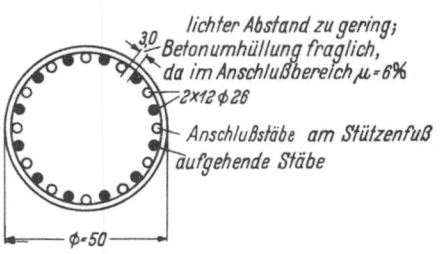

Abb. 2.1/7. Runde, sehr stark längsbewehrte Stütze ($\mu = 3\%$)

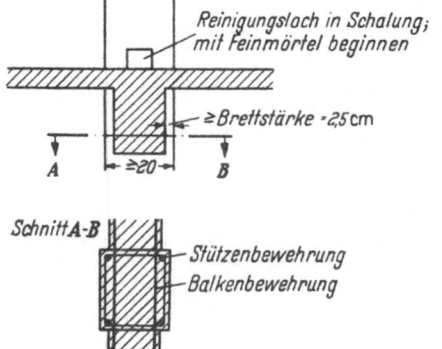

Abb. 2.1/8. Einmündung von Balken in Stütze

Frei stehende Stützen werden oft rund ausgeführt. In diesem Falle läßt sich die Zahl der Lehren bei Umwicklung der Schalungsleisten mit dünnem Drahtseil reduzieren. Billiger sind fertig gelieferte Schalungen aus Holzfaserhartplatten oder aus spiralig gewickelten, miteinander verfalzten, schmalen Blechstreifen.

Neuerdings beginnt sich die Vakuumschalung durchzusetzen, wenn eine große Zahl gleichartiger Stützen herzustellen ist (vgl. Abschn. 1.113). Da die Schalung etwa eine halbe Stunde nach dem Betonieren wieder entfernt werden kann, ist eine außerordentliche Beschleunigung des Bauvorganges zu erreichen.

2.123 Beton

Die besonders bei Stützen erforderliche sorgfältige Betonherstellung wurde in Abschn. 2.1 begründet. Die Aufstandsfläche ist vor dem Betonieren gut zu reinigen (Abb. 2.1/9). Zweckmäßigerweise beginnt man dann mit einer Lage Mörtel ohne grobe Zuschlagstoffe, um Kiesnester zu vermeiden. Das Einbringen des Betons mit „Hosenrohren" oder durch seitliche Einfüllöffnungen etwa im Abstand von 2 m, sowie Rüttelverdichtung sind unerläßlich; Innenrüttler sind vorzuziehen. Die Steighöhe des Betons sei < 2 m/Std., da sich sonst der Beton infolge des „Setzens" (vgl. Abschn. 1.115) an den Bügeln aufhängt und dort abreißt. Die Bügel markieren sich dann durch Risse in der fertigen Stütze.

Außerdem besteht sonst die Gefahr des Absetzens der groben Bestandteile und des Aufsteigens von Luft und Wasser, die Feinsand und Zement mitnehmen, wodurch an der Oberfläche eine Schicht geringerer Festigkeit entstehen kann.

An Säulenschäften zeigt sich mitunter ein enges Netz von feinen Rissen. Es ist auf Schwinddifferenzen infolge Zementanreicherung an der Oberfläche zurückzuführen, die be-

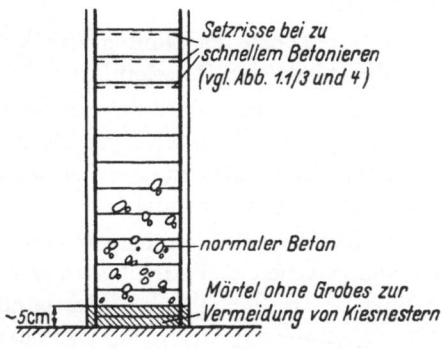

Abb. 2.1/9. Betonieren von Stützen

sonders bei nicht saugender Schalung (Stahl) und der Verwendung von Außenrüttlern auftritt. Diese Risse sind sicherlich zu erwarten, wenn die Stützen aus einem feinkörnigen, zementreichen Beton unter Verwendung eines stärker schwindenden Zementes bestehen.

2.13 Ausbildung von Fertigteilstützen (DIN 4225)

Fertigteile bieten eine Reihe von Vorteilen:

a) Sie werden in liegenden Formen angefertigt, wodurch das Schalen und Betonieren einfacher und wirtschaftlicher wird.

b) In waagrechter Lage ist eine bessere Durcharbeitung des Betons möglich; daher sind höhere Betonqualitäten leichter erreichbar und geringere Abmessungen (Mindestdicke von Säulen 15 cm) zugelassen.

c) Die werkmäßige Fertigung bietet bessere Möglichkeiten der Rationalisierung und Überwachung sowie größere Gleichmäßigkeit.

d) Der eigentliche Bauvorgang wird beschleunigt, wenn genügend Zeit für die umfangreicheren Vorarbeiten aufgewendet wird. Das Bauen im Winter wird erleichtert.

e) Das Schwinden des Bauwerkes wird geringer, je mehr „abgelagerte" Fertigteile eingebaut werden. Nach 3 Monaten dürfte sich bei feingliedrigen, im Trockenen gelagerten Teilen etwa die Hälfte des Endschwindmaßes eingestellt haben.

f) Das Kriechen bei vorgespannten Fertigteilen vermindert sich etwa in gleichem Maße wie das Schwinden.

Dem stehen einige Nachteile gegenüber:

a) Die Verbindung der Fertigteile ist das konstruktive Hauptproblem dieser Bauweise. Es bestehen viele Möglichkeiten vom „Baukastenprinzip" (Aufeinanderlegen) über die „Gelenkkette" (drehbare Verbindungen) bis zur Erzielung voller Monolithität (Einspannungen). Die Wahl erfordert ein Abwägen konstruktiver und wirtschaftlicher Gesichtspunkte.

b) Transporte und Montage der Fertigteile verursachen höhere Kosten als diejenigen der Rohstoffe und des Betons.

c) Eine wirtschaftliche Ausnutzung der teureren Installationen (Herstellplatz, stabile Schalung, Montagegerät) wird erst bei einer großen Zahl von Fertigteilen zu erreichen sein. Diese wieder setzt eine rationelle Planung (Typung) voraus.

d) Das Bauwerk ist bereits vom Beginn der Planung an in enger Zusammenarbeit von Architekt und Ingenieur auf die Verwendung von Fertigteilen abzustellen. Die bis in die Details bearbeitete Planung muß vollständig vor Baubeginn vorliegen. Sie verursacht wesentlich mehr Büroarbeit als bei einem Ortbetonbauwerk.

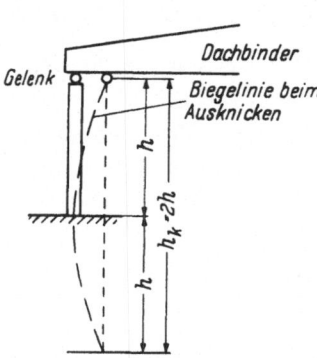

Abb. 2.1/10. Ausknicken unten eingespannter Stützen, wenn oberes Ende nicht gehalten

Bei der Bemessung von vorfabrizierten Stützen sind die Beanspruchungen beim Transport zu berücksichtigen. Ferner muß die Knicklänge dem statischen System entsprechend angesetzt werden; z. B. ist bei einer unten eingespannten, oben gelenkigen Stütze $h_k = 2\,h$ (Abb. 2.1/10). Die Kopfausbildung der Stützen wird im Zusammenhang mit den aufgelagerten Bauteilen (Balken) besprochen (vgl. Abschnitt 2.251). Am Fuß werden Fertigstützen in der Regel eingespannt, wofür es grundsätzlich zwei Möglichkeiten gibt.

2.131 Aufgesetzte Stützen (auf Fundament oder Decke)

Die „betonbaumäßige" Ausbildung (Abb. 2.1/11) erfordert eine Überdeckung der Bewehrung mit Haftlänge oder (mit Sondergenehmigung!) Verbindung durch Lichtbogenschweißung. Letztere erleichtert die Montage, da keine provisorische Abstützung nötig ist. Der Mörtel muß sehr sorgfältig in die Aussparung eingebracht werden. Die Horizontalflächen der Stütze sind etwas abzuschrägen, damit ein satter Anschluß erreicht wird.

Die „stahlbaumäßige" Ausbildung (Abb. 2.1/12) vereinfacht die Montage, fordert aber sehr genaue Ausrichtung der Stützenfußplatte

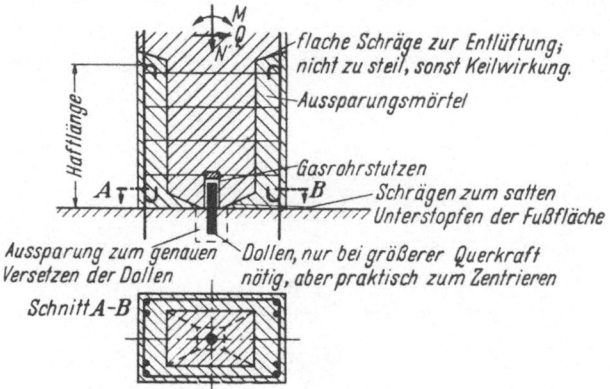

Abb. 2.1/11. Stützenfuß für Fertigstützen, Einspannung mit den Mitteln des Betonbaues

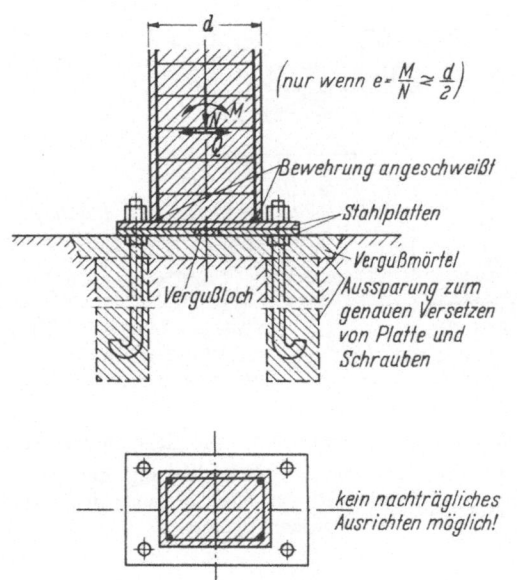

Abb. 2.1/12. Stützenfußausbildung für Fertigstützen mit den Mitteln des Stahlbaues

sowie der Unterplatte. Diese kann daher nur wie die untere Platte eines Brückenlagers (vgl. Abschn. 2.73) zunächst ausgespart, dann mit Stahlbaugenauigkeit versetzt und unterstopft werden.

2.132 Eingesetzte Stützen (in „Becher"-Fundamente oder in Aussparungen von Balken)

Die einfache Ausführung (Abb. 2.1/13a) macht einige Schwierigkeit bei dem Versetzen, da die Stütze nach 6 Koordinaten (3 Verschiebungen, 3 Drehungen) ausgerichtet und festgelegt werden muß

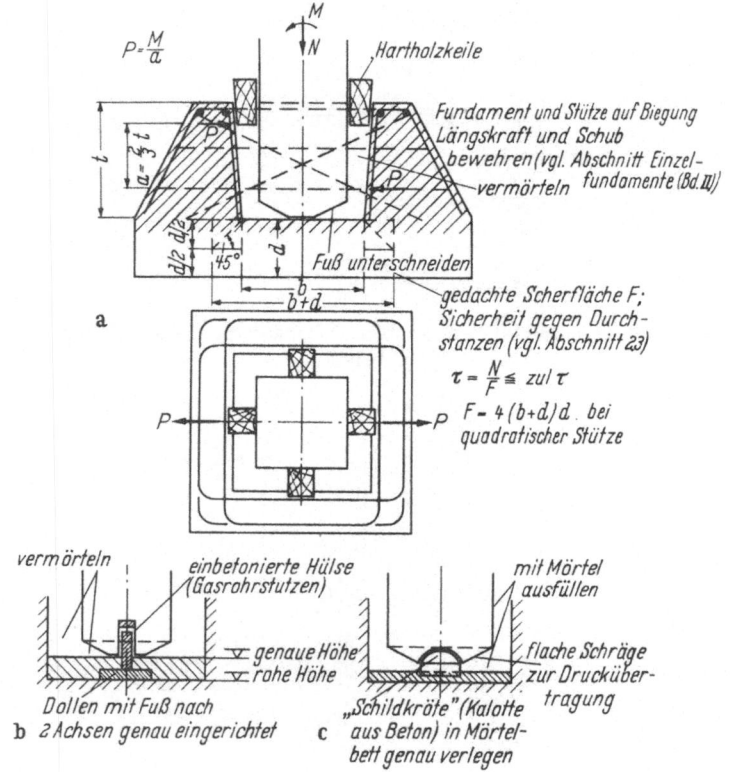

Abb. 2.1/13a—c. „Becherfundament" zur Einspannung einer Stütze. a) Bewehrung, b) Zentrierbolzen zur Erleichterung der Stützenmontage bei kleinen Stützen, c) „Schildkröte" zur Erleichterung der Stützenmontage bei großen Stützen

was besonders bei schweren Stützen zeitraubend ist. Die Montage wird wesentlich erleichtert, wenn der Fußpunkt der Stütze zwangsläufig festgelegt und das Gewicht dort abgesetzt wird. Beim Ausrichten hat die Stütze dann nur noch 3 Freiheitsgrade (Einsenkeln nach 2 Richtungen und Ausfluchten). Dazu muß die Aussparungssohle auf genaue Höhe gebracht und die Stützenachse durch einen genau eingefluchteten Bolzen fixiert werden (Abb. 2.1/13b). Für große Hallenstützen hat

sich die Verwendung eines vorfabrizierten Gelenkkörpers aus Beton
(Abb. 2.1/13 c) gut bewährt. Die Montage wurde dadurch beschleunigt.

Bei allen Stützen ist die Unterfläche abzuschrägen, um ein sattes
Unterstopfen und damit eine einwandfreie Übertragung der Stützenlast
zu gewährleisten. Der Fundamentkopf und Stützenfuß ist für die aus
der Einspannung entstehenden Horizontalkräfte (vgl. Abschn. 2.2312)
auf Schub zu bewehren.

In der Literatur [215] finden sich in großer Zahl Beispiele für Fertigstützen, die den verschiedensten Zwecken angepaßt wurden. Sie reichen
von leichten, profilierten Fenstersprossen mit Abmessungen von wenigen
Zentimetern bis zu gewaltigen Maschinenhausstützen mit 25 m Höhe
und 90 t Gewicht.

Die „Gießharze", in $1 \div 3$ Stunden polymerisierende und erhärtende
Polyester, oder andere flüssige Kunststoffe beschleunigen als Fugen-
füller anstelle von Zementmörtel die Montage von Fertigstützen wie
bei Balken (vgl. Abschn. 2.252) erheblich. Zulassungs- und Prüfricht-
linien befinden sich noch in Vorbereitung [216].

2.2 Balken und Konsolen

Ein Balken dient, statisch betrachtet, zur Aufnahme von Ver-
setzungsmomenten, die beim Übertragen der Lasten zu den Auflagern
entstehen (Abb. 2.2/1). Das innere
Kräftepaar besteht aus wesentlich größeren Kräften als die
äußeren Lasten, da sein Hebelarm kleiner ist.

Ein Stahlbeton- und ein
Spannbetonbalken unterscheiden
sich dadurch, daß im ersteren
bei wachsender Last der Hebelarm der inneren Kräfte konstant
bleibt und sich nur diese ändern. Bei Spannbeton bleibt die

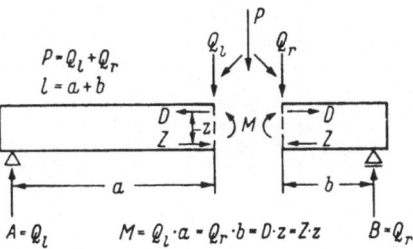

Abb. 2.2/1. Wirkungsweise eines Einfeldbalkens

Größe der Kräfte in erster Annäherung konstant und der Hebelarm
paßt sich durch Höherwandern der Druckkraft dem Lastmoment an
(Abb. 2.2/2a). Hieraus ergibt sich der charakteristische Unterschied, daß
die Spannungen in Beton und Stahl bei Stahlbeton proportional den
Lasten sind, während beim Spannbeton die Spannungen nicht nur von
den Lasten, sondern auch von der künstlich erzeugten Spannkraft abhängen (Abb. 2.2/2b). Diese ändert sich nur wenig mit den Lasten, so
daß hochwertige Stahlsorten mit großen Dehnungen verwendet werden
können. Die Herabsetzung der Zugspannungen im Beton bringt kon-

struktive und wirtschaftliche Vorteile (vgl. Abb. 1.2/41); die Bauwerke werden schlanker und die Kosten gegebenenfalls geringer als bei Verwendung von Stahlbeton.

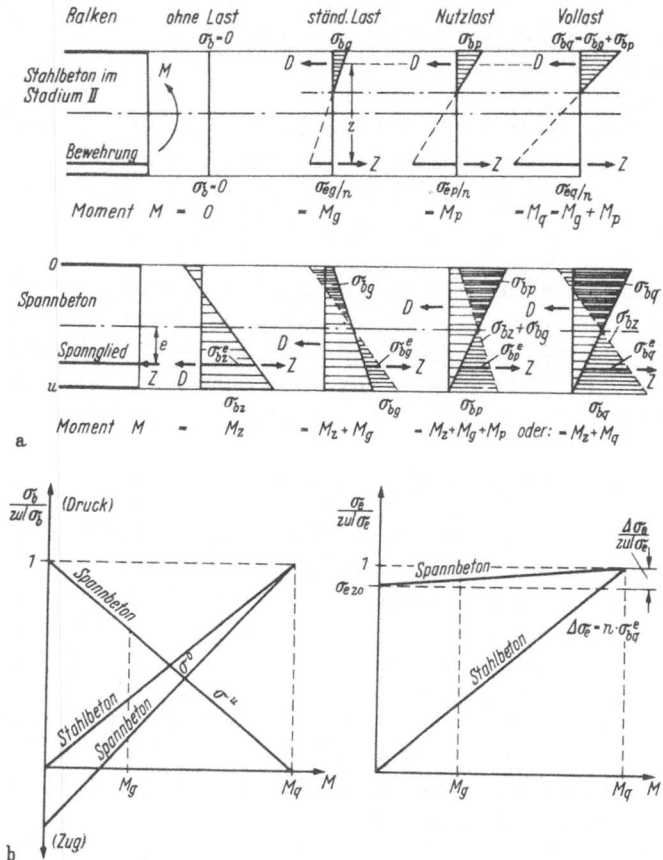

Abb. 2.2/2a u. b. Spannungsverlauf bei reiner Biegung im Gebrauchszustand. a) Spannungsdiagramme, b) Anwachsen der Spannungen mit dem Biegungsmoment an den Randfasern oben und unten sowie in der Bewehrung

2.21 Statisches System

Grundsätzlich ist festzustellen, daß der kürzeste Weg zur Ableitung senkrechter Lasten, nämlich über Stützen, stets der billigste ist. Der Umweg über ein Versetzungsmoment, d. h. durch einen Balken, verursacht Kosten, die mit der Spannweite anwachsen. Man wird diese daher i. allg. beschränken, soweit es der geforderte Lichtraum gestattet. Allerdings hängt die Wirtschaftlichkeit der Spannweite auch von den Kosten der Stützung einschließlich Gründung ab. Diese werden mit

zunehmender Spannweite relativ kleiner. Durch Proberechnungen stellt
man die Gesamtkostenlinie auf, die dann die wirtschaftlichste Spannweite liefert (Abb. 2.2/3).

Wenn mehrere Felder zu überdecken sind, entsteht die Frage nach
dem zweckmäßigsten statischen System, für das eine Reihe von Einzelbalken, ein Gerberbalken oder ein Durchlaufbalken zur Wahl steht.
Hierbei sind folgende Gesichtspunkte zu berücksichtigen:

a) Fugen. Bei Einzel- und Gerberbalken sind ebenso viele Fugen
wie Auflager vorhanden, während der Durchlaufbalken nur die beiden

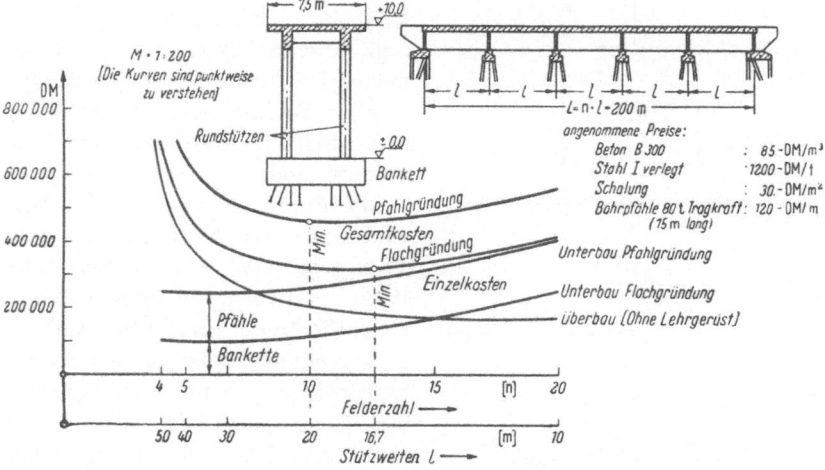

Abb. 2.2/3. Aufsuchen der wirtschaftlichsten Spannweite eines über mehrere
Felder durchlaufenden Balkens

Endfugen besitzt. Bei Brücken sind sie den Beanspruchungen des Ver-
kehrs ausgesetzt, so daß sie laufende Kosten verursachen und deshalb
soweit als möglich vermieden werden. Außerdem sind sie oft nicht dicht
und verursachen Verschmutzungen. Ferner entstehen an den Fugen zusätzliche Kosten für Überdeckung, Dichtung, Kantenschutz und Lager,
um Verdrehungen und Verschiebungen der Balkenenden gegeneinander zu ermöglichen. Diese Gründe sprechen für den durchlaufenden
Balken.

b) Auflager. Eine Reihe von Einzelbalken erfordert breitere Abstützungen, da jeweils zwei Lager nebeneinander unterzubringen sind
(Abb. 2.2/4a). Dieser Platzbedarf läßt sich durch Kröpfung der Balkenenden vermeiden (Abb. 2.2/4b), wodurch aber Bewehrung und Schalung
komplizierter werden. Gerberträger haben den gleichen Nachteil, begnügen sich aber mit *einem* Lager je Stütze. Durchlaufbalken weisen
die geringste Zahl von Lagern auf.

10 Franz, Konstruktionslehre I, 3. Aufl.

c) Bauhöhe. Die Einzelträger aus Stahlbeton erfordern zur Aufnahme der Größtmomente in Feldmitte je nach Belastung Bauhöhen von etwa 1/10 bis 1/15. Bei Spannbeton genügt 1/18 bis 1/30. Gerber- und Durchlaufbalken weisen kleinere Feldmomente auf, so daß man in Feldmitte mit 1/15 bis 1/22 bei Stahlbeton und 1/25 bis 1/40 bei Spannbeton auskommt. Die kleineren Maße sind bei Gerberbalken meist nicht ausführbar, da dann die gekröpften Trägerenden nicht mehr zur Aufnahme der Querkräfte ausreichen (Abb. 2.2/4c). Die Durchbiegung wird maßgeblich durch die relative Bauhöhe (Schlankheit) bestimmt (vgl. Abschn. 2.224). Bei Durchlaufbalken ist diese aber wegen der geringeren Feldmomente kleiner als bei Einfeldbalken, die deshalb im allg. weicher sind.

d) Stützensenkungen. Die Auswirkungen der Auflagersenkungen, die in größerem oder kleinerem Maße stets auftreten, wurden früher wesentlich mehr gefürchtet, weil die Balken entsprechend den geringeren Baustoffgüten eine viel größere Steifigkeit besaßen. Man bevorzugte daher statisch bestimmte Tragwerke. Sie lassen aber die Senkungen deutlich als Knick in der Biegelinie erscheinen. Die heutigen, viel schlankeren Tragwerke sind wesentlich weniger empfindlich für Setzungen, da diese infolge der kleineren Bauhöhen geringere Zusatzspannungen verursachen (Abb. 2.2/5). Statisch bestimmte, mehrfeldige Tragwerke sind nur noch in ausgesprochenen Senkungsgebieten (Bergbau) gebräuchlich.

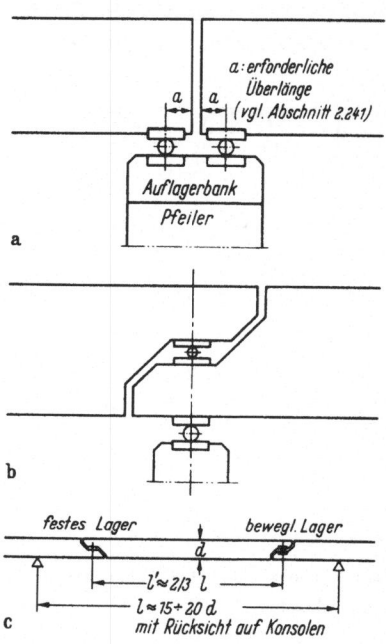

Abb. 2.2/4a bis c. Lageranordnung bei statisch bestimmten Balken.
a) Lager nebeneinander, b) Lager übereinander, c) Lager in Spannweiten vorgeschoben

e) Konstruktion. Zwischen dem Kräftezustand und der Gestaltung eines Tragwerkes bestehen enge Wechselwirkungen. Bei statisch bestimmten Balken sind die Nullpunkte der Momente durch die Gelenkanordnung festgelegt. Beim Gerberbalken können sie für ständige Last durch die Wahl der Gelenkpunkte „getrimmt" werden; die Verkehrslasten rufen aber große Wechselmomente hervor (Abb. 2.2/6). Durchlaufbalken bilden selbsttätig Momentennullpunkte, die mit steigenden Lasten in einem Feld auseinanderrücken und dadurch die Weiterleitung der negativen Momente in die Nachbarfelder abmindern (Abb. 2.2/7). Diese fallen außerdem rascher ab als beim Gerberbalken, da sie an der folgenden Stütze ihr Vorzeichen umkehren. Für durchlaufende Spannbeton-

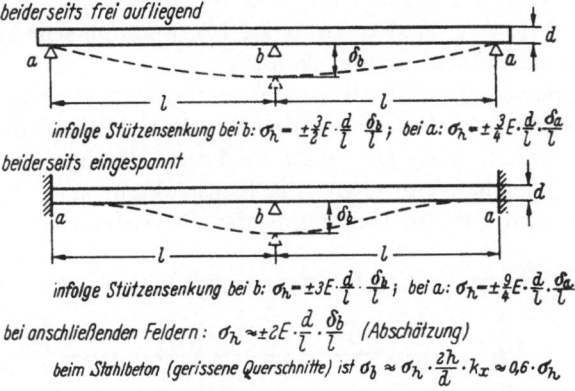

Abb. 2.2/5. Maximale Zusatzspannungen in homogenen Balken infolge Stützensenkungen (Überschlag)

balken ist von Bedeutung, daß der Momentenwechsel in jedem Feld eines Balkens mit zwei oder mehr gleichen Feldern l infolge einer feldweisen, gleichförmigen Verkehrslast p ebenso groß wie in einem Einfeldbalken ist

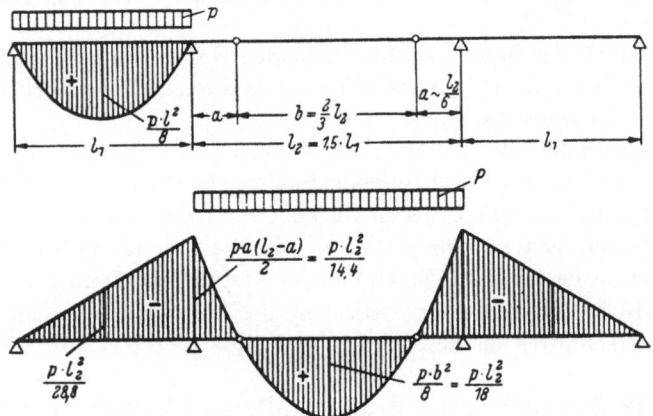

Abb. 2.2/6. Momente in Gerberbalken infolge Verkehrslast

[220]. Derjenige über den Zwischenstützen beträgt 1,00 bis 1,16 von dem Wert $\frac{p\,l^2}{8}$. Da die Bemessung eines Spannbetonquerschnittes in erster Linie von der „Momentenschwankung" abhängt [221], läßt sich zum mindesten die Vorberechnung vereinfachen.

10*

Die Anwendung veränderlicher Balkenabmessungen gibt einerseits stets die Möglichkeit, sich den Momenten anzupassen. Durch die Änderung der Steifigkeitsverhältnisse wird aber andererseits bei Durchlaufbalken auch die Verteilung der Momente in *der* Weise beeinflußt, daß diese nach den steiferen Stellen wandern (Abb. 2.2/10), wodurch sehr geringe Bauhöhen im Feld erreicht werden können.

f) Ausführung. Einfeldbalken sind einfacher auszuführen, da sich der Beton wegen der schwachen oberen Bewehrung leicht einbringen und gut durcharbeiten läßt. Die Stützbewehrung durchlaufender Balken wirkt wie ein Sieb. Wenn nicht vom Konstrukteur eine „Rüttelgasse" angeordnet wird, ist die Umhüllung der Bewehrung oft mangelhaft,

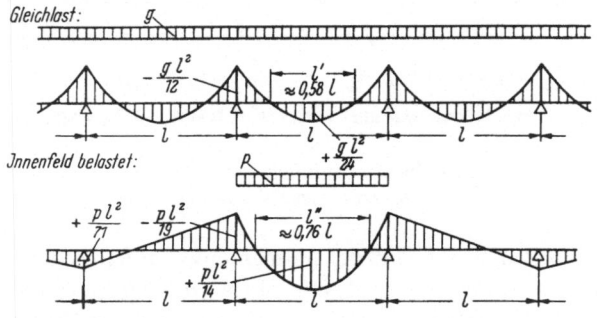

Abb. 2.2/7. Momente durchlaufender Balken infolge Gleich- und Feldlast

was angesichts der großen zu übertragenden Haftkräfte gerade über den Stützen bedenklich ist. Einzelbalken ergeben auch eine natürliche Einteilung in Betonierabschnitte.

g) Katastrophenfall. Bei örtlichen Zerstörungen an einem mehrfeldigen Tragwerk haben sich durchlaufende Balken als zäher erwiesen, da sich dann unter den vielen möglichen Gleichgewichtszuständen eines statisch unbestimmten Systems einer findet, der den Bestand des unbeschädigten Teiles gewährleistet. Ein Einfeldbalken verfügt nicht über diese Reserven, da er infolge seiner statischen Bestimmtheit bei dem Ausfall *eines* Querschnittes instabil wird.

2.22 Berechnung der Schnittkräfte und Verformungen

Die Nutzlasten für Tragwerke im Hochbau sind in DIN 1055 festgelegt. Man begnügt sich zumeist mit der feldweisen Anordnung der Nutzlasten, um die Grenzwerte der Schnittkräfte zu ermitteln. Für Straßenbrücken ist im Normalfall DIN 1072 maßgebend, für Eisenbahnbrücken die „BE" der Bundesbahn (DB). Die Lastenzüge sind jeweils in ungünstigste Stellung für max M bzw. max Q zu bringen, wozu meist Einflußlinien verwendet werden. Die dynamischen Wirkungen (Erschütterungen, Ermüdung der Baustoffe bei Wechselbeanspruchung) werden durch Schwingbeiwerte nach DIN 1075 und „BE" berücksichtigt.

Zu den Beanspruchungen durch äußere Lasten treten Zwängungskräfte, die entweder durch die Behinderung von Formänderungen infolge von Temperatur, Schwinden, Kriechen und Vorspannung oder durch erzwungene Formänderungen von außen her (Stützenverschiebungen) entstehen.

a) **Einfeldbalken** sind als statisch bestimmte Systeme sowohl von den elastischen und plastischen Eigenschaften der Baustoffe unabhängig als auch von der Gestalt der Querschnitte. Ihre Schnittkräfte ergeben sich daher allein aus den Gleichgewichtsbedingungen und können zumeist statischen Tabellen entnommen werden. Die Schnittkräfte aus der Vorspannung sind unmittelbar be-

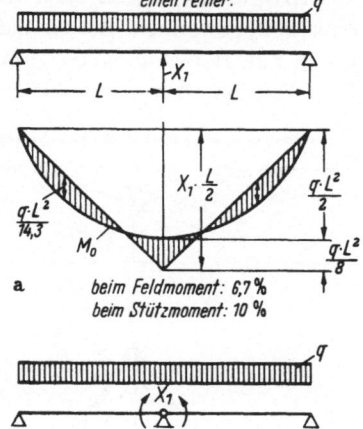

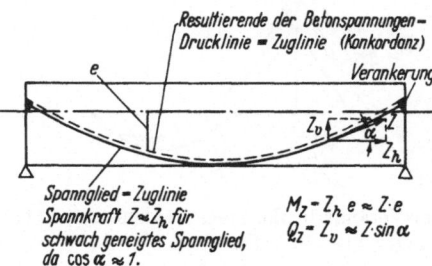

Abb. 2.2/8. Vorspannung eines einfachen Balkens ohne Belastung

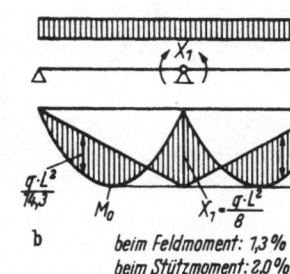

Abb. 2.2/9a u. b. Wahl des statisch bestimmten Hauptsystems: Einfluß auf Genauigkeit. Beispiel: Zweifeld-balken.

a) Hauptsystem: ganzer Balken.
b) Hauptsystem: Einzelbalken

kannt, da in jedem Querschnitt die Resultierende D der Betonspannungen mit der Spannkraft Z zusammenfallen muß (Konkordanz) (Abb. 2.2/8). Die Vorspannungen sind also Eigenspannungen gleichzusetzen, die durch das Verschwinden von Schnitt- und Stützkräften charakterisiert sind.

b) **Bei Mehrfeldbalken** sind die Verformungen durch statisch überzählige Stützenbedingungen behindert. Die Schnittkräfte sind daher aus Gleichgewichts- und Formänderungsbedingungen zu ermitteln. Sie sind von den Steifigkeitsverhältnissen des Tragwerkes sowie dem Verhalten der Baustoffe in den verschiedenen Laststufen abhängig. Hierauf wird im folgenden eingegangen. Grundsätzlich ist das Hauptsystem so zu wählen, daß die Überzähligen nur als Korrektur auftreten (Abb. 2.2/9), um die Fehlerempfindlichkeit der Resultate herabzusetzen.

2.221 Durchlaufbalken im Gebrauchszustand bei elastischem Verhalten

Die überzähligen Stützmomente werden analytisch aus dreigliedrigen Elastizitätsgleichungen oder mit Hilfe eines Momentenausgleichverfahrens [222] gewonnen. Bei veränderlichem Trägheitsmoment stehen Hilfstafeln zur Berechnung der Formänderungswerte zur Verfügung [223]. Der Einfluß des Steifigkeitsverhältnisses von Feld- zu Stützquer-

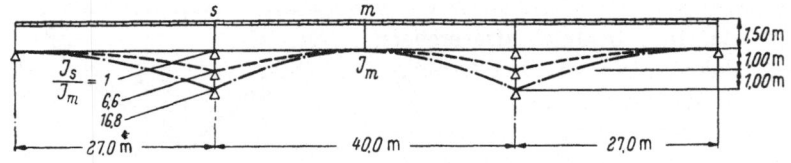

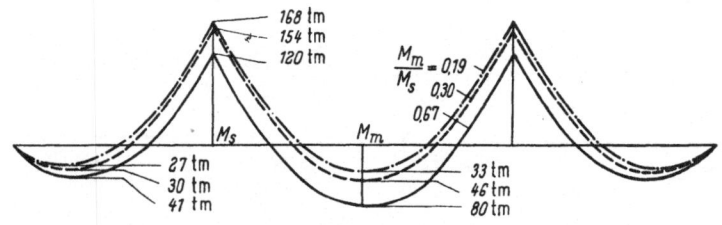

Abb. 2.2/10. Beispiel für den Einfluß einer Veränderlichkeit des Trägheitsmomentes bei einem Durchlaufträger über drei Felder.
Momentenverlauf bei Vollast für $q =$ const $= 1$ t/m

schnitt ist sehr bedeutend (Abb. 2.2/10), bei Gleichlast ausgeprägter als bei Einzellasten. Die Wirkung der Auflagerschrägen von Deckenbalken pflegt man jedoch zu vernachlässigen. Bei feldweise konstantem Trägheitsmoment kann man Zustands- und Einflußlinien zumeist in Tabellen finden [224]. Die Trägheitsmomente berechnet man für die homogenen Querschnitte unter Vernachlässigung der Bewehrung. Die mitwirkende Plattenbreite bei T-Querschnitten wird nach DIN 1045 § 25, 3b mit $b = b_0 + 2 b_s + 6 d$ bei symmetrischen Querschnitten, bei einseitigen mit $b = b_0 + b_s + 2,25 d$ angesetzt, somit geringer als für den Spannungsnachweis (DIN 1045 § 25, 3a). Für Brücken wird man jedoch genauere Ansätze benutzen (vgl. Abschn. 2.231).

1. Stahlbetonbalken. Stahlbetonbalken werden mit gerissener Zugzone bemessen. Hierdurch sinken die Trägheitsmomente gegenüber der Annahme in der statischen Berechnung erheblich (Abb. 2.2/11), insbesondere bei Plattenbalken diejenigen in der Zone negativer Momente [567]. Da außerdem die mitwirkende Plattenbreite von der Belastung abhängig und im gerissenen Zustand problematisch, schließlich die Abstützung zumal im Hochbau stark idealisiert ist, erweisen sich unsere

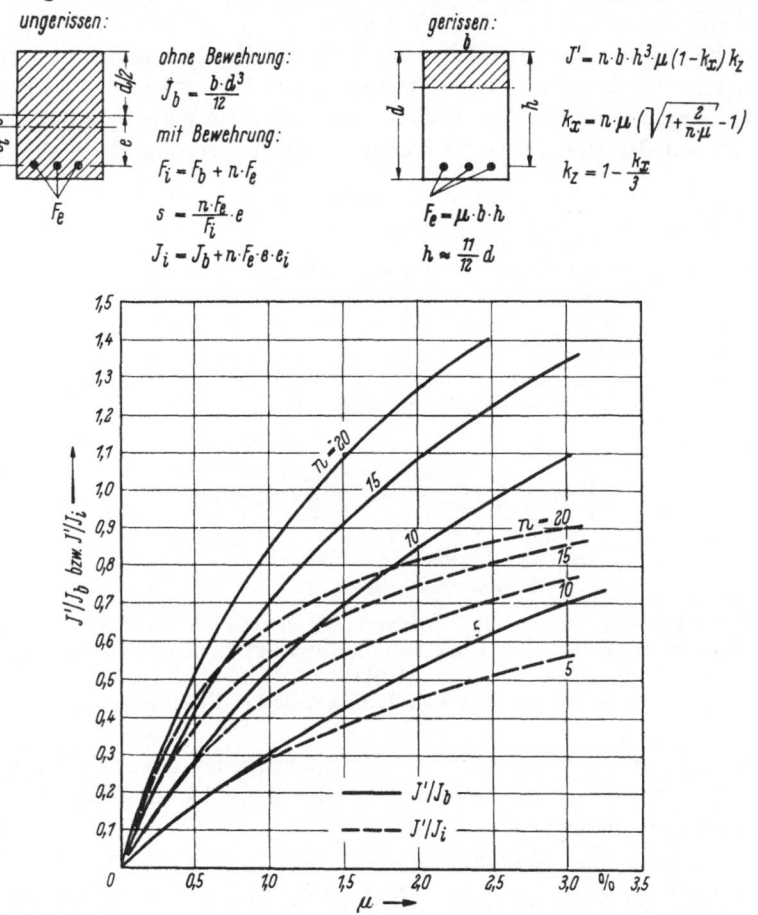

Abb. 2.2/11. Trägheitsmomente des gerissenen Stahlbetonquerschnittes (J') bei reiner Biegung (teilweise Mitwirkung des Betons der Zugzone vernachlässigt)
a) bezogen auf den homogenen Betonquerschnitt J_b
b) bezogen auf den ungerissenen Verbundquerschnitt J_i

Berechnungen durchlaufender Balken als ziemlich grobe Abschätzungen, deren allzu genaue zahlenmäßige Behandlung nicht gerechtfertigt ist.

2. Spannbetonbalken. Spannbetonbalken wirken bei voller Vorspannung homogen, bei beschränkter noch annähernd homogen. Man darf daher bei ihnen eine bessere Übereinstimmung von Theorie

und Wirklichkeit erwarten. Bei der Ermittlung der Schnittkräfte aus
Vorspannung sind die äußeren Zwängungen zu berücksichtigen [225].
Diese bestehen aus zusätzlichen Stützkräften, die Biegungsmomente
und deshalb eine Abweichung der Drucklinie von der Zuglinie zur Folge
haben (Diskordanz) (Abb. 2.2/12) [221]. Die Drucklinie ist der geome-
trische Ort der Resultierenden der Betonspannungen und fällt mit der
Zuglinie (Schwerlinie der Spannglieder) bei statisch bestimmter
Stützung zusammen. Sie ist allein von der Führung des Spanngliedes im
Feld und der Höhenlage des Verankerungspunktes am Ende abhängig,

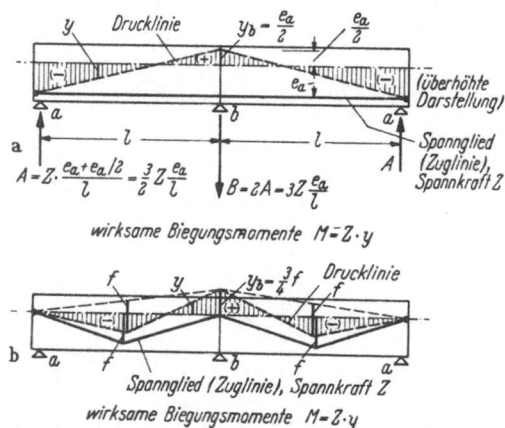

Abb. 2.2/12a u. b. Abweichung (Diskordanz) der Drucklinie (Ort der Beton-
spannungsresultierenden) von der Zuglinie (Spanngliedlinie) bei einem Zweifeld-
balken.
a) gerades Spannglied, b) geknicktes Spannglied

jedoch nicht von der Höhenlage des Spanngliedes über den Zwischenstützen. Diese Tatsache wird deutlich durch die Unterteilung der Wirkung eines Spanngliedes

    a) infolge der „Schlußlinienkraft" (Abb. 2.2/13a) und

    b) infolge der „Leibungskräfte" (Abb. 2.2/13b), deren waagrechte
Komponenten zumeist vernachlässigt werden können.

Die Wirkung des zweiten Anteils, zu dem die senkrechten Komponenten der Anker- und Umlenkkräfte gehören, ist von der Lage des
Spanngliedes im Balken unabhängig und kann leicht mittels der Einflußlinien der Momente, die man für bewegliche Verkehrslasten ohnehin
braucht, ermittelt werden [226]. Der erste Anteil fixiert die Höhenlage der
Drucklinie über den Auflagern. Der Konstrukteur tut gut daran, sich
mittels dieser Unterteilung an einigen Beispielen mit dem Mechanismus
der Drucklinie, welche die Betonspannungen liefert, vertraut zu machen.
Er vermag dann aus einer gewünschten Drucklinie rückwärts auf die

Spanngliedform zu schließen und erspart sich damit umfangreiche und unübersichtliche Proberechnungen. Dabei wird der Einfluß der Reibung zunächst vernachlässigt. Die Drucklinie läßt sich dann einfach aus einer Momentenlinie für eine passende Belastung des Durchlaufbalkens (z. B. Vollast) durch Division mit einer beliebigen Spannkraft ableiten

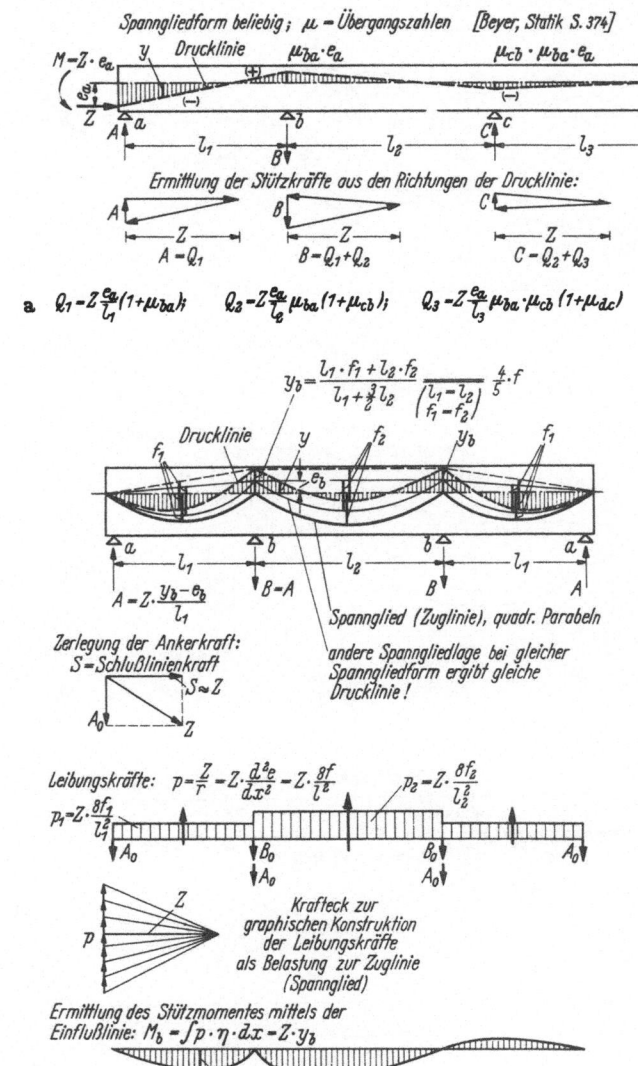

Abb. 2.2/13a u. b. Unterteilung der Wirkung eines Spanngliedes in:
a) Schlußlinienkraft (Ankerkraft in Richtung der Verbindungslinie der Verankerungspunkte), b) Leibungskräfte (senkrechte Umlenkungskräfte des Spanngliedes einschließlich der gleichgerichteten Komponenten A_0 und B_0 der Ankerkräfte)

(Abb. 2.2/14). Diese ist jedoch so zu wählen, daß das zugehörige Spannglied im Balken untergebracht werden kann. Eine zusätzliche Exzentrizität des Spanngliedes am Balkenende ist dann durch ein dort an-

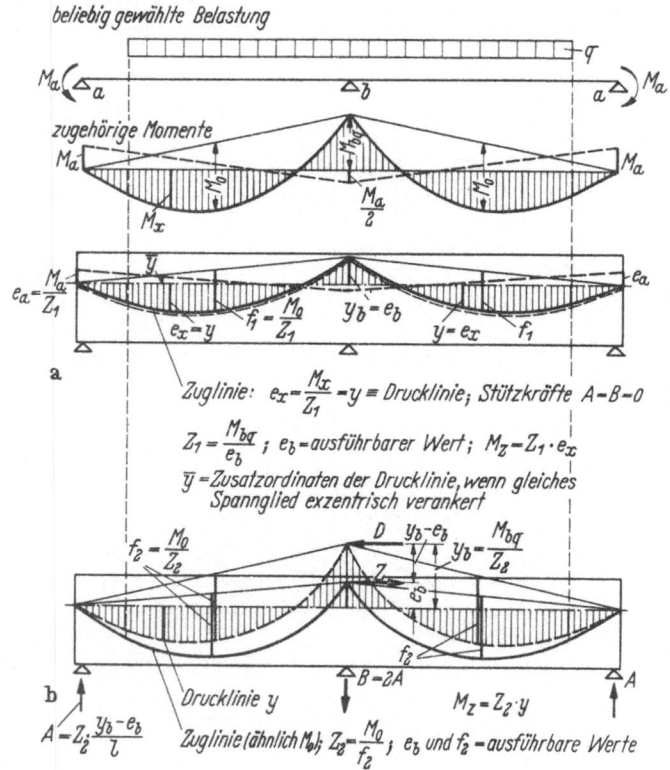

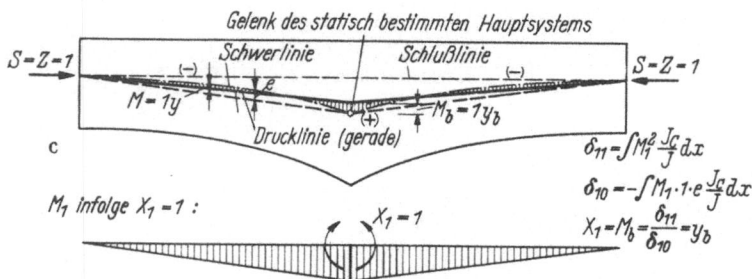

Abb. 2.2/14a—c. Ableitung der Spanngliedlinie (Zuglinie) aus einer Momentenlinie für den Durchlaufbalken.

a) Balken konstanter Höhe, konkordantes Spannglied, b) diskordantes Spannglied (wirksamer): $Z_2 < Z_1$, c) bei Balken mit gekrümmter Achse ist die Wirkung
der Schlußlinienkraft noch hinzuzufügen

greifendes Moment M_a zu berücksichtigen. Man wird finden, daß eine mäßige Diskordanz Spannkraft einspart. Allerdings darf man hiermit nicht zu weit gehen, da sonst für den Bruchzustand, bei dem die Wirkung der Vorspannung fast verschwindet, keine genügende Sicherheit mehr nachgewiesen werden kann (vgl. Abschn. 2.232). Für die konkordante Spanngliedlage ist die Bruchsicherheit zumeist gewährleistet.

Bei Spannbetonbalken bewirkt eine Vergrößerung der Balkenhöhe am Auflager eine Verlagerung der Schwerlinie nach unten und damit

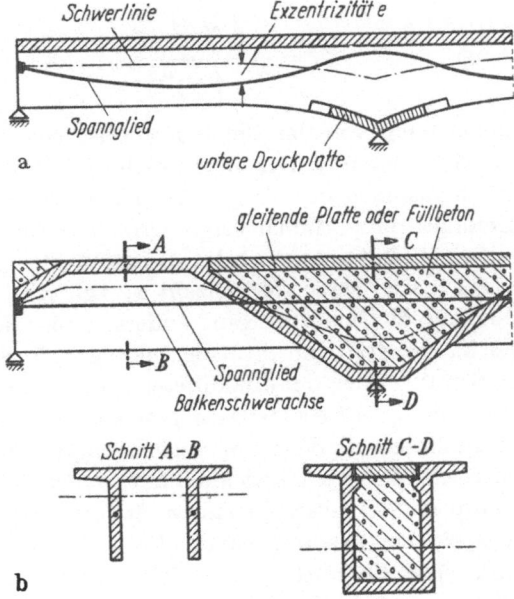

Abb. 2.2/15a u. b. Durchlaufbalken mit veränderlichem J zur Erhöhung der Wirkung des Spanngliedes.
a) Durchlaufträger mit veränderlicher Höhe, b) Durchlaufträger mit geradem Spannglied und stark wechselnder Höhenlage des Schwerpunktes (überhöht dargestellt)

eine größere Exzentrizität des Spanngliedes (Abb. 2.2/15a), wodurch dessen günstige Wirkung gesteigert wird. Diese kann durch Verziehen der Druckplatte so weit getrieben werden (Abb. 2.2/15b), daß man mit einem geraden Spannglied bei mehreren Feldern auskommt, allerdings mit einem gewissen Mehraufwand an Stahl. Die Drucklinie läßt sich bei veränderlichem Trägheitsmoment nicht mehr aus einer Momentenlinie gewinnen, da bei geknickter oder gekrümmter Balkenachse ihre Lage auch durch die Schlußlinienkraft beeinflußt wird (vgl. Abb. 2.2/14c).

2.222 Durchlaufbalken im Gebrauchszustand bei plastischem Verhalten des Betons

Der Kräftezustand eines homogenen Tragwerkes, der sich aus äußeren Lasten herleitet, ist im linearisierten Bereich unabhängig von den elastischen und plastischen Eigenschaften des Baustoffes. Der Wert einer Überzähligen X_1 wird aus einer Elastizitätsgleichung gewonnen, in deren Zähler und Nenner der Verformungsmodul E enthalten ist:

$$X_1 = \frac{\delta_{10}}{\delta_{11}}; \qquad \delta_{10} = \int M_1 M_0 \frac{dx}{EJ}, \qquad \delta_{11} = \int M_1^2 \frac{dx}{EJ}.$$

$$X_1 = \frac{E}{E} \frac{\int M_1 M_0 \frac{dx}{J}}{\int M_1^2 \frac{dx}{J}}$$

Wenn dieser unabhängig von der Spannung, aber eine Funktion der Zeit ist, kürzt er sich stets fort. Der mechanische Inhalt dieser Aussage ist, daß der Zusammenhang des Tragwerkes nicht gestört wird, wenn sich alle Verformungen proportional vergrößern. Man kann diesen Vorgang dadurch erfassen, daß man statt des Anfangswertes E_0 die Elastizitätszahl $E = E_0/(1 + \varphi)$ setzt (Kriechzahl φ, vgl. Abschn. 1.14).

Das Tragwerk verhält sich aber ganz anders, wenn die Kräfte das Ergebnis *äußerer Zwängungen* sind (Stützensenkungen, Verkrümmungen infolge von Temperatur- oder Schwinddifferenzen zwischen Ober- und Unterseite). Dann ist δ_{10} ein geometrisch gegebener Wert und X_1 ist von Größe und zeitlichem Verlauf des Verformungsmoduls abhängig, der infolge des Kriechens mit der Zeit abnimmt. X_1 ist nun keinesweges zu jeder Zeit proportional hierzu, sondern ändert sich jeweils entsprechend dem erreichten Zustand, hängt also nicht nur von diesem, sondern auch von seiner Vorgeschichte ab. Wir zeigen das an dem einfachen Beispiel eines Zweifeldbalkens, dessen mittleres Lager um Δ nachgibt (Abb. 2.2/16a). Dadurch entsteht zunächst $X_{10} = \frac{\delta_{10}}{\delta_{11}} = \frac{3EJ}{l^2} \Delta$ mit $\delta_{10} = \frac{2\Delta}{l}$ und $\delta_{11} = \frac{2l}{3EJ}$. Wir schneiden nun zu einem späteren Zeitpunkt den Balken über der Mittelstütze durch. Das Stützenmoment habe dann den Wert X_1 erreicht, der wegen der wachsenden Nachgiebigkeit des Betons kleiner als X_{10} ist. Beim Fortschreiten des Kriechvorganges um $d\varphi$ beobachten wir die Schnittufer und fordern, daß die Veränderung dX_1 von X_1 die Kontinuität wiederherstellt (Abb. 2.2/16b):

	vorhandene	Momente	entstehende
verursacht durch	X_1		$-dX_1$
elastische Verdrehung	$(X_1 \cdot \delta_{11})$ *		$-dX_1 \delta_{11}$
plastische Verdrehung	$X_1 \cdot \delta_{11} \cdot d\varphi$		$-dX_1 \delta_{11} d\varphi$
	$\overline{X_1 \cdot \delta_{11} \cdot d\varphi}$	$= -dX_1 \delta_{11} (1 + d\varphi)$	

---

* Keiner Änderung unterworfen.

Das zweite Glied in der Klammer von dX_1 können wir gegen l vernachlässigen und erhalten nach Division mit $d\varphi: X_1 + \dfrac{dX_1}{d\varphi} = 0$. Hieraus lesen wir zwei wichtige Tatsachen ab:

a) Der mechanische Inhalt der Differentialgleichung besagt, daß die Zunahme an Kriechverdrehung im geführten Schnitt in elastische

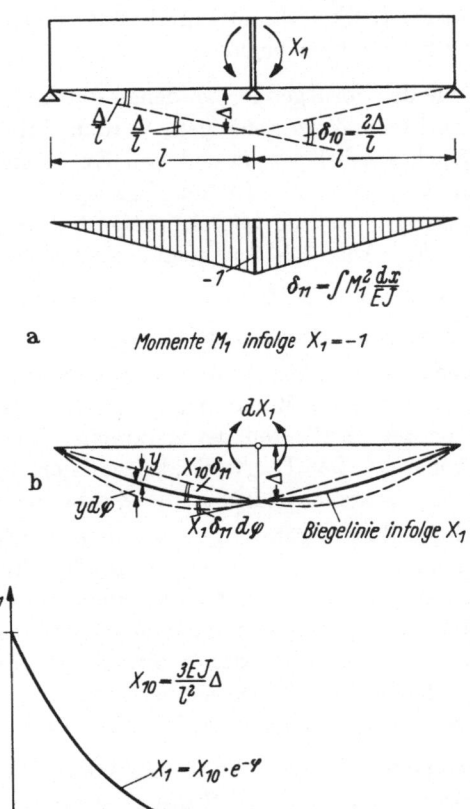

Abb. 2.2/16a—c. Einfluß einer Stützensenkung Δ im elastischen und plastischen Zustand auf einen homogenen Balken.

a) Hauptsystem, Verformung und Überzählige X_1 b) Biegelinie des Balkens beim Fortschreiten des Kriechens um $d\varphi$. Vergrößerung der Biegelinienordinaten y durch das Kriechdifferential $d\varphi$ um $y \cdot d\varphi$; dX_1 muß diese Vergrößerung rückgängig machen, um die Kontinuität wiederherzustellen. Da das Kriechen die Ordinaten y vergrößert, muß dX_1 entgegengesetzt zu X_1 gerichtet sein. c) Darstellung von X_1 beim Anwachsen von φ

Verformung des Balkens umgesetzt wird. Ihr Anteil infolge der Änderung der Schnittkraft kann außer Betracht bleiben.

b) Die Änderung der Zwängungskräfte wird nur von dem Verlauf des Kriechvorganges unmittelbar beeinflußt, von der Koordinate Zeit nur mittelbar. Die von verschiedenen Forschern gefundenen, sehr differierenden Kriechgesetze sind daher ohne Einfluß. Der Belastungszeitpunkt spielt nur insofern eine Rolle, als sich bei einem älteren Beton ein kleineres Endkriechmaß ergibt. Wir können von jedem Zeitpunkt an die $d\varphi$ zu zählen beginnen.

Vorgänge wie der vorliegende, bei denen die Änderung einer Größe von deren erreichtem Wert abhängen, werden durch das Gesetz des organischen Wachsens beherrscht und von Exponentialfunktionen beschrieben. Der vorliegenden Gleichung genügt $X_1 = X_{10}\, e^{-\varphi}$, wobei wir den Anfangswert von X_1 berücksichtigt haben. Der Verlauf der Abnahme von X_1 (Abb. 2.2/16c) zeigt bereits bei kleinen Kriechzahlen ($\varphi = 1 - 2$) einen Rückgang der Momente auf $\frac{1}{2} \div \frac{1}{4}$. Dieser Vorgang hat also große Bedeutung:

a) Unerwünschte Zusatzspannungen aus Stützenverschiebungen verschwinden nach einigen Monaten zum größten Teil, da der junge Beton meist vor dem Auftreten der maximalen Verkehrslast bereits erheblich gekrochen ist. Das Tragwerk „kriecht sich zurecht", und zwar um so rascher und stärker, je früher die Zwängung eintritt.

b) Absichtliche Zusatzspannungen, die man durch Absenkung der Mittelstütze hervorruft, um ein unbequem großes Stützenmoment abzubauen, gehen in kurzer Zeit auf einen kleinen Rest zurück. Diese viel angewandten Manipulationen, zu denen auch das Gewölbeexpansionsverfahren gehört, beruhen daher oftmals auf der Fiktion eines rein elastischen Baustoffes. Ihr Ergebnis läßt sich nur durch Wiederholung in größeren Zeitabständen aufrechterhalten.

Von dem einfachen Beispiel kann leicht auf das Verhalten eines mehrfach statisch unbestimmten Systems geschlossen werden. Alle Überzähligen und damit auch sonstigen Schnittkräfte ändern sich nach dem Gesetz $X_k = X_{k0}\, e^{-\varphi}$. Die Funktionswerte $e^{-\varphi}$ finden sich in jedem Taschenbuch [227], so daß kein Bedürfnis nach einer Näherung besteht. Der parallel zu dem Verhalten statisch bestimmter Systeme gebildete Ansatz $X_1 = X_{10}\, \dfrac{1}{1 + \varphi}$ ist nur bis etwa $\varphi = 0{,}6$ brauchbar.

Eine *innere Zwängung* tritt ein, wenn die Kriechverformungen durch die Kontinuität behindert werden. Das ist nur dann der Fall, wenn der vorhandene Kräftezustand nicht der Kontinuitätsbedingung entspricht, z.B. wenn unser Zweifeldbalken aus zwei vorgefertigten Einzel-

balken besteht, die bereits unter der Wirkung des Eigengewichtes
standen, bevor man die Durchlaufwirkung herstellte (vgl. Abschn. 2.251)
(Abb. 2.2/17a). Wenn sie sich infolge des Kriechens weiter durchbiegen

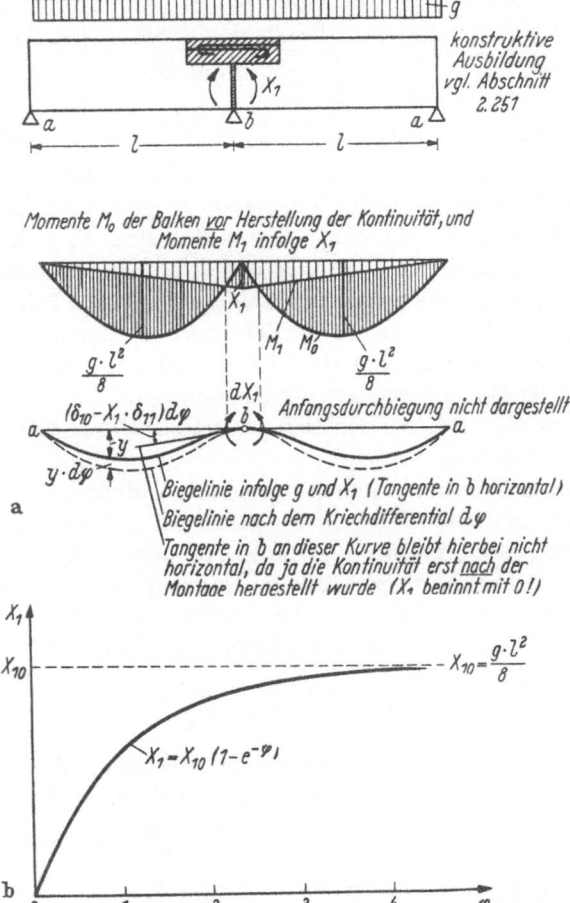

Abb. 2.2/17a u. b. Einfluß einer Anfangsbelastung vor dem Herstellen der Kontinuität eines homogenen Zweifeldbalkens.
a) System, Momente und Biegelinie infolge des Kriechens nach Verlauf eines Teiles
davon, b) Darstellung von X_1 beim Anwachsen von φ. Ist bis zum Herstellen der
Kontinuität bereits ein Teil φ_0 des Kriechens erfolgt, so ist nur der Restbetrag
$\varphi - \varphi_0$ für X_1 maßgebend

wollen, stellt sich dann ein Stützmoment X_1 ein, das wir wieder
aus der Betrachtung des durchschnittenen Balkens während eines
Kriechdifferentials $d\varphi$ ableiten:

	vorhandene	entstehende
	Momente	
verursacht durch:	M_0 und X_1	dX_1**
elastische Verdrehung:	$(\delta_{10} - X_1\,\delta_{11})$*	$dX_1 \cdot \delta_{11}$
plastische Verdrehung:	$(\delta_{10} - X_1\,\delta_{11})\,d\varphi$	$dX_1\,\delta_{11} \cdot d\varphi$

$$(\delta_{10} - X_1\,\delta_{11})\,d\varphi = dX_1\,\delta_{11}\,(1 + d\varphi)^{***}$$

Nach Division mit $\delta_{11}\,d\varphi$ ist $X_1 + \dfrac{dX_1}{d\varphi} = X_{10}$, wobei $X_{10} = \dfrac{\delta_{10}}{\delta_{11}}$ das Stützmoment für den Fall bedeutet, daß die Balken von Anfang an als Durchlaufträger unter Eigengewicht gewirkt hätten. Mit der Anfangsbedingung $X_1 = 0$ für $\varphi = 0$ ergibt sich $X_1 = X_{10}\,(1 - e^{-\varphi})$. Wir stellen fest (Abb. 2.2/17 b), daß das durch die statisch bestimmte Montage ausgeschaltete Stützenmoment zum größten Teil wiederkehrt, z. B. bei $\varphi = 2$ bereits zu 85%! Bei unserem Balken wäre also die Kontinuitätsbewehrung über der Stütze nicht nur für M_p, sondern für $M_p + 0{,}85\,M_g$ zu bemessen. Andererseits sind die Feldquerschnitte für die Momente M_0 ohne den sich ja erst später einstellenden Abzug infolge X_1 zu berechnen.

In gleicher Weise behandeln wir unseren Balken, wenn zwischen dessen Ober- und Unterseite unterschiedliches Schwinden zu erwarten ist, das eine Verkrümmung und einen Auflagerdrehwinkel β_s hervorruft (Abb. 2.2/18a). An Stelle des Belastungsgliedes $\delta_{10}\,d\varphi$ tritt dann die gegenseitige Verdrehung der Stützquerschnitte $d\delta_s$, wobei $\delta_{s0} = 2\beta_s$ ist. Die Differentialgleichung lautet dann

$$X_1 + \frac{dX_1}{d\varphi} = \frac{1}{\delta_{11}} \cdot \frac{d\delta_s}{d\varphi}.$$

Man pflegt nun zur Vereinfachung der Rechnung die etwas grobe Annahme zu machen, daß der Schwindverlauf dem Kriechverlauf entspricht (Abb. 2.2/18b) und erhält $\dfrac{d\delta_s}{d\varphi} = \dfrac{\delta_{s0}}{\varphi_\infty}$. Die rechte Seite der Gleichung ist dann $\dfrac{\delta_{s0}}{\delta_{11}} \cdot \dfrac{1}{\varphi_\infty} = \dfrac{X_{1s}}{\varphi_\infty}$ und ihre Lösung

$$X_1 = \frac{X_{1s}}{\varphi_\infty}\,(1 - e^{-\varphi})$$

(Abb. 2.2/18c). X_{1s} ist das Stützmoment im elastischen Zustand ohne Kriechabbau.

Diese für einen homogenen Balken abgeleiteten Beziehungen werden durch die Bewehrung beeinflußt.

---

* Keiner Änderung unterworfen!

** dX_1 vergrößert X_1, daher positiv.

*** $d\varphi \ll 1$.

1. Bei Stahlbetonquerschnitten nehmen wir wegen der gerissenen Zugzone an, daß der Beton nur in der Druckzone kriecht. Benachbarte Querschnitte drehen sich daher nicht wie bei der elastischen Ver-

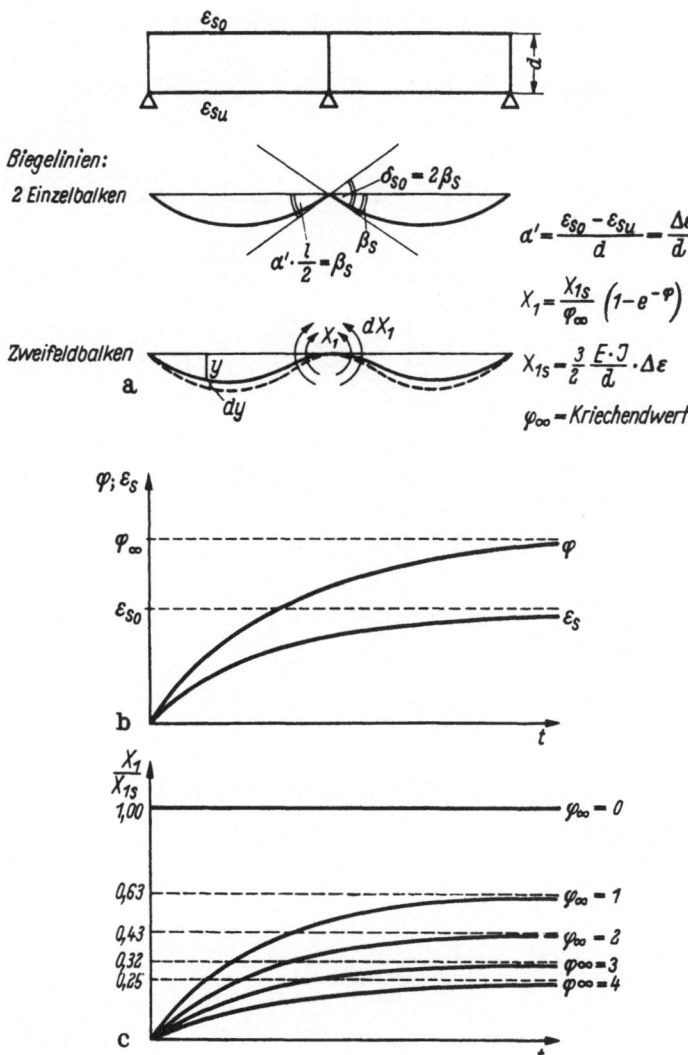

Abb. 2.2/18a—c. Momente eines homogenen Balkens infolge Schwindverkrüm· mung mit Kriechabbau.

a) angenommene Schwindverkürzung durch ungleichmäßige Austrocknung von Ober- und Unterseite, b) Schwind- und Kriechverlauf, geometrisch ähnlich angenommen, c) entstehende Stützmomente

formung um die Nullachse, sondern um eine viel tiefer gelegene Achse (Abb. 2.2/19). Diese fällt aber nicht mit der Bewehrung zusammen, da durch die Vergrößerung der Betondruckzone der innere Hebelarm z verkleinert und daher die Stahlspannung geringfügig erhöht wird. Ebenso wird sich die Betondruckkraft nur wenig ändern, so daß die

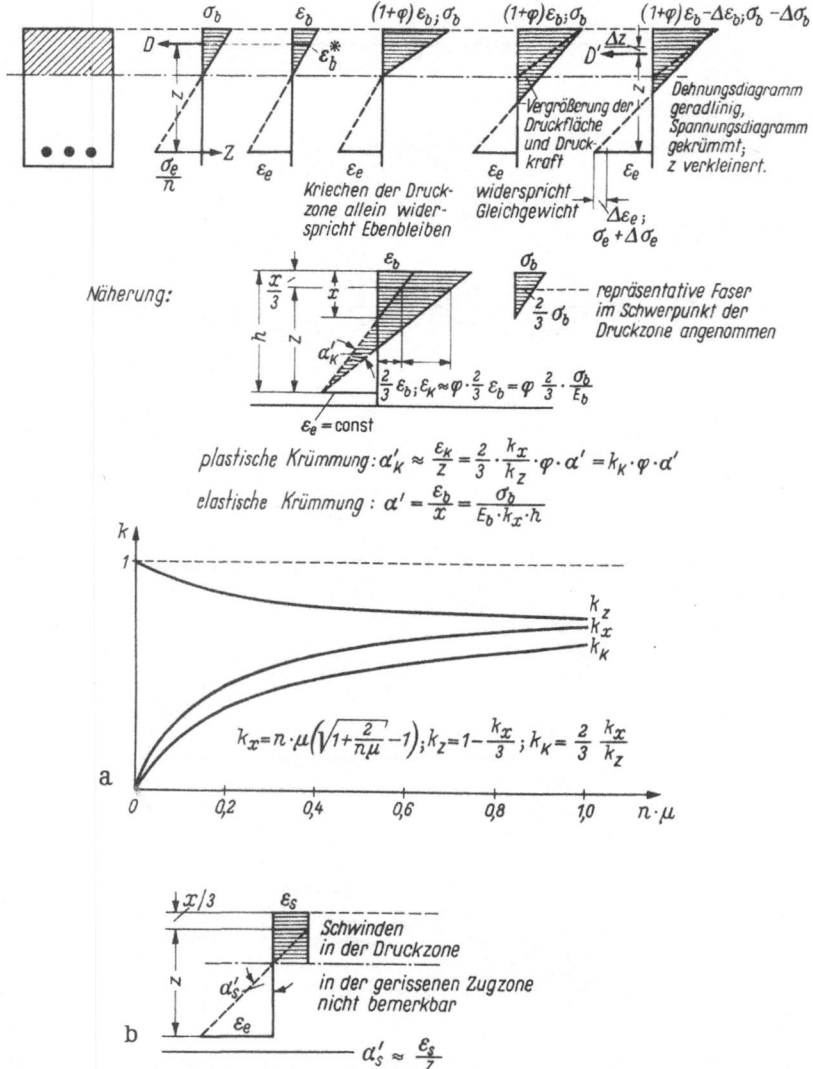

Abb. 2.2/19a u. b. Plastische Krümmung eines Stahlbetonbalkens mit gerissener Zugzone (Näherung nach [228]).

a) infolge Kriechens   b) infolge Schwindens

Betonrandspannung kleiner werden muß, weil die Nullinie stark hin-
unterrückt. Aus dem gleichen Grunde können die Kriechverkür-
zungen den elastischen nicht proportional sein. Man nimmt daher vereinfacht als repräsentativ die Verkürzung der Faser im Druckschwer-
punkt an und vernachlässigt die Änderung der Stahlspannung [228].
Dann dreht sich der Querschnitt um den Stahl und man erhält die
Krümmung α'_k der Biegelinie y infolge Kriechens

$$\frac{d^2 y}{d x^2} = \frac{d \alpha_k}{d x} = \alpha'_k = \frac{1}{\varrho_k} = \frac{\varepsilon_k}{h - \dfrac{x}{3}}.$$

Mit

$$\varepsilon_k = \varphi \cdot \varepsilon^*_b = \varphi \, \frac{\dfrac{2}{3} \sigma_b}{E_b}$$

und

$$h - \frac{x}{3} = h \left(1 - \frac{k_x}{3}\right) = h \, k_z$$

ist

$$\alpha'_k = \frac{2}{3} \varphi \, \frac{\sigma_b}{E_b \, h \, k_z}.$$

Verglichen mit der elastischen Krümmung

$$\alpha' = \frac{\varepsilon_b}{x} = \frac{\sigma_b}{E_b \, h \, k_x}$$

ist

$$\frac{\alpha'_k}{\alpha'} = \frac{2}{3} \varphi \, \frac{k_x}{k_z} = \varphi \cdot k_k \quad \text{mit} \quad k_k = \frac{2}{3} \, \frac{k_x}{k_z}$$

(Abb. 2.2/19). k_z schwankt nur wenig um den Mittelwert $\frac{8}{9}$, so daß
$k_k \approx \frac{3}{4} k_x$ und mit $k_x \approx \frac{1}{3}$; $k_k \approx \frac{1}{4} = 0{,}25$ ist.

Dabei ist

$$\sigma_b = \frac{2 M}{b \, h^2 \, k_x \, k_z}, \qquad k_x = n \cdot \mu \left(\sqrt{1 + \frac{2}{n \mu}} - 1\right),$$

$$k_z = 1 - \frac{k_x}{3} \quad \text{und} \quad n = \frac{E_e}{E_b} \approx 10 - 7.$$

E_b ist DIN 4227 zu entnehmen. Gegenüber dem homogenen Balken
mit $k_k = 1$ gehen durch die Wirkung der Bewehrung die relativen
Verbiegungen um rund 75% zurück. Der Faktor k_k wechselt allerdings
mit dem Bewehrungsprozentsatz längs des Balkens. Außerdem wirkt
der Beton der Zugzone abschnittsweise mit. Man wird daher einen
Mittelwert für k_k wählen. Wenn man außerdem noch den Momentenverlauf im gerissenen Durchlaufbalken mit demjenigen des homogenen
Balkens gleichsetzt, so kann man die für diesen gewonnenen Ergebnisse
der Kräfteumlagerungen auf einen Stahlbetonbalken übertragen, wenn
man statt $\varphi : \varphi \cdot k_k$ einsetzt. Sie fallen dann für die praktisch um 3 herum
liegenden Kriechzahlen kleiner, aber immer noch beträchtlich aus.

11*

2. Bei Spannbetonbalken ist die Bewehrung prozentual geringer, außerdem wirkt der gesamte Betonquerschnitt mit. Die Kriechverformungen des Betons werden aber durch die Bewehrung behindert, wodurch wiederum die Stahlspannung beeinflußt wird (vgl. Ab-

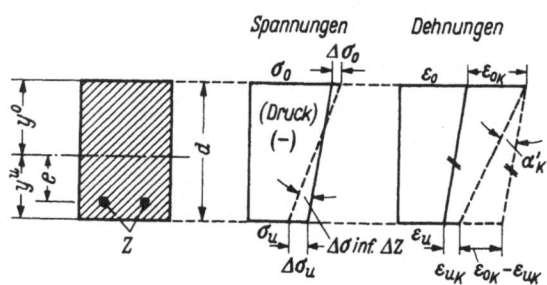

Abb. 2.2/20. Plastische Krümmung α' bei einem Spannbetonquerschnitt (Näherung)

$$\sigma_o - \sigma_u = \frac{M}{J}(y^o + y^u) = \frac{M}{J}d$$

$M = M_g + M_z; \quad M_z = Z \cdot e$ bzw. $= Z \cdot y$ bei stat. unbest. Syst.

elastische Krümmung:

$$\alpha' = \frac{\varepsilon_o - \varepsilon_u}{d} = \frac{\sigma_o - \sigma_u}{d \cdot E_b} = \frac{M}{E_b \cdot J}$$

plastische Krümmung (Abschätzung) α'_k:

$$\text{Kriechverkürzung: } \varepsilon_k \approx \frac{\sigma_m}{E_b}\varphi$$

d. h.:

1. als kriecherzeugende Spannung wird der Mittelwert $\sigma_m = \sigma - \dfrac{\Delta\sigma}{2}$ eingeführt,
2. $\Delta\sigma$ wird allein durch ΔZ verursacht,
3. die elastische Rückfederung infolge ΔZ wird vernachlässigt.

$$\alpha'_k \approx \frac{\varepsilon_{ok} - \varepsilon_{uk}}{d} = \frac{\varphi}{d \cdot E_b}\left[\left(\sigma_o - \frac{\Delta\sigma_o}{2}\right) - \left(\sigma_u - \frac{\Delta\sigma_u}{2}\right)\right] = \varphi\,\frac{M - \dfrac{\Delta M}{2}}{E_b \cdot J}$$

bezogen auf den elastischen Wert α_0:

$$\frac{\alpha'_k}{\alpha'} \approx \varphi\,\frac{M - \dfrac{\Delta M}{2}}{M} = \varphi\left(1 - \frac{\Delta M}{2M}\right) = \varphi\left(1 - \frac{\Delta M_z}{2M}\right) \qquad \begin{array}{l}\Delta M_z = \Delta Z \cdot e \\ \Delta Z \text{ vgl. Abb. 2.2/51}\end{array}$$

Bei „formtreuer" Vorspannung ist $M_z = -M_g$; $M = 0$ und daher $\alpha'_0 = 0$;

$$\alpha'_k \approx \varphi\,\frac{\Delta M_z}{2\,E\,J}.$$

schnitt 2.232). Da das Spannglied von Querschnitt zu Querschnitt anders liegt, besteht keine Proportionalität mehr zwischen elastischer und plastischer Verformung, so daß die Ermittlung der Stützmomente sehr kompliziert wird [229] und nur in einfachen Fällen in geschlossener

Form gelingt. Eine Untersuchung ist im allgemeinen nur durch abschnittsweise graphische oder analytische Integration der Krümmung möglich. Die Grundlage bildet auch in diesem Falle das Prinzip der virtuellen Verrückungen, das ja auch bei nichtlinearen Verformungsgesetzen anwendbar ist: $\overline{1} \cdot \delta_1 = \int \overline{M} \alpha' \, dx = 0$. Die Kriechkrümmungen α'_k werden von der Spannkraft, der Belastung und der Überzähligen beeinflußt, so daß letztere zunächst geschätzt werden muß und man ihren richtigen Wert, der $\delta_1 = 0$ liefert, nur durch Probieren findet. Die Biegelinien werden aus den $\alpha' \cdot \Delta x$, die man auch

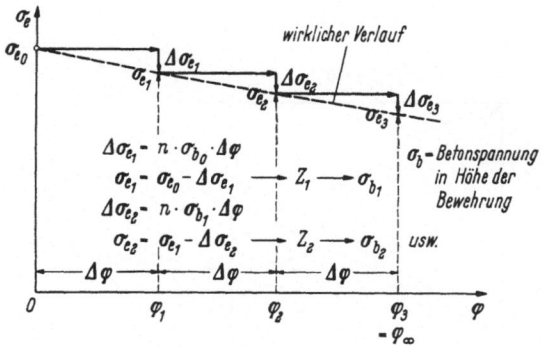

Abb. 2.2/21. Stufenverfahren: Beispiel für Zerlegung von φ_∞ in 3 Stufen $\Delta\varphi$.
Ausgangswerte: σ_{e_0}; σ_{b_0} = Stahl- bzw. Betonspannungen vor dem Kriechen.
= Kriecherzeugende Spannungen für die 1. Stufe.

Anzahl der Stufen: $k = \dfrac{\varphi_\infty}{\Delta\varphi} = 3$

Endergebnisse σ_{ek}; σ_{bk} = Stahl- bzw. Betonspannungen nach Kriechen

als „W-Gewichte" bezeichnet [222], graphisch als Seillinien oder analytisch nach den MOHRschen Sätzen ermittelt. Die $\alpha' = \dfrac{\varepsilon_o - \varepsilon_u}{d}$ enthalten elastische und plastische Anteile (Abb. 2.2/20).

Der elastische Anteil beträgt für ständige Last g und Spannkraft Z mit $\varepsilon = \dfrac{\sigma_b}{E_b}$ und $\sigma_{o,u} = \dfrac{M}{J} y_{o,u}$; $\alpha' = \dfrac{M_g + M_z}{E_b J}$ (Abb. 2.2/27b). Ändert sich Z um ΔZ infolge Kriechens (vgl. Abschnitt 2.232), so tritt hierzu $\Delta\alpha' = \dfrac{\Delta M_z}{E_b \cdot J}$. Dabei ist $M_z = Z \cdot y$ aus der Drucklinie abzuleiten (vgl. Abschn. 2.232,1). Der plastische Anteil (Abb. 2.2/19) kann annähernd aus dem Mittelwert der Betonspannungen vor und nach Kriechen und Schwinden als kriecherzeugende Spannung abgeleitet werden: $\alpha'_k \approx \dfrac{\varphi}{E_b \cdot J}$ $\times \left[M_g + \left(M_z - \dfrac{\Delta M_z}{2} \right) \right]$. ($\Delta Z$ als Abnahme positiv eingeführt!). Vernachlässigt man die Änderung ΔZ der Spannkraft, so wird $\alpha'_k \approx \varphi \cdot \alpha'$ zu groß erhalten.

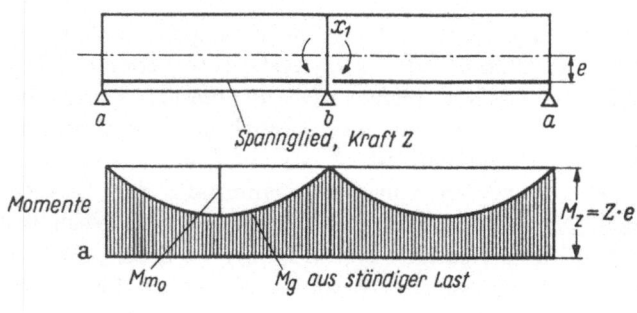

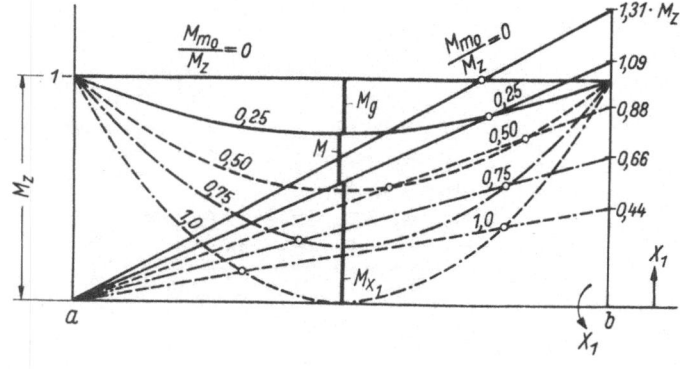

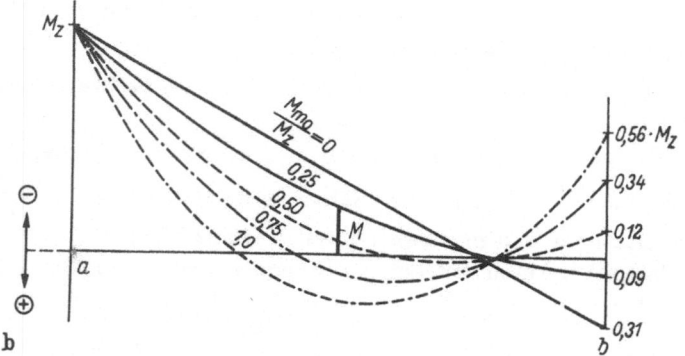

Momentenverlauf, bezogen auf die horizontale Abszisse

Abb. 2.2/22a u. b. Kriechumlagerung der Momente an einem Zweifeldträger, der aus zwei Spannbettbalken montiert ist (angenäherte Ermittlung abgeleitet aus dem Verhalten des homogenen Balkens mit $\overline{\varphi} = 0{,}7\,\varphi$ (statt φ). Kriechzahl $\varphi = 3{,}0$.

a) Anfangszustand, b) Endzustände $X_1 = X_{10}\,(1 - e^{-\overline{\varphi}})$,

X_{10}: Grenzwert von X_1 für $\varphi \to \infty$, d. h. wenn Balken von vornherein kontinuierlich wären.

$$X_{10} = M_z\left(1{,}5 - \frac{M_{m_0}}{M_z}\right) \qquad 1 - e^{-\overline{\varphi}} = 1 - e^{-2,1} = 0{,}875$$

Fortsetzung der Abbildung gegenüberliegende Seite

Diese Näherung ist insbesondere brauchbar, wenn der Kriechvorgang in mehrere Stufen mit genügend kleinem $\Delta\varphi$ unterteilt wird (Abb. 2.2/21). Der Spannungsabfall kann dann für jede Stufe unter der Voraussetzung jeweils gleichbleibender kriecherzeugender Spannung ermittelt werden. Dieses einfache und übersichtliche „Stufenverfahren" ist stets anwendbar, auch bei mehrsträngigen Spanngliedern und komplizierten Aufgaben (statisch unbestimmte Systeme).

Der Spannungszustand ändert sich durch Kriechen nur wenig bei einem konkordanten Spannglied, in etwas höherem Maße bei wachsender Diskordanz [230]. Diese Umlagerung wird in der Regel vernachlässigt. Der Abbau künstlich erzeugter Zwängungsmomente durch Widerlager- oder Stützenverschiebungen kann wie gezeigt verfolgt oder roh je nach Bewehrungsgehalt und -führung mit $70 \div 90\%$ des Abbaues beim homogenen Balken abgeschätzt werden. Dieser Überschlag dürfte bei schlanken Balken zumeist genügen, da bei diesen die Zusatzmomente aus mäßigen Stützensenkungen klein gegenüber den Lastmomenten sind.

Diese Betrachtungen gelten nur für Balken, bei denen die Leibungskräfte den Hauptanteil der Momente bringen. Bei Rahmen treffen sie nur annähernd zu, da hier die axialen Längenänderungen des Riegels mitunter eine erhebliche Rolle spielen.

Statisch bestimmte, vorgespannte Balken, die man nachträglich kontinuierlich macht, werden wie der Fall „Schwinddifferenz" behandelt. Im Falle eines homogenen Balkens ist $X_1 = X_{10}(1 - e^{-\varphi})$, wobei X_{10} das Stützmoment des kontinuerlichen Balkens unter Eigengewicht und Vorspannung bedeutet. Ein einfaches Beispiel (Zweifeldträger aus zwei Balken mit geraden Spanngliedern) zeigt Abb. 2.2/22. Das ausgeschaltete Stützmoment kehrt hiernach durch die Kriechverformung größtenteils wieder. Die Behinderung der Verformung durch die Bewehrung wird man ganz roh durch Rechnung mit etwa $\frac{3}{4}\varphi$ statt mit φ abschätzen. Eingehende Untersuchungen über die Kriechumlagerung findet man in der ausländischen Literatur [231].

2.223 Bruchzustand

Beim Einfeldbalken wachsen die Schnittkräfte M und Q proportional zur Belastung P an, so daß die Frage nach der Bruchlast P_B

Zu Abb. 2.2/22 a u. b.

$\dfrac{M_{m0}}{M_z}$	$\dfrac{X_{10}}{M_z}$	$\dfrac{X_1}{M_z} = 0{,}875 \dfrac{X_{10}}{M_z}$
0	1,50	1,310
0,25	1,25	1,093
0,50	1,00	0,875
0,75	0,75	0,657
1,00	0,50	0,438

auf die Untersuchung des Bruchmomentes M_B zurückgeführt wird. Die Sicherheit gegen Bruch ist dann $\nu = \dfrac{P_B}{P_q} = \dfrac{M_B}{M_q}$, wobei P_q und M_q die Kräfte im Gebrauchszustand bedeuten. Bei *Mehrfeldbalken* pflegt man stillschweigend die gleiche Proportionalität vorauszusetzen, obgleich die nichtlinearen Verformungsgesetze Abweichungen vermuten lassen. Ausländische Forscher [232] legen ihren Untersuchungen nicht das tatsächliche Verhalten (Abb. 2.2/23a) [233] zugrunde, sondern ein vereinfachtes (Abb. 2.2/23b). Dieses ist gleichbedeutend mit der Bildung eines „plastischen Gelenkes", in dem ein kritisches Moment M_K herrscht, das von der gegenseitigen Verdrehung der benachbarten Querschnitte unabhängig ist. Dabei wird vorausgesetzt, daß der Stahl,

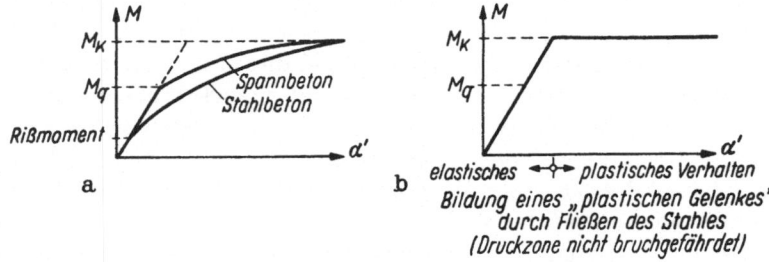

Abb. 2.2/23. Verbiegung der Längeneinheit eines Balkens. Krümmung $\alpha' = \dfrac{1}{\varrho} = \dfrac{d^2 w}{d x^2}$ je Längeneinheit, Krümmungsradius ϱ.

a) Nach Versuchen [233], b) übliche Vereinfachung

nicht der Beton, zuerst nachgibt und eine ausgesprochene Fließgrenze aufweist. Auch die Gefährdung des Balkens durch Schubbruch wird ausgeschlossen. Wir zeigen, wieder an einem Zweifeldbalken, das Verhalten bei allmählicher Laststeigerung bis zum Bruch. Die Bewehrung soll im Feld und über der Stütze der Vollast entsprechen (Abb. 2.2/24a). Steigt diese Last gleichmäßig weiter an, so nehmen Feld- und Stützmoment im Verhältnis ihrer Anfangswerte zu, bis an beiden Stellen M_k erreicht wird und der Balken durch große Formänderungen unbrauchbar wird. Wenn wir hingegen annehmen, daß zusätzlich zu einer Grundlast g nur in *einem* Feld eine Laststeigerung auftritt (Abb. 2.2/25b), so wird das Feldmoment rascher als das Stützmoment ansteigen und früher als dieses den kritischen Wert M_{K_m} erreichen. Bei weiterer Laststeigerung wächst nur noch das Stützmoment an, aber rascher als vorher, bis sich auch an dieser Stelle ein „plastisches Gelenk" zufolge M_{K_s} bildet. Das Balkenfeld bricht dann zusammen, da es drei Gelenke besitzt. Das Diagramm (Abb. 2.2/24c) zeigt den Gewinn an Tragfähigkeit über den Wert P_{B1} hinaus, den man üblicherweise als

Abb. 2.2/24a—c. Bruch eines Zweifeldbalkens.

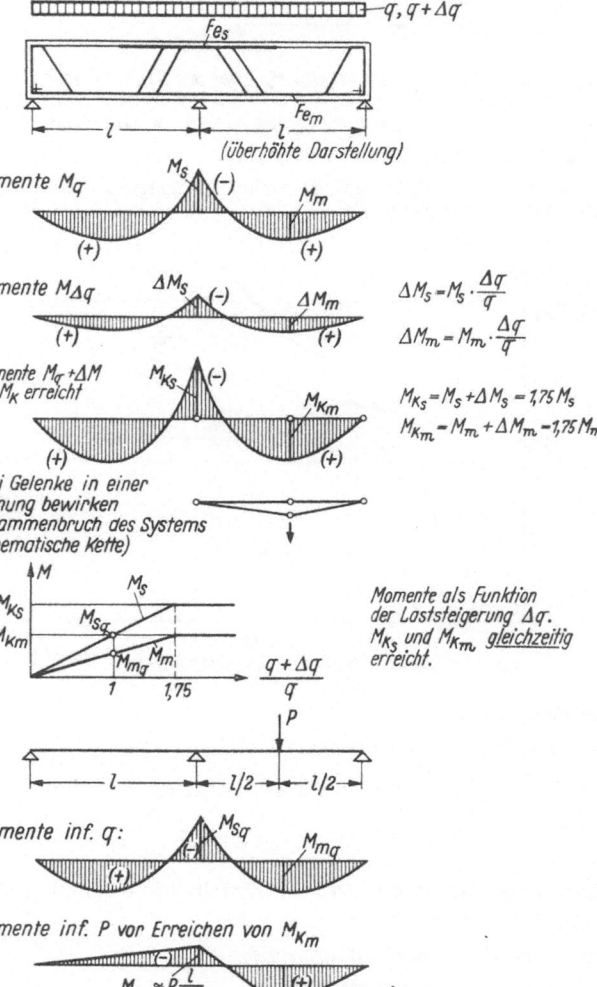

$$\Delta M_s = M_s \cdot \frac{\Delta q}{q}$$

$$\Delta M_m = M_m \cdot \frac{\Delta q}{q}$$

$$M_{Ks} = M_s + \Delta M_s = 1{,}75\,M_s$$

$$M_{Km} = M_m + \Delta M_m = 1{,}75\,M_m$$

Momente als Funktion der Laststeigerung Δq. M_{Ks} und M_{Km} *gleichzeitig* erreicht.

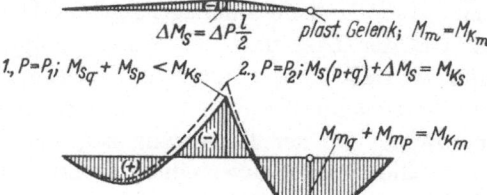

Momente inf. q:

Momente inf. P vor Erreichen von M_{Km}

$$M_{Sp} \approx P \cdot \frac{l}{10}$$

$$M_{mp} \approx P \cdot \frac{l}{5}$$

Momentenvergrößerung inf. ΔP nach Erreichen von M_{Km}

$$\Delta M_S = \Delta P \cdot \frac{l}{2} \qquad \text{plast. Gelenk;} \quad M_m = M_{Km}$$

1., $P = P_1$; $M_{Sq} + M_{Sp} < M_{Ks}$ 2., $P = P_2$; $M_{S(p+q)} + \Delta M_S = M_{Ks}$

$$M_{mq} + M_{mp} = M_{Km}$$

b

Fortsetzung s. folgende Seite

170   2. Bauelemente — 2.2 Balken und Konsolen

1, P=P₁: Erreichen des kritischen Wertes M_{K_m} im Feld: Träger noch unbeweglich („stabil")

plastisches Gelenk

2, P=P₂: Erreichen des kritischen Wertes M_{K_s} über der Stütze: Träger beweglich

plastische Gelenke nacheinander auftretend

wenn M_{K_s} erreicht ist, stellen sich übermäßige Durchbiegungen ein
b *(kinematische Kette in einem Feld)*

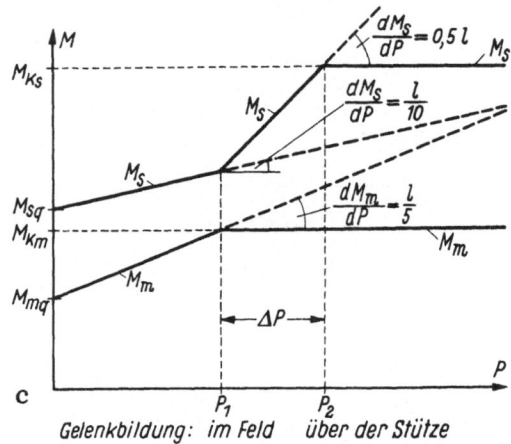

c

Gelenkbildung: im Feld   über der Stütze

Bruch eines Zweifeldbalkens

a) durch Steigerung der Berechnungslast q:

F_{e_s} und F_{e_m} für $v = \dfrac{M_K}{M_q} = 1{,}75$fache Sicherheit bemessen.

$M_{K_s} = F_{e_s} \cdot \sigma_s \cdot z,$

$M_{K_m} = F_{e_m} \cdot \sigma_s \cdot z,$

b) durch Steigerung der Last P in *einem* Feld (Einzellast in Feldmitte),

c) Diagramm der Momente als Funktion von P:

P_1: Tragfähigkeit nach der Elastizitätstheorie,

P_2: Tragfähigkeit nach der Plastizitätstheorie,

ΔP: Gewinn an Bruchlast durch „Anpassung" des Balkens an die Belastung

Bruchlast annimmt. Er ist auf die Momentenumlagerung von der überbeanspruchten Stelle am Ort der Last nach einer noch tragfähigen Stelle zurückzuführen und wird als „Anpassung" des Tragwerkes an die Belastung bezeichnet. Sie tritt nur bei örtlichen Laststeigerungen ein, die von der Lastanordnung, die der Bemessung zugrunde liegt, abweichen. Man kann auch die Momentenverteilung willkürlich beeinflussen, indem man die Stahlquerschnitte ändert, z.B. eine störende Stützenbewehrung vermindert und die Feldbewehrung entsprechend verstärkt. Allerdings soll man nicht mehr als etwa 15 bis 25% von den Ergebnissen der „elastischen Berechnung" abweichen, wie die folgenden, absichtlich übertriebenen Beispiele zeigen. Man könnte etwa auf eine untere Bewehrung ganz verzichten (Abb. 2.2/25a). Dann wäre $M_{Km} = 0$; der Balken würde an dieser Stelle schon bei ganz kleiner Last stark reißen und wäre unbrauchbar. Jedoch wäre er bruchsicher, solange $P \cdot \frac{l}{2} < M_{Ks}$ bleibt. Auch ein nur unten bewehrter Balken (Abb. 2.2/25b) würde ausreichend tragsicher sein, wenn $P \frac{l}{4} < M_{Km}$ wäre. Der Riß über der Stütze würde den Balken aber wieder als Fehlkonstruktion kenn-

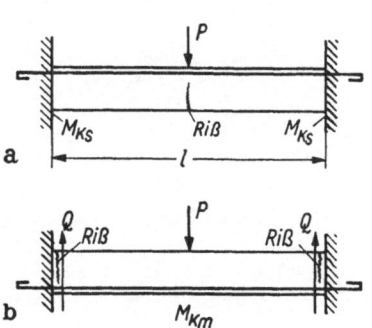

zeichnen. Darüber hinaus würde ein Gefahrenzustand dadurch entstehen, daß die Aufnahme der Querkraft nicht mehr gesichert ist (vgl. auch Abschn. 2.422, Abb. 2.4/19). Man darf deshalb nicht nur die Bruchsicherheit bei Biegung untersuchen, sondern muß auch die Übertragung der Querkräfte bedenken.

Abb. 2.2/25a u. b. Tragfähigkeit von Balken mit extremen Bewehrungsanordnungen.
a) Eingespannter Balken ohne untere Bewehrung: Bruchlast: $P_K = \dfrac{4\,M_{Ks}}{l}$
Riß bereits bei kleinen Werten von P, daher Balken praktisch unbrauchbar,
b) Eingespannter Balken ohne obere Bewehrung: Bruchlast: $P_K = \dfrac{4\,M_{Km}}{l}$
Gefahr: Aufnahme der Querkraft nicht mehr möglich, da Riß bis auf Bewehrung reicht!

Die „Anpassung" läßt sich auch für Spannbetonbalken in gleicher Weise nachweisen, da sich in den angegebenen Grenzen auch bei diesen „plastische Gelenke" bilden und die Wirkung der Vorspannung praktisch verschwindet.

Durch die „Anpassung" erklären sich die großen, oft beobachteten Tragfähigkeitsreserven statisch unbestimmter Systeme, die deshalb i. allg. in der Praxis den Vorzug verdienen. Die Ansätze sind jedoch noch nicht genügend durch die experimentelle Forschung untermauert, um in der Praxis anwendbar zu sein. Insbesondere ist das Verhalten bei Verwendung hochwertiger und profilierter Stähle ohne ausgesprochene Streckgrenze noch nicht geklärt. Wir wollen aber vermerken, daß wir uns bei der Untersuchung der Bruchsicherheit auf der sicheren Seite befinden, wenn wir $\nu = \dfrac{M_B}{M_q}$ setzen. Man sollte mit Rücksicht auf den Bestand unserer Bauwerke nicht jede latente Sicherheit aktivieren!

2.224 Durchbiegungen

Die Bezeichnung „statische Berechnung" oder „Standsicherheits-nachweis" verführt dazu, nur in Kräften und Spannungen zu denken und nicht in Formänderungen. Mit den höheren zulässigen Spannungen, welche die gesteigerten Baustoffqualitäten anzuwenden erlauben, wer-

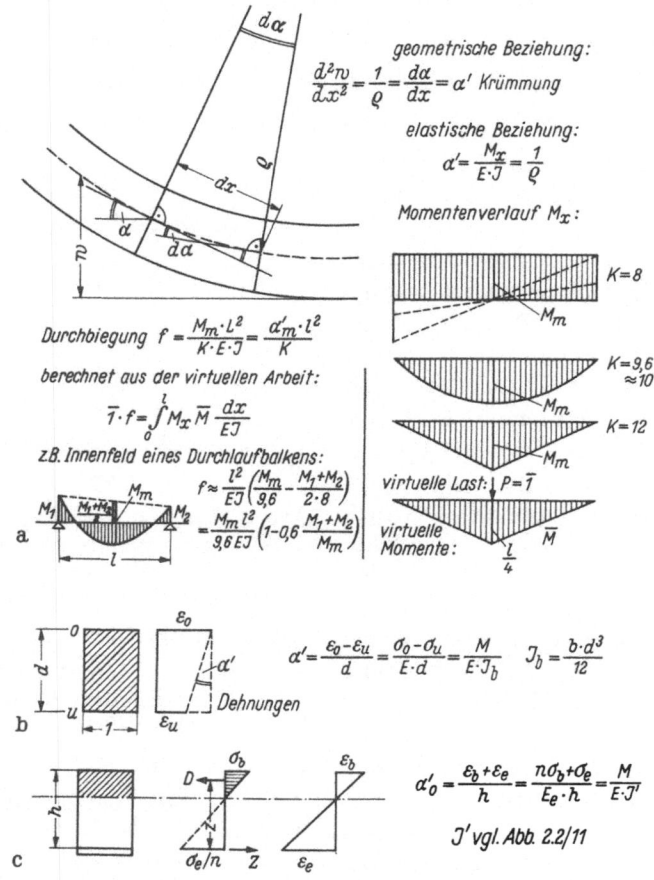

Abb. 2.2/27 a—c. Die Biegelinie w und Krümmung α' eines Balkenfeldes.
a) Allgemeine Beziehungen (vgl. Abb. 2.0/2), b) Balkenelement homogen (vor-gespannt) (vgl. Abb. 2.2/20), c) Balkenelement mit gerissener Zugzone (Stahlbeton)

den die Bauglieder schlanker und deren elastische und plastische Defor-mationen größer (Abb. 2.2/26). Diese sind mitunter so störend, daß um ihretwillen die Baustoffe ohne eine Vorspannung nicht voll ausgenutzt werden können. Die Schlankheitsbegrenzung von Balken und Platten in DIN 1045 § 22 ist daher durch eine ergänzende Richtlinie [234] für diejenigen Fälle eingeschränkt worden, bei denen Schäden ein-

Beispiel:

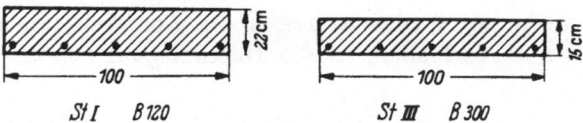

Abb. 2.2/26. Durchbiegung einer Stahlbetonplatte.

$\sigma = 40/1200\ \text{kg/cm}^2$

$b = 100\ \text{cm}$

$E_b = 210\,000\ \text{kg/cm}^2$

$E_e = 2,1 \cdot 10^6\ \text{kg/cm}^2$

$m = \dfrac{\sigma_e}{\sigma_b} = \dfrac{1200}{40} = 30$

$n = \dfrac{E_e}{E_b} = \dfrac{2\,100\,000}{210\,000} = 10$

$k_x = \dfrac{1}{1 + \dfrac{m}{n}} = \dfrac{1}{1 + \dfrac{30}{10}} = 0,25$

$k_z = 1 - \dfrac{k_x}{3} = 1 - \dfrac{0,25}{3} = 0,92$

$k_h = \sqrt{\dfrac{2}{\sigma_b \cdot k_x \cdot k_z}} = \sqrt{\dfrac{2}{40 \cdot 0,25 \cdot 0,92}} = 0,47$

angenommen: $M = 1,8\ \text{tm}$

$h = k_h \cdot \sqrt{\dfrac{M}{b}} = 0,47 \cdot \sqrt{\dfrac{180\,000}{100}} = 22\ \text{cm}$

$d = 20 + 2 = 22\ \text{cm}$

$F_e = \dfrac{M}{\sigma_e \cdot h \cdot k_z} = \dfrac{180\,000}{1200 \cdot 20 \cdot 0,92} = 8,2\ \text{cm}^2$

$\mu = \dfrac{F_e}{b \cdot h} = \dfrac{8,2 \cdot 100}{100 \cdot 20} = 0,41\ \%$

$J_b = 100 \cdot \dfrac{d^3}{12} = 100 \cdot \dfrac{22^3}{12} = 89\,000\ \text{cm}^4$

$J' = 22\,600\ \text{cm}^4$

$\dfrac{J'}{J_b} = 0,25$ aus Abb. 2.2/11

$J \approx \dfrac{1}{2}(J_b + J') = \dfrac{J_b}{2}\left(1 + \dfrac{J'}{J_b}\right) = \dfrac{89\,000}{2}\,(1 + 0,25)$

$\qquad = 55\,500$

$\alpha' = \dfrac{M}{EJ} = \dfrac{180\,000}{210\,000 \cdot 55\,500} = 1,55 \cdot 10^{-5}$

$\qquad = 0,0155\ \%_{00}$

angenommen: $l = 4,0\ \text{m}$

$f_0 \approx \dfrac{\alpha' \cdot l^2}{10} = \dfrac{1,55 \cdot 400^2}{10^6} = 0,25$

$k_t \approx \dfrac{2}{3} \cdot \dfrac{k_z}{k_z} = \dfrac{2 \cdot 0,25}{3 \cdot 0,92} = 0,18$

bei $\varphi = 3$: $f_k = \varphi \cdot k_k \cdot f_0 = 3 \cdot 0,18 \cdot 0,25 = 0,13$

$f = f_0 + f_k = 0,25 + 0,13 = \underline{0,38\ \text{cm}}$

$\sigma = 100/2400\ \text{kg/cm}^2$

$b = 100\ \text{cm}$

$E_b = 300\,000\ \text{kg/cm}^2$

$E_e = 2,1 \cdot 10^6\ \text{kg/cm}^2$

$m = 24$

$n = 7$

$k_x = 0,226$

$k_z = 0,93$

$k_h = 0,31$

$M = 1,8\ \text{tm}$

$h = 13\ \text{cm}$

$d = 15\ \text{cm}$

$F_e = 6,2\ \text{cm}^2$

$\mu = 0,48\ \%$

$J_b = 28\,200\ \text{cm}^4$

$J' = 5300\ \text{cm}^4$

$\dfrac{J'}{J_b} = 0,19$

$J \approx 16\,800\ \text{cm}^4$

$\alpha' = 3,57 \cdot 10^{-5} = 0,0357\ \%_{00}$

$l = 4,0\ \text{m}$

$f_0 \approx 0,57$

$k_k = 0,16$

$f_k = 0,27$

$f = 0,84\ \text{cm}$, also

$\overline{2,2 \times \text{so groß.}}$

treten können. Das zulässige Maß ist allerdings teilweise noch, ebenso wie die Berechnung, in das Ermessen des Konstrukteurs gestellt.

Für einen Einfeldbalken ist die Durchbiegung f in der Mitte:

$$f = \frac{M_m \cdot l^2}{k \cdot E \cdot J} = \frac{l^2}{k \cdot \varrho_m} = \frac{\alpha'_m \cdot l^2}{k} \quad \text{(Abb. 2.2/27 a)}.$$

wobei $\alpha' = \dfrac{d\alpha}{dx} = \dfrac{d^2 w}{dx^2} = \dfrac{1}{\varrho}$ die Krümmung (Neigungsänderung der Biegelinie je Längeneinheit) bedeutet. Für die Felder eines Durchlaufbalkens können die Durchbiegungen wie in Abb. 2.0/2 gezeigt oder näherungsweise mit den ideellen Spannweiten l_i der „Richtlinien" wie für Einfeldbalken berechnet werden. Die Durchbiegungen von Kragbalken sind jeweils unter Berücksichtigung der Einspannverhältnisse zu ermitteln

1. Stahlbetonbalken. Die elastische Formänderung des Balkenelementes mit der Länge 1 und gerissenem Querschnitt ist (Abb. 2.2/27 c):

$$\alpha'_0 = \frac{\varepsilon_b + \varepsilon_e}{h} = \frac{\varepsilon_b}{x} = \frac{\varepsilon_e}{h - x}$$

$$= \frac{n \cdot \sigma_b + \sigma_e}{E_e \cdot h} = \frac{\sigma_b}{E_b \cdot h \cdot k_{x0}} = \frac{\sigma_e}{E_e \cdot h (1 - k_{x0})} = \frac{M}{E_b \cdot J'}.$$

Die plastische Formänderung (vgl. Abschn. 2.222, 1) ist:

$$\alpha'_k = \varphi \cdot k_k \cdot \alpha'_0 \approx \frac{1}{4}\, \varphi \cdot \alpha'_0,$$

je nach Bewehrungsprozentsatz. Da die Krümmung α'_k aus Kriechen der elastischen α'_0 (Stadium II) proportional ist, ist auch $f_k = \varphi\, k_k\, f_0$. Der Ausdruck von α'_k zeigt, daß die Kriechdurchbiegung praktisch von der Stahlsorte unabhängig ist. Die Krümmung für Schwinden (gleiche Faser wie bei Kriechen als repräsentativ angenommen) ist $\alpha'_s \approx \dfrac{\varepsilon_s}{z} = \dfrac{\varepsilon_s}{h\, k_z}$, mithin, da dieser Wert auf die ganze Länge konstant ist:

$$f_s = \frac{\alpha'_s \cdot l^2}{8} = \frac{\varepsilon_s\, l^2}{8 \cdot h \cdot k_z} \approx \frac{\varepsilon_s\, l^2}{7 \cdot h}.$$

Da der Beton der Zugzone zwischen den Rissen noch mitwirkt (Abb. 1.2/39) [235], wobei die Güte des Betons, des Stahles und insbesondere der Haftung eine Rolle spielt, wird bei Plattenbalken nur etwa 80 (gerippter Stahl) $\div$ 90% (glatter Stahl) der angegebenen Durchbiegung zu erwarten sein. Bei vollen Rechteckbalken und Platten wird man wegen der breiteren Zugzone bei gerippter Bewehrung mit kleinen Abständen ($< d$) wohl zutreffender $J = \dfrac{1}{2}\,(J_b + J')$ einführen (J_b: hom. Querschnitt, J': gerissener Querschnitt, vgl. Abb. 2.2/11).

Die Risse pflegen erst mit der Zeit durch Schwindspannungen ausgelöst zu werden, so daß sich die elastischen Durchbiegungen mit den

Kriechdurchbiegungen zumeist zeitlich überdecken, was bei Versuchen und Beobachtungen von Bauwerken zu beachten ist.

Die Durchbiegungen, insbesondere die plastischen, lassen sich durch Druckbewehrung merklich vermindern. Allerdings sollte nicht das in Abschnitt 2.241 empfohlene Maß überschritten werden.

2. Spannbetonbalken. Die Formänderungen lassen sich, wie in Abschn. 2.222, 2) gezeigt, genauer angeben, da die Querschnitte zumindest unter ständiger Last rissefrei bleiben. Die Kriechumlagerung der Momente pflegt man allerdings bei ihrer Berechnung zu vernachlässigen. Aus Verkehrslast (Abb. 2.2/27 b) ist

$$\alpha' = \frac{M_p}{E \cdot J}.$$

Das axiale Schwinden macht sich nur insofern bemerkbar, als es durch die Bewehrung behindert wird und dadurch Schwindspannungen

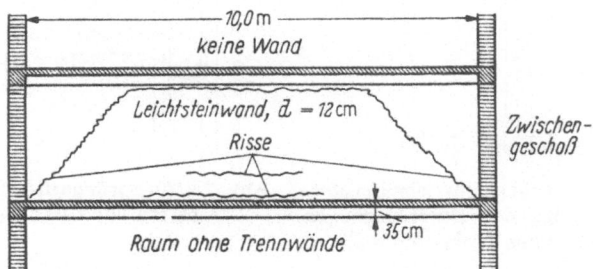

Risse infolge Durchbiegung des Balkens können durch größere Balkenhöhe vermindert werden

Abb. 2.2/28. Schäden an einer Leichtsteinwand infolge eines zu schlanken Abfangebalkens

und Werfen erzeugt (vgl. Abschn. 2.232). Man pflegt den Abbau der Spannkraft durch Kriechen und Schwinden in ΔZ zusammenzufassen, so daß in den ΔM_z die Schwindbehinderung mit enthalten ist.

Die Durchbiegungen haben mitunter unangenehme Erscheinungen zur Folge [573], von denen wir einige Beispiele bringen:

a) Eine Leichtsteinwand auf einem sehr schlanken Unterzug zeigte vom Auflager ausgehend schräge Risse (Abb. 2.2/28). Sie wären nicht so stark aufgetreten, wenn man dem Balken eine größere Höhe gegeben hätte.

b) Schaufensterscheiben unter einem Deckenrandbalken bekamen einige Wochen nach dem Einsetzen Sprünge, die eine Auswechselung nötig machten (Abb. 2.2/29). Man hatte unvorsichtigerweise die Metallfassung gegen den Balken vermörtelt, statt dort ein Spiel zu lassen, das in etwa der zu erwartenden Durchbiegung des Balkens entsprach.

Ebenso dürfen Wände aus Glasbausteinen aus dem gleichen Grund keinesfalls fest eingemauert (Abb. 2.2/30) werden. Infolge der mit der Zeit zunehmenden Formänderungen des Sturzes und der Leibungen lagern sich sonst Kräfte auf die sehr spröden Glasbausteine um.

c) Über einer Kellergarage wurde eine vorgespannte Plattenbalkendecke ausgeführt, für die nur eine geringe Bauhöhe zur Verfügung

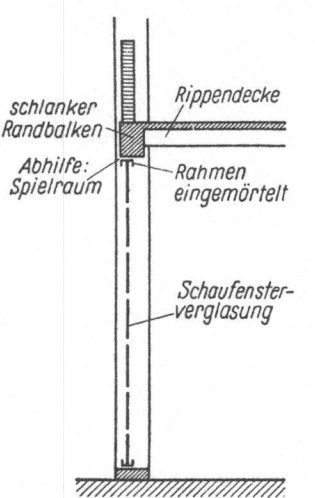

Abb. 2.2/29. Sprünge in Schaufensterscheiben infolge der Durchbiegungen eines sehr schlanken Deckenrandbalkens

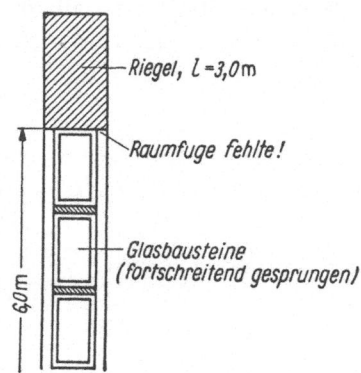

Abb. 2.2/30. Sprünge in fest eingebauten Fenstern aus Glasbausteinen

stand (Abb. 2.2/31). Die Balken wurden durch einen schlaff bewehrten Querträger, der bis in das Umfassungsmauerwerk des Kellers hineinreichte, zur Lastverteilung miteinander verbunden. Sie wurden stufenweise vorgespannt, um den Querträger nicht durch ihre Verformungs-

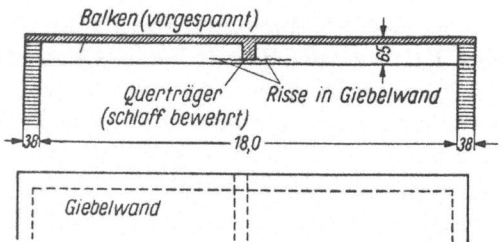

Abb. 2.2/31. Mauerwerksschäden beim Vorspannen einer eingebundenen, vorgespannten Decke

differenzen zu beanspruchen. Dessen eingemauertes Ende hob sich zusammen mit den Balken und nahm dabei das Mauerwerk mit, so daß beiderseits ein etwa 1 cm breiter Riß entstand. Man hatte hier den Grundsatz des Spannbetons nicht beachtet: *Keine Vorspannung ohne*

Deformation! Jede Behinderung bedeutet einerseits Abströmen von
Spannkraft und daher Verminderung der beabsichtigten Vorspannungs-
wirkung, andererseits unbeabsichtigte Beanspruchung an anderen
Stellen, die dieser oft nicht gewachsen sind. Hätte das Mauerwerk den
Querträger niederzuhalten vermocht, wäre das einer Vorbelastung der
Hauptträger gleichgekommen und der beabsichtigte Spannungszustand
erst dann eingetreten, wenn die Nutzlast die „Vorbelastung" über-
troffen hätte. Klare Verhältnisse wären dadurch geschaffen worden,

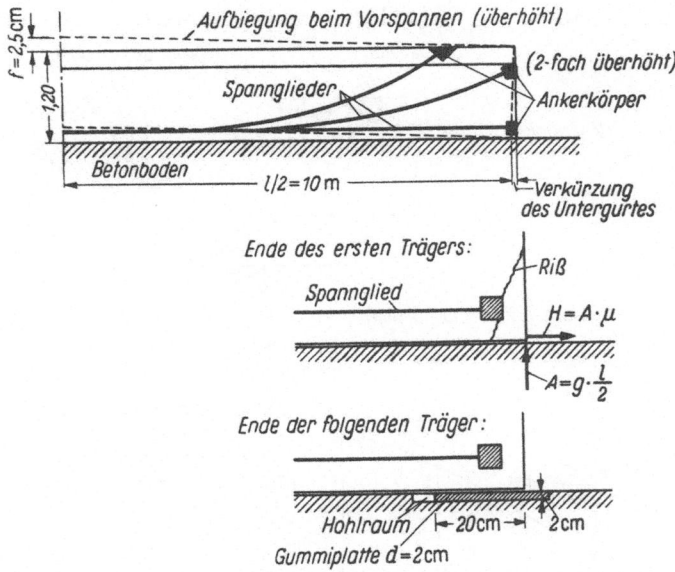

Abb. 2.2/32. Eckrisse an Spannbeton-Fertigbalken für eine Brücke infolge der
Aufwölbung beim Vorspannen

daß man entweder das Endfeld des Querträgers *nach* dem Spannen
betoniert oder sein Auflager erst nach dem Spannen ummauert hätte.

d) Für eine Brücke wurden eine große Anzahl von Spannbetonbalken mit I-Profil auf einem Betonboden angefertigt (Abb. 2.2/32)
und dort vorgespannt. Bei dem ersten Träger zeigten sich an den Enden
schräg nach oben verlaufende Risse, die zwei Ursachen hatten: 1. Die
Konzentration des Gewichtes (20 t) auf die Balkenenden und 2. die
Reibungskraft H infolge der Verkürzung des Untergurtes durch die
Vorspannungen. Bei den folgenden Balken wurde unter die Trägerenden
eine Gummiplatte gelegt, welche die Auflagerkraft verteilte und eine
waagrechte Bewegung ermöglichte. Es traten dann keine Risse mehr
auf. Auch hier hatte man die Folgen der Aufwölbung der Balken beim
Spannen nicht genügend vorher bedacht.

2.23 Querschnittsbemessung

Die Querschnittsbemessung für den Gebrauchszustand beruht auf der geradlinigen (NAVIERschen) Spannungsverteilung mit einem festen Verhältnis $n = \dfrac{E_e}{E_b}$ der Elastizitätszahlen von Stahl und Beton. In DIN 1045 ist $n = 15$ vorgeschrieben; andere Staaten rechnen mit abweichenden Werten (Schweiz $n = 10$, England $n = 10 \div 20$, je nach Betonsorte).

Bei Bruchversuchen hat man beobachtet, daß die Verteilung der Betondruckspannungen erheblich vom Geradliniengesetz abweicht

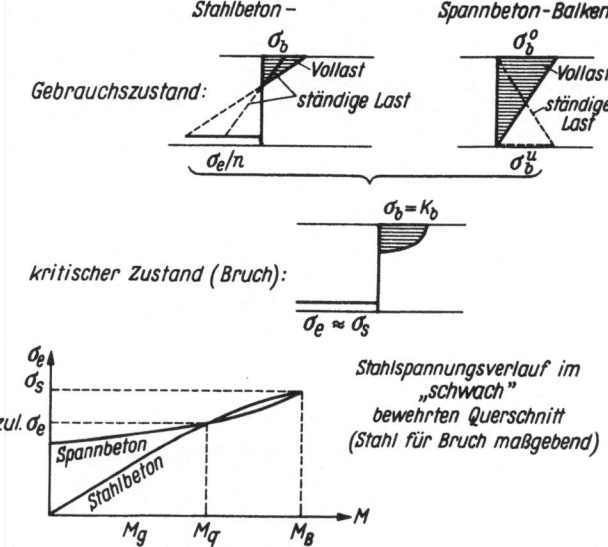

Abb. 2.2/33. Vergleich der Spannungsverteilungen bei Stahl- und Spannbetonquerschnitten bei reiner Biegung (vgl. Abb. 2.2/2)

[236]. Sie ist von der Betonsorte, der Querschnittsform, der Belastungsdauer und -geschwindigkeit abhängig. So ist es zu erklären, daß verschiedene Autoren zu sehr abweichenden Annahmen über Größe und Verteilung der Spannungen und der Bruchstauchungen des Betons gelangt sind [237]. Immerhin läßt sich erst aus der Untersuchung des kritischen Zustandes ein zutreffendes Bild von der vorhandenen Sicherheit gewinnen [238]. Darauf kann ein „Traglastverfahren" und die sog. „n-freie Bemessung" für den Stahlbeton aufgebaut werden [239]. Diese ist in einigen Staaten (z. B. UdSSR, Österreich, Brasilien) bereits zugelassen und besitzt besondere Bedeutung für den Spannbeton. Bei diesem tritt nach Überschreiten der Gebrauchslast bis zur kritischen Last eine wesentlich ausgeprägtere Wandlung in der Spannungsverteilung auf als beim Stahlbeton (Abb. 2.2/33). Er verhält sich dann

etwa wie Stahlbeton. Daraus folgt, daß die Einhaltung einer bestimmten Spannkraft für die Bruchsicherheit nicht von ausschlaggebender Bedeutung ist. Allerdings muß man beim Spannbeton die Spannungen im Gebrauchszustand ebenfalls nachweisen, da die Ausschaltung oder Beschränkung der Zugspannungen unter den verschiedenen Lastzuständen das Wesen des Spannbetons ausmacht.

2.231 Bemessung von Stahlbetonquerschnitten

1. Längsspannungen. Stahlbetonquerschnitte unterliegen bei wachsender Belastung drei Beanspruchungszuständen: Im Gebrauchszustand bei linearer Spannungsverteilung wirkt zunächst der Beton der Zugzone noch mit (Stadium I), bei weiterer Steigerung der Lasten wird die Zugfestigkeit des Betons überschritten (Stadium II). Bei Überlastung bis zum Bruch sind die Spannungen nicht mehr geradlinig verteilt (Stadium III).

Stadium I: Die Querschnitte müssen in denjenigen Fällen als homogen wirkend (d. h. zug- und druckfest) betrachtet werden, in denen es auf Rissefreiheit ankommt, insbesondere also bei Behältern für Flüssigkeiten. Diese wird viel besser durch eine Vergrößerung des Betonquerschnittes als durch eine Verstärkung der Bewehrung erreicht. Denn eine mäßige Bewehrung trägt in diesem Stadium nur wenig zu den Querschnittswerten J und F bei, so daß man überschläglich den Betonquerschnitt allein dimensionieren kann (Abb. 2.2/34). Eine Herabsetzung der Stahlspannung hat also für den ungerissenen Querschnitt kaum Bedeutung.

Die zulässigen Zugspannungen sind nicht durch DIN-Vorschriften festgelegt, sondern in das Ermessen des Konstrukteurs gestellt, sofern nicht einzelne Behörden oder Bauherren bestimmte Werte vorschreiben. Bei ihrer Wahl muß man berücksichtigen, daß in den Baugliedern stets Eigenspannungen aus Schwind- und Wärmedifferenzen vorhanden sind, deren Größen sich kaum abschätzen lassen (vgl. Abschn. 1.15 und 16). Ferner entstehen Zugspannungen infolge der Behinderung des Schwindens durch die Bewehrung (Abb. 1.1/28c). Sie fallen um so größer aus, je stärker wir bewehren. Im Interesse der Rissefreiheit ist deshalb eine Anwendung kleiner Stahlspannungen nicht zu empfehlen. Gegebenenfalls sind Temperaturspannungen infolge einseitiger Erwärmung (vgl. Abb. 1.1/30a) zu berücksichtigen. Unter Erwägung aller Umstände empfiehlt es sich, die Zugspannungen vorsichtig zu wählen:

	Zugfestigkeiten		Anwendbare Zugspannungen	
	Biegung	axial	Biegung	Zug axial
B 225	25—30	15—20	15—20	10 kg/cm²
300	35—45	20—25	20—30	12 kg/cm²
450	50—60	30—35	25—35	15 kg/cm²

Um die Rißgefahr in einem Bauwerk herabzusetzen, ist eine gute Pflege nach dem Betonieren unerläßlich (vgl. Abschn. 1.15 und 1.16).

Stadium II ist charakterisiert durch die Annahme der gerissenen Zugzone im Beton und bildet unsere heutige Bemessungsgrundlage.

Die Bemessung auf symmetrische Biegung mit und ohne Längskraft für den elastischen Zustand ist in zahlreichen Büchern [240] auf der Grundlage der DIN 1045 erschöpfend dargestellt und wird durch

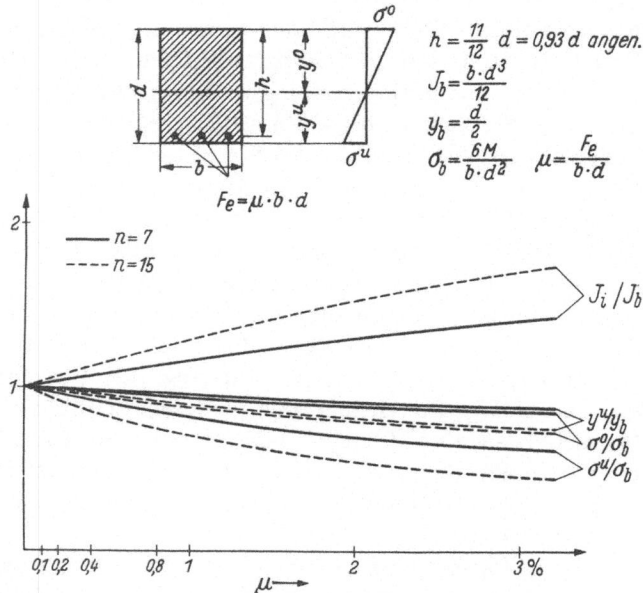

Abb. 2.2/34. Biegespannungen im Stadium I in einem Rechteckquerschnitt

$$\sigma^{o,u} = \frac{M}{J_i} \cdot y^{o,u}$$

Tafelwerke erleichtert. Bei Aufstellung der Berechnungen sollen stets die Bezeichnungen und Tafeln im Beton-Kalender benutzt werden, die für die Normung vorbereitet sind (vgl. auch DIN 4224 und DIN 1080).

Der Fall der sog. „schiefen Biegung" von Rechteckquerschnitten (Biegung nach zwei Achsen mit und ohne Längskraft) ist tabelliert für allgemeine Bewehrung [241] und für zentralsymmetrische Bewehrung [242]. Kleine Quermomente kann man näherungsweise durch die Druckzone allein (Abb. 2.2/35a) oder durch exzentrische Lage der Zugbewehrung (Abb. 2.2/35b) aufnehmen.

Die Wahl der Querschnitte nach wirtschaftlichen Gesichtspunkten [243] führt bei Rechteckquerschnitten zur vollen Ausnutzung der zulässigen Betonspannung (Abb. 2.2/36a), sofern das mit Rücksicht auf

die Durchbiegungen (vgl. Abschn. 2.224) möglich ist. Die wirtschaftlichste Höhe der Plattenbalken erhält man, wenn die zulässige Druckspannung nur mit etwa 60% ausgenutzt wird (Abb. 2.2/36 b). Reich-
liche Werte liefert die Faustformel von MÖRSCH [240.1]:

$$h_{[cm]} = 12 \div 15 \sqrt{M_{[tm]}}$$

die bei 1 m Druckplattenbreite einer Spannung von $35 \div 45\,\mathrm{kg/cm^2}$ ent-

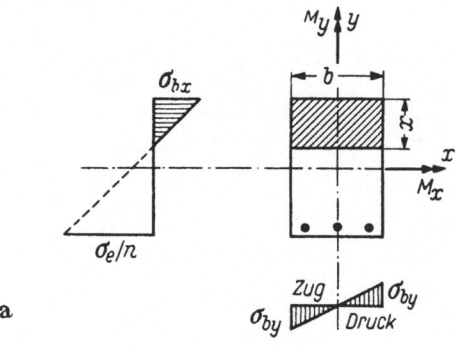

a

$$\sigma_{by} = \frac{6 M_y}{x \cdot b^2}$$

$$\sigma_b' = \sigma_{bx} + \sigma_{by} \leqq \sigma_b \; (Eckspannung \; nach \; DIN\,1045,\,Tab.\,V)$$

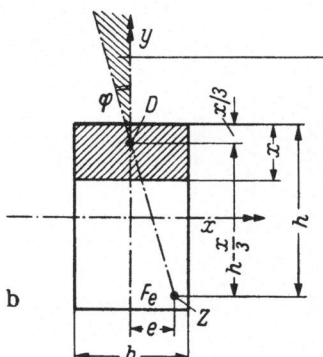

b

Solange die Längskraft N in
diesem Sektor liegt, kann ihr
Moment M_y um die Achse y
durch die exzentrische Lage
der Bewehrung aufgenommen
werden:

$$\frac{M_y}{M_x} \leqq tg\,\varphi = \frac{e}{h - \dfrac{x}{3}}$$

Der Querschnitt wird dann
wie bei „gerader Biegung" allein
für M_x bemessen

Abb. 2.2/35a u. b. Näherungsweise Aufnahme kleiner Quermomente M_y bei
Rechteckquerschnitten, wenn $M_y \ll M_x$.
a) Durch Druckzone allein, b) durch exzentrische Lage der für einfache Biegung
berechneten Bewehrung (Abschätzung für kleine Längskraft)

spricht, während man unter Berücksichtigung der höherwertigen Stoffe
$h = 10 \div 12 \sqrt{M_{[tm]}}$ wählt. Die „mitwirkende Druckplattenbreite" wird
nach DIN 1045 §25 von deren Dicke abhängig gemacht, während sie
stärker von der Balkenspannweite abhängt [244]. Bei der Neufassung
der Norm sollen die neuen Erkenntnisse berücksichtigt werden.

Abb. 2.2/36a u. b. Wirtschaftliche Bemessung von Stahlbeton bei reiner Biegung
für ein Moment $M = 20$ tm.

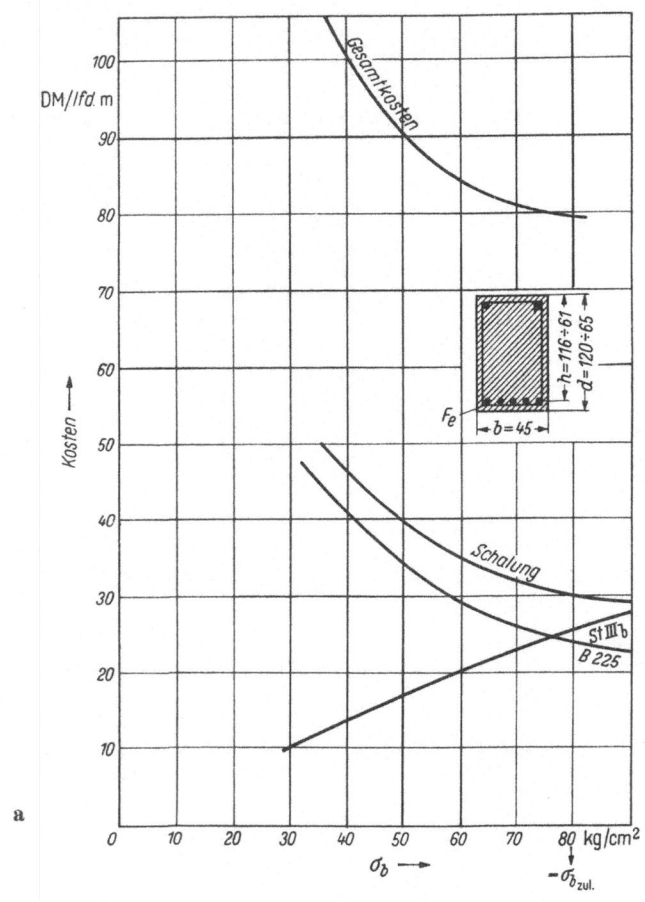

a) Rechteckquerschnitt:

Beispiel:	*Baustoffe*	*angen. Preise*	*zul. Spannungen*
	Beton B 225	80 DM/m³	80 kg/cm²
	Stahl IIIb	1200 DM/t	2400 kg/cm²
	Schalung	17 DM/m²	

Stadium III. Bruch- oder kritischer Zustand, bei dem der Balken
unbrauchbar wird.

Die in diesem Stadium auftretende nichtlineare Spannungsverteilung kann nicht mehr aus dem Verhältnis n der Elastizitätszahlen
von Stahl und Beton berechnet werden. Deshalb bezeichnet man das
daraus abgeleitete Traglastverfahren als „n-freie Bemessung". Dessen

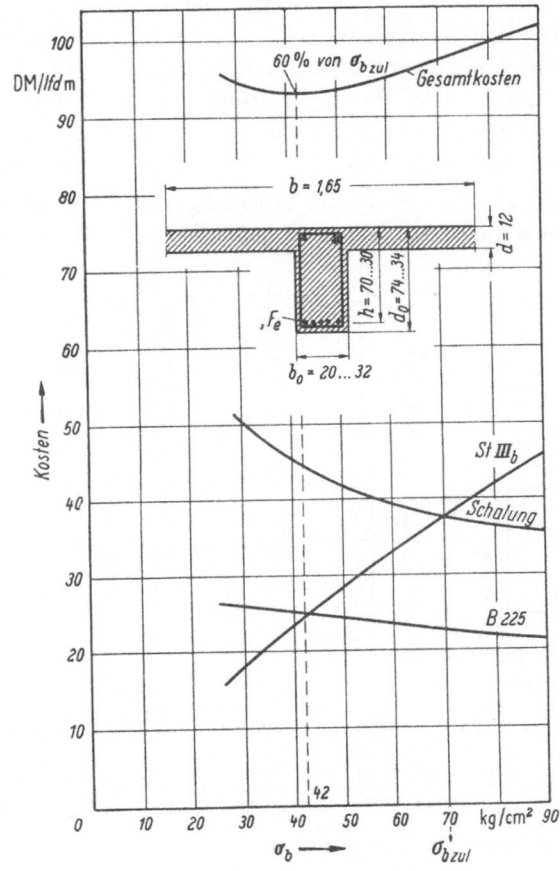

Abb. 2.2/36 b). Plattenbalkenquerschnitt für ein Moment $M = 20$ tm

Beispiel:

	Baustoffe	angen. Preise	zul. Spannungen
	Beton B 225	80 DM/m³	70 kg/cm²
	Stahl III b	1200 DM/t	2400 kg/cm²
	Schalung	17 DM/m²	

wirtschaftliche Bedeutung liegt in einer besseren Ausnutzung der Baustoffe, die durch den tieferen Einblick in das Verhalten der Querschnitte beim Bruch und damit in die Sicherheit gerechtfertigt ist.
Ebenso wie die Berechnung im elastischen Zustand geht die Traglastberechnung aus von

   a) der Gleichgewichtsbedingung $\int \sigma \, df = 0$ (Abb. 2.2/37a),

   b) der Ebenheitsbedingung $\quad \varepsilon = c \, y$ (Abb. 2.2/37b),

   c) der Gleichgewichtsbedingung $M_K = Z \cdot z = D \cdot z$.

Hierfür werden folgende Werte angenommen:

für den Völligkeitsgrad $\alpha = 0,75$
für den Druckkraftabstand $\beta = 0,4$
für die max. Betonstauchung $\varepsilon_b = 2,0 \,^0/_{00}$
für die Prismenfestigkeit $K_b = 0,8 \, W_{28}$
(in DIN 4227 wird $K_b = W_{28}$ gesetzt)

Wegen der größeren Festigkeitsstreuungen des Betons fordert man für diesen eine um 50% höhere Bruchsicherheit als für Stahl (1,75)

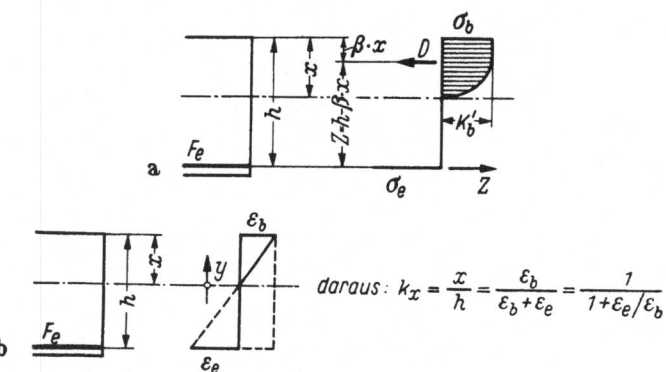

Abb. 2.2/37 a u. b. Traglastberechnung.

a) Gleichgewichtsbedingung:

$$\int \sigma_x \, df = 0 = D - Z = \int\limits_0^x \sigma_b \, df - \sigma_e \cdot F_e = \alpha \cdot K_b' \cdot b \cdot x - \sigma_e \cdot F_e$$

$$\alpha = \frac{\text{Inhalt des Spannungsdiagramms}}{\text{Inhalt des Rechteckes}} = \text{Völligkeitsgrad},$$

daraus: $k_x = \dfrac{x}{h} = \dfrac{\mu \cdot \sigma_e}{\alpha \cdot K_b'}$

$$k_z = \frac{z}{h} = 1 - \beta \cdot k_x = 1 - \frac{\beta}{\alpha} \cdot \frac{\mu \cdot \sigma_e}{K_b'}$$

b) Ebenheitsbedingung $k_x = \dfrac{\varepsilon_b}{\varepsilon_b + \varepsilon_e}$

und setzt daher: $K_b' = \dfrac{2}{3}\, 0,8\, W_{28} = 0,53\, W_{28}$, woraus mittels der Gleichgewichtsbedingungen $\alpha \cdot b \cdot x \cdot K_b' = F_e \cdot \sigma_e$, $k_x = \dfrac{\mu \cdot \sigma_e}{0,4 \cdot W_{28}}$ und $z = h - \beta \cdot x$, $k_z = 1 - \mu \dfrac{\beta}{\alpha} \cdot \dfrac{\sigma_e}{K_b'} = 1 - \dfrac{\mu \cdot \sigma_e}{W_{28}}$ folgt.

Die Stahlspannung kann man aus dem Dehnungsdiagramm der benutzten Stahlsorte und der Gleichsetzung von $k_x = \dfrac{\mu \cdot \sigma_e}{0,4 \cdot W_{28}}$ mit dem Wert aus der Ebenheitsbedingung $k_x = \dfrac{x}{h} = \dfrac{\varepsilon_b}{\varepsilon_b + \varepsilon_e} = \dfrac{1}{1 + \varepsilon_e/\varepsilon_b}$ graphisch bestimmen (Abb. 2.2/38a). Dann ist das Bruchmoment: $M_K = 0,4\, b\, h^2\, W_{28}\, k_x\, k_z = b\, h^2\, \mu\, \sigma_e\, k_z$. Die Darstellung zeigt, daß sich für Stähle mit ausgesprochener Streckgrenze durch den großen Fließweg eine niedrige Druckzone und damit geringere Tragfähigkeit ergibt als für die härteren Stahlsorten (Abb. 2.2/38b). Sie läßt ferner leicht erkennen, in welchen Fällen der Stahl nicht bis zur Streckgrenze be-

Abb. 2.2/38a u. b. Berechnung des kritischen Momentes M_K eines Rechteckquerschnittes [245]

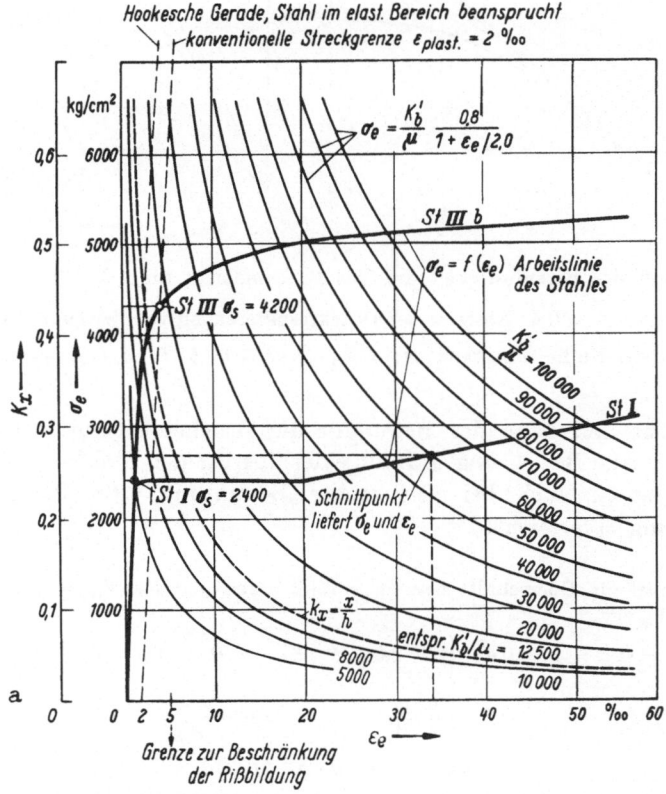

a) Ermittlung der Stahldehnung und -spannung aus Betongüte und Bewehrungsziffer für Rechteckquerschnitte:

K'_b: reduzierte Prismenfestigkeit des Betons mit $0,8\frac{2}{3} W_{28} = 0,53 W_{28}$ anzusetzen ($\frac{2}{3}$ = Sondersicherheit für Beton),

ε_b: Bruchstauchung des Betons = $2^0/_{00}$,

α: Völligkeitsgrad = 0,8 gemäß [245],

aus der Gleichsetzung beider Ausdrücke für k_x aus Abb. 2.2/37a und b folgt:

$$\frac{\mu \cdot \sigma_e}{\alpha \cdot K'_b} = \frac{1}{1+\dfrac{\varepsilon_e}{\varepsilon_b}}; \qquad \sigma_e = \frac{K'_b}{\mu} \cdot \frac{\alpha}{1+\dfrac{\varepsilon_e}{\varepsilon_b}}$$

aus der Arbeitslinie des Stahles: $\sigma_e = f(\varepsilon_e)$;

Forts. der Abb. s. S. 186

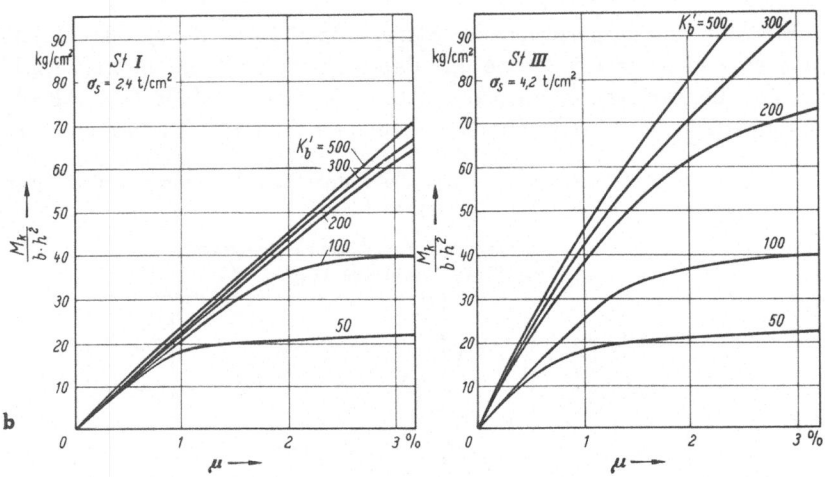

b) Einfluß der Betonfestigkeit auf das Bruchmoment für $\alpha = 0,75$; $\varepsilon_b = 2^0/_{00}$; σ_e aus a); $\beta = \dfrac{y}{x} = 0,4$: Abstand der Druckresultierenden von der Druckkante, bezogen auf den Nullinienabstand; $M_K = F_e \cdot \sigma_e \cdot z = \mu \cdot b \cdot h^2 \cdot \sigma_e \cdot k_z$; $k_z = 1 - \beta \cdot k_x$

ansprucht und dann der Beton für die Brucheinleitung maßgebend wird („starke Bewehrung"). Infolge der überlegenen Stahlreckung wird jedoch stets, auch bei „schwacher Bewehrung" die Betonbruchstauchung ε_b erreicht.

Beispiel für Querschnitt bewehrt mit St I und $\mu = 1\%$. $W_{28} = 225$. $\sigma_e = \sigma_s = 2400$ kg/cm².

$$\alpha = 0,75; \quad \beta = 0,4; \quad \varepsilon_b = 2,0^0/_{00}; \quad K_b' = \frac{2}{3} 0,8 \cdot W_{28} = 0,53 \cdot W_{28}.$$

$$k_x = \frac{\mu \cdot \sigma_e}{0,4 \cdot W_{28}} \qquad k_z = 1 - \frac{\mu \cdot \sigma_e}{W_{28}}.$$

$$M_K = b \cdot h^2 \cdot \mu \cdot \sigma_e \cdot k_z.$$

$\dfrac{W}{W_{28}}$	1	0,9	0,8	0,7	0,6	0,5
$k_x = \dfrac{x}{h}$	0,266	0,296	0,333	0,381	0,444	0,533
$k_z = \dfrac{z}{h}$	0,893	0,881	0,867	0,847	0,822	0,786
$\dfrac{M_K}{b\,h^2}$	21,4	21,2	20,8	20,3	19,7	18,9
%	100	99	97	95	92	88

Abb. 2.2/39. Einfluß der Minderfestigkeit W des Betons gegenüber dem Sollwert W_{28} bei einem Rechteckquerschnitt auf das rechnerische Bruchmoment.

Praktisch ist diese Ermittlung zu umständlich, so daß man mitunter σ_e auf σ_s (Streckgrenze) begrenzt [246]. Dann ist:

$$k_x = \frac{\mu \cdot \sigma_s}{0{,}4 \cdot W_{28}}; \quad k_z = 1 - \frac{\mu \cdot \sigma_s}{W_{28}}; \quad M_K = b \, h^2 \cdot \mu \, \sigma_s \cdot k_z \, .$$

In ähnlicher Weise ergeben sich einfache Zusammenhänge, wenn man eine „kritische Stahldehnung" (etwa $\varepsilon_K = 5^0/_{00}$) unabhängig von der Stahlsorte festlegt [247], um die Grenze der Brauchbarkeit zu definieren.

Die Größe der Druckzone beim Rechteckquerschnitt paßt sich bei gegebener Bewehrung der Betonqualität an. Die Abnahme von M_K infolge nicht erreichter Betonfestigkeit ist daher nur gering (Abb. 2.2/39).

Abb. 2.2/40. Auswirkung verschiedener Aufteilungen der Gesamtbewehrung auf Zug- und Druckzone bei elastischer und n-freier Bemessung

Beispiel: Rechteckquerschnitt mit B 225, St III, $\dfrac{\sigma_e}{\sigma_b} = \dfrac{2400}{80}$

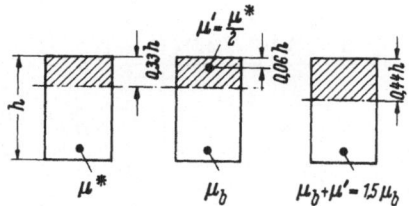

a) ohne Druckbewehrung: $\mu_a = \mu^*$; $k_z = k_z^*$

b) mit Druckbewehrung: $\mu' = \dfrac{\mu^*}{2}$

$$\mu_b = \mu^* + \Delta\mu = \mu^* + \frac{\sigma_e'}{\sigma_e}\mu' \qquad\qquad = 1{,}21\,\mu^*$$

c) Zugbewehrung um den Anteil der Druckbewehrung vergrößert:

$$\mu_c = \mu^* + \Delta\mu + \mu' \qquad\qquad = 1{,}71\,\mu^*$$

Vergleich der bezogenen kritischen Momente und der bezogenen Gesamtbewehrungsprozentsätze:

Fall	n-Verfahren	Traglastverfahren	Gesamtbewehrung
	$\dfrac{1{,}75 \text{ zul } M}{M_{Ka}}$	$\dfrac{M_K}{M_{Ka}}$	$\dfrac{\mu + \mu'}{\mu^*}$
a)	0,99	1,00	1,00
b)	1,20	1,24	1,71
c)	1,18	1,56	1,71

Bei gleichem Gesamtbewehrungsprozentsatz ist im Fall b) das kritische Moment nur um 24%, im Fall c) hingegen um 56% größer als im Fall a). Im Bereich „schwacher Bewehrung" ist also das Vergrößern der Zugbewehrung wirkungsvoller als die Anordnung einer Druckbewehrung. Mit dem n-Verfahren läßt sich das allerdings nicht nachweisen.

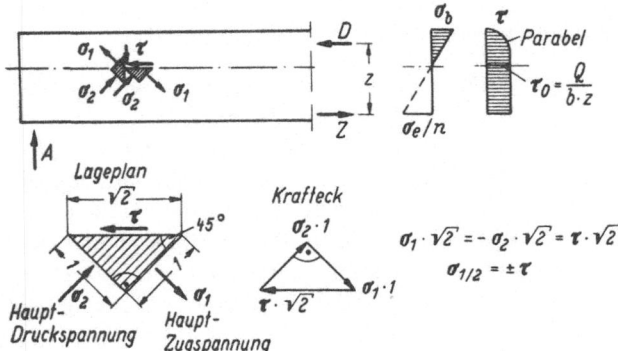

Abb. 2.2/41a. Schub- und schräge Hauptspannungen bei gerissener Zugzone.

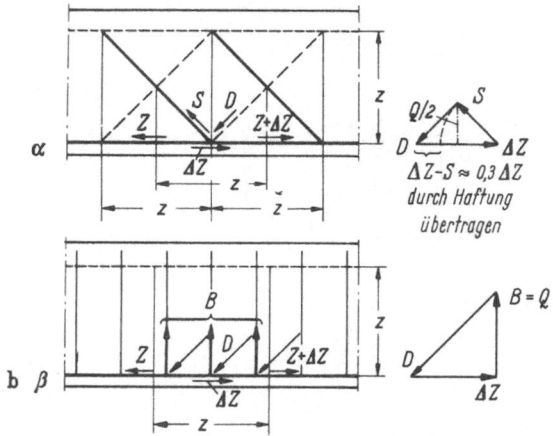

Abb. 2.2/41b. Schub- und Haftspannungen zwischen Bewehrung und Beton.

α) Schubsicherung mit Schrägstäben, abgeleitet aus dem Fachwerkgleichnis von MÖRSCH (Strebenfachwerk)

$$f_s = \frac{S}{\sigma_e \cdot z} = \frac{Q}{\sqrt{2} \cdot \sigma_e \cdot z} \quad \text{Schrägstabquerschnitt je m Balkenlänge,}$$

0,7 ΔZ durch Umlenkung von S aufgenommen,
0,3 ΔZ durch Haftspannungen aufgenommen,

$$\tau_h \cdot U \cdot z = 0,3 \, \Delta Z = \frac{0,3 \, \Delta M}{z} = \frac{0,3 \, Q \cdot z}{z} = 0,3 \, Q \qquad \tau_h = \frac{0,3 \, Q}{U \cdot z}$$

U = Umfang der durchgehenden Bewehrung

β) Schubsicherung mit Bügeln (Ständerfachwerk)

$$f_B = \frac{B}{\sigma_e \cdot z} = \frac{Q}{\sigma_e \cdot z} \quad \text{Bügelquerschnitt je m Balkenlänge,}$$

ΔZ durch Haftspannungen aufgenommen.

$$\tau_h \cdot U \cdot z = \Delta Z = \frac{\Delta M}{z} = Q = B \qquad \tau_h = \frac{Q}{U \cdot z}$$

Ergebnis: Schrägstäbe vermindern die Haftspannungen im Balkeninnern auf ≈ 30%.

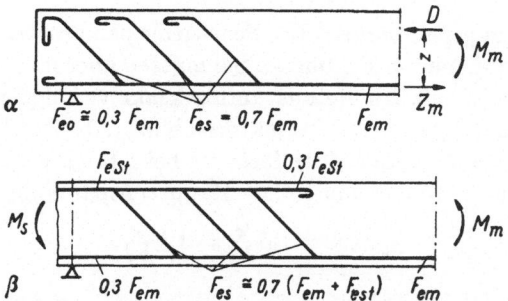

Abb. 2.2/41c. Bedarf an Schrägstäben, wenn alle Schrägspannungen hiermit gedeckt werden, bei feldweiser Gleichlast.

α) beim einfachen Balken

Schubfluß $\quad t = \dfrac{Q}{z}$

Schubkraft $\quad T = \displaystyle\int_0^{l/2} t \cdot dx = \frac{1}{z} \int_0^{l/2} Q\,dx = \frac{M_m}{z}$

Schrägbew. $F_s = \dfrac{T}{\sqrt{2}\cdot\sigma_e} = \dfrac{M_m}{z\cdot\sqrt{2}\cdot\sigma_e} = \dfrac{F_{em}}{\sqrt{2}}$

β) beim durchlaufenden Balken

Schubkraft $\quad T = \dfrac{M_m + M_s}{z}$ $\qquad$ Schrägbew. $F_s = \dfrac{T}{\sqrt{2}\cdot\sigma_e} = \dfrac{F_{em} + F_{est}}{\sqrt{2}}$

Ebenso ändert sich das kritische Moment M_K nur um wenige Prozent, wenn der üblichen Bemessung für das Moment $M_q = \dfrac{M_K}{\nu}$ verschiedene Werte $n = \dfrac{E_e}{E_b}$ zugrunde gelegt werden [238]. Schließlich läßt sich „n-frei" nachweisen, daß eine zusätzliche Bewehrung auf der Zugseite wesentlich wirksamer ist als auf der Druckseite (Abb. 2.2/40). Druckbewehrung erweist sich daher bei niedrigen Querschnitten als unwirtschaftlich. Insgesamt zeigt die „n-freie" Nachprüfung der Tragmomente, daß die Bemessung nach den zulässigen Spannungen die gewünschte Sicherheit gewährleistet.

Aus dem Tragmoment M_K lassen sich für den Rechteckquerschnitt durch Dividieren mit der Sicherheitszahl $\nu = \dfrac{M_K}{M} = 1,75$ Bemessungsformeln in der üblichen Form gewinnen:

$$h = k_h \sqrt{\frac{M}{b}}, \quad k_h = \sqrt{\frac{\nu}{\mu \cdot \sigma_s \cdot k_z}}, \quad F_e = k_e \cdot \frac{M}{h}, \quad k_e = \frac{1}{k_z\,\sigma_e}$$

und tabellieren. Für den Bruch des Plattenbalkenquerschnittes ist praktisch stets der Stahl maßgebend und daher unter Vernachlässigung der Spannungen im Steg mit $z = h - \dfrac{d}{2}$, $M_K \approx F_e \cdot \sigma_s \cdot \left(h - \dfrac{d}{2}\right)$ zu setzen. Die Diskussion der Grundwerte ist noch nicht abgeschlossen [239].

2. Schrägzugspannungen. Die Schrägzugspannungen sind kleiner als die Biegespannungen in Feldmitte. Sie müssen aber im Hinblick auf die geringe Zugfestigkeit des Betons aufmerksam verfolgt werden.

Im *Stadium I* gibt das Trajektorienbild (Abb. 2.2/64a) ein Bild von ihrem Verlauf. In der Mittelfaser ist beim Rechteckquerschnitt die Größe der unter 45° verlaufenden Hauptzugspannung

$$\sigma_1 = \tau = 1{,}5\,\frac{Q}{F_b} = 1{,}5\,\frac{Q}{b\,d}.$$

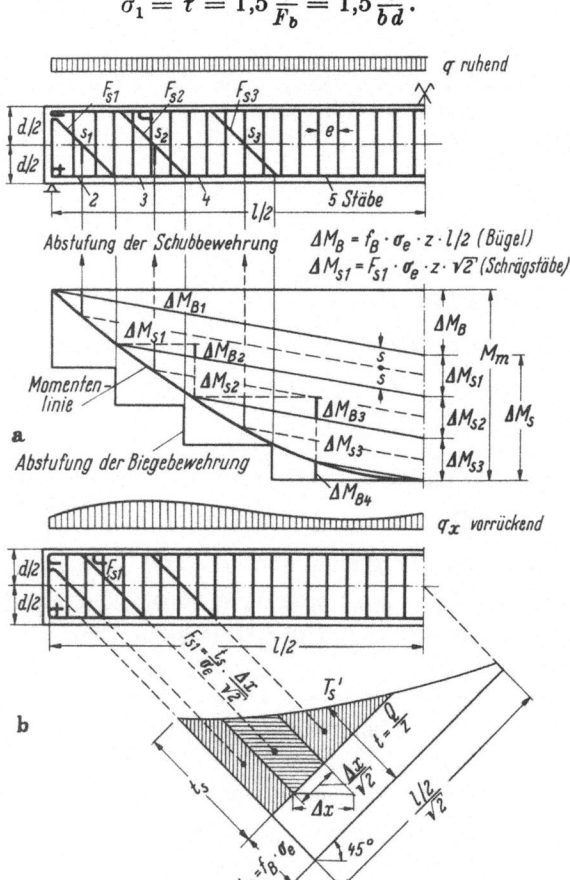

Abb. 2.2/42a u. b. Aufteilung der „Schub"bewehrung.
a) aus der Momentenfläche bei ruhender Last [240.5], b) aus der Schubkraft-fläche für ruhende oder bewegliche Last [240.1]

Im *Stadium II* fallen die Schubspannungen und die gleichgroßen schrägen Hauptzugspannungen wegen des größeren Hebelarmes der inneren Kräfte kleiner aus: $\sigma_1 = \tau_0 = \dfrac{Q}{b \cdot z} \approx 1{,}25\,\dfrac{Q}{F_b}$. Bei Überschreitung von zul. τ nach DIN 1045 sind alle Schrägkräfte durch Stahl zu decken.

Der sog. „Schubspannungsnachweis" und die „Schubsicherung" sind in Wirklichkeit eine Deckung der Hauptzugspannungen (Abb. 2.2/41 a). Das von MÖRSCH [240.1] eingeführte Fachwerkgleichnis läßt deutlich erkennen, wie sich die Schrägzugkräfte Z_s aus den Zunahmen der Gurtkräfte ableiten (Abb. 2.2/41 b). Sie werden aus der Schubkraft $t = \tau \cdot b = \dfrac{Q}{z}$ je Längeneinheit des Balkens ermittelt und entweder durch Schrägstäbe $f_s = \dfrac{t}{\sqrt{2} \cdot \sigma_e}$ oder durch Bügel $f_B = \dfrac{t}{\sigma_e}$ gedeckt. Bei Balken mit feldweiser Gleichlast ist die Gesamtmenge der „Schubbewehrung" für eine Balkenhälfte (Abb. 2.2/41 c) $F_s = \dfrac{M_m}{\sqrt{2} \cdot \sigma_e \cdot z}$ bzw. $F_B = \dfrac{M_m}{\sigma_e \cdot z}$ und kann auch aus der Summe der Momentenwerte mit

$$F_s = \frac{M_m + M_s}{\sqrt{2} \cdot \sigma_e z} \approx 0.7 \, (F_{em} + F_{est}) \quad \text{bzw.} \quad F_B = F_{em} + F_{est} \text{ hergeleitet}$$

werden. Bei Balken mit vorrückender Verkehrslast ist mittels Einflußlinien für jeden Querschnitt Q_{max} und daraus $t = \dfrac{Q}{z}$ aufzusuchen. Die Lage der Schrägstäbe wird, immer unter Berücksichtigung der Momentendeckung, entweder (nur für ruhende Last) aus der M-Fläche (Abb. 2.2/42 a) oder (in allen Fällen anwendbar) aus den Schubkraftflächen (Abb. 2.2/42 b) gewonnen.

Bei größeren und verhältnismäßig hohen Stegen von Stahlbetonbalken ist es mitunter vorteilhaft, die senkrechten Spannungen infolge der Stützkräfte in Rechnung zu stellen, da sie die Hauptzugspannungen vermindern (Abb. 2.2/64 c) [248]. Man erreicht hierdurch nicht nur eine Verringerung der Gesamtschubkraft, sondern auch eine Verschiebung der Aufbiegungen vom Auflager fort, was konstruktive Erleichterungen bringt (Abb. 2.2/43 a). Auch die senkrechte Komponente einer geneigten Gurtkraft wirkt in gleichem Sinne, da sie die Querkräfte Q auf $Q' = Q - \dfrac{M}{h} \tan \alpha$ vermindert, sofern Moment und Querschnittshöhe miteinander ansteigen. Steigen sie gegeneinander an, tritt eine Vermehrung von Q ein (Abb. 2.2/43 b).

Im *Stadium III* ist die Beanspruchung der „Schub"bewehrung noch sehr problematisch. Sie ist aber jedenfalls geringer und steigt langsamer als die Lasten an, so daß die Bemessung nach Stadium II auf der sicheren Seite liegt [249] (vgl. Abschn. 2.241. 1).

3. Torsionsspannungen. *Stadium I.* Bei unbehinderter Verwölbung der Querschnitte stellt sich in homogenen Querschnitten ein reiner Schubspannungszustand ein, der wieder gleichgroße Zug- und Druckspannungen unter 45° zur Achse zur Folge hat. Versuche [250] haben entsprechende, unter 45° verlaufende Risse gezeigt. Für einen Rechteckquerschnitt ist infolge eines Drillungsmomentes M_D die größte Schubspannung (Abb. 2.2/44a) [251]

$$\tau = \eta_2 \frac{M_D}{dF} \qquad \eta_2 \approx 3 + \frac{2,6}{b/d + 0,45}.$$

Abb. 2.2/43a u. b. Verminderung der Schub- und Schrägkräfte.

Teillast P des gleichförmig verteilten Stützendruckes verteilt sich etwa unter 45° nach oben. Die Druckfigur hat die Form einer Glockenkurve und wird zur Berechnung der Abminderung durch ein Dreieck angenähert.

Spannungen σ_y nach Summation über die Stützenbreite.

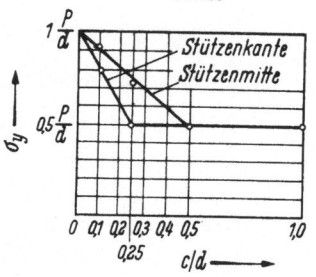

Hauptspannungen σ_1 (MOHRscher Kreis, vgl. auch Abb. 1.1/14)

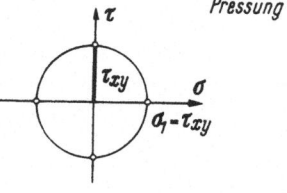
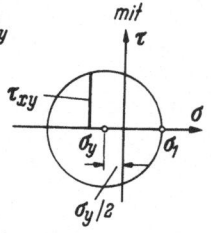

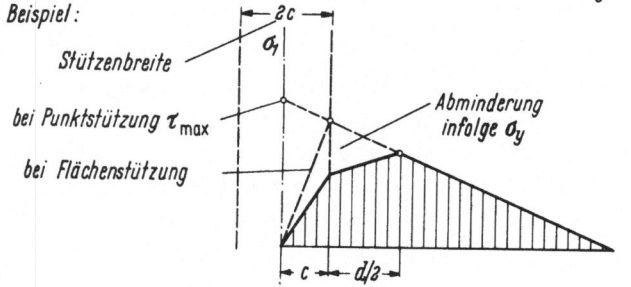

a) Durch die senkrechten Druckspannungen bei den Zwischenstützen gedrungener Balken [248]. Nach neueren Versuchen vermindert die Reduktion der Schubbewehrung, die aus dem günstigen Einfluß dieser Druckspannungen abgeleitet wird, die Tragfähigkeit im Bruchzustand. Es ist daher Vorsicht geboten!

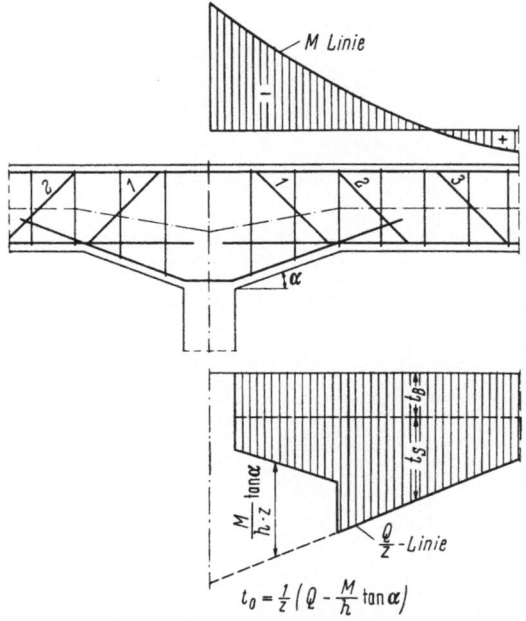

b

b) Durch wechselnde Balkenhöhe (M- und Q-Linien nur bei einem Feld des Durch-
laufträgers dargestellt. Querkraftabminderung, wenn sich Moment und Träger-
höhe in gleicher Weise ändern, z. B. Momentenzunahme und Höhenvergrößerung)

Einen unregelmäßigen Querschnitt wird man durch eine einbeschrie-
bene Ellipse approximieren, für die $\eta_2 = 4{,}0$ ist (Abb. 2.2/44b).

Die Verdrehung je Längeneinheit des Balkens beträgt $\vartheta = \dfrac{M_D}{G \cdot J_D}$.

Kreis: $J_D = F\dfrac{d^2}{8}$ $\qquad\qquad\qquad\qquad G \approx 0{,}4\,E$.

Ellipse: $J_D = F\dfrac{d^2}{8}\,\dfrac{2}{1 + (d/b)^2}$

Quadrat: $J_D \approx F\dfrac{d^2}{7{,}1}$

Rechteck: $J_D \approx F\dfrac{d^2}{3}\left(1 - 0{,}63\dfrac{d}{b} + 0{,}052\dfrac{d^5}{b^5}\right) = Fd^2\,\eta_3$

$\dfrac{b}{d} = \quad 1 \qquad 2 \qquad 4 \qquad 8$

$\eta_3 = 0{,}14 \quad 0{,}23 \quad 0{,}28 \quad 0{,}31$.

Wird die Wölbung der Querschnitte entweder an einer Einspannung
oder durch wechselnde Größe des Drillungsmomentes behindert, so
treten Längsspannungen auf [252]. Da wir die Bewehrung im Stadium II

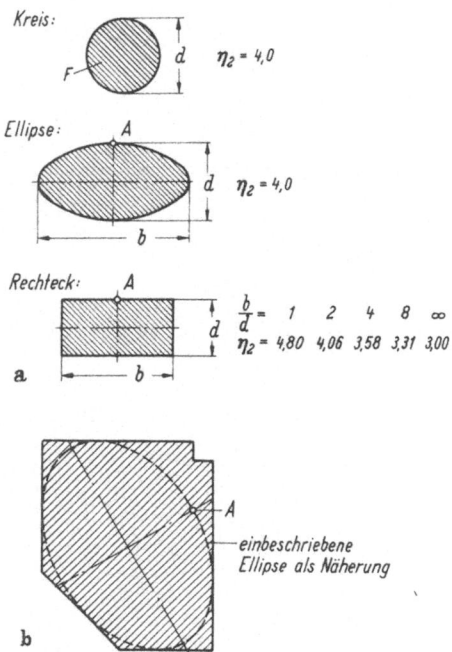

b

Abb. 2.2/44a u. b. Drillungsspannungen in homogenen Querschnitten bei freier Verwölbung der Querschnitte (Drillmoment M_D = const, Endflächen unbehindert). a) **Maximale Schubspannungen um Punkt** A (Ende des kleinsten Durchmessers): $\tau = \eta_2 \cdot \dfrac{M_D}{d \cdot F}$, b) unregelmäßiger Querschnitt

nach einem sehr vereinfachten Gleichgewichtsbild bemessen, vernachlässigt man sie meistens.

Stadium II. Da der Beton auf Zug versagen kann, weist man die Zugkräfte einer Bewehrung zu, sofern τ eine gewisse Grenze überschreitet (DIN 1045). Man legt diese an die Außenseite des Querschnittes und berechnet die aufzunehmende Kraft je Längeneinheit des Umfanges aus dem Schubfluß eines entsprechenden Hohlquerschnittes (Abb. 2.2/45a); dieser beträgt unabhängig von der Querschnittsform und Wandstärke: $t = \dfrac{M_D}{2\,F_H}$, woraus eine Schrägbewehrung $f_s = \dfrac{t}{\sqrt{2} \cdot \sigma_e}$ oder eine Orthogonalbewehrung $f_B = \dfrac{t}{\sigma_e}$ abgeleitet wird (Abb. 2.2/45 b) [253]. Zur Berechnung des Verdrehungswinkels gibt es keine Unterlagen; jedenfalls wird dieser aber wesentlich größer sein als im homogenen Stadium I, was z. B. bei der Einspannung einer Platte in einen torsionssteifen Balken zu beachten ist.

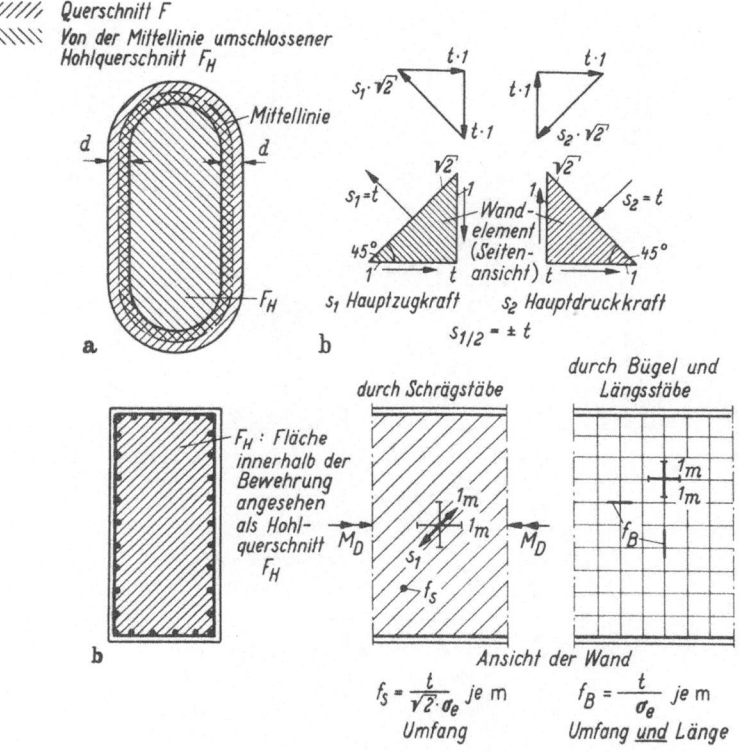

Abb. 2.2/45a u. b. Drillungsbewehrung gerissener Querschnitte.

a) Schubfluß $t = \tau \cdot d$ von Hohlquerschnitten mit dünner Wandstärke d

$t = \dfrac{M_D}{2 F_H}$ (unabhängig von Wandstärke, konstant auf dem ganzen Umfang)

(BREDTSCHE Formel).

$\tau = \dfrac{t}{d}$ (abhängig von Wandstärke),

b) Aufnahme der Zugkräfte S_1 in Stahlbetonquerschnitten

2.232 Bemessung von Spannbetonquerschnitten [254]

Da sowohl die Riß- als auch die Bruchsicherheit gefordert werden, sind der Gebrauchs- und der kritische Zustand zu untersuchen, denn es kann nicht von einem auf den anderen geschlossen werden.

1. Gebrauchszustand. *a) Längsspannungen.* Ausgangspunkt der Untersuchung ist ein Balken mit bekannter, künstlich erzeugter Anfangsspannkraft Z_0 (Abb. 1.2/17). Wenn nicht gegen den erhärteten Beton vorgespannt wird, sondern zunächst gegen feste Widerlager (Abb. 1.2/16), so ist die Spannkraft Z_{00} als äußere Kraft am Balken anzubringen und daraus $Z_0 = Z_{00} (1 - \alpha)$ (vgl. Abb. 1.1/28) zu berechnen.

13*

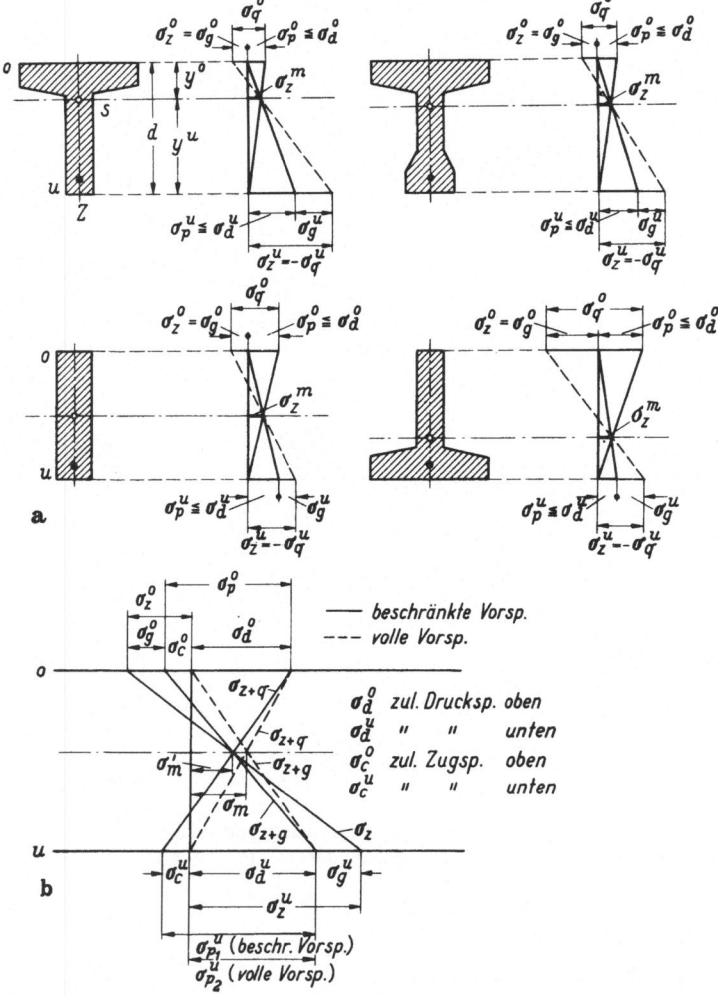

Abb. 2.2/46 a u. b. Spannungsverhältnisse bei verschiedener Höhenlage des Schwerpunktes.

a) bei voller Vorspannung σ_p Spannungen infolge veränderlicher (Nutz) Last p

σ_g Spannungen infolge minimaler (ständiger) Last g

σ_z Vorspannungen infolge Spannkraft Z

σ_q Spannungen infolge maximaler (Voll) Last q

b) bei beschränkter Vorspannung

Grundgleichungen: Anfangszustand (Spannkraft Z_0) — Endzustand (Spannkraft Z)

oberer Rand: $\min \sigma^o = \sigma^o_{z_0} + \sigma^o_g = 0; \ (\sigma^o_c)$ $\max \sigma^o = \sigma^o_z + \sigma^o_q = \sigma^o_d$

unterer Rand: $\max \sigma^u = \sigma^u_{z_0} + \sigma^u_g = \sigma^u_d$ $\min \sigma^u = \sigma^u_z + \sigma^u_q = 0; \ (\sigma^u_c)$

Die Forderung, sowohl σ^o_d als auch σ^u_d ($\approx 1,3 \ \sigma^o_d$ zugelassen) gleichzeitig auszunutzen, läßt sich am besten beim T-Querschnitt erfüllen (vgl. Diagramme) und liefert

$$\frac{y^o}{y^u} \approx \frac{1}{1,3}; \ y^o \approx 0,43 \, d.$$

Bei Spannbeton wird angestrebt, an den beiden Querschnittsrändern je zwei Bedingungen zu erfüllen (Abb. 2.2/46):

oberer Rand: maximal σ_d^o; minimal σ_c^o bei beschränkter Vorspannung
                  0 bei voller Vorspannung
unterer Rand: maximal σ_d^u; minimal σ_c^u bei beschränkter Vorspannung
                  0 bei voller Vorspannung

Die Spannungen setzen sich aus den zwei voneinander unabhängigen Anteilen: Lastspannungen σ_g und σ_p (g ständige Last, p bewegliche Last) und den Vorspannungen (σ_z) zusammen. Die Ausnutzung der zulässigen Spannungen an beiden Rändern läßt sich höchstens in *einem*

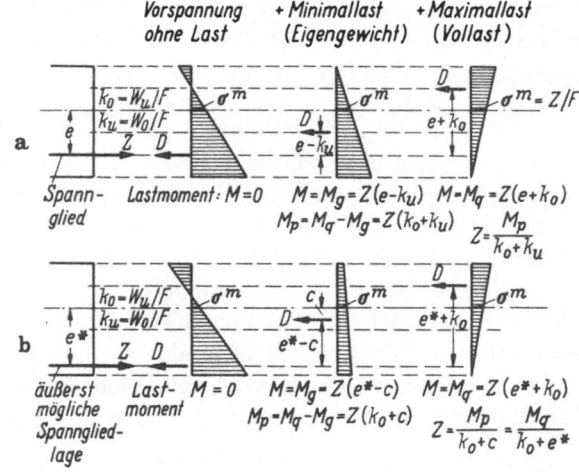

Abb. 2.2/47 a u. b. Lage und Größe der Druckkraft (konstant angen.) bei verschiedenen Laststufen.
a) Alle vier Grenzwerte der Randspannungen erreichbar, b) $\sigma^o = 0$ nicht erreichbar, da Spannglied außerhalb des Querschnittes liegen müßte

Querschnitt verwirklichen; in den übrigen Querschnitten können die Spannungen nur in den angegebenen Grenzen gehalten werden.

Die Bemessung eines Querschnittes für das Maximal- und Minimalmoment unter Einhaltung der zulässigen Spannungen läuft auf ein Probieren hinaus [221]. Sie läßt sich übersichtlicher gestalten, wenn man die Zusammenhänge vereinfacht und dadurch die funktionalen Abhängigkeiten leichter übersieht. Im betrachteten Querschnitt liegt die Spannkraft Z nach Größe und Lage fest, während die Resultierende der Druckspannungen entsprechend dem Lastmoment wandert (Abb. 2.2/47a). Bei voller Vorspannung muß sie innerhalb des Querschnittskernes bleiben. Hieraus folgt:

$$Z = \frac{M_p}{k_o + k_u}; \quad e = \frac{M_g}{Z} + k_u = \frac{M_q}{Z} - k_o.$$

Wenn der errechnete Wert für e größer ausfällt als der ausführbare Wert e^*, muß man auf die Erfüllung *einer* Randbedingung verzichten ($\sigma^o = 0$) (Abb. 2.2/47 b). Dann ist $Z = \dfrac{M_q}{k_o + e^*}$. Die Gültigkeit des Zustandes, bei dem die Spannkraft unabhängig von der ständigen Last ist, wird begrenzt durch $\dfrac{M_g}{M_q} \leq \dfrac{e^* - k_u}{e^* + k_o}$ (Rechteckquerschnitt etwa $M_g < 0{,}4\,M_q$; I-Querschnitt etwa $M_g < 0{,}3\,M_q$). Bei Balken mit geringem Nutzlastanteil M_p (Dachbinder, Brücken: $M_p < 0{,}5\,M_q$) wird man daher stets $e = e^*$ zu wählen haben. Bei Montagebalken für Decken ($M_g \approx 0$) muß man dagegen das Spannglied in den unteren Kernpunkt legen, wenn Zugspannungen in der oberen Randfaser ausgeschlossen werden sollen, oder auch dort vorspannen.

Die erforderlichen Widerstandsmomente ergeben sich, solange $e < e^*$ ist, zu: $W_o = \dfrac{J}{y^o} = \dfrac{M_p}{\sigma_d^o}$; $W_u = \dfrac{J}{y^u} = \dfrac{M_p}{\sigma_d^u}$. Sie sind wieder unabhängig vom Eigengewichtsanteil, weil dieser ja allein von der Exzentrizität des Spanngliedes zum unteren Kernpunkt aufgenommen wird, sofern das innerhalb des Querschnittes möglich ist. Wir erkennen aus dem ausschlaggebenden Einfluß der „Momentenschwankung" $M_p = M_q - M_g$, daß Spannbeton besonders bei vorherrschender ständiger Last wirtschaftlich ist. Bei Vorzeichenwechsel der Momente fallen Querschnitt und Bewehrung größer als bei Stahlbeton aus, so daß Spannbeton in solchen Fällen (Stützen mit Windmomenten, Maste) kaum in Betracht kommt. Damit beide Druckspannungen σ_d^o und σ_d^u nach DIN 4227 [255] ausgenutzt werden, muß $\dfrac{y^o}{y^u} = \dfrac{\sigma_d^o}{\sigma_d^u} \approx \dfrac{1}{1{,}3}$ mithin $y^o \approx 0{,}43\,d$ sein. Bei symmetrischen Querschnitten ist $W_o = W_u$ $= \dfrac{M_p}{\sigma_d}$ und an beiden Rändern kann nur σ_d^o ausgenutzt werden. Wenn $e = e^*$ ausgeführt werden muß, ist $W_o = \dfrac{M_q}{\sigma_d^o} \cdot \dfrac{k_o + k_u}{k_o + e^*}$, W_u $= \dfrac{M_p}{\sigma_d^u}$ oder $J = \dfrac{M_q}{\sigma_d^o} \cdot \dfrac{d \cdot k_o}{k_o + e^*}$. Dann wird $\dfrac{y^o}{y^u} < \dfrac{1}{1{,}3}$, was auf die besondere Eignung des T-Querschnittes bei vorherrschendem Eigengewicht hinweist (Abb. 2.2/46a).

Bei beschränkter Vorspannung läßt man gewisse Zugspannungen an der Ober- und Unterseite (σ_c^o bzw. σ_c^u) zu (Abb. 2.2/46b), was einer Erweiterung des Kernes auf k_o' und k_u' entspricht:

$$k_o' = k_o \,\frac{1 + \dfrac{\sigma_c^u}{\sigma_d^o}}{1 - \dfrac{\sigma_c^u}{\sigma_d^o} \cdot \dfrac{y_o}{y_u}}\,, \qquad k_u' = k_u \,\frac{1 + \dfrac{\sigma_c^o}{\sigma_d^u}}{1 - \dfrac{\sigma_c^o}{\sigma_d^u} \cdot \dfrac{y^u}{y^o}}\,.$$

Dann ist vereinfacht, aber genügend genau

$$Z = \frac{M_p}{k'_o + k'_u}, \qquad e = \frac{M_g}{Z} + k'_u = \frac{M_q}{Z} - k'_o,$$

$$W_o = \frac{M_p}{\sigma^o_d + \sigma^o_c}; \qquad W_u = \frac{M_p}{\sigma^u_d + \sigma^u_c},$$

ferner für den Fall $e = e^*$:

$$Z = \frac{M_q}{k'_o + e^*}; \qquad W_o = \frac{M_q}{\sigma^o_d} \cdot \frac{k'_o + k_u}{k'_o + e^*}; \qquad W_u = \frac{M_p}{\sigma^u_d + \sigma^u_c};$$

$$J = \frac{M_q}{\sigma^o_d + \sigma^u_c} \cdot \frac{d k'_o}{k'_o + e^*}.$$

Die Grenze zwischen beiden Fällen liegt bei $\dfrac{M_g}{M_q} = \dfrac{e^* - k'_u}{e^* + k'_o}$; und zwar unter derjenigen für volle Vorspannung. Man ersieht ferner aus den

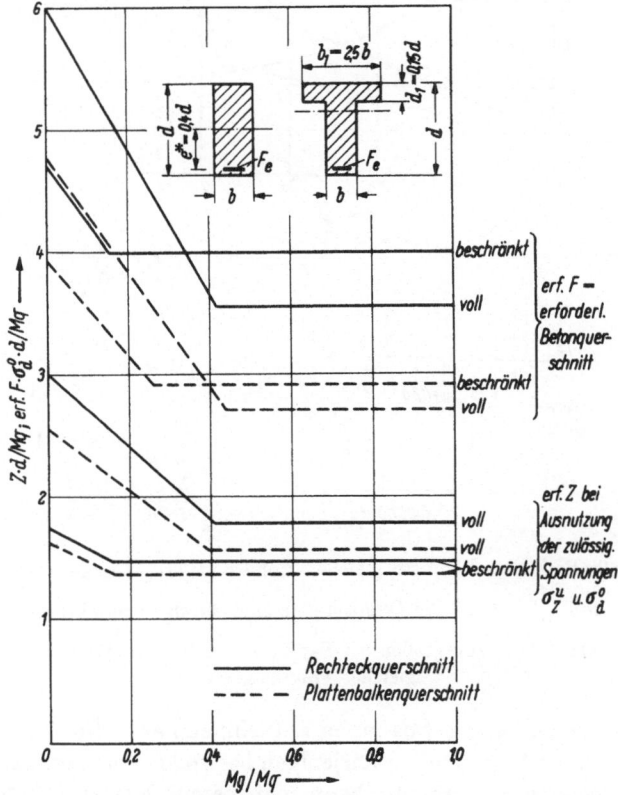

Abb. 2.2/48. Vergleich der Betonabmessungen und der Spannkraft bei voller und beschränkter Vorspannung für verschiedene Verhältnisse $\dfrac{M_g}{M_q}$ (ohne Kriechen und Schwinden) bei konstanter Querschnittshöhe (genaue Werte)

Formeln, daß bei beschränkter Vorspannung die Spannkraft kleiner und das erforderliche Widerstandsmoment nur wenig größer ausfallen, wodurch die Wirtschaftlichkeit gesteigert wird (Abb. 2.2/48). Allerdings muß der Zugspannungskeil durch schlaffe Bewehrung gedeckt werden (DIN 4227 § 11), sofern nicht das Spannglied diese Zusatzkraft im

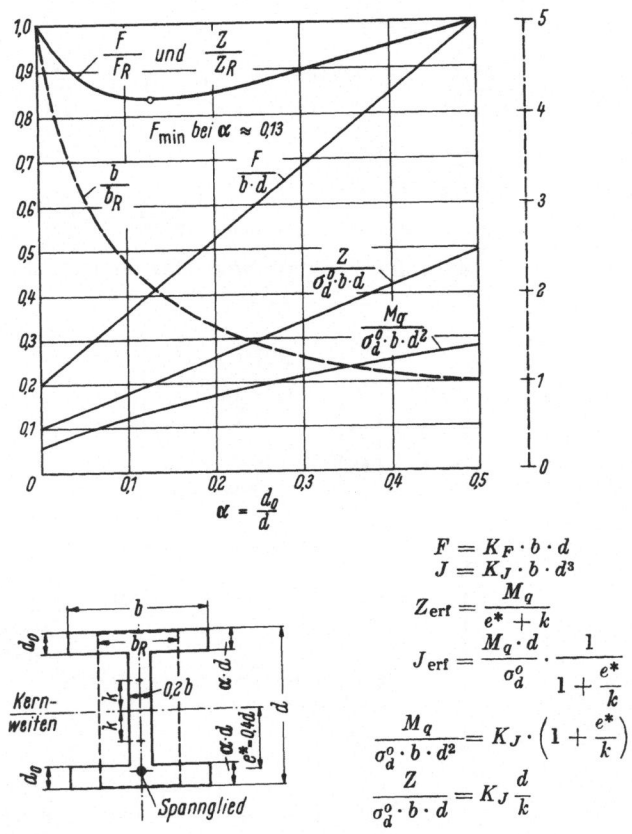

Abb. 2.2/49. Balkenquerschnitte gleicher Höhe und Tragfähigkeit für volle Vorspannung und $\dfrac{M_g}{M_q} \geq 0,6$. Die Querschnitte sind durch Formfaktoren K_F und K_J charakterisiert. Die Bezugsgrößen b_R, F_R, Z_R gelten für den Rechteckquerschnitt gleicher Tragfähigkeit.

Rahmen der zulässigen Spannung aufnehmen kann. Die Verringerung der Spannkraft Z' gegenüber derjenigen bei voller Vorspannung (Z) bei gleichbleibendem Querschnitt kann man bereits aus Abb. 2.2/46b ablesen. Die Spannkraft Z ist stets $\sigma_m \cdot F_b$, woraus $Z' = Z\,\dfrac{\sigma_m}{\sigma_m'} < Z$ folgt. Man erkennt weiter, daß die Verminderung des Querschnittes F_b bei

Spannbeton nicht nur das Gewicht des Balkens, sondern auch unmittelbar die erforderliche Spannkraft herabsetzt.

Wirtschaftliche Querschnittsformen sind dadurch charakterisiert, daß sie ein gegebenes Moment mittels einer möglichst kleinen Spannkraft aufnehmen. Der Ausdruck für $Z = \dfrac{M_p}{k_o + k_u} = \dfrac{M_p\,y^o\,y^u}{i^2 \cdot d}$ zeigt, daß bei gegebener Balkenhöhe $i^2 = \dfrac{J}{F_b}$ durch Konzentration der Querschnittsfläche an den Rändern möglichst groß werden soll (Abb. 2.2/49), d. h. aus Steg und Gurten gebildete Profile vorzuziehen sind. Die Profilierung findet jedoch eine wirtschaftliche Grenze in den wachsenden Schalungskosten, der erforderlichen konstruktiven, schlaffen Bewehrung und dem erschwerten Einbringen des Betons. Diese Gesichtspunkte sind von Fall zu Fall gegeneinander abzuwägen.

Die Spannkraft, die in den angegebenen Formeln zunächst konstant angenommen wurde, ist Änderungen unterworfen, die aus elastischen und plastischen Verformungen des Betons infolge Nutzlast bzw. ständiger Last herrühren. Erstere erhöhen die Stahlspannung um $n \cdot \sigma_{bp}^e = n \cdot \dfrac{M_p}{J_i}\,e_i$ (σ_{bp}^e Betonspannung in Höhe des Spanngliedes aus Nutzlast p), letztere vermindern sie infolge Kriechens (vgl. Abschn. 1.14) und Schwindens (vgl. Abschn. 1.15) um $\sigma_{z(\varphi+s)}$ (Abb. 2.2/50a). Es genügt, diesen Betrag mit einer Näherungsformel [256] abzuschätzen (Abb. 2.2/50b), da die in DIN 4227 angegebenen Grundwerte ohnehin nur grobe Mittel aus zahlreichen Einflüssen darstellen. Der Kriechverlust an Stahlspannung beträgt (Abb. 2.2/50b):

$$\sigma_{z\varphi} = \frac{n \cdot \varphi\,(1-\alpha)}{1 + \alpha \cdot \dfrac{\varphi}{2}}\,(\sigma_{bz}^e + \sigma_{bg}^e)\,.$$

φ Kriechzahl unter Berücksichtigung der Kriechschonzeit,

$\sigma_{bz}^e + \sigma_{bg}^e$ Betonspannung in Höhe des Spanngliedes infolge der Vorspannung und ständigen Last vor dem Kriechen.

α Anteil der Bewehrung an einer auf diese wirkenden Last 1 (Abb. 1.1/28c).

Die Stahlspannungsänderung hängt mithin in erster Linie von der Betonspannung σ_b^e in Höhe der Bewehrung ab und nur wenig von der Stahlspannung σ_z. Der oftmals mit 1,5 t/cm² angesetzte Kriechverlust kann daher erheblich falsch sein: Bei Deckenbalken ($\sigma_{bg}^e \ll \sigma_{bz}^e$) kann dieser Wert zu klein, bei großen Dachbindern ($\sigma_{bg}^e \approx \sigma_{bz}^e$) zu groß sein; er schwankt etwa zwischen 0,2 und 2,0 t/cm². Der relative Spannungsverlust $\sigma_{z\varphi}/\sigma_{z0}$ ist um so geringer, je höher die Anfangsspannung σ_{z0} ist, d. h., er ist bei hochfesten Stählen prozentual kleiner als bei mittelharten.

Der Verlust an Stahlspannung infolge Schwindens des Betons wird ebenso vereinfacht angesetzt: $\sigma_{zs} = \dfrac{\varepsilon_s E_e (1-\alpha)}{1 + \alpha \cdot \dfrac{\varphi}{2}}$ (vgl. Abb. 2.2/50 b).

Diese Änderungen der Stahlspannung haben von Querschnitt zu Querschnitt andere Werte, da sich e und σ_b^e ändern. Man geht meist sicher, wenn man den für den Mittelschnitt errechneten Verlust σ_{z_φ} für alle Querschnitte annimmt. Bei mehrsträngigen Spannbewehrungen oder erheblichen schlaffen Zulagen wird der Spannungsabfall nach [257]

Abb. 2.2/50a u. b. Verminderung der Spanngliedkraft Z_0 infolge Kriechens und Schwindens.

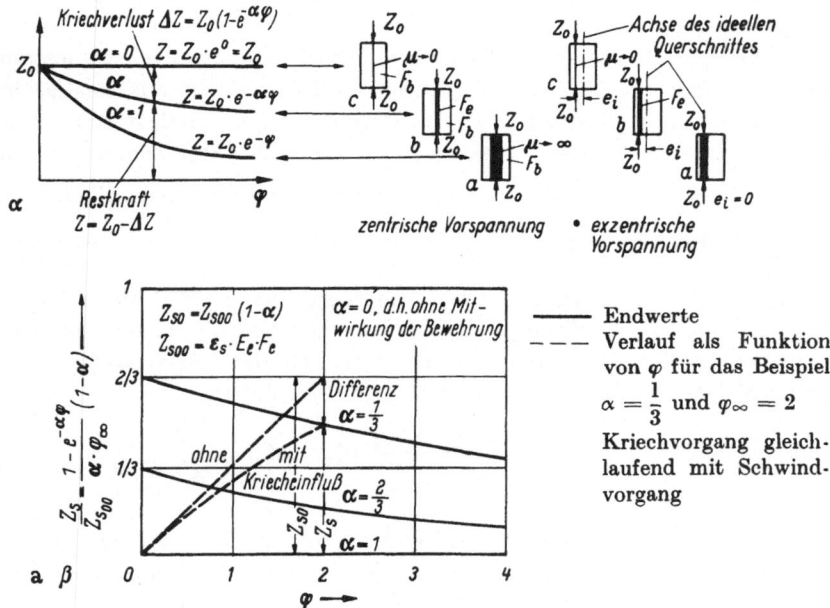

a) Darstellung der Vorgänge:

α) Kriechverlust in Abhängigkeit von der Bewehrungsstärke $\mu = \dfrac{F_e}{F_b}$ bzw. α (vgl. Abb. 1.1/28c) und dem Kriechmaße φ.

Deutung: a Betonsäule zwischen starren Widerlagern eingespannt
        b Betonstab mit Spannglied vorgespannt
        c Betonsäule mit Gewichtsbelastung

β) Schwindverlust:

$Z_{s00} = \varepsilon_s \cdot E_e \cdot F_e$ Schwindverlust ohne Gegenwirkung des Stahles

$Z_{s0} = Z_{s00} (1-\alpha)$ Schwindverlust ohne Abbau durch Kriechen

$Z_s = Z_{s0} \dfrac{1 - e^{-\alpha\varphi}}{\alpha \cdot \varphi_\infty}$ Schwindverlust unter Berücksichtigung des laufenden Abbaues der Betonspannung durch Kriechen.

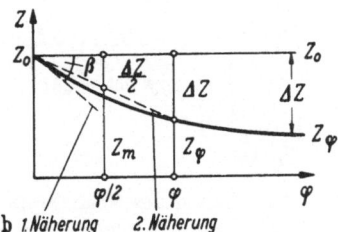

b 1.Näherung 2.Näherung

b) Näherungen zur Berechnung des Verlustes an Stahlspannung $\sigma_{z\,(\varphi\,+\,s)} = \dfrac{\Delta Z}{F_e}$:

α) infolge Kriechens: Abschätzung (zu groß): $\sigma_{z\varphi} = n \cdot \varphi \cdot \sigma_b^e$, σ_b^e: Betonspannung in Höhe des Spanngliedes.

1. Näherung: Anfangstangente $\operatorname{tg} \beta = \dfrac{dZ}{d\varphi} = \alpha \cdot Z_0$,

Kriecherzeugende Betonkraft: $Z_0 = $ const. (brauchbar bis etwa $\alpha\varphi = 0{,}15$) $\Delta Z = \alpha \cdot \varphi \cdot Z_0$; $\sigma_{z\varphi} = \alpha \cdot \varphi \cdot \sigma_{e0} = n \cdot \varphi\,(1 - \alpha) \cdot \sigma_{b0}^e$

da $\sigma_{e0} = n \cdot \sigma_{b0}^e \cdot \dfrac{1 - \alpha}{\alpha}$

2. Näherung: Sehne.

Kriecherzeugende Betonkraft: Mittel Z_m zwischen Anfangs- und Endwert.

$$\Delta Z = \alpha \cdot \varphi \cdot Z_m = \alpha \cdot \varphi \left(Z_0 - \frac{\Delta Z}{2}\right) = \frac{\alpha \cdot \varphi}{1 + \dfrac{\alpha\,\varphi}{2}}\, Z_0 \ (\text{brauchbar bis etwa } \alpha \cdot \varphi = 1)$$

$$\sigma_{z\varphi} = \frac{\alpha \cdot \varphi}{1 + \dfrac{\alpha \cdot \varphi}{2}} \cdot \sigma_{e0} = \frac{n\,\varphi\,(1 - \alpha)}{1 + \dfrac{\alpha\,\varphi}{2}} \cdot \sigma_{b0}^e$$

β) infolge Schwindens:

$$\sigma_{z\varphi} = \frac{\sigma_{e\,s\,0}}{1 + \dfrac{\alpha\,\varphi}{2}}$$

$$\sigma_{e\,s\,0} = (1 - \alpha)\,\varepsilon_s\,E_e$$

oder insbesondere nach dem Kriechfaserverfahren [257.3] ermittelt. In allen Fällen leistet ein einfaches Stufenverfahren gute Dienste [256]. Bei diesem geht man davon aus, daß bei kleinen Kriechabschnitten die kriecherzeugende Spannung als konstant angesehen werden kann. Man unterteilt den Kriech- und Schwindvorgang in 3÷4 Teile und berechnet abwechselnd die Stahl- und Betonspannungsänderungen unter Berücksichtigung der Gleichgewichtsbedingungen (Abb. 2.2/51). Wie in Abschn. 2.222 gezeigt, kann man hierbei gleichzeitig die Ermittlung der Änderungen der Überzähligen eines statisch unbestimmten Systems einbauen.

Erfahrungsgemäß liegt der Kriech- und Schwindverlust bei 5÷20% der Anfangsspannung und die Zunahme der Stahlspannung infolge der Nutzlast bei 5÷15%, die Gesamtänderung also zwischen +5 und −15%. Gewöhnlich trifft man die vereinfachende Annahme, daß die

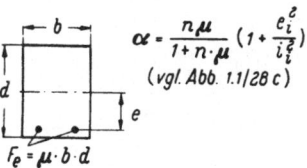

Abb. 2.2./51. Vergleichende Berechnung des Spannkraftverlustes allein aus Vorspannung infolge Kriechens des Betons für einen einfach bewehrten Querschnitt

Mit der Beziehung $\sigma_b^e = \dfrac{\alpha}{n(1-\alpha)}\,\sigma_e$ gehen die Gleichungen für den Stahlspannungsverlust in diejenigen für den Spannkraftverlust $(\Delta Z_\varphi = \sigma_{z\varphi}\,F_e)$ über.

1. Abschätzung:

$$\sigma_{z\varphi} = n \cdot \varphi \cdot \sigma_{b_0}^e\,; \qquad\qquad \Delta Z_\varphi = \frac{\alpha \cdot \varphi}{1-\alpha}\,Z_0$$

2. Erste Näherung:

$$\sigma_{z\varphi} = n \cdot \varphi\,(1-\alpha)\,\sigma_{b_0}^e\,; \qquad\qquad \Delta Z_\varphi = \alpha \cdot \varphi \cdot Z_0$$

3. Zweite Näherung:

$$\sigma_{z\varphi} = n \cdot \varphi\,\frac{1-\alpha}{1+\dfrac{\alpha \cdot \varphi}{2}}\,\sigma_{b_0}^e\,; \qquad\qquad \Delta Z_\varphi = \frac{\alpha \cdot \varphi}{1+\dfrac{\alpha \cdot \varphi}{2}}\,Z_0$$

4. Genauer Wert aus der Differentialgleichung:

$$\sigma_{z\varphi} = n\,\frac{1-\alpha}{\alpha}\,(1 - e^{-\alpha \cdot \varphi})\,\sigma_{b_0}^e\,; \qquad\qquad \Delta Z_\varphi = (1 - e^{-\alpha \cdot \varphi})\,Z_0$$

5. Stufenverfahren unter wiederholter Anwendung der Gleichung aus

2. Erste Näherung $\left(\Delta\,\varphi = \dfrac{\varphi}{k}\,;\ k = \text{Anzahl der Stufen}\right)$. (vgl. Abb. 2.2/21)

Auswertung der Gleichungen für

a) $n = 6$; $\alpha = 0,1$; $\varphi = 3,0$; $\alpha \cdot \varphi = 0,3$ b) $n = 6$; $\alpha = 0,1$; $\varphi = 1,5$; $\alpha \cdot \varphi = 0,15$

1. $\Delta Z_\varphi = \dfrac{0,3}{1-0,1}\,Z_0 = 0,334\,Z_0$ 1. $\Delta Z_\varphi = \dfrac{0,15}{1-0,1}\,Z_0 = 0,167\,Z_0$

2. $\Delta Z_\varphi = 0,3\,Z_0 = 0,300\,Z_0$ 2. $\Delta Z_\varphi = 0,15\,Z_0 = 0,150\,Z_0$

3. $\Delta Z_\varphi = \dfrac{0,3}{1+\dfrac{0,3}{2}}\,Z_0 = 0,261\,Z_0$ 3. $\Delta Z_\varphi = \dfrac{0,15}{1+\dfrac{0,15}{2}}\,Z_0 = 0,140\,Z_0$

4. $\Delta Z_\varphi = (1 - e^{-0,3})\,Z_0 = 0,258\,Z_0$ 4. $\Delta Z_\varphi = (1 - e^{-0,15})\,Z_0 = 0,139\,Z_0$

5. 3 Stufen: $\overline{\varphi} = 1,0$; $\alpha \cdot \overline{\varphi} = 0,1$ 5. 3 Stufen: $\overline{\varphi} = 0,5$; $\alpha \cdot \overline{\varphi} = 0,05$

    $\Delta Z_{\overline{\varphi}_1} = 0,1\,Z_0 \qquad\quad = 0,100\,Z_0$ $\Delta Z_{\overline{\varphi}_1} = 0,05 \cdot Z_0 \qquad\quad = 0,0500\,Z_0$

    $\Delta Z_{\overline{\varphi}_2} = 0,1 \cdot 0,9\,Z_0 = 0,090\,Z_0$ $\Delta Z_{\overline{\varphi}_2} = 0,05 \cdot 0,95\,Z_0 = 0,0474\,Z_0$

    $\Delta Z_{\overline{\varphi}_3} = 0,1 \cdot 0,81\,Z_0 = \underline{0,081\,Z_0}$ $\Delta Z_{\overline{\varphi}_3} = 0,05 \cdot 0,903\,Z_0 = \underline{0,0452\,Z_0}$

    $\sum\limits_{1}^{3} \Delta Z_{\overline{\varphi}} = \Delta Z_\varphi = 0,271\,Z_0$ $\sum\limits_{1}^{3} \Delta Z_{\overline{\varphi}} = \Delta Z_\varphi = 0,143\ Z_0$

Die Gegenüberstellung zeigt die Grenzen der Anwendbarkeit der einzelnen Formeln. Für große Werte von $\alpha \cdot \varphi$ sind „Abschätzung" und „Erste Näherung" zu ungenau. Bei Anwendung des Stufenverfahrens läßt sich jedoch auch aus der „Ersten Näherung" der Spannkraftverlust hinreichend genau ermitteln.

Weitere Angaben vgl. auch HABEL: Beton und Stahlbetonbau 1954 S. 25.

volle Nutzlast erst nach Kriechen und Schwinden aufgebracht wird. Der Anfangsspannkraft Z_0, kombiniert mit der ständigen Last g, steht dann im Endzustand die Spannkraft $Z = Z_0 \cdot \nu \, (\nu = 0{,}85 \div 1{,}05)$ bei Vollast gegenüber. In den beiden Spannungsgleichungen für den Anfangszustand (Abb. 2.2/46a) wären daher die beiden aus Z folgenden Spannungen σ_z mit $\nu = \dfrac{Z}{Z_0}$ zu dividieren. Es ist jedoch einfacher, die rechten Seiten der Gleichungen mit ν zu multiplizieren. In die Bemessungsformeln hat man dann nur zu setzen:

$$M_g' = \nu \cdot M_g \quad \text{statt} \quad M_g,$$
$$\sigma_d^{u\prime} = \nu \cdot \sigma_d^u \quad \text{statt} \quad \sigma_d^u,$$
$$\sigma_c^{o\prime} = \nu \cdot \sigma_c^o \quad \text{statt} \quad \sigma_c^o.$$

Da i. allg. $\nu < 1$ ist, wird dann die „Momentenschwankung" infolge der Nutzlast $M_p' = M_q - M_g'$ größer als M_p, wodurch sich größere Z und W ergeben. Die Veränderlichkeit von Z wirkt sich also ungünstig aus.

Der Bemessungsgang läßt sich nicht explizit durchführen. Ausgehend von M_g, M_p und der Konstruktionshöhe d werden daher zweckmäßigerweise auf Grund der Bruchsicherheit 1,75 die Gurtkräfte $D_K = Z_K = \dfrac{M_K}{z} = \dfrac{1{,}75\,M_q}{z}$ zunächst abgeschätzt, worin $z \approx 0{,}8\,h$ (Rechteck) bis $0{,}9\,h$ (betonte Gurtungen) ist. Daraus werden $F_e = \dfrac{Z_K}{\sigma_s}$ und der Druckgurt $F_b^o \approx \dfrac{D_K}{0{,}5\,W_{28}}$ abgeleitet. Für ein Rechteck ist mit $x = \dfrac{F_b^o}{b}$ der angenommene Wert von $z = h - 0{,}4\,x$ zu kontrollieren. Schließlich kann man noch die erforderliche Fläche F_b^u der „überdrückten Zugzone" eines I-Querschnittes überschlagen, welche die überschüssige Spannkraft $\varDelta Z = \dfrac{M_p}{z}$ bei Minimallast g aufzunehmen hat: $F_b^u \approx \dfrac{\varDelta Z}{\sigma_d^u}$. Aus dem Bruch $\dfrac{M_g}{M_q}$ ist zu ersehen, ob man $e = e^*$ ausführen oder das Spannglied höher legen muß. Weiter ist ν abzuschätzen (0,9 ist ein häufiger Mittelwert) und dann je nach voller oder beschränkter Vorspannung Z, e, W, J zu berechnen. Die Schwierigkeit, daß die Kernweiten usw. zunächst nicht bekannt sind, läßt sich praktisch leicht dadurch umgehen, daß für den gewählten Querschnittstyp aus den vorhandenen Tafeln [221 und 257] die Verhältniswerte $\dfrac{k}{d}$ entnommen und in die Formeln $\left(\text{z. B.} \quad Z = \dfrac{M_p}{k_o + k_u} = \dfrac{M_p}{d\left(\dfrac{k_o}{d} + \dfrac{k_u}{d}\right)}\right)$ eingesetzt werden können.

Zum Schluß ist die Spannkraftänderung unter Berücksichtigung der Querschnittswerte, die aus den Bemessungsformeln gewonnen

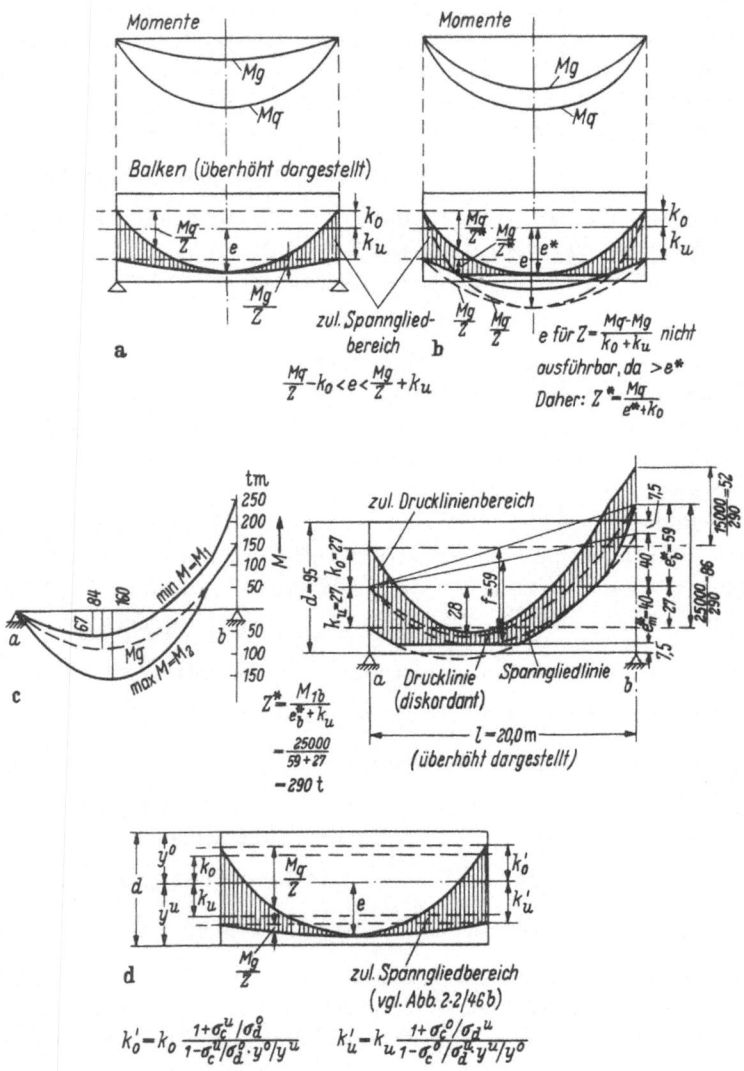

Abb. 2.2/52a—d. Zulässiger Spanngliedbereich, bez. Drucklinienbereich (bei stat. unbest. Balken), um Betonzugspannungen auszuschließen (volle Vorspannung).

a) für einen einfachen Balken mit vorwiegender Verkehrslast,

b) für einen einfachen Balken mit vorwiegender ständiger Last,

c) für das Endfeld eines symmetrischen Zweifeldträgers (Beispiel):
α) Grenzwerte der Momente, β) Konstruktion des zulässigen Drucklinien-bereiches für diskordantes Spannglied: f aus äußerst möglicher Spanngliedlage im Feld und bei Stütze b; $e_b^* = f$,

d) zulässiger Spanngliedbereich bei beschränkter Vorspannung

wurden, zu überprüfen und der Spannungsnachweis für die beiden Grenzfälle (Anfangs- und Endzustand) zu führen. Dieser allein ist Bestandteil des Standsicherheitsnachweises, der dem Prüfer vorgelegt wird. Gegebenenfalls sind noch wichtige Montagezwischenzustände zu untersuchen, die bei Spannbeton mitunter erhebliche Bedeutung besitzen. Sie werden z. B. durch ständige Lasten verursacht, die beim Spannen noch fehlen, oder durch Versetzen als Fertigteile usw.

In den übrigen Balkenquerschnitten mit gleichem Profil können die vier zulässigen Randspannungen naturgemäß nicht ausgenutzt wer-

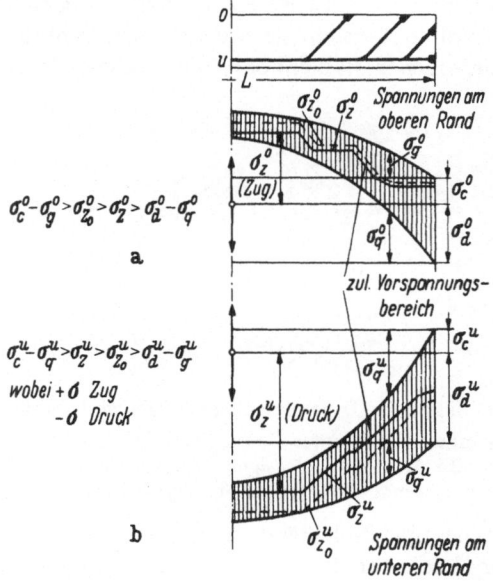

Abb. 2.2/53a u. b. Zulässiger Vorspannungsbereich zur Abstimmung der Vor- auf die Lastspannungen. Spannungsdeckung des Balkens

den. Die beiden Gleichungen für die maximalen Randspannungen σ^o und σ^u liefern bei voller Vorspannung ($\sigma_c = 0$) die Ungleichung: $\frac{M_g}{Z} + k_u > e > \frac{M_q}{Z} - k_o$, die graphisch dargestellt den „zulässigen Spanngliedbereich" für einen einfachen Balken (Abb. 2.2/52a u. b), aber auch für einen Durchlaufträger (Abb. 2.2/52c) festlegt [254.1 und 2]. Berührt das Spannglied die obere bzw. untere Begrenzung der schraffierten Fläche, so wird in diesem Querschnitt die Nullbedingung am unteren bzw. oberen Rande erfüllt. Für beschränkte Vorspannung hat man bei der Konstruktion des „zulässigen Spanngliedbereiches" von dem „erweiterten Kern" auszugehen (Abb. 2.2/52d). Damit gibt diese Fläche dem Konstrukteur eine anschauliche Eingrenzung der mög-

lichen Lagen des Spanngliedes, sofern die Vorspannkraft über die ganze
Balkenlänge konstant ist. Der Einfluß der Reibung auf den Spannkraft-
verlauf kann beim ersten Überschlag vernachlässigt werden.

Über die Einhaltung der maximalen Spannungen sagt diese Fläche
nichts aus. Hierfür eignet sich die Aufzeichnung des ,,zulässigen Vorspan-
nungsbereiches'', der aus den vier Grundgleichungen, vgl. S. 196, abgeleitet wird (Abb. 2.2/53a u. b).

Beide Darstellungen lassen sich für ein- und mehrfeldige Balken
anwenden. Bei letzteren ist die Drucklinie, nicht die Spanngliedlinie,
in den zulässigen Bereich einzupassen, weshalb dann richtiger von dem
,,zulässigen Drucklinienbereich'' gesprochen werden muß (Abb. 2.2/52c).
Auch bei veränderlicher Balkenhöhe, die wechselnde Kernweiten zur

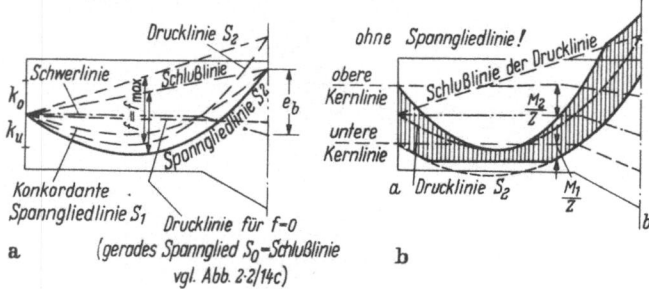

Abb. 2.2/54a u. b. Zulässiger Drucklinienbereich bei veränderlicher Balkenhöhe.
a) Konkordantes und diskordantes Spannglied mit zugehöriger Drucklinie für
Balken (vgl. Abb. 2.2/52a); b) zulässiger Drucklinienbereich für die zu dem
diskordanten Spannglied S_2 (vgl. Abb. 2.2/54a) gehörige Spannkraft

Folge hat, ist bei gleichbleibendem Z der ,,zulässige Drucklinienbereich'' anwendbar (Abb. 2.2/54a u. b). Der ,,zulässige Spannungs-
bereich'', bei dem die Vorspannungen in die gegebenen Lastspannungen
eingepaßt werden, ist noch universeller zu gebrauchen, da er auch bei
gestaffelt verankerten Spanngliedern (Abb. 2.2/80), bei denen der ,,zu-
lässige Spanngliedbereich'' seinen Sinn verliert, ein anschauliches Hilfsmittel für den Konstrukteur bietet. Gerade in diesem Fall, bei dem
man die Abstimmung der Vorspannung auf die Biegemomente mit der
zweckmäßigen Führung der Spannglieder zur Aufnahme der Querkräfte koppelt, ist diese Darstellung sehr nützlich. Man geht vom
Mittelquerschnitt aus Schritt für Schritt nach den Auflagern vor und
gewinnt aus den nötigen Randvorspannungen die Exzentrizitäten e des
Spanngliedes und gleichzeitig die Verminderung der Querkräfte durch
die senkrechten Komponenten der Spannglieder (Abb. 2.2/55a u. b).
Man wird hierbei anstreben, die restlichen Querkräfte $Q_{1,2} = Q - Q_z$
möglichst klein zu halten. Die Biegungsspannungen sind vom Ver-
ankerungspunkt ab erst in einer Entfernung, die etwa gleich der Träger-

höhe ist, geradlinig verteilt und können innerhalb dieser Strecke nur als zweidimensionaler Spannungszustand einer Scheibe ermittelt werden (Abb. 2.2/56a). Es wird daher eine vereinfachte Momentenfläche und Spannungsdeckung vorgeschlagen (Abb. 2.2/56b).

b) *Schrägzugspannungen.* Die schrägen Hauptzugspannungen im Druckbereich sind aus Schub- und Längsspannungen zu berechnen. Sie

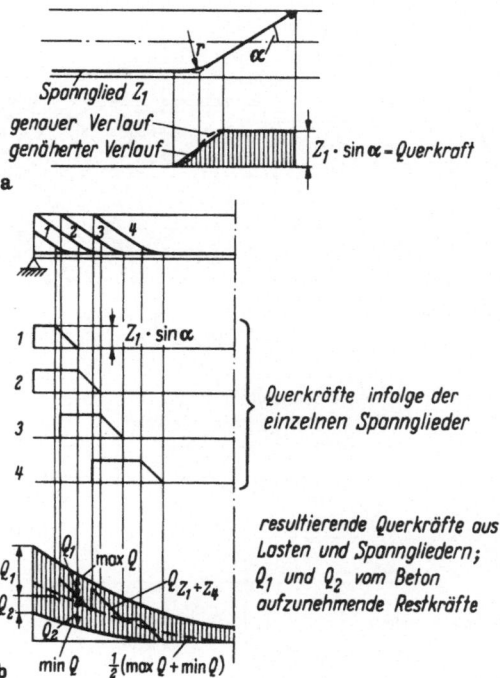

Abb. 2.2/55a u. b. Verminderung der Querkräfte eines Balkens durch die senkrechten Komponenten aufgebogener Spannglieder.

a) Vereinfachter Verlauf der Querkraft im Bereich eines aufgebogenen Spanngliedes; b) Querkraftverminderung in der linken Hälfte eines einfachen Balkens (vgl. Abb. 2.2/8)

fallen stets kleiner als die Schubspannungen aus (Abb. 2.2/57) und sind unsymmetrisch über den Querschnitt verteilt [256], so daß sie für verschiedene Fasern berechnet werden müssen. Ferner verlaufen sie infolge der Längskraft steiler, die Risse werden also flacher als 45°. Es empfiehlt sich dringend, die Schrägzugspannungen kleiner als die zulässigen Werte nach DIN 4227 zu halten, da die sonst notwendige „Schubbewehrung" empfindliche Kosten verursacht und die Ausführung behindert. Über den „Schubbruch" ohne Bewehrung unterrichtet [258], mit Bewehrung [259].

Zur Herabsetzung dieser Spannungen stehen folgende Hilfsmittel zur Verfügung:

1. die bereits erwähnte Erzeugung von senkrechten Komponenten der Spannkräfte zur Verminderung der Querkräfte,

2. die Erzeugung von senkrechten Komponenten der Druckgurtkraft durch Anwendung von Auflagerschrägen wie beim Stahlbeton (vgl. Abschn. 2.231, 2),

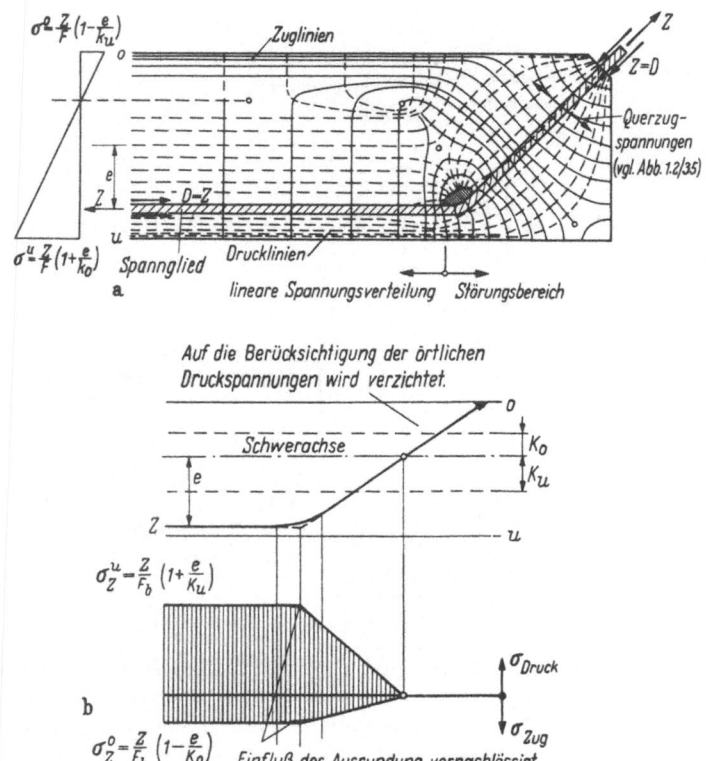

Abb. 2.2/56a u. b. Längsspannungen infolge eines aufgebogenen Spanngliedes. a) Ergebnis einer spannungsoptischen Untersuchung, b) vorgeschlagene Näherung für den Verlauf der Randspannungen

3. die Erhöhung der Längsvorspannung (meist unwirtschaftlich),

4. die Verbreiterung des Steges profilierter Balken (Abb. 2.2/58),

5. lokale senkrechte oder schräge Vorspannungen (Abb. 2.2/59). Dieses Mittel ist nur bei hohen, kurzen, scheibenartigen Trägern angebracht. Die Kraft solcher lokalen Spannglieder breitet sich in einer Scheibe rasch aus [260], was bei der Beurteilung ihrer Wirkung zu beachten ist.

6. die Berücksichtigung der senkrechten Spannungen infolge der Stützkräfte (vgl. Abb. 2.2/64c). Der gefährdete Querschnitt rückt dadurch um etwa $d/2$ ins Feld.

c) Haftspannungen. Die Haftspannungen spielen bei verankerten Spanngliedern nur eine untergeordnete Rolle, da die Spannkraft im Anfangszustand von den Ankerkörpern übertragen wird. Allein die Nutzlasten führen zu Änderungen der Betonspannungen und -dehnun-

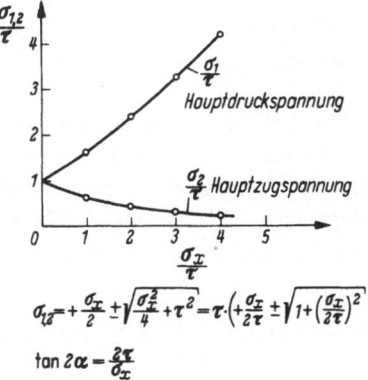

$$\sigma_{12} = +\frac{\sigma_x}{2} \pm \sqrt{\frac{\sigma_x^2}{4} + \tau^2} = \tau \cdot \left(+\frac{\sigma_x}{2\tau} \pm \sqrt{1 + \left(\frac{\sigma_x}{2\tau}\right)^2} \right)$$

$$\tan 2\alpha = \frac{2\tau}{\sigma_x}$$

Abb. 2.2/57. Hauptzug- und Druckspannungen in Abhängigkeit von dem Verhältnis der Längsspannung σ_x zur Schubspannung τ

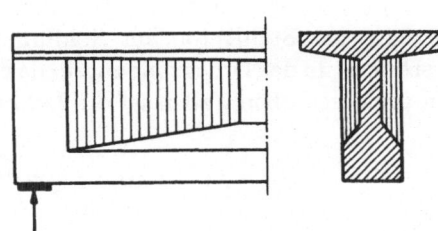

Abb. 2.2/58. Stegverstärkung am Auflager eines profilierten Spannbetonbalkens

gen, an denen auch der Stahl durch den nachträglich hergestellten Verbund teilnehmen muß. Eine überschlägige Untersuchung (Abb. 2.2/60) zeigt, daß die größte Haftspannung zumeist unterhalb von $1 \div 2$ kg/cm² liegt.

Bei Spannbettbalken ohne Endverankerung sind die Haftkräfte um ein Vielfaches größer. Die Übertragungslängen (vgl. Abschn. 2.241),

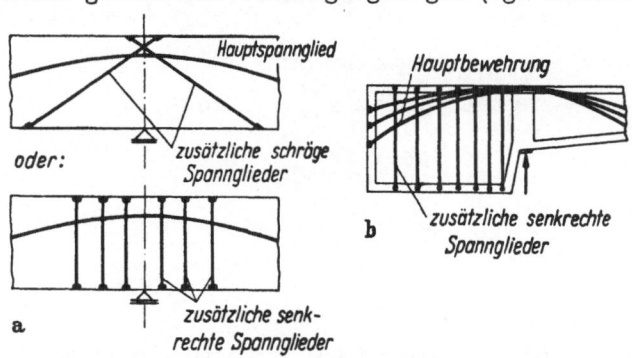

Abb. 2.2/59a u. b. Herabsetzung großer Hauptzugspannungen durch örtliche Vorspannung.
a) An der Zwischenstütze eines Durchlaufbalkens, b) im Gegengewicht eines Einfeldbalkens mit Kastenprofil

14*

die von der Betonqualität, der Oberfläche und dem Querschnitt des Stahles abhängen, liegen für Drähte unter 0,3 cm² zwischen 15 und 60 cm. Innerhalb der Eintragungslänge, für die DIN 4227, 13.4 Abschätzungsgrundlagen bietet, ist die Aufnahme von Moment und Querkraft ohne die Mitwirkung von Längsvorspannungen σ_z nachzuweisen. Auch die Schub- und Schrägspannungen können hieraus abgeleitet werden [261]. Das letzte Wort wird bei fabrikmäßig hergestellten Spannbettbalken erst durch Versuche gesprochen, deren Ergebnisse die Zulassung stützen.

2. Bruchzustand. Die Ermittlung der kritischen Momente von Spannbetonquerschnitten unterscheidet sich nicht wesentlich von derjenigen bei Stahlbeton im Stadium II, da die gleiche Spannungsverteilung in der Druckzone zugrunde gelegt wird (vgl. Abschn. 2.231,1). In praktisch allen Fällen ist die Dehnung der Bewehrung so groß, daß

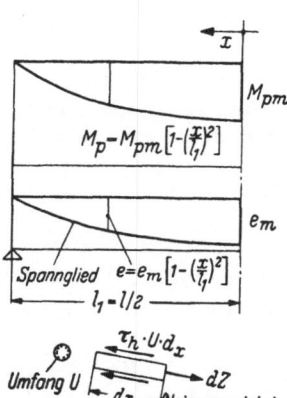

Abb. 2.2/60. Haftspannungen infolge Verkehrslast. Nachweis des Größtwertes unter der Annahme: M_p und e verlaufen parabolisch.

Spannkraftänderung infolge Nutzlast p:

$$\sigma_{bp}^e = \frac{M_p}{J} \cdot e$$

$$Z_p = n \cdot \sigma_{bp}^e \cdot Fe = n \cdot \frac{Fe}{J} M_p \cdot e$$

$$= n \cdot \frac{Fe}{J} M_{pm} \cdot e_m \left[1 - \left(\frac{x}{l_1}\right)^2 \right]^2$$

Spannkraftänderung beim Fortschreiten in Richtung x:

$$\tau_h \cdot U \cdot dx = dZ$$

$$\tau_h \cdot U = \frac{dZ}{dx} = \frac{4 \cdot n Fe}{J \cdot l_1} M_{pm} \cdot e_m \left(-\frac{x}{l_1} + \frac{x^3}{l_1^3} \right)$$

Der Größtwert von τ_h findet sich bei

$$l_1 \frac{d\tau_h}{dx} = 0 = 1 - 3 \frac{x^2}{l_1^2} \rightarrow \frac{x}{l_1} = 0,58 \quad \text{zu}$$

$$\tau_h = \frac{1,5 \cdot n \cdot Fe}{l_1 \cdot U} \cdot \sigma_{bp}^e$$

$$\sigma_{bp}^e = \frac{M_{pm}}{J} \cdot e_m$$

Beispiel:

Spannweite 10 m ($l_1 = 5,0$ m); $n = 10$,

Bündel 12 ⌀ 8, $Fe = 6$ cm²; Kanal ⌀ 4,5 cm; $U \approx 15$ cm.

$\sigma_{bp}^e = 100$ kg/cm² ungünstig angenommen

$$\tau_h = \frac{1,5 \cdot 10 \cdot 6,0 \cdot 100}{500 \cdot 15,0} \approx 1,2 \text{ kg/cm}^2 < \text{zul } \tau_h = 8 \text{ kg/cm}^2$$

die Betonbruchstauchung (angenommen mit $2^0/_{00}$) erreicht wird. Man kann die Vordehnung des Stahles, entsprechend seiner Spannbett-anfangsspannung bei spannungslosem Beton, berücksichtigen [262] (Abb. 2.2/61). Dieses Verfahren erscheint jedoch übertrieben genau, da durch Überwindung der Haftfestigkeit der Spannglieder die Deh-nungslänge im Rißbereich und damit die Fließlänge des Stahles im

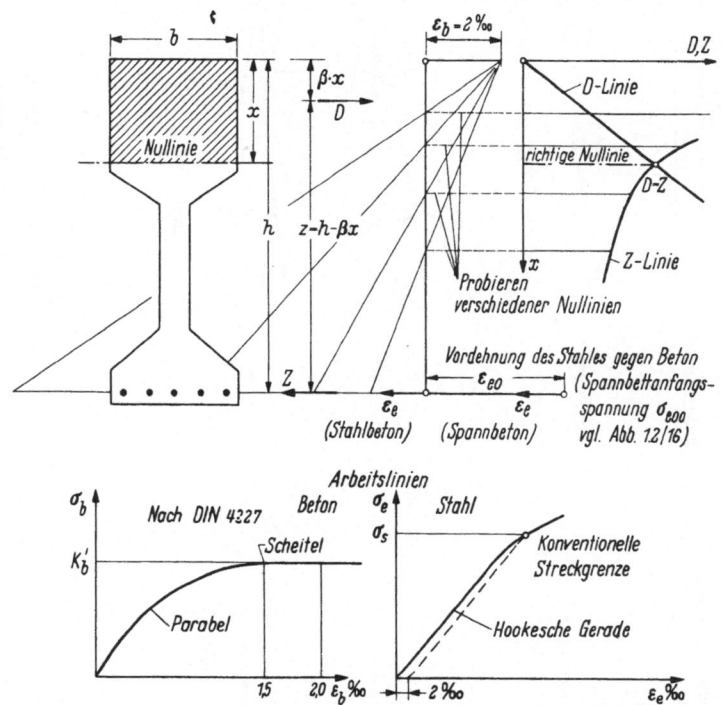

Abb. 2.2/61. Ermittlung des kritischen Momentes M_K (Bruchmoment) für einen unregelmäßigen Spannbetonquerschnitt unter Berücksichtigung der Vordehnung des Stahles durch probeweise Annahmen der Nullinienhöhe und Darstellung der zugehörigen Druck- und Zugkräfte [262]. Grundlagen (vgl. Abb. 2.2/37):

$$\text{Betondruckkraft } D = \alpha \cdot b \cdot x \cdot K_b',$$
$$\text{Stahlzugkraft } \quad Z = Fe \cdot \sigma_e,$$
$$M_K = Fe \cdot \sigma_e \cdot z \text{ mit } \alpha = 0,75;\ \beta = 0,4$$
$$K_b' = \tfrac{2}{3} \cdot 0,80\ W_{28} = 0,53\ W_{28}$$

kritischen Zustand größer ist, als es dem vorausgesetzten Ebenbleiben der Querschnitte entspricht. Hierdurch wird der Einfluß der Vor-dehnung des Stahles ($2 \div 4^0/_{00}$) verwischt. Das beweisen auch Bruch-versuche, die an Hand einfacher Formeln, wie für Stahlbetonquer-schnitte, ausgewertet worden sind (vgl. Abschn. 2.231, Abb. 2.2/37). Die Bruchsicherheit von Stützquerschnitten durchlaufender Balken wird meist ebenfalls für reine Momentenbeanspruchung nachgewiesen, obgleich die mitwirkende Querkraft die Bruchlast zweifellos beeinflußt. Hierüber liegen jedoch erst wenige Beobachtungen vor [263].

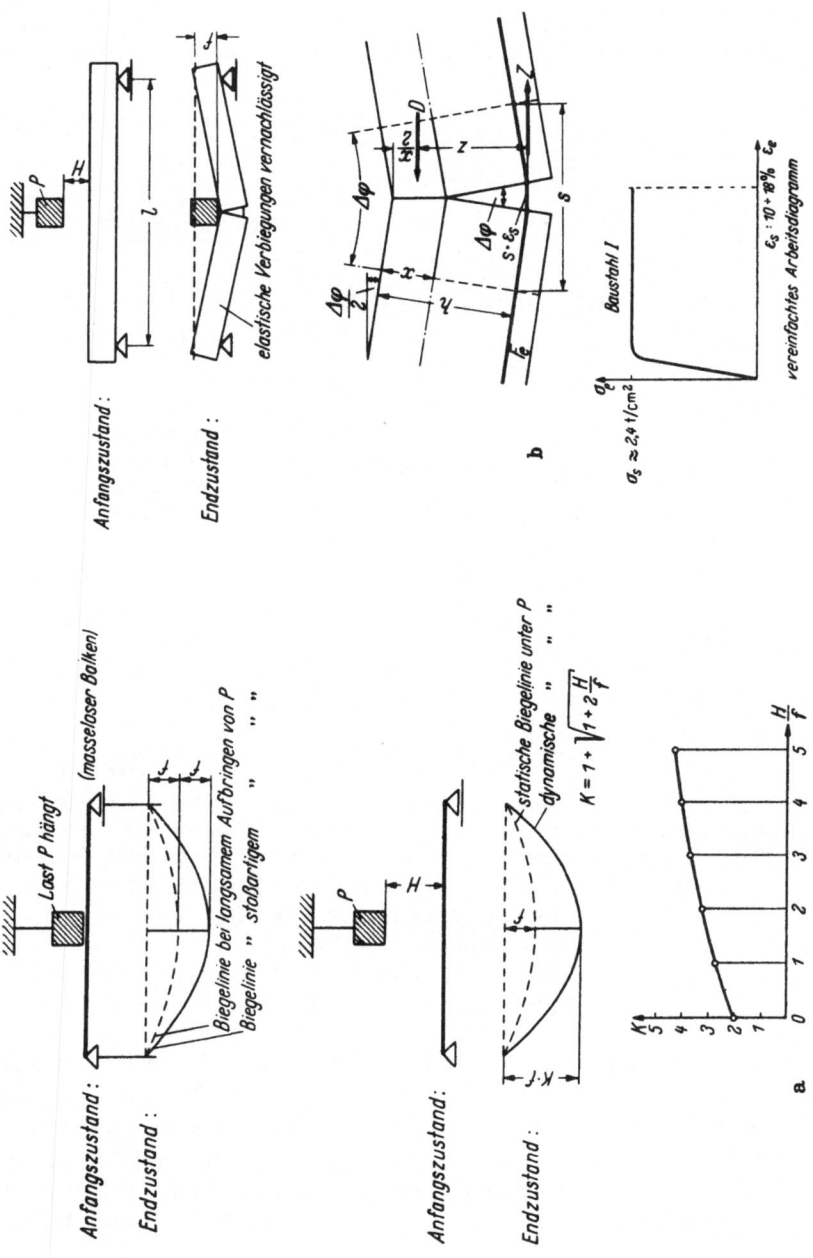

2.233 Stoßbeanspruchung von Balken

Bei der Aufnahme herabstürzender Lasten wird die äußere Arbeit in innere verwandelt. Im Rahmen elastischer Beanspruchungen können nur geringe Fallenergien aufgenommen werden (Abb. 2.2/62 a). Bei plastischem Nachgeben verwandelt der Bruchquerschnitt, in dem der Stahl ins Fließen gerät, den Hauptanteil der Energie (Abb. 2.2/62 b). Gegenüber der Stahldehnung spielt die Betonstauchung keine wesentliche Rolle, so daß das Spannungs-Dehnungs-Diagramm des Stahles ein Maß für die aufnehmbare plastische Arbeit abgibt. Allerdings gilt das Dehnungsdiagramm für den δ_{10}-Stab, d. h. für eine Probenlänge gleich dem zehnfachen Durchmesser und ist deshalb nur innerhalb der Gleichmaßdehnung (unterhalb beginnender Einschnürung) auf längere Stäbe übertragbar. Es ist nun ganz ungewiß, welche Länge der Bewehrung eines stoßbeanspruchten Balkens durch Überwindung des Verbundes plastisch gereckt wird. Allein diese Arbeit aus plastischer Verformung liefert einen nennenswerten Beitrag, der sich durch Abschätzung der Recklänge s ermitteln läßt. Jedenfalls ist für derart beanspruchte Balken glatter Rundstahl vorzuziehen, wie Schlagversuche an Spannbetonschwellen gezeigt haben. St I eignet sich wegen

Abb. 2.2/62 a u. b. Stoßbeanspruchung von Stahlbetonbalken durch ein fallendes Gewicht P.
Dynamische Ausbiegung $= K · f$; statische Durchbiegung $= f$; $K =$ Vergrößerungsfaktor.

a) elastisches Verhalten: der Stab schwingt anschließend um die stat. Biegelinie mit der Frequenz n je min: $n = \dfrac{300}{\sqrt{f\,\text{[cm]}}}$

Die Spannungen wachsen im gleichen Verhältnis wie die Durchbiegungen;

b) plastisches Verhalten:
Bewehrung: weicher Stahl (St I) mit ausgesprochener Fließgrenze: Anteil des Betons an der Verformungsarbeit vernachlässigt. $s =$ Fließlänge der Bewehrung.

$s · \varepsilon_s =$ Fließverlängerung der Bewehrung, Verbund zerstört. $\Delta\varphi = \dfrac{s · \varepsilon_s}{h - x}$ Drehwinkel. $M_s = Z · z = Fe · \sigma_s · z$ inneres

Moment. $A_i = M_s · \Delta\varphi = Fe · \sigma_s · \varepsilon_s · s · \dfrac{z}{h - x}$ innere Arbeit. $A_a = P(H + f)$ äußere Arbeit.

$A_i = A_a$ läßt einen Rückschluß auf H zu, wenn s experimentell bestimmt ist. $f = \dfrac{\Delta\varphi · l}{4} = \dfrac{8 · \varepsilon_s · l}{4(h - x)} =$ plastische Durchbiegung. Schlechter Verbund und großes Fließvermögen des Stahles erhöhen die Arbeitsfähigkeit, deshalb Rundstahl St I verwenden!

seines großen Arbeitsvermögens (Fläche des $\sigma-\varepsilon$-Diagramms, vgl. Abb. 1.2/2) besonders gut. Ausländische Versuche haben diese Überlegung bestätigt [264]. Ferner ist ein statisch unbestimmtes System (Rahmen) vorzuziehen, da es wegen der Bildung mehrerer plastischer Gelenke zu größerer Arbeitsaufnahme als ein einfacher Balken befähigt ist.

2.24 Konstruktive Ausbildung von Ortbetonbalken

Mit der statischen Berechnung und Bemessung ist die Arbeit des Konstrukteurs keineswegs beendet. Er hat sich darüber klar zu sein, daß der Berechnung die besprochenen Idealisierungen des Systems und des Verhaltens der Baustoffe zugrunde liegen, die Wirklichkeit aber hiervon mehr oder weniger abweicht. Der beste Entwurf und die präziseste Berechnung sind nutzlos, wenn einerseits die zugrunde liegenden Annahmen nicht durch die Ausführung verifiziert, andererseits aber bei der Ausarbeitung der Detailpläne nicht die Vernachlässigungen durch konstruktive Maßnahmen ergänzt werden. Hierbei ist die Gestaltung von Beton, Bewehrung, Schalung und Rüstung sowie das Einbringen der Baustoffe und ihre Nachbehandlung im Auge zu behalten.

2.241 Bewehrung

1. Stahlbetonbalken. Die Bewehrung hat die Aufgabe, das Zusammenbrechen des Balkens infolge der mangelhaften Zugfestigkeit des Betons so lange hinauszuschieben, bis die Festigkeit der gedrückten Teile erschöpft ist. Ein zweckmäßig bewehrter Balken ist daher im Bruchzustand durch ein Netz gleichmäßig verteilter Risse gekennzeichnet (Abb. 2.2/63b). Die Abbildung läßt deutlich die beiden hauptsächlichen Bruchformen des Betons erkennen (vgl. Abschn. 1.12): a) die Trennrisse senkrecht zur Zugrichtung durch Überschreitung der Zugfestigkeit, b) die Gleitflächen durch keilförmiges Abschieben bei Erreichen der Druckfestigkeit. Wenn die Biegungsbewehrung schwach ist, tritt ein klaffender Riß in der Zugzone, verbunden mit Schäden in der äußersten Druckzone, auf. Ist die Schrägzugbewehrung schwach, geht der Balken durch einen breiten Schrägriß nahe dem Auflager zugrunde (Abb. 2.2/63c). Das ideale Rißbild (Abb. 2.2/63b) zeigt deutlich, daß die Rißbildung gut mit den Spannungstrajektorien des homogenen Balkens übereinstimmt (Abb. 2.2/64a). Die Risse verlaufen senkrecht zu den Zuglinien, also in Richtung der Drucklinien. Diese geben in jedem Punkte die Richtung der Hauptspannungen an, die allein die Bruchgefahr bestimmen (Abb. 2.2/64). Die Größe der Spannungen ist angenähert dem Abstand der Linien umgekehrt proportional, so daß ihre Zusammendrängung wachsende Spannungen bedeutet (vgl. Abschn. 2.26). Diese Übereinstimmung beweist die durch viele Beobachtungen erhärtete Tatsache, daß die Elastizitätstheorie genügend Aufschluß über die Rißbildung gibt.

Das zur Balkenachse symmetrische Trajektorienbild setzt eine der Höhe nach parabolische Eintragung der Stützkraft voraus

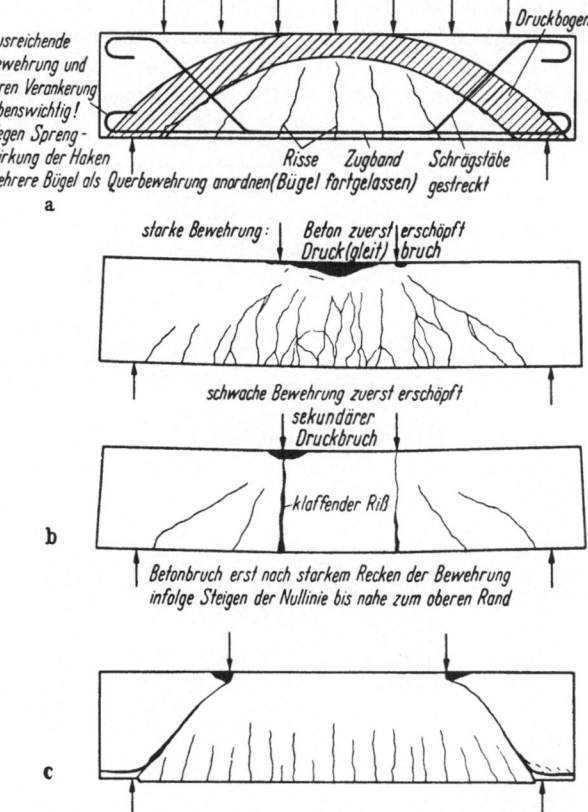

Abb. 2.2/63 a—c. Bruchbilder einfacher Stahlbetonbalken.
a) Bogenbildung im Bruchzustand bei glatter Bewehrung [265]. b) Biegebruch bei Bewehrung mit gutem und schlechtem Verbund, c) „Schub"-Bruch infolge von Schrägzugspannungen bei fehlender „Schub"-Bewehrung. (Verankerungsbruch, vgl. Abb. 2.2/65)

(Abb. 2.2/64a), wie sie der linearen Spannungsverteilung entspricht. Das der üblichen Abstützung entsprechende Trajektorienbild (Abb. 2.2/64b) erklärt die Beobachtung, daß ein etwa rechtwinkliges Dreieck über dem Auflager infolge der senkrechten Zusatzdruckspannungen σ_y i. allg. rissefrei bleibt (Abb. 2.2/64c).

Der Spannungszustand in der Nähe des Auflagers ändert sich also grundlegend, wenn die Stützkräfte in verschiedener Weise eingetragen

werden. Hierauf sind die vermeintlich abweichenden „Schubfestig-
keiten" verschieden gestützter Betonbalken trotz gleich großer Schubspannungen zurückzuführen [266]. Es ist zu bedauern, daß durch die
üblichen Ausdrücke „Schubfestigkeit" und „Schubbewehrung" der
Sachverhalt vernebelt wird: es gibt „Schubrisse" in Form von Gleit-
rissen nur im *gedrückten* Beton; die Schrägrisse sind Trennrisse wie
die Biegerisse (vgl. Abschn. 2.12). Wirkliche Schubrisse gibt es nur in

Abb. 2.2/64 a—d. Spannungstrajektorien (Hauptspannungsrichtungen) in Balken
(Stadium I).

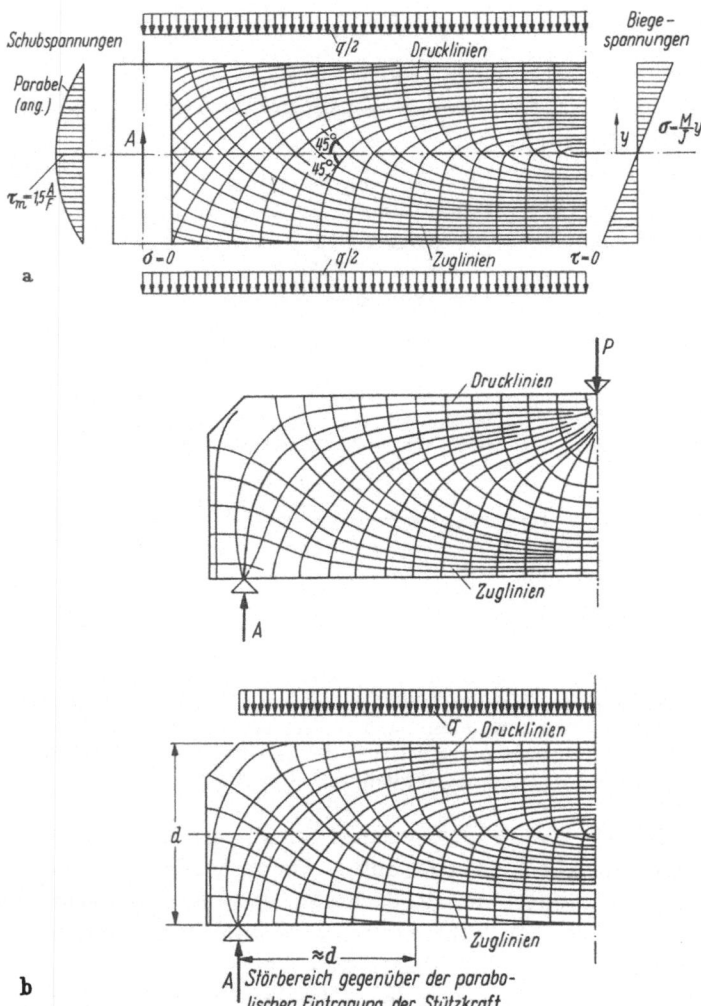

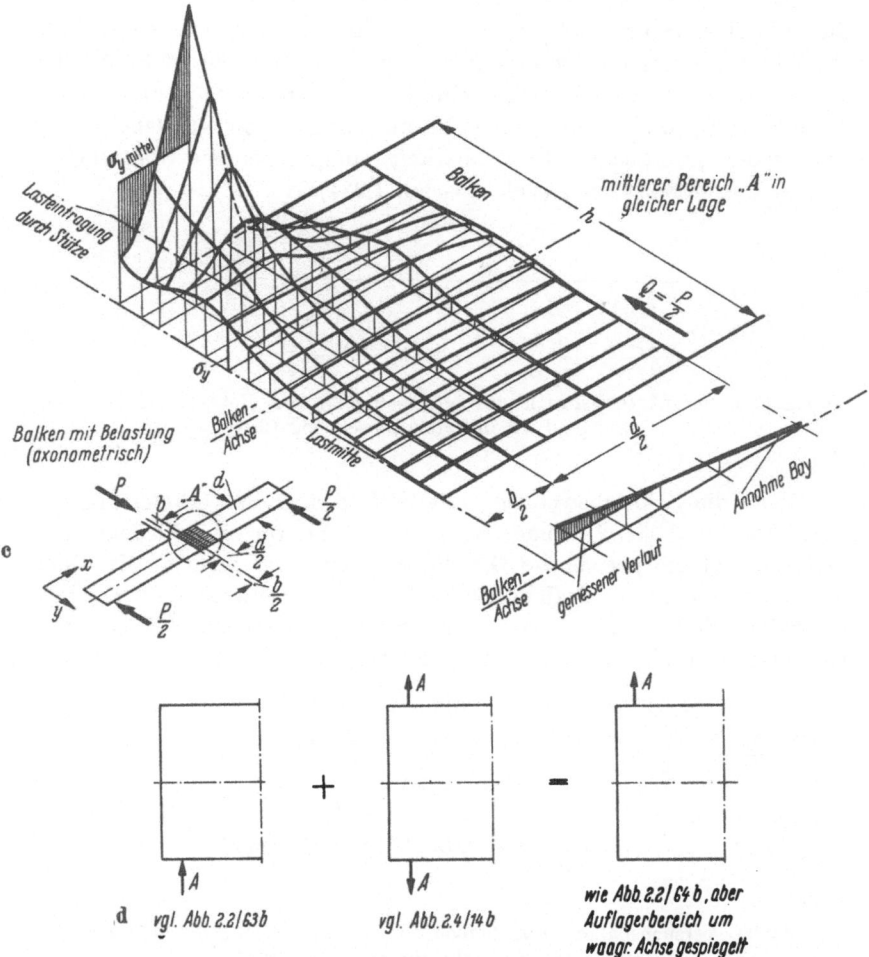

a) gleichförmig belasteter Balken, Eintragung der Stützkraft über einen Querträger, b) Eintragung der Stützkraft an der Unterseite bei Einzellast bzw. gleichförmig verteilter Last, c) senkrechte Druckspannungen σ_y unter einer Einzellast
(oder am Zwischenauflager eines Durchlaufbalkens), die zur Verminderung der
Hauptzugspannungen beitragen (aus spannungsoptischen Messungen) [267],
d) Übergang von der Abstützung an der Unterseite zu derjenigen an der Oberseite durch Überlagerung mit einer Gleichgewichtsgruppe (Prinzipskizze)

Ausnahmefällen: z. B. beim Abschieben eines Betonbalkens auf der
Bewehrung, wenn die Haftfestigkeit am Auflager überwunden wird
(Abb. 2.2/65). Selbst das sog. Abscheren eines Betonquerschnittes
(Abb. 2.2/107d und 108) wird durch steil verlaufende Zugrisse ein-
geleitet, denen eine Zerstörung des Betons durch Druck folgt [269].

Das Trajektorienbild stellt mithin die ideale Bewehrungsführung dar, die sich naturgemäß nie genau verifizieren läßt. Ein Balken mit stark hieran angenäherter Bewehrung aus hochwertigem Stahl in feiner Verteilung (Abb. 2.2/66) zeigte ein derart harmonisches und dichtes Rißbild [270], daß er trotz einer Stahlspannung von 4,0 t/cm² bezüglich seiner praktischen Brauchbarkeit entsprechenden Spannbetonbalken kaum nachstand (vgl. Abschn. 1.234).

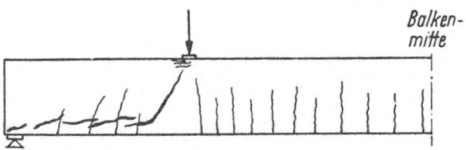

Abb. 2.2/65. Verankerungsbruch durch Abschieben des Betons auf der nicht genügend verankerten Bewehrung [268]

Wenn die Schrägbewehrung mit Hilfe des „Fachwerkgleichnisses" (vgl. Abschn. 2.231, 2) bemessen wird, so sind für verschiedene Ausfachungssysteme jeweils die Gleichgewichtsbedingungen erfüllt. Demgegenüber stellt der Trajektorienverlauf ein Fachwerk dar, bei dem außerdem die Verträglichkeitsbedingungen des homogenen Körpers berücksichtigt sind. Abweichungen hiervon, wie reine Bügelbewehrung,

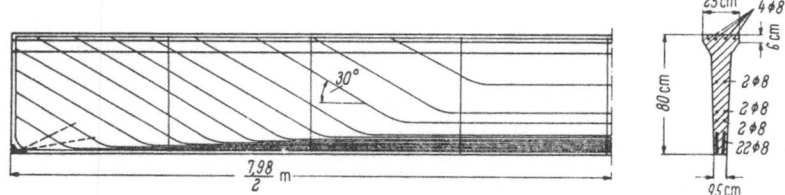

Abb. 2.2/66. Versuchsbalken mit feinverteilter, trajektorienartig geführter Bewehrung aus hochwertigem Stahl [270]

die ja nicht in Richtung der Hauptzugspannungen verläuft, können deshalb zwar das Gleichgewicht gewährleisten, ergeben aber erfahrungsgemäß früher auftretende und breitere Risse. Allerdings sind nur Bügel- und Schrägbewehrungen gleicher Verteilung im Beton vergleichbar. Wenige, starke Schrägstäbe sind ungünstiger als dünne, verteilte Bügel. Die gleichmäßige Durchsetzung des Betons ist für den Schrägzug nahe dem Auflager ebenso wichtig wie für den waagrechten Zug in Feldmitte (vgl. Abb. 1.2/40).

Aus dem Spannungslinienbild sind folgende Regeln für die „Schubbewehrung" abzuleiten:

a) Die Schrägstäbe müssen mit den Zugstäben einen ununter-
brochenen Kraftfluß gewährleisten. Die Änderungen der Zuggurtkräfte
setzen sich als schräge Zugkräfte fort (Abb. 2.2/67 a), die mit denen
der Druckgurtkräfte und den schrägen Druckkräften im Gleichgewicht

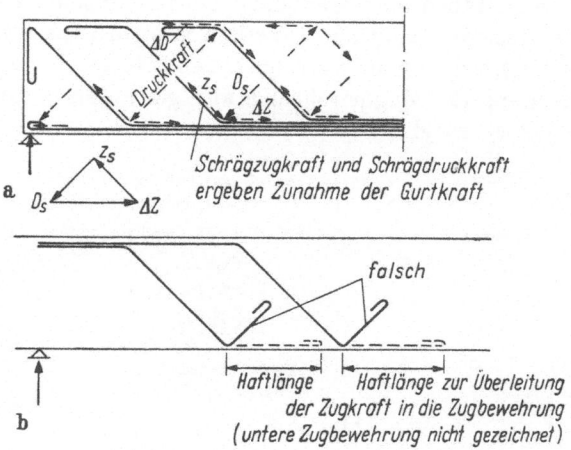

Abb. 2.2/67a u. b. Führung der Schrägstäbe.
a) Schrägstäbe und Zugbewehrung bilden einen Kräftezug, b) falsche Führung
der Schrägstäbe

stehen (reines Strebenfachwerk, Abb. 2.2/41 b). Es ist daher falsch,
die unteren Enden der Schrägstäbe hochzubiegen (Abb. 2.2/67 b); sie
müssen sich zumindest mit den Zugstäben überdecken, um deren Kraft
zu übernehmen. Da die gesamte Schrägkraft bei ruhender Last rund

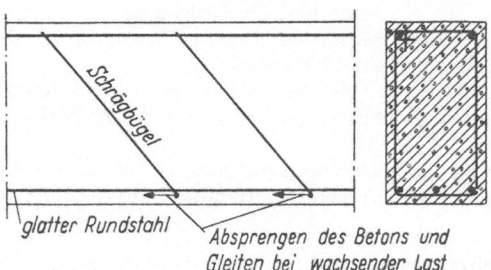

Abb. 2.2/68. Schrägbügel nur bei Verwendung von Rippenstahl als Hauptbewehrung
möglich!

70% der Zugkraft beträgt, sind die Aufbiegungen zumeist aus der
Biegebewehrung zu gewinnen (Abb. 2.2/41 c). Die Schrägstäbe müssen
am oberen Ende ihre Kraft durch Haftung in den Beton übertragen.
Da dieser Vorgang vom Eintritt in die Druckzone an beginnt, sollte

man von hier an die notwendige Haftlänge vorsehen (Abb. 2.2/72). Zugstäbe, die man nicht aufbiegt, sollte man nicht im Bereich größerer Betonzugspannungen aufhören lassen, da sonst ein lokaler Riß auftreten kann. Eine Bewehrung mit schrägen Bügeln (Abb. 2.2/68) ist bei glatten Längsstäben unzweckmäßig, da die Horizontalkomponenten nicht in die Zugstäbe eingeleitet werden können (Anschweißen wäre unwirtschaftlich), wie Versuche gezeigt haben [240.1]. Bei einwandfreier Betonüberdeckung der Zugbewehrung aus geripptem Stahl ist diese Anordnung jedoch möglich.

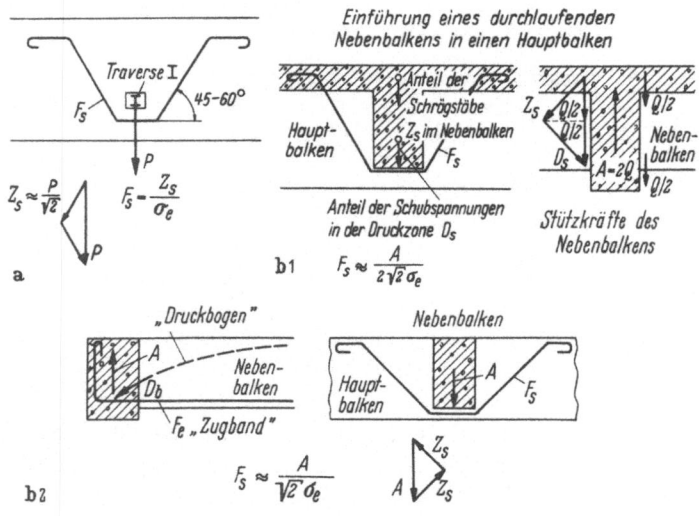

Abb. 2.2/69a u. b. Aufhängebewehrung an den Einleitungsstellen von Einzellasten unterhalb der Druckzone.
a) Aufhängung einer Einzellast mittels einer Stahltraverse,
b) „indirekte Auflagerung" eines Nebenbalkens.
  b1) Bei Nebenbalken mit voller Schubdeckung durch Schrägstäbe greift die halbe Auflagerkraft oben an, und es ist nur $A/2$ zusätzlich im Hauptbalken aufzuhängen,
  b2) i. allg. ist die volle Auflagerkraft des Nebenbalkens durch zusätzliche Bewehrung in die Druckzone des Hauptbalkens aufzuhängen.

Weitere Schrägstäbe sind an den Stellen nötig, wo Einzelkräfte eingeleitet werden (Abb. 2.2/64c und 69). Sie werden ungünstig mit $F_s = \dfrac{P}{\sqrt{2}\,\sigma_e}$ überschlagen. Man sollte in jedem Schnitt nahe dem Auflager entsprechend dem Fachwerkgleichnis mindestens einen Schrägstab antreffen.

b) Die Bügelbewehrung setzt ein Fachwerk mit Druckstreben und Zugpfosten voraus. Die Haftkräfte werden hierbei doppelt so groß wie

bei Aufbiegungen (Abb. 2.2/41 b), was besonders in der Nähe des Auflagers zu beachten ist (DIN 1045 § 21). Die Zugkräfte werden also am
unteren Ende in die Bügel eingeführt, so daß sie die Zugbewehrung
umfassen müssen; keinesfalls dürfen sie nur von oben eingehängt werden
(Abb. 2.2/70). Am oberen Ende sollte wenigstens *ein* Schenkel der
Bügel über die Montagebewehrung gebogen werden, da die Haftlänge
von der Nullinie an meist zu knapp ist. Man braucht den waagrechten
Schenkel ohnehin zur Versteifung des Bewehrungskorbes (vgl. Abschnitt 1.223). Die Bügel bewirken wie die Zugbewehrung ein um so
feineres Rißbild, je besser sie verteilt sind [271].

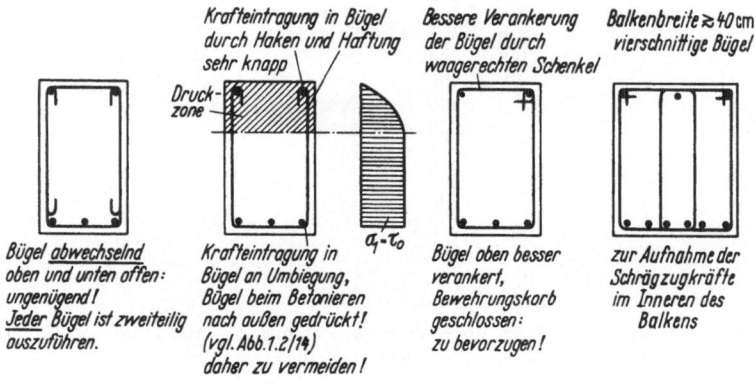

Abb. 2.2/70. Bügelanordnung

c) Bei hochbeanspruchten Balken wird empfohlen, wenigstens $\frac{2}{3}$
der Schrägkraft durch Schrägstäbe und nur das letzte Drittel durch
Bügel zu decken, um mit den Aufbiegungen erst dort beginnen zu
müssen, wo die Stäbe nicht mehr für die Aufnahme der Zugkräfte aus
der Biegebeanspruchung gebraucht werden. Ferner können Bügel auch
wechselnde Querkräfte, wie sie bei beweglicher Nutzlast im mittleren
Bereich der Spannweite auftreten, übernehmen, wodurch man gekreuzte
Schrägbewehrung vermeidet.

Die erwünschte Aufteilung der Biegebewehrung in zahlreiche
Stäbe (vgl. Abschn. 1.234) findet ihre Grenze in der Ausführbarkeit.
Eine zu große Anzahl von Stäben (mehr als zwei Lagen) ist i. allg.
zu vermeiden, um die Umhüllung mit Beton nicht zu erschweren.
Daran ist besonders auch bei der oberen Bewehrung über Zwischen-
stützen zu denken. Bereits auf der Zeichnung soll eine Gasse für das
Einbringen des Betons und des Rüttlers festgelegt werden. Notfalls
können gerade Zulagestäbe *neben* den Balken verlegt werden
(Abb. 2.2/71). Soweit die Zugbewehrung nicht aufgebogen wird, sind

ihre Enden unter Berücksichtigung der Haftlänge festzulegen (Abb. 2.2/72). Über Mindestbewehrung vgl. Abschn. 1.234.

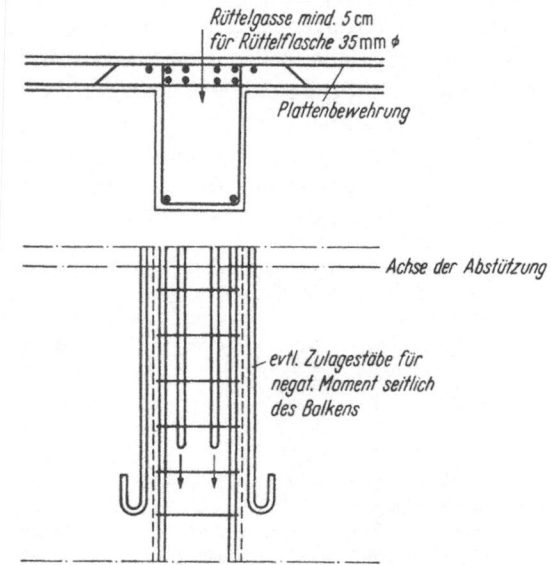

Abb. 2.2/71. Obere Bewehrung über einer Zwischenstütze muß bereits auf der Zeichnung so angeordnet werden, daß Betonieren möglich ist!

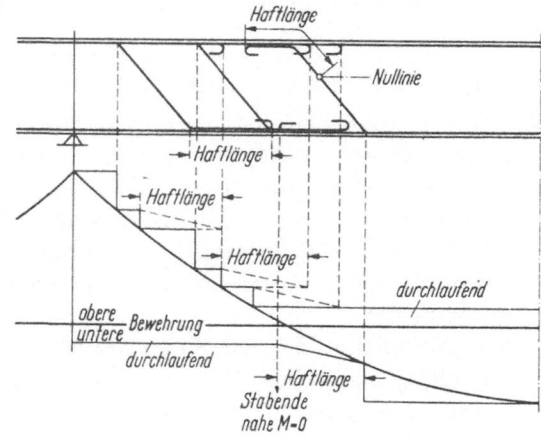

Abb. 2.2/72. Abstufung der Zugbewehrung und Überlängen bei einem durchlaufenden Balken

Die Bewehrung am unteren oder oberen Balkenrand ist bei hohen Balken ($d > 1{,}40$ m) nach DIN 1045, 14.2 durch eine Stegbewehrung zu ergänzen (8% von F_e). Sie ist allerdings bei hohen Stahlspannungen schon bei Höhen von etwa 1 m zu empfehlen und hat die Aufgabe, das Zusammenlaufen der feinen Risse am Zugrand zu klaffenden Rissen

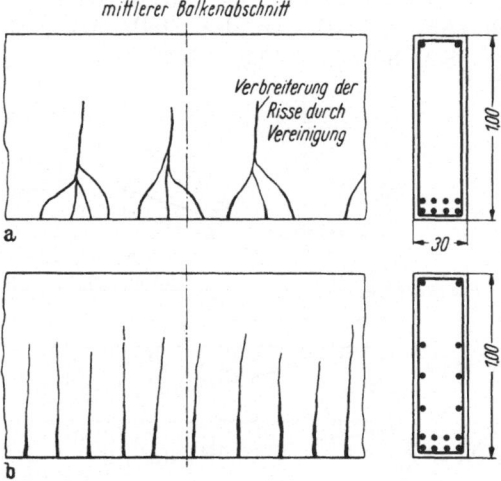

Abb. 2.2/73 a u. b. Wirkung der Stegbewehrung bei Versuchsbalken [271].
a) ohne Stegbewehrung, b) mit Stegbewehrung

zu verhindern (Abb. 2.2/73). Die am Balkenende nach DIN 1045 § 21 nachzuweisende Haftung setzt voraus, daß die Bewehrung spannungslos am Auflager aufhört. Darüber hinaus ist aber eine „Überlänge"

des Balkens über die Auflagersenkrechte hinweg konstruktiv notwendig, weil sich bei höheren Laststufen die Wirkungsweise des Balkens durch fortschreitende Rißbildung ändert [272]. Für einen rechnerischen Nachweis liegt keine Grundlage vor; es wird in Anlehnung an Önorm 4200 eine Überlänge von etwa 12 bis 15 d empfohlen. Um eine ausreichende Bewehrung am Auflager zu erhalten, wird neuerdings vorgeschlagen [273], die M-Fläche um den Betrag h über die Stütze hinaus zu verschieben (Abb. 2.2/74). Die Querkräfte werden bei glatter

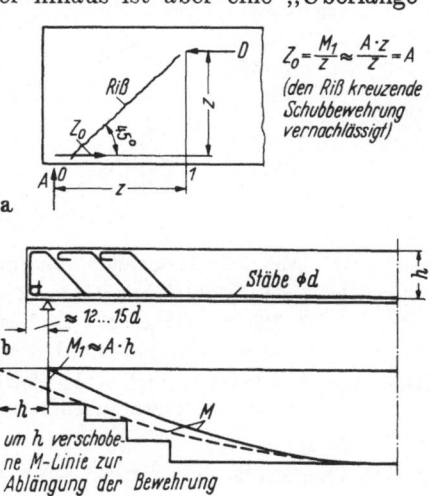

Abb. 2.2/74a u. b. Vorschlag zur Gewinnung eines ausreichenden Bewehrungsquerschnittes am Balkenende [273].
a) Ermittlung der Zugkraft, b) Verfahren

15 Franz, Konstruktionslehre I, 3. Aufl.

Bewehrung zunehmend vom Beton aufgenommen, wodurch sich die Druckgurtkraft gegen das Auflager neigt und eine gewölbeartige Tragwirkung einstellt (Abb. 2.2/63a). Sie führt entweder zu einem reinen Biegungsbruch (Abb. 2.2/63b) an der Stelle des größten Momentes oder zum sog. „Schubbruch" (Abb. 2.2/63c) bei kleinem Moment und

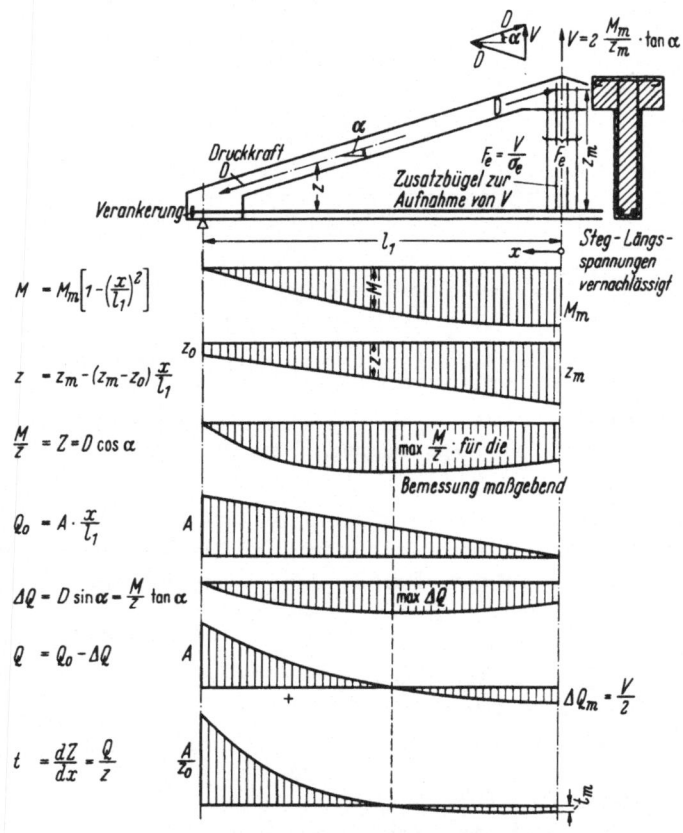

Abb. 2.2/75. Schnittkräfte eines Dreieck-Dachbinders.

Ergebnis: 1. Die größten Gurtkräfte Z und D treten nicht in der Mitte auf.
2. Die Schubkraft $t = \tau_b \cdot b$ ist am Auflager sehr groß, da z_0 klein. Ihre Aufnahme erfordert besondere Maßnahmen:

Haken mit Umschnürung (vgl. Abb. 1.2/30) oder eine Druckplatte, in der die Bewehrung mit Schrauben befestigt wird (vgl. Abb. 1.2/32)

großer Querkraft. Sie fordert eine bis zum Auflager reichende Bewehrung, die als Zugband des Gewölbes wirkt und eine gute Verankerung durch Haftung, Haken oder Aufbiegung besitzen muß. Der Übergang von der Balken- zur Bogenwirkung [140 u. 249.3] hängt außer von der Schubbewehrung in erster Linie von der Haftfestigkeit und

damit von der Oberflächenbeschaffenheit des Stahles ab. Je glatter
dieser ist, um so eher verwandelt sich der Anfangsspannungszustand,
der dem Trajektorienbild entspricht, in die Bogenwirkung, bei der die
Spannungen der Schubbewehrung nur noch wenig anwachsen. Bei profilierter, stark haftender Bewehrung bleibt die Balkenwirkung besser
erhalten.

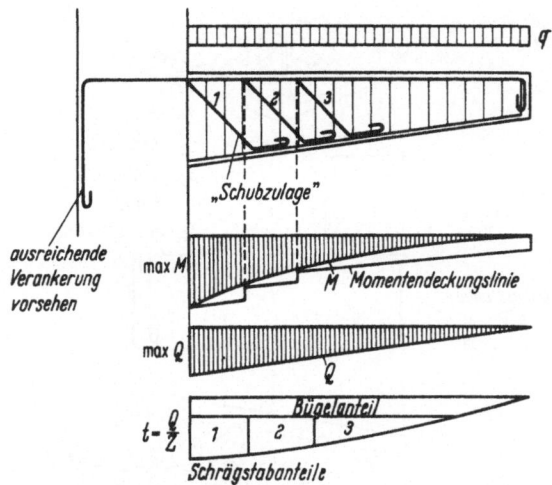

Abb. 2.2/76. Bewehrung eines Kragbalkens: ,,Schubzulagen" unvermeidlich, da
max M und max Q zusammenfallen

Schmale, hochbelastete Balken sollten stets mit Schrägbewehrung versehen werden, da diese das Klaffen der Schrägrisse wirksam
vermindert (vgl. Abschn. 2.231). Bei schlanken Balken mit geringer
Schubbeanspruchung reichen Bügel aus. Es ist wichtig, diese besonders
am Auflager eng zu stellen, da sie auch als Querbewehrung wirken und
dem Aufschneiden des Balkens durch die Haken und der Sprengwirkung profilierter Stäbe entgegenwirken.

Bei Balken, deren Höhe nach dem Auflager zu stark abfällt, wirkt
bereits im Gebrauchszustand die Bewehrung als Zugband, dessen Kraft
von der Mitte an nach außen nur wenig abnimmt (Abb. 2.2/75). Bei
Verwendung von Rundstahl kann man diese i. allg. nicht mehr durch
Haftspannungen auf den Beton übertragen, sondern muß Schlaufen,
Ankerplatten od. dgl. verwenden.

Kragbalken unterscheiden sich von einfeldigen Balken dadurch, daß
bei ihnen am Einspannungsquerschnitt max M und max Q gleichzeitig auftritt. Es gelingt deshalb nicht, ihre ,,Schubbewehrung" ganz
aus der Biegebewehrung zu entwickeln, so daß man ,,Schubzulagen"
anordnen muß (Abb. 2.2/76).

15*

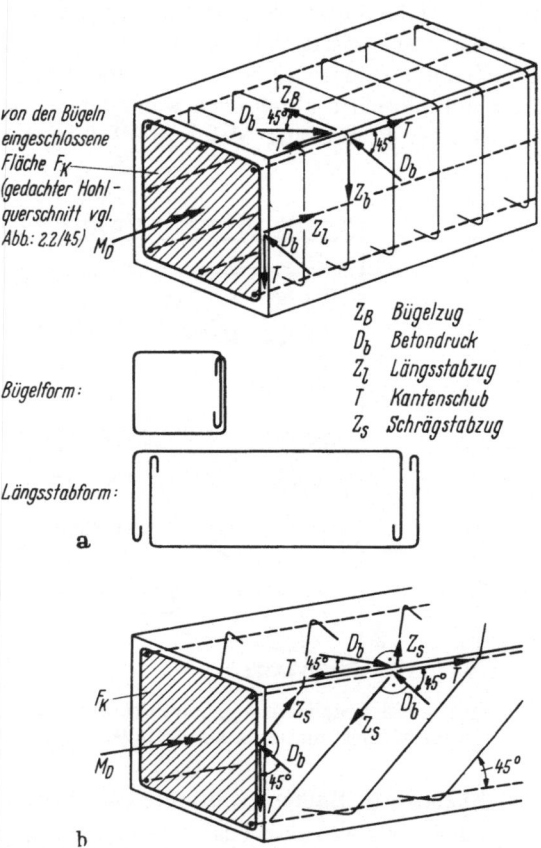

Abb. 2.2/77 a u. b. Drillungsbewehrung eines Balkens und Kräftegleichgewicht an den Kanten.

a) Bewehrung mit Bügeln und Längsstäben.

Schubfluß in den Umhüllungsebenen von F_K: $t = \dfrac{M_D}{2\,F_K}$

Bügelquerschnitt $f_B = \dfrac{t}{\sigma_e}$ je Längeneinheit,

Längsbewehrung $f_l = \dfrac{t}{\sigma_e}$ je Umfangseinheit.

Bei allen Stäben werden die Kräfte an den Enden eingetragen. Sie sind also entsprechend zu verankern.

b) Bewehrung mit Schrägstäben.

Schrägbewehrung $f_s = \dfrac{t}{\sqrt{2}\cdot\sigma_e}$ je Längeneinheit

Bügel und Längsstäbe rechnerisch nicht nötig, aber konstruktiv anzuordnen. Schrägstäbe müssen über die Ecken hinweglaufen und auch in die Endfläche eingreifen!

Druckbewehrung sollte nur zur Deckung von Momentenspitzen, etwa für rasch abfallende Stützmomente, bei mindestens 40 cm hohen Querschnitten und auf die Hälfte der Zugbewehrung beschränkt, verwendet werden, sonst ist sie unwirtschaftlich. Die einzelnen Stäbe sind logischerweise wie die Druckstäbe einer Stütze durch Bügel zu verankern, da sie sonst ausknicken und den Balken schwächen statt verstärken würden, wenn auch die DIN 1045 keine ausdrückliche Vorschrift ausspricht (vgl. Abschn. 2.231, S. 187).

Bei der Beanspruchung von Balken durch Drillungsmomente (einseitige Plattenbalken, Einspannung einer Fahrbahnplatte im Brückenhauptträger) werden zumeist Bügel in Verbindung mit Längsstäben

Abb. 2.2/78. Näherungsweise Bemessung für Biegung, Querkraft und Drillung durch Überlagerung der Bewehrungen:

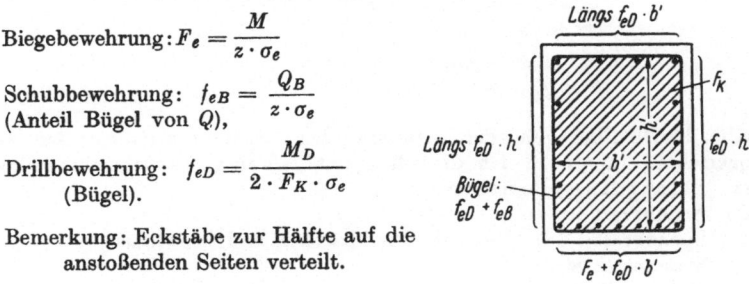

Biegebewehrung: $F_e = \dfrac{M}{z \cdot \sigma_e}$

Schubbewehrung: $f_{eB} = \dfrac{Q_B}{z \cdot \sigma_e}$
(Anteil Bügel von Q),

Drillbewehrung: $f_{eD} = \dfrac{M_D}{2 \cdot F_K \cdot \sigma_e}$
(Bügel).

Bemerkung: Eckstäbe zur Hälfte auf die anstoßenden Seiten verteilt.

verwendet, da Schrägstäbe zu umständlich einzubringen sind [253]. Aus der Berechnung des Hohlkastens (vgl. Abschn. 2.231, 3) ergibt sich, daß die Bügel über ihre ganze Länge unter Spannung stehen, da die Schrägkräfte an ihren Enden angreifen (Abb. 2.2/77a). Sie müssen daher über die Ecken hinweglaufen und dürfen dort nicht mit Haken endigen. Wird ausnahmsweise eine Schrägbewehrung eingelegt, die aber im Gegensatz zu Bügeln nur Drillungsmomente in *einem* Sinne aufnehmen kann, so ist diese ebenfalls über die Ecken hinwegzuführen (Abb. 2.2/77b). Ist Drillung und Querkraft aus Biegung gleichzeitig aufzunehmen, so wird nach DIN 1045 § 21 vereinfacht die Addition der Bewehrungen zugelassen (Abb. 2.2/78). Spannbetonbalken sind infolge Rissefreiheit torsionssteifer. Sie werden zumeist so konstruiert, daß die Hauptzugspannungen aus Biegung und Drillung bis auf den zulässigen Rest überdrückt werden, da eine Aufnahme durch schlaffe Bewehrung sehr aufwendig ist.

2. Spannbeton. Die Entscheidung, ob Balken vor oder nach dem Erhärten des Betons vorzuspannen sind, ist in erster Linie eine wirtschaftliche Frage. Die Spannbettvorspannung mit anfänglichem Haftverbund ist auf die werkmäßige Herstellung kleiner Fertigbalken beschränkt. Da sie ein Minimum an Arbeit auf der Baustelle fordert, ist sie in den USA fast ausschließlich, selbst für schwere Fertigteile bis zu 200 t Gewicht, in Gebrauch [275]. Bei uns hat sich die Fertigung von Brückenträgern bis zu 20 m Länge und mehr [276] auf beweglichen, stählernen Spannbetten als unwirtschaftlich erwiesen. Zudem bereiten die großen Schubkräfte infolge der exzentrischen Eintragung

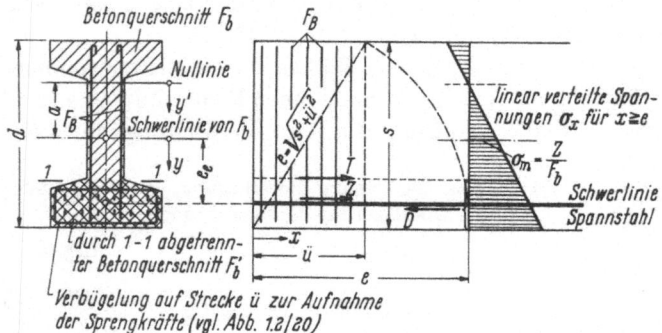

Abb. 2.2/79. Eintragung der Spannkraft beim Spannbett-Balken: Am Auflagerquerschnitt kann noch nicht die volle Spannkraft als vorhanden unterstellt werden.

s :   Störungslänge; Annahme $s = d$,

T :   Schubkraft,

Z :   Spannkraft $Z = (1 - \alpha) Z_0$ vor Kriechen und Schwinden,

Z_0 :   Spannbettkraft,

α :   Stahlanteil einer äußeren Kraft 1 (vgl. Abb. 1.1/28c),

$\ddot{u}$:   Übertragungslänge lt. Zulassung Spannstahl,

e :   Eintragungslänge lt. DIN 4227 § 13.4,

$$\sigma = \frac{Z}{F_b} \cdot \left(1 + \frac{e_e y}{i^2}\right) = \sigma_m \frac{y'}{a}$$

$$T = Z - D = Z \cdot \left(1 - \frac{S_n'}{a \cdot F_b}\right)$$

$$i = \sqrt{\frac{J_b}{F_b}} \text{ Trägheitsradius;} \quad a = \frac{i^2}{e_e},$$

$$D = \int_{F_{b'}} \sigma \, df = \frac{\sigma_m}{a} \int_{F_{b'}} y' \, df = \frac{\sigma_m}{a} \cdot S_n' = \text{Druckkraft in } F_b',$$

$$S_n' = \int_{F_{b'}} y' \, df = \text{statisches Moment von } F_b' \text{ in bezug auf die Nullinie,}$$

$$F_B \approx \frac{T}{\sigma_e} \text{ (Wirkung von } \sigma_x \text{ vernachlässigt),}$$

$F_B =$ Bügel auf Strecke $\ddot{u}$; hierzu aus Belastung:

$$f_B \approx \frac{A \cdot S_s'}{J_b \cdot \sigma_e} \text{ Verbügelung/m am Auflager,}$$

$$S_s' = \int_{F_{b'}} y \, df : \text{ statisches Moment von } F_b' \text{ in bezug auf die Schwerlinie}$$

der großen Spannkraft am Balkenende Schwierigkeiten (Abb. 2.2/79). Dachbinder mit Dreieck- oder Trapezform lassen sich konstruktiv einwandfrei und wirtschaftlich im Spannbett fabrizieren, da die Spannkraft · am Ende unmittelbar in die Gurte eingeleitet wird. Wegen der kurzen Eintragungslänge sind hierfür nur profilierte Stahldrähte, besser verankerte Stäbe oder Bündel brauchbar. Eine Umschnürung zur Aufnahme der Spaltkräfte ist unerläßlich.

Die Vorspannung gegen den erhärteten Beton beherrscht die größeren, an Ort betonierten Bauwerke. Die Aufteilung der Spannkraft

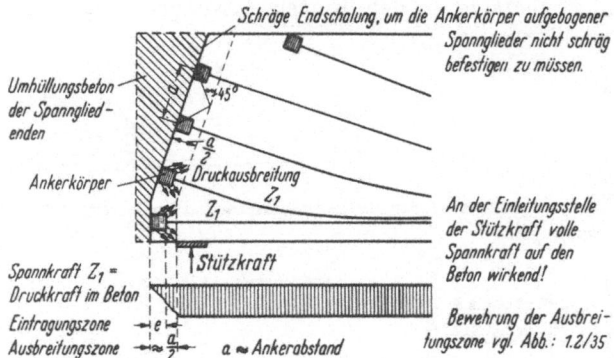

Abb. 2.2/80. Übertragung der Ankerkraft von nach dem Erhärten des Betons gespannten Spanngliedern (nachträglicher Verbund)

auf wenige große oder viele kleine Spannglieder ergibt kein unterschiedliches Verhalten der Balken im Gebrauchszustand. Bei darüber hinausgehenden Belastungen dürfte eine bessere Durchsetzung des Betons durch eine höhere Zahl von Spanngliedern infolge der größeren Haft-

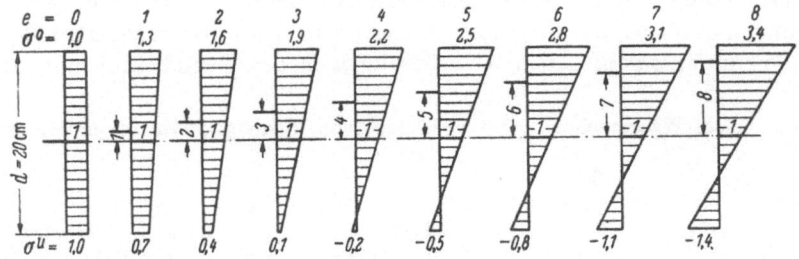

Abb. 2.2/81. Einfluß der Spanngliedlage auf die Randspannungen eines Rechteckquerschnittes. $\dfrac{\sigma^{o,u}}{\sigma_m} = 1 \pm \dfrac{6e}{d}$; e = Exzentrizität

fläche Rißbild und Bruchverhalten günstig beeinflussen. Ferner bringt die Aufteilung der Spannkraft am Auflager Vorteile durch kürzere Verankerungslänge und Verminderung der Querkräfte (Abb. 2.2/80). Demgegenüber lassen sich bei einem starken Einzelspannglied mittels Gleitblechen [277] die Reibungsverluste aus den Umlenkungen kleiner halten, so daß damit mehrfeldrige Balken vorgespannt werden können. Vergleichsversuche mit verschiedenen Spannverfahren [278] haben wegen der Anwendung verschiedener Querschnittsformen kein eindeutiges Ergebnis gebracht.

Abweichungen der Lage von Spanngliedern beeinflussen den Spannungszustand sehr stark (Abb. 2.2/81). Ihrer Fixierung (Abb. 2.2/82) ist daher große Sorgfalt zuzuwenden. Die Abstände der Unterstützungen sind abhängig von der Steifigkeit der Hüllrohre und der Spannglieder. Sie sind in den Einzelzulassungen vorgeschrieben. Zur

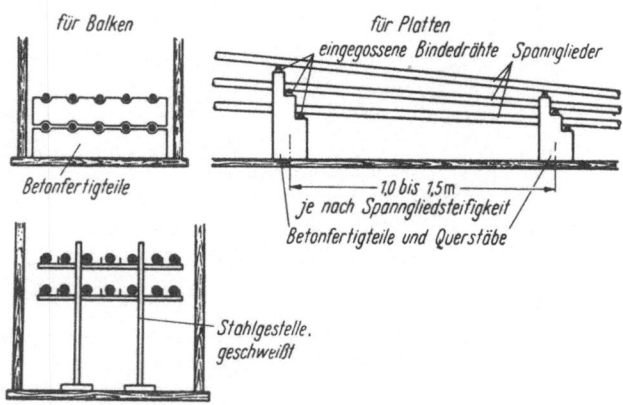

Abb. 2.2/82. Beispiele für die Fixierungsvorrichtungen beim Verlegen von Spanngliedern

Vermeidung von Verdrückungen beim Betonieren, die zusätzliche Reibungen und Spannkraftverluste verursachen, wird man nicht über etwa 1,5 m hinausgehen. Auch Abweichungen in der Grundrißführung der

Abb. 2.2/83. Waagerechte Lageabweichung von Spanngliedern in profilierten Balken.

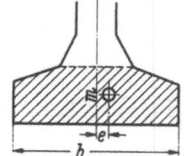

Beispiel:

$\sigma_m = 90\ \text{kg/cm}^2$ $l = 20\ \text{m}$ $b = 0,4\ \text{m}$,
B 300 $E = 300\,000\ \text{kg/cm}^2$ $e = 3\ \text{cm}$.

Abweichung der Randspannungen rechts und links von der Mittelspannung σ_m,

im Untergurt: $\varDelta\sigma \approx \pm\dfrac{6e}{b}\cdot\sigma_m$

seitliche Ausbiegung des Untergurtes:

$$f \approx \frac{\varDelta\sigma\cdot l^2}{5\,E\cdot b} = \frac{6}{5}\cdot\frac{\sigma_m}{E}\left(\frac{l}{b}\right)^2\cdot e = \frac{6}{5}\,\frac{90}{300\,000}\left(\frac{2000}{40}\right)^2 e = 0,9\,e = 2,7\ \text{cm}$$

Spannglieder machen sich stark in einer seitlichen Krümmung des Untergurtes bemerkbar (Abb. 2.2/83); diese läßt sich allerdings meist bei der Montage bis zur Herstellung einer Verbindung mit Ortbeton (Querträger) durch leichten Zwang beseitigen.

Nachträglicher Verbund entsteht durch Auspressen der Spanngliedkanäle mit Zementmörtel, der gleichzeitig die Aufgabe des Rostschutzes der Einzeldrähte üdernimmt. Da verschiedentlich Spannkanäle durch vom Mörtel abgeschiedenes Wasser aufgefroren sind, ist wenig wasserabsetzender Zement („langer Zement") und ein möglichst geringer Wasserzusatz $\left(\dfrac{W}{Z} \leqq 0{,}5\right)$ zu verwenden. Dieser läßt sich durch plastifizierende Zusätze vermindern. Keinesfalls darf hierin Kalziumchlorid enthalten sein, da es stark korrosionsfördernd wirkt. Die Entwicklung von Mörtelzusammensetzungen und Einpreßvorrichtungen ist noch nicht abgeschlossen [279], hat aber ihren vorläufigen Niederschlag schon in amtlichen Richtlinien [255] gefunden (vgl. Abschn. 1.232).

Spannbetonbalken müssen stets eine schlaffe Zusatzbewehrung erhalten, die wenigstens in der Größenordnung von 30 kg/m³ Beton liegen soll. Sie dient verschiedenen Zwecken:

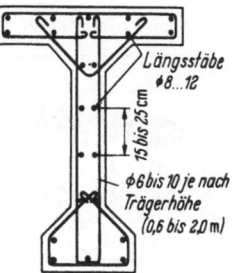

Abb. 2.2/84. Schlaffe Bewehrung eines Spannbetonträgers: Netzbewehrung an der Oberfläche zur Aufnahme von Temperatur- und Schwindspannungen aus Rundstahl St I oder Gewebematten ⌀ 3÷5 mm

a) Aufnahme von Eigenspannungen aus Temperatur- und Schwinddifferenzen durch eine Netzbewehrung (vgl. Abschn. 1.15 und 1.16) (Abb. 2.2/84). Zumeist wird man diese Eigenspannungen durch möglichst frühzeitige Teilvorspannung zu vermindern suchen.

b) Aufnahme von Spaltzugspannungen unter konzentrierten Kräften (Ankerkörper, Lager) (vgl. Abschn. 1.233, Abb. 1.2/35).

c) Aufnahme zusätzlicher Schrägzugkräfte durch exzentrisch eingetragene Spannkräfte. Diese Spannungen werden um so größer, je besser die Verankerung ist (Abb. 2.2/79). Bei Haftverankerung müssen wir daher die in diesem Falle ungünstige Annahme einer kurzen Übertragungslänge treffen, während für die Längsspannungen eine vorsichtige Annahme richtiger ist (vgl. Abschn. 2.232, 1 c).

d) Querzugspannungen an Umlenkstellen von großen Spanngliedern können Spaltbewehrungen erfordern (vgl. Abschn. 1.231) (Abb. 2.2/85a u. b). Tritt hierzu noch die Wirkung einer Auflagerkraft, so empfiehlt sich die Umschnürung des ganzen Balkenabschnittes (Abb. 2.2/85 c).

e) Aufnahme von Zugspannungskeilen bei beschränkter Vorspannung (vgl. Abschn. 2.232, 1 a) (DIN 4227, 11). Zugspannungen, die an der Oberseite von Fertigbalken im Herstellungszustand auftreten, sind ebenfalls durch schlaffe Bewehrung abzudecken. Da diese für die Standsicherheit keine Bedeutung besitzt, darf sie bis nahe an die Streck-

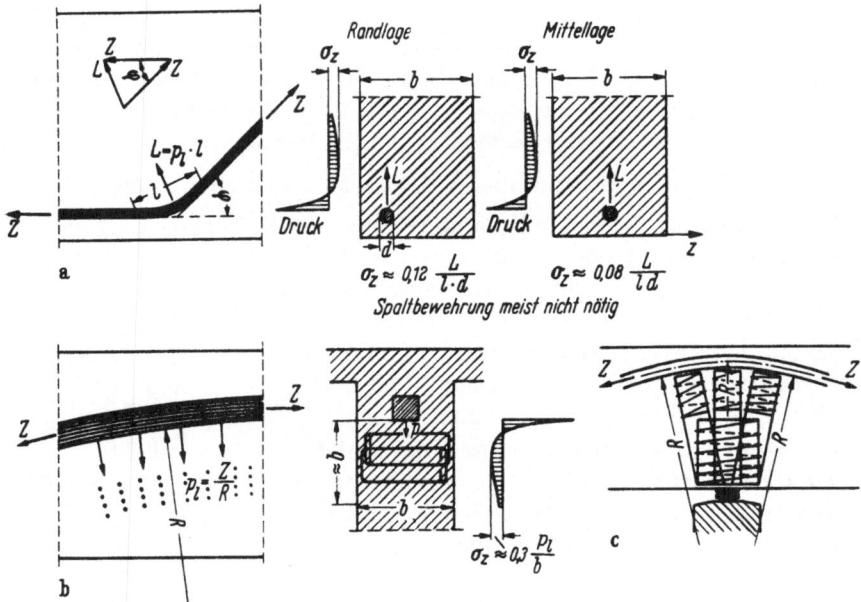

Abb. 2.2/85a—c. Querzugspannungen und Querbewehrung (vgl. auch Abschn. 2.74) an Umlenkstellen von Spanngliedern.

a) bei normalem Einzelspannglied (bis 100 t) [121],

b) bei großem Spannglied gegebenenfalls Spaltbewehrung bei kleinem R

$$f_e = \frac{p}{4\,\sigma_e}\ \text{cm}^2/\text{m}$$ (vollständig geschlossene Bügel, Enden übergreifend oder Wendel),

c) bei kombinierter Wirkung von Umlenkkraft des Spanngliedes und Stützkraft des Auflagers an der Zwischenstütze eines Durchlaufbalkens.
Aufnahme der Querzugkräfte durch Wendelbewehrungen [105]

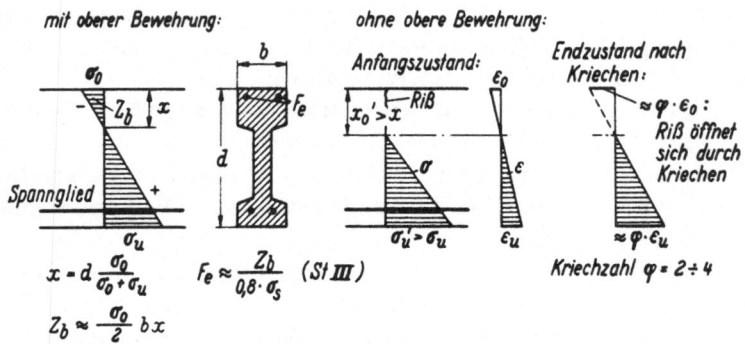

Abb. 2.2/86. Bewehrung der Zugzone bei beschränkter Vorspannung.
Beispiel: Balken unter Vorspannung allein oder mit geringer ständiger Last

grenze beansprucht werden. Ohne Bewehrung können sich Risse einstellen, die zunächst unbedenklich sind, aber die Neigung haben, sich mit
der Zeit zu vergrößern; denn der Beton der überdrückten Zugzone
kriecht unter der Wirkung der Vorspannungen, der spannungslose
Beton der Oberseite jedoch nicht (Abb. 2.2/86), wodurch sich das
Klaffen verstärkt.

2.242 Beton

Beim Betonieren von Balken ist zweierlei im Auge zu behalten:
Die Festigkeit des Betons und der Rostschutz der Bewehrung (vgl.
Abschn. 1.113). Zur Vermeidung von Setzrissen über den Bügeln ist
der Beton einige Zeit nach dem Einbringen „nachzurütteln" (vgl.
Abschn. 1.115).

2.243 Schalung und Rüstung

Schalung und Rüstung legen die Form der Balken fest, so daß bei
beiden neben der Festigkeit auch ihre Steifigkeit unter Gewicht und
Seitendruck des Betons besonders zu beachten sind. Die Schalung (vgl.
Abschn. 1.119) ist so zu konstruieren, daß die Seitenteile auf dem
Schalungsboden aufstehen, da sie dann leichter auszurichten sind.
Außerdem dürfen sie bereits entfernt werden, um sie weiter zu verwenden, wenn der Beton abzubinden beginnt. Das Balkengewicht
muß über den Boden und die Rüstung noch weiter unterstützt
bleiben, bis der Beton genügend erhärtet ist. Die hierzu dienenden
„Notstützen" (DIN 1045, § 12) sollen das Durchhängen der Balken
infolge elastischer und plastischer Formänderungen des Betons vermindern. Diese sind um so größer, je jünger der Beton ist (vgl.
Abschn. 1.13 und 1.14), so daß das Eigengewicht erst nach aus-
reichendem Erhärten voll wirksam werden sollte. Spezialschalungen
(Wanderschalungen usw.) werden bei den Bauteilen beschrieben, für
die sie verwendet werden.

Die Unterrüstung der Balken bestimmt deren Form in spannungslosem Zustand und muß daher eine Überhöhung erhalten. Diese setzt
sich aus den Einsenkungen des Gerüstes unter dem Betongewicht [280]
sowie den elastischen und plastischen Durchbiegungen des Balkens
(vgl. Abschn. 2.224) zusammen. Man gibt dem Balken darüber hinaus
meist einen kleinen Stich (etwa 1/200), der auch nach der Durchbiegung
aus Eigengewicht und Verkehrslast noch vorhanden ist, um bei vollständig horizontaler Unterkante den optischen Eindruck des „Durch-
hängens" zu vermeiden. Außerdem hat man dann einen Spielraum für
die mit Ungenauigkeiten behaftete Berechnung der Durchbiegungen.

Spannbetonbalken biegen sich unter ständiger Last meist nach oben
durch (vgl. Abschn. 2.222, 2). Auch diese Aufbiegung wird durch

Kriechen noch vermehrt, so daß eine zusätzliche Überhöhung nicht am Platze ist.

Die Einsenkungen eines Lehrgerüstes aus Jochen und Stahlträgern sind gefährlich für den erstarrenden Beton (Abb. 2.2/87 a). Die Strecken

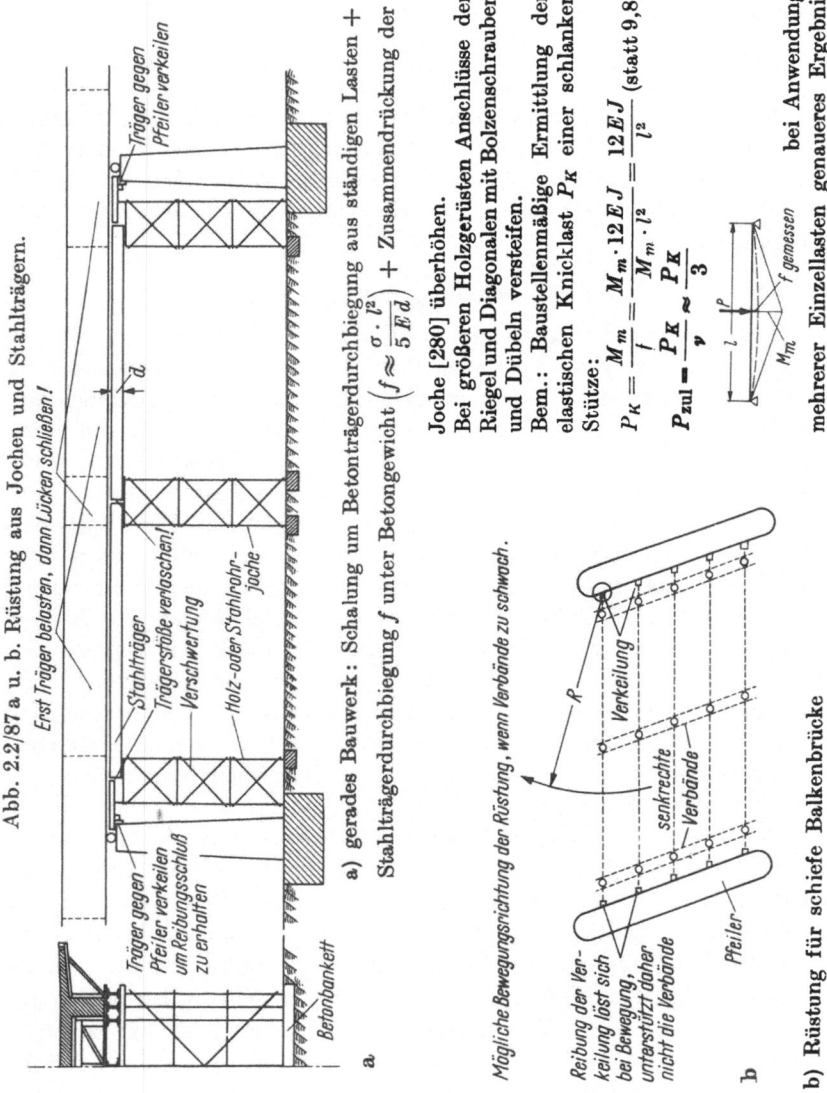

Abb. 2.2/87 a u. b. Rüstung aus Jochen und Stahlträgern.

Erst Träger belasten, dann Lücken schließen!

Träger gegen Pfeiler verkeilen

Stahlträger — Trägerstöße verlaschen! — Verschwertung — Holz- oder Stahlrohr-joche

Träger gegen Pfeiler verkeilen um Reibungsschluß zu erhalten

Betonbankett

a) gerades Bauwerk: Schalung um Betonträgerdurchbiegung aus ständigen Lasten + Stahlträgerdurchbiegung f unter Betongewicht $\left(f \approx \dfrac{\sigma \cdot l^2}{5\,E\,d}\right)$ + Zusammendrückung der Joche [280] überhöhen.

Bei größeren Holzgerüsten Anschlüsse der Riegel und Diagonalen mit Bolzenschrauben und Dübeln versteifen.

Bem.: Baustellenmäßige Ermittlung der elastischen Knicklast P_K einer schlanken Stütze:

$$P_K = \frac{M_m}{f} = \frac{M_m \cdot 12\,E\,J}{M_m \cdot l^2} = \frac{12\,E\,J}{l^2} \quad \text{(statt 9,8)}$$

$$P_{zul} = \frac{P_K}{v} \approx \frac{P_K}{3}$$

bei Anwendung mehrerer Einzellasten genaueres Ergebnis

Mögliche Bewegungsrichtung der Rüstung, wenn Verbände zu schwach.

Reibung der Verkeilung löst sich bei Bewegung, unterstürzt daher nicht die Verbände

Verteilung — senkrechte Verbände — Pfeiler

b) Rüstung für schiefe Balkenbrücke

des Balkens, in denen Knicke der Biegelinien infolge der Durchbiegungen der Rüstungsträger auftreten, dürfen erst nach der Belastung der Felder geschlossen werden.

Auf die seitliche Aussteifung der Joche wie überhaupt auf die Standsicherheit der Rüstung ist größter Wert zu legen, da verschiedene Unfälle auf versagende Stabilität infolge unzureichender Abschwertung zurückzuführen sind. Bei rechtwinkligen Balkenbrücken kann eine zusätzliche Sicherheit durch Verkeilen der Rüstung gegen die Widerlager geschaffen werden. Bei Brücken mit schiefem Grundriß fehlt diese Möglichkeit, so daß die Seitenstabilität allein durch die senkrechten Verbände geschaffen werden muß (Abb. 2.2/87b). Eine Quelle der Instabilität können auch mangelhaft abgestützte oder zu hoch herausgedrehte Spindelschrauben

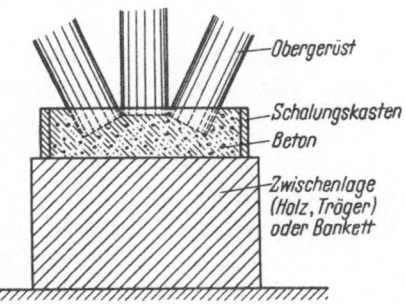

Abb. 2.2/88. Rüstungsfuß aus Magerbeton

sein. Gut bewährt haben sich für Holzgerüste Fußpunkte aus magerem Beton, die keine rechtwinklig abgeschnittenen Stiele mehr verlangen und durch vorsichtiges Fortstemmen ein Absenken gestatten (Abb. 2.2/88).

Die Gründung der Rüstung wird zwar nur vorübergehend beansprucht, muß aber sehr vorsichtig entworfen werden, da Senkungen sehr üble Folgen haben. Man darf deshalb hieran nicht zu sehr sparen.

Die heutigen stählernen Rüstungen, bei kleinen bis mittleren Spannweiten frei tragend (Schalungsträger), bei größeren als Stahlrohr-Stand- oder Fächergerüste, erfordern wohl größere Anschaffungskosten, können aber wegen ihrer Anpassungsfähigkeit oftmals verwendet werden. Gegenüber abgebundenen Holzrüstungen verlangen sie geringere Montagekosten und weniger Facharbeiter. Auch ihre Stabilität ist sorgfältig zu prüfen, wozu zahlreiche Einstürze in den letzten Jahren mahnen.

Besondere Überlegungen sind über das Zusammenwirken von Rüstung und Spannbetonbalken anzustellen. Während des Spannens biegen sich diese bei kleinen und mittleren Spannweiten nach oben, im Fall der „formtreuen Vorspannung" (vgl. Abb. 2.2/20) nicht, und nur bei großen Spannweiten mit vorherrschender ständiger Last nach unten durch (Abb. 2.2/89). Im ersten Falle hebt sich der Balken vom Gerüst ab, so daß dieses keine Absenkvorrichtung benötigt. Das gilt aber nur für einfache Balken. Bei Durchlaufbalken wird in der Nähe der Innenstützen eine Absenkvorrichtung gebraucht, um „den Zwang", wie die Zimmerleute die Rückfederungskräfte nennen, zu beseitigen. Dieser ist besonders groß bei Stahlträgern, die sich stark durchbiegen $\left(\frac{f}{l} \approx \frac{1}{5} \frac{\sigma}{E} \frac{l}{d}\right)$, meistens mehr, als die Aufwölbung des Balkens

beim Vorspannen beträgt. Die nach oben gerichteten Rückfederungskräfte müssen vollständig beseitigt werden, da sonst die Voraussetzungen des Zustandes „ständige Last" nicht erfüllt sind. Die über-

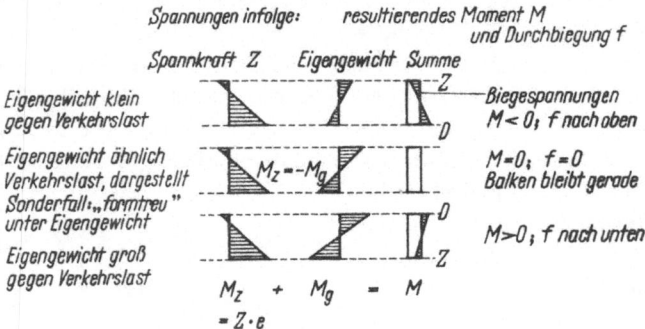

Abb. 2.2/89. Verformungen einfeldiger Spannbetonbalken mit Vorspannung gegen
den erhärteten Beton

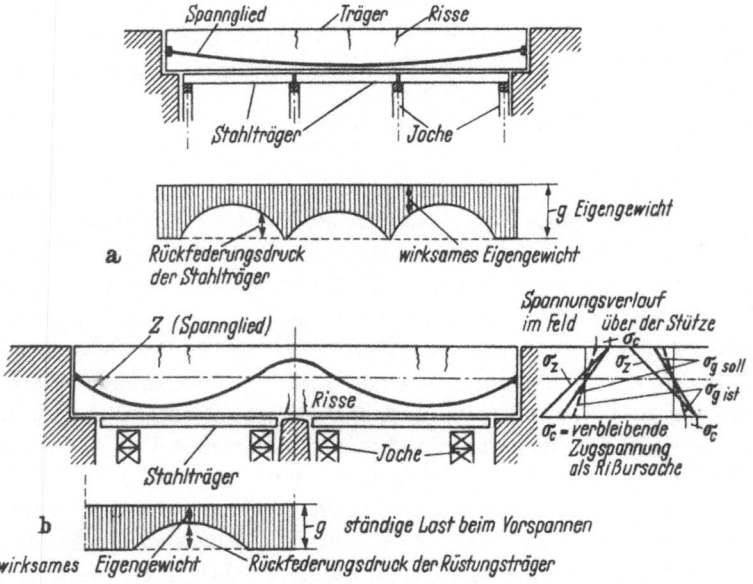

Abb. 2.2/90a u. b. Schäden infolge der Rückfederungskräfte einer elastischen
Rüstung. a) Einfeldbalken, b) Durchlaufbalken

schießenden Zugvorspannungen durch den fehlenden Lastanteil können
sonst unangenehme Risse verursachen (Abb. 2.2/90). Werden diese
nicht gleich durch volles Absenken beseitigt (was schon während des

Spannens erfolgen muß!), vergrößern sie sich bald durch Kriechen und schließen sich dann auch unter voller Last nicht mehr. Weiter ist zu berücksichtigen, daß sich als Folge der Aufwölbung das Eigengewicht der Brücke auf deren Endabstützung verlagert. Sind die Lager ausnahmsweise noch nicht eingebaut, so sind die Endjoche für die Aufnahme der Gesamtlast zu bemessen.

Außer an die Verbiegung des Balkens ist an seine Untergurtverkürzung zu denken, die etwa $0,2 \div 0,3^0/_{00}$ beträgt, bei einem 30-m-Balken mithin in der Größenordnung von 1 cm liegt. Um einer Ableitung der Spannkraft in die Rüstungsträger durch Reibung zu begegnen, müssen sich die Belaghölzer auf den Stahlträgern oder die Träger gegeneinander verschieben können (Verbindungen lösen!).

Durch die Beobachtung der Aufbiegung und Verkürzung kann die Spannkraft kontrolliert werden. Allerdings ist die Messung der Aufbiegung nur dann zuverlässig, wenn man die Bewegungen in drei Punkten (Enden und Mitte des Balkens) verfolgt, um die Zusammendrückung der Lager zu eliminieren. Ferner muß, vor allem im Sommer, der Einfluß ungleichmäßiger Temperaturen des Betons auf die Messung ausgeschaltet werden. Der Verfasser erinnert sich eines 30 m langen Balkens, der bereits unter der halben Spannkraft seine volle Aufwölbung zeigte, da inzwischen die Sonne die Oberseite der Fahrbahnplatte erwärmt hatte. Ein Regenguß ließ sie rasch auf den Sollwert zurückgehen. Aus den gleichen Gründen sind Messungen der Betondehnung auf der Baustelle stets mit großer Vorsicht auszuführen und zu bewerten.

2.25 Ausbildung von Fertigbalken

Zu den in Abschn. 2.13 erwähnten Vorteilen von vorfabrizierten Stützen kommt bei den Fertigbalken noch die Einsparung der erheblichen Rüstungskosten, ferner die gegenüber Stützen einfachere Montage. Es ist in allen Fällen nötig, sie auf einem in DIN 4225 (Fertigteile) geforderten Mörtelbett zu verlegen, da sich die Lagerflächen nie genau planeben herstellen lassen. Schlanke Balken müssen so aufgelegt werden, daß ihre Stützkraft sich nicht infolge der Auflagerverdrehung an der Vorderkante der Abstützung konzentrieren kann. Lieber

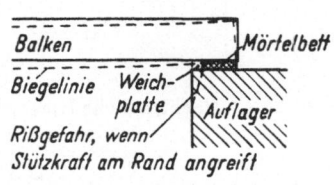

Abb. 2.2/91. Auflager schlanker Fertigbalken

nehme man eine größere Pressung in Kauf (Abb. 2.2/91).

Fertigbalken werden wegen der Transportkosten noch stärker als Ortbetonbalken auf Gewichtsersparnis hin gestaltet und erhalten I- oder T-Querschnitt. Die in der Anschaffung teurere Schalung wird durch häufige Benutzung wirtschaftlich tragbar. Zudem ist in Österreich experimentell bestätigt worden [271], daß feingliedrige Balken wegen geringerer Eigenspannungen infolge von Schwinddifferenzen höhere Rißspannungen als kompakte Querschnitte aufweisen (vgl. Abschnitt 1.15).

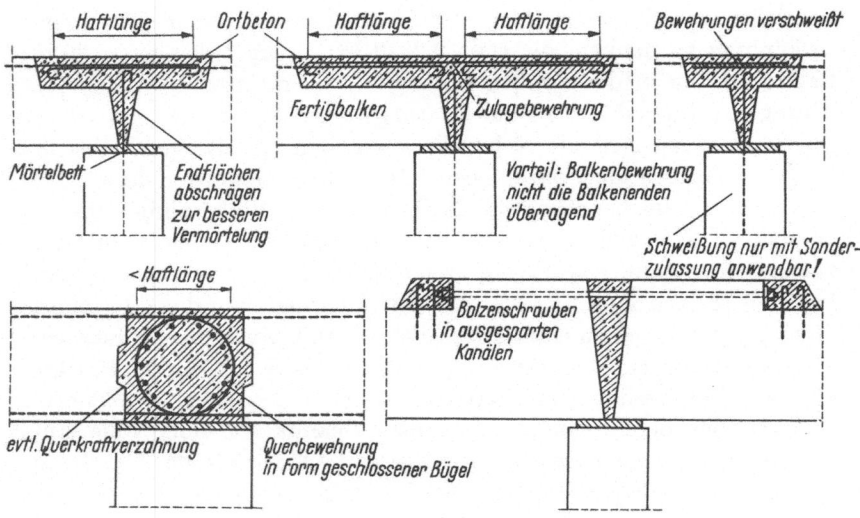

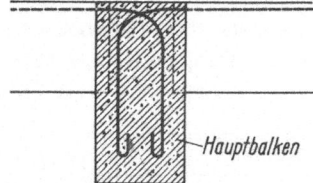

Nebenbalken, in die Schalung der Hauptbalken eingesetzt

Abb. 2.2/92. Nachträgliche Herstellung der Durchlaufwirkung bei Balken (Beispiele)

2.251 Stahlbetonbalken

Für Stahlbetonbalken läßt sich bei der Herstellung in Betonwerken von der Verbesserung der Güte durch Verteilung der Bewehrung (vgl. Abschn. 1.234) leichter Gebrauch machen als auf der Baustelle. Das Anwendungsgebiet des Stahlbetons kann hierdurch zweifellos ausgedehnt werden.

Wirtschaftlicher als die Herstellung kleiner Balken in Einzelformen auf Rütteltischen sind u. U. Gleitfertiger, bei denen ein kurzes Schalungselement auf dem Fertigungsboden entlang der Bewehrung wandert und den unter starkem Rütteln eingefüllten Beton im gewünschten Profil geformt zurückläßt [281]. Die Betonkonsistenz muß naturgemäß sehr genau eingehalten werden, da die Balken frisch entschalt stehenbleiben sollen, wodurch aber auch Höhe und Profilierung der Balken beschränkt werden.

Einfeldige Stahlbetonbalken werden etwas schwerer als vorfabrizierte Durchlaufbalken. Durch konstruktive Verbindung wirken sie unter

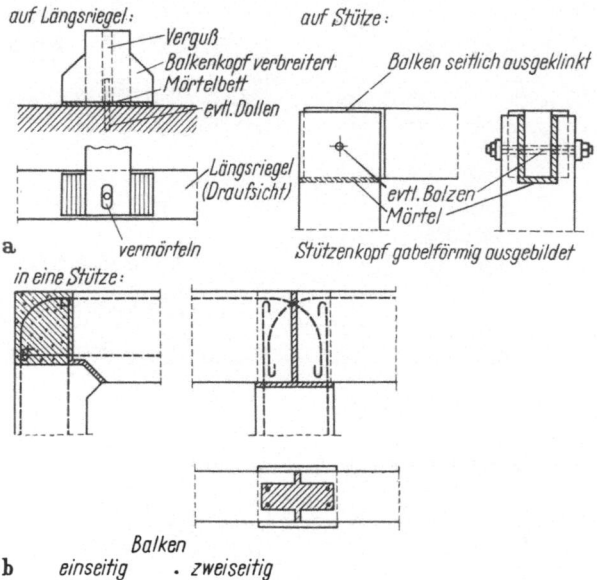

Abb. 2.2/93a u. b. Auflagerung von Fertigbalken.
a) drehbar mit Sicherung gegen Umkanten und Verschieben, b) Einspannung des Balkens in Stützen

Eigengewicht als Einzelträger und nach der Montage als Durchlaufträger, wenn zu den ständigen noch die Nutzlasten kommen. Wir wissen zwar, daß sich infolge des Betonkriechens die Durchlaufwirkung auch für die Montagelast zum großen Teil einstellt (vgl. Abschn. 2.222) [282], jedoch wird diese Umlagerung in der Regel vernachlässigt, da sie sich auf die Traglast wegen „Anpassung" an die Belastung (vgl. Abschn. 2.223) nicht merkbar auswirkt.

Für die Herstellung der Kontinuität gibt es verschiedene Möglichkeiten (Abb. 2.2/92) [215]. Auch die Verbindung mit einer Stütze läßt sich, angefangen von der einfachen Sicherung gegen Verschieben (Abb. 2.2/93a) bis zu der wirksamen Einspannung, konstruktiv lösen (Abb. 2.2/93b) [283].

2.252 Spannbetonbalken

Werkmäßig werden meist mehrere Fertigbalken hintereinander in 30÷100 m langen Spannbetten mit fester oder gleitender Schalung gleichzeitig hergestellt (Abb. 2.2/94a). Größere Balken erhalten wegen der einfacheren Einrichtung auf der Baustelle eine gegen den erhärteten

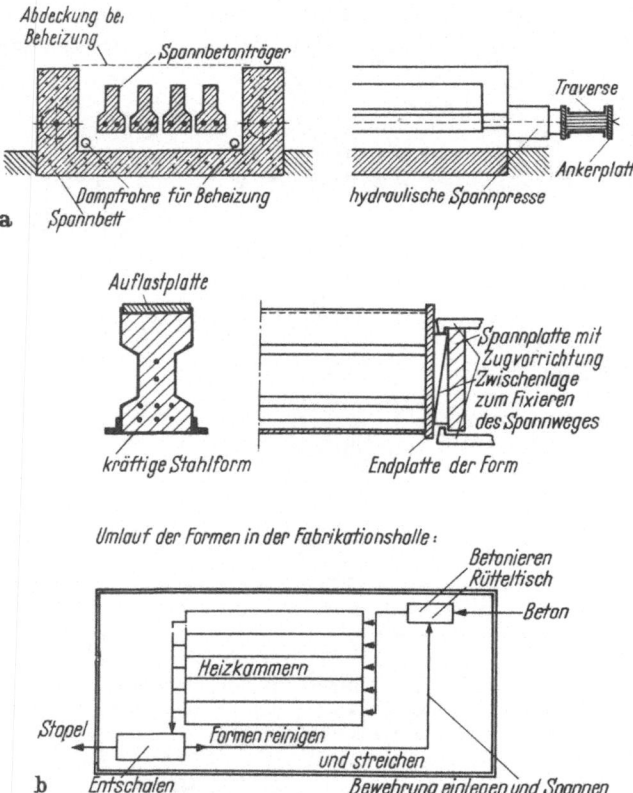

Abb. 2.2/94a u. b. Balkenherstellung mit Vorspannung gegen feste Widerlager. a) im Spannbett (50÷100 m lang in Halle), b) Balkenherstellung in Einzelformen (Stück für Stück)

Beton gespannte Bewehrung. Ersteres Verfahren ist weniger fehlerempfindlich, da der große Spannweg (100÷300 mm) leicht eine Kontrolle der richtigen Stahlspannung erlaubt. Ihm stehen die hohen Investitionen für die überdachten Spannbetten, die Transportwege für den Beton und eventuell der große Aufwand für Beheizung zur Abbindebeschleunigung entgegen. Feststehende Formen werden zweckmäßigerweise elastisch gelagert, um die Rüttelwirkung nicht zu behindern. Diese wird erhöht und das Ausrichten der Formen erleichtert, wenn man die Stahlschalungen miteinander durch Laschen verbindet und den ganzen Zug mit etwa 5 t anspannt.

Werden Balken bis zu etwa 4 m Länge mit Vorspannung gegen die entsprechend steifen Formen Stück für Stück angefertigt (Abb. 2.2/94 b), benötigt man ein wesentlich kleineres Gebäude und einen kleineren Formenbestand. Denn die Balken können nach 10 bis 12 Stunden ausgeschalt werden, wenn sie etwa 8 Stunden in Heizkammern bei etwa 60÷70° bedampft wurden. Die Zemente sprechen

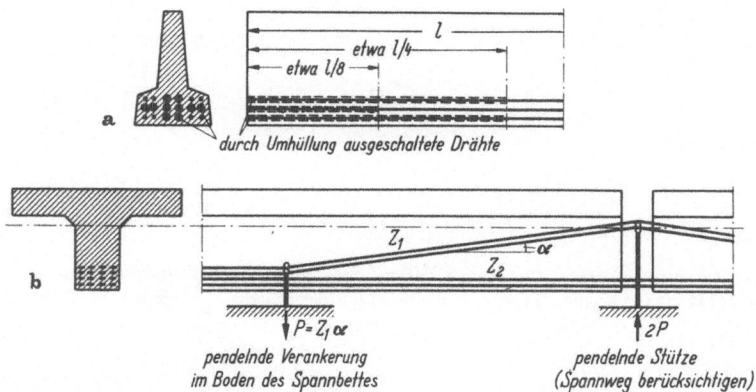

Abb. 2.2/95a u. b. Verminderung der exzentrischen Vorspannungen am Auflager von Fertigbalken.
a) Ein Teil der Drähte zur Ausschaltung der Haftung mit Bitumen gestrichen oder mit Pappe oder dergleichen umhüllt, b) Aufbiegung eines Teiles der Drähte

hierauf verschieden an und müssen beim Entspannen 80% der Endfestigkeit (360÷480 kg/cm² bei B 450 bzw. 600) ergeben. Eine Erstarrungszeit von 2÷3 Stunden vor dem Heizen ist einzurechnen. Als Nachteil dieses Verfahrens sind der Stahlverlust durch überstehende Enden, der je nach Spannverfahren 3÷10% beträgt, und die notwendig sehr kräftigen Formen zu nennen. Andererseits läßt es sich weitgehend mechanisieren, da alle Arbeitsplätze ortsfest sind.

Spannbetoneinzelbalken lassen sich ebenfalls zu Durchlaufträgern zusammensetzen, was jedoch für die ohnehin sehr schlanken Balken geringere Bedeutung besitzt [284]. Auf die Umlagerung der Momente durch Kriechen wurde schon hingewiesen (vgl. Abschn. 2.222). Der Querschnitt von Spannbettbalken weist nahe dem Ende bereits große Druckvorspannungen im Untergurt auf, denen sich weitere aus dem Stützmoment infolge Nutzlast überlagern. Um das zulässige Maß einzuhalten, kann man die Spannkraft am Ende teilweise vermindern, indem man einen Teil der Drähte auf eine gewisse Strecke mit einem

Gleitmittel (Bitumen) streicht oder mit plastischem Material umgibt
(Abb. 2.2/95a) (Verschmutzung der anderen Drähte vermeiden!).
Durch diese Maßnahme werden auch die sehr großen Schubspannungen
am Balkenende herabgesetzt. Geeigneter für die nachträgliche Kontinuität sind Balken mit wechselnder Höhe des Spanngliedes, die durch
gesprengte Führung der Drähte im Spannbett oder durch Vorspannung
gegen den erhärteten Beton erreicht werden kann (Abb. 2.2/95b). Die
Umlagerung ist in diesem Falle um so geringer, je mehr man sich der
„formtreuen" Vorspannung unter ständiger Last nähert.

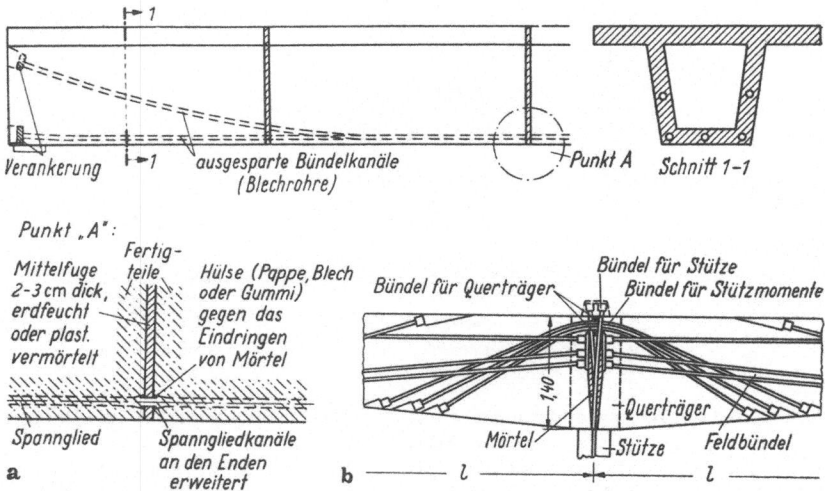

Abb. 2.2/96a u. b. Herstellung von Balken durch Zusammenspannen von Fertigteilen.
a) Einfacher Balken, b) durchlaufender Balken aus feldlangen Einzelbalken [285]

Große Montagebalken lassen sich aus vorgefertigten Teilen zusammensetzen, was bei der Herstellung (kleinere Einzelteile, daher
intensive Rüttlung) und beim Transport vorteilhaft ist. Die Elemente
werden auf einer Bank ausgelegt, die Fugen vermörtelt (am besten
wird erdfeuchter, raschabbindender Mörtel eingehämmert) und durch
Spannglieder zusammengespannt, die in vorbereitete Kanäle eingezogen werden (Abb. 2.2/96). Der Arbeitsvorgang wird sehr beschleunigt, wenn man die Fugen mit Kunstharzmörtel ausfüllt, der in
kurzer Zeit erstarrt [286]. Die Biegungsmomente müssen bei dieser
Bauweise voll „überdrückt" werden, so daß in den Balkenfugen
keine Zugspannungen auftreten. Die Querkräfte werden durch die in
den Fugen erzeugte Reibung aufgenommen (Reibungszahl $\mu_R \approx 0,7$
[287], daher zulässig $Q/N \approx 0,3$. Bei durchgehender Riffelung der
Flächen kann man auf $\approx 0,5$ gehen). Diese Art der Verbindung kann

man auch zur Befestigung der Balken an Trägern oder Stützen benutzen (Abb. 2.6/1). Es lassen sich sehr elegante Bauwerke aus einfach
geformten Fertigteilen ausführen, die eine monolithische Wirkung
erhalten [288]. Die Verformungen der Montagebalken infolge der
Vorspannung dürfen keinesfalls behindert werden, da sonst Abwande-
rungen der Spannkraft oder Schäden an der Stützkonstruktion eintreten (Abb. 2.2/32). Zum Einziehen der Spannglieder werden dünne
Drahtseile benützt, die in sog. „Kabelstrümpfen" od. dgl. endigen.

2.253 Verbundbalken

Verbundbalken aus Fertigbalken und Ortbeton besitzen, von den
Wohnhausdecken angefangen bis zu den Brücken, große Bedeutung, da
sie gestatten, das Gewicht der Fertigteile herabzusetzen (Abb. 2.2/97).

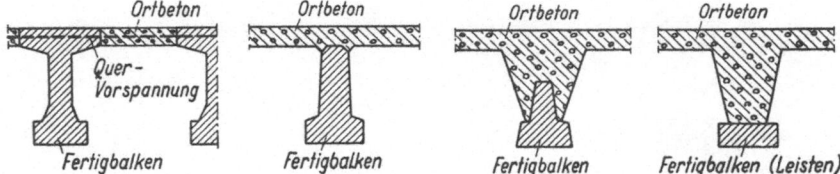

Abb. 2.2/97. Bauarten von Stahlbeton-Verbundbalken mit abnehmendem Gewicht
des Fertigbalkens

Die Theorie dieser Balken [289] ist kompliziert, wenn man die Kriech-
und Schwindvorgänge berücksichtigt, und steht wegen der notwendigen Annahmen für Größe und zeitlichen Verlauf der Verformungs-
vorgänge auf recht schwachen Füßen. An Stelle der Überlagerungs-
berechnung verschiedener Spannungszustände (Abb.2.2/98a) ist daher
in DIN 1045 und DIN 4225 zugelassen, nur den Anfangszustand
(Fertigbalken belastet mit Eigengewicht und Ortbeton) und den Endzustand zu untersuchen (Abb. 2.2/98b). Bei letzterem darf man vereinfacht sämtliche Lasten auf den Gesamtquerschnitt wirken lassen.
Diese Vernachlässigung aller Umlagerungen ist im Hinblick auf den
Bruchzustand berechtigt, weil bei ihm die Stauchungen der verschiedenen Betonsorten so groß werden ($2^0/_{00}$), daß dagegen die elastischen
Verkürzungen aus unterschiedlichen Spannungen (etwa $0{,}2^0/_{00}$) verschwinden. Versuche [289] haben bestätigt, daß die Eigenspannungen
verschiedener Verbundträger sich zwar in unterschiedlichen Rißlasten
bemerkbar machen, aber die Bruchlasten hiervon praktisch unabhängig sind.

Von sehr großer Bedeutung ist die Haftfestigkeit zwischen Ortbeton
und Fertigteil. Bei kleinen Balken genügt erfahrungsgemäß eine rauhe
Oberfläche der Balkenflanken, wie sie bei Gleitfertigern oder in Holzschalung entsteht, wenn der Ortbeton gut eingerüttelt wird. Wenn

16a Franz, Konstruktionslehre I, 3. Aufl.

dessen Güte aber nicht sicher gewährleistet ist, sollte man wenigstens eine teilweise Verbügelung vorsehen. Bei Balken, die in festen Stahlformen hergestellt sind, müssen die Schubkräfte durch Verzahnung

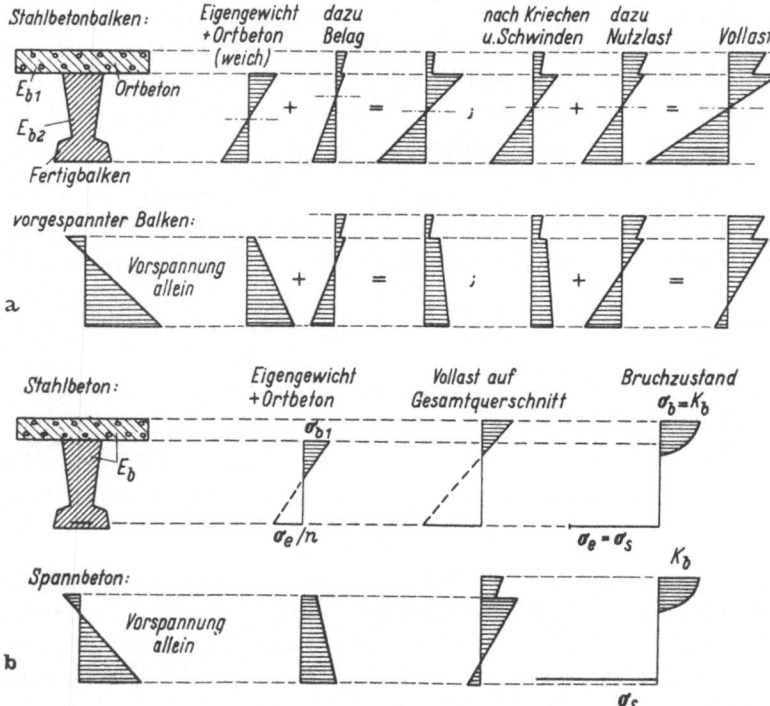

Abb. 2.2/98a u. b. Biegespannungen in einem Verbundquerschnitt (Mittelquerschnitt eines freitragenden Fertigbalkens ohne Zwischenunterstützung).
a) Schema der genauen Berechnung (homogener Querschnitt) [289], b) vereinfachte Berechnung nach DIN 4225, § 16.5

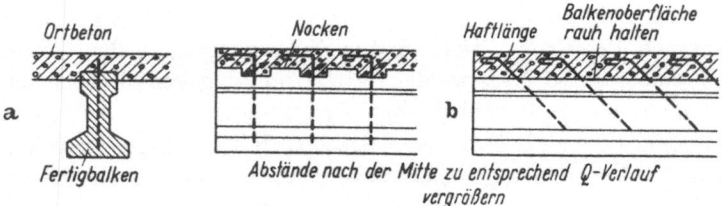

Abb. 2.2/99a u. b. Schubsicherung zwischen Fertigbalken und Ortbeton.
a) Verzahnung und Bügel zur Aufnahme der senkrechten Komponente (etwa
$$f_B \approx \frac{1}{3} \frac{t}{\sigma_e} \approx \frac{Q}{3 \cdot z \cdot \sigma_e} \; ; \text{ durch Versuche zu prüfen),}$$
b) Schrägbewehrung allein $\left(f_s \approx \dfrac{t}{\sqrt{2} \cdot \sigma_e} \approx \dfrac{Q}{\sqrt{2} \cdot z \cdot \sigma_e} \right).$

oder eine entsprechend bemessene Bewehrung übertragen werden
(Abb. 2.2/99). Das Zulassungsverfahren für serienmäßig hergestellte
Deckenbalken (DIN 4110) fordert den Nachweis der Wirksamkeit des
Verbundes durch Versuche. Bei größeren Balken ist ein rechnerischer
Nachweis zu führen. Die extrem leichten, zentrisch vorgespannten
Leisten (Abb. 2.2/100a) ergeben zwar kleine Transportgewichte, müssen
aber wegen ihrer geringen Steifigkeit in Abständen von 1,0÷1,5 m
unterstützt werden, um das Gewicht des Ortbetons und evtl. Füll-
steine tragen zu können. Sie lassen sich auch aus keramischen Steinen

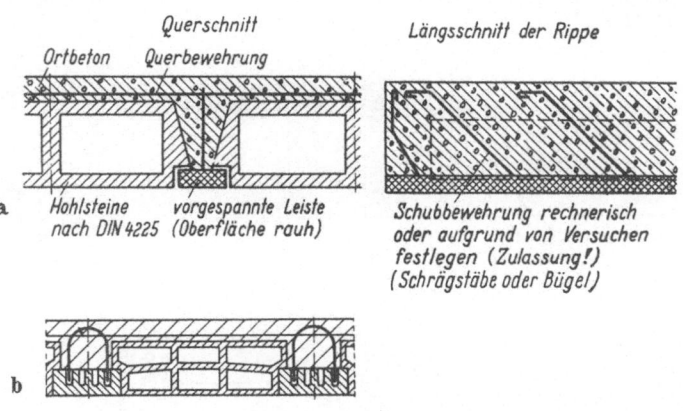

Abb. 2.2/100a u. b. Zentrisch vorgespannte Leisten als Zuggurt.
a) Betonleisten, b) Leisten aus keramischen Körpern (Ziegel) [290]

mit Kammquerschnitt herstellen (Abb. 2.2/100b), in deren Rillen die
Spanndrähte mit hochwertigem Mörtel vergossen werden. Diese Bauart [290] hat den Vorteil noch geringeren Gewichtes, einer guten Putz-
haftung und eines praktisch kaum merkbaren Schwind- und Kriech-
verlustes. Da gebrannter Ton porös ist, muß die Bewehrung sehr sorgfältig mit Mörtel umhüllt werden.

2.254 Der Transport und die Montage von Fertigbalken

Der Transport und die Montage von Fertigbalken müssen bis in
Einzelheiten voraus geplant werden und dürfen nicht der Baustelle
überlassen bleiben. Oft wurden durch falsche Lagerung Risse verursacht. Die rationalisierte, gut überwachbare Herstellung in Fabriken
rechtfertigt wirtschaftlich längere Anfuhrwege. Selbst Binder von 25 m
Länge werden auf Spezialfahrzeugen über 100 km und mehr transportiert. Sie sind dabei gegen Umkanten zu sichern.

Kleinere Balken für Decken lassen sich meist mit dem Turmdrehkran versetzen. Größere Hallenbinder erfordern schwereres Hubgerät
wie Bagger oder Krane. Diese können gegebenenfalls gemeinsam an-

gesetzt werden. Turmkrane können aber auch größere Lasten heben, wenn man Flaschenzüge zwischenschaltet (Abb. 2.2/101 a). Für sehr schwere Hallenbinder verwendet man hydraulische Hubgeräte, die in Stützen mit U-förmigem Grundriß laufen (Abb. 2.2/101 b). Spezial-

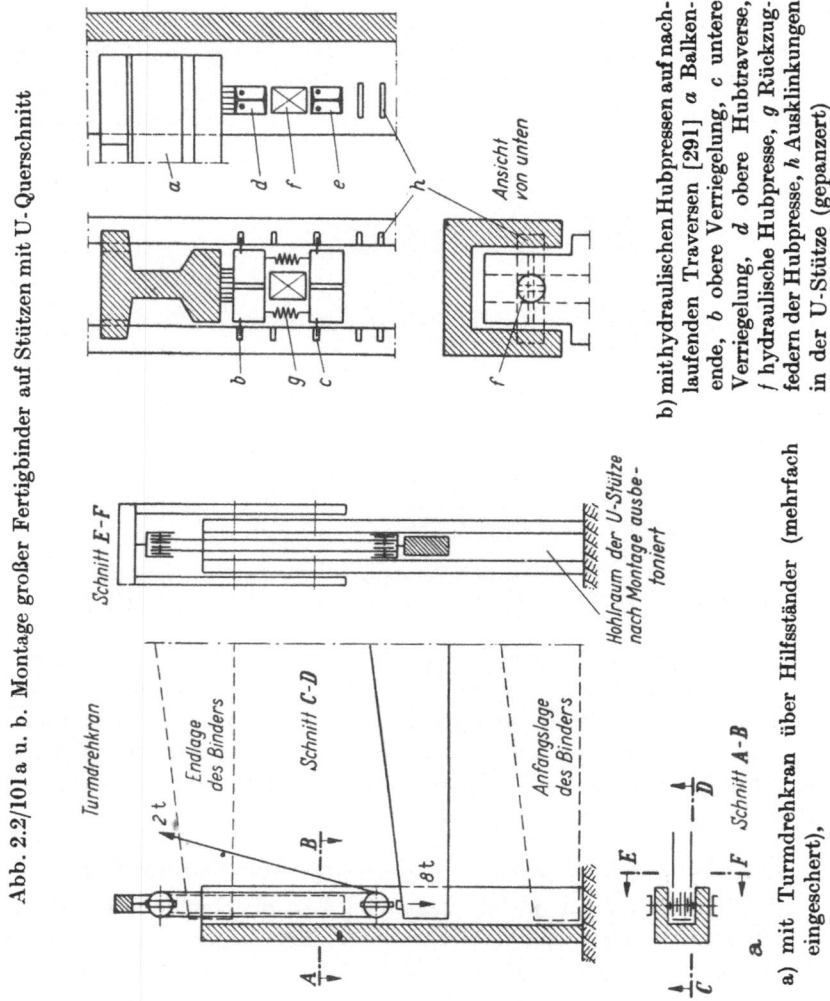

Abb. 2.2/101 a u. b. Montage großer Fertigbinder auf Stützen mit U-Querschnitt

a) mit Turmdrehkran über Hilfsständer (mehrfach eingeschert),

b) mit hydraulischen Hubpressen auf nachlaufenden Traversen [291] *a* Balkenende, *b* obere Verriegelung, *c* untere Verriegelung, *d* obere Hubtraverse, *f* hydraulische Hubpresse, *g* Rückzugfedern der Hubpresse, *h* Ausklinkungen in der U-Stütze (gepanzert)

pressen mit größerem Hub und eingebauter Rückzugfeder sind hierbei zweckmäßig.

Weitgespannte Balken mit schmalen Obergurten, die im Endzustand durch Pfetten oder Dachplatten seitlich ausgesteift werden sollen, können bei der Montage seitlich ausknicken. Spannbetonbalken unterscheiden sich von Stahlbetonbalken nur durch einen Eigenspannungszustand, der in die Gleichgewichts- und Formänderungsbedingungen bei den Stabilitätsbetrachtungen aber nicht eingeht, solange der elastische Bereich nicht überschritten wird.

Bei drehbarer Lagerung der Enden (Abb. 2.2/102 a) stellt sich der Balken bei einer unvermeidlichen kleinen Unsymmetrie schräg, wodurch ihn die Komponente des Eigengewichtes quer zu seiner Tragebene verbiegt. Die Gleichgewichtslage ist stabil, wenn in bezug auf die Verbindungslinie der Aufhängepunkte das statische Moment des Balkengewichtes gleich Null wird, d. h., wenn der Schwerpunkt S der Biegelinie y unter dieser Linie liegt. Dann ist $\dfrac{s}{a} = \tan \varphi$; $a \tan \varphi = s$,

wobei $s = \dfrac{\int\limits_0^l g \cdot y \, dx}{\int\limits_0^l g \cdot dx}$. Die Biegelinie y infolge der Seitenkräfte $g \sin \varphi$

ist gleich der mit $\sin \varphi$ multiplizierten Biegelinie y_0 infolge der in gleicher Richtung wirkenden Kräfte g, also der Biegelinie des auf der Seite liegenden Balkens. Diese besitzt den Stich f_0 und den Schwerpunktabstand s_0, so daß auch $s = s_0 \sin \varphi$, mithin $a \tan \varphi = s_0 \sin \varphi$ oder $a = s_0$ ist, da der Winkel φ klein ist. Für gleichförmig verteiltes Eigengewicht g

ist $s_0 = \dfrac{\int\limits_0^l y_0 \, dx}{l}$. Wenn die Aufhängepunkte nach innen rücken, vermindert sich die kritische Aufhängehöhe a; in den Fünftelpunkten ist sie annähernd Null. Sehr empfindlich sind dagegen Balken mit veränderlicher Höhe (Abb. 2.2/102 b). Praktisch wird man stets einen Sicherheitszuschlag zu a machen.

Wenn die Balkenenden gegen Umkanten festgehalten werden (Gabellagerung), kann die Balkenmitte auskippen (Abb. 2.2/102 c), wenn die Gleichlast den kritischen Wert $g_k = \dfrac{\psi_1}{l^3} \sqrt{E \cdot J_y \cdot G \cdot J_D}$ [292] erreicht. Diese Last ist nicht von der als groß angenommenen senkrechten Biegesteifigkeit (J_x), sondern von der in waagrechtem (J_y) Sinne, der Drehsteifigkeit J_D, dem Elastizitätsmodul E und dem Schubmodul G abhängig. Die Größe der Ausbiegung bleibt wie beim zentrisch belasteten Knickstab unbestimmt. Eine grobe, aber meistens auf der sicheren Seite liegende Näherung erhält man, wenn man den Obergurt als „Eulerstab", ohne Zusammenhang mit dem Steg als gelenkig an den Enden gelagert, für seine maximale Kraft auf Knicken in waagrechtem Sinne berechnet [293]. Die genaue Theorie des Auskippens [294] ist nur auf einfache Fälle anwendbar. Eine Näherung, bei der die Biegelinie durch ein Polynom approximiert wird, gestattet auch andere Lagerungsfälle mit fester und auch mit drehbarer Gabellagerung (Abb. 2.2/102 d) zu beurteilen (vgl. auch Bd. II, S. 353).

Abb. 2.2/102a—e. Stabilität von Montagebalken gegen Kippen.

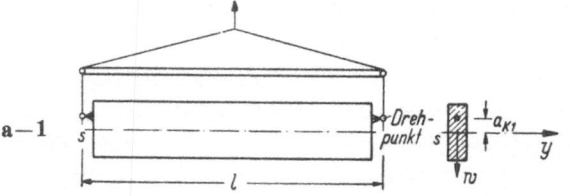

a—1

a) Balken konstanter Höhe mit drehbarer Aufhängung
1. Aufhängung an den Enden in der Symmetrieachse.
Voraussetzungen: $J_D \to \infty$ (Balken sehr drehsteif),
Durchbiegungen w in senkrechter Richtung vernachlässigt, d.h. J_x (für waagerechte Achse) $\gg J_y$ (für
senkrechte Achse),
g = const.
Kritische Aufhängehöhe, bei der der Balken kippen
kann:
$$a_{K1} = \frac{1}{120}\,\frac{g\,l^4}{E\,J_y}$$

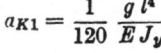

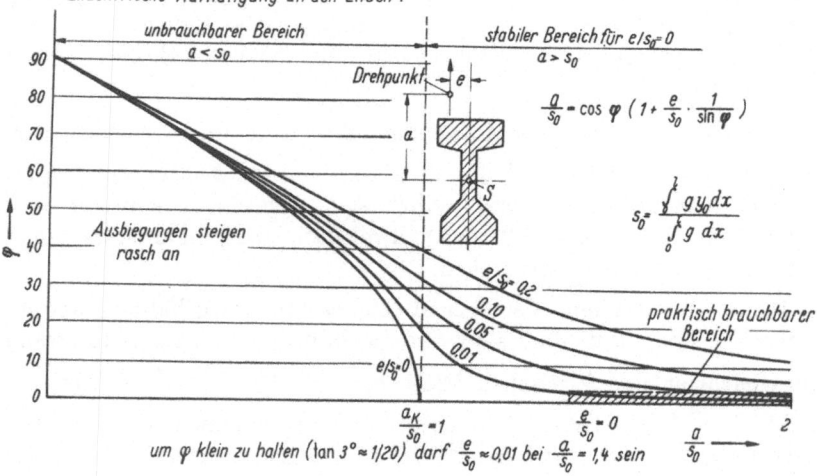

a—2
2. Aufhängung mit einer Anfangsexzentrizität e gegen die Symmetrieachse. Bei
jeder Aufhängehöhe a tritt eine Verdrehung φ und eine seitliche Ausbiegung
auf.

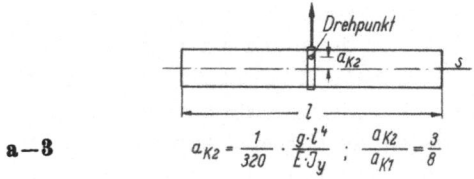

a—3 $$a_{K2} = \frac{1}{320}\cdot\frac{g\cdot l^4}{E\,J_y}\quad;\quad \frac{a_{K2}}{a_{K1}} = \frac{3}{8}$$

3. Aufhängung in der Mitte.

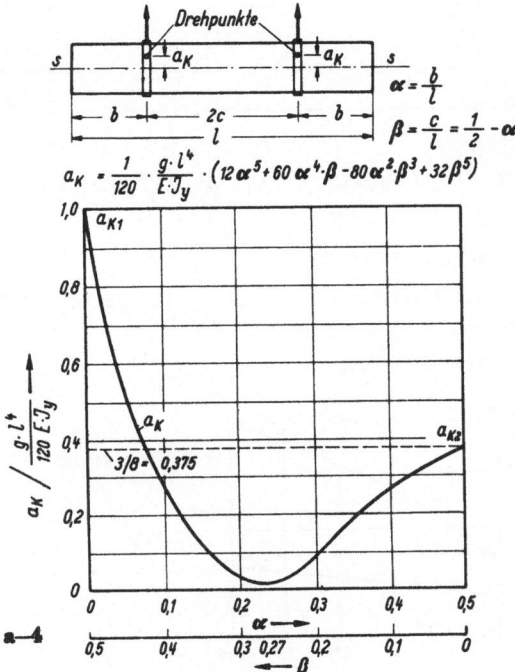

$$\alpha = \frac{b}{l}$$

$$\beta = \frac{c}{l} = \frac{1}{2} - \alpha$$

$$a_K = \frac{1}{120} \cdot \frac{g \cdot l^4}{E \cdot J_y} \cdot (12\alpha^5 + 60\alpha^4 \cdot \beta - 80\alpha^2 \cdot \beta^3 + 32\beta^5)$$

4. Aufhängung in zwei symmetrischen Zwischenpunkten. Oberhalb der Kurve liegt der stabile, unterhalb der instabile Bereich.

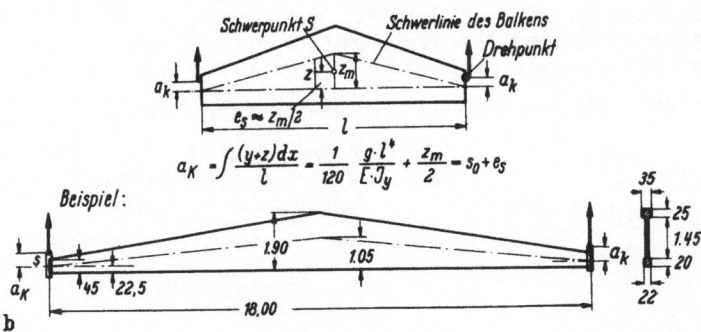

$$a_K = \int \frac{(y+z)\,dx}{l} = \frac{1}{120} \frac{g \cdot l^4}{E \cdot J_y} + \frac{z_m}{2} = s_0 + e_S$$

b) Aufhängung von Balken mit geknickter Achse (gleiche Voraussetzungen wie bei a), s_0 ist der Abstand des Schwerpunktes der Biegelinie des flach liegenden Balkens von dessen Ausgangslage, g wird in 1. Näherung als konstant angenommen. Beispiel:

$g \approx 0{,}78\ \text{t/m}$

$J_y = 12{,}8\ \text{dm}^4,$

$E = 210000\ \text{kg/cm}^2,$

$$a_K = \frac{1}{120}\ \frac{0{,}78 \cdot 18{,}0^4}{210000 \cdot 0{,}00128} + \frac{1}{2}\,(1{,}05 - 0{,}225) = 0{,}25 + 0{,}41 = 0{,}66\ \text{m}$$

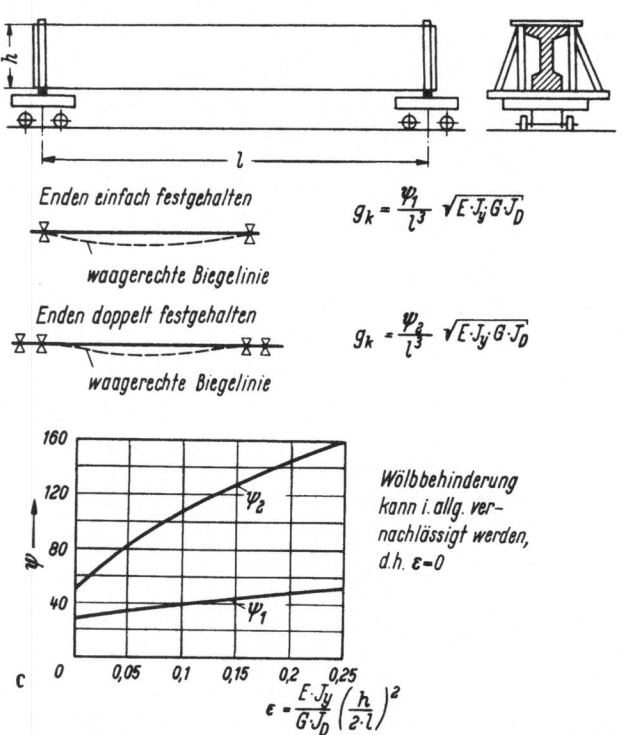

Enden einfach festgehalten

$$g_k = \frac{\psi_1}{l^3} \sqrt{E \cdot J_y \cdot G J_D}$$

waagerechte Biegelinie

Enden doppelt festgehalten

$$g_k = \frac{\psi_2}{l^3} \sqrt{E \cdot J_y \cdot G \cdot J_D}$$

waagerechte Biegelinie

Wölbbehinderung kann i. allg. vernachlässigt werden, d.h. $\varepsilon = 0$

$$\varepsilon = \frac{E \cdot J_y}{G J_D} \left(\frac{h}{2 \cdot l}\right)^2$$

c) Kippen von Balken mit Gabellagerung an den Enden durch gleichzeitiges seitliches Verbiegen und Verdrillen [292]. Voraussetzungen: Senkrechte Durchbiegung vernachlässigt $J_x \gg J_y$; Querschnitte konstant; Belastung g konstant; Enden in Längsebene frei drehbar; Näherungslösung: Druckzone als Knickstab (Eulerstab) ohne Verbindung mit Steg $g_K = \dfrac{80\,h}{l^4}\,E J_{y\,\text{Gurt}}$

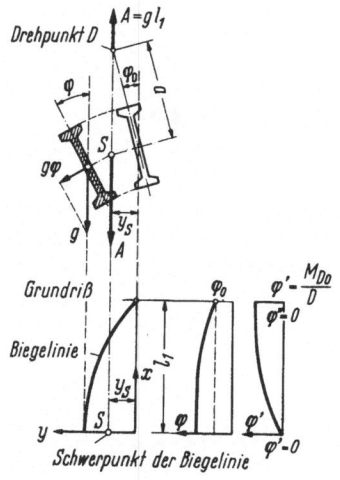

d) Berücksichtigung der Verdrehung der Querschnitte gegeneinander bei drehbarer Lagerung an den Enden.

Annahme für Verdrehungslinie:

$$\varphi' = \frac{M_{D_0}}{2D}(3\xi - \xi^3); \quad \xi = \frac{x}{l_1}; \quad B = E J_y;$$
$$D = G J_D$$

$$\varphi = \frac{M_{D_0} \cdot l_1}{8D}(-5 + 6\xi^2 - \xi^4) + \varphi_0$$

(Gabellagerung: $\varphi_0 = 0$)

$$y = \frac{1}{B} \iint \varphi \cdot M_x \, dx^2$$

$$y_s = \frac{1}{l_1} \int y \, dx = \frac{g\,l_1^5 \cdot M_{D_0}}{14{,}3 \cdot B \cdot D} + \frac{2\,g\,l_1^4}{15\,B} \cdot \varphi_0$$

Gleichgewichtsbedingung:

$$M_{D_o} = g\,l_1\,y_s = g\,l_1 \cdot a \cdot \varphi_0 = \frac{g^2\,l_1^6}{14,3 \cdot B \cdot D} \cdot M_{D_o} + \frac{2\,g^2\,l_1^5}{15\,B} \cdot \varphi_0$$

Grenzwerte:

Drehsteifer Balken: $D \to \infty$: $a_{k_1} = s_0 = \dfrac{2\,g\,l_1^4}{15\,B}$; $\quad g_1 = \dfrac{15\,Ba}{2\,l_1^4} = \dfrac{120\,Ba}{l^4}$

Gabellagerung:

$$\varphi_0 \to 0;\ M_{D_o} = \frac{g^2\,l_1^6}{14,3\,B\,D}\,M_{D_o};\quad g_2 = \frac{3,8}{l_1^3}\sqrt{B \cdot D} = \frac{30,3}{l^3}\sqrt{B \cdot D}$$

hiermit: $\left(\dfrac{g_K}{g_2}\right)^2 + \dfrac{g_K}{g_1} = 1$; $\ g_K = g_2\left(\sqrt{1+\gamma^2} - \gamma\right)$; $\ \gamma = \dfrac{g_2}{2\,g_1} = \dfrac{l}{8a}\sqrt{\dfrac{D}{B}}$

oder: $a_K = \dfrac{s_0}{1 - \left(\dfrac{g}{g_2}\right)^2}$; $\ s_0 = \dfrac{g\,l^4}{120\,B}$

e) Beispiel: Rampenbrücke Tancarville

$g\ = 2,0$ t/m;
$J_x = 1,07$ m⁴;
$J_y = 0,04$ m⁴;
$J_z \gg J_y$

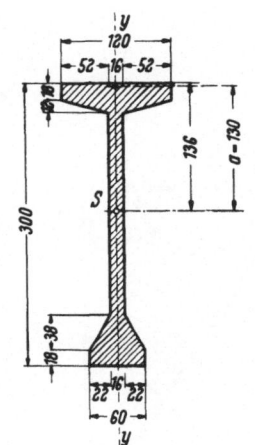

$g = 2,0$ t/m

50,00 m

α) für $J_D \to \infty$: $B = E\,J_y = 84\,000$ tm²

$$a_K = s_0 = \frac{1}{120} \cdot \frac{g\,l^4}{B}$$
$$= \frac{2,0 \cdot 50,0^4}{120 \cdot 84000} = 124 \text{ cm}$$

β) für $J_D = 0,02$ m⁴:
$\quad D = G \cdot J_D = 17\,800$ tm²

$$g_2 = \frac{30,3}{l^3}\sqrt{B \cdot D} = 9,4 \text{ t/m}$$

$$a_K = \frac{y_{s_0}}{1 - \left(\dfrac{g}{g_2}\right)^2}$$
$$= \frac{124}{1 - \left(\dfrac{2,00}{9,4}\right)^2} = 130 \text{ cm}$$

2.26 Konsolen

Bei Konsolen und kurzen Balken, deren Länge kleiner oder gleich ihrer Höhe ist, hat man mitunter [253], im Gegensatz zu der üblichen „Schubbeanspruchung", eine „Scherbeanspruchung" unterschieden. Bei dieser sollen die Schubspannungen in einem senkrechten statt in einem waagrechten Schnitt gedeckt werden, weil ersterer eine größere Länge besitze (Abb. 2.2/103). Diese Anschauung ergibt eine Schubbewehrung, die zwar auf der sicheren Seite liegt, aber unwirtschaftlich und unbequem einzubringen ist. Das Verfahren beruht auf der Geradlinienverteilung der Spannungen, die bei diesen gedrungenen

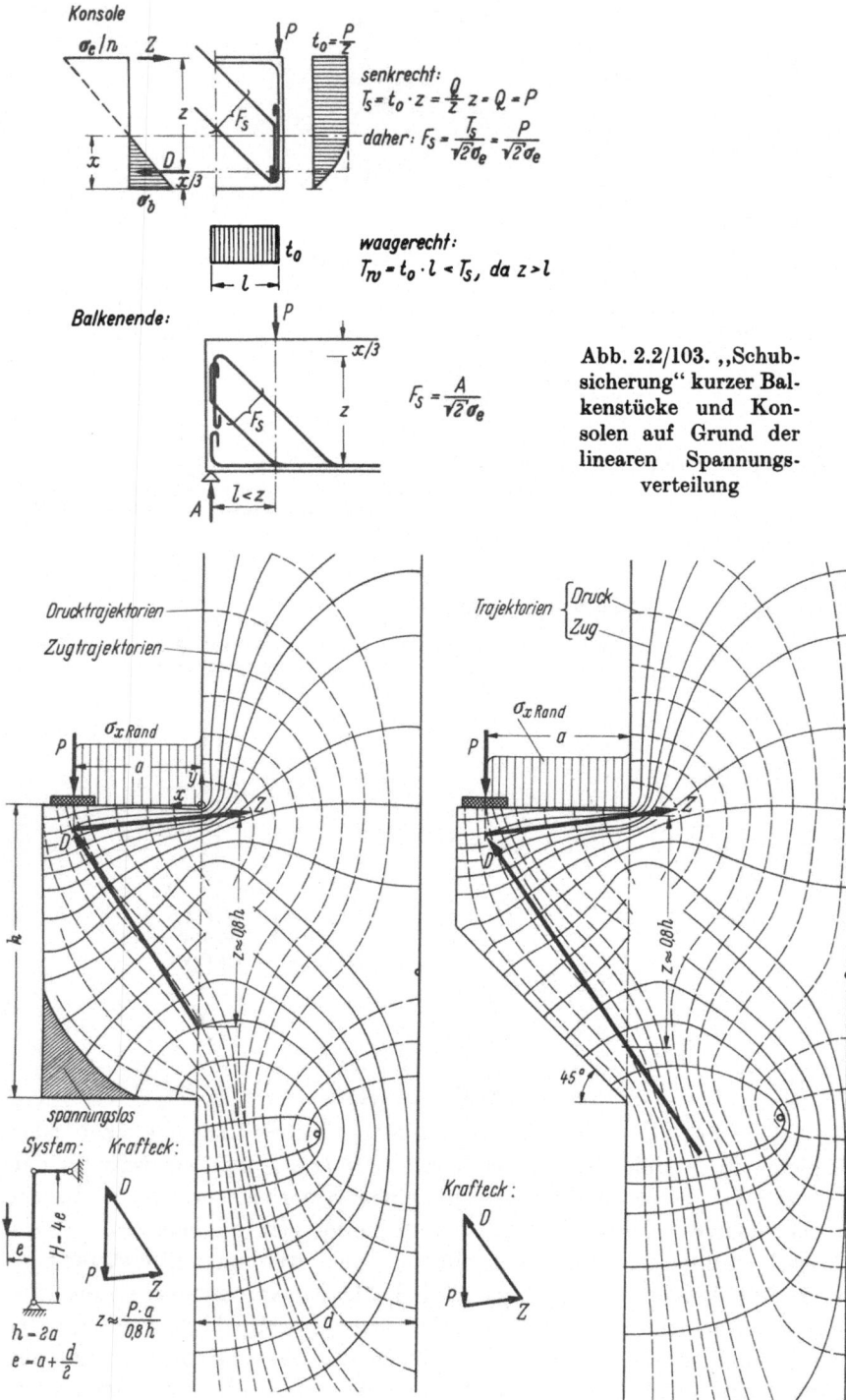

Konsole

σ_e/n

$t_o = \dfrac{P}{z}$

senkrecht:
$$T_S = t_o \cdot z = \frac{Q}{2} z = Q = P$$

daher: $F_S = \dfrac{T_S}{\sqrt{2}\,\sigma_e} = \dfrac{P}{\sqrt{2}\,\sigma_e}$

waagerecht:
$$T_{rv} = t_o \cdot l < T_S, \; da \; z > l$$

Balkenende:

$$F_S = \frac{A}{\sqrt{2}\,\sigma_e}$$

$l < z$

Abb. 2.2/103. ,,Schub-sicherung" kurzer Bal-kenstücke und Kon-solen auf Grund der linearen Spannungs-verteilung

Drucktrajektorien

Zugtrajektorien

Trajektorien $\begin{cases} Druck \\ Zug \end{cases}$

$\sigma_{x\,Rand}$

$z \approx 0.8\,h$

$z \approx 0.8\,h$

45°

spannungslos

System: Krafteck:

$H = 4e$

$z \approx \dfrac{P \cdot a}{0.8\,h}$

$h = 2a$

$e = a + \dfrac{d}{2}$

Krafteck:

a

b

Abb. 2.2/104a—c. Kurze
Konsole an einer Säule.
Spannungsoptisch ermit-
telte Hauptspannungstra-
jektorien und resultierende
innere Kräfte [295].

a) rechteckige Konsole,
b) abgeschrägte Konsole,
c) Trajektorien- und Riß-
   bild an einem Stahl-
   betonmodell in natür-
   licher Größe.
1. Primäre Risse : folgen den
   Drucklinien, d. h. sie verlaufen senkrecht zu den
   Zuglinien: reine Trennrisse.
2. Sekundärer Riß: aufge-
   treten nach Bildung des
   senkrechten Hauptrisses
   in der einspringenden
   Ecke durch Veränderung
   des statischen Systems
   bei der Aufnahme der
   oberen Horizontalkraft.
3. Zerstörung der Druck-
   zone nach Drehung des
   vorderen Konsolteiles
   unter Aufweitung der
   senkrechten Risse durch
   Überschreitung der
   Streckgrenze der waagerechten Bewehrung

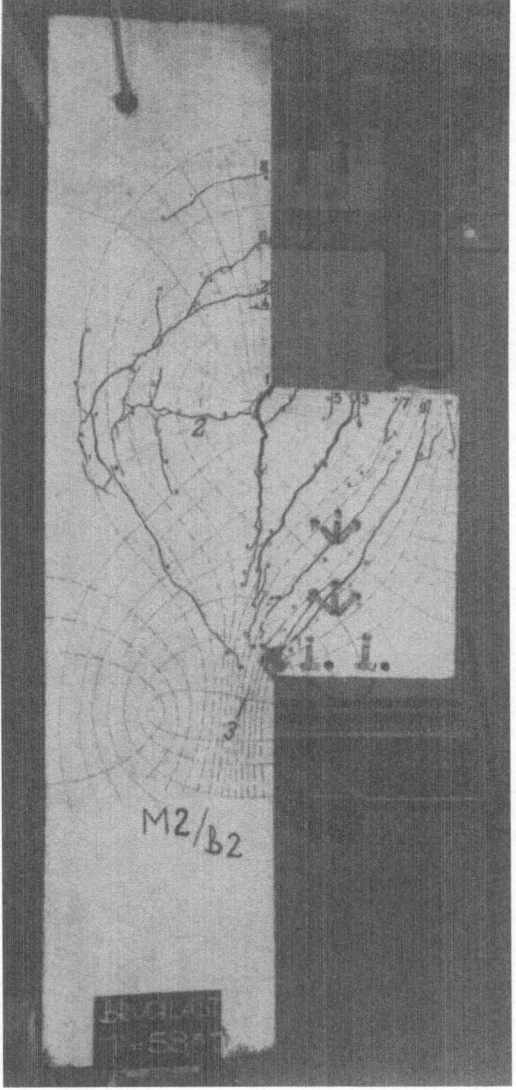

c

Baugliedern auch nicht annähernd zutrifft. Der wirkliche Trajektorienverlauf wird für verschiedene Konsolen [295] gezeigt (Abb. 2.2/104a u. b).
Hieraus ist zu ersehen, daß bei Rechteckkonsolen die vordere untere
Ecke spannungslos bleibt und die Resultierende aller Hauptdruck-
spannungen für alle Konsolformen in Diagonalrichtung verläuft. Die
schrägen Hauptzugspannungen stehen senkrecht zu den Druckspan-

nungen, sind sehr klein und können durch eine Bügelbewehrung gedeckt
werden. Die Zugspannungen am belasteten Rand sind jedoch größer,
als sie die lineare Theorie liefert und praktisch konstant vom Einspannquerschnitt bis zur Last (Abb. 2.2/104b). Mit diesen Erkenntnissen be-

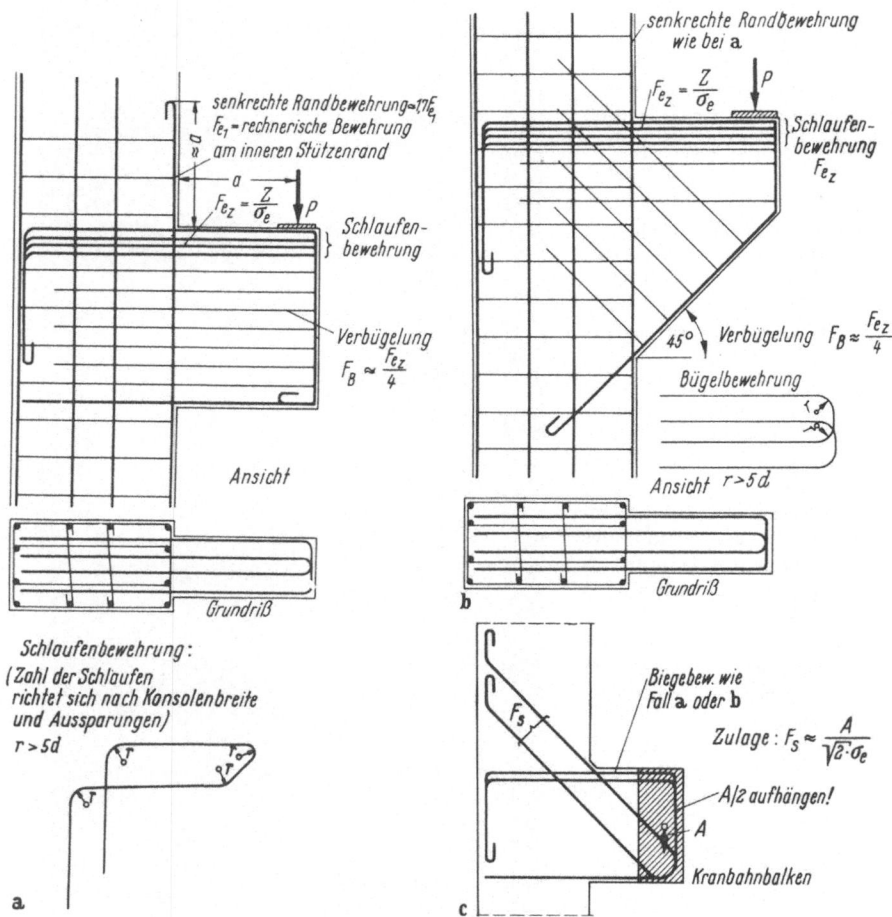

Abb. 2.2/105a—c. Zweckmäßige Bewehrung für kurze Konsolen.
a) für eine rechteckige Konsole, b) für eine abgeschrägte Konsole, c) für eine
mittelbar belastete Konsole (Stützkraft über die Höhe verteilt eingetragen, vgl.
Abb. 2.2/69)

wehrte Betonkonsolen zeigten ein Rißbild, das den Drucktrajektorien
entsprach. Die Tragfähigkeit wurde durch Recken der Einspannbewehrung und nachfolgende Erschöpfung der Druckfestigkeit an der
unteren, inneren Ecke erreicht. Ein „Abscheren" wurde nie beobachtet

(Abb. 2.2/104c). Aus diesen Ergebnissen, die sich an diejenigen von anderen Autoren [296] gut anschließen, kann mit praktisch genügender Genauigkeit gefolgert werden:

a) Die Randzugkraft Z läßt sich unabhängig von der Konsolenform aus einem Krafteck ermitteln und ist von der Last an bis zum Einspannquerschnitt konstant (Abb. 2.2/104 a u. b).

b) Im Steg sind die unter etwa 45° verlaufenden Hauptzugspannungen so gering, daß sie unter Gebrauchslast nicht zu Rissen führen. Man wird konstruktiv eine Bügelbewehrung vorsehen.

c) In der Stütze, die die Konsole trägt, tritt an der Zugecke unter etwa 45° eine Schrägkraft Z_E von maximal etwa $0{,}7\,Z$ auf, die nur in geringem Maße von der Konsolenform abhängt.

Hiernach läßt sich die zweckmäßige Bewehrung für eine rechteckige (Abb. 2.2/105a) und eine abgeschrägte Stützenkonsole (Abb. 2.2/105b) entwerfen. Besonders wichtig ist die Verankerung der Zugbewehrung am Konsolenende unter der Last, da sie dort bereits voll durch Z beansprucht ist. Man leitet dort die Kraft wie auch an anderen Stellen, wo keine genügende Haftlänge zur Verfügung steht, am besten durch Schlaufenbildung in die Bewehrung ein.

Aus dieser Einsicht kann auch eine sinngemäßere Gestaltung von Gerberbalken-Konsolen (Abb. 2.2/106b) als üblich (Abb. 2.2/106a) abgeleitet werden. Bei der zweckmäßigsten Form (Abb. 2.2/106c) sind die „toten Ecken" ganz fortgelassen und zur Verlängerung der Gegenkonsole verwendet, wodurch eine bessere Verankerung der Schrägbewehrung und eine Herabsetzung der Bruchgefahr erreicht wird. Die Trajektorienbilder zeigen augenfällig die erreichte Verbesserung (Abb. 2.2/106d).

Ein Pfahlbankett (Abb. 2.2/107a) oder ein Balkenende mit großer Querkraft wird ähnlich wie eine Konsole beansprucht. Von einem Auflagerquader (vgl. Abschn. 2.7) unterscheidet es sich durch die auf zwei Teilstrecken konzentrierte Stützkraft, wodurch die Querzugspannungen vergrößert werden. Der Verlauf der Hauptspannungen (Abb. 2.2/107b) gibt wieder einen Anhalt für die Bewehrungsführung (Abb. 2.2/107c), die nach den Gesichtspunkten der Konsolen zu bemessen ist. Die Zerstörung eines Banketts durch Bildung eines Gleitkeiles entspricht einer Gleitflächenbildung in den beiden sich bildenden Druckstreben (Abb. 2.2/107d) beim Prisma (vgl. Abschn. 1.121, Abb. 1.1/11). Sie tritt erst nach dem Überwinden der waagrechten Zugfestigkeit in der Mittelachse ein, woraus sich die Notwendigkeit einer ausreichenden Querbewehrung ergibt. Dieser Bruchverlauf wurde durch Versuche selbst für sehr eng gestellte „Pfähle" („Scherversuch") nachgewiesen [269] (Abb. 2.2/108). Von größter Bedeutung ist auch hier die Verankerung

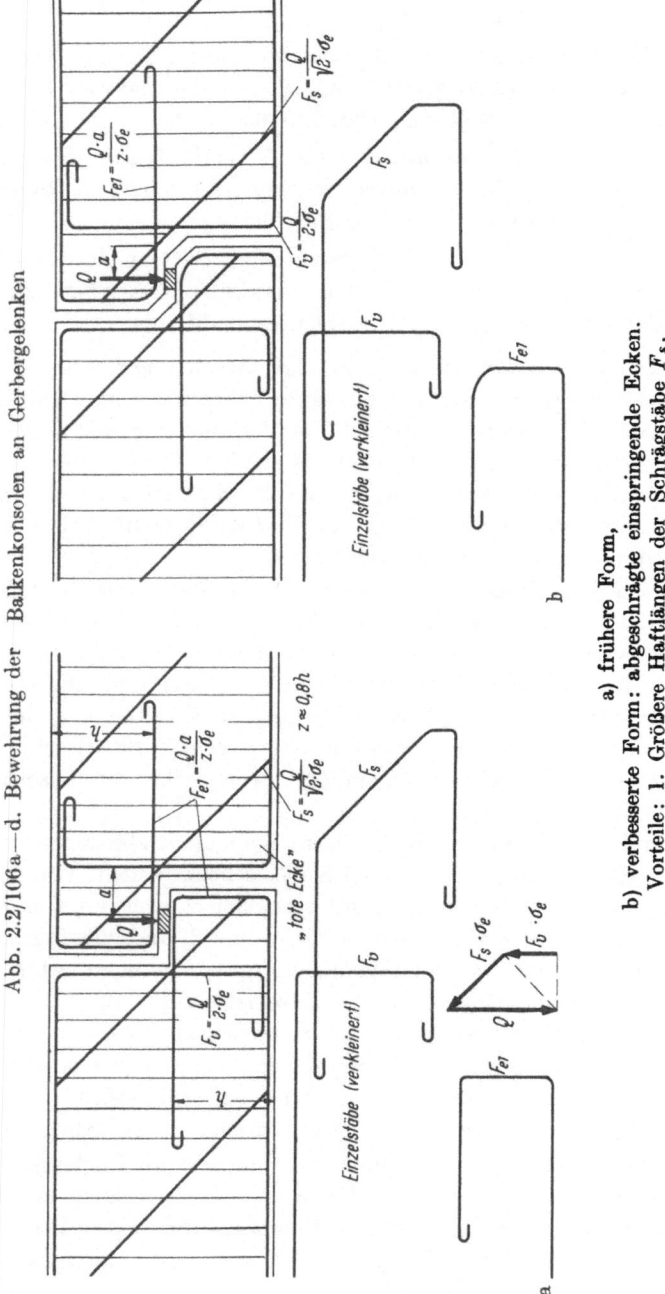

Abb. 2.2/106a—d. Bewehrung der Balkenkonsolen an Gerbergelenken

a) frühere Form,

b) verbesserte Form: abgeschrägte einspringende Ecken.
Vorteile: 1. Größere Haftlängen der Schrägstäbe F_s.
2. kleinerer Lasthebelarm a für Bemessung der waagrechten Stäbe F_{e1}.

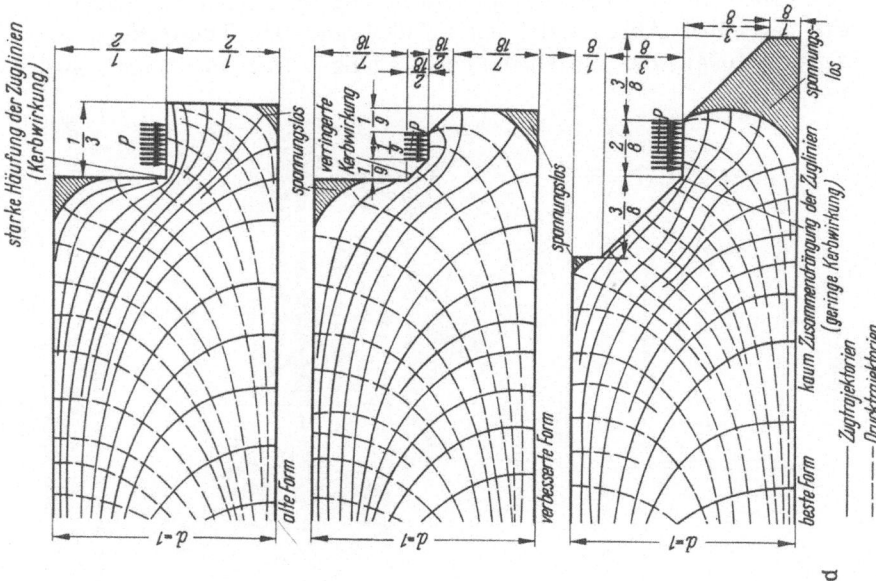

d) Spannungsoptisch gewonnene Trajektorienbilder der verschiedenen Konsolenformen

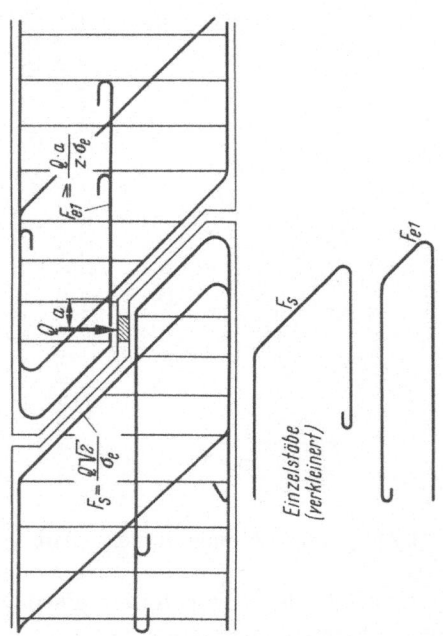

c) zweckmäßigste Form:
Vorteile:
1. Gute Verankerung der Schrägstäbe F_s in den früheren „toten Ecken",
2. waagrechte Stäbe F_{e1}: geringere Querschnitte,
3. senkrechte Bewehrung: Bügel ausreichend.

17*

der Horizontalbewehrung. Bei der Eintragung der Lasten als Zugkräfte tritt gegenüber Abb. 2.2/107 eine Umkehrung der Tragwirkung ein (Abb. 2.2/109a). Bei mittelbarer Eintragung durch Querträger wird

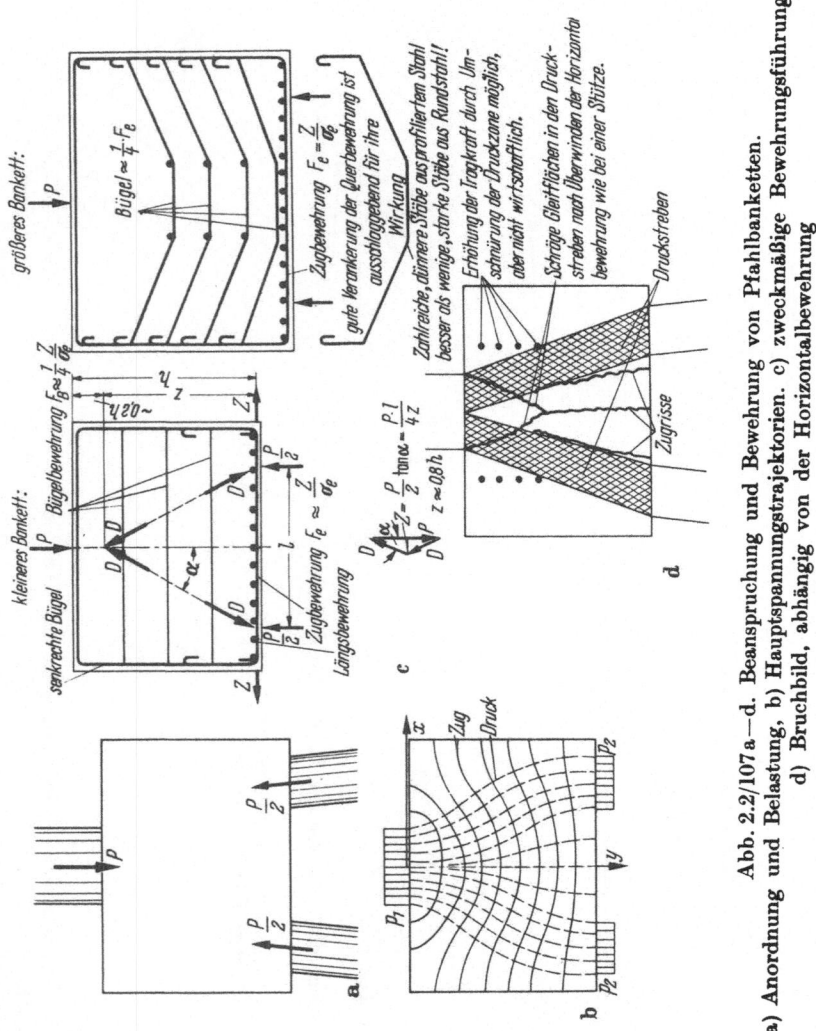

Abb. 2.2/107a–d. Beanspruchung und Bewehrung von Pfahlbanketten.
a) Anordnung und Belastung, b) Hauptspannungstrajektorien. c) zweckmäßige Bewehrungsführung, d) Bruchbild, abhängig von der Horizontalbewehrung

man eine dazwischenliegende Tragwirkung anzunehmen haben (Abb. 2.2/109b).

Bei der Bestimmung der Bewehrung aus den Trajektorien pflegt man die Zugspannungen in einzelnen Abschnitten zusammenzufassen und Bewehrungsstäben zuzuweisen, deren Richtung tunlichst wenig von

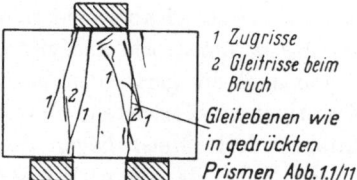

Abb. 2.2/108. Bruch eines unbewehrten Betonquaders beim Scherversuch [269] durch Bildung von Gleitebenen in spitzem Winkel zur Hauptdruckrichtung

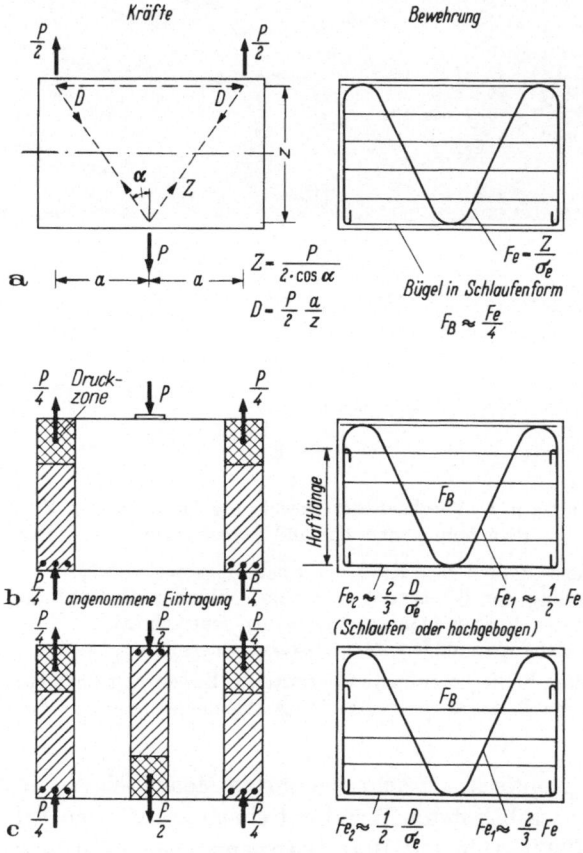

Abb. 2.2/109 a–c. Wirkungsweise und Bewehrung eines gedrungenen Querträgers, dessen Lasten teilweise oder ganz als Zugkräfte (indirekt) eingetragen werden. a) Wechsel der Last und Stützkräfte von Druck auf Zug (gedachter Fall); Spiegelung der Tragwirkung von Abb. 107 an der waagerechten Achse und Umkehrung der Vorzeichen, b) Längsträgerreaktionen teils in Druckzone, teils durch Schubstäbe eingetragen, c) Längsträgerreaktionen und Querträgerlast beide wie bei b) eingetragen

der Trajektorienrichtung abweicht. Dabei geht man von der Erfahrung aus, daß die aus der Elastizitätstheorie analytisch oder experimentell ermittelten Bewehrungen auch im gerissenen Zustand des Betons eine ausreichende Bruchsicherheit gewährleisten, obwohl sich dann das statische System mitunter ändert. Meist liegen diese Bewehrungsquerschnitte auf der sicheren Seite, da die wirksamen Hebelarme im allgemeinen durch die Rißbildung vergrößert werden. Diese Tatsache ist

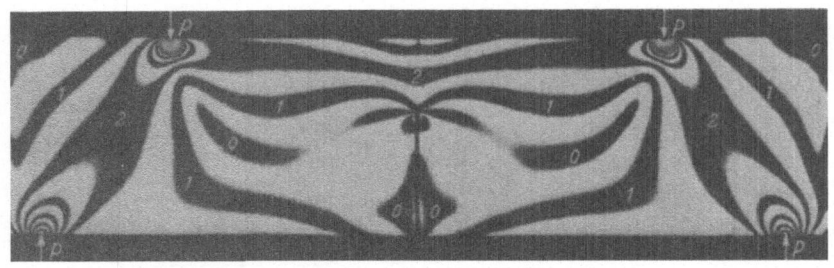

a

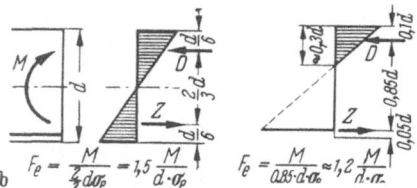

b

Abb. 2.2/110a u. b. Vergleich der Bewehrung im gerissenen Zustand mit der aus dem homogenen Zustand berechneten Bewehrung

a) an einem Balken mit Hilfe der Spannungsoptik [297],
b) Ermittlung der Bewehrung in einem schlanken Balken durch Rechnung
   α) aus den Spannungen im homogenen Querschnitt,
   β) aus den Spannungen im gerissenen Querschnitt.

Die aus dem homogenen Zustand ermittelte Bewehrung liegt also auf der sicheren Seite, da die Bewehrung am Rande im allgemeinen einen größeren Hebelarm hat

spannungsoptisch an dem bewehrten Modell einer rechteckigen und symmetrisch belasteten Wand mit einem künstlichen Riß nachgewiesen worden [297] (Abb. 2.2/110a). Die Spannungen in der Bewehrung wurden am Riß gemessen. Es zeigte sich, daß die für die zulässige Spannung ermittelte Bewehrung nur etwa $^2/_3$ des Querschnittes betrug, den man aus dem homogenen Spannungszustand gewonnen hatte. Dieses Ergebnis ist darauf zurückzuführen, daß man bei allen Fasern die Zugbewehrung mit dem *gleichen* σ_e ohne Rücksicht auf die dort tatsächlich auftretende Dehnung berechnet hatte. Legt man die Bewehrung an die

Stelle der größten Dehnung, d. h. an den gezogenen Rand, so ist ihr Hebelarm größer und man kommt mit einem geringeren Querschnitt aus. Abb. 2.2/110b zeigt diesen Vergleich an einem Rechteckquerschnitt unter reiner Biegung. Im allgemeinen fallen die für Bauteile mit zweiaxialem Spannungszustand abgeleiteten Stahlmengen gegenüber dem Aufwand für das gesamte Bauwerk selten ins Gewicht, so daß man nur in Ausnahmefällen von dieser Einsparungsmöglichkeit Gebrauch machen wird.

2.3 Platten

Platten sind ebene Flächentragwerke, die ihre Lasten allein durch Biegung übertragen und außerdem zumeist noch dem Raumabschluß dienen. Sie können im einfachsten Falle auf zwei gegenüberliegenden Seiten oder auf größeren Teilen ihres Umfanges abgestützt sein und dementsprechend einen einachsigen oder zweiachsigen Spannungszustand aufweisen. Allerdings erweist sich ersterer Fall als eine grobe Idealisierung, deren Voraussetzungen nie voll erfüllt sind, was bei der konstruktiven Ausbildung zu berücksichtigen ist. Auch eine „genaue" Berechnung des allgemeinen Falles beschränkt sich nur auf eine verbesserte Idealisierung der Stützung und des Verhaltens der Platten unter Last, was bei der für die Zahlenrechnung anzuwendenden Genauigkeit stets im Auge zu behalten ist. Auf das Zusammenwirken von Platte und Balken wird in Abschn. 2.4 eingegangen.

2.31 Berechnung der Schnittkräfte im Gebrauchszustand

Der Berechnung der Schnittkräfte im Gebrauchszustand und der Bemessung wird wie bei den Balken i. allg. der elastische Zustand zugrunde gelegt. Er liefert auch bei Platten ein zutreffendes Bild über die Entstehung von Rissen [300] und beschreibt mithin ausreichend genau den Gebrauchszustand.

2.311 Analytische Berechnung

Platten in Hochbauten, zu denen auch die meisten Industriebauten zählen, werden, sofern keine Sonderlasten (Maschinen usw.) vorhanden sind, für feldweise gleichförmig verteilte Belastung nach DIN 1055, Bl. 3 berechnet. Auf die etwas größeren Grenzwerte von M und Q bei vorrückender Streckenlast darf nach DIN 1045 § 18 verzichtet werden. Für Brückenfahrbahnplatten sind die verteilten Lasten und Fahrzeuglasten der DIN 1072 § 7 oder die Lastenzüge der Bundesbahn zu berücksichtigen, die mit den Schwingbeiwerten der DIN 1075 § 2 je nach Spannweite der Platte zu vervielfachen sind. Die Vereinfachung des Lastenzuges wie bei Balken (vgl. 2.22) ist bei Platten i. allg. nicht anwendbar. Zwischen Platten für „Brücken" und „Hochbauten" stehen

17a*

die „befahrbaren Hofkellerdecken", für die in DIN 1055, Bl. 3, Sonderlasten angegeben sind.

Die Lastenzüge müssen stets in die ungünstigste Stellung zu dem Bemessungsquerschnitt gebracht werden. Das positive Moment wird

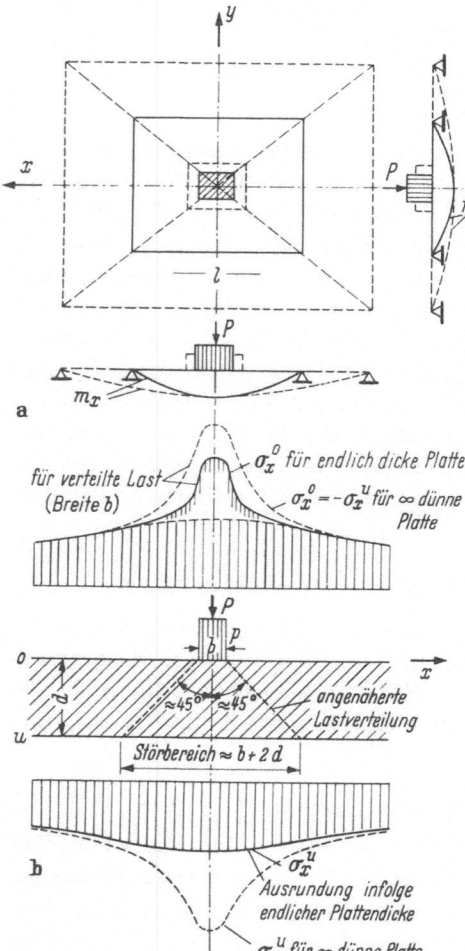

Abb. 2.3/1 a u. b. Biegungsmomente von Platten infolge einer Einzellast (schematisch).

a) Die Momente m_x und m_y je Längeneinheit sind unabhängig von der Plattengröße

$$m_x = \frac{E \cdot J}{1 - v^2}\left(\frac{\partial^2 w}{\partial x^2} + v \frac{\partial^2 w}{\partial y^2}\right)$$

$$w = w_0 \cdot f(\xi, \eta); \quad w_0 = \frac{P \cdot l^2}{K \cdot E \cdot J}$$

$$\xi = \frac{x}{l}; \qquad \eta = \frac{y}{l}$$

$$m_x = \frac{E \cdot J}{1 - v^2} \cdot \frac{w_0}{l^2}\left(\frac{\partial^2 f}{\partial \xi^2} + v \cdot \frac{\partial^2 f}{\partial \eta^2}\right)$$

$$= \frac{P}{K(1 - v^2)}\left(\frac{\partial^2 f}{\partial \xi^2} + v \cdot \frac{\partial^2 f}{\partial \eta^2}\right)$$

$$= P \cdot \zeta(\xi, \eta) = P \cdot \zeta$$

b) Die großen Momentenordinaten unter der Last werden durch die endliche Plattenstärke vermindert [301.2]

zumeist angenähert für die Feldmitte ermittelt, indem eine Radlast dort aufgestellt wird. Die Laststellung für das größte negative Moment (Randeinspannung) kann nur durch Probieren gefunden werden.

Auf die Darstellung der gebräuchlichen Plattentheorie (KIRCHHOFFsche Theorie) wird verzichtet, da hierüber ausgezeichnete Darstellungen in der Literatur vorliegen [301]. Da deren Ansätze für den praktischen

Gebrauch zu umständlich auszuwerten sind, haben verschiedene Autoren Einflußflächen berechnet, mit deren Hilfe die Momente für Einzellasten und Flächenlasten rasch gewonnen werden: Plattenstreifen und allseitig gelagerte Rechteckplatten [302]; Rechteckplatten [303]; Randmomente eingespannter Platten [304]; zweiseitig gelagerte Platten [305].

Die zunächst überraschende Formel für das Moment aus einer Einzellast $m = P \cdot \zeta$ (ζ = Einflußordinate), in der die Spannweite der Platte überhaupt nicht vorkommt, erklärt sich daraus, daß die Dimension des Momentes tm/m beträgt. Wenn beispielsweise eine Platte mit geometrisch ähnlichem Umriß auf das Doppelte vergrößert wird (Abb. 2.3/1a), so wächst wohl das Gesamtmoment in einem Schnitt auf den doppelten Betrag an, da aber dessen Breite ebenfalls verdoppelt wird, bleiben die auf die Längeneinheit bezogenen Momente m unverändert. Bei einem Balken gibt man nur das Gesamtmoment eines Querschnittes an, das für eine Einzellast linear mit der Spannweite anwächst. Unter einer Linienlast wachsen die Momente einer Platte proportional zu deren Ausdehnung, unter einer Gleichlast im Quadrat dazu, da ja die Gesamtlast in gleichem Verhältnis steigt.

Die Schnittkräfte von Platten lassen sich oft in einfacher Weise aus bekannten Last- und Stützungsfällen durch das Überlagern von Kräftegruppen ableiten, die veränderte Randbedingungen erzwingen. Da es sich hierbei stets nur um Randlasten handelt, wird die Lösung sehr vereinfacht (homogene Differentialgleichung). Oft kann man die Zusatzkräfte auch Tabellen entnehmen. Besonders günstig erweist sich dieses Verfahren bei konzentrierten Lasten, zu deren Wiedergabe bei der Berechnung nach der Plattentheorie und Entwicklung der Lösungen in Fourier-Reihen eine sehr große Anzahl Reihenglieder berücksichtigt werden müssen. Das Ergebnis der Überlagerung ist um so fehlerempfindlicher, je größer die Veränderung des Kräftezustandes ist. Wir gehen nach folgendem Prinzip vor (Abb. 2.3/2):

	Forderung	Erfüllung durch Zusatzkräfte, welche
freier Rand	} Schnittkräfte senkrecht zum Rand = 0	die vorhandenen Schnittkräfte,
gestützter Rand		die vorhandenen Verschiebungen beseitigen.

Die unendlich großen Momentenordinaten im Aufpunkt der Einflußflächen rühren von der Annahme unendlich dünner Platten her. Die Inhalte dieser Kegel sind zwar endlich [303], aber zu groß; denn modellstatische Untersuchungen haben gezeigt, daß die Druckspannungen an der Angriffsfläche zwar sehr groß sind, aber die Zugspannungen an der Unterseite infolge der endlichen Plattendicke entsprechend einem Verteilwinkel von etwa 45° ausgerundet werden (Abb. 2.3/1b).

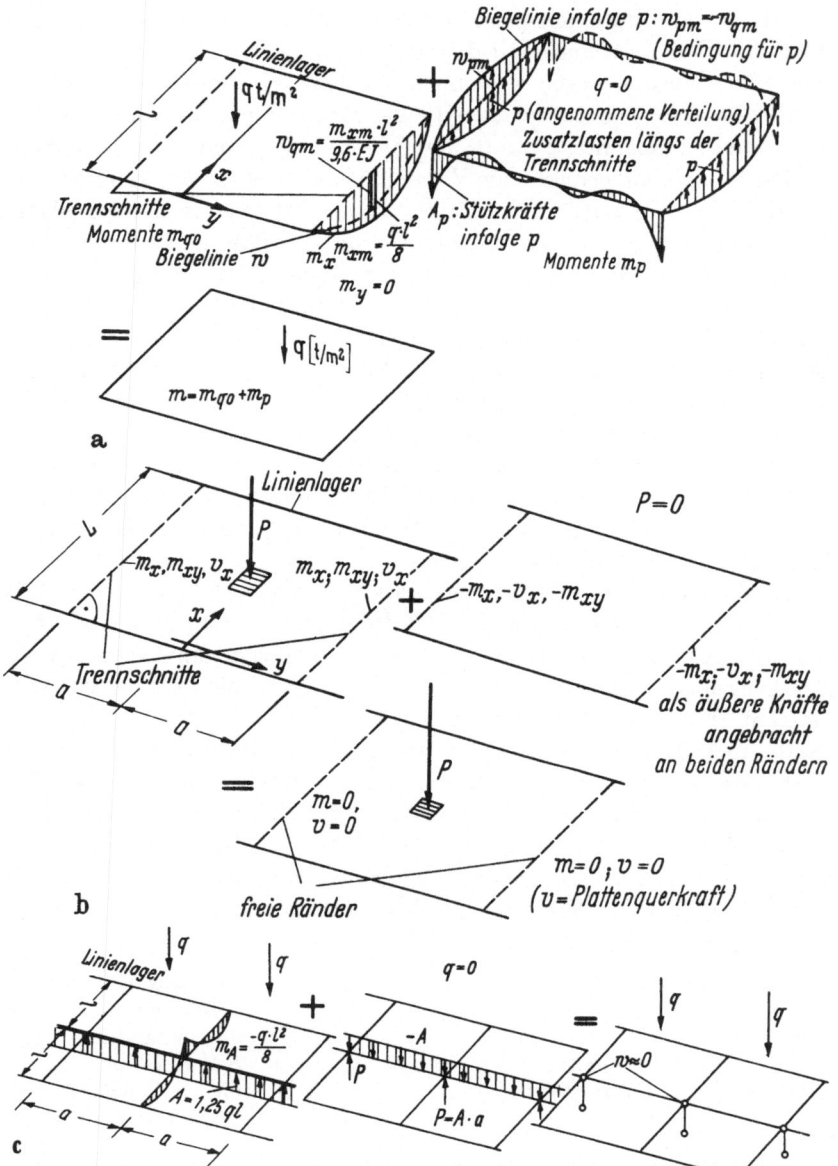

Abb. 2.3/2a—c. Überlagerungsverfahren (Näherung) zur Berechnung von Platten durch Veränderung der Randbedingungen bekannter Fälle. (Schematische Darstellung.)

a) Umfangsgelagerte Rechteckplatte aus ∞-langer Streifenplatte unter Gleichlast $q\,(v = 0)$, b) zweiseitig gestützte Platte mit begrenzter Breite unter Einzellast aus ∞-langer Streifenplatte, c) in Abständen a punktgestützte Platte aus zweifeldriger Streifenplatte unter Gleichlast q

Die Arbeit der Auswertung der genannten Einflußflächen für die Lasten der Straßenbrücken (DIN 1072) ist für die gängigen Plattenformen bereits vorgenommen und tabelliert worden [306]. Für andere Lastenzüge (Straßenbahn, Militärfahrzeuge) muß man auf die angegebenen Einflußflächen zurückgreifen.

Wenn die Tafeln wegen abweichender Plattenform versagen, ist auch meist eine geschlossene analytische Berechnung nach der Elastizitätstheorie nicht durchführbar. Bei regelmäßigen Umrandungen führt dann die Verwandlung der partiellen Differentialgleichungen in Differenzengleichungen [307], auch wenn die Steifigkeit (Plattendicke) wechselt, zum Ziel (vgl. Abschn. 2.011).

Die Rechnung liefert für jeden Punkt zwei Biegemomente m_x und m_y sowie ein Drillmoment m_{xy}. Aus dem Drillmoment folgen Schubspannungen (Abb. 2.3/3a), deren Größe mitunter zu Bedenken Anlaß gegeben hat. Diese besitzen jedoch keine Bedeutung für die Festigkeit der Platte, da sie sich z. B. im Falle gleichen Vorzeichens beider

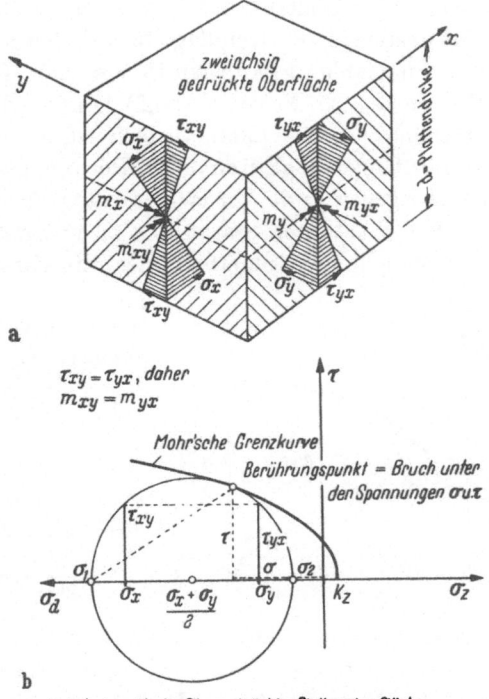

Abb. 2.3/3a u. b. a) Drillungs- und Biegungsmomente am Plattenelement und daraus folgende Hauptspannungen, b) Maßgebend für den Bruch ist nur die Kombination von τ_{xy} mit σ_x und σ_y zu den Hauptspannungen σ_1 und σ_2 (vgl. Abb. 1.1/14)

Momente in den Koordinatenrichtungen an der Zugseite mit den Zugspannungen σ_x und σ_y zu einer Hauptzugspannung überlagern, die durch Bewehrung aufzunehmen ist (vgl. Abschn. 2.341). An der Druckseite besteht keine Gefahr eines „Schubbruches", da sich ja Druckspannungen σ_x und σ_y überlagern. Die Zerstörung hängt, wie die MOHRsche Grenzkurve zeigt (Abb. 2.3/3b), von der entstehenden Hauptdruckspannung ab, so daß sich in der Plattendeckfläche keine „Schubrisse" bilden können. Bei Erreichen der Bruchlast bilden sich an der Plattenstelle mit der größten Hauptdruckspannung nur die charakteristischen

Abschiebungen. Die Drillmomente dienen also nur zur Berechnung der Hauptmomente.

2.312 Modellmessungen

Wenn die rechnerischen Methoden zu mühevoll sind, gibt die Untersuchung an Modellen aus Kunststoffen, Metallen, Spiegelglas oder Gips eine ausreichende Grundlage für die Bemessung. Für abweichende Querdehnungszahlen ν (Kunststoffe $\nu \approx 0,35$, Glas $\nu \approx 0,2$, Metall $\nu \approx 0,3$, Gips $\nu \approx 0,25$, Beton $\nu \approx 0,2$) können die Momente angenähert umgerechnet werden [303]. Jedoch ist dieser Einfluß meist geringer als andere Ungenauigkeiten in den Rechnungsannahmen (Stützung, Lasten), so daß gegen seine Vernachlässigung nichts einzuwenden ist.

Bei konstanter Stärke der zu untersuchenden Platte ist die Dicke der Modellplatte innerhalb der Einschränkungen durch die Platten-

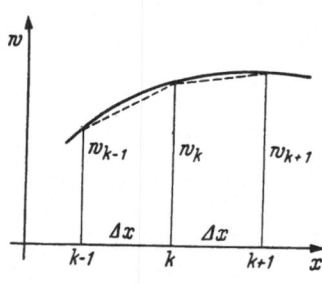

Abb. 2.3/4. Ermittlung der Krümmung $\dfrac{1}{R_x} = \dfrac{d^2 w}{dx^2}$ aus gemessenen Durchbiegungen w:

$$\frac{dw}{dx} \to \frac{w_k - w_{k-1}}{\Delta x} \quad \text{links}$$

$$\to \frac{w_{k+1} - w_k}{\Delta x} \quad \text{rechts}$$

$$\frac{d^2 w}{dx^2} = \frac{d}{dx}\left(\frac{dw}{dx}\right) \to \frac{1}{\Delta x}\left(\frac{w_{k+1} - w_k}{\Delta x} - \frac{w_k - w_{k-1}}{\Delta x}\right)$$

$$= \frac{1}{\Delta x^2}\left(w_{k+1} - 2 w_k + w_{k-1}\right)$$

theorie beliebig wählbar, da die Steifigkeit in dem Ausdruck $m = P \cdot \zeta$ nicht enthalten ist. Wenn jedoch die Platte wechselnde Steifigkeit besitzt (z. B. veränderliche Dicke, verstärkte Randstreifen), ist strenge geometrische Ähnlichkeit aller Abmessungen einschließlich der Dicke zwischen Modell und Ausführung zu fordern. Bei der Untersuchung von Lagerverschiebungen sind weitere Überlegungen über Steifigkeit von Modell und Lagerung im Verhältnis zur Wirklichkeit erforderlich.

Als Meßverfahren kommen in Betracht:

1. Verformungsmessung. Bei der Verformungsmessung werden die Meßergebnisse mit Hilfe der Differentialgleichung für die Plattenbiegung ausgewertet.

a) Messung der Durchbiegungen w. Da die Biegemomente

$$m_{xk} = \frac{EJ}{(1 - \nu^2)}\left(\frac{\partial^2 w}{\partial x^2} + \nu \frac{\partial^2 w}{\partial y^2}\right)$$

aus den zweiten Differenzen der Meßwerte w_k (Abb. 2.3/4) als

$$\frac{\partial^2 w}{\partial x^2} = \frac{1}{\Delta x^2} \cdot \left(w_{k-1} - 2 w_k + w_{k+1}\right)$$

gewonnen werden, reagiert das Ergebnis äußerst empfindlich auf die unvermeidlichen Meßfehler, so daß es praktisch unbrauchbar ist.

b) Messung der Neigung. Die Messung der Neigung der Biegefläche des Modells gibt ein besseres Resultat, da hieraus durch nur einmalige Differenzenbildung die Neigungsänderungen, die den Krümmungen und damit den Biegemomenten proportional sind, gewonnen werden. Zur Messung dienen Lichtstrahlen, die von auf der Modelloberfläche aufgeklebten kleinen Spiegeln reflektiert werden [308]. Deren Auswandern bei Belastung (Abb. 2.3/5) ergibt den Drehwinkel des Spiegels sowie die Richtung der Fallinie. Damit können die Linien gleicher Neigung w'

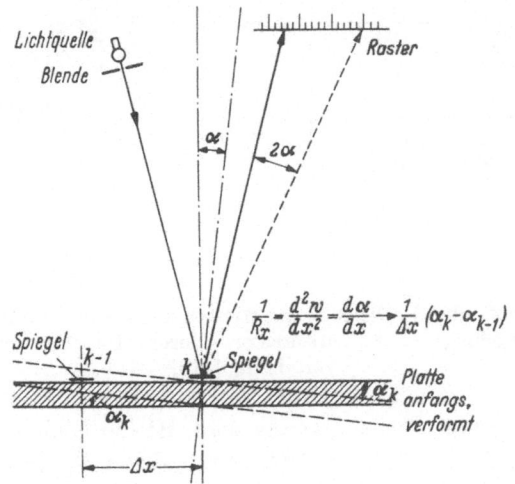

Abb. 2.3/5. Ermittlung der Krümmung aus gemessenen Neigungen α

gezeichnet und hieraus die Hauptkrümmungsradien R entnommen werden.

Bei dem spiegeloptischen Verfahren von Koepcke [309] wird die Verformung von auf die Modelloberfläche aufgezeichneten Kreisen zu Ellipsen aufgenommen. Zur Auswertung bringt man die Fotos der unbelasteten und belasteten Platte zur Deckung und mißt sie z. B. unter dem Stereokomparator aus.

Mit dem „Moiré-Verfahren" erhält man unmittelbar die Linien gleicher Neigungen in einer bestimmten Richtung [310] durch Fotografieren der Spiegelung eines Linienrasters auf einer reflektierenden Modellplatte (Abb. 2.3/6) vor und nach der Belastung. Allerdings muß man den Raster in drei Stellungen aufnehmen, um die Richtungen und Größen der Hauptkrümmungen bestimmen zu können.

c) Messung der Krümmungen. Die Krümmungen $\frac{1}{R_x} = \frac{\partial^2 w}{\partial x^2} = k_x$ und $\frac{1}{R_y} = \frac{\partial^2 w}{\partial y^2} = k_y$ lassen sich auch unmittelbar messen, wodurch die Fehler-

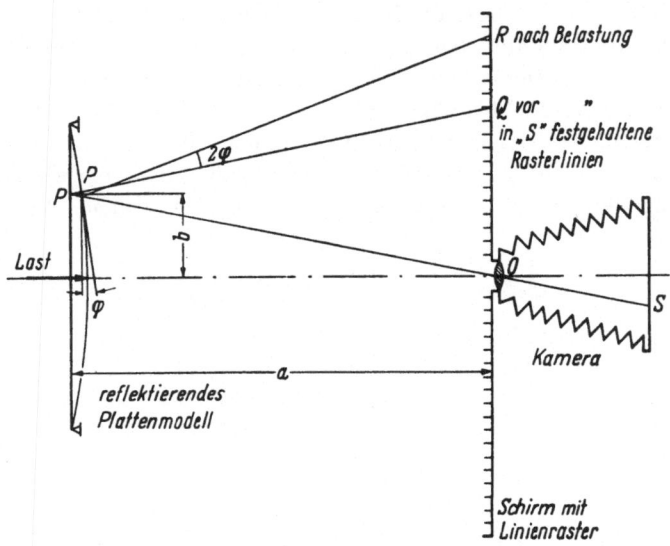

Abb. 2.3/6. Ermittlung der Neigungsänderungen der vor und nach Belastung fotografierten Spiegelung eines Linienrasters durch Interferenzbildung (MOIRÉ-Verfahren) [310]

empfindlichkeit entsprechend gering wird. Hierzu benutzt man ein einfaches Gerät mit einer Meßuhr (Anzeigegenauigkeit $^1/_{1000}$ mm) (Abb. 2.3/7)

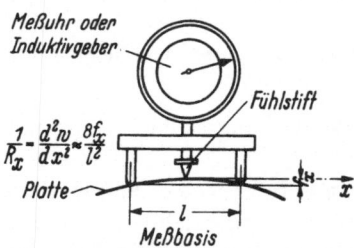

Abb. 2.3/7. Unmittelbare Krümmungsmessung mittels Fühlstift in der Mitte einer Meßbasis

[311] oder mit einem elektrischen Verschiebungsgeber ($^1/_{10\,000}$ mm). Es wurde weiter entwickelt, um unmittelbar die Summe $\frac{1}{R_x} + \nu\,\frac{1}{R_y}$ zu messen [312]. Da die Modellplatten nicht ganz eben hergestellt werden können, müssen ihre anfänglichen Krümmungen durch Messung jeweils vor und nach der Belastung eliminiert werden.

Um Fehler aus dem Kriechen des Modellwerkstoffes und infolge des Versetzens des Gerätes zu vermeiden, läßt man dieses am Aufpunkt stehen und wandert mit der Last über die Platte. Man erhält hierdurch die Einflußfläche der Krümmung in der gewählten Richtung und nach Messung in drei Richtungen Achsen und Größe der beiden Hauptmomente. Durch die Messung der Krümmung in je zwei aufeinander senkrechten Richtungen erhält man eine echte Meßkontrolle, da die Momentensumme und damit auch die Krümmungssumme aufeinander senkrechter Richtungen invariant ist.

In vielen Fällen hat sich gezeigt, daß die Hauptrichtungen für die verschiedenen Belastungen nicht wesentlich voneinander abweichen. Man kann daher zunächst das Momentenbild für Eigengewicht durch Flächenbelastung bestimmen und die Einflußflächen der Krümmungen infolge Verkehrslast gleich für die Hauptrichtungen ermitteln. Die Auswertung vereinfacht sich hierdurch bedeutend, jedoch ist in jedem Fall die Größe der Fehler zu prüfen.

Es ist darauf zu achten, daß die Ausbiegungen des Modells so klein gehalten werden, daß sich keine Membranwirkung einstellen kann. Deren Mitwirkung kündigt sich dadurch an, daß die gemessenen Momente langsamer als die Lasten anwachsen.

An Unstetigkeitsstellen der Plattenstärke und unter Einzellasten ist dieses Verfahren mit Vorsicht auszuwerten, da dort die Mittelbildung über die Meßbasis nicht den Größtwert angibt.

2. Dehnungs- und Spannungsmessung. Bei diesen Verfahren werden diese Größen unmittelbar am Modell gemessen und daraus die Schnittkräfte berechnet.

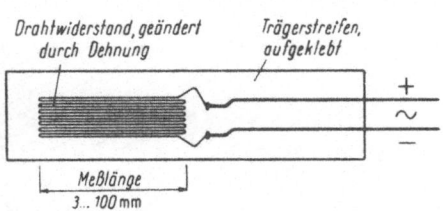

Abb. 2.3/8. Dehnungsmessung mit elektrischen Widerstandsmeßstreifen

a) Dehnungsmessungen. Die Dehnungsmessungen sind am universellsten anwendbar, erfordern aber, im Gegensatz zur Krümmungsmessung, eingearbeitetes Personal. In drei Richtungen aufgeklebte, elektrische Dehnungsmeßstreifen gestatten an jedem Punkt der Modelloberfläche die Bestimmung der Hauptdehnungen (Abb. 2.3/8). Für reine Biegung genügt die Messung auf *einer* Seite. Bei starken Querschnittsveränderungen (z. B. an Pilzköpfen) sind für die Untersuchung der dort herrschenden räumlichen Spannungszustände geeignete Methoden anzuwenden. Feuchtigkeits-, Temperatur- und Kriecheinflüsse sind sorgfältig auszuschalten [313]. Das Verfahren eignet sich zur Aufnahme von Einfluß- und Zustandsflächen und ist neuerdings durch selbstaufzeichnende und selbstaufschreibende [313] Geräte in seiner Handhabung vereinfacht. Die aufzuwendenden Gerätekosten sind allerdings hoch.

b) Spannungsoptik. Die Spannungsoptik gestattet die unmittelbare Ermittlung von Spannungen in Scheiben (vgl. Abschn. 2.5). Die Platten sind diesem Meßverfahren erst zugänglich geworden durch Modelle aus zwei Schichten mit verschiedener optischer Aktivität (Durchlichtverfahren) oder durch Modelle mit verspiegelter Mittelschicht (Auflicht-

verfahren) [314]. Neuerdings sind die Oberflächendehnungen im Auf-
lichtverfahren unter Zuhilfenahme von aufgeklebten, dünnen Folien
gemessen worden [315]. Die Spannungsoptik gestattet, gegenüber der

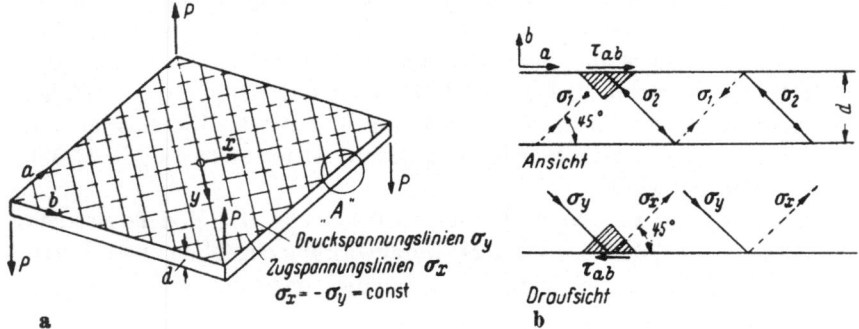

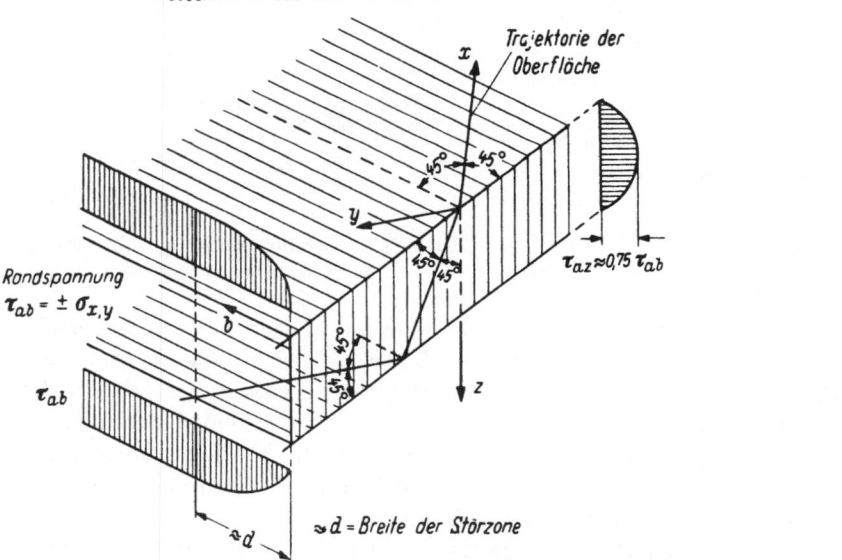

Abb. 2.3/9 a u. b. Reine Verwindungs- (Torsions-) Beanspruchung einer quadratischen Platte.
a) Trajektorien an der Oberfläche aus reiner Biegung in Diagonalrichtungen, ohne
Querkräfte, da $m_x = -m_y =$ const. $= P/2$,
b) Randdrillungsspannungen τ_{ab} setzen sich in schräge Hauptspannungen $\sigma_{1,2}$
im Plattenrand um, deren senkrechte Summe gleich der Querkraft $P/2$ ist.
(Störzone mit dreiachsigem Spannungszustand)

Dehnungsmessung die Hauptrichtungen und Störbereiche unmittelbar
sichtbar zu machen. Wir zeigen hierfür als Beispiel den Rand einer
Quadratplatte mit reiner Torsionsbeanspruchung (Abb. 2.3/9a). Die

nach der klassischen Plattentheorie in diesem Falle unter 45° auf den
Rand treffenden Hauptspannungslinien werden [316] umgebogen, was
wegen der Kräftefreiheit des Randes notwendig ist. Die Störungszone
ist so breit, wie die Platte dick ist. Die Stirnflächen der Platte weisen
schräge Hauptspannungen auf (Abb. 2.3/9b), die durch Verbügelung
oder Schrägstäbe zu decken sind. Im übrigen treten in der betrachteten
Platte keine Schubspannungen auf; die Querkräfte aus den Ecklasten
werden also nur längs der Ränder übertragen.

Die Spannungsoptik geht stets vom unbelasteten Modell aus, das
deshalb unbedingt spannungsfrei sein muß. Man mißt zweckmäßigerweise jeden Belastungszustand für sich aus und superponiert die Ergebnisse. Kriecherscheinungen machen sich bei Metallmodellen mit
einer spannungsoptisch aktiven Schicht kaum bemerkbar. Das Verfahren
eignet sich daher besonders zur Aufnahme von Zustandsflächen. Man
wird die Lasten jeweils in die ungünstigste Stellung bringen, die wie
auch die Stellen der Maximalmomente durch Vorversuche festzustellen
sind. Hierin liegt ein Vorteil gegenüber der Verwendung von Einflußflächen, deren Aufpunkte man ja i. allg. ohne Kenntnis des Kräftezustandes festlegen muß. Ein Nachteil liegt aber darin, daß eine vollständige Auswertung des Spannungszustandes sehr umfangreich und
zeitraubend ist.

2.313 Gebräuchliche Plattenformen

Zur Berechnung der gebräuchlichen Plattenformen ist auf folgendes
hinzuweisen:

1. Rechteckplatte, zweiseitig gelagert. Die Stützung einer Rechteckplatte auf zwei gegenüberliegenden Seiten (Plattenstreifen) bedeutet
nicht, daß in ihr auch ein einaxialer Spannungszustand herrscht. Infolge
der Querdehnung der Druck- und Zugzone (Abb. 2.3/10a) entstehen
auch bei gleichförmiger Flächenlast in einer homogenen Platte quer
zur Tragrichtung Momente $m_y = \nu\, m_x$ unter der Voraussetzung, daß
die Platte sehr breit ist und ihre Querkrümmung daher durch die Auflager verhindert wird. Da die Quermomente m_y ihrerseits Querdehnungen
in der Längsrichtung zur Folge haben, vermindern sie die Durchbiegungen
der Platte, während sich aus Gleichgewichtsgründen die m_x nicht
ändern.

Krümmung in Querrichtung: $\dfrac{\partial^2 w}{\partial y^2} = \dfrac{1}{D}\,(m_y - \nu\, m_x) = 0$, daher
$m_y = \nu\, m_x$.

Krümmung in Längsrichtung: $\dfrac{\partial^2 w}{\partial x^2} = \dfrac{1}{D}\,(m_x - \nu\, m_y) = \dfrac{1}{D}\, m_x\,(1 - \nu^2)$,
$m_x = \dfrac{q\, l^2}{8}$; $D = \dfrac{E\, d^3}{12\,(1 - \nu^2)}$.

18 Franz, Konstruktionslehre I, 3. Aufl.

Je schmaler die Platte im Verhältnis zur Spannweite ist, um so mehr verschwinden die Quermomente, da die Querdehnungen nicht mehr behindert werden. Im gerissenen Zustand verschwindet die Querdehnung der Zugzone, wodurch die Quermomente bei Beton auf etwa 1/6 herabgesetzt werden (Abb. 2.3/10 b). Bei einer Teilbelastung des „langen" Plattenstreifens kommen zu den Momenten aus der behinderten Querdehnung weitere aus der Verbiegung in Querrichtung.

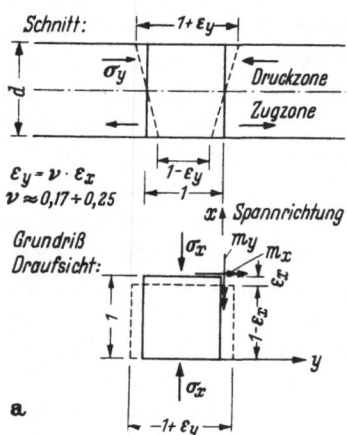

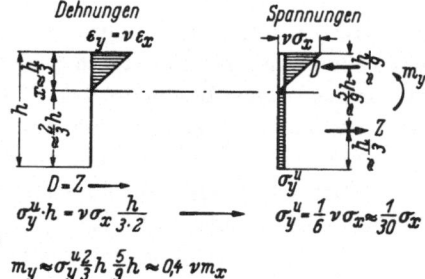

Abb. 2.3/10a u. b. Wirkung der Querdehnung in einer langen Platte mit gleichförmigem Biegungsmoment m_x.

a) homogene Platte: Schnittrichtung y senkrecht zur Tragrichtung x (Querdehnung überhöht).

In jeder Faser muß σ_y die Querdehnung ε_y rückgängig machen:

$$\bar{\varepsilon}_y = \nu \cdot \varepsilon_x - \frac{\sigma_y}{E} = 0 \to \sigma_y = \nu \cdot \varepsilon_x \cdot E = \nu \cdot \sigma_x$$

daher:

$$m_y = \nu \cdot m_x$$

$$\bar{\varepsilon}_x = \varepsilon_x - \nu \frac{\sigma_y}{E} = \varepsilon_x (1 - \nu^2)$$

daher: Durchbiegung $\quad \bar{f} = f (1 - \nu^2)$.

Dabei sind: $\varepsilon_x, \varepsilon_y$ unbehinderte Dehnungen,
$\bar{\varepsilon}_x, \bar{\varepsilon}_y$ behinderte Dehnungen,

b) Platte mit gerissener Zugzone. Querrichtung

Wie erwähnt, sind die Momente und damit die Querverteilung der Last von der Steifigkeit EJ, daher auch von der gleichbleibenden Dicke der Platte unabhängig. Man benutzt für den Festigkeitsnachweis zweckmäßig den Begriff der „mittragenden Plattenbreite" b' oder „Lastverteilbreite". Dieser Streifen ist dadurch definiert, daß er das gleiche Maximalmoment und das gleiche Gesamtmoment (tm) wie die Gesamtplatte aufweist (Abb. 2.3/11). Die „Verteilbreiten" für eine Einzellast sind aber von deren Stellung abhängig [317]. In DIN 1045 § 19 hat man eine einfache Regel $\left(b' = \frac{2}{3}l\right)$ gegeben, die nur für das Bemessungsmoment in Feldmitte auf der sicheren Seite liegt. Einen Vorschlag für besser

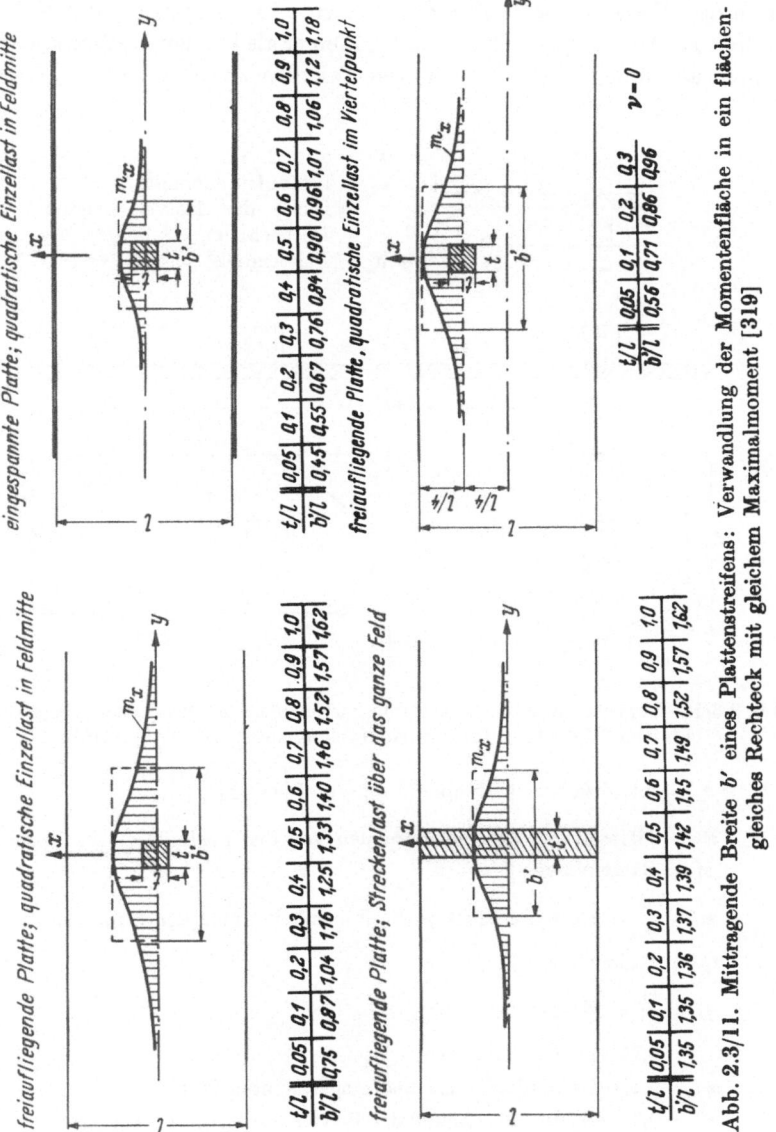

Abb. 2.3/11. Mittragende Breite b' eines Plattenstreifens: Verwandlung der Momentenfläche in ein flächengleiches Rechteck mit gleichem Maximalmoment [319]

zutreffende Verteilbreiten zeigt Abb. 2.3/12. Sollte eine größere Einzellast in der Nähe des Auflagers stehen, so kann der genaue Wert von m_x aus Tabellen entnommen werden. Die Werte der Quer-

18*

momente m_y unter Einzellasten sind erheblich und ebenfalls in Tabellen zu finden [302 ÷ 305]. Für Hochbauplatten genügt die Abschätzung nach DIN 1045 § 22. Bei schmalen Platten mit begrenzter Breite ergeben sich durch den Fortfall eines Teiles der Momente in x-Richtung andere Verteilbreiten (Abb. 2.3/13). Die m_y fallen kleiner als bei den breiten Plattenstreifen aus und sind den erwähnten Tabellen zu entnehmen.

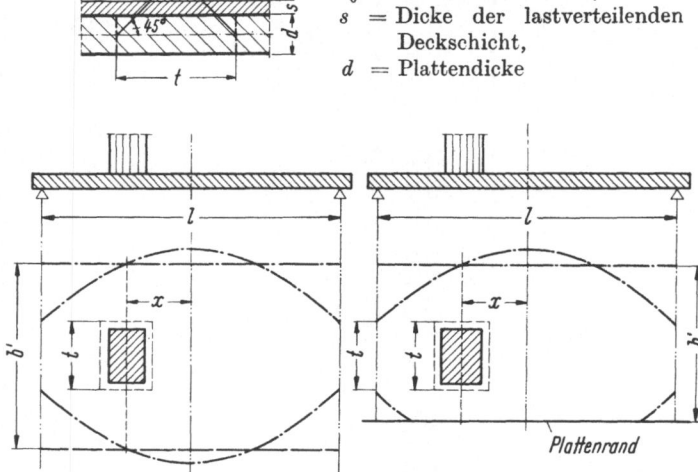

$$t = b_0 + 2 \cdot s + d,$$
$b_0 = $ Lastaufstandsbreite,
$s = $ Dicke der lastverteilenden Deckschicht,
$d = $ Plattendicke

Abb. 2.3/12. Verteilbreiten für Einzel- und Streckenlasten bei zweiseitig gelagerten Platten (Vorschlag für die Neufassung der DIN 1045) [318].

$b = $ mitwirkende Plattenbreite $= t + \alpha \cdot l \left[1 - 4 \left(\dfrac{x}{l} \right)^2 \right]$,

$x = $ Abstand der Lastresultierenden von der Feldmitte,

$M = $ Balkenmoment,

$m = \dfrac{M}{b'} = $ Plattenmoment je Breiteneinheit unter der Einzellast,

$Q = $ Balkenquerkraft,

$q_x = \dfrac{Q}{b'} = $ Plattenquerkraft,

$\alpha = 0{,}75$ bei Einfeldplatten,

$\alpha = 0{,}5$ bei durchlaufenden und eingespannten Platten

$\alpha = 0{,}375$ für die Berechnung der Plattenquerkraft am Auflager

Durchstanzgefahr: $q'_x = \dfrac{Q}{b''}$; $b'' = 2\,t_x + 2\,t_y$

Bei Kragplatten: $b' = t + 2\,x$,

$x = $ Abstand der Lastresultierenden von der Einspannstelle

Zur Ermittlung der Querkräfte in der Platte muß die Verteilung der Stützkräfte bekannt sein, die in der Literatur nur für Einzelfälle zu finden ist. Da sie sich um so mehr konzentrieren, je näher eine Einzellast dem Auflager steht (Abb. 2.3/14), verringert sich die „Querkraftverteilbreite" unter der Last entsprechend. Der Ansatz nach DIN 1045 § 19 liegt nicht immer auf der siche-

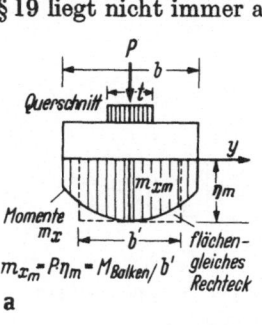

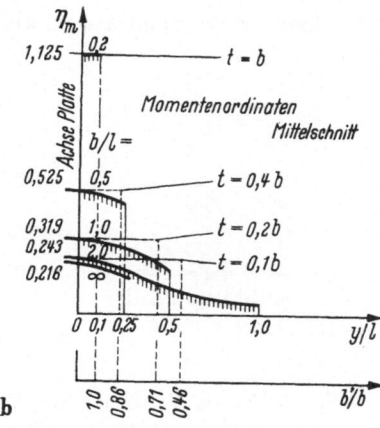

Plattenstreifen:	b/l	η_m	b'/l	b'/b
∞	0,216	1,05	0
2	0,243	0,93	0,46
1	0,319	0,71	0,71
0,5	0,525	0,43	0,86
0,2	1,125	0,20	1

Abb. 2.3/13a u. b. Mittragende Breiten b' einer zweiseitig gelagerten Platte mit quadratischer Einzellast ($t_x = t_y = 0,2 \cdot l$), $b' =$ mittragende Plattenbreite; $l =$ Spannweite [305]

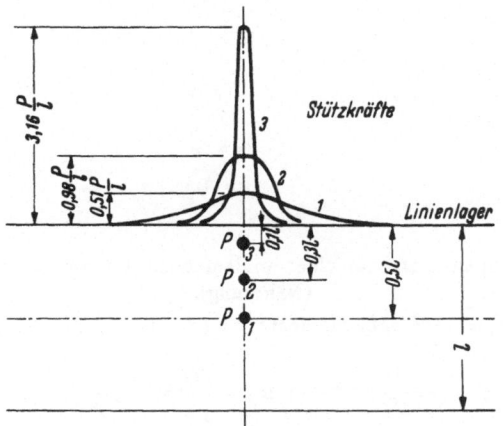

Abb. 2.3/14. Verteilung der Stützkräfte bei einer Streifenplatte unter einer Einzellast [302]

ren Seite. An einem eingespannten Rand ist die Konzentration der Querkraft noch größer. Der Vorschlag für die Neufassung der DIN 1045 (Abb. 2.3/12) gibt auch hierfür eine Richtlinie.

Die Schnittkräfte einer Kragplatte sind ebenfalls bei Gleichlast von der Spannweite quadratisch abhängig, bei Linienlast linear und bei

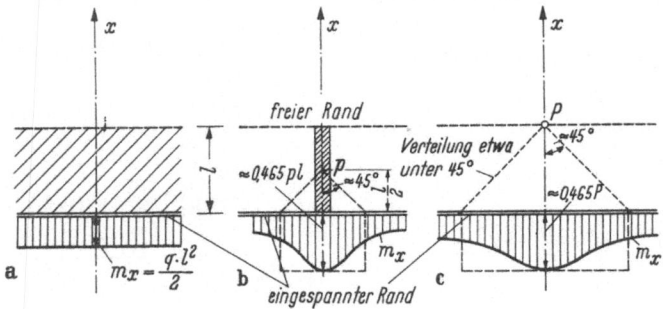

Abb. 2.3/15a—c. Verteilung der Einspannmomente einer Kragplatte [319].
a) Gleichlast q, b) Streifenlast p, c) Einzellast P

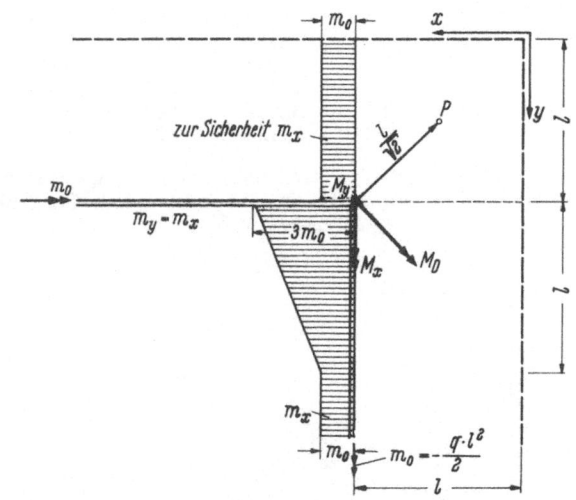

Abb. 2.3/16. Einspannmomente einer umlaufenden Kragplatte unter Gleichlast
(Näherung).

Die Zusatzlast $P = q \cdot l^2$ ruft Momente hervor, die an der Ecke aufgenommen werden müssen:

$$M_D = -q\,\frac{l^3}{\sqrt{2}}; \quad M_x = M_y = \frac{M_D}{\sqrt{2}} = -q\,\frac{l^3}{2} = m_0 \cdot l;$$

Bei dreieckförmiger Verteilung dieser Zusatzmomente auf eine Länge l ergibt sich ein Maximalmoment von $m_x = \max m_y = \dfrac{2}{l}\,M_x + m_0 = -\dfrac{3}{2}\,q\,l^2 = 3\,m_0$

einer Einzellast konstant (Abb. 2.3/15), da sich bei dieser m_x und q_x im Einspannquerschnitt auf eine Strecke verteilen, die im gleichen Verhältnis wie der Lastabstand anwächst [319]. Für die Bemessung ausreichend genau ist die Annahme gleichförmiger Verteilung von m und q_x über eine Breite, die gleich dem doppelten Lastabstand ist.

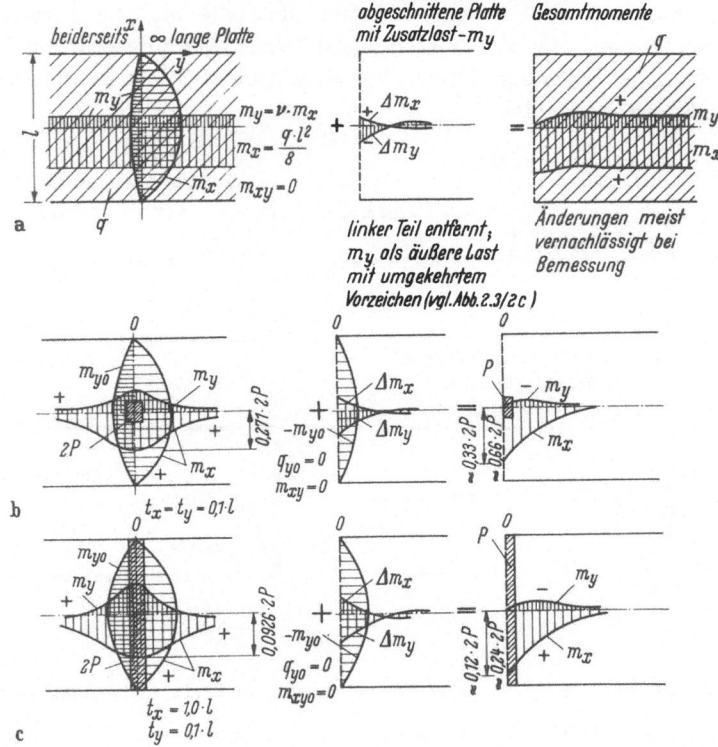

Abb. 2.3/17 a—c. Berechnung der Momente am freien Querrand einer frei drehbar gelagerten Streifenplatte (schematische Darstellung des Verlaufes, unmaßstäblich). a) Gleichlast, b) Einzellast. Lastfläche: $t_x = t_y = 0,1\,l$: Auf der ∞-langen Platte wird $2P$ aufgebracht, um beim Abtrennen die Wirkung von P auf einer Platte zu erhalten, c) Streifenlast. Lastfläche: $t_x = 1,0\,l$; $t_y = 0,1\,l$. $2P$ aufgebracht (vgl. b)

Die Momente in der Ecke einer umlaufenden Kragplatte (Abb. 2.3/16) sind Gegenstand noch laufender Forschungsarbeiten. Sie können nach Abb. 2.3/16 abgeschätzt werden. Die Durchbiegung der Ecke ist etwa doppelt so groß wie diejenige der einfachen Kragplatten, was bei der Überhöhung der Schalung zu berücksichtigen ist.

Längere, einachsig gespannte Deckenfelder endigen entweder mit einem freien oder unterstützten Rand. In beiden Fällen tritt eine Störung der gleichmäßigen Momentenverteilung auf [320]. Im ersteren Falle (Abb. 2.3/17a) nehmen bei gleichförmiger Belastung infolge der fehlenden m_y die Durchbiegungen um etwa 7% und m_x am Rand um etwa 4% zu ($\nu = 1/6$). Bei einer Einzellast und einer Linienlast werden die Momente m_x etwa doppelt so groß, mithin die Verteilbreiten um die Hälfte kleiner als bei einem Angriff weiter innen (Abb. 2.3/17b/c). Bei starrer Auflagerung des Plattenendes (starre Balken, Wand) (Abb. 2.3/18) [320] entstehen positive und negative Momente m_y, die konstruktiv gedeckt werden müssen („Überlageeisen" oder „Abreißbewehrung"). Die Belastung der Stützung läßt sich aus einer geometrischen Lastaufteilung (Abb. 2.3/18) abschätzen.

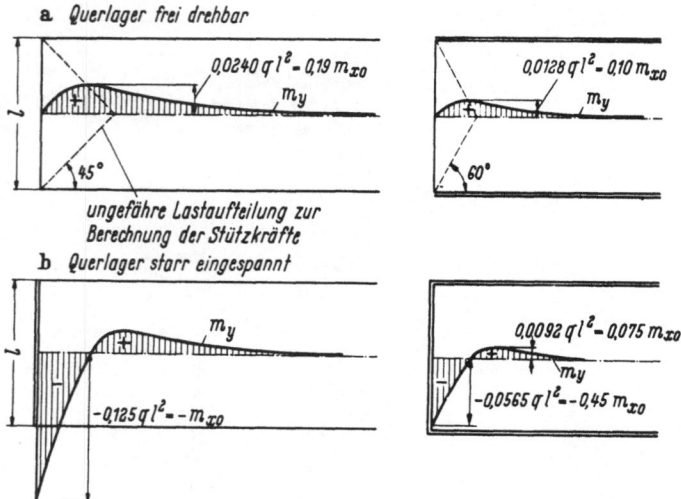

Abb. 2.3/18a u. b. Momente einer auf einem starren Lager endigenden Streifenplatte mit Gleichlast g ($\nu = 0$) [320]; $m_{x0} = \dfrac{q\,l^2}{8}$.

a) Querlager frei drehbar, b) am Querlager starr eingespannt

2. Rechteckplatte, vierseitig gelagert. Umfangsgelagerte Rechteck-platten, i. allg. sogenannte „kreuzweise bewehrte Platten", sind in der Literatur häufig nach der Elastizitätstheorie behandelt worden [301]. Auf diesen „strengen" Ansätzen sind verschiedene Tabellenwerke für Recht-eckplatten aufgebaut [322] (vgl. Abschn. 2.311). Für den praktischen Gebrauch bedient man sich nach DIN 1045 § 23 noch der Näherungs-werte von MARCUS [321], die auf der Lastaufteilung zweier sich in Plattenmitte kreuzender Streifen mit gleicher Durchbiegung beruhen und durch Vergleich der Mittendurchbiegung mit der strengen Theorie verbessert sind (Abminderung durch den Beitrag der Drillungsmomente). Mit dieser Streifenmethode können verschiedene Lagerungsarten leicht berücksichtigt werden.

Abweichungen nach der unsicheren Seite treten nur bei langgestreckten Platten auf. Praktische Bedeutung besitzt jedoch die kreuzweise Tragwirkung nur bis zu einem Seitenverhältnis 1 : 2,0 (Abb. 2.3/19). Bei mehrfeldigen Platten gleicher Größe werden im Hochbau die größten Stützmomente für Vollast, die größten Feldmomente für schachbrettartig verteilte Nutzlast ermittelt [322.2]. Bei abweichenden Stützweiten führen nur Ausgleichsverfahren [323] oder die Streifenmethode zur Abschätzung der Stützmomente.

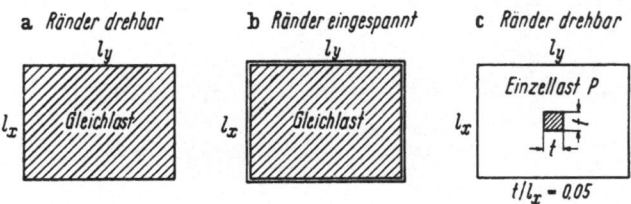

l_y/l_x	a		b		c	
	$m_x/q\,l_x^2$	m_y/m_x	$m_x/q\cdot l_x^2$	m_y/m_x	m_x/P	m_y/m_x
1,0	0,037	1,00	0,018	1,0	0,274	1,0
1,1	0,045	0,80	0,022	0,76	0,284	0,95
1.2	0,052	0,66	0,026	0,60	0,293	0,91
1,3	0,060	0,54	0,029	0,47	0,300	0,88
1,4	0,067	0,45	0,031	0,38	0,306	0,85
1,5	0,073	0,38	0,034	0,30	0,311	0,85
1,75	0,086	0,26	0,037	0,17	0,321	0,78
2,0	0,096	0,18	0,040	0,095	0,327	0,76
$\infty\ (\nu = 0)$	0,125	0	0,042	0	0,327	0,76
$\infty\ (\nu = {}^1/_6)$	0,125	0,16	0,042	0,16	0,368	0,82

Abb. 2.3/19 a—c. Biegungsmomente in der Mitte umfangsgelagerter Rechteckplatten für $\nu = 0$ [322.2, 319]

Für Brückenfahrbahnplatten sind Einflußfelder zu verwenden und die elastische Randeinspannung für die Verkehrslast abzuschätzen. Die Benutzung einer „mittragenden Plattenbreite" erübrigt sich, da die Tabellenwerte ja die Lastverteilung beinhalten.

Die Durchbiegung von Rechteckplatten wird aus der virtuellen Arbeit berechnet (Abb. 2.3/20), wobei man vom Reduktionssatz Gebrauch macht (vgl. Abschn. 2.013). Hiernach kann die Verformung als die Durchbiegung eines Streifens von der Breite 1 berechnet werden. Sie beträgt bei Gleichlast und freier Lagerung genau genug (vgl.

Abschnitt 2.224) $f \approx \dfrac{m_{xm}\, l_x^2}{10\,EJ}$ und mit dem Randeinspannmoment m_a

$f \approx \dfrac{m_{xm}\, l_x^2}{10\,EJ} \left(1 - 1,25\,\dfrac{m_a}{m_{xm}}\right)$ ($J \approx$ Mittelwert zwischen dem homogenen und gerissenen Zustand). In der größeren Spannrichtung weicht die Verteilung der m_y von der Parabel stark ab, so daß $f \approx \dfrac{m_y\, l_y^2}{8\,E\,J}$ zu setzen ist.

Bei der Berechnung der Durchbiegungen von auskragenden Platten genügt es nicht, die Kragplatte als starr eingespannt zu betrachten.

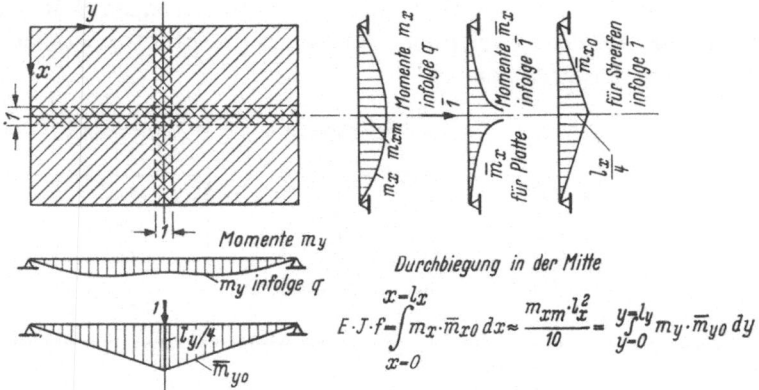

$$E \cdot J \cdot f = \int_{x=0}^{x=l_x} m_x \cdot \overline{m}_{x0}\, dx \approx \frac{m_{xm} \cdot l_x^2}{10} = \int_{y=0}^{y=l_y} m_y \cdot \overline{m}_{y0}\, dy$$

Abb. 2.3/20. Durchbiegung einer Rechteckplatte mit Gleichlast (vgl. Abb. 2.0/2)

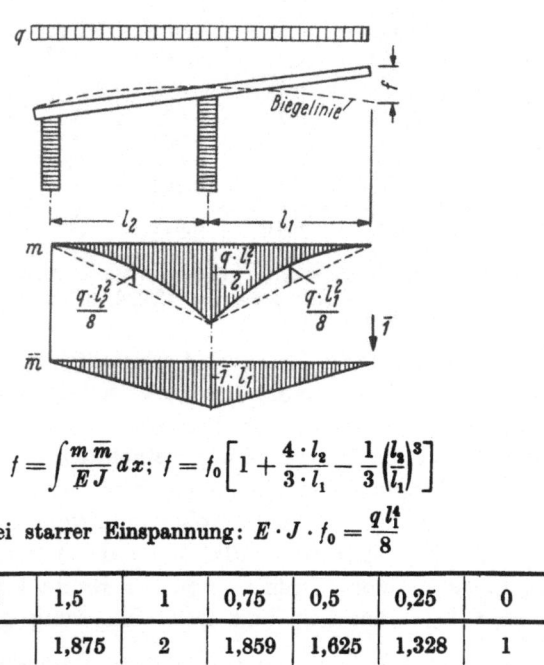

$$f = \int \frac{m\,\overline{m}}{E\,J}\, dx; \quad f = f_0 \left[1 + \frac{4 \cdot l_2}{3 \cdot l_1} - \frac{1}{3}\left(\frac{l_2}{l_1}\right)^3 \right]$$

bei starrer Einspannung: $E \cdot J \cdot f_0 = \dfrac{q\, l_1^4}{8}$

l_2/l_1	2	1,5	1	0,75	0,5	0,25	0
f/f_0	1	1,875	2	1,859	1,625	1,328	1

Abb. 2.3/21. Durchbiegung einer Kragplatte unter Gleichlast, die in einem weiteren Deckenfeld elastisch eingespannt ist.

Die Verformung des anschließenden Deckenfeldes gibt dazu einen erheblichen Beitrag (Abb. 2.3/21).

3. Rechteckplatte, dreiseitig gelagert. Die dreiseitig gelagerte Rechteckplatte kommt bei Balkonen, Treppenpodesten und Behälterwänden vor. Ihre strenge Lösung [324] kann aus der vierseitig aufgelagerten Platte abgeleitet werden, indem man die Stützkräfte einer Seite mit umgekehrtem Vorzeichen als äußere Kräfte anbringt (Abb. 2.3/22). Diese Methode der Zurückführung auf eine Stützung, für die bereits Ergebnisse vorliegen, ist vielfach als Näherung brauchbar (vgl. Abschn. 2.311).

Für die Anwendung sind bequeme Formeln und Tafeln [325] vorhanden, die jedoch nur die größten Biegemomente in den Achsrichtungen angeben. Die Drillmomente und damit die Abweichungen der Haupt-

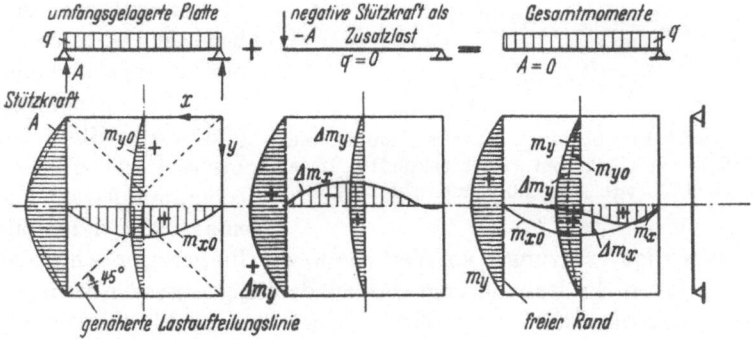

Abb. 2.3/22. Momente einer dreiseitig gelagerten Rechteckplatte mit Gleichlast; schematische Darstellung der Wirkungsweise, entwickelt aus der umfangsgelagerten Platte (vgl. Abb. 2.3/2)

momente von den Achsrichtungen (vgl. Abschn. 2.311) sind aber bei diesen stark unsymmetrischen Platten so groß, daß man sie unbedingt berücksichtigen muß. Sie verlaufen in den zweiseitig gestützten Ecken etwa diagonal (negativ) und senkrecht dazu (positiv). Für schlanke, frei aufliegende Platten wird mitunter die Durchbiegung des freien Randes unzulässig groß, so daß man sie wenigstens ungefähr überschlagen sollte. Aus dem Momentenverlauf am freien Rand (Abb. 2.3/23) wird die Durchbiegung des Randstreifens wie diejenige des Mittelstreifens einer 4seitig gelagerten Platte (vgl. Abschn. 2.313,2) berechnet.

4. Kreisplatte. Die Kreisplatte und Kreisringplatte läßt sich für rotationssymmetrische Belastung in geschlossenen Formeln leicht berechnen und die Ergebnisse tabellieren [326]. Die Hauptrichtungen verlaufen bei rotationssymmetrischer Belastung stets radial und tangential.

5. Dreieckplatte. Die Dreieckplatte läßt sich angenähert auf eine „Ersatzkreisplatte" zurückführen [327 und 205.3], die sich auf den Seitenmitten und auf Quergurten auflagert (Abb. 2.3/24). Außer den Mittenmomenten des Vergleichskreises sind die Quergurte in den Ecken

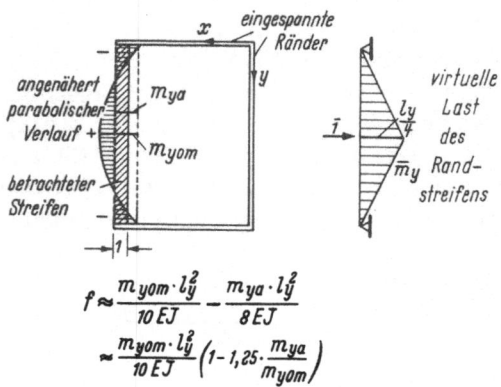

$$f \approx \frac{m_{yom} \cdot l_y^2}{10\,EJ} - \frac{m_{ya} \cdot l_y^2}{8\,EJ}$$

$$\approx \frac{m_{yom} \cdot l_y^2}{10\,EJ}\left(1 - 1{,}25 \cdot \frac{m_{ya}}{m_{yom}}\right)$$

Abb. 2.3/23. Durchbiegung des freien Randes einer dreiseitig aufgelagerten Rechteckplatte unter Gleichlast (vgl. Abb. 2.0/2 und Abb. 2.3/20)

einfachheitshalber auf die gleichen positiven Momente und die Einspannungen in den Ecken in Richtung der Winkelhalbierenden auf negative Momente gleich $\approx 25\%$ der Mittenmomente zu bemessen. Unregelmäßige Dreieckplatten wird man in ähnlicher Weise durch Kreisplatten approximieren.

6. Parallelogrammplatte, zweiseitig gelagert. Zweiseitig gelagerte Parallelogrammplatten spielen eine zunehmende Rolle für schiefwinklige Kreuzungen von Verkehrswegen. Bei geringer Schiefe lassen sich ihre Schnittkräfte näherungsweise aus denjenigen gerader, rechteckiger Platten ableiten [306]. Bei größerer Schiefe können Einflußflächen ver-

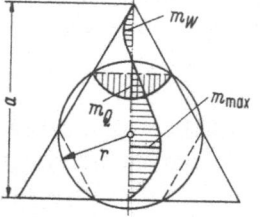

In den Ecken bilden sich Quergurte in der Platte aus, die eine Einspannung infolge der festgehaltenen Enden verursachen

Abb. 2.3/24. Freiaufliegende, gleichseitige Dreieckplatte [327]. „Ersatzkreis" mit gleichem m_{max}:

$r = 0{,}35\,a$ bei verteilter Last,
$r = 0{,}38\,a$ bei Einzellast in der Mitte.

In der Ecke in Richtung der Winkelhalbierenden sowie senkrecht dazu (Quergurte) ist zu berücksichtigen:

$$m_W \approx -\frac{1}{4} \cdot m_{max}$$

$$m_Q \approx +\frac{1}{4} \cdot m_{max}$$

wendet werden, die für einige ausgezeichnete Punkte von Parallelogrammplatten fertig vorliegen [329]. Ihre Haupttragwirkung verläuft bei geringer Breite im Verhältnis zur Spannweite in Richtung der letzteren; mit wachsender Breite nähert sie sich mehr und mehr der Senkrechten zu den Auflagern. Hieraus kann man einen Überschlag für die größte Biegung ableiten. Für abweichende Formen und mehrfeldige Platten ermittelt man die Schnittkräfte aus Modelluntersuchungen (vgl. Abschn.

2.312) als Einfluß- oder Zustandsflächen. Letztere sind bei ständiger Last entschieden vorzuziehen, da man hieraus eine Übersicht über den gesamten Spannungszustand der Platte an Hand der Hauptmomente erhält. Man kann hiermit auch die ungünstigsten Stellungen der Verkehrslasten abschätzen. Da deren Hauptmomente ungefähr die gleiche Richtung wie diejenigen aus ständiger Last besitzen, kann man die Richtung der Krümmungs- oder Dehnstreifenmessungen hiernach ein-

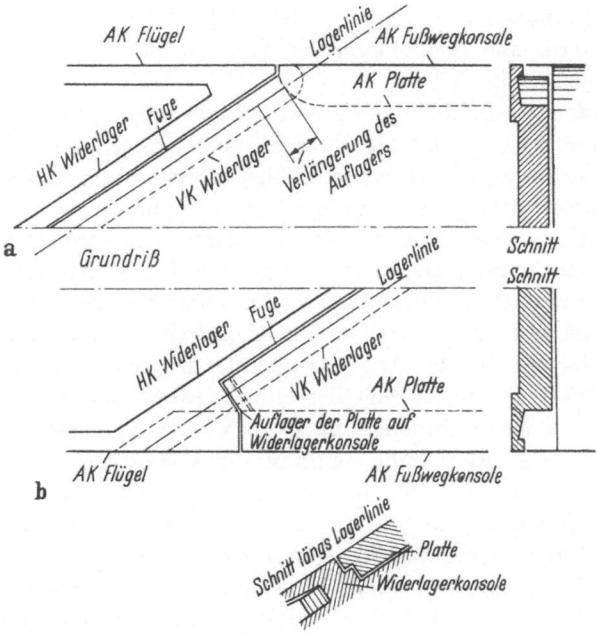

Abb. 2.3/25a u. b. Zweiseitig gelagerte Parallelogramm-Platte („schiefe Platte"). Verbesserungen der Tragwirkung.

a) Herabsetzung der Stützkraftkonzentration und der Momente an den stumpfen Ecken durch Verlängerung des Auflagers, b) Verminderung der Drillung und der negativen Stützkräfte durch Abkürzung der spitzen Ecken

richten und die Momente einfach algebraisch addieren. Allein an Hand von Modellen können auch die Auswirkungen von Veränderungen (z. B. Ausrundungen) der Plattenform beurteilt werden, die zur gleichmäßigeren Beanspruchung der Platte vorgenommen werden. In erster Linie ist es wünschenswert, die lästige Konzentration der Stützkräfte und demzufolge auch der Biegungsmomente an den stumpfen Ecken dadurch wesentlich zu mildern, daß man die Widerlager und Auflager etwas verlängert und die Platte entsprechend ausrundet (Abb. 2.3/25a). Sie wird auch durch die elastische Zusammendrückung der Lager (z.B.

Gummilager, vgl. Abschn. 2.736) wesentlich herabgesetzt [330]. Ferner empfiehlt es sich bei sehr schiefen Platten (20÷30°), die spitzen Ecken abzutrennen, als Konsolen aus dem Widerlager auszukragen und zur Auflagerung der Platten zu benutzen (Abb. 2.3/25b). Dadurch wird eine Verminderung der Verdrillung der Ecken, die eine sorgfältige Schräg- oder Netzbewehrung erfordert, erreicht und die Durchbiegung des freien Randes wirksam verkleinert, sowie Abheben vermieden.

Die in Abb. 2.3/3 gezeigten Randstörungen sind daran kenntlich, daß die Hauptrichtungen schiefwinklig auf den Plattenrand zusteuern. Sie erfordern eine Netzbewehrung der Stirnfläche. Ein Nachweis ist i. allg. nicht nötig.

7. Pilzdecken und Flachdecken (punktgelagert). Die punktgestützte Platte ohne Balken wird als Pilzdecke bezeichnet, wenn die Stützenköpfe pilzartig verbreitert werden. Nach amerikanischem Vorbild dringt auch in Europa die Ausbildung ohne Kapitelle vor, die man entsprechend als Flachdecke (flat slab) bezeichnen kann. Die strenge Berechnung für Punktstützung liegt schon länger vor [331] und ist neuerdings durch angenäherte Berücksichtigung der Verstärkungen [332] verbessert worden. Die Eck- und Randfelder sind jedoch bei durchgehender Auflagerung der Ränder der Analysis nur mit großem Rechenaufwand zugänglich [333]. Die praktische Berechnung [334] ist durch das Bild des „stellvertretenden Rahmens" nach DIN 1045 § 26 stark vereinfacht worden. Bei der Rahmenberechnung sollte stets die Versteifung der Platte durch die Pilzköpfe berücksichtigt werden, da hierdurch eine erhebliche Erhöhung der Stützmomente und entsprechende Verminderung der Feldmomente eintritt. Die Momente sind naturgemäß für *volle* feldweise Belastungen in *beiden* Richtungen zu berechnen. Ihre Aufteilung auf Gurt- und Feldstreifen gilt nur für konstante Plattendicke. Wenn die Gurtstreifen durch Kassettierung der Felder konstruktiv verstärkt werden, muß die Aufteilung etwa im Verhältnis der Änderung der Trägheitsmomente korrigiert werden. Bei Decken mit den Stützenköpfen nach DIN 1045 sind die Schubspannungen in der Platte meist so klein, daß sie nicht nachgewiesen zu werden brauchen. Die Dicke der Flachdecken wird jedoch von der Gefahr des „Durchstanzens" der Stützen bestimmt, wofür die „Ergänzung zur DIN 1045" ein Maß angibt (Abb. 2.3/26a). Auch an dieser Stelle tritt jedoch, wie Versuche gezeigt haben [335, 336], kein Schubbruch auf, sondern ein Bruch infolge der Hauptzugspannungen (Abb. 2.3/26b), die in der Druckzone steiler als 45° verlaufen.

Die Momente der vielfeldigen Flachdecke werden angenähert wie für einen durchlaufenden Balken berechnet, da die Steifigkeit der Stützen gering ist, und nach der Ergänzung zur DIN 1045 in Gurt- und Feldmomente aufgeteilt. Für eine biegungssteife Verbindung von Stütze und Platte ist aber konstruktiv zu sorgen. Horizontalbelastungen dürfen einer solchen Decke nicht zugewiesen werden. Windkräfte u. dgl. sind durch Windscheiben (vgl. Abschn. 2.52) aufzunehmen.

Die einfeldige Flachdecke ist sowohl mit elastischem Randbalken [337] als auch ohne denselben und ohne die Einspannung in die Stützen behandelt worden [338].

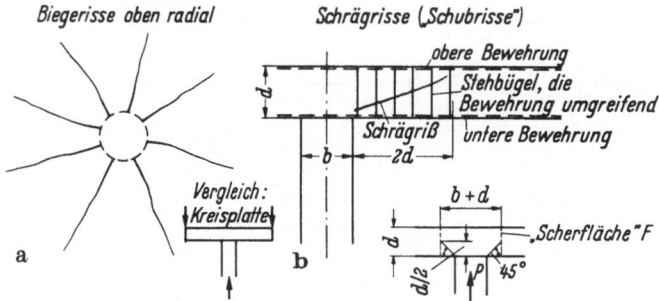

Abb. 2.3/26 a u. b. Bruch einer Flachdecke infolge Schrägzugspannungen [336] a) Bruchbild, b) Schrägrisse (Schubrisse)

Kriterium für Vermeidung der Durchstanzgefahr: fiktive Vergleichsschubspannung τ_0 (vgl. DIN 1045, Ergänzung) in gedachter Scherfläche F einhalten.

$$\tau_0 = \frac{P}{F}; \qquad \begin{aligned} F &= \pi \cdot (b + d)\, d \;\; \text{(Rundstütze)}, \\ F &= 4\,(b + d)\, d \;\; \text{(Quadratstütze)} \end{aligned}$$

2.32 Vorspannung von Platten

Zwischen der Vorspannung von Platten und Balken besteht der grundsätzliche Unterschied, daß bei letzteren die volle Spannkraft auf *jeden* Querschnitt des Balkens wirkt. Bei Platten breiten sich im Gegensatz dazu die Schlußlinienkräfte eines Spanngliedes in Richtung der Verbindungslinie der Verankerungen durch Scheibenwirkung in ganz anderer Weise in der Platte aus als die Wirkung der Leibungskräfte infolge der Krümmung des Spanngliedes (Abb. 2.3/27) [260]. Eine Durchsetzung der Platte mit gleichartigen Spanngliedern in geringem Abstand ergibt naturgemäß eine gleichförmige Wirkung beider Anteile, so daß bei einer statisch bestimmt gelagerten Platte („lange" Streifenplatte) ein Querstreifen wie ein Balken behandelt werden kann. Die meisten Platten sind jedoch statisch unbestimmt gelagert, so daß durch die behinderten Verformungen der Platte Diskordanz (vgl. Abschn. 2.232,1) entsteht, d. h., die Drucklinie (Resultierende der Betonspannungen) fällt nicht mehr mit der Zuglinie (Spannglied) zu-

sammen. Die Wirkung der Spannglieder ist daher i. allg. in drei Anteilen
zu untersuchen: a) die auf die Plattenmittelfläche versetzten Schluß-

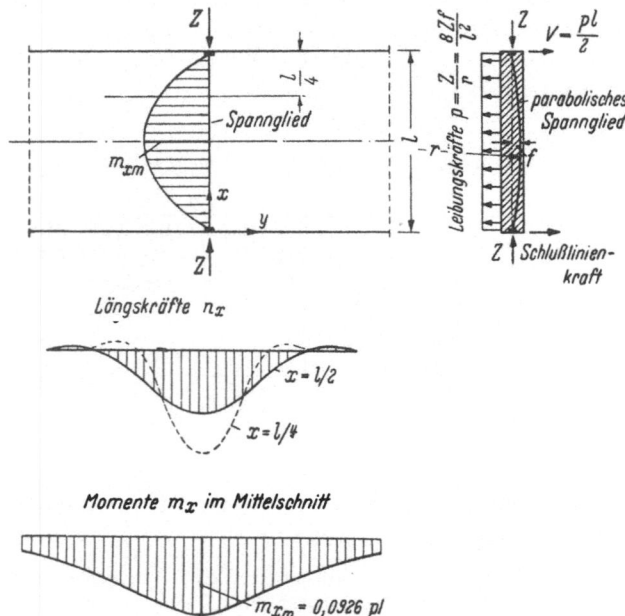

Abb. 2.3/27. Wirkung der Schlußlinienkraft (vgl. Abb. 2.5/19) und der Leibungskräfte (vgl. Abb. 2.3/28) eines Spanngliedes in einer Streifenplatte

linienkräfte, b) die Randmomente, die bei dieser Versetzung der Ankerkräfte entstehen (Abb. 2.3/28), c) die Leibungskräfte, die mit den gleich-

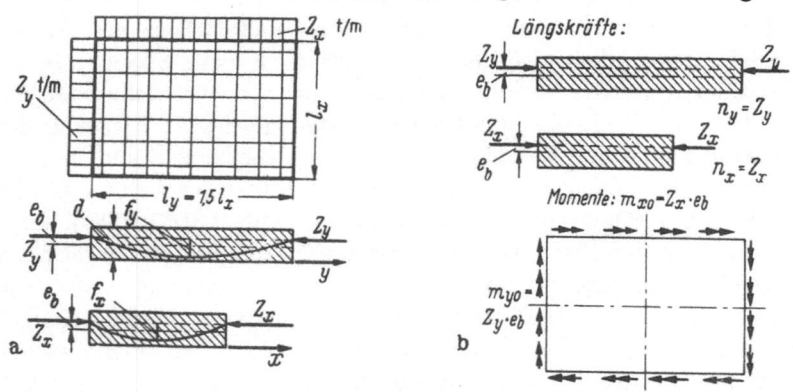

Abb. 2.3/28a—c. Umfangsgelagerte Rechteckplatte mit gleichförmig verteilten,
parabolischen Spanngliedern
a) Anordnung, b) Wirkung der exzentrischen Schlußlinienkräfte. Platte mit
Randmoment [260],

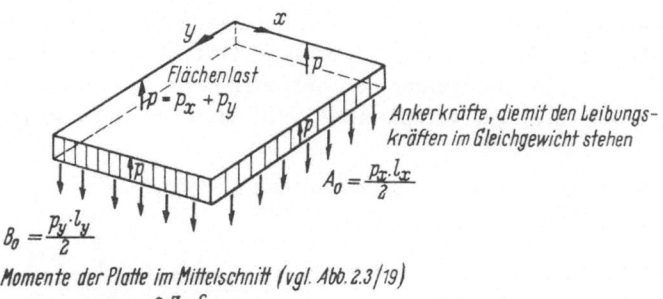

Momente der Platte im Mittelschnitt (vgl. Abb. 2.3/19)

$$infolge \quad p_x = \frac{8 \cdot Z_x \cdot f_x}{l_x^2}$$

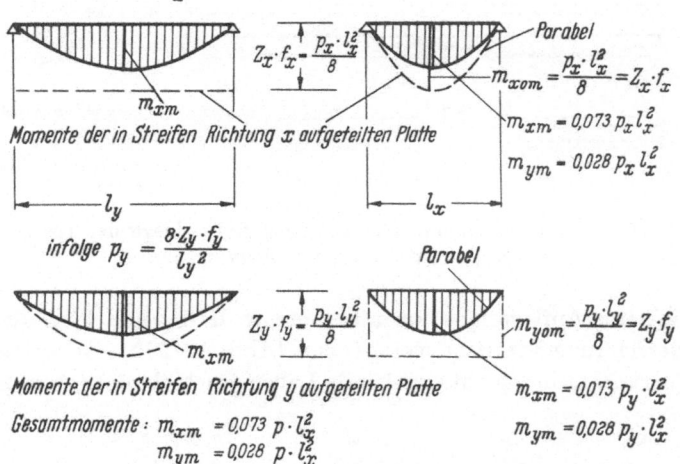

$$Z_x \cdot f_x = \frac{p_x \cdot l_x^2}{8}$$

Momente der in Streifen Richtung x aufgeteilten Platte

$$m_{xom} = \frac{p_x \cdot l_x^2}{8} = Z_x \cdot f_x$$

$$m_{xm} = 0{,}073 \, p_x \, l_x^2$$

$$m_{ym} = 0{,}028 \, p_x \, l_x^2$$

$$infolge \quad p_y = \frac{8 \cdot Z_y \cdot f_y}{l_y^2}$$

Parabel

$$Z_y \cdot f_y = \frac{p_y \cdot l_y^2}{8}$$

$$m_{yom} = \frac{p_y \cdot l_y^2}{8} = Z_y \cdot f_y$$

Momente der in Streifen Richtung y aufgeteilten Platte

$$m_{xm} = 0{,}073 \, p_y \, l_x^2$$

Gesamtmomente: $m_{xm} = 0{,}073 \, p \cdot l_x^2$
$m_{ym} = 0{,}028 \, p \cdot l_x^2$

$$m_{ym} = 0{,}028 \, p_y \, l_x^2$$

Stützkräfte (Gleichgewichtsgruppe) infolge der Deformation der Platte:

$$da \quad p \, l_x \, l_y = 2 \, A_0 \, l_y + 2 \, B_0 \, l_x$$

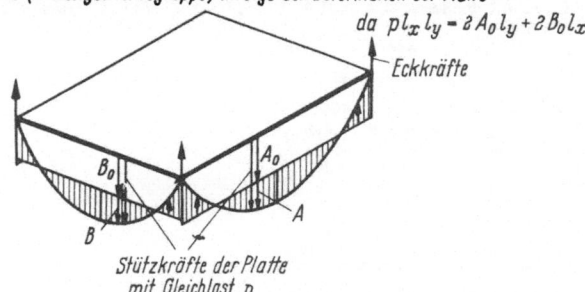

Eckkräfte

Stützkräfte der Platte
mit Gleichlast p

c) Wirkung der gleichförmig verteilten Leibungskräfte

$$p = \frac{8 \, Z f}{l^2} = p_x + p_y = 8 \left(\frac{Z_x f_x}{l_x^2} + \frac{Z_y f_y}{l_y^2} \right)$$

gerichteten Ankerkraftkomponenten eine Gleichgewichtsgruppe bilden. Meist schafft man durch gleichförmige Spanngliedanordnung übersichtliche Verhältnisse. Bei einer zweiseitig aufliegenden Rechteckplatte bei-

spielsweise wird man die Spannglieder der Breite nach gleichmäßig verteilen (Abb. 2.3/29a). Bei ungleichförmiger Verteilung tritt Querbiegung
ein, die durch die Auflagergeraden behindert wird, was umständlich zu
verfolgen ist. Die Quervorspannung wird man ebenfalls so anordnen,

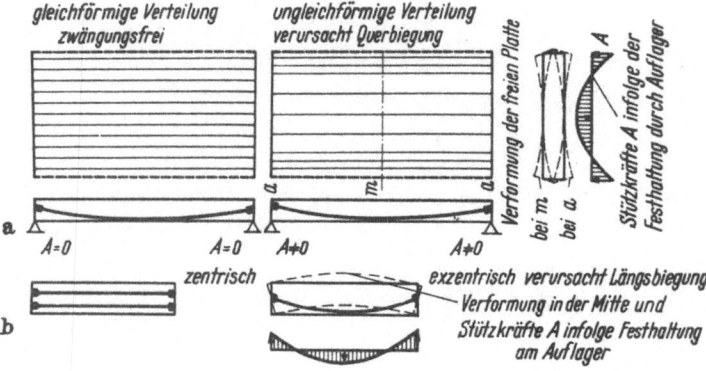

Abb. 2.3/29 a u. b. Vorspannung einer zweiseitig frei aufliegenden Rechteckplatte.
a) Längsvorspannung, b) Quervorspannung

daß sie keine Auflagerreaktionen hervorruft, d. h., man wird die Platte
in Querrichtung zentrisch vorspannen (Abb. 2.3/29b). Allerdings setzt
die Quervorspannung entsprechende Lagerverschiebungen voraus, sonst

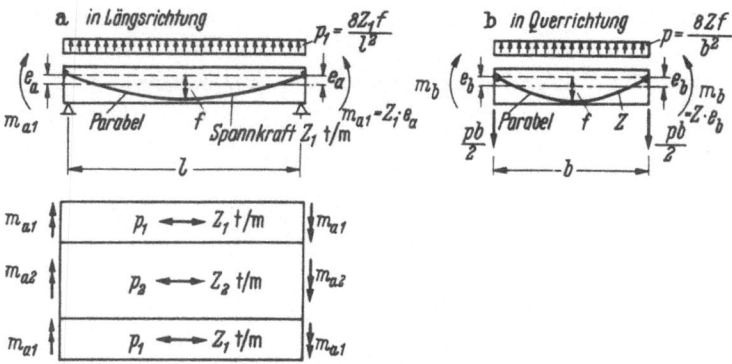

Abb. 2.3/30a u. b. Belastungen der Platte aus ungleichmäßiger Vorspannung

wandert ein Teil der Spannkraft in die Widerlager ab. Man sollte in
diesem Falle Gummilager verwenden (vgl. Abschn. 2.736). Will man von
diesen Vereinfachungen abweichen, so wird man die Wirkungen mit
Hilfe von Einflußflächen oder am Modell untersuchen, wobei die Leibungskräfte als äußere Lasten angebracht werden (Abb. 2.3/30).

Ebenso müßte man i. allg. bei schiefen Platten verfahren, bei denen die Verhältnisse noch unübersichtlicher liegen. Man vermeidet bei diesen Zwängungen nur, wenn man die Platte in der Längsrichtung „formtreu" vorspannt, d. h., den Spanngliedern eine solche Form gibt, daß ihre Leibungskräfte an jedem Punkt der ständigen Last gleich sind und sie außerdem in Plattenmitte verankert (Abb. 2.3/31a). Die Platte bleibt unter Eigengewicht dann mangels Biegung eben, und die Stützkräfte sind gleichförmig verteilt. Behält man die parabolische Form bei und vergrößert die Spannkraft, so werden die Leibungskräfte, die das Eigengewicht überwiegen, gleichförmig verteilt nach oben wirken. Sie werden daher einen Spannungszustand ähnlich demjenigen aus Eigengewicht mit umgekehrtem Vorzeichen hervorrufen. In der Querrichtung gibt man der Platte zweckmäßigerweise eine zentrische Vorspannung durch senkrecht zur Längsrichtung verlaufende Spannglieder (Abb. 2.3/31a). Deren Länge nimmt zwar nahe den Auflagern laufend ab; sie endigen aber senkrecht zu den Ansichtsflächen. Außerdem sind beide Vorspannungen Hauptspannungen. Sie werden mit den Lastspannungen zu resultierenden Spannungen an Ober- und Unterseite der Platte nach Größe und Richtung zusammengefaßt. Wenn sich Zugspannungen ergeben, sind diese durch schlaffe Zulagen zu decken. Die Anordnung der Querspannglieder in Richtung der Auflager bringt zwar gleichlange Spannglieder, aber schräg zur Ansichtsfläche liegende Ankerstellen. Ferner sind aus den beiden schief aufeinanderstehenden Vorspannungen erst die Hauptvorspannungen zu ermitteln (Abb. 2.3/31b) oder einzeln mit den Lastspannungen zusammenzusetzen.

Wenn allseitig auf Balken aufliegende Platten vorgespannt werden sollen, müssen die Verkürzungen in den Berührungsflächen übereinstimmen gemäß dem Grundsatz, daß zu jeder Vorspannung eine bestimmte Verformung gehört. Platte und Balken sind also *beide* vorzuspannen, am besten „formtreu", da hierdurch die klarsten Verhältnisse geschaffen werden. Mitunter ist es vorteilhaft, durchlaufende Platten mit veränderlicher Höhe auszuführen, um dadurch Momente mit wechselndem Vorzeichen mittels gerader Spannglieder zu erzeugen (Abb. 2.3/32a). Deren Wirkung ist zwar geringer als diejenige bei wellenförmiger Führung und bringt daher einen etwas größeren Stahlverbrauch mit sich. Sie wird aber auch bei größerer Felderzahl durch Reibung nicht merkbar abgebaut und ergibt eine sehr einfache Bauweise, die in Frankreich für Ortbeton- [339] und Fertigplatten [288] angewandt worden ist. Bei erstgenannter Ausführung sind quadratische Sohl- und Wandplatten eines Wasserbehälters in beiden Richtungen gleich vorgespannt worden. Für ihre Mittelstreifen wurde angenähert die in Abb. 2.3/32a angedeutete Berechnung angewandt, obgleich die Verformungen der Platten durch die allseitige Einspannung behindert waren. Man

19*

Abb. 2.3/31a u. b. Vorspannung schiefer Platten.

a) mit zwei orthogonalen Scharen von Spanngliedern,
b) mit zwei Scharen von Spanngliedern parallel zu den
Rändern.

Die statische Addition der beiden Spannungen σ_a und σ_b
liefert Hauptrichtung und -spannungen $\sigma_{1,2}$

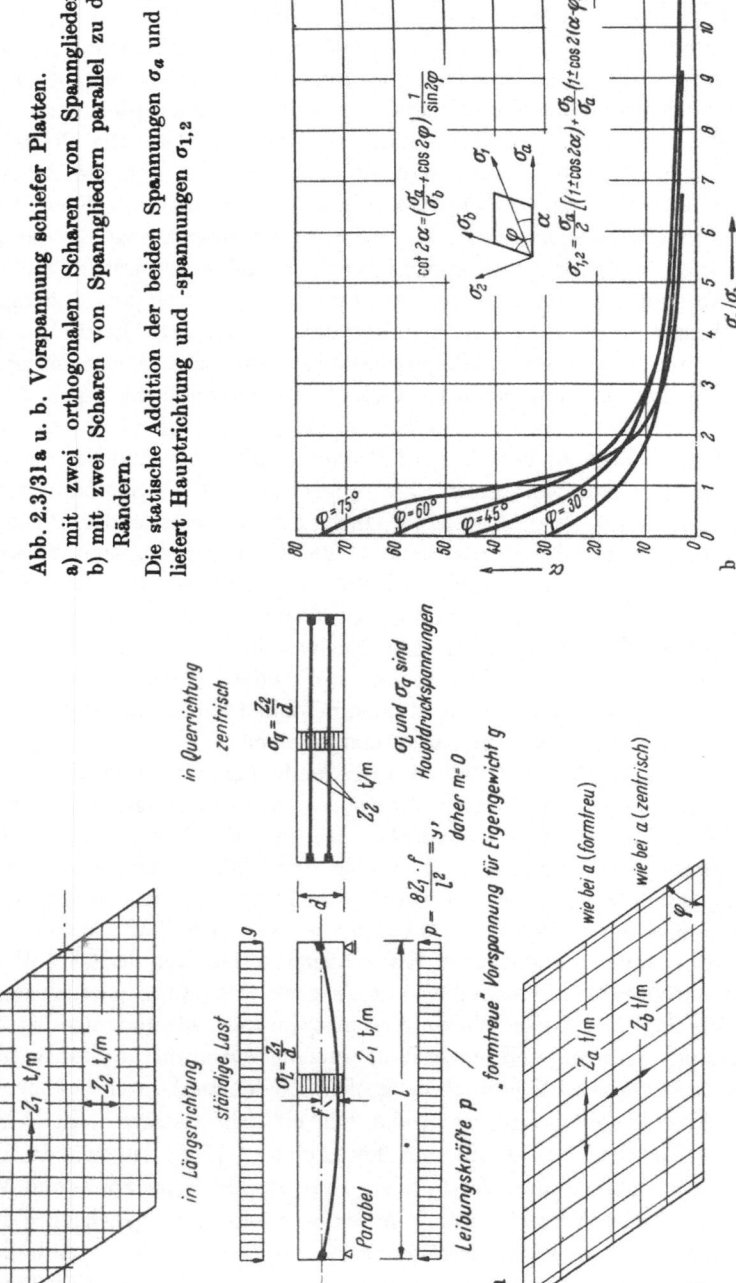

müßte eigentlich die Spannkräfte Z im Schwerpunkt der Randquerschnitte und die Randmomente $M_a = Z \cdot e_a$ getrennt auf die Platte wirken lassen (Abb. 2.3/32b), da wegen der statisch unbestimmten Lagerung im Inneren der Platte nicht mehr $M_z = Z \cdot e$ gesetzt werden kann (Diskordanz). Die M_a müßten die Auflagerverdrehungen aus den $Z \cdot e$ gerade wieder rückgängig machen, um in allen Feldern zwängungsfreie Vorspannung zu erzeugen. Außerdem wären die Balken entsprechend vorzuspannen. Wegen der veränderlichen Plattendicke ist eine genaue analytische Behandlung aussichtslos und man verfolgt die Zusammenhänge am besten am Modell.

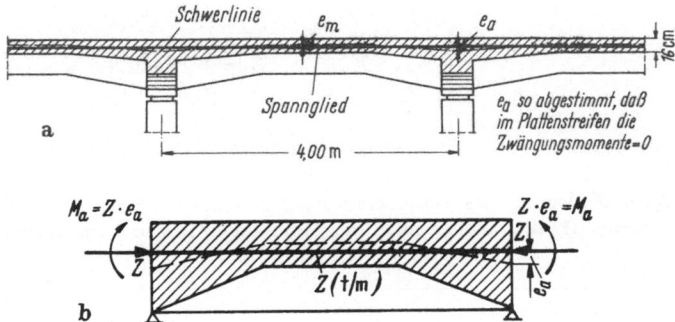

Abb. 2.3/32a u. b. Vorspannung durchlaufender quadratischer Plattenbalkenfelder. Beispiel für die Randbedingungen des Mittelfeldes: Auflagerverdrehung $\delta_a = 0$. a) Berechnung des herausgetrennten Mittelstreifens als Näherung [339], b) Ansatz zur Berechnung als Platte

2.33 Bruchzustand

Die in Abschn. 2.021 geschilderte Umlagerung der Momente ist bei Platten wesentlich ausgeprägter als bei Balken. Die Schnittkraftverteilung im Gebrauchszustand (elastisches Verhalten der Baustoffe) weicht daher von der im kritischen oder Bruchzustand (nichtlineares Verhalten) so weit ab, daß sie keinen ausreichenden Aufschluß über die vorhandene Sicherheit gibt. Allerdings ist letztere wie bei Balken stets größer als diejenige, die aus der Elastizitätstheorie abgeleitet wird.

Auch in einer Platte bilden sich ,,plastische Gelenke'', wenn der kritische Wert m_K des Momentes erreicht ist. Dazu müssen folgende Voraussetzungen erfüllt sein:

a) Das Verhalten des Stahles zeigt eine deutlich ausgeprägte Streckgrenze und Fließverformung.

b) Dem Beton werden nur Stauchungen und Spannungen zugemutet, die unterhalb der Bruchgrenze liegen (sog. ,,schwache Bewehrung''). Das gilt auch für die Schrägspannungen, d. h. Schubbruch wird ausgeschlossen.

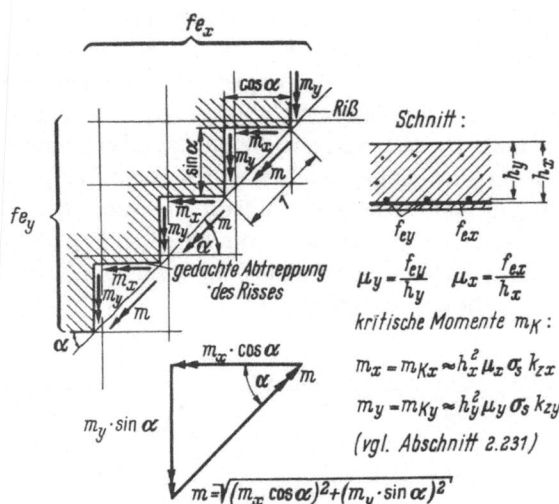

Abb. 2.3/33. Zerlegung des Hauptmomentes in einem Riß in die Bewehrungsrichtungen (Drillmomente nach der Bruchlinientheorie vernachlässigt)

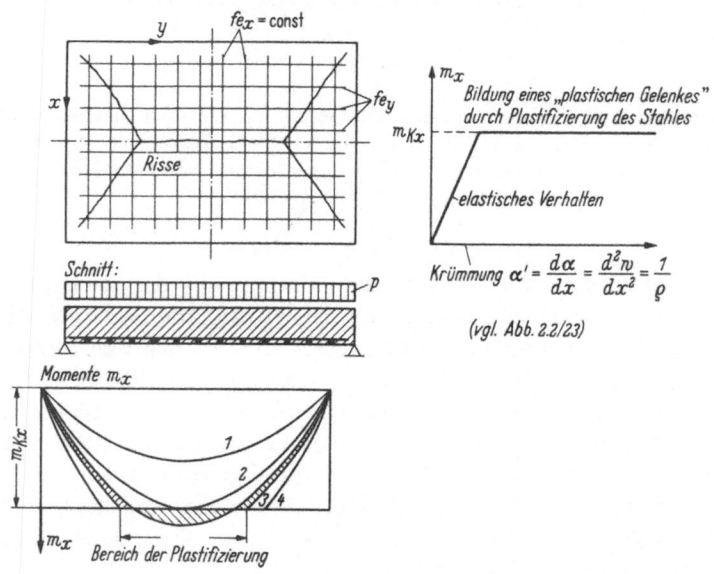

Abb. 2.3/34. Momentenumlagerung in einer vierseitig gelagerten Platte unter
Gleichlast („Anpassung" vgl. Abschn. 2.222).

1 Gebrauchslast, *2* Erreichen des kritischen Momentes m_{Kx}, *3* Überschreiten
des kritischen Momentes m_{Kx}, Ausbreiten der Momente nach der Seite, da benachbarte Querschnitte steifer sind (schraffierte Flächen gleichen sich aus), *4* Endzustand bei Erreichen des kritischen Wertes p_K: Risse erreichen fast die
Plattenecken

c) Das Arbeitsdiagramm kann auch auf Bewehrungen angewandt werden, die Zugrisse schräg durchsetzen, indem man das Hauptmoment einfach geometrisch in die Bewehrungsrichtungen zerlegt (Abb. 2.3/33).

Der Vorgang der Momentenumlagerung (Anpassung des Tragwerkes an die Belastung) bei einer umfangsgelagerten, gleichmäßig bewehrten Rechteckplatte unter Gleichlast wird schematisch in Abb. 2.3/34 gezeigt. Nach Überschreitung der Gebrauchslast wird das kritische Moment m_K zunächst in Plattenmitte erreicht und kann bei weiterer Laststeigerung nicht mehr ansteigen, während die Verformung weiterhin zunimmt: der Rißquerschnitt wird „weich" Da die Nachbarquerschnitte links und rechts davon noch nicht bis m_K beansprucht sind und daher „härter" sind, steigt in ihnen das Moment so weit an, bis der überschießende Teil der Momentenfläche sich seitlich verlagert hat. Dieser Vorgang spielt sich in beiden Hauptrichtungen ab und führt zu einer Momentenumlagerung. Diese ist in Platten stärker als bei Balken, weil unmittelbar benachbarte Querschnitte

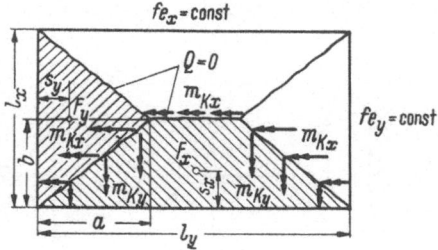

Abb. 2.3/35. Bruchlinienbild einer am Umfang allseitig frei drehbar gelagerten Rechteckplatte unter Gleichlast [340]

in den beiden Achsrichtungen füreinander eintreten, während beim Trägerrost die Querverteilung wegen verformungsfähigeren Zwischenbauteilen geringer ist. Die Momentenumlagerung schreitet fort, bis durch weitere Laststeigerung die Risse mit dem kritischen Moment m_K die Plattenecken nahezu erreicht haben.

Bei der hierauf aufbauenden „Bruchlinientheorie" werden die elastischen Verformungen der Platte vollständig vernachlässigt. Wenn man sich vergegenwärtigt, daß bereits im elastischen Bereich durch die Rißbildung eines mit $\mu = 0{,}4\%$ bewehrten Querschnittes dessen Trägheitsmoment auf $\approx 1/3$ zurückgeht, mithin seine Verbiegung auf etwa das 3fache anwächst, so leuchtet ein, daß bereits bei Beginn des Stadiums II in einer Platte die „Anpassung" an die Belastung beginnt. Die bei vielen Versuchen beobachtete große Widerstandsfähigkeit kreuzweise bewehrter Platten über die nach der Elastizitätstheorie errechneten Werte hinaus wird wie folgt nachgewiesen: Sofern die Bewehrung in beiden Richtungen gleichförmig verteilt ist, entsteht im Endzustand ein einfaches Riß- und Momentenbild (Abb. 2.3/35), dem eine kritische Last p_K oder q_K entspricht. Bei weiterer Laststeigerung können die

inneren Kräfte nicht weiter steigen, so daß die Platte zusammenbricht.
Da im kritischen Zustand die Momente in allen Rissen bekannt sind,
kann bei einer frei aufliegenden Rechteckplatte mit Gleichlast für jeden
Plattenteil eine Gleichgewichtsbedingung in Form: $m_K \cdot l = q_K \cdot F \cdot s$
aufgestellt werden, aus der sich die kritische Last $q_K = \dfrac{m_K \cdot l}{F \cdot s}$ ergibt.

Querkräfte und Drillungsmomente treten in den Rissen nicht auf, da
diese nach Richtung und Lage Hauptmomenten entsprechen. Die Risse
stimmen jedoch nicht genau mit den Hauptmomenten im elastischen
Zustand überein, da sie wegen der Ebenheit der Plattenteile geradlinig
verlaufen müssen. Die zunächst willkürlich gewählte Form der Rißfigur
enthält im vorliegenden Fall einen Freiwert, dem die Bedingung gegenübersteht, daß sich für die einzelnen Plattenteile der gleiche Wert für q_K
ergibt.

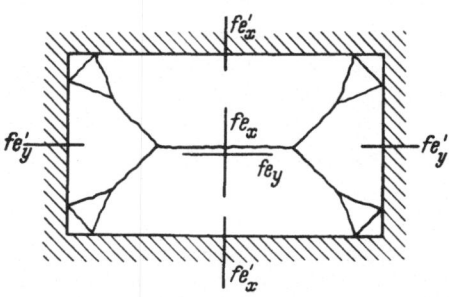

Für verschiedene Beweh-
rungen in x- und y-Richtung ist

$$q_{Kx} = \frac{m_{Kx} \cdot l_y}{F_x s_x} = q_{Ky} = \frac{m_{Ky} \cdot l_x}{F_y s_y},$$

woraus der Parameter a und
die kritische Last q_K abhängig
vom Verhältnis $m = \dfrac{\mu_y}{\mu_x}$ folgt.
Bei gegebener Last q und Ein-
haltung einer Sicherheit von

$$\nu = \frac{q_K}{q} = 1{,}75 \text{ können rück-}$$

Abb. 2.3/36. Bruchlinienbild einer allseitig
eingespannten Rechteckplatte [340]

wärts die erforderlichen Bewehrungen μ_x und $\mu_y = m \cdot \mu_x$ aus m_{Kx}
$= \mu_x \, \sigma_s \, h^2 \left(1 - \mu_x \dfrac{\beta}{\alpha} \dfrac{\sigma_s}{K_b'}\right)$ (n-freie Bemessung, vgl. Abschn. 2.231, 1)
abgeleitet werden.

Die Ansätze lassen sich auf punktgestützte, teilweise oder allseitig
eingespannte Platten (Abb. 2.3/36) erweitern [340], wobei wieder im
Feld $\mu_y = m \cdot \mu_x$ $(0 < m < 1)$ variiert wird. Außerdem muß eine Annahme über die Stärke der Einspannbewehrungen μ_x' und μ_y' getroffen
werden. Sie dürfen zwar theoretisch beliebig gewählt werden, müssen
aber die Nebenbedingung erfüllen, daß die Stützkräfte an den Auflagern übertragen werden können. Die Rißlinien längs der Auflager sind
ja *nicht* wie die Rißlinien im Innern der Platte durch $Q = 0$ ausgezeich-
net. Lassen wir wie bei den Balken im Bruchzustand eine Reibungszahl $\mu_R = 0{,}6$ zu, so muß sein:

$Q \leqq \mu_R D = \mu_R f_e' \sigma_s$ m_K': krit. Wert des Einspannmomentes $= f_e' \sigma_s \cdot z'$,

m_K: krit. Wert des Feldmomentes $= f_e \sigma_s \cdot z$,

$$Q_x = \frac{q \, l_x}{2}, \quad \text{mithin } f e' \geqq \frac{q \, l_x}{2 \mu_R \sigma_s} \text{ zu wählen.}$$

Auf der kurzen Seite wird man etwa die gleiche Einspannbewehrung einlegen.

Den vorstehenden Ergebnissen liegt allerdings eine vereinfachte Rißfigur zugrunde. In Wirklichkeit bildet sich in Anlehnung an den Hauptmomentenverlauf im elastischen Zustand in den Ecken eine Verzweigung der Bruchlinien, die als „Wippe" bezeichnet wird (Abb. 2.3/36). Diese

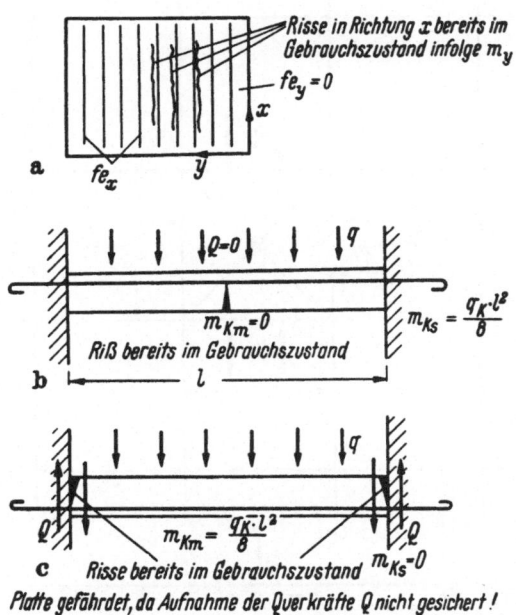

Abb. 2.3/37 a—c. Extreme, unbrauchbare Bewehrungsverhältnisse, für die sich jedoch eine Bruchsicherheit nachweisen läßt.

a) ringsum frei aufliegende Platte, nur einachsig bewehrt, b) eingespannte Streifenplatte, nur obere Bewehrung, c) eingespannte Streifenplatte, nur untere Bewehrung

beeinflußt das Ergebnis aber nur wenig [340.2] im Sinne einer Herabsetzung der Bruchlast q_K. Auch für andere Plattenformen läßt sich die kritische Last aus der Bruchfigur ableiten [340.1 und 341].

Die Bruchlinienbetrachtung sagt nichts aus über den Gebrauchszustand, da sie die Kontinuitätsbedingungen nicht berücksichtigt. Eine allseitig aufgelagerte, aber nur einachsig bewehrte Platte beispielsweise kann durchaus bruchsicher sein (Abb. 2.3/37). Sie wird aber bereits bei einem kleinen Teil der Gebrauchslast in der bewehrten Richtung grobe Risse aufweisen, also praktisch unbrauchbar sein, obwohl ihre Tragfähigkeit gesichert ist. Auf die Bruchlinientheorie allein kann daher eine Schnittkraftermittlung und Bemessung nicht aufgebaut werden; man

braucht noch Nebenbedingungen für eine „vernünftige" Aufteilung der
Bewehrung, die ein gleichmäßiges Rißbild im Gebrauchszustand gewährleistet. Über diesen kann aber allein die Elastizitätstheorie Auskunft
geben. Von dem hieraus ermittelten Bewehrungsverhältnis m sollte man
nicht mehr als etwa $20\div30\%$ nach oben oder unten abweichen.

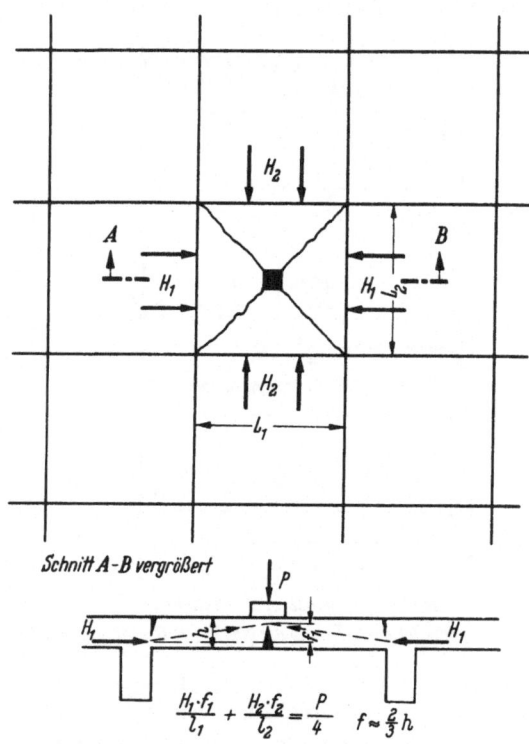

Abb. 2.3/38. Gewölbebildung im Bruchzustand bei mehrfeldigen Platten mit einer
Einzellast in einem Innenfeld [220]

Die Bruchlinientheorie ist experimentell noch wenig gestützt. Die
genannten Autoren werten hauptsächlich Versuche aus der Vorkriegs-
zeit aus, die mit Rechteckplatten, bewehrt mit St I, angestellt wurden.
Die Übereinstimmung ist durchaus befriedigend. Es fehlen jedoch systematische Versuche an Platten mit Bewehrung aus hochwertigen und
namentlich profilierten Stählen, bei denen der vorausgesetzte Zusammenhang m_K/α' von der vereinfachten Form erheblich abweichen dürfte.
Außerdem geben sie durch ihren besseren Verbund keine ausgeprägten
Bruchlinien, sondern fein verteilte Risse, so daß die Erfüllung der
Voraussetzungen für die Gleichgewichtsbedingungen noch zu prüfen
ist.

Bei Versuchen mit mehrfeldigen, vor allem vorgespannten Platten haben sich Tragfähigkeiten unter Einzellasten ergeben, die noch höher lagen, als die nur auf den Biegebruch aufgebaute Theorie zeigte. Sie werden durch Gewölbebildung in einzelnen, überlasteten Feldern erklärt, deren Kämpferschübe von den umliegenden Feldern aufgenommen werden (Abb. 2.3/38) [220]. Unter gewissen vereinfachenden Annahmen über die Lage der Stützlinie kann man die Tragfähigkeit abschätzen. Bis zur allgemeinen Anwendbarkeit ist auch auf diesem Gebiet noch viel Forschungsarbeit zu leisten. Wir empfehlen daher, weiterhin nach der Elastizitätstheorie zu bemessen.

2.34 Bemessung und Konstruktion

Die Berechnung von Platten ist i. allg. so lückenhaft, daß konstruktive Ergänzungen der ermittelten Bewehrung unerläßlich sind.

2.341 Ortbetonplatten

Zunächst ist bei der Festlegung der Plattendicke wie bei Balken sowohl die zulässige Druckspannung σ_b einzuhalten als auch eine zu

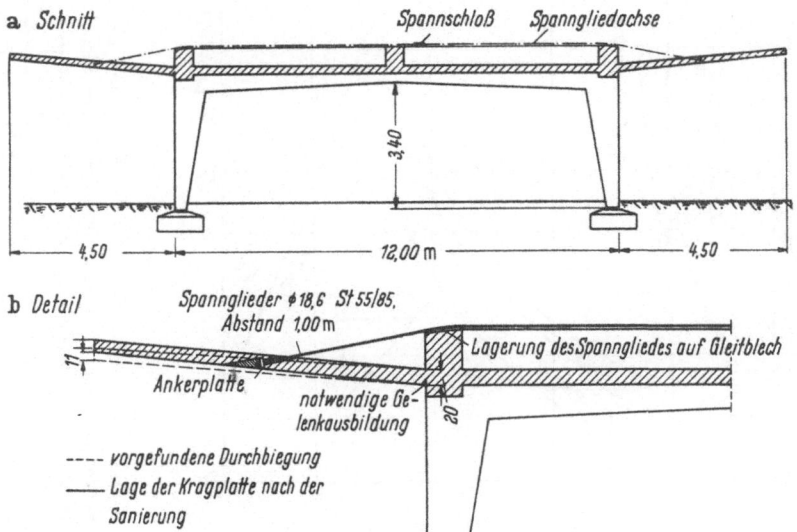

Abb. 2.3/39a u. b. Übermäßige Durchbiegung am Rand eines Kragdaches. Vorschlag zur Beseitigung mittels Spanngliedern.
a) Schnitt, b) Detail

große Durchbiegung zu vermeiden. Bei den üblichen Decken- und Dachplatten mit geringer Spannweite (4÷5 m) wird es auf die Durchbiegung nicht ankommen, so daß man für diese die bewährten Schlankheits-

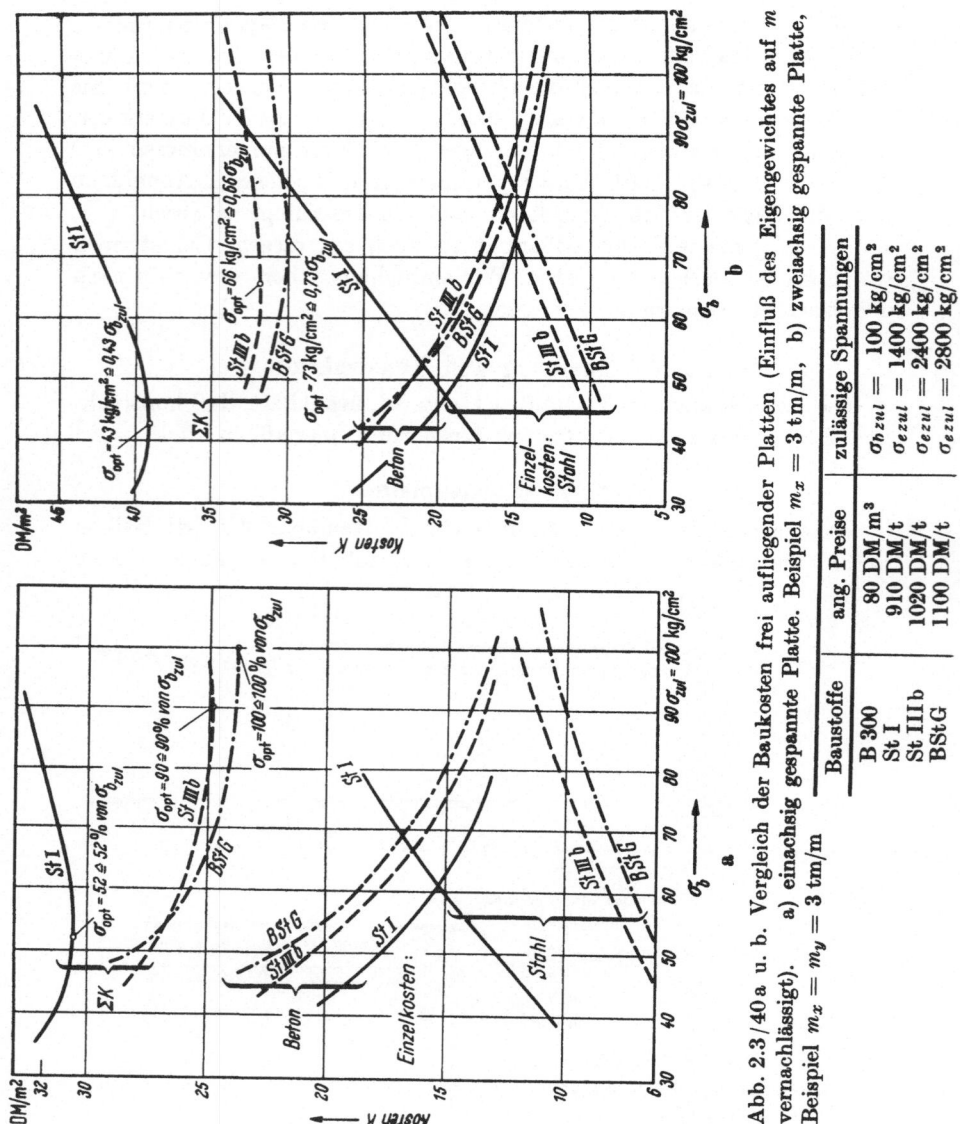

Abb. 2.3/40 a u. b. Vergleich der Baukosten frei aufliegender Platten (Einfluß des Eigengewichtes auf m vernachlässigt). a) einachsig gespannte Platte. Beispiel $m_x = 3$ tm/m, b) zweiachsig gespannte Platte, Beispiel $m_x = m_y = 3$ tm/m

Baustoffe	ang. Preise	zulässige Spannungen
B 300	80 DM/m³	$\sigma_{b\,zul} = 100$ kg/cm²
St I	910 DM/t	$\sigma_{e\,zul} = 1400$ kg/cm²
St IIIb	1020 DM/t	$\sigma_{e\,zul} = 2400$ kg/cm²
BStG	1100 DM/t	$\sigma_{e\,zul} = 2800$ kg/cm²

grenzen ($l_x/35$) der DIN 1045 § 22 anwenden kann. Ist jedoch das Gefälle einer Dachplatte sehr gering oder stehen setzungsempfindliche Wände auf der Platte, so sollte bei größeren Spannweiten die Durchbiegung auf etwa $1/300\,l_x$ beschränkt werden. Eine Ergänzung zur DIN 1045 [335] gibt hierfür Richtlinien, die durch zahlreiche Schäden veranlaßt wurden (beispielsweise Abb. 2.3/39 und Abschn. 2.412) (Berechnung der Durchbiegungen vgl. 2.224).

Bei der Festsetzung der zulässigen Druckspannung macht DIN 1045 § 29 keinen Unterschied zwischen ein- und zweiachsigen Beanspruchungen, obgleich neuere Versuche [58] eine geringe Erhöhung der Festigkeit bei Querdruck nachgewiesen haben (vgl. Abschn. 1.12). In den USA

Abb. 2.3/41 a u. b. Überschlag für die Einspannung einer Deckenplatte in eine Wand [343].

Ermittlung der Auflast: $e = \dfrac{s}{2}$, $P = 2\,\dfrac{m_a}{s}$.

Erforderliche Mauerwerkshöhe:

$$h_{\text{erf}} = \frac{P}{s \cdot \gamma} = 2\,\frac{m_a}{\gamma \cdot s^2} \qquad m_{a\,\text{zul}} = \frac{1}{2}\,h_{\text{vorh}} \cdot \gamma \cdot s^2.$$

Beispiele:
a) mögliche Einspannung hinsichtlich Auflast bei 3 m Mauerhöhe

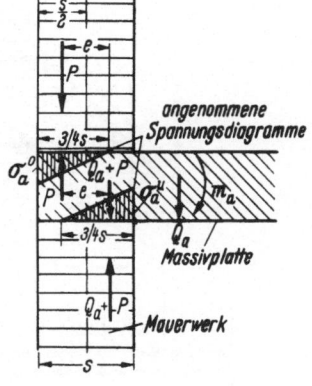

	γ	m_a [tm/m] bei	
	t/m³	$s = 24$ cm	$s = 38$ cm
Hinter-mauerungssteine	1,8	0,156	0,390
Bimshohlsteine	1,3	0,112	0,282

b) mögliche Einspannung hinsichtlich des elastischen Widerstandes:
Wand: Hartbrandziegel in verl. Zementmörtel
$E_W = 50000$ kg/cm²; $s = 24$ cm.
Deckenplatte: Stahlbeton
$E_b = 210000$ kg/cm²; $d = 20$ cm,
Belastung der Deckenplatte: $q = 1,00$ t/m²,
Momentenverteilung (DIN 1045 § 28):
Starre Einspannung

$$m_{a0} = -\frac{q\,l^2}{12} = -\,2,08 \text{ tm/m},$$

Elast. Einsp. $m_a \approx 0,58\,m_{a0} = -\,1,21$ tm/m.
Zur Aufnahme von m_a wäre eine Mauerauflast erforderlich von $h_{\text{erf}} = 24$ m Höhe. Mithin ist stets die Auflast maßgebend für die Einspannung, nicht die Rahmenwirkung

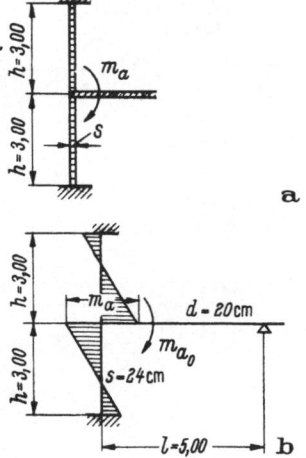

darf hiervon Gebrauch gemacht werden, indem die Kombination $\sigma_x - 0,4\,\sigma_y = \text{zul}\,\sigma_b$ sein darf (σ_y = kleinere Druckspannung). Allerdings wird man nur in Ausnahmefällen hiervon Gebrauch machen, einerseits um die Durchbiegungen zu beschränken, andererseits weil die wirtschaftliche Dicke nur bei einachsig gespannten Platten unter Ausnutzung der zulässigen Druckspannung erreicht wird, bei kreuzweise gespannten Platten jedoch bei einer geringeren Spannung (Abb. 2.3/40).

Der Idealisierung des Auflagers als Linien steht in Wirklichkeit eine Wand, ein Beton- oder ein Stahlträger gegenüber. Die Einspannung der Platte in Betonwände wird man meist rechnerisch erfassen (Rahmenwirkung). Bei Mauerwerk ist ebenfalls eine gewisse Einspannung vor-

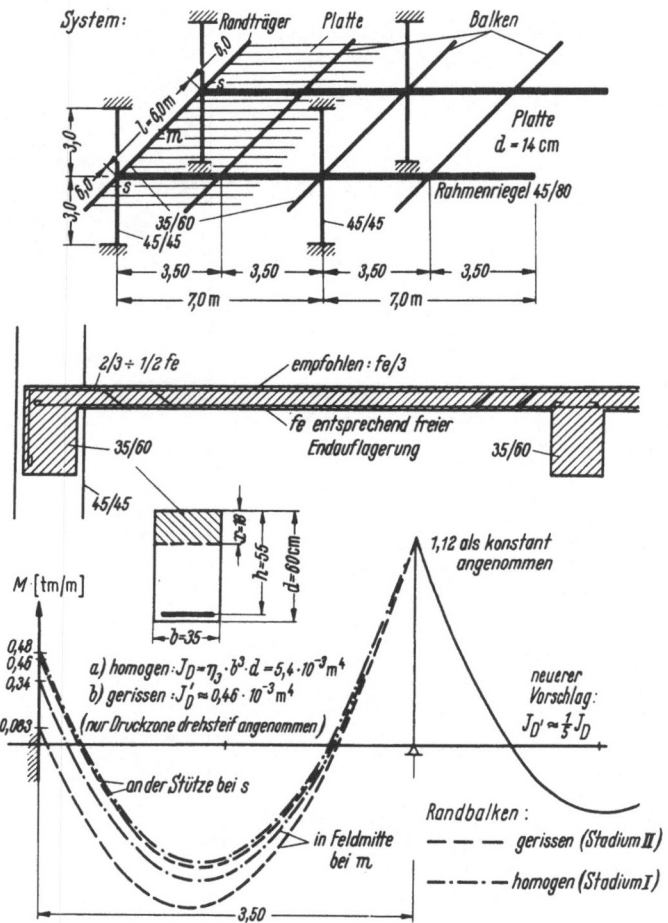

Abb. 2.3/42. Einspannung einer Platte in einen Randbalken [344]. Beispiel: Verkehrslast $p = 500$ kg/m²

handen, die aber meist überschätzt wird. Abb. 2.3/41 zeigt, daß wegen der wesentlich kleineren Elastizitätszahl von Mauerwerk nur eine teilweise Festhaltung vorhanden ist. Aus der Darstellung ist auch zu ersehen, daß zumeist die vorhandene Auflast aus den oberen Geschossen die Größe der Einspannung begrenzt [343]. Deren Einfluß auf das

Feldmoment der Platte sollte aus Sicherheitsgründen vernachlässigt werden.

Die monolithische Verbindung von Platten und Balken führt ebenfalls, besonders am Endauflager, zu unbeabsichtigten und in der Rechnung gewöhnlich vernachlässigten Einspannungen. Diese sind schwierig zu untersuchen, da das Einspannmoment vom Verdrehungswinkel des Balkens abhängig ist, der vom Größtwert in Feldmitte bis auf Null an der Stütze abnimmt (Abb. 2.3/42) [344]. Der rechnerische Nachweis führt zu einer Überschätzung der Einspannung, da die Torsionssteifigkeit des Balkens mit homogenem Querschnitt eingeführt wird. Dieser wird aber auf Biegung mit gerissener Zugzone bemessen, so daß zur Übertragung der Drillmomente nur ein Teil des Querschnittes verbleibt ($J'_D \approx 1/10\,J_D$). Vermutlich sind auch aus diesem Grunde noch keine Torsionsrisse an Balken beobachtet worden. Für die Platte ist es ausreichend, als konstruktive Einspannbewehrung, je nach Steifigkeit des Randbalkens, etwa $1/2 \div 2/3$ der Feldbewehrung einzulegen und sie bis etwa $l/5$ zu führen. Zu kurze Einspannbewehrung führt zu Einrissen von der Oberseite her (Abb. 2.4/19), die recht bedenklich sind, wenn sie die Bewehrung erreichen, da dann die Aufnahme der Querkraft nicht mehr gesichert ist. Auch die Zusatzbeanspruchungen im Randbalken (Torsion) und in der Stütze (Biegung) sind zu berücksichtigen.

Zu den konstruktiven Zulagen gehört die „Abreißbewehrung" über in Spannrichtung verlaufenden Unterzügen oder Wänden, die unbeabsichtigte Auflager und Einspannungen einachsig gespannter Platten ergeben. Wie die rechnerischen Angaben (vgl. Abschn. 2.313, 1) zeigen, sind stets Zulagen an der Oberseite über der Stütze und an der Unterseite im Feld anzuordnen, die im gleichen Verhältnis zur Feldbewehrung stehen wie die angegebenen Momente (Abb. 2.3/43). Die Angaben in DIN 1045 § 25.5 (60% der Feldbewehrung oben quer) sind zwar in manchen Fällen knapp. Immerhin genügt diese Regel, da es in erster Linie auf die Erzeugung einer Druckkraft zur Aufnahme der Querkraft ankommt. Als untere Querbewehrung ist $1/5\,f_{ex}$ bei Gleichlast vorgeschrieben und ausreichend. Entstehen durch unbeabsichtigte Auflager nahezu quadratische Felder, so ist die Platte nicht, wie es mitunter geschieht, als zweiseitig, sondern als vierseitig gelagert zu berechnen!

Die Auflagerung auf Stahlträgern (möglichst Breitflanschprofile!) fordert wegen der kurzen Auflagerflächen genau abgelängte und gebogene Bewehrung (Abb. 2.3/44). In dem ersten dargestellten Falle kann die Betonplatte als Druckgurt des Stahlträgers herangezogen werden, wenn eine ausreichende, aufgeschweißte Verdübelung zwischen beiden vorgesehen wird. Man spricht dann von „Stahlverbundbalken" [345], die nach DIN 4239 (im Hochbau) und DIN 1078 (Brückenbau) zu berechnen und auszubilden sind.

Die Bewehrung zweiseitig gelagerter Platten ist bei gleichförmiger Belastung stets durch eine Querbewehrung ($1/5\,fe_x$, mindestens $3\,\varnothing\,7$ nach

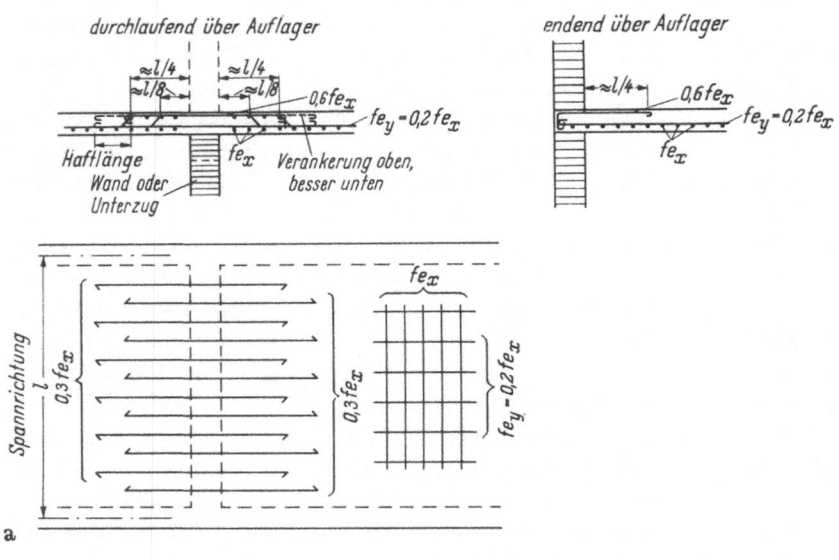

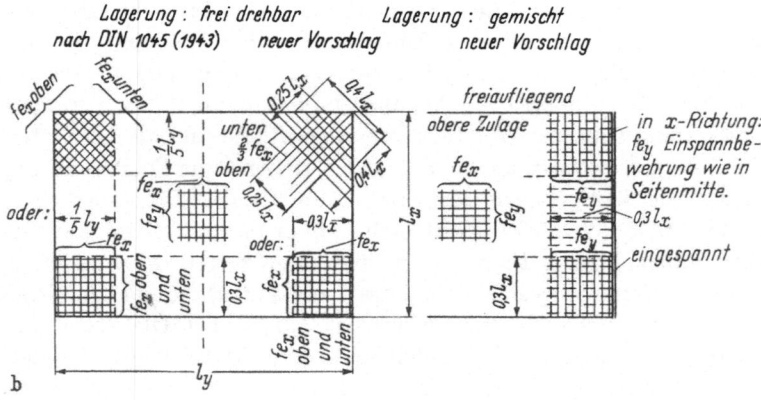

Abb. 2.3/43a u. b. Konstruktive Zusatzbewehrungen in Platten.

a) ,,Abreißbewehrung'' einachsig gespannter Platten über unbeabsichtigten Auflagern, die in Spannrichtung verlaufen (DIN 1045, § 25.5), b) Eckbewehrung zur Deckung der Momente in Diagonalrichtung und senkrecht dazu

DIN 1045 § 22) zu ergänzen, die die Querzugkräfte infolge der Querdehnung aufzunehmen hat. Wenn Einzellasten auftreten, wird die Querbewehrung nach den ermittelten Quermomenten oder der Abschätzung in DIN 1045 § 22 bemessen.

Als weitere konstruktive Bewehrung wird bei allen Platten, besonders bei dicken Brückenplatten, eine obere, durchgehende Bewehrung von etwa $1/3 \div 1/5\,fe$ (am besten in Mattenform) sehr empfohlen. Es sind stets, besonders im Anfangszustand, Eigenspannungen in jedem Betonkörper aus Temperatur- und Schwinddifferenzen vorhanden, die an der Außenseite Zug erzeugen (vgl. Abschn. 1.15 und 1.16). DIN 4102 fordert diese Bewehrung bei feuerbeständigen Decken ohne Putz.

Die Tragbewehrung von umfangsgelagerten Platten soll theoretisch den Hauptzugrichtungen folgen. Hierüber gibt das Bild der Spannungstrajektorien an der Plattenoberfläche, das mit dem der Hauptmomente identisch ist, die deutlichste Auskunft.

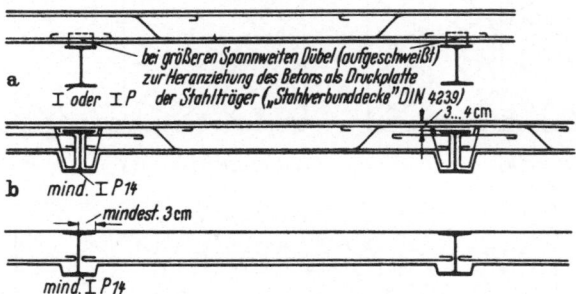

Abb. 2.3/44a u. b. Stahlbetonplatte auf Stahlträgern abgestützt.
a) aufgelegt auf Obergurt, b) aufgelegt auf Untergurt

Der Verlauf für Rechteckplatten (Abb. 2.3/45) zeigt, daß nur in den Symmetrieachsen die Hauptrichtungen den Seiten parallel sind und in den Ecken etwa diagonal verlaufen. Die Platte bildet hier senkrecht zur Diagonalen verlaufende Traggurte aus, auf die sich das Mittelteil von etwa elliptischer Form (bei einer quadratischen Platte etwa von Kreisform) an seinem Umfang abstützt. Durch den Auflagerdrehwinkel dieser Platte und die Festhaltung an den Ecken entsteht in der Diagonalrichtung eine Einspannung, die aus dem Verlauf der Biegelinie deutlich zu erkennen ist und die Festhaltekräfte $R = \varrho \cdot q \cdot l_x \cdot l_y$ [322] in den Plattenecken zur Folge hat. Für eine Quadratplatte ist $\varrho = 0{,}11$; wenn R fehlt, nimmt das Mittenmoment um 25% zu. Bei frei aufliegenden Platten (z. B. Decken über dem obersten Geschoß) sind die Ecken daher zu verankern, da sich diese andernfalls abheben und sich an der Unterkante der Decke ein Riß bildet. Auch die frei aufliegende Rechteckplatte benötigt in der Ecke eine diagonale obere Bewehrung, die für ein negatives Moment von etwa gleicher Größe wie das Mittenmoment der Quadratplatte zu bemessen ist. Ebenso groß ist das dazu senkrechte positive Moment. Bei Rechteckplatten liegt das Verhältnis zum größeren Feldmoment etwas niedriger, wird aber sicherheitshalber gleich groß gewählt. Für frei aufliegende Platten gibt DIN 1045 § 23 eine Anweisung, die aber der Tragwirkung nicht ganz entspricht. In Abb. 2.3/43b ist eine zweckmäßigere Anordnung dargestellt. Bei eingespannten Platten wird die obere Eckbewehrung von den Einspannbewehrungen mit gebildet. Bei einseitig eingespannten Ecken sollte man vom freien Rand ausgehend entsprechende Zulagen anordnen.

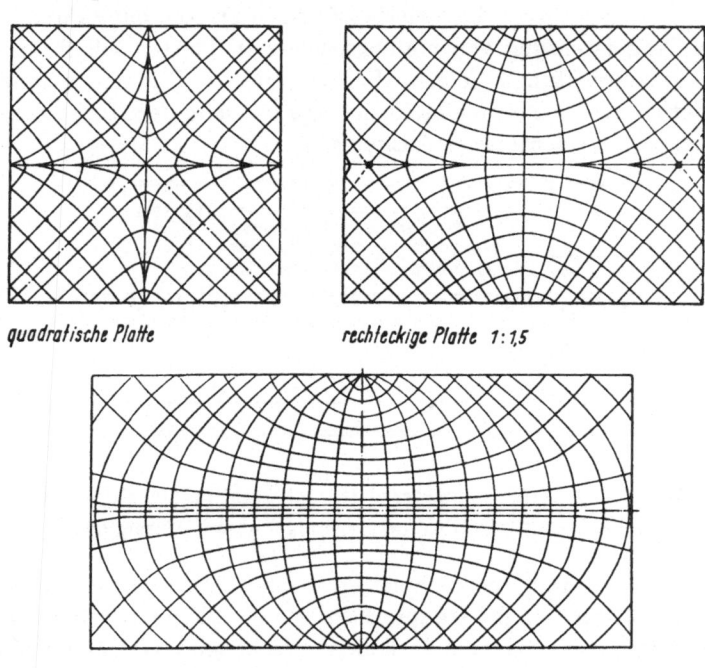

quadratische Platte   rechteckige Platte 1:1,5

rechteckige Platte 1:2

Abb. 2.3/45. Darstellung des Spannungszustandes in Rechteckplatten mit allseitiger frei drehbarer Auflagerung und Zusatzbewehrung in den Ecken. (Trajektorienbilder) [203.1]

Da eine Führung der Tragbewehrung nach den Trajektorienrichtungen praktisch nicht möglich ist, transformiert man bei großen Platten in einigen Zwischenpunkten die Hauptmomente auf die Bewehrungsrichtungen [347]. Die aus den Gleichgewichtsbedingungen abgeleiteten Ansätze (Abb. 2.3/47a) stellen eine Näherung dar, da sie die Kontinuitätsbedingungen nicht berücksichtigen. Hieraus ist die bekannte Tatsache zu erklären, daß bei größeren Abweichungen (etwa 20°) der Bewehrungsrichtungen von den Hauptzugrichtungen in früherem Stadium und etwas breitere Risse als bei Trajektorienbewehrung auftreten. Allerdings entspricht das beginnende Rißbild erfahrungsgemäß stets den Hauptmomenten (Risse senkrecht zur Zugrichtung, d. h. parallel zu den

Drucktrajektorien) unabhängig von der Bewehrungsrichtung. Bei normalen Rechteckplatten braucht die Transformation nicht nachgewiesen zu werden. Es genügt die Fortführung und Abstufung der Feldbewehrung entsprechend DIN 1045 § 23, die sowohl in Tragrichtung als auch senkrecht dazu dem Momentenverlauf Rechnung trägt.

Waagrechte Schubspannungen in senkrechten Schnitten aus Drillmomenten interessieren, wie erwähnt, nur insofern, als sie zur Ermittlung der Hauptspannungen dienen. Diejenigen parallel zur Mittelfläche in waagrechten Schnitten und senkrecht dazu in senkrechten Schnitten ergeben wie bei den Balken die Schrägzugspannungen und werden aus $Q_x = \dfrac{d\,m_x}{d\,x}$ und $Q_y = \dfrac{d\,m_y}{d\,y}$, also $\sigma_1 = \tau_0 = \dfrac{Q}{z}$ für den gerissenen Querschnitt und $\tau_0 = 1{,}5\,\dfrac{Q}{d}$ für den homogenen Querschnitt abgeleitet. Nur bei sehr starken Platten (Abb.2.3/46) wird unter Gleichlast der zulässige Schubspannungswert $\tau_0 \approx \dfrac{\sigma_{zul}}{10}$, (DIN1045, Tafel V, Zeile 25), den der Beton allein aufnehmen darf, überschritten und ein Nachweis der Schubsicherung erforderlich.

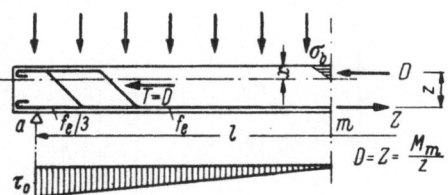

Abb. 2.3/46. Grenze der Plattennutzhöhe h, unterhalb der kein Nachweis der Schubsicherung nötig ist.
Frei aufliegende Platte, belastet durch Gleichlast.

$$D = \sigma_b \cdot \frac{x}{2} = T = \frac{\tau_0 \cdot l}{4}$$

$$\frac{\tau_0}{\sigma_b} = 2\,k_x\,\frac{h}{l} \qquad k_x \approx 0{,}35 \qquad \tau_0 \approx \frac{\sigma_b}{10}$$

nach DIN 1045

$$\frac{1}{10} \geqq 0{,}7\,\frac{h}{l} \qquad \text{d. h. wenn } h \leqq \frac{l}{7}$$

ist, dann ist kein Schubsicherungsnachweis erforderlich. (Aufbiegungen jedoch stets ausführen!)

Bei einer zentrischen Einzellast liegen die Verhältnisse noch günstiger. Für randnahe Einzellasten steigen jedoch die bezogenen Querkräfte und Schubspannungen rasch an (vgl. Abschn. 2.313), wie sich aus den angegebenen Verteilbreiten oder Einflußflächen [304] ergibt. Bei *allen* Platten wird empfohlen, etwa die Hälfte der Bewehrung in etwa $l_x/5$ Entfernung vom Rande aufzubiegen und oben bis über das Auflager weiterzuführen, um damit unbeabsichtigte Einspannungen zu decken. Auch geschweißte Bewehrungsmatten, die sich sehr bequem verlegen, aber nur schwer aufbiegen lassen, sollten stets durch eine obere Bewehrung am Rand (Mattenstreifen oder Rundstäbe, gegebenenfalls verlängerte Balkenbügel) ergänzt werden.

Die Einhaltung der richtigen Lage der oberen Bewehrung von durchlaufenden oder auskragenden Platten ist eine stete Sorge des Konstruk-

20*

teurs, da sie beim Betonieren leicht heruntergetreten wird. Ihre Lage ist gut zu sichern; sie läßt sich nachträglich mit einem „Stahlsucher" feststellen (vgl. Abschn. 1.22). Dieser ist auch für das Aufsuchen von Bewehrungsstäben oder Heizrohren in betonierten Platten oder Wänden nützlich, um sie beim Einschießen von Bolzen nicht zu treffen.

Abb. 2.3/47a u. b. Bemessung zweier von den Hauptrichtungen abweichender, zueinander senkrechter Bewehrungen [347].

a) Bemessungsmoment $\bar{m}_x$, $\bar{m}_y$ nach Leitz bzw. Scholz:

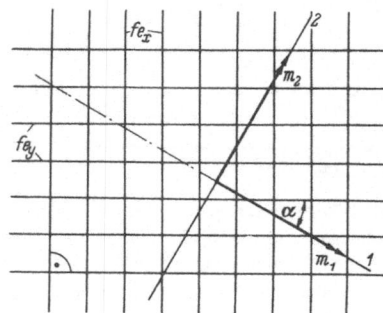

$$\bar{m}_x = f e_x \cdot \sigma_e \cdot z_x = m_x \pm m_{xy},$$
$$\bar{m}_y = f e_y \cdot \sigma_e \cdot z_y = m_y \pm m_{xy},$$

falls $m_{xy} > m_x$ bzw. m_y, ist Druckzone für $m_x - m_y$ bzw. $m_y - m_x$ zu bewehren.

Transformation der Hauptmomente $m_{1,2}$ auf die Bewehrungsrichtung x, y:

$$m_x = m_1 \cos^2 \alpha + m_2 \sin^2 \alpha,$$
$$m_y = m_1 \sin^2 \alpha + m_2 \cos^2 \alpha,$$
$$m_{xy} = \frac{m_1 - m_2}{2} \sin 2\alpha,$$

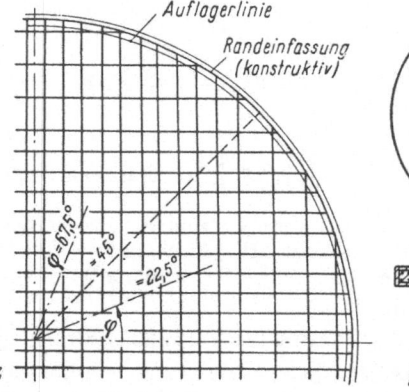

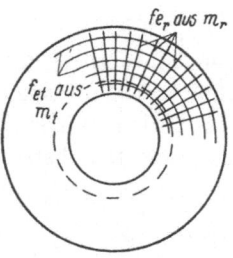

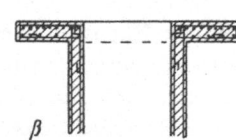

b) Bewehrung von Kreisplatten:

α) Freitragende, volle Kreisplatte mit zwei orthogonalen Scharen von Stäben. Transformation der Hauptmomente m_r und m_t für verschiedene Schnitte auf die Richtungen x und y nach Abb. 2.3/47a,

β) Kreisringplatte mit radialen und tangentialen Stäben (Beispiel)

Kreisplatten lassen sich nur mit Mühe in den Hauptrichtungen (radial und tangential) bewehren, so daß man sie fast stets mit einer Netzbewehrung versieht (Abb. 2.3/47bα), die wie angegeben für einige Radien aus den Hauptbewehrungen abzuleiten ist.

Kreisringplatten bewehrt man zweckmäßig radial und tangential (Abb. 2.3/47bβ).

Pilzdecken erhalten ebenfalls eine Orthogonalbewehrung in verschiedenen Bahnen (Gurt- und Feldstreifen). Da diese dem Momentenverlauf angepaßt werden, verwendet man stets Aufbiegungen. Die Reihenfolge der Verlegung sollte man, wie bei allen komplizierten Bewehrungen, nicht der Baustelle überlassen, sondern vorher genau durchdenken und fest-

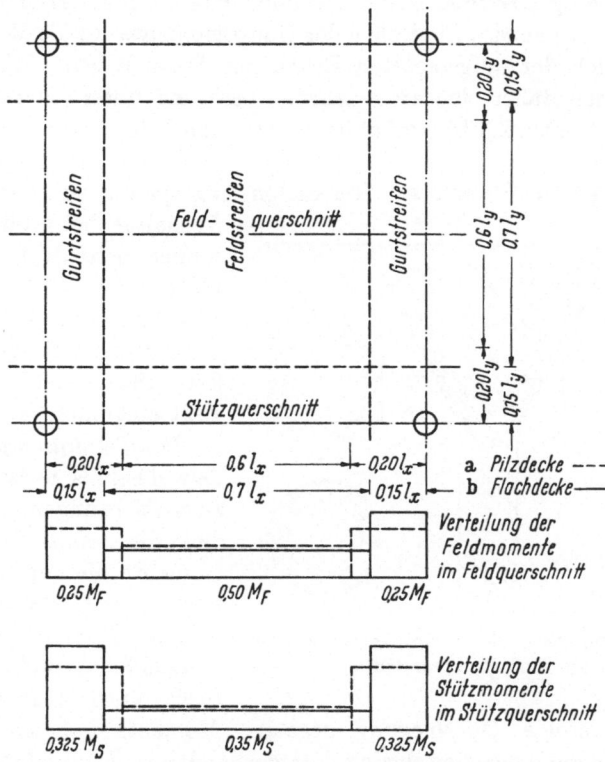

Abb. 2.3/48. Vorschlag für die Verteilung der Bewehrung bei Pilzdecken bzw. bei Flachdecken.

Flachdecken: Falls lotrechte Bügel im Stützenbereich zur Aufnahme der schrägen Hauptzugspannungen angeordnet werden, sind diese für $0,5 \cdot P$ insgesamt zu bemessen

legen. Überlegungen des Poliers und der Flechterkolonnen an Ort und Stelle kosten ein Mehrfaches der zusätzlichen Büroarbeit! Für die Bewehrung von Flachdecken gelten die vereinfachten Bilder in DIN 1045 § 26 nicht ohne weiteres. Sie sind durch eine stärkere Konzentration der negativen Bewehrung und der Aufbiegungen etwa nach Abb. 2.3/48 der konzentrierteren Stützkrafteintragung anzupassen. Die Erkenntnisse über diese Deckenart bedürfen noch der Ergänzung. Die in USA übliche Bauart ohne Schrägbewehrung zur Vereinfachung der Ausführung erfordert größere Deckenstärken, Bügel dürften aber unentbehrlich sein. Kapitelle mittlerer Größe können als Fertigteile eingebaut werden, um die teure konische Schalung zu vermeiden (Abbildung 2.3/49).

Dreiseitig gelagerte Rechteckplatten weisen wegen der Unsymmetrie der Stützung besonders starke Drillmomente auf (vgl. Abschn. 2.313,3), die ein weitgehendes Eindrehen der Hauptmomente auf die 45°-Richtung im Bereich der aufgelagerten Ecken zur Folge haben (Abb. 2.3/50a). Sie müssen daher eine ausgedehnte obere und untere Netzbewehrung etwa nach Abb. 2.3/50b erhalten, sofern man keine Diagonalbewehrung anordnet.

Sind solche Platten auf drei Seiten eingespannt, so nähert sich ihr Verhalten bei größerer Länge immer mehr dem einer Kragplatte. Die „Drillbewehrung" wird dann von der Einspannbewehrung mit gebildet, so daß diese reichlich in das Feld eingreifen muß.

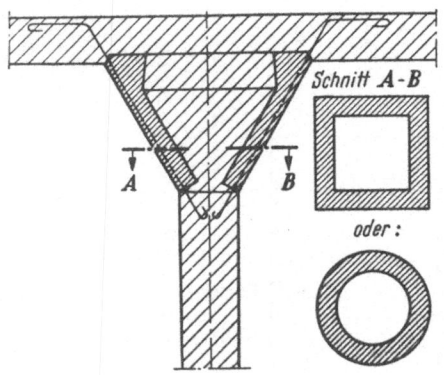

Parallelogrammplatten werden ebenfalls meist nur nach zwei Richtungen bewehrt, so daß die ermittelten Hauptmomente hierauf zu transformieren sind. Bei einfeldigen, schiefen Platten treten in den spitzen Ecken und bei größerer Breite auch in dem mittleren

Abb. 2.3/49. Säulenkopf vorfabriziert und als Fertigteil versetzt

Bereich infolge Querbiegung negative Momente auf, so daß eine durchgehende obere Bewehrung dort vorhanden sein sollte [347]. Außerdem müssen die Stirnflächen der Platten eine Verbügelung erhalten (Abb. 2.3/51), die zur Aufnahme der Randschubspannungen dient (vgl. Abschn. 2.313,6) und aus der umgebogenen Querbewehrung sowie Längsstäben besteht.

Aussparungen in Platten sind zwar lästig, lassen sich aber oft nicht vermeiden. Ihre Auswirkungen auf den Spannungszustand werden zumeist nicht nachgewiesen, wenn sie im Vergleich zur gesamten Platte klein sind (etwa bis 1/4 der kürzeren Spannweite), obgleich an jedem Lochrand erhebliche Spannungshäufungen (Kerbwirkung) entstehen [348] (Abb. 2.3/52a). Man sollte diese soweit als möglich durch Ausrunden oder Verbrechen der einspringenden Ecken mildern. Glücklicherweise sorgt das nichtlineare Verformungsgesetz und das Kriechen des Betons dafür, daß die rechnerischen Druckspannungsspitzen weitgehend

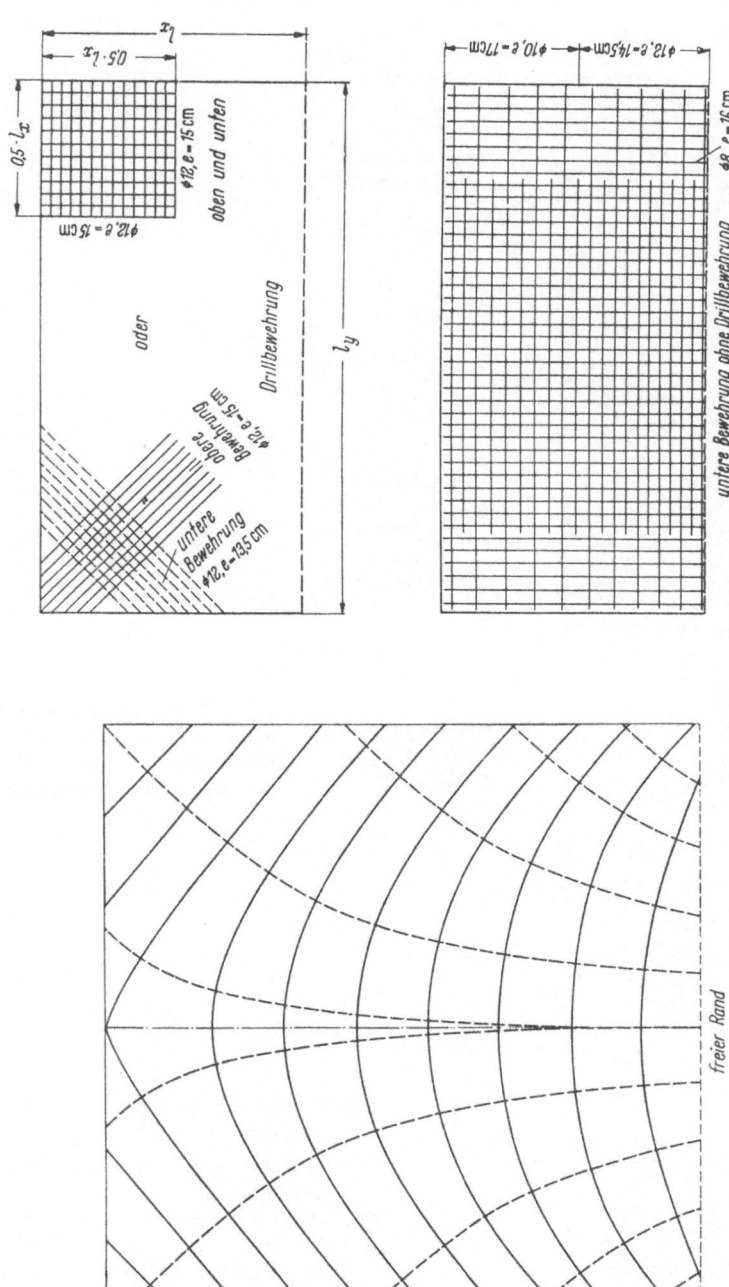

Abb. 2.3/50a u. b. Auf drei Seiten drehbar gestützte Platte.

a) Spannungsoptisch ermittelter Trajektorienverlauf, b) Bewehrungsvorschlag für die dreiseitig gelagerte Rechteckplatte. (Beispiel)

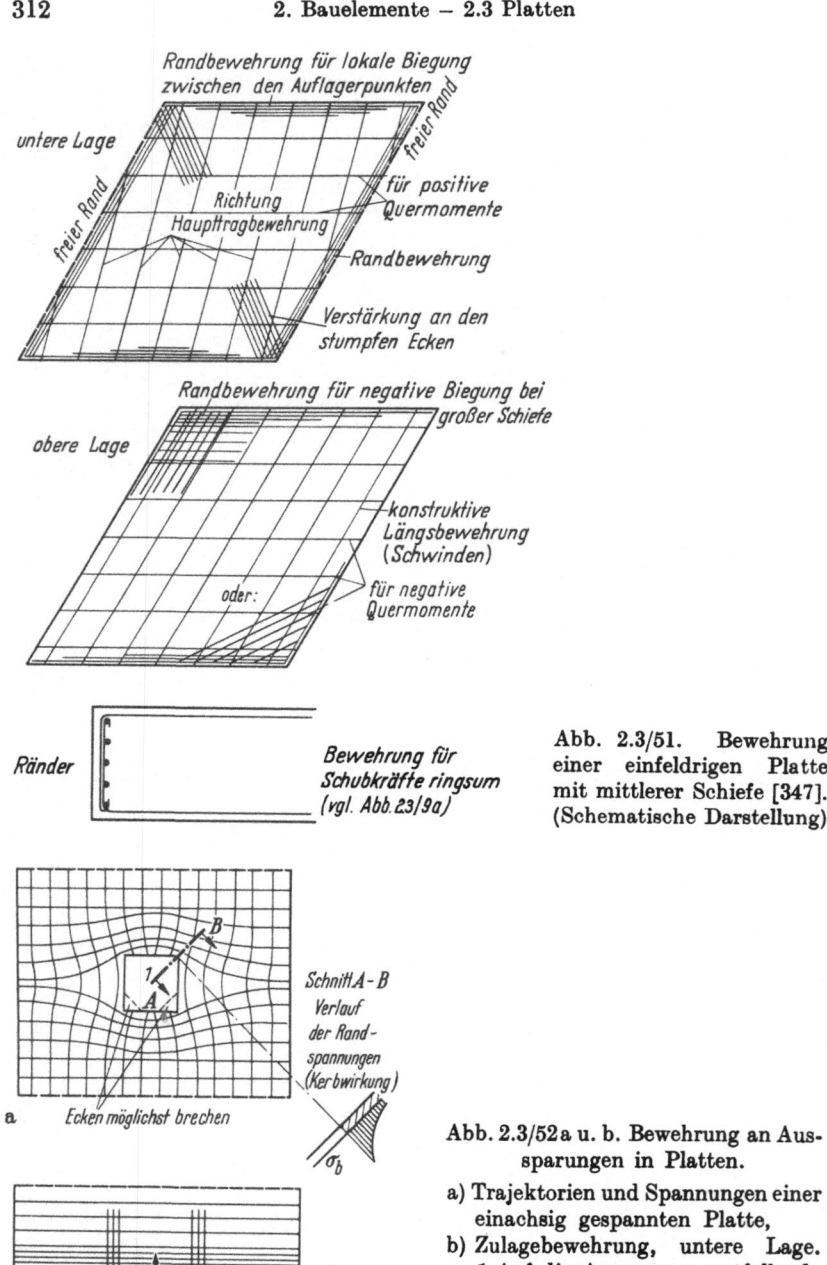

untere Lage

Randbewehrung für lokale Biegung
zwischen den Auflagerpunkten

freier Rand

für positive
Quermomente

Richtung
Haupttragbewehrung

Randbewehrung

Verstärkung an den
stumpfen Ecken

obere Lage

Randbewehrung für negative Biegung bei
großer Schiefe

konstruktive
Längsbewehrung
(Schwinden)

oder:

für negative
Quermomente

Ränder

Bewehrung für
Schubkräfte ringsum
(vgl. Abb. 23/9a)

Abb. 2.3/51. Bewehrung
einer einfeldrigen Platte
mit mittlerer Schiefe [347].
(Schematische Darstellung)

a   Ecken möglichst brechen

Schnitt A-B
Verlauf
der Rand-
spannungen
(Kerbwirkung)

σ_b

b

Abb. 2.3/52a u. b. Bewehrung an Aussparungen in Platten.

a) Trajektorien und Spannungen einer
einachsig gespannten Platte,
b) Zulagebewehrung, untere Lage.
1 Auf die Aussparung entfallende
Stäbe daneben verlegen, *2* Auswechselung, *3* bei verbrochenen
Ecken werden Schrägstäbe zu-
gelegt, *4* auch oberen Rand der
Aussparung leicht einfassen

abgebaut werden. Auf der Zugseite müssen stets Zulagestäbe eingelegt werden, die am wirksamsten senkrecht zu den zu erwartenden Rissen verlaufen (Abb. 2.3/52 b), jedenfalls die ganze Aussparung einfassen.

Grundsätzlich ist die auf die Aussparung entfallende Tragbewehrung daneben zu verlegen und der seiner Kontinuität beraubte Streifen durch eine Bewehrung in Form einer Auswechslung abzufangen. Bei größeren Aussparungen ist diese wie für einen Balken rechnerisch nachzuweisen.

2.342 Fertigplatten

Fertigplatten sind dann am Platze, wenn die konstruktive Verbindung mit dem tragenden Balken und auch die Lastausbreitung in

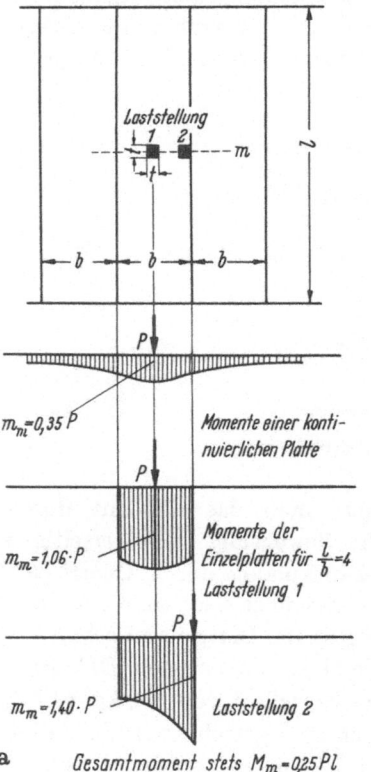

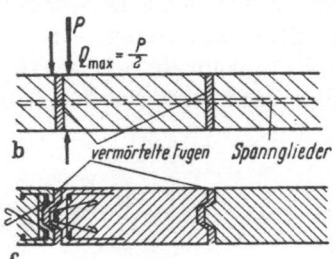

Abb. 2.3/53a—c. Zweiseitig aufgelagerte Fertigplatten.

a) Tragwirkung unter einer Einzellast P [305]. Lastfläche $t/l = 0,04$; $\nu = 0$, b) nachträgliche Herstellung der Kontinuität von Fertigplatten durch Vorspannung in vorbereitete Kanäle eingezogener Spannglieder ($Z\,\mathrm{t/m}$) bemessen für Querbiegung m_y sowie für Aufnahme der Querkraft $Q = Z\,\dfrac{l}{3} \cdot \mu_R$; $\mu_R = 0,3$, c) Verbindung durch Verzahnung mit Nut und Feder, einwandfreie Ausführung (Vermörtelung) schwierig, Lockerung durch Querbiegung bei häufigem Befahren. Nur bei ruhenden Lasten brauchbar!

der Querrichtung unwesentlich sind (gleichförmig verteilte Last), da diese ja an den Stoßfugen unterbrochen wird. Sind schwere Einzellasten (Radlasten) aufzunehmen, so fallen vorfabrizierte Platten, die ja aus Transport- und Auflagerungsgründen meist wesentlich schmaler als lang ausgeführt werden, erheblich dicker als Ortbetonplatten aus (Abb. 2.3/53a). Eine volle nachträgliche Kontinuität in Querrichtung läßt sich nur durch Vorspannung erreichen (Abb. 2.3/53b und Abb. 2.4/11). Bei Stahlbetonplatten kann man mittels Nut und Feder (Abb. 2.3/53c) benachbarte Platten durch Übertragung der Querkraft entlasten. Bei häufigem Überfahren entstehen aber leicht Schäden an den Fugen, so daß diese Ausbildung nicht sicher in ihrer Wirkung ist. Sie genügt dagegen für Leichtbeton-Dachplatten.

1. Schwerbeton. Schwerbetonplatten mit Rechteckquerschnitten werden nur mit Abmessungen bis etwa 2 m verwendet, da ihr Gewicht sonst zu groß wird. Bei kleineren Spannweiten (bis etwa 1 m) genügt einfache Bewehrung (Oberseite kennzeichnen!); größere Platten sollten eine leichte obere Bewehrung und Bügel erhalten, insbesondere wenn sie Einzellasten ausgesetzt sind, die Drillung hervorrufen. Bei Spannbeton (Spannbettverfahren) können Vollquerschnitte von 3÷4 m Spannweite noch wirtschaftlich sein.

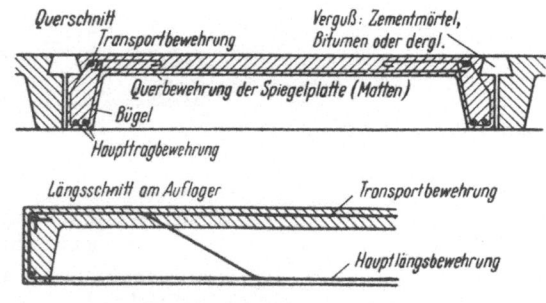

Abb. 2.3/54. Kassettenplatten

Bei größeren Spannweiten verringert man das Gewicht durch Kassettierung (Abb. 2.3/54) und faßt die Bewehrung in beiderseitigen Randrippen zusammen. Diese werden zweckmäßig durch Querrippen an den Auflagern, bei längeren Platten (etwa über 4 m) tunlichst auch durch Zwischenrippen gegeneinander ausgesteift. Der Spiegel erhält bei Dachplatten meist eine leichte Gewebeeinlage, da er nach DIN 1055 Bl. 3 außer für Schneelast auch für eine Einzellast von 100 kg zu berechnen ist. Die Plattenbreite darf nicht zu groß gewählt werden, damit die Spiegelstärke klein bleibt (0,50 bis 1,20 m bei größeren Spannweiten). In Stahlbeton lassen sich Spannweiten von 7 m, bei Vorspannung der Rippen bis zu 12 m [349] erreichen. So große empfindliche Fertigteile lassen sich nur mit großer Vorsicht handhaben. Die Herstellung wird zweckmäßigerweise zur besseren Ausnutzung von Metallformen durch Beheizen mit Dampf von etwa 60° beschleunigt.

2. Leichtbeton. Ein Nachteil von Schwerbetonplatten, besonders von kassettierten Dachplatten, ist ihre schlechte Wärmedämmung, die durch besondere Auflagen (Kork od. dgl.) verbessert werden kann. Platten aus Leichtbeton dagegen vereinigen den Raumabschluß mit der Wärmedämmung.

Mit dem Raumgewicht nimmt i. allg. die Wärmeleitzahl, aber auch die Festigkeit ab. Diese Eigenschaften sind sorgfältig aufeinander abzustimmen und durch werkmäßige Herstellung zu gewährleisten [350]. Die Berechnung der Leichtbetonplatten auf Biegung für den Gebrauchszustand scheitert an der fehlenden Kenntnis der Elastizitätszahl und ihrer Veränderung mit der Zeit. In einer Ergänzung zu DIN 4223 [350] ist daher eine „n-freie" Bemessung angegeben, die für die notwendige Zulassung dieser Bauelemente durch Versuche zu bestätigen ist. Als Bewehrung wird zumeist verschweißtes Gewebe hochwertiger Drähte St IV verwendet, dessen Querstäbe die geringe Haftfestigkeit unterstützen. Da die Leichtbetone nicht dampf- und wasserdicht sind, erhält

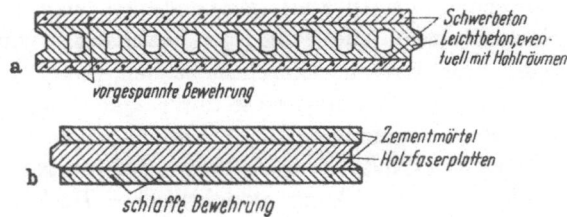

Abb. 2.3/55a u. b. Mehrschichtplatten (Schwerbeton mit Dämmschicht).

a) vorgespannt mit Leichtbetonzwischenschicht, b) schlaff bewehrt mit Holzfaserzwischenschicht

die Bewehrung zweckmäßig eine besondere Umhüllung mit Zement, Bitumen oder Kunstharz.

Das Problem des Rostschutzes und der Wunsch, größere Spannweiten zu erreichen (bis 7 m), hat zur Entwicklung im Spannbett vorgespannter Mehrschichtenplatten geführt (Abb. 2.3/55a), bei denen zwei Schwermörtelschichten eine Leichtbetonschicht einschließen. Die Schichten müssen selbstverständlich frisch auf frisch betoniert werden. Solche Platten ohne Vorspannung mit kleinerer Spannweite werden auch mit einer Dämmschicht aus Holzfasern hergestellt (Abb. 2.3/55b).

2.4 Decken

Ihre beiden Hauptaufgaben, Lasten aufzunehmen und als Raumabschluß zu dienen, sind durch die Verschiedenartigkeit der Bauwerke mit zahlreichen Nebenforderungen verknüpft.

2.41 Anordnung und Anforderungen

Die Wahl der zweckmäßigen Decke ist nicht nur eine wirtschaftliche Frage, sondern hängt auch von konstruktiven Forderungen ab, die an das Bauwerk gestellt werden. Als solche sind zu berücksichtigen:

2.411 Belastung

Gleichlasten, wie sie im Hochbau meist vorausgesetzt werden, lassen sich mit Decken selbst geringer Quersteifigkeit (Rippendecken) abtragen, da sich alle Deckenstreifen gleichmäßig durchbiegen. In manchen Fällen können solche Lasten auch nur streckenweise aufgebracht sein (z. B. in Speichern), was man i. allg. nicht rechnerisch, wohl aber durch Querrippen konstruktiv zu berücksichtigen hat (vgl. Abschn. 2.422). Einzellasten (z. B. Fahrzeuge) werden zweckmäßig durch zweisinnig bewehrte Massivplatten aufgenommen, die stark lastverteilend wirken (vgl. Abschn. 2.313). Man wird daher für diese Belastung auch große Plattenspannweiten anwenden (bis zu 8 m). Rippendecken sind bei Brücken deshalb im Nachteil, weil jede Tragrippe unabhängig vom Rippenabstand annähernd für die volle Einzellast zu bemessen ist. Allerdings läßt sich diese ungünstige Wirkungsweise durch Querträger, welche die Balken zu einem Rost zusammenfassen, erheblich mildern (vgl. 2. Bd.).

Waagrechte Lasten (Wind, Seitenstöße von Fahrzeugen, Erdbeben) können durch die Scheibenwirkung monolithischer Decken den Stützungen (Auflagerquerträger von Brücken, Giebelwände von Gebäuden) zugeleitet werden. Fertigteildecken sind hierzu nur verwendbar, wenn sie durch besondere Maßnahmen verstärkt werden (vgl. Abschn. 2.421).

2.412 Konstruktionshöhe

Die Konstruktionshöhe wird nicht nur nach wirtschaftlichen Gesichtspunkten gewählt, sondern es ist auch zu überlegen, wie sich die elastischen und die im Lauf der Zeit eintretenden plastischen Durchbiegungen auswirken. Die erwähnte Ergänzung zur DIN 1045 [400] ist daher zu berücksichtigen, wenn Schäden entstehen können (vgl. Abschn. 2.224). Hierzu gehören z. B. Umkehrungen des Gefälles flach geneigter Dächer. Beispielsweise sollte das Flachdach eines Messepavillons nach hinten entwässern (Abb. 2.4/1). Einige Monate nach der Herstellung hatte sich das Gefälle der Kragplatte infolge Kriechens des Betons umgekehrt. Beim Einschalen der Platte war zudem nur die elastische Durchbiegung bei starrer Einspannung ohne die Mitwirkung des anschließenden Feldes berücksichtigt worden. Da aus architektonischen Gründen eine Gefälleschicht oder eine Dachrinne am vorderen Rand ausschied und eine Hebung des vorderen Auflagers der Platte das saubere Aussehen beeinträchtigt hätte, entschied man sich für Abbruch und Neubau der Platte. Ähnliches Verhalten zeigt die Ecke eines um-

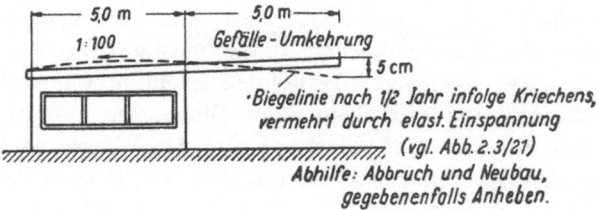

Abb. 2.4/1. Schäden infolge großer Durchbiegungen einer Kragplatte: unbeabsichtigtes Gefälle. Veränderung am Dach eines Erfrischungspavillons

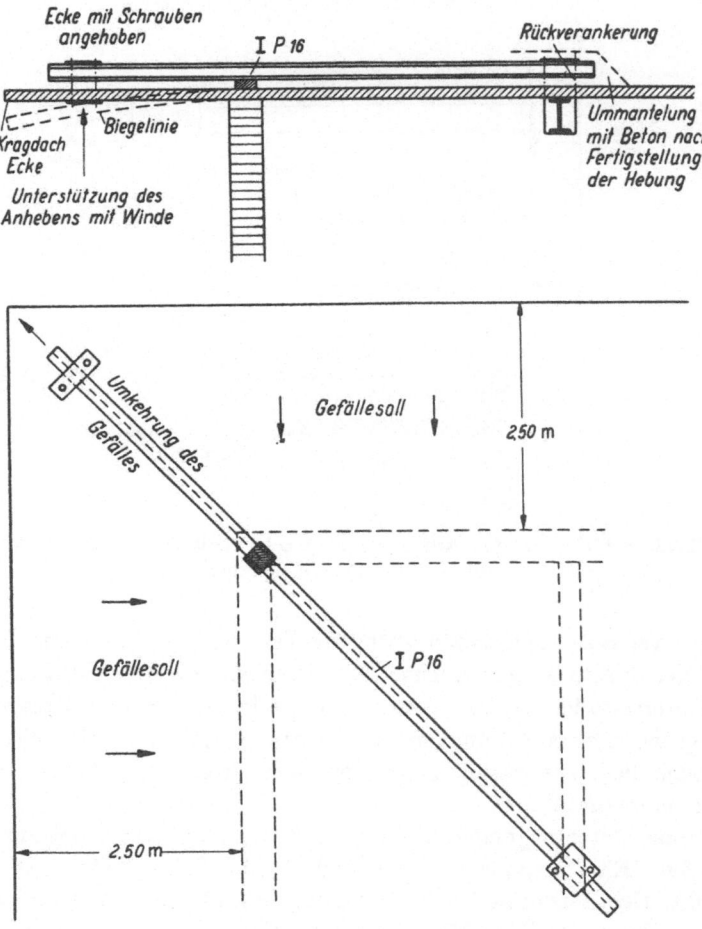

Abb. 2.4/2. Schäden infolge großer Durchbiegung der Ecke eines umlaufenden Kragdaches durch unbeabsichtigte Gefälleveränderung

laufenden Flachdaches (Abb. 2.4/2) über dem zurückgesetzten Dach-
geschoß eines Hochhauses, das nach hinten entwässern sollte. Das Kragdach selbst hatte genügend Überhöhung erhalten, während die Ecke
sich, der Spannweite in Richtung der Diagonalen entsprechend, um
mehr als das doppelte Maß durchbog und das Wasser nach vorn auf
die Straße ableitete. Eine Auffütterung mit Gefällebeton kam nicht in
Betracht, da die übermäßige Durchbiegung auch optisch auffiel. Um
einen Abbruch und Neubau der Ecke zu umgehen, wurde diese mittels
eines nach hinten verankerten Stahlträgers gehoben. Ihr Gewicht wurde

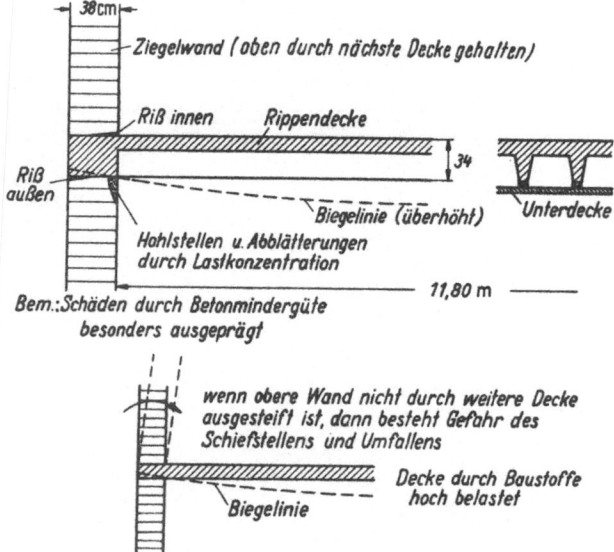

Abb. 2.4/3. Schäden an den Auflagern einer sehr schlanken Rippendecke durch
übermäßige Durchbiegungen

durch zwei Bolzenschrauben über eine Verteilungsplatte an der Unterseite der Platte aufgenommen. Das Anheben mit Unterstützung von
der Unterseite her gelang, ohne daß Risse in der Platte auftraten, was
auf große Druckspannungen in Richtung der Winkelhalbierenden
schließen ließ. Die Stahlteile wurden nach Beendigung der Arbeit mit
Beton ummantelt.

Große Durchbiegungen können auch am Mauerwerk Schäden hervorrufen. Eine schlanke Rippendecke (Abb. 2.4/3) hatte sich stark
gesenkt. Der Betrag ließ sich aber mangels Kenntnis der Ausgangslage
nicht mehr feststellen. Die zugehörige Verdrehung des Deckenrandbalkens hatte an der Außenseite des Gebäudes auf Höhe der Decken-
unterkante, innen auf Höhe der Deckenoberkante starke horizontale

Risse zur Folge. Die Stützkraft hatte sich nach innen verlagert, wodurch dort Putz und Mauerwerk abplatzte. Die Risse waren erst einige Monate nach Fertigstellung des Baues festgestellt worden, rührten also im wesentlichen von der Kriechdurchbiegung her. Sie wurden etwa 2 Jahre nach ihrem Entstehen ausgebessert, da durch Gipspflaster bewiesen war, daß sie zur Ruhe gekommen waren. Die Durchbiegung in der Mitte der Decke machte sich infolge der damit verbundenen Krümmung besonders an leichten Trennwänden zwischen Wohnräumen im Obergeschoß (Abb. 2.4/4) bemerkbar. Diese Wände begannen ebenfalls erst einige Monate nach Fertigstellung zu reißen. Die elastischen Anfangsdurchbiegungen hatten sie ohne Schäden mitgemacht, da der Mörtel noch weich war. Die Rißbreiten betrugen bis zu 6 mm, so daß für einzelne Wandteile Einsturzgefahr bestand. Diese Erscheinungen waren im vorliegenden Falle besonders stark, da der Beton der Qualitätsforderung nicht entsprach und die Bewehrung schlecht umhüllte. Als Abhilfe wurde sorgfältiges Auspressen der Risse und Ausbessern des Putzes vorgeschlagen, mit der Einschränkung, daß die Risse infolge von Wärme- und Last-

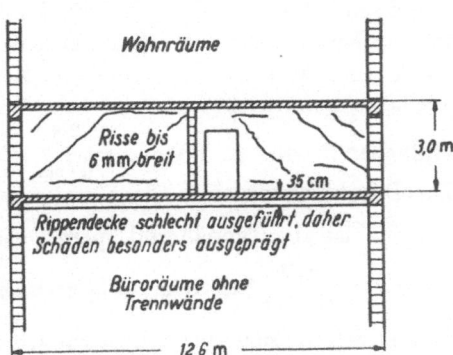

Abb. 2.4/4. Schäden an Leichtwänden auf der weitgespannten, schlanken Rippendecke

wirkungen vermutlich ständig, jedoch mit geringerer Breite arbeiten würden. Es wurde deshalb eine starke Fasertapete empfohlen. Von einer durchgehenden Unterstützung der Decke in der Mitte mußte man absehen, da diese mangels einer oberen Bewehrung sicher einen Querriß in der Decke hervorgerufen hätte. Außerdem wäre die Aufnahme der Querkräfte ùnsicher gewesen. Durch welche Maßnahmen wären die Schäden verhindert worden?

a) Durch eine Vergrößerung der Deckenhöhe hätte man die Risse vermindert, jedoch wahrscheinlich nicht ganz beseitigt, da noch nicht systematisch untersucht wurde, welche Krümmungen die einzelnen Mauerwerksarten bei verschiedenen Wandhöhen auszuhalten vermögen.

b) Beseitigung des Biegewiderstandes der aufgesetzten Wände durch senkrechte Fugen, die durch Deckleisten verborgen werden.

c) Erhöhung des Biegewiderstandes der Wände durch Ausbildung als frei tragende Stahlbetonwände. Diese Lösung ist im Wohnungsbau wegen der Türen und der hohen Kosten meist nicht tragbar.

d) Vorspannung der Decke. Insbesondere lassen sich sowohl elastische als auch plastische Durchbiegungen praktisch vollständig durch „formtreue Vorspannung" für die ständigen Lasten (vgl. Abschn. 2.224) unterbinden. Bei einem Geschäftshaus mit größeren Spannweiten, wie im geschilderten Fall, kann die vorgespannte Bewehrung, vor allem im Hinblick auf mögliche spätere Schäden, durchaus wirtschaftlich sein.

2.413 Schall- und Erschütterungsschutz

Luftschall wird durch Massivdecken wegen ihres hohen Gewichtes nur geringfügig übertragen. Der Körperschall (Trittschall) wird allerdings von Betondecken gut geleitet und abgestrahlt, so daß eine Schalldämmschicht (Federung) geboten ist (vgl. Abschn. 1.341). Sind dynamische Einflüsse zu erwarten (Maschinen mit rhythmischen Impulsen, Turn- und Musikräume), sollte man stets die Eigenschwingzahl der Decke je Minute abschätzen, wozu näherungsweise die Betrachtung als einfacher Schwinger mit $n_e = \dfrac{300}{\sqrt{f\,\mathrm{cm}}}$ dienen kann (vgl. Abschn. 1.342). Die Durchbiegung eines nicht gerissenen, frei aufliegenden Stahlbetonträgers ist bei annähernd parabolischer Momentenfläche $f \approx \dfrac{\sigma_b\,l^2}{5\,E_b\,d}$ $\left(\text{bzw. } f \approx \dfrac{\sigma_b\,l^2}{3{,}3\,E_b\,h} \text{ bei vollständig gerissener Zugzone}\right)$ (vgl. Abschn. 2.224), womit sich die Zahl der Schwingungen je Minute ergibt: $n_e \approx \dfrac{670}{l_{\mathrm{cm}}}\sqrt{\dfrac{E_b \cdot d}{\sigma_b}}$ bzw. $\approx \dfrac{550}{l_{\mathrm{cm}}}\sqrt{\dfrac{E_b}{\sigma_b}\,h}\Big)$. Bei langsam laufenden Maschinen ist Vorsicht geboten, um dem Resonanzfall genügend fernzubleiben (Abstand $\pm 20\%$ im Hochbau wegen unsicherer Annahmen nicht ausreichend, besser $\pm 50\%$). Bei dynamischer Beanspruchung (z. B. Schulsäle) sollte man höhere Eigenfrequenzen anstreben, also steif konstruieren $\left(\dfrac{h}{l} \geqq \dfrac{1}{15}\right)$.

2.414 Wärmeschutz

Der Wärmeschutz besitzt Bedeutung sowohl für den Brandfall (vgl. Abschn. 1.33) und die Abkühlung oder Erwärmung der Innenräume von außen als auch für die Eigenerwärmung der Decke. Letztere ruft Temperaturbewegungen hervor, die sorgfältig berücksichtigt werden müssen. Bei einer Teilerwärmung oder Teilabkühlung (Abb. 2.4/5a) entstehen große Temperaturspannungen in der Platte, die, verstärkt durch das Schwinden, Risse zur Folge haben können. Bei dem gezeigten Beispiel hätte man besser den Plattenteil im Freien von dem im Gebäudeinneren abgetrennt oder ihn durch Fugen unterteilt. Eine Wärmedehnungsdifferenz des Randes einer Deckenplatte, die bis an die Außenseite des Mauerwerks reicht (Abb. 2.4/5b), kann ebenfalls Risse verursachen.

Der Wärmeverlust macht sich ferner am Deckenstreifen längs der Wand bemerkbar. In Räumen mit feuchter Luft (Küche, Bad, Schlafzimmer oder feuchte Betriebe) hat diese Abkühlung Kondensation und Schimmelbildung zur Folge, denn ein Mensch gibt allein durch die Atmung 50÷150 g Wasser je Stunde ab. Um diese Wärmeleitung zu verhindern, ist der Außenrand der Decke mit einer Dämmschicht zu versehen (Abb. 2.4/5b).

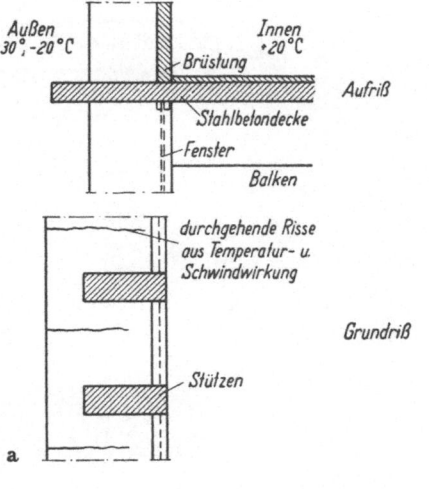

An kühlen Stellen schlägt sich nicht nur Feuchtigkeit nieder, sondern auch Staub, und zwar um so mehr, je größer die Temperaturdifferenz zwischen Luft und Beton ist (Thermodiffusion wie bei Wänden vgl. Abschn. 2.52). Diese Erscheinung zeigt sich daher vornehmlich an den Decken von Dachgeschoßwohnungen, die oben abgekühlt werden. Massivplatten werden in geheizten Räumen rasch schwarz, und bei unmittelbar geputzten Rippendecken zeichnen sich die gut wärmeleitenden, also kühleren Stege von den hohlen, wärmeren Feldern deutlich ab (Abb. 2.4/6a). Diese einfache Ausführung führt außerdem häufig zu einem Netz von feinen Putzrissen, die die Umrisse der Deckensteine markieren (Abb. 2.4/6b). Sie sind auf das Schwinden frischer, zementgebundener Hohlsteine zurückzuführen.

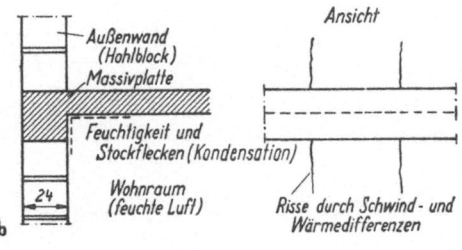

Abb. 2.4/5a u. b. Wirkung der Teilerwärmung und -abkühlung von Deckenplatten. a) Auskragende Deckenplatte eines Hochhauses, b) auf Leichtsteinwand aufliegende Platte

Bei hölzernen Dachgeschoßdecken ohne Ausfüllung der Balkenzwischenräume wird der Putz unter den Feldern kühler als unter den Balken, so daß das umgekehrte Bild des Staubniederschlags entsteht. Abhilfe bringt in beiden Fällen nur eine Wärmedämmschicht.

21 Franz, Konstruktionslehre I, 3. Aufl.

Von großer konstruktiver Bedeutung sind die gleichmäßigen Temperaturänderungen einer Decke, wie sie bei Flachdächern insbesondere durch Sonnenbestrahlung oder Winterkälte auftreten. Eine den Fahrbahntafeln von Brücken entsprechende bewegliche Auflagerung (vgl.

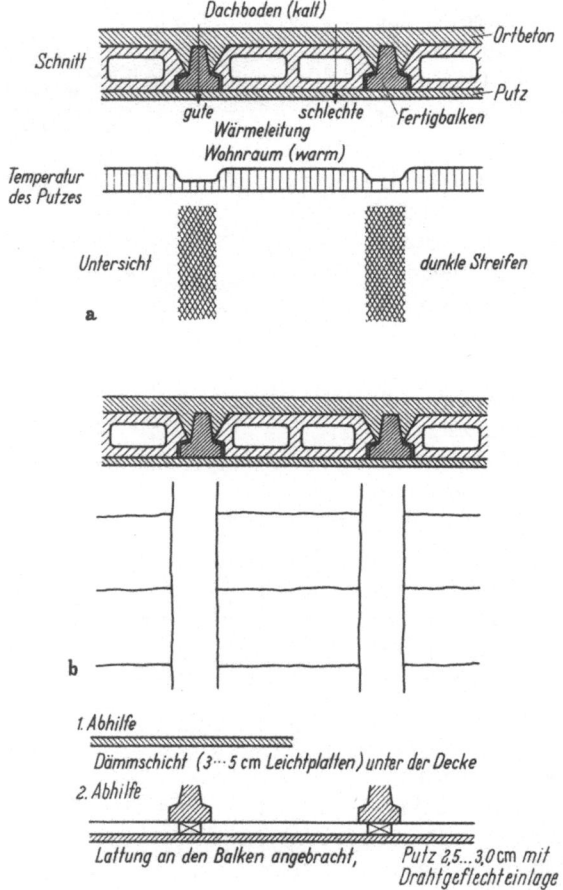

Abb. 2.4/6a u. b. Nachteile unmittelbar geputzter Fertigteildecken mit Füllkörpern. a) Thermodiffusion (stärkerer Staubniederschlag an kühleren Stellen) an der Deckenunterseite, b) Schwindrisse, insbesondere bei feucht eingebauten Bimshohlsteinen

Abschn. 2.71) ist bei Hochbauten wirtschaftlich nicht tragbar. Eine ungeschützte Dachdecke, die durchgehend auf Mauerwerk aufliegt, kann in diesem bereits bei einem Fugenabstand von 8 m Risse verursachen, die mit der Länge der Platte zunehmen (Abb. 2.4/7). Man muß daher das Flachdach möglichst weitgehend vor Temperaturwechsel schützen.

Hierzu gibt es zwei Wege: eine gute Wärmedämmung *auf* der Dachplatte (vgl. Abschn. 1.16) (einschaliges Dach) (Abb. 2.4/8a) oder ein be-
lüftetes Flachdach (zweischaliges Dach) (Abb. 2.4/8b) [401]. Bei letzterem sind die Öffnungen so zu bemessen, daß der Zwischenraum sowohl
der Lüftung als auch dem Wärmeschutz dient. Zu kleine Öffnungen
führen im Sommer zu wenig Warmluft ab, zu große Öffnungen geben
im Winter eine zu starke Abkühlung der Unterdecke. Es wird ein
Mindestquerschnitt von 1/1000 der Dachgrundrißfläche für die Zuluft

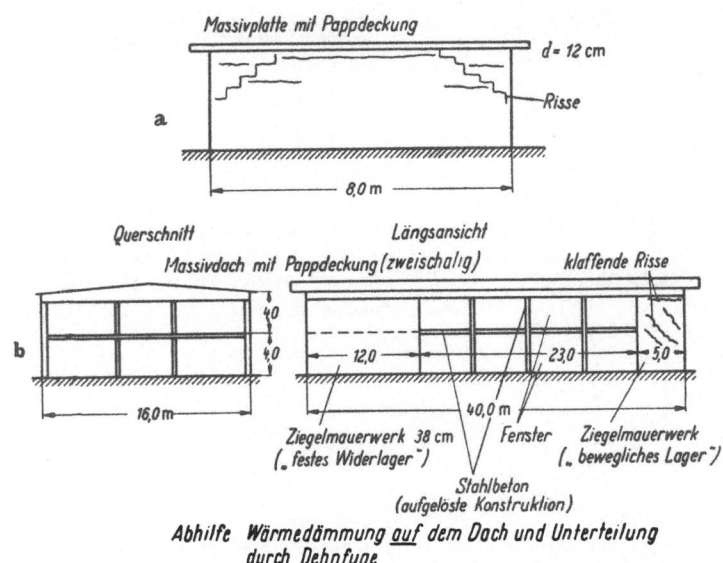

Abb. 2.4/7a u. b. Schäden am Mauerwerk infolge eines Flachdaches ohne Wärmedämmung („Flachdachkrankheit").

a) Kleiner Hochbau (Garage), b) großer Hochbau (Schule)

und 1/800 für die höher zu legenden Abluftöffnungen empfohlen [402].
Bei der Ausbildung dieser Dächer ist zu berücksichtigen, daß die dar-
unterliegenden Innenräume meist feuchte Luft aufweisen und der
Wasserdampf mit der Wärme in die Decke hineinwandert (diffundiert).
Die Unterdecke eines belüfteten Flachdaches darf daher kein Hindernis
für die Feuchtigkeit enthalten, da sich diese sonst in der Decke staut.
Beim einschaligen Flachdach, das ja auf seiner Oberseite eine wasserdichte Deckung besitzen muß, darf die von unten her wandernde
Feuchtigkeit nicht in die Wärmedämmung eindringen, da sie sonst
deren Dämmwirkung stark herabsetzt, sich unter der Deckung konden-
siert und in dieser Blasen verursacht, wie man sehr häufig beobachten
kann. *Unter* der Wärmedämmschicht ist daher eine Dampfsperre ein-

21*

zulegen (Bitumenpappe, Heißbitumen, Kunststoffolie; Bitumenkalt-
anstrich genügt nicht!) und unter dieser eine Lüftungsschicht (Weich-
faserplatte, gefalzte Pappe) mit Ausgang nach außen. Letztere ist be-

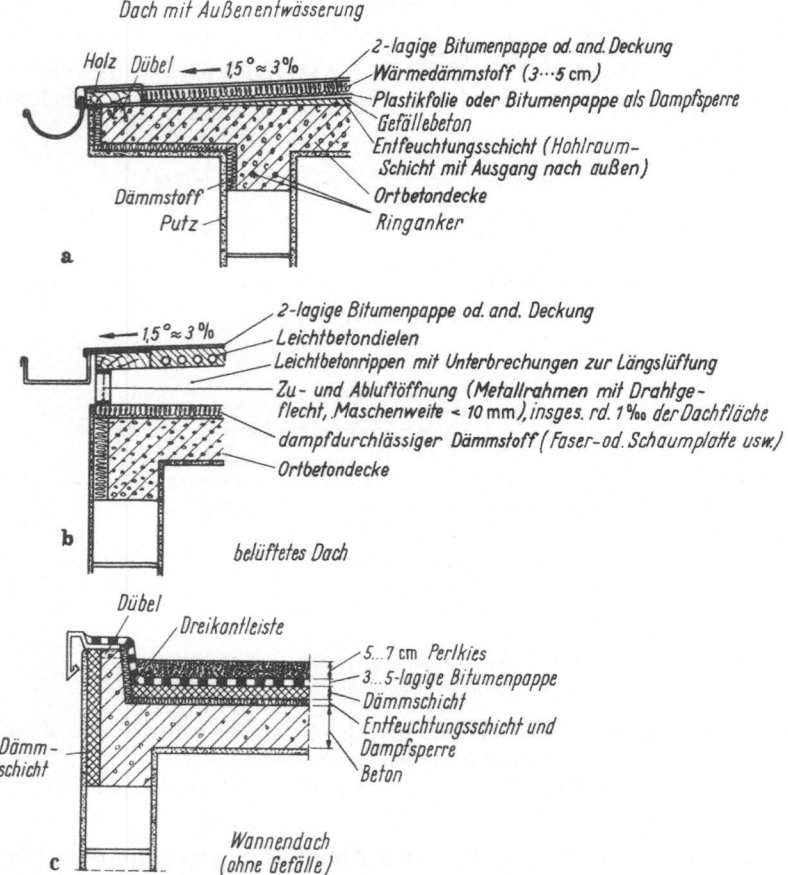

Abb. 2.4/8a–c. Flachdach mit Wärmedämmung [401].
a) Einschaliges Dach („Warmdach"), b) zweischaliges Dach („Kaltdach")
c) Wannendach als „Warmdach"

sonders dann wichtig, wenn die Betonplatte bei der Eindeckung des
Daches noch nicht ausgetrocknet ist.

2.415 Gestaltung der Untersicht

Während man sich früher nicht scheute, Plattenbalkendecken mit
zahlreichen Rippen (1,5÷2,5 m Abstand) und Unterzüge zu zeigen,
wünscht man heute nur noch Decken mit glatter Untersicht, die von

Fenstern und Lampen gleichmäßig beleuchtet werden. Man bevorzugt daher auch bei größerer Spannweite Massivplatten (bis etwa 5 m einachsig, bis etwa 9 m kreuzweise gespannt), bei denen die Installationsleitungen (Elektro- und Deckenstrahlungsheizungsrohre) vor dem Betonieren auf der unteren Bewehrung verlegt werden, oder man verwendet Rippendecken, die von sich aus eine ebene Unterseite besitzen (Füllkörperdecken). Rippendecken ohne Füllkörper erhalten eine Lattung (Abb. 2.4/17c), an der Putzmatten befestigt werden. Bei größeren Rippenabständen hängt man Scheindecken an verzinkte Hängeeisen. Da diese die Schalung durchbrechen, sind sie beim Schalen hinderlich. Praktischer sind kleine, gelochte Blechanker, deren Kopf durch Blechteller ausgespart wird (Abb. 2.4/9) und die wieder verwendet werden

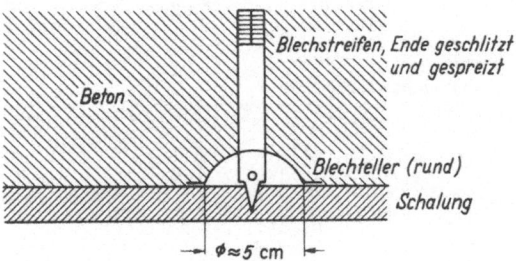

Abb. 2.4/9. Einbetonierte Blechanker für Aufhängung von Scheindecken

können. Diese sind in größerer Ausführung auch zum Aufhängen von Leitungen usw. geeignet. Im Industriebau werden oft Ankerschienen an der Deckenunterseite angebracht, um an beliebiger Stelle größere oder kleinere Lasten anzubringen [403]. Beim Aufbringen des Putzes ist auf die Gefährdung seiner Haftung durch manche Schalöle zu achten (vgl. Abschn. 1.119).

2.42 Konstruktive Ausgestaltung

2.421 Platten

Die Ortbetonausführung von Decken hat durch die Verwendung stählerner Schalungsträger gegenüber den Fertigteildecken erneut Auftrieb erhalten, da sie durch die monolithische Wirkung den unstreitigen Vorteil gleicher Steifigkeit in allen Richtungen besitzt. Werden etwa für kleinere Brücken schwerere Platten gebraucht, konkurrieren mitunter erfolgreich die Betonverbundplatten. Sie bestehen aus dicht an dicht verlegten, meist vorgespannten Balken, die möglichst ohne Zwischenunterstützung das gesamte Eigengewicht zu tragen vermögen (Abb. 2.4/10a). Sie werden durch Ortbeton ergänzt, in den man zur Aufnahme der Verkehrslasten mitunter noch schlaffe Zulagen zwischen den Balken verlegt, die aber wegen der kleineren Nutzhöhe und der geringen Dehnung des vorgespannten Untergurtes unter Nutzlast schlecht ausgenutzt sind. Für die Aufnahme des Schubes zwischen Ort- und Fertigbeton ist durch Profilierung der Balkenoberfläche, ergänzt durch Schrägstäbe, zu sor-

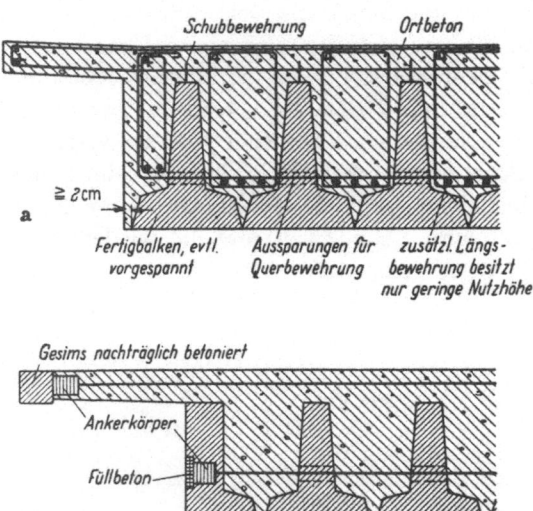

Abb. 2.4/10a u. b. Brückenplatten aus Fertigbalken (Halbmontagedecken). a) Mit schlaffer Querbewehrung, b) mit vorgespannter Querbewehrung

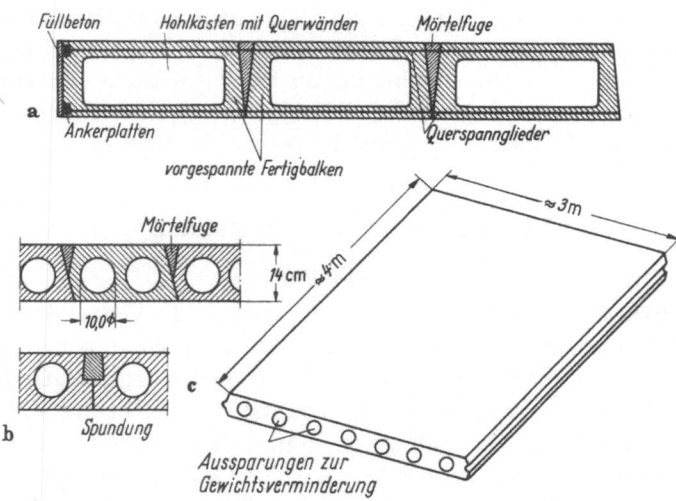

Abb. 2.4/11a—c. Beispiel für Platten aus Fertigteilen mit Mörtelverguß (Vollmontagedecken).
a) Brückenplatte mäßiger Spannweite mit Quervorspannung, b) Wohnhausdecke aus Hohlbalken, c) Wohnhausdecke aus Platte in Raumgröße [405]

gen. Für die Momente und Querkräfte in Querrichtung ist eine schlaffe oder vorgespannte Bewehrung vorzusehen. Letztere stellt die volle Plattensteifigkeit auch in der Querrichtung her und ist deshalb bei breiten Platten vorzuziehen (Abb. 2.4/10 b). Sie bewirkt durch die Zusammenpressung von Ort- und Fertigbeton auch die Aufnahme der Querkräfte mittels Reibung. Mit einer schlaffen Querbewehrung erzielt man wegen der geringeren Nutzhöhe nur einen Teil der Längssteifigkeit. Die Verteilung von Einzellasten, die man meist wie für eine isotrope Platte berechnet (genauere Berechnung nach [404]), wird daher für die orthotrope Platte (verschiedene Trägheitsmomente in beiden Richtungen) überschätzt. Dieser Umstand spielt jedoch für schmale Brücken keine bedeutende Rolle.

Ganz aus Schwerbetonfertigteilen ohne Ortbeton zusammengesetzte Decken (Abb. 2.4/11 a) lassen sich im Brückenbau nur mittels Vorspannung monolithisch wirkend konstruieren (vgl. Abschn. 2.342). Im Hochbau genügt oft eine Spundung oder ein bewehrter, mindestens 5 cm starker Überbeton (Abb. 2.4/11 b) bei vorwiegend ruhender Last.

Die Montage von Wohnhausdecken wird beim Einsatz von schwerem Hubgerät weiterhin durch den Einbau ganzer Raumdecken vereinfacht [405], die werkmäßig wie die Wände vorfabriziert sind (Abb. 2.4/11 c). Die verwindungsfreie Auflagerung erfordert sehr genaue Arbeit.

Decken aus Leichtbetonplatten eignen sich besonders für Dächer. Wenn sie zur Übertragung von Windkräften in ihrer Ebene auf Giebelwände herangezogen werden, müssen besondere konstruktive Vorkehrungen zur Aufnahme von Momenten und Querkräften getroffen werden (Abb. 2.4/12).

2.422 Plattenbalken

Der Plattenbalken ist in vielerlei Formen die am meisten verwendete Decke für größere Spannweiten. Der „faule", nicht mittragende Beton der Zugzone wird nur soweit belassen, wie man ihn zur Umhüllung der Bewehrung und der Übertragung der Schubkräfte benötigt ($\tau_{0\,max}$ nach DIN 1045 § 20 einhalten).

1. Ortbetonausführung. Der Beton der Platte wird in zwei Richtungen ausgenutzt. Die Spannungen aus der Balkenwirkung überlagern sich mit denjenigen aus der Plattenwirkung. Bei einfach gespannten Platten nimmt man hierauf keine Rücksicht. Ist jedoch die Druckplatte kreuzweise gespannt (Abb. 2.4/13), treten im Feld und über den Querträgern Längsspannungen aus der Plattenbiegung auf, die sich den gleichgerichteten Balkenbiegespannungen überlagern. Nimmt man letztere über der theoretisch „mittragenden Breite" (vgl. Abschn. 2.231, 1) als konstant an, so überschreitet die resultierende Druckspannung oft das zulässige Maß. Man wird dann die genauere Querverteilung der Balken-

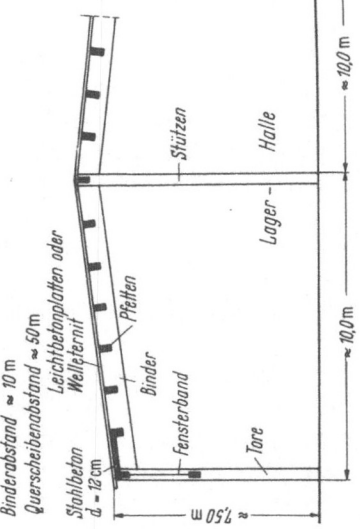

Abb. 2.4/12 a u. b. Aus Leichtbetonplatten gebildete Dachscheibe auf Stahlträgern. a) Schubsicherung der Längs- und Querfugen durch Dübel aus Vergußmörtel in an Ort und Stelle gebohrten Löchern (Kernbohrung).

Betongüte: B 35,

$$\sigma_{b\,zul} = 11 \text{ kg/cm}^2,$$
$$\tau_{zul} = 0{,}8 \text{ kg/cm}^2,$$

Stahl: Rippenstahl I;

b) Dach mit waagrechten Randbalken zur Übertragung der Windkräfte auf die Querscheiben (Giebelwände) [406]

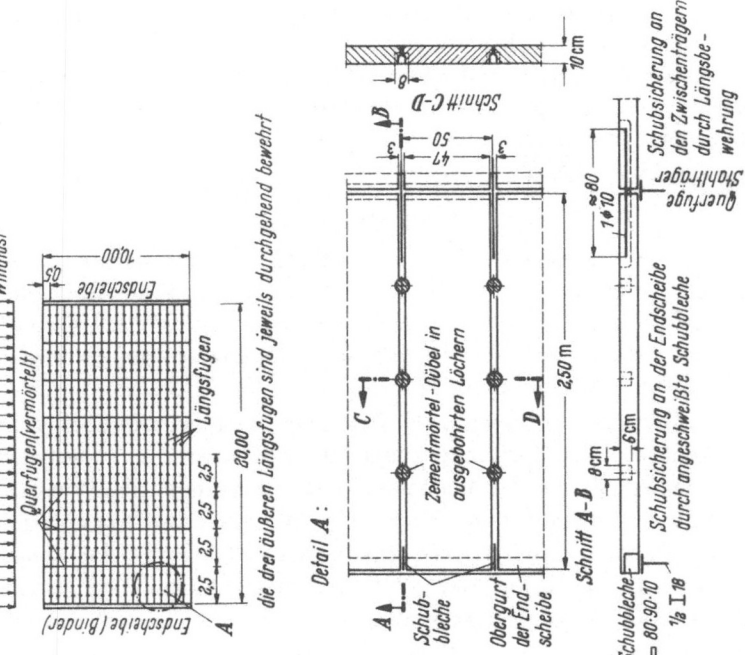

spannungen zugrunde legen, die Plattenbiegespannungen etwa parabolisch nach den Auflagern zu abnehmen lassen und sich damit im
zulässigen Rahmen halten. Bei großen Plattenbalken (Brücken) wird
man sich ohnehin nicht an die „mittragende Breite" nach DIN 1045
binden, sondern wird unter Rechtfertigung durch die angeführten Nachweise [408] die gesamte Fahrbahntafel als Druckplatte in Rechnung
stellen. Man muß sich dann aber von der Größe der Schubspannungen
nicht nur im Steg des Balkens, sondern auch im Anschluß der Platte
an den Steg überzeugen und die Hauptzugspannungen gegebenenfalls
durch Schrägstäbe aufnehmen (Abb. 2.4/14a) oder mittels Quervorspannung herabsetzen (Abb. 2.4/14b). Als Verbügelung kann dabei nur die
untere Plattenbewehrung betrachtet werden, da die obere durch Biegung

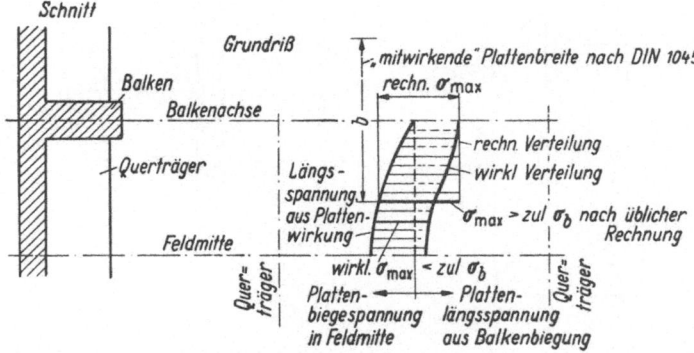

Abb. 2.4/13. Überlagerung von Balken- und Plattenspannungen bei kreuzweise
bewehrten Platten nach üblicher Näherung (DIN 1045) und genauerer Rechnung
[407]

voll beansprucht ist. Die Wirkung von Querspanngliedern ist aber nicht
auf den Randstreifen beschränkt, sondern breitet sich in der Platte
aus [260] und setzt eine gleich hohe Vorspannung des Endquerträgers
voraus.

Einseitige Plattenbalken (Abb. 2.4/15a) weisen wegen ihrer Unsymmetrie eine schrägliegende Nullinie auf. Für einen homogenen Querschnitt leitet sich diese aus den Biegungskomponenten M_1 und M_2,
bezogen auf die Querschnittshauptachsen, ab. Außerdem tritt eine Verdrillung des Querschnittes auf, die sich aus den Momenten der Lasten
in bezug auf den Querpunkt (Schubmittelpunkt) ergibt [252]. Um die
noch umständlichere Rechnung für den gerissenen Querschnitt [214.4]
zu umgehen, wird man diesen angenähert mit waagrechter Nullinie
berechnen (Abb. 2.4/15b). Das Drillmoment wird man in beiden Fällen
einfachheitshalber allein dem Balken zuweisen (vgl. Abschn. 2.231, 3)
und umgeht damit die Ermittlung des Schubmittelpunktes.

Wesentlich einfacher liegen die Verhältnisse, wenn ein solcher Plattenbalken Bestandteil einer Decke ist. Er kann sich dann nur in senkrechtem Sinne durchbiegen und muß eine waagrechte Nullinie besitzen. Die Druckplattenbreite ist jedoch geringer als bei symmetrischer

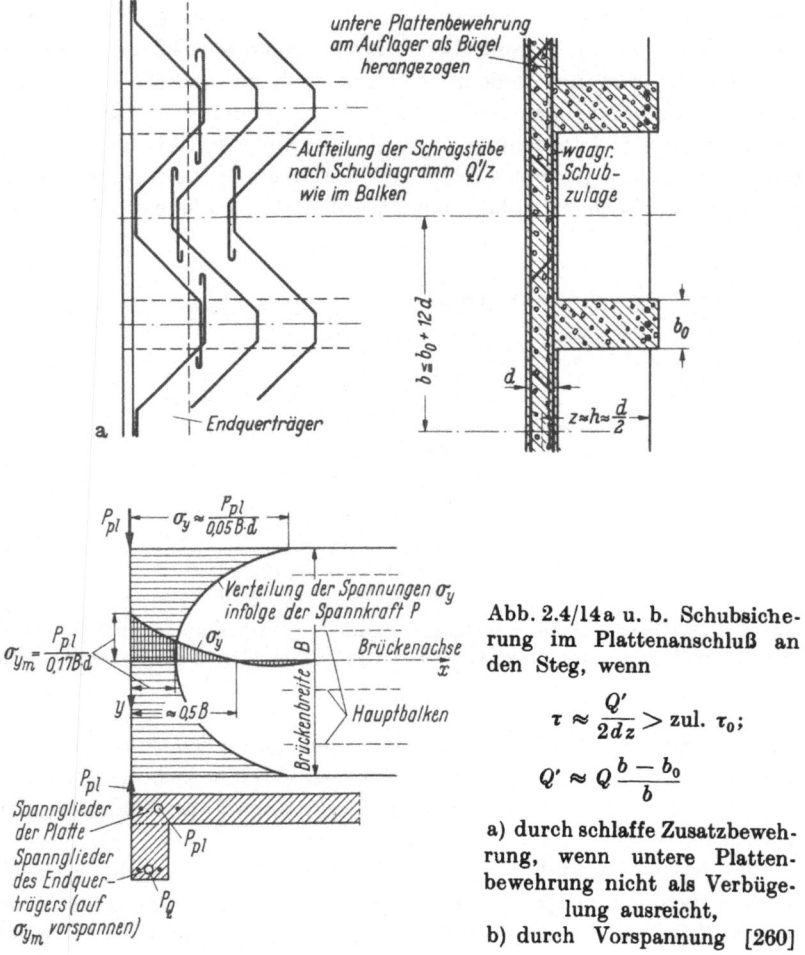

Abb. 2.4/14a u. b. Schubsicherung im Plattenanschluß an den Steg, wenn

$$\tau \approx \frac{Q'}{2\,d\,z} > \text{zul. } \tau_0;$$

$$Q' \approx Q\,\frac{b - b_0}{b}$$

a) durch schlaffe Zusatzbewehrung, wenn untere Plattenbewehrung nicht als Verbügelung ausreicht,
b) durch Vorspannung [260]

Druckplatte (DIN 1045 § 25). Entsprechend ist bei Pfetten zu verfahren, die mit einer Dachplatte monolithisch zusammenhängen (Abb. 2.4/16). Auch diese können sich nur senkrecht zur Dachfläche durchbiegen und sind daher nur für die entsprechende Komponente der Lasten zu bemessen. Die Lastkomponenten in Dachebene werden von der Platte übernommen und durch Scheibenwirkung den Bindern zugeleitet, in denen sich die Horizontalkomponenten wieder aufheben.

Der vorgespannte Plattenbalken ist, wie in Abschn. 2.232, 1 er-
örtert wurde, für die Fälle geeignet, bei denen das Eigengewicht 50%
und mehr der Gesamtlast ausmacht (Brücken mit großer Spannweite,

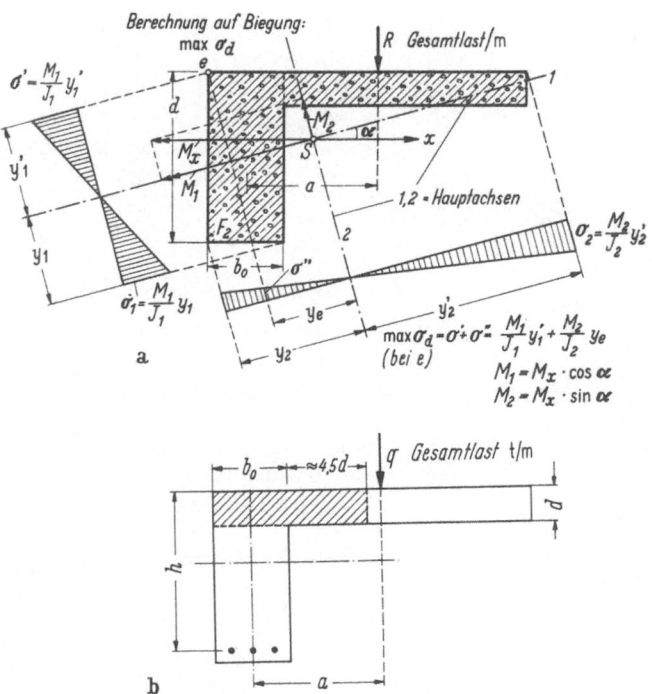

Abb. 2.4/15a u. b. Einseitiger Plattenbalken ohne Behinderung der seitlichen Verformung durch anschließende Decke.

a) Homogen wirkender Querschnitt.
Berechnung auf Biegung für schrägliegende Hauptachsen.
Berechnung auf Drillung: angenähert mit Balkenquerschnitt $F_2 = b_0 \cdot d$ allein,

an den festgehaltenen Auflagern für $M_D = \dfrac{q\,l\,a}{2}$ unter Verhachlässigung der

Platte, da genauere Lösung zu umständlich;

b) gerissener Querschnitt (Näherung) [410] (Stegspannungen vernachlässigt).
auf Biegung: waagerechte Nullinie, schraffierte Druckzone,

auf Drillung: Querschnitt $b_0\,h$ allein für $M_D = \dfrac{q\,l\,a}{2}$ an den festgehaltenen

Auflagern

Dachbinder). Die hohe Schwerpunktlage ergibt eine große Exzentrizität
des Spanngliedes, die bei der vorherrschenden ständigen Last erwünscht
ist. Eine Verbreiterung des Stegfußes ist meist entbehrlich, da der Über-
schuß an Spannkraft bei fehlender Nutzlast klein ist.

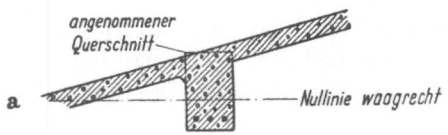

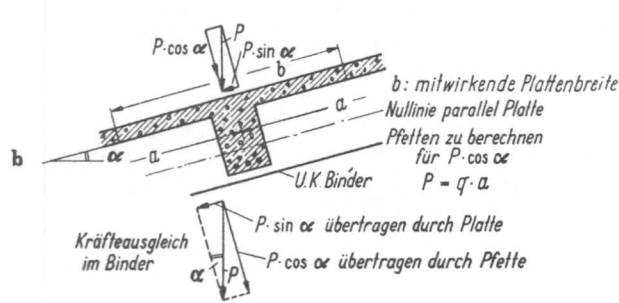

Abb. 2.4/16a u. b. Massive Dachplatte mit Pfetten (Ortbeton) im Abstand a.
a) Unzutreffende Anordnung und Berechnung, da Durchbiegungskomponente
in Plattenrichtung nicht möglich, b) tatsächliche Wirkungsweise: Durchbiegung
senkrecht zur Dachplatte

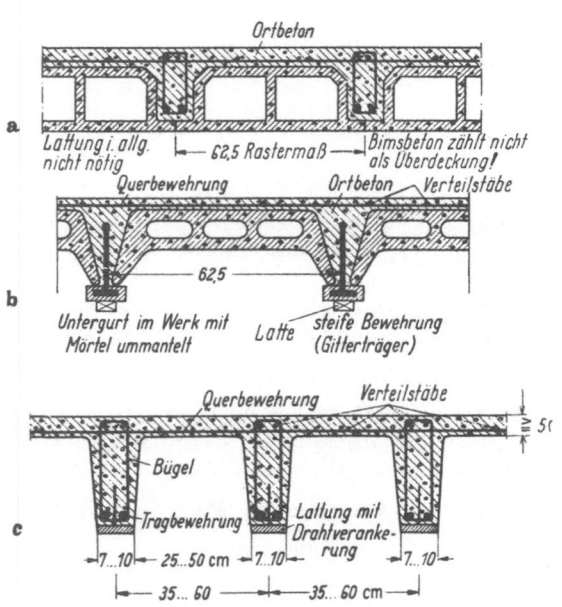

Abb. 2.4/17a–c. Rippendecken.
a) Füllsteindecke mit schlaffer Bewehrung und Hohlkörpern aus Bimsbeton oder
anderen Leichtbaustoffen (Holzspäne usw.), b) Füllkörperdecke mit steifer,
vorfabrizierter Bewehrung (vgl. Abb. 1.2/15), c) Rippendecke mit Blechschalung
(„Koenendecke") (übliche Maße)

Abb. 2.4/18a—c. Auswirkung der Balkendurchbiegung auf die Momente einer quer dazu gespannten Platte bei teilweiser Belastung (Näherung ohne Berücksichtigung der Plattensteifigkeit in Balkenrichtung).

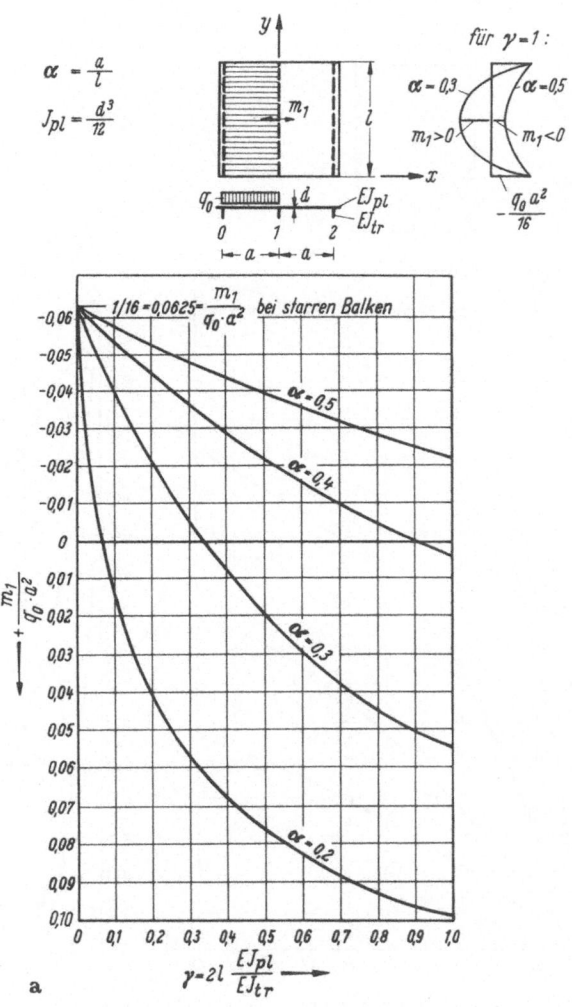

a) 2 Plattenfelder, eines mit q_0 [t/m²] belastet, J_{tr} Randbalken $\approx J_{tr}$ Mittelbalken

Im Hochbau werden Plattenbalken mit engem Rippenabstand in verschiedener Weise hergestellt (Abb. 2.4/17a). Der Bewehrungskorb wird häufig in der Form von Stahlleichtträgern [411] fertig bezogen und eingelegt (Abb. 2.4/17b), wodurch auch Rüstungskosten gespart werden (vgl. Abb. 1.2/15b). Damit der Beton gut durchgearbeitet werden kann,

dürfen die Stege nicht zu schmal sein (mindestens 6 cm). Die Druckplatte muß nach DIN 1045 § 24 zur Aufnahme der Biegung aus der
Lastübertragung von Rippe zu Rippe eine Querbewehrung erhalten,

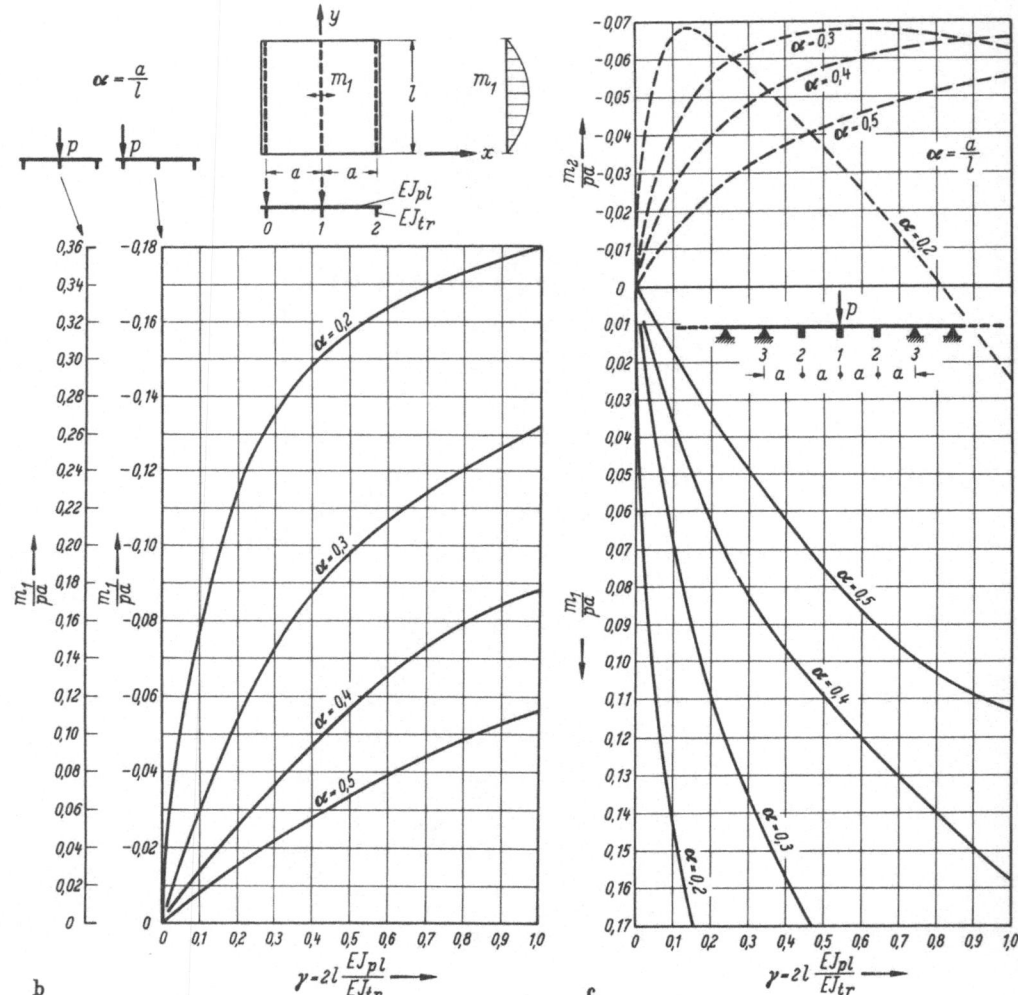

b) 2 Plattenfelder, ein Balken mit p [t/m] belastet, c) viele Felder, ein Balken
mit p [t/m] belastet

die bei Rippenabständen größer als 70 cm rechnerisch nachzuweisen
ist. Dabei wird, selbst bei den Fahrbahnplatten von Brücken, zumeist
starre Stützung angenommen. Abb. 2.4/18 zeigt, daß die elastische
Durchbiegung der Rippen die Stützmomente bei feldweiser Belastung

erheblich abbaut und dadurch die Feldmomente der Platte um etwa 20÷30% bei mittleren Steifigkeitsverhältnissen vergrößert. Man sollte deshalb die Feldbewehrung größerer Rippendecken nicht zu knapp bemessen und etwa die Hälfte davon ganz durchlaufen lassen.

Bei Brücken werden die Tragrippen zur Herabsetzung dieser Zusatzmomente meist durch mindestens einen Querträger in Mitte der Spannweite verbunden und dessen Wirkung rechnerisch nachgewiesen (Trägerrost) [412]. Im Hochbau sind nach DIN 1045 § 24 die Rippen bei Spannweiten von 4÷7 m durch einen, bei über 7 m Spannweite durch drei Querträger mit gleicher Bewehrung wie die Hauptrippen zu verbinden, um eine Trägerrostwirkung bei ungleichförmiger Belastung herzustellen. Auch die Momente umfangsgelagerter Platten werden durch die Durchbiegungen der Balken merklich verändert [413].

Rippendecken sind erfahrungsgemäß besonders empfindlich gegen unbeabsichtigte Auflagerungen und Einspannungen. Als warnendes Beispiel sei eine Rippendecke über zwei Felder von 7,5 m Spannweite gezeigt, die am Ende „frei drehbar" berechnet, aber praktisch in einem sehr steifen Brüstungsträger eingespannt war (Abb. 2.4/19a). Die Decke hatte sich durch Risse, die bis auf die Bewehrung hinunterreichten, kurz vor dem Auflager „statisch bestimmt" gemacht. Eine obere Bewehrung fehlte. Der neue Momentenzustand entsprach zwar der Rechnung; die fehlende Übertragungsmöglichkeit der Querkräfte war aber bedenklich, zumal die Nutzlast 500 kg/m² betrug. Da keine Möglichkeit bestand, einen Träger unterzuziehen, mußte jede Rippe einen „Schnabel" aus 2 U 14 erhalten, für den ein Auflager in den Randträger eingestemmt wurde. Die Stützkräfte der Rippen wurden durch Bolzenschrauben mit Gegenplatten in die Verstärkung eingeleitet, die gut gegen die Betonkonstruktion vermörtelt werden mußte. Diese sehr kostspielige Nacharbeit hätte sich durch eine obere Bewehrung vermeiden lassen. Wenn sich dann Stadium II einstellt (Haarrisse), wird die Querkraft durch die Reibung in der Druckzone übertragen. Wenn diese zu 50% der Druckkraft angenommen wird, ist

$$D \cdot \mu_R = \frac{M}{z}\mu_R = Q, \quad M = \frac{Qz}{\mu_R}, \quad \text{für } \mu_R = 0,5 \text{ ist } M = \frac{Q \cdot 0,9h}{0,5} \approx Q \cdot 2h,$$

d. h., der Momentennullpunkt dürfte bis auf $2h$ an den Einspannquerschnitt heranrücken. Bezogen auf ein Feldmoment $M_m = \frac{q\,l^2}{12}$ benötigt man daher am Auflager etwa $100-50-33\%$ der Feldbewehrung, wenn $\frac{l}{h} = 10-20-30$ ist. Natürlich muß außerdem die Schubsicherung nachgewiesen werden.

Nicht ausreichende, d. h. zu kurze obere Bewehrung einer zweifeldrigen Rippendecke über der Innenstütze (Abb. 2.4/19b) war auch die

Ursache für einen Riß, der einen Momentennullpunkt schuf, wieder bis auf die Bewehrung hinab reichte und die Querkraftaufnahme gefährdete. Diesem Gefahrenzustand wurde durch einen stählernen Unterzug quer

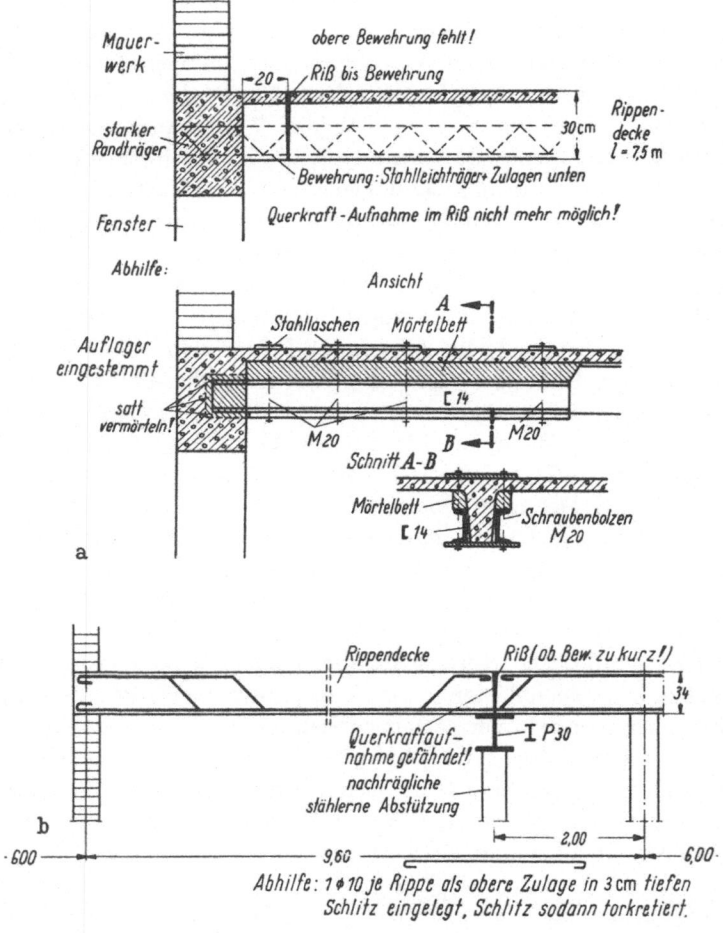

Abb. 2.4/19 a u. b. a) Schäden durch unbeabsichtigte Einspannungen in Randträgern und Wänden, b) Schäden durch ungenügende Länge der oberen Bewehrung an der Zwischenstütze

zur Spannweite abgeholfen. Da zu erwarten war, daß sich der Riß infolge der Verkehrslasten und der Kriechdurchbiegung noch weiter öffnen würde, mußte außerdem die Decke aufgerauht und ein bewehrter Überbeton mit Verdübelung angeordnet werden. Man erkennt hieraus, wie wichtig die richtige Führung der oberen Bewehrung ist!

Über Wänden, die mit der Spannrichtung gleichlaufen, bilden sich mitunter Eckrisse, die auf Plattenwirkung der Decke zurückzuführen sind (vgl. Abschn. 2.341). Um sie zu vermeiden bzw. wenigstens die Rißbreiten klein zu halten, ist in den Ecken eine obere Diagonal- oder

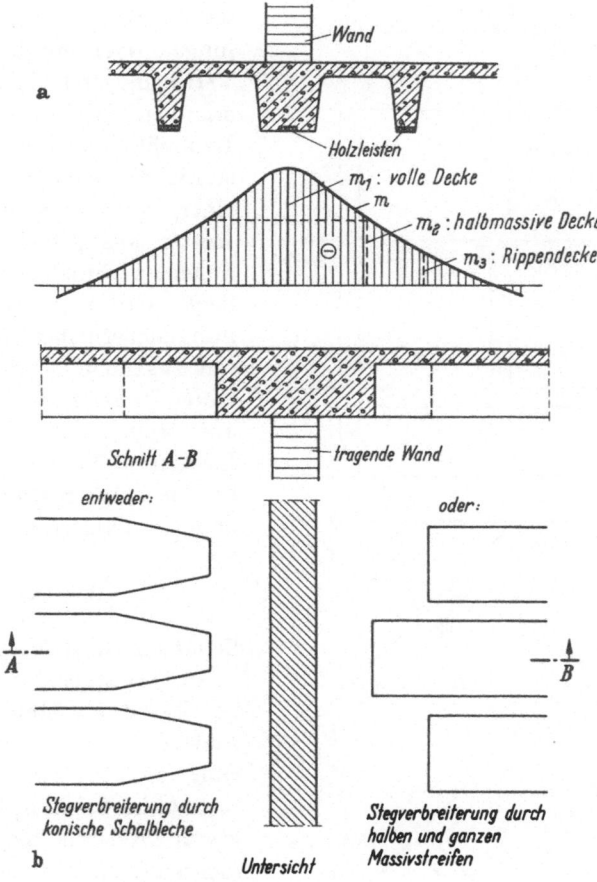

Abb. 2.4/20a u. b. Verstärkung von Rippendecken.
a) unter Wänden $g > 150\ \text{kg/m}^2$, b) für negative Stützmomente an Zwischenstützen

Netzbewehrung anzuordnen, deren Stärke sich nach der Spannweite richtet und die mit etwa 30% der Feldbewehrung in der dargestellten Anordnung ausreichen wird.

Das Gewicht von Leichtwänden wird nach DIN 1055, Bl. 3, § 4 der Deckenlast zugeschlagen. Schwerere Wände sind auf entsprechend verstärkte Rippen zu stellen (Abb. 2.4/20a). Durchlaufende Rippendecken

erhalten durch Verbreiterung der Stege am Auflager die nötige Druck-
zonenbreite an der Unterseite (Abb. 2.4/20 b).

Über näherungsweise quadratischen Räumen sind Decken mit
Rippen in beiden Richtungen (Abb. 2.4/21 a) wirtschaftlich,
wenn entsprechende Schalungs- oder Füllkörper zur Verfügung stehen; außerdem
erlauben sie eine verminderte Bauhöhe. Da ihre Drillungssteifigkeit zwischen derjenigen
einer Vollplatte und eines Rostes aus gelenkig miteinander verbundenen Balken
liegt, wird man der Berechnung sicherheitshalber letzteren zugrunde legen („orthotrope Platte" = orthogonal
anisotrope Platte) [414]. Die Lastaufteilung nach Markus
für den Trägerrostmittelpunkt ohne Drillungsabminderung

$$q_x = q\,\frac{l_y^4}{l_x^4 + l_y^4}\,, \qquad q_y = q\,\frac{l_x^4}{l_x^4 + l_y^4}$$

liefert nur angenäherte Werte.
In den festgehaltenen Ecken der Roste ist stets wie bei
Platten eine obere Netzbewehrung anzuordnen. Diagonalroste (Abb. 2.4/21 b) führen zu
etwas größeren Biegungsmomenten [203.1], ergeben aber,
in sauberem Sichtbeton ausgeführt, eine mitunter erwünschte Belebung der Dekkenuntersicht.

Abb. 2.4/21 a u. b. Kreuzrippendecken über
ganz oder nahezu quadratischen Räumen.
Kassettierung eventuell sichtbar.
a) Rippen parallel zu den Raumseiten,
b) Rippen diagonal verlaufend

2. Fertigteile. Zur Ersparnis
der Schalung und Rüstung sind
Halb- und Vollmontagedecken entwickelt worden. Letztere bestehen aus
vorfabrizierten Balken, die das gesamte Eigengewicht der Decke zu tragen
vermögen, während bei ersteren die Fertigbalken schwächer sind. Sie
müssen daher in bestimmten Abständen unterstützt werden, bis der

zugefügte Ortbeton der Druckzone erhärtet ist. Angaben hierüber sind der Zulassung, deren jede Montagedecke nach DIN 4225 bedarf, zu entnehmen. Dem Nachteil dieser Unterstützungen im Bauzustand steht der Vorteil geringerer Transportgewichte gegenüber. Diese können durch Vorspannung weiterhin vermindert werden und erreichen bei vorgespannten Zugstäben (Abb. 2.2/97 bis 100) ein Minimum. Die Anschlußfläche vom Ort- an den Fertigbeton ist durch sehr rauhe Oberfläche und Bügel oder bei glatter Oberfläche durch Schrägbewehrung allein gegen Abscheren zu sichern. Durchlaufende Decken lassen sich mit Fertigteilen nur durch Einbinden in Ortbeton herstellen (vgl. Abschn. 2.251).

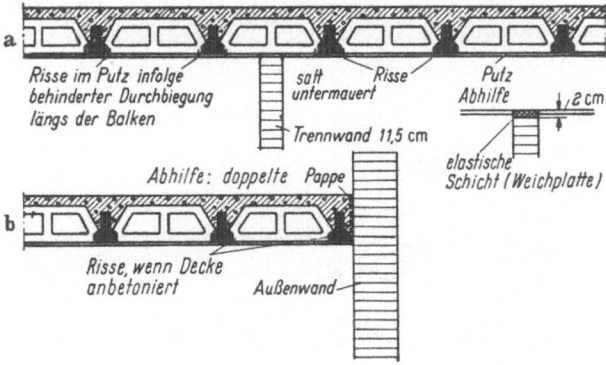

Abb. 2.4/22a u. b. Rißschäden infolge unbeabsichtigter Auflagerung einer Fertigbalkendecke. a) Auf einer gleichlaufenden Innenwand: vermeidbar durch elastische Schicht zwischen Decke und Wand, b) auf Außenwand; vermeiden durch Balken längs der Wand

Die sehr große Zahl der zugelassenen Montagedecken ist aus verschiedenartigen wirtschaftlichen Voraussetzungen zu erklären [415]. Es ist darauf zu achten, daß die Durchbiegungen der Decken nicht lokal behindert werden, da sie nur eine geringe Quersteifigkeit besitzen. Andernfalls sind Schäden zu erwarten. Beispielsweise wurde unter einer Fertigträgerdecke eine leichte Trennwand eingezogen und „preß" angemauert (Abb. 2.4/22a). Der Deckenstreifen über der Wand legte sich infolge der Kriechdurchbiegung auf diese auf und erhielt Biegung in Querrichtung, die zu groben Rissen im Deckenputz längs den Trägerflanschen und zum Bruch einzelner Steine führte. Diese Wirkung wird vermieden, wenn zwischen Wand und Decke eine elastische Schicht (Steinwolle, Styropor od. dgl.) angeordnet wird. Auch für die Leichtwände selbst kann die unbeabsichtigte Belastung bedenklich werden (vgl. Abschn. 2.512). Ebenso darf man die Füllsteine am Ende der Decke nicht auf

die Wand auflegen, sondern muß dicht an der Wand einen Balken anordnen, der sich unbehindert durchbiegen kann (Abb. 2.4/22b).

Die Deckenfüllkörper wirken wegen ihrer im Vergleich mit Beton
kleinen Elastizitätszahl i.allg. statisch kaum mit. Sie müssen
jedoch, nach DIN 4225 als Balken gelagert, auf 25 cm Breite eine
Einzellast von 300 kg aushalten. Diese kann im Bauzustand durch
unmittelbares Befahren mit einem Betonierkarren auftreten, sollte aber
vermieden werden. Einen Ausnahmefall stellt die sog. „DIN F-Decke"
nach DIN 4233 dar, bei der Bimshohlkörper bestimmter Festigkeit auf
Grund von Versuchen als mittragend angesehen werden. Sie ist nur für
mäßige Spannweiten geeignet und wenig wirtschaftlich. Größere Bedeutung besitzen, besonders im Ausland, Decken (z. T. vorgespannte) aus
mittragenden, gebrannten Hohlsteinen mit Festigkeiten von mehreren
100 kg/cm² (Abb. 2.2/100) [290].

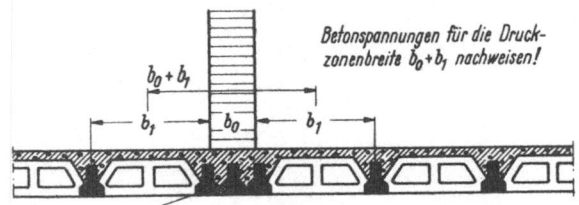

Abb. 2.4/23. Verstärkung einer Fertigbalkendecke unter einer Wand ($g > 150\,\mathrm{kg/m^2}$)

Alle Fertigbalken sind nach DIN 4225 im Mörtelbett zu verlegen,
um den Auflagerdruck gleichmäßig einzutragen. Außerdem sind ihre
Enden, ebenso wie bei den Ortbeton-Rippendecken, durch einen umlaufenden Betonkranz zu verbinden. Wenn dieser zwei Bewehrungsstäbe ⌀ 12 und eine Verbügelung erhält, kann er als Ringanker nach
DIN 1053 § 2, 4 dienen (Abb. 2.5/4).

Auch Fertigteildecken müssen bei größeren Spannweiten Querrippen
und die Balken entsprechende Öffnungen zum Durchstecken der unteren
Bewehrung erhalten. Größere Streifenlasten aus Wänden, die in Spannrichtung verlaufen (außer Leichtwänden von höchstens 150 kg/m²),
sind durch Doppel- oder Dreifachbalken aufzunehmen (Abb. 2.4/23)
und hierüber ein statischer Nachweis zu führen.

Halbmontagedecken werden auch im Brückenbau bei mäßigen
Spannweiten (bis 20 m) verwendet (Abb. 2.4/23). Die Trägerrostwirkung
spielt hier wegen der konzentrierten Verkehrslasten eine besonders
wichtige Rolle, so daß Querrippen mit schlaffer oder vorgespannter
Bewehrung anzuordnen sind.

Der Aufbau von Plattenbalken aus vorfabrizierten Balken und Platten durch Vorspannung (Abb. 2.4/24) hat vorwiegend bei Brücken [416] wirtschaftliche Bedeutung. Bei schlaff bewehrten Hochbauten bedient man sich hierzu eines Ortbetonstreifens (Abb. 2.4/25a) [417], wendet aber bei größeren Spannweiten auch Vorspannung an (Abb. 2.4/25b).

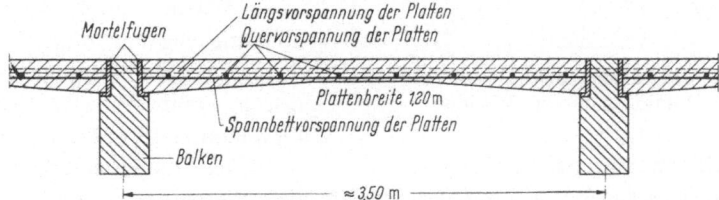

Abb. 2.4/24. Plattenbalken aus Fertigteilen für Brückenfahrbahntafel. Höhenlage der Spannglieder derart, daß Konkordanz erreicht wird (keine Zwängungsmomente). Balken in Querrichtung beweglich auflagern, um Plattenvorspannung nicht zu behindern

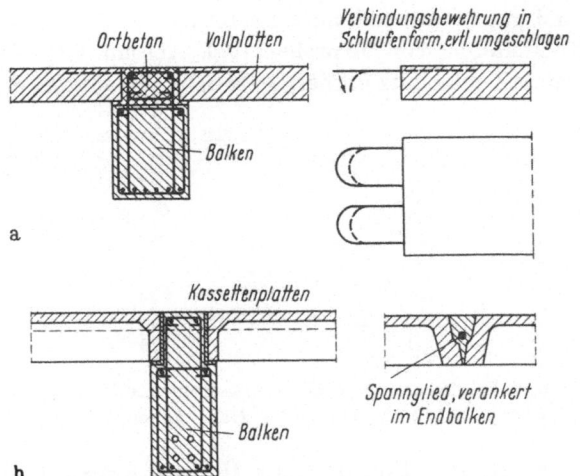

Abb. 2.4/25a u. b. Plattenbalken aus Fertigteilen im Hochbau.
a) Verbindung mit Balken durch schlaffe Bewehrung, b) Verbindung mit Balken durch Vorspannung

2.5 Wände

Wie die Decken haben die Wände neben der raumabschließenden eine tragende Funktion. Letztere besteht in erster Linie in der Aufnahme senkrechter Lasten, die auf geradem Wege dem Wandfuß zugeleitet werden, wobei man in der Regel mit mäßigen Festigkeiten auskommt. Die große Tragfähigkeit von Betonwänden wird nur dann ausgenutzt, wenn die Wand in einzelnen Punkten abgestützt wird, so daß sie dazwischen frei trägt. Überwiegend durch Seitendruck beanspruchte

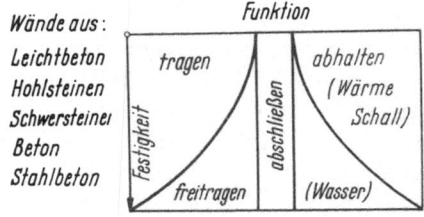

Wände aus:

Leichtbeton
Hohlsteinen
Schwersteine
Beton
Stahlbeton

Abb. 2.5/1. Schematische Darstellung der
Funktionen von Wänden

Wände werden im 2. Band behandelt (Behälter, Stützwände).

Die erstgenannte Funktion umfaßt nicht nur die Abtrennung eines Innenraumes, sondern auch dessen Wärme- und Schallabschirmung, gegebenenfalls die Abhaltung von Feuchtigkeit. Schematisch stellt Abb. 2.5/1 diese Aufgaben und die entsprechenden Wandbauarten dar. Der Zielsetzung dieses Buches entsprechend, werden wir vorwiegend Betonwände behandeln, die anderen Arten nur insoweit, als sie in Verbindung mit Betonkonstruktionen verwendet werden.

2.51 Leichtwände

Leichtwände sind überall dort am Platze, wo geringe Tragfähigkeit ausreicht und gute Wärmedämmung gefordert wird, also hauptsächlich für Aufenthaltsräume von Menschen (vgl. Abschn. 1.16) [450]. Richtwerte für den Wärmeschutz enthält DIN 4108. Sie sollten zugunsten der

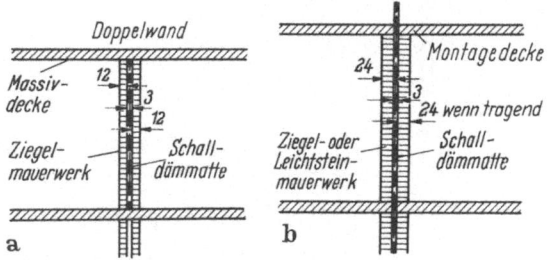

Abb. 2.5/2a u. b. Schalldämmung bei Wohnungstrennwänden (vgl. auch Abb. 1.3/5).
a) in den Wänden, b) durch das ganze Haus gehende Fugen (beste Lösung)

Wohnlichkeit und der Ersparnis an Heizungskosten tunlichst überschritten werden. Leider wird ein ausreichender Schallschutz wegen des geringen Flächengewichtes erst bei größeren Wandstärken erreicht (vgl. DIN 4109). Er kann bei Wohnungstrennwänden durch Doppelwände oder Vorsetzen biegeweicher Schalen verbessert werden (Abb. 2.5/2a). Durch einen Luftzwischenraum wird die Dämmung verbessert, vor allem die direkte Körperschallübertragung vermindert. Um beim Mauern der Wände Schallbrücken durch Mörtelleisten zu vermeiden, legt man zweckmäßig eine körperschalldämmende Schicht (Weichplatten) ein. Weitaus besser wird der Schutz, wenn die beiden Bauteile vollständig voneinander getrennt werden (Abb. 2.5/2b) (vgl. Abschn. 1.341), dann müssen aber tragende Wände mit Stärken vorgesehen werden, wie sie für Einzelwände vorgeschrieben sind.

2.511 Ortbeton-Leichtwände

Für Ortbeton-Leichtwände nach DIN 4232 verwendet man zumeist als Zuschlagstoff Ziegelsplitt, der von sich aus eine bessere Wärmedämmung als schwere Zuschlagstoffe (Kies) besitzt, und verbessert die Dämmung noch durch Gefügehohlräume (Einkornbeton). Solche „Schüttbetonwände" nach DIN 4232, mit geschoßhohen Tafeln geschalt oder in Gleitschalung hergestellt, erweisen sich auch für Hochhäuser als wirtschaftlich, sofern Ziegelsplitt zur Verfügung steht. Über die Elastizitäts-, Kriech- und Schwindeigenverkürzungen liegen nur wenige Beobachtungen vor. Jedenfalls sind sie relativ höher als bei dichtem Beton, so daß bei der Kombination mit härteren Tragteilen (Verkleidungen aus Naturstein oder Betonplatten, Stahlbetonstützen und -wände) wegen der Kräfteumlagerung Vorsichtsmaßnahmen geboten sind (vgl. Abschn. 1.14) (DIN 4232, 5).

2.512 Gemauerte Leichtwände

Gemauerte Leichtwände (DIN 1053) aus zementgebundenen Hohl- oder Schaumbetonsteinen verschiedener Größe nach DIN 18151 dienen bei niedrigen Bauten als Tragwände oder als Ausfachungen von Skelettbauten (DIN 4103). Sie schwinden stärker als das Stahlbetontragwerk, so daß sie sich von diesem zumeist ablösen (Abb. 2.5/3). Die dabei entstehenden Risse führen oft zu Reklamationen, sind aber kaum zu vermeiden und kommen erst nach vollständigem Austrocknen bis auf einen Rest zur Ruhe (ehestens nach einer Heizperiode), der auf ständige Temperatur- und Feuchtigkeitsdifferenzen zurückzuführen ist. Eine Drahtgewebeeinlage im Putz oder Überdecken mit Fasertapete wird auch ihn beseitigen. Bei Verwendung von Hohlziegeln schwindet lediglich der Fugenmörtel, so daß nur geringe Risse zu erwarten sind.

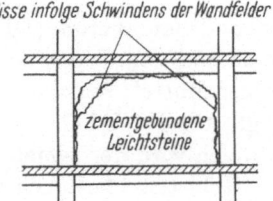

Risse infolge Schwindens der Wandfelder

zementgebundene Leichtsteine

Abb. 2.5/3. Leichtwände als Ausfachungen von Stahlbetonskeletten

Die gute Wärmedämmung von Leichtwänden wird durch die Mörtelfugen beeinträchtigt, die bei Außenwänden als „Kältebrücken" wirken (DIN 4108) und sich bei glatter Wandoberfläche infolge Thermodiffusion (vgl. Abschn. 2.414) innen als dunkles Netz abzeichnen. Diese unangenehme Erscheinung läßt sich durch Unterbrechung der Mörtelfugen und Verwendung von Mörtel aus Leichtsand mildern. Neuerdings sind Versuche unternommen worden, die lästigen Kältebrücken in Leichtsteinwänden dadurch zu beseitigen, daß man die Steine maßhaltig (Toleranz wenige Zehntel mm) herstellt oder nachträglich auf genaues Maß schleift und mit Gießharzen verklebt.

22a*

Wegen der geringen Festigkeit der Leichtwände ist unter den Auflagern von Deckenbalken mitunter ein festeres Mauerwerk (DIN 1053, 2.6) und die stockwerkweise Zusammenfassung durch „Ringanker" erforderlich, deren Abmessungen und Bewehrung nach DIN 1053 aber nur als Minimum zu betrachten sind. Der Wärmeschutz dieser Massivstreifen darf nicht vergessen werden (Abb. 2.5/4), um lästige Kondensatbildung auf der Innenseite zu verhindern.

Die erwähnte unbeabsichtigte Auflagerung von Decken (vgl. Abschnitt 2.341 und 2.422, Abb. 2.4/22) ist auch für die leichten Trennwände von Bedeutung. Die Deckenlasten können sich in diesen durch mehrere Stockwerke addieren; dadurch kann im untersten Geschoß die Druckfestigkeit der Wand überschritten werden.

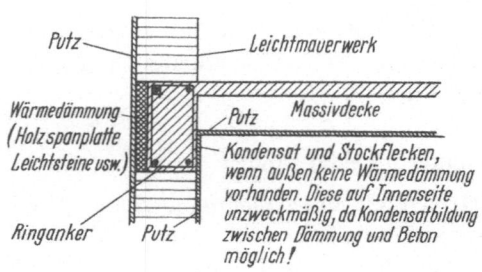

Abb. 2.5/4. Wärmedämmung von Massivstreifen in Leichtwänden

Für Vollsteine (DIN 18152) werden die gleichen leichten Stoffe wie für Dachplatten (vgl. Abschn. 2.342, b) verwendet: Bims, schaumige Hochofenschlacke, Blähton, Blähschiefer usw., oder sie bestehen aus Gas- oder Schaumbeton (DIN 4164, DIN 4165 Wandbausteine, DIN 4166 Wandplatten). Dieser ist ein durch chemisch erzeugte Gase aufgetriebener feiner Mörtel; sein Schwindmaß wird durch Behandlung in Autoklaven (vgl. Abschn. 1.117) unter Druck und Feuchtigkeit fast beseitigt. Ähnlich wird der zementfreie Ytong [451] hergestellt.

Hohlsteine bestehen aus festeren Mischungen (Bims nach DIN 18151, Ziegelsplitt nach DIN 105) und enthalten Hohlräume, um die Wärmedämmung zu verbessern und größere Steine vermauern zu können. Hohlsteine aus gebranntem Ton (DIN 105) haben den Vorteil, daß das Schwinden und Kriechen auf die Mörtelfugen beschränkt ist; das Gesamtmaß fällt also sehr klein aus.

2.52 Schwersteinwände

Schwersteinwände (Ziegel DIN 105, Kalksandsteine DIN 106, Hüttensteine DIN 398) nach DIN 1053 werden bei der sog. „gemischten Bauweise" mehrstöckiger Bauten als tragende Wände für Stahlbetondecken verwendet. Ihr Schallschutz ist wegen des großen Gewichtes gut, der Wärmeschutz weniger, so daß hierfür größere Wandstärken oder zweischalige Wände nach DIN 1053, 5 erforderlich sind. Auch die Thermodiffusion macht sich an erwärmten Stellen (Heizkörper, Lampen) von solchen Wänden bemerkbar, wenn diese auf der anderen Seite abgekühlt werden (Abb. 2.5/5). Die Wärmedehnzahl von Ziegeln ist klein (vgl. Abschn. 2.6), so daß Baukörper mit $30 \div 40$ m Länge ohne Bedenken ausgeführt werden können. Bei Kalkmörtel besteht geringere Neigung zur Rißbildung. Kalksandsteine schwinden stärker, so daß 20 m Wandlänge ohne Fuge nicht überschritten werden sollte.

Die Einspannung von Decken in Wände ist von der Auflast und der Elastizitätszahl abhängig (vgl. Abschn. 2.341). Diese schwankt je nach der Qualität der Steine und des Mörtels in weiten Grenzen zwischen 30000 und 150000 kg/cm².

a

Tragende Wände, die als Innenstützen von durchlaufenden Decken dienen, dürfen 12 cm stark ausgeführt werden (DIN 1053, 2.12). Bei Fertigbalkendecken sollen diese Wände i. allg. 24 cm stark sein. 17,5 cm starke Wände sind in diesem Fall nur mit Sondergenehmigung möglich, dann aber bei geringen Lasten auch unbedenklich, wenn die Balkenköpfe gegeneinanderstoßen und der Überbeton beider Deckenfelder durch Bewehrung konstruktiv zug- und druckfest miteinander verbunden wird und die Feldweiten im Verhältnis $l_1 \geqq 0.8 \, l_2$ $(l_1 \leqq l_2)$ stehen.

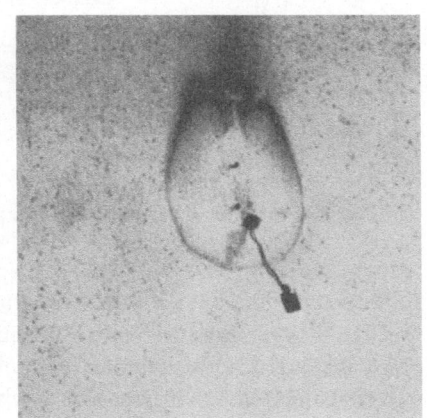

b

Abb. 2.5/5a u. b. Staubniederschlag infolge Thermodiffusion hinter einer Lampe an der Innenseite einer Außenwand aus Ziegelmauerwerk. a) Vor Abnahme der Lampe, b) nach Abnahme der Lampe

Maßgebend bei der Festsetzung dieser Maße ist neben der Festigkeit auch die Möglichkeit der Querschnittsschwächung durch Installationsschlitze, die oft recht bedenkenlos angebracht werden.

Belastete Wände sind mit Rücksicht auf Knickgefahr und Winddruck nach DIN 1053, 2.2 seitlich auszusteifen.

Für die Windaussteifung von großräumigen Gebäuden können geeignete Wände (Giebel, Treppenhauswände) herangezogen werden, wenn die Windkräfte durch die horizontale Scheibenwirkung monolithischer oder entsprechend ausgebildeter Fertigteildecken (vgl. Abschn. 2.422) einwandfrei auf sie übertragen werden. Bei solchen „Windscheiben" geringer Breite ist zu untersuchen, wie die Resultierende aus geringster Auflast und größter Querkraft verläuft und welche Spannungen sie im Aufstandsquerschnitt verursacht (Abb. 2.5/6). Ausfachungen, die gleichzeitig die Rolle von Verkleidungen eines Stahlbetontragwerkes spielen, werden zweckmäßigerweise alle 3÷4 m durch Riegel abgefangen, um Risse infolge von Formänderungsdifferenzen zu vermeiden (Abb. 2.5/7).

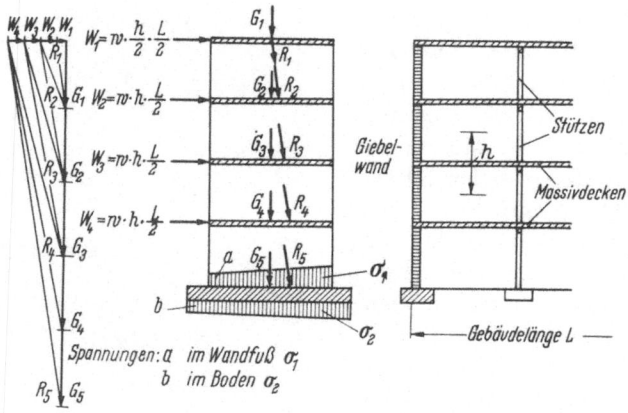

Abb. 2.5/6. Statische Untersuchung (graphische Darstellung) einer Windscheibe (Giebelwand)

Außerdem wird das Mauerwerk durch Anschlußeisen ⌀ 6, die man aus den Stützen herausstehen läßt, mit diesen verbunden. Als Aussteifung eines Rahmentragwerkes darf es nicht in Rechnung gestellt werden, da es gegebenenfalls später entfernt wird. Die Größe der Gefache ist mit Rücksicht auf Standsicherheit und Winddruck beschränkt (DIN 1053, 5.2).

Die Abfangungen von Mauerwerk (Stürze) über kleineren Öffnungen brauchen nicht für das gesamte darüberliegende Mauergewicht berechnet zu werden, da dieses erfahrungsgemäß beim Nachgeben der Unterstützung in einem Zwickel ausbricht und sich darüber ein Traggewölbe bildet (Abb. 2.5/8). Die DIN 1053, 7.1 trägt diesem Verhalten durch Ansatz entsprechender Belastungskörper Rechnung.

Die Stürze werden meist aus Stahlbeton ausgeführt. Sie können auch im Mauerwerk selbst ausgebildet werden, wenn dieses einen Zuggurt erhält (Abb. 2.5/9) und im Bereich des Sturzes Zementmörtel verwendet wird, um genügend schubfeste Fugen zu erhalten.

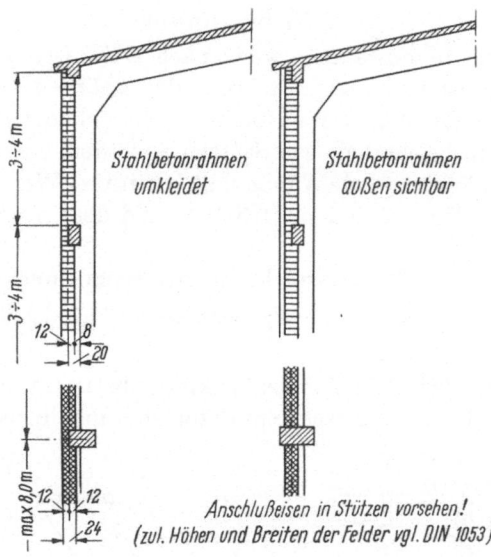

Abb. 2.5/7. Ausfachung einer Hallenaußenwand mit Ziegelmauerwerk

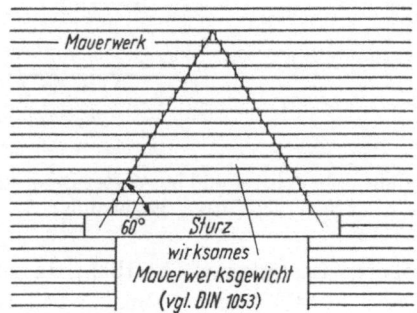

Abb. 2.5/8. Näherungsansatz für die Belastung eines Stahlbetonsturzes im Mauerwerk

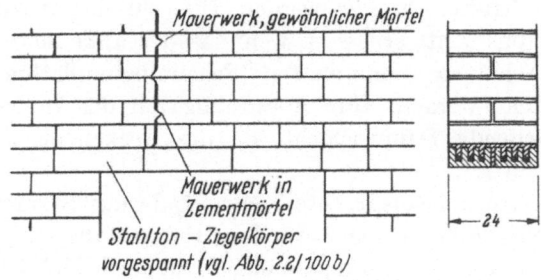

Abb. 2.5/9. Gemauerter Sturz mit vorgespanntem Zuggurt [290]

2.53 Betonwände

Unbewehrte Betonwände werden nach DIN 1047, bewehrte Wände nach DIN 1045 sowie unter Beachtung der ergänzenden Richtlinien zu beiden („Tragende Wände im Hochbau") ausgebildet. Man bemißt die Wände auf Knicksicherheit wie Stützen nach dem „ω-Verfahren" (vgl. Abschn. 2.11). Für bewehrte Wände sind dabei die ω-Werte nach DIN 1045, für unbewehrte Wände sind sie DIN 1047 und den „Richtlinien" zu entnehmen.

2.531 Konstruktion und Bemessung

Konstruktion und Bemessung der Betonwände ist der Tragwirkung anzupassen.

1. Senkrecht belastete Wände. Senkrecht belastete durchgehend aufgelagerte Wände aus unbewehrtem Beton sind nur in gedrungener Form

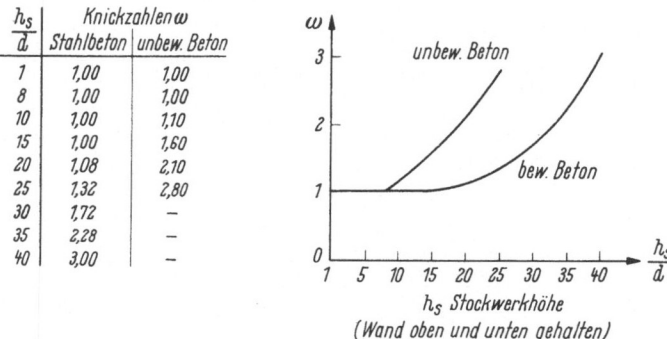

$\frac{h_s}{d}$	Knickzahlen ω	
	Stahlbeton	unbew. Beton
1	1,00	1,00
8	1,00	1,00
10	1,00	1,10
15	1,00	1,60
20	1,08	2,10
25	1,32	2,80
30	1,72	–
35	2,28	–
40	3,00	–

Abb. 2.5/10. Knickgefahr unbewehrter und bewehrter Betonwände mit der Dicke d.
(Nach DIN 1047, Ergänzung)

zur Aufnahme größerer Lasten wirtschaftlich, da sie wegen der sehr geringen Zugfestigkeit leicht knicken (Abb. 2.5/10). Wenn im Grundriß senkrecht aufeinanderstoßende Wände nach Art von Winkelprofilen sich gegenseitig versteifen, steigt jedoch die Knickfestigkeit erheblich (Abb. 2.5/11). Mit geringen Wandstärken (7÷10 cm) können dann vielstöckige Wohnbauten errichtet werden. Die schlechte Wärmedämmung des Schwerbetons wird verbessert, wenn auf der Außenseite oder beiderseits in der Schalung Dämmplatten (Schaumbetonplatten, Ytong od. dgl.) angebracht werden. Ihre Anordnung auf der Innenseite ergibt keine durchgehende Dämmschicht, da die Decken als Kältebrücken wirken (Abb.2.5/12).

Durch Erddruck beanspruchte Kellerwände aus Stampfbeton werden durch Kellerdecke und Querwände (Größtabstand 4 m) ausgesteift. Sie erhalten dadurch Biegezugspannungen, die nach DIN 1047, § 13.2 in waagrechtem Sinne (ohne Längskraft) $^1/_{20}$ der zul. Druckspannung, in senkrechtem Sinne mit Längskraft $^1/_{10}$ davon betragen dürfen. Das entspricht einer Exzentrizität der Längskraft von rd. 0,2 d.

Bewehrte Wände müssen bei größerer Schlankheit als $\frac{h}{d} = 10$ beiderseits mit je $\mu = 0,4\%$ bewehrt sein, um die Biegung infolge unvermeidlicher Exzentrizitäten der Lasten aufnehmen zu können. Diese Bewehrung ist, sofern die Stäbe 12 mm Durchmesser oder mehr besitzen,

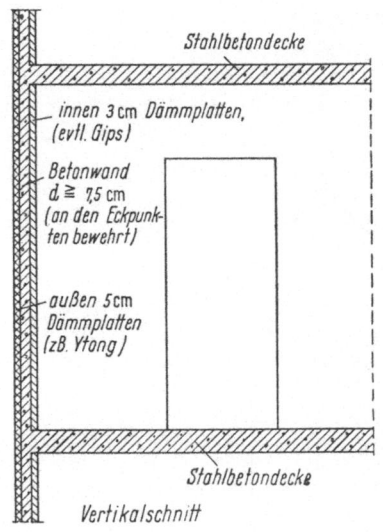

einzeln durch Bügel im Abstand 12d wie bei Stützen (DIN 1045, § 27.1) zu fassen. Dünnere Stäbe können durch Querstäbe gehalten werden ("Richtlinien" 2.713). Daß unbewehrte Wände zufolge schwedischen Bruchversuchen 10 ÷ 30% mehr als solche mit Bewehrung getragen haben, dürfte seinen Grund in einer unzureichenden Verbügelung gehabt haben. Die Bewehrung knickte bei höheren Laststufen aus (vgl. Abb. 2.1/6), sprengte die äußere Betonschicht ab und verminderte so die Tragfähigkeit der Wand. Diese Erscheinung wird noch dadurch verstärkt, daß der Beton bei wach-

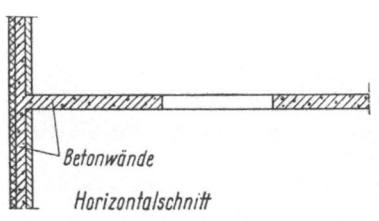

Abb. 2.5/11. Knickaussteifung dünner Wände durch Querwände [452]

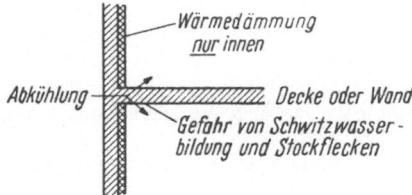

Abb. 2.5/12. Fehlende Wärmedämmung der Außenseite führt zu Kältebrücken in Decken und Wänden

senden Spannungen nachgiebiger wird (vgl. Abschn. 1.14, Abb. 1.1/18a) und daher ein zunehmender Längskraftanteil dem Stahl zufällt. Bei Langzeitbelastung wird diese Umlagerung noch ausgeprägter (vgl. Abschn. 2.11, Abb. 2.1/1).

2. Freitragende Wände. Freitragende Wände benötigen stets Bewehrung, da sie, als Scheiben wirkend, einen zweiachsigen, stets mit Zug verbundenen Spannungszustand aufweisen. Die früher gebräuchliche „Unterstützung" einer Wand durch einen Balken mit willkürlichem

Querschnitt (Abb. 2.5/13a) ist angesichts der großen Steifigkeit der Scheibe im Verhältnis zu der des Balkens bekanntlich ganz überflüssig. Vor nicht langer Zeit erst sind dem Verfasser aber Pläne vorgelegt worden, in denen eine unbewehrte Betonwand durch einen Stahlträger „abgefangen" werden sollte (Abb. 2.5/13b). Ein Überschlag der Formänderungen zeigt jedoch sofort, daß diese Vorstellung ganz abwegig ist: Der Träger entzieht sich jeder nennenswerten Lastaufnahme und überläßt

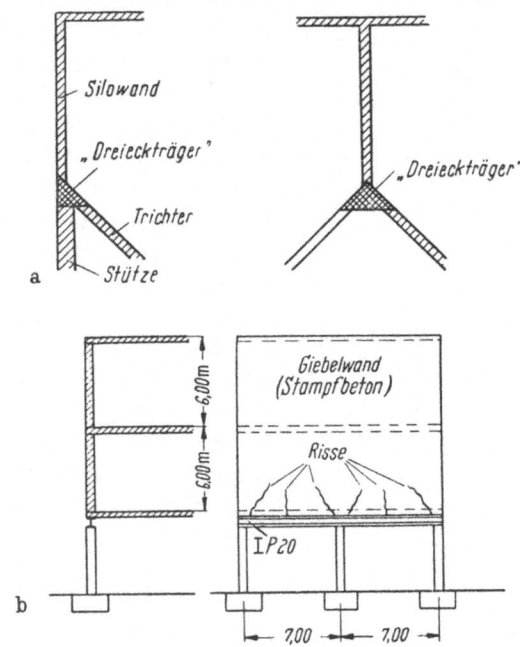

Abb. 2.5/13a u. b. Vermeintliche „Abfangungen" von Betonwänden durch weitaus biegsamere Balken.
a) Dreieckbalken unter Silowänden, b) Stahlträger unter Betongiebelwand

diese allein der Wand, die aber dann mangels Bewehrung reißen wird, wenn die Zugspannung am unteren Rand und in der Nähe der Auflager die Festigkeit überschreitet.

Bewehrte, sehr steife Scheiben werden als kurze Balken und Konsolen (vgl. Abschn. 2.26), als Abfangträger in Hochbauten (Abb. 2.5/14a), als Windscheiben (Abb. 2.5/14b), als Silowände (vgl. 2. Bd.) und als Brückentragwerke (vgl. 2. Bd.) verwendet. Auch in kleinerem Maßstab macht man von der Scheibenwirkung zu geringen seitlichen Versetzungen von Kräften Gebrauch (Abb. 2.5/15).

Die Berechnung der Scheiben mittels der Elastizitätstheorie ist nur bei einfachen Umrißformen und konstanter Dicke möglich, insbesondere bei Rechteckwänden (Silowänden). Sie wurde mit Reihenentwicklungen von DISCHINGER [454.1] für die über mehrere Stützen durchlaufende Wand und von BAY [454.2] mit einem Differenzenansatz für die einfeldige

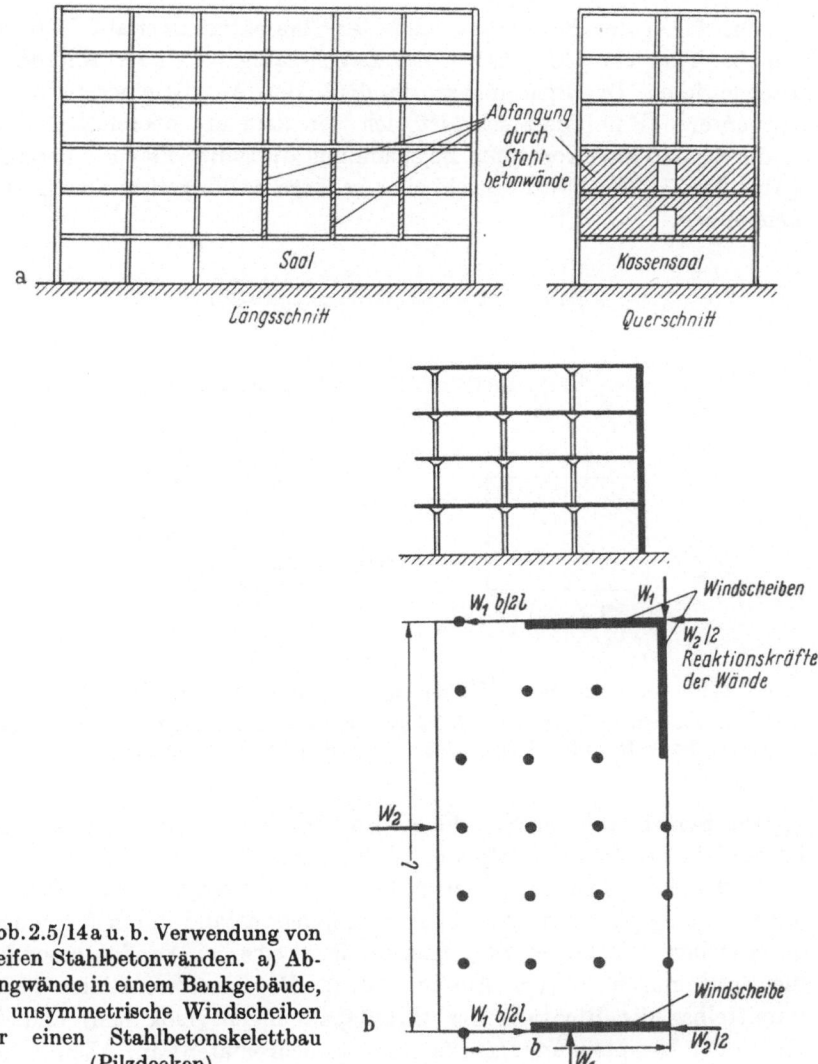

Abb. 2.5/14a u. b. Verwendung von steifen Stahlbetonwänden. a) Abfangwände in einem Bankgebäude, b) unsymmetrische Windscheiben für einen Stahlbetonskelettbau (Pilzdecken)

Wand angegeben. Die Ergebnisse sind verschiedentlich wiedergegeben [455] und in Abb. 2.5/16 dargestellt. Hinsichtlich des Hebelarmes der inneren Kräfte, also insbesondere der aufzunehmenden Zugkraft, liegt die Grenze zwischen „Wand" und „Balken" bei rund $\frac{h}{l_i} = 0{,}6$. Die

Schrägzugkraft wird von BAY a. a. O. mit $Z_s = 0,09\ pl/\cos\beta$ (β Abweichung der Schrägstäbe von 45°) angegeben, während sie bei einem Balken für $\beta = 0$ $Z_s = \dfrac{T}{\sqrt{2}}$ mit $T = \dfrac{M_m}{z} = \dfrac{pl^2}{8\cdot 0,9h}$ rd. $Z_s = \dfrac{0.14\,pl^2}{h}$ beträgt.

Die Form der Bewehrung wird dem Trajektorienverlauf [456] angepaßt. Versuche [457] haben die Zweckmäßigkeit dieser Anordnung nachgewiesen. Der Spannungszustand für den Angriff einer Gleichlast am unteren Rand unterscheidet sich von dem am oberen Rand nur dadurch, daß eine konstante Zugspannung die ganze Fläche überlagert (Abb. 2.5/17). Sie wird durch eine senkrechte Bügelbewehrung aufgenommen.

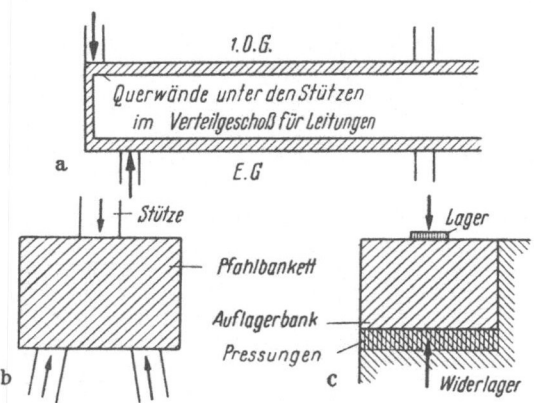

Abb. 2.5/15a–c. Gedrungene Balken mit Scheibenwirkung (vgl. Abschn. 2.2). a) Abfangebalken im Erdgeschoß für zurückspringende Fassadenstützen, b) Pfahlbankett unter Hallenstütze, c) Auflagerbank einer Brücke

Die Berechnung der Verschiebungen einzelner Punkte einer Scheibe ist in einfacher Weise in Abschn. 2.013 dargestellt.

In denjenigen Fällen, in denen die Analysis versagt oder der Arbeitsaufwand zu groß würde, kann der Spannungszustand durch Messungen an Modellen ermittelt werden. Hierfür eignet sich bei Wänden besonders die Spannungsoptik (vgl. Abschn. 2.312). Die Interferenzlinien geben unmittelbar die Richtung der Hauptspannungen (Isoklinen) und die Größe der Hauptspannungsdifferenzen (Isochromaten) an. Allein schon hieraus erhält man wertvolle Hinweise für eine zweckmäßige Bewehrung. Die vollständige Auswertung ist durch Auszählen der Isochromaten, durch Messung der Dickenänderung der Scheibe (proportional der Summe der Hauptspannungen) oder durch Betrachtung des Gleichgewichts an Scheibenelementen vom Rand her möglich. Auch graphisch lassen sich aus dem Trajektorienbild die Hauptspannungen ableiten

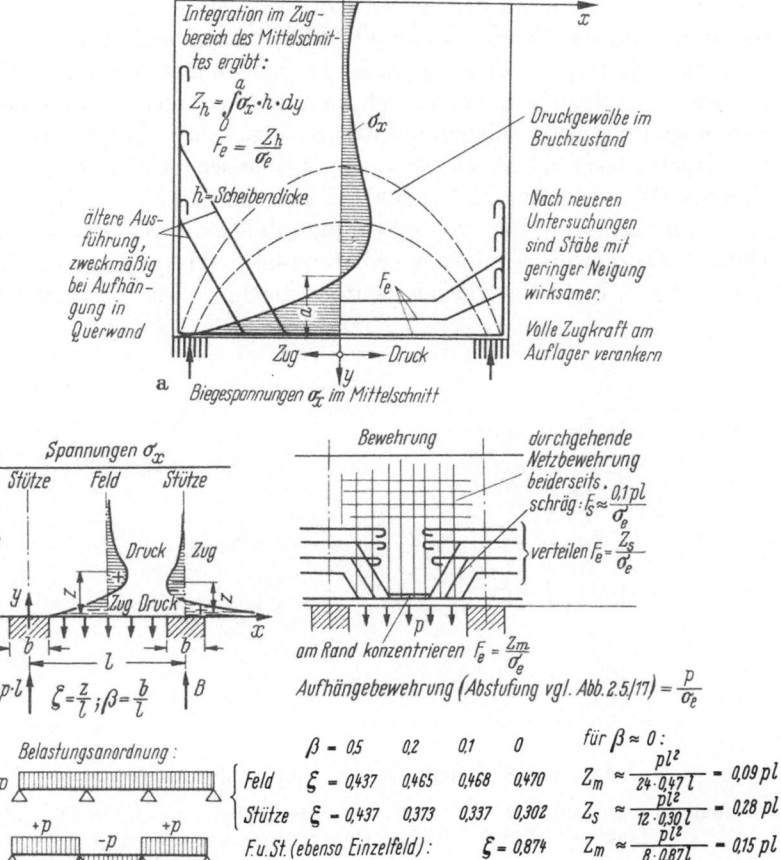

Abb. 2.5/16a u. b. Spannungen in freitragenden Wandscheiben (vgl. Abb. 2.2/107). a) Einfeldige Wandscheibe mit konstanter Streckenlast, b) durchlaufende Scheibe; Werte für hohe Scheiben $h \gtrless l$ nach [454.1]; für $h \lessgtr 0,6\,l_i$ ist $z = 0,667\,h$

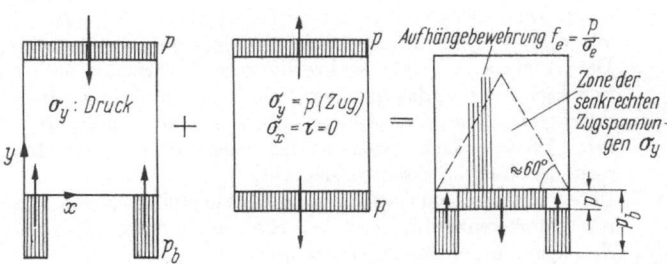

Abb. 2.5/17. Spannungen bei Belastung des unteren Randes werden aus denjenigen bei Belastung des oberen Randes durch Überlagern einer gleichförmigen Spannung $\sigma_y = p$ gewonnen. Die Spannungen σ_x und τ bleiben ungeändert, jedoch nicht die Hauptspannungen

[458] (Abb. 2.5/18a). An den Seiten eines von Trajektorien begrenzten Elementes sind die Schubspannungen Null, so daß sich aus der einen Hauptspannung die Zunahme der anderen ableiten läßt. Von einem Rand mit bekannter Spannung ausgehend, kann man so auch im Inneren die Spannungen aus Kräfteplänen ermitteln. Wegen ihrer Übersichtlichkeit und Anpassungsfähigkeit ist die spannungsoptische Untersuchung von Scheiben (Wänden) dem Konstrukteur sehr zu empfehlen. Man kann damit z. B. auch die Störung von Spannungsbildern durch Aussparungen (Abb. 2.5/20 b) sowie die Wirkung schlaffer [459] und vorgespannter (vgl. Abschn. 2.232, 1a, b) Bewehrung sichtbar machen. Die Wirkung nach-

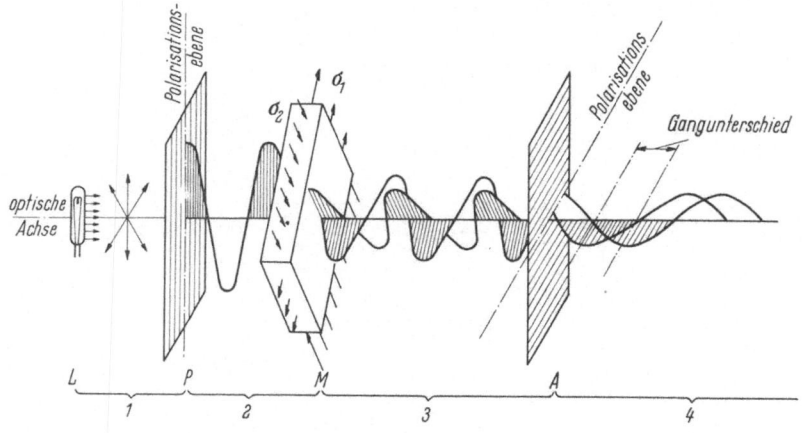

Abb. 2.5/18. Prinzip der Spannungsoptik [458].

Entstehung der Isochromaten (Linien gleicher Hauptspannungsdifferenz) und der Isoklinen (Linien gleicher Hauptspannungsrichtung).

Bereich 1:   Lichtquelle erzeugt einwelliges, unpolarisiertes Licht (Licht schwingt in verschiedenen Richtungen).

Bereich 2:   Der Polarisator läßt nur Licht mit einer Schwingungsrichtung durch.

Bereich 3:   Das Modell aus doppelbrechendem Material spaltet das Licht in zwei Teilschwingungen parallel zu den Hauptspannungsrichtungen σ_1 und σ_2 auf. Die Geschwindigkeiten der Teilschwingungen im Modell hängen von σ_1 bzw. σ_2 ab. Dadurch entsteht eine Phasenverschiebung.

Bereich 4:   Der Analysator (stets senkrecht zum Polarisator stehend) läßt nur Licht durch, das in seiner Polarisationsrichtung schwingt. Die durchgelassenen Teilstrahlen haben gleiche Amplitude, sind in ihrer Phase jedoch gegeneinander verschoben. Durch Interferenz wird der Gangunterschied sichtbar.

Isochromaten: Linien mit gleichem Gangunterschied; sie stellen $\sigma_1 - \sigma_2 = n \cdot \dfrac{S}{d}$ dar, $n =$ Interferenzordnung, $d =$ Dicke des Modells, $S =$ spannungsoptische Konstante.

Isoklinen: Polarisationsrichtung und Hauptspannungsrichtung stimmen miteinander überein, d. h. keine Aufspaltung des Lichtstrahles. Der Analysator läßt somit kein Licht durch und erzeugt schwarze Linien (Isoklinen), Linien mit gleicher Hauptspannungsrichtung

träglicher konstruktiver Veränderungen läßt sich durch Korrekturen an den Kunstharzmodellen, die leicht bearbeitet und geklebt werden können, anschaulich verfolgen. Auch die Wirkung wechselnder Scheiben-

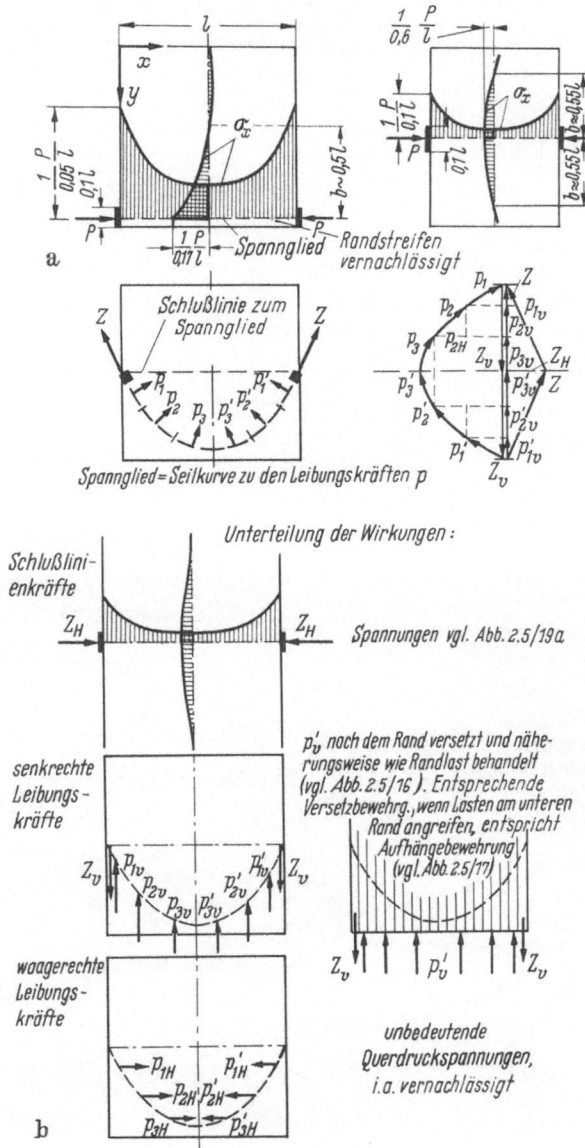

Abb. 2.5/19a u. b. Vorspannung von Wänden mit der Dicke $d = 1$ (Reibung der Spannglieder vernachlässigt). a) Durch ein gerades Spannglied [260], b) durch ein gekrümmtes Spannglied

23*

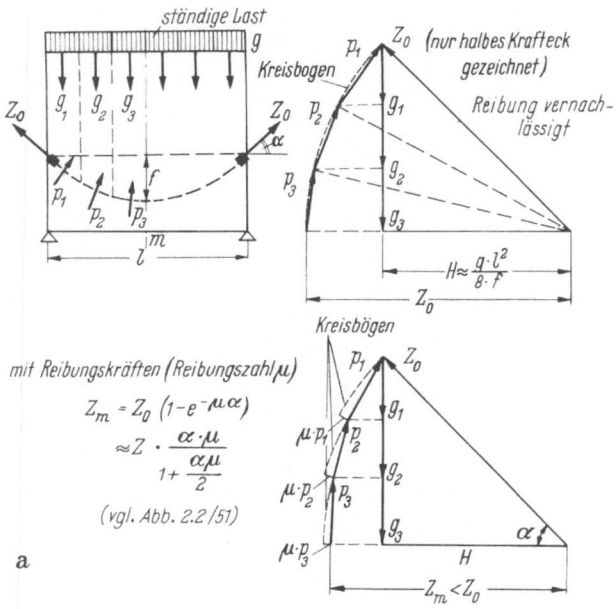

Abb. 2.5/20a u. b. Vorspannung von Wänden. a) Graphische Konstruktion einer „formtreuen" Vorspannung für eine bestimmte Belastung (senkrechte Leibungskräfte so groß wie die äußeren Lasten), b) spannungsoptische Darstellung (Isochromaten) des Vorspannzustandes einer Scheibe (Wehrpfeiler)

dicke läßt sich, abgesehen von den Störungen an den Übergangsstellen, feststellen. Dort herrscht ein dreidimensionaler Spannungszustand, der mit dem „Einfrierverfahren" [460] ermittelt werden kann.

Die Anwendung der Vorspannung führt bei Scheiben ebenfalls zu zweiaxialen Spannungszuständen. Gerade Spannglieder werden als Einzellasten, die miteinander im Gleichgewicht stehen, behandelt (Abb. 2.5/19a). Die gleiche Wirkung haben die „Schlußlinienkräfte" von gekrümmten Spanngliedern, denen diejenige der Leibungskräfte zu überlagern ist (Abb. 2.5/19b) [260, 461]. Die gleichzeitige Behandlung beider Wirkungen wie beim einfachen Balken, bei dem allein aus Größe und Lage der Spannkraft im Querschnitt die Betonspannungen abgeleitet werden können (vgl. Abschn. 2.232,1), ist bei der Scheibe nicht möglich. Auch die weitere Vereinfachung der Balkenvorspannung, bei der die Horizontalkomponente der Spannkraft als unabhängig von der meist kleinen Neigung angesehen und die der Leibungskräfte vernachlässigt werden, trifft bei Wänden wegen der stärkeren Krümmung der Spannglieder i. allg. nicht mehr zu. Deshalb ist die durchbiegungslose (formtreue) Vorspannung für einen bestimmten Lastfall bei Wänden nicht streng zu verwirklichen (Abb. 2.5/20a). Bemessungsregeln für das „Überdrücken" lassen sich daher nicht wie bei Balken aufstellen, und die Ermittlung von Größe und Lage der Spannkraft läuft auf Probieren hinaus. Auch hierbei läßt sich am Modell mittels der Spannungsoptik rasch und anschaulich ein Bild des Spannungszustandes gewinnen (Abb. 2.5/20b).

2.532 Ausführung

Die Ausführung von Wänden erfordert einige besondere technische und wirtschaftliche Überlegungen, um ein befriedigendes Ergebnis zu erhalten.

1. Beton. Um die angestrebte Festigkeit nicht zu gefährden, darf man sich trotz der Enge der Schalung keinesfalls verleiten lassen, zu naß zu betonieren. Außerdem würde dann das Setzmaß durch Wasserabscheidung (vgl. Abschn. 1.115) zu groß und die Gefahr von Querrissen durch Anhängen des Betons an der Bewehrung heraufbeschworen. Daher ist „plastischer" Beton zu verwenden und durch Rütteln zu verdichten. Die Steiggeschwindigkeit soll wie bei den Stützen 2 m/h keinesfalls überschreiten, besser nicht mehr als 1 m/h.

2. Bewehrung. Die Bewehrung besteht aus den errechneten Stäben und konstruktiven Zulagen, meist in Form von beiderseitigem Stahlgewebe, um Eigenspannungen aus Schwind- und Temperaturdifferenzen (vgl. Abschn. 1.15 und 1.16), die an der Oberfläche Zug erzeugen, Rechnung zu tragen. Eine weitere Aufgabe der Netzbewehrung ist die Auf-

nahme von Zugspannungen, die eine Folge der Abweichung der Biege-
und Schrägbewehrung von den Zugtrajektorien sind.

Schließlich entstehen Zwängungsspannungen, wenn zwischen der
Herstellung des Wandfundamentes und der aufgehenden Wand oder

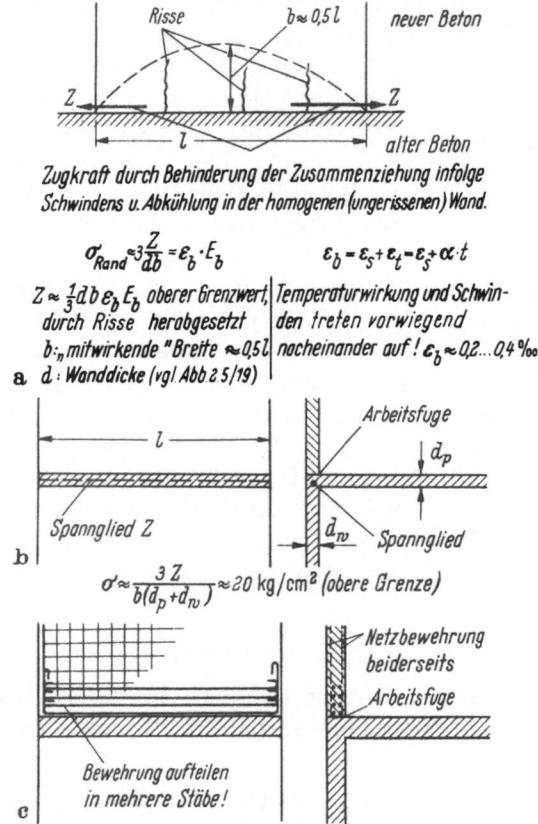

Abb. 2.5/21 a—c. Spannungen und Risse infolge Temperatur und Schwinden in verschieden alten Wandzonen nach der Herstellung in Höhenabschnitten. Abschätzung
der entstehenden Kräfte. a) Zugkraft und -risse, b) Verringerung der Längendifferenz
durch Vorspannen des älteren Betons während des Erhärtens des jungen Betons,
c) schlaffe Bewehrung zur Verteilung der Risse; möglichst Rippenstahl

zwischen der zweier aufeinander stehender Wandzonen längere Zeit
verstreicht (Abb. 2.5/21a) (vgl. Abschn. 1.163) [461].

Bei dünnen Wänden geht der Temperaturausgleich rasch vor sich
und die beim Abbinden des Betons entstehende Wärme fließt auch verhältnismäßig schnell ab. Die Abkühlungskontraktion bleibt dann klein
und kann vom noch sehr jungen Beton aufgenommen werden. Bei dicken

Wänden (0,5÷1÷2 m) dagegen entstehen im Wandinneren leicht Temperaturen von 30÷50 °C, die sich erst nach Tagen und Wochen der Außentemperatur angleichen, wenn der Beton inzwischen erhärtet ist (vgl. Abschn. 1.161). Umgekehrt ist das Schwinden bei dünnen Wänden wegen der relativ größeren Oberfläche stärker als bei dicken Wänden und führt daher bei ersteren zu größeren Schwindspannungen. Dünne Wände sind deshalb stärker von später auftretenden Schwindrissen bedroht als dicke Wände; diese reißen dafür früher infolge Abkühlung. Beide Erscheinungen lassen sich natürlich nie genau voneinander trennen. Durch Vorspannen läßt sich die Wirkung des Schwindens wirksam mildern (Abb. 2.5/21b), wobei der ältere Beton während des Erhärtens des neuen Betons komprimiert wird. Eine Vorspannung des jüngeren Betons würde die Dehnungsdifferenz noch vergrößern. Man wird eine Druckspannung von etwa 20 kg/cm² entsprechend einer Stauchung von rund 0,1⁰/₀₀ oder einer Temperaturdifferenz von 10 °C anwenden; auch ein geringerer Druck bedeutet immerhin eine Verbesserung. Mit einer schlaffen Bewehrung in der unteren Zone der jüngeren Wand (Abb. 2.5/21c), welche die Betonspannung nur unwesentlich herabsetzt, läßt sich das Reißen des Betons zwar nicht verhindern, sie bewirkt aber eine Aufteilung in zahlreiche und feine Risse, vor allem bei Verwendung profilierter Stähle (Rippenstahl). Es hat wenig Sinn, diese Bewehrung aus der Zug-

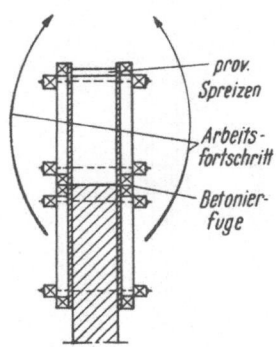

Abb. 2.5/22. Versetzschalung für Wände (Wandschalung, 2 Garnituren von Schaltafeln)

kraft dimensionieren zu wollen, die in einer homogenen Wand infolge der Behinderung der Zusammenziehung ihres Fußes entsteht (Abb. 2.5/21a), da die Kraft bei der Bildung von Rissen sofort erheblich herabgeht. Eine Unterteilung der Wand durch Fugen müßte sehr eng (3÷5 m) vorgenommen werden, um wirksam zu sein.

3. Schalung. Der Schalungskostenanteil liegt bei Wänden erheblich höher als im Durchschnitt bei Hochbauten (Verhältnis m³ Beton zu m² Schalung 1:13 bei 15 cm Wandstärke gegenüber etwa 1:6 bei Decken). Man ist daher bestrebt, ihn einerseits durch Senkung des Stoffaufwandes (mehrfache Verwendung der Schalung), andererseits durch Rationalisierung des Arbeitsvorganges (einfache Handhabung, insbesondere Verringerung des Facharbeiteranteiles) herabzusetzen. Diese Forderungen führen zu den Versetzschalungen aus einzelnen fertigen Tafeln von etwa ¹/₂ m² Größe, die in zahlreichen Ausführungen aus Holz und Stahl im Handel sind [462]. Sie werden mitunter als genormte stockwerkhohe Spezialtafeln ausgebildet oder in zwei Reihen übereinander bei entsprechend

23a*

abschnittsweisem Betoniervorgang eingesetzt (Abb. 2.5/22). Zur gegenseitigen Verankerung wird in den einfachsten Fällen Rödeldraht ⌀ 3 mm benutzt; besser sind Bolzenschrauben verschiedener Bauart. Sie werden meist durch eine Papphülse gegen das Anhaften des Betons geschützt, um sie wiederzugewinnen und um Roststellen zu vermeiden.

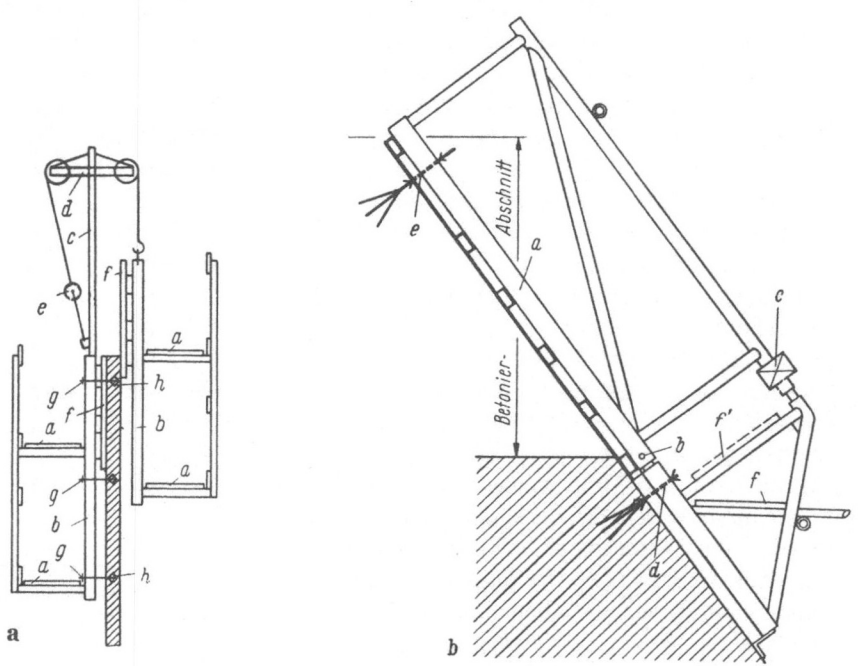

Abb. 2.5/23a u. b. a) Wechselseitig durch Handwinden an der Innen- und Außenseite von Silowänden hochziehbare Kletterschalung mit Ankern.
a Arbeitspodeste, *b* Hauptträger, *c* Hubmast, *d* Rollenträger, *e* Handwinde, *f* Schaltafeln, *g* Ankerschrauben, von beiden Seiten einschraubbar, *h* einbetonierte Ankerkörper;
b) Mit Kran gehobene Kletterschalung für eine Sperrmauer.
a Hauptträger, *b* Gelenk, *c* Spannschloß zum Einstellen der Neigung, *d* unterer Bolzen im Beton, *e* oberer Bolzen an der Schalung, *f* Laufsteg bei schräger Schalfläche, *f'* Laufsteg bei senkrechter Schalfläche

Noch weniger Schaltafeln braucht man bei Verwendung einer Kletterschalung, die nur aus *einem* Doppelkranz von Tafeln besteht, der dann aber eine besondere Haltevorrichtung zum Aufstellen benötigt (Abb. 2.5/23a). Bei Verankerung im erhärteten Beton lassen sich hiermit auch dicke Wände herstellen (Abb. 2.5/23b), deren Schalung nicht mehr „durchgebunden" werden kann.

Für Wände konstanter Stärke mit einer Mindesthöhe von etwa 8 m (bei Ausführung einer größeren Anzahl gleicher Baukörper bis zu etwa

5 m herab) wendet man vorteilhaft Gleitschalung an, die aus einer zusammenhängenden Schalzone von etwa 1,2 m Höhe besteht, wobei der Betondruck durch sog. „Böcke" aufgenommen wird (Abb. 2.5/24a) [463]. Dieses Aggregat wird samt der Arbeitsplattform durch Stangen, die in der Wand stehen, abgestützt und klettert an diesen mittels einer besonderen Vorrichtung (ehemals von Hand, jetzt meist hydraulisch betätigt) dem Betonierfortschritt entsprechend empor. Unter günstigen Verhältnissen (bei warmem Wetter) lassen sich im 3-Schichten-Betrieb bis 5 m/Tag herstellen. Man erhält auf diese Weise monolithische Wände, die ein- oder mehrzellige Grundrisse umschließen können, aber i. allg. nur prismatische Bauwerke bilden (Silos, Kamine, Pfeiler, Kühltürme, Wohnhäuser usw.). Die Wandstärke ist nach oben hin nur durch die Handlichkeit der Böcke begrenzt, nach unten hin durch das Gewicht des von der Schalung eingeschlossenen Betons, das größer als dessen Reibung an der Schalung sein muß (Abb. 2.5/24 b). Um waagrechte Risse durch das Mitnehmen des Betons zu vermeiden, liegt die geringste Wandstärke für Holzschalung bei etwa 15÷20 cm, für Schalung, die mit Blech- oder Kunststoffplatten beschlagen ist, bei 10÷12 cm. Der kontinuierliche Arbeitsprozeß, bei dem die Bewehrung laufend

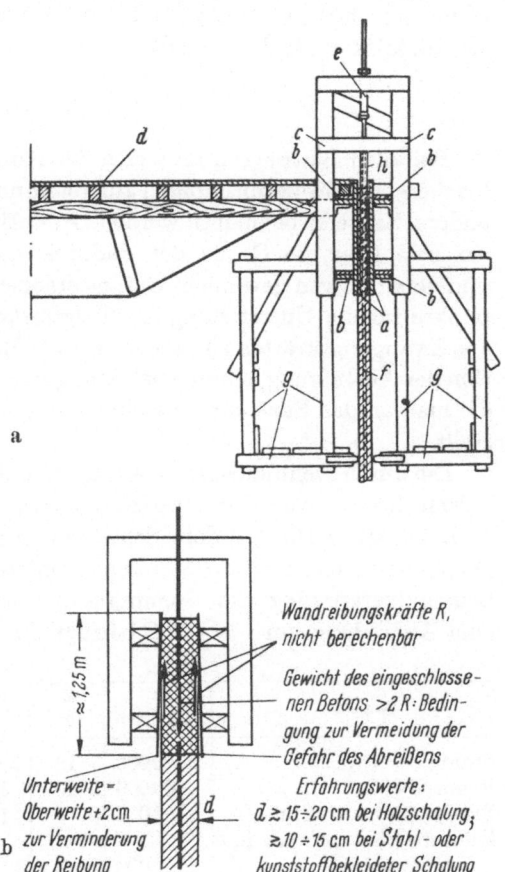

Abb. 2.5/24a u. b. Schematische Darstellung einer Gleitschalung.

a) Übersicht: a Schalungstafeln, b Kranzhölzer, c Gleitbock zur Aufnahme des Betondruckes, d Arbeitsbühne, e Kletterstange mit Hubspindel oder hydraulischer Hubvorrichtung, f Betonwand, g Laufgerüste, h Hülse für Kletterstange. um diese wiederzugewinnen;

b) Begrenzung der Wandstärke nach unten durch die Reibung des Betons an der Schalung

eingebracht werden muß (senkrechte Stäbe max. 4 m hoch aufstellen!),
erfordert genaue Planung und gewissenhafteste Durchführung. Wand-
öffnungen werden durch Einlegen von Aussparungsschalungen oder
Leichtstoffkörpern hergestellt.

2.6 Fugen

Bei allen Bauwerken muß sich der Konstrukteur Gedanken darüber
machen, welche Verformungen auftreten und in welchem Maße sie durch
andere Bauteile behindert werden. Aus Aktion und Reaktion läßt sich
ein Bild über die Größe der dadurch auftretenden Zwängungskräfte
und deren Folgen gewinnen. Daraus ergeben sich aber auch die Gesichtspunkte für die Unterteilung des Tragwerkes durch Fugen, um Schäden
aus Zwängungskräften zu vermeiden. Die Behinderungen sind eine Funktion der Abstützung, deren Ausbildung sich nach den Ansprüchen richtet,
die man an das Bauwerk im Rahmen der wirtschaftlichen Möglichkeiten
stellt.

Die durch Dehnungsbehinderung entstehenden Spannungen in einem
Prisma hängen von der Elastizitätszahl E sowie der Wärmedehnzahl α_t
(vgl. Abschn. 1.16) und dem Schwindmaß ε_s (vgl. Abschn. 1.15) ab. Bei
voller Behinderung der Dehnungen entsteht durch Temperatur- oder
Schwindverkürzung die Spannung $\sigma_t = \alpha_t \cdot t \cdot E$ bzw. $\sigma_s = \varepsilon_s \cdot E$; für
eine Abkühlung um $t = 10\ °C$ beträgt die Zugspannung $\sigma_t = 10 \cdot \alpha_t \cdot E$.

Baustoffe	E kg/cm²	α_t 10^{-6}	$\sigma_t = 10 \cdot \alpha_t \cdot E$ kg/cm²	ε_s ‰	$\sigma_s = \varepsilon_s \cdot E$ kg/cm²
Stahl	2 100 000	12	252 ≙ 840%	—	—
Beton B 300	300 000	10	30 ≙ 100%	0,20	60
Bruchsteinmauerwerk . .	150 000	8	12 ≙ 40 %	0,05	7,5
Klinkersteinmauerwerk in Zementmörtel	100 000	5	5 ≙ 17 %	0,05	5,0
Ziegelsteinmauerwerk in Kalkmörtel	≈ 50 000	3	1,5 ≙ 5 %	0,03	1,5
Bimsbeton	≈ 20 000	3	0,6 ≙ 2 %	bis 0,3	6,0

Diese Zusammenstellung von Mittelwerten soll zeigen, daß bei Betonbauwerken die Dehnungsfugen eine weitaus größere Rolle spielen als etwa
bei Ziegelbauten. Die Rißgefahr hängt außerdem noch von der Zugfestigkeit des Baustoffes ab. Besondere Vorsicht ist geboten bei der Verbindung von Stoffen mit verschiedener Wärmedehnung.

2.61 Fugenabstand

Für die Fugenteilung von Betonbauten kann folgende Übersicht als
Anhalt dienen:

Behinderung	stark		mittel		gering		beseitigt
Bauwerk	Stützmauern auf				Hochbauten mit		Binder und Brücken auf Rollenlagern
	Fels		Kies				
	unbew.	bew.	unbew.	bew.	steifer	elastischer	
					Unterkonstruktion		
Fugenabstand	5—10		10—15		15—25	30—40—60	100—200 m
Sonderfälle	Flachdachplatten auf Mauerwerk				Fundamentplatten (t und ε_s klein)		
	ohne		mit				
	Wärmedämmung						

Abb. 2.6/1 zeigt ein gelungenes Beispiel des Hochbaues mit extremen Stützungsverhältnissen des Daches. Den nach unten abnehmenden Dehnungen entsprechend kann man in einem mehrstöckigen Bau die Fugen staffeln (Abb. 2.6/2). Der zulässige Fugenabstand von 35 m in Leicht(stein)wänden nach DIN 1053, 2.8 sollte bei Verwendung zement- oder kalkgebundener Steine wegen des verhältnismäßig großen Schwindmaßes wesentlich kleiner, nämlich $15 \div 25$ m gewählt werden. Fugen werden ferner aus folgenden Gründen notwendig:

a) Bei Wechsel der Gründungsart oder der Bodenverhältnisse wegen zu erwartender Setzungsdifferenzen (Abb. 2.6/3).

b) Bei brandgefährdeten Bauten: Fugenabstand < 30 m, -breite ≈ 3 cm [171].

c) Bei Bergsenkungen (vgl. 2. Bd.).

d) Zur Lokalisierung von Erschütterungen (vgl. 2. Bd.).

Ist es zu schwierig, Dauerfugen auszubilden, so begnügt man sich mit Schwindfugen, die nach etwa $2 \div 3$ Monaten (möglichst spät!) geschlossen werden. Dann hat sich der größte Teil des Schwindens ausgewirkt. So unterteilt man etwa eine Geschoßdecke in Abschnitte von $25 \div 30$ m Länge oder eine Stützmauer in solche von etwa 15 m (Abb. 2.6/4). Die Bewehrung muß an diesen Stellen unterbrochen und durch Überdecken gestoßen werden; die Anschlußstellen sind gut aufzurauhen (vgl. Abschn. 1.114).

Die oben angegebenen Richtwerte lassen sich im Einzelfall rechnerisch wie folgt begründen:

a) Durchgehend auf dem Baugrund aufliegende Bauwerke (Stützmauer, Straßendecke) (Abb. 2.6/5). Zugkraft infolge des Schwindens:

$$Z = g\,\frac{a}{2}\,\mu_R, \quad \mu_R = \tan\varrho, \quad \varrho = 45° \div 55°, \quad \mu_R = 1,0 \div 1,5.$$

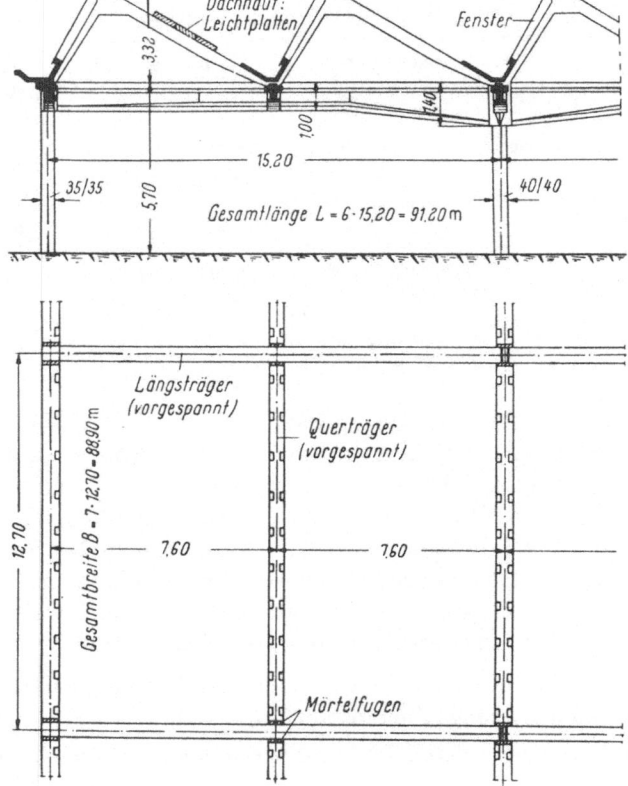

Abb. 2.6/1. Halle über Grundfläche 90/90 m ohne Fugen, da Abstützung sehr elastisch und Schwindmaß durch Aufbau aus Fertigteilen vermindert [501]

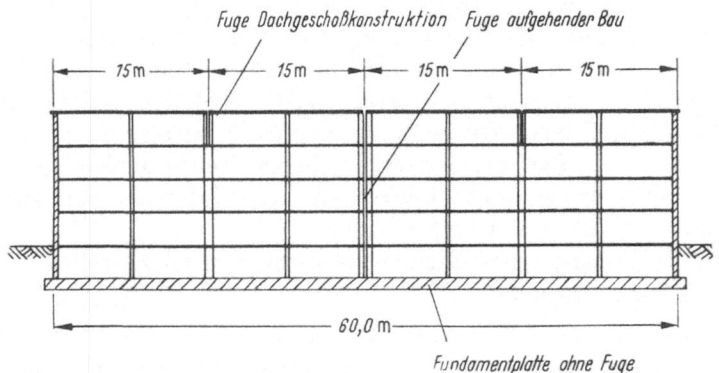

Abb. 2.6/2. Staffelung der Fugen in einem Skelettbau entsprechend der verschiedenen Erwärmung und Schwindung der Platten

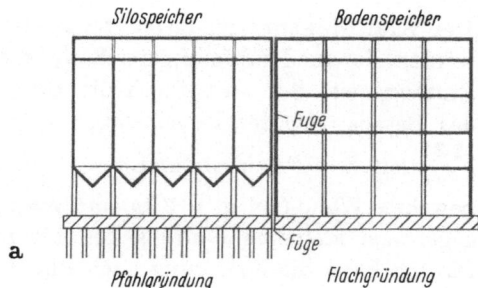

Abb. 2.6/3 a u. b. Fugen
zwischen Bauteilen, die
sich verschieden setzen.
a) infolge verschiedener
Gründungsarten   bei
einem Speichergebäude,
b) infolge wechselnder
Bodenverhältnisse

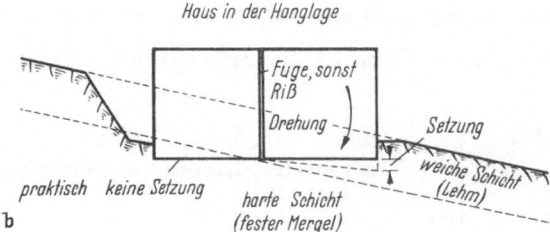

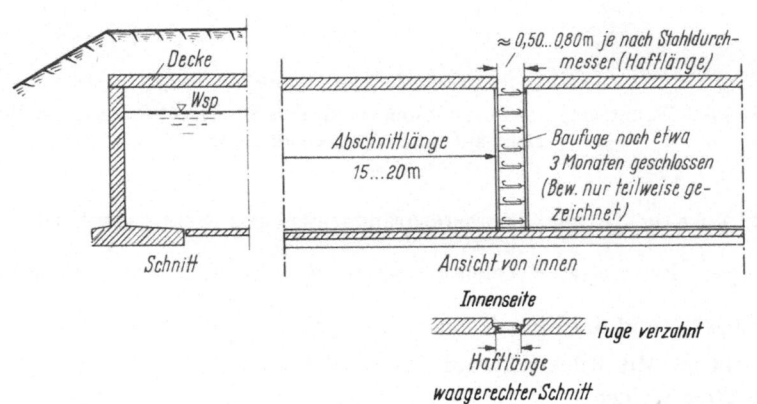

Abb. 2.6/4. Baufuge in einer unten eingespannten Behälterwand

Abb. 2.6/5. Längskräfte infolge
behinderter Dehnungen in
einem durchgehend aufge-
lagerten Baukörper. Reibungs-
zahl $\mu_R \approx 1{,}0 \div 1{,}5$ und höher
je nach Rauhigkeit der Sohle

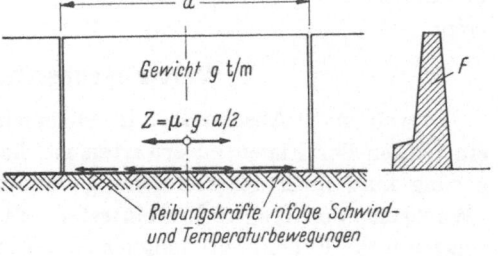

Die Kraft Z kann genügend genau zentrisch wirkend angenommen werden, da eine Krümmung des Bauwerkes i. allg. unverträglich mit der Stützung ist. Sie wird durch die zulässige Zugbeanspruchung zul. σ_z des Betons oder der Bewehrung begrenzt. Man erhält somit aus $a = \dfrac{2Z}{g \cdot \mu_R}$ mit $Z = F \cdot$ zul. σ_z und $g = F \cdot \gamma$: $a = \dfrac{2\,\text{zul.}\,\sigma_z}{\gamma \cdot \mu_R}$; z. B. für eine unbewehrte Wand (zul. $\sigma_z = 2\,\text{kg/cm}^2$, $\gamma = 2{,}5\,\text{t/m}^3$) $a = 16$ m. Die oben angegebenen kleineren Werte gelten für rauhen, felsigen Baugrund. Bei Platten kann die Forderung nach Rissefreiheit mit Rücksicht auf Setzungen kleinere Fugenabstände nötig machen (vgl. 2. Bd.).

b) Auf Stützen aufliegende Decke (Abb. 2.6/6). Das Trägheitsmoment des Riegels wird angenähert als groß gegenüber dem der Stützen angenommen. Dann ist die Biegespannung in der Endstütze $\sigma = \dfrac{3\,E\,d \cdot \delta}{h^2}$.

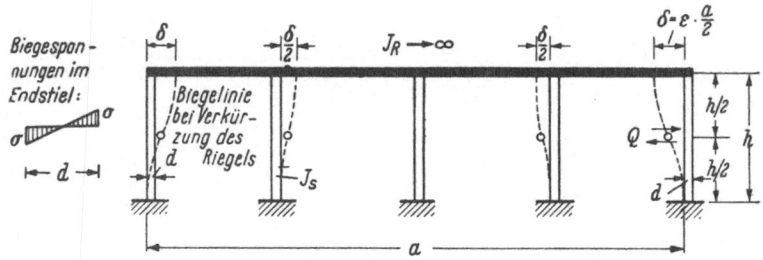

Abb. 2.6/6. Ermittlung des Fugenabstandes für eine Decke auf Stützen mit Rücksicht auf deren Biegespannungen

Mit $\delta = \varepsilon \cdot \dfrac{a}{2}$ (ε aus Temperaturänderung und Schwinden) ist $a = \dfrac{\sigma \cdot h^2}{1{,}5\,E\,d \cdot \varepsilon}$. Beispielsweise seien $h = 4{,}0$ m, $d = 0{,}4$ m, $E = 200\,000\,\text{kg/cm}^2$, $\varepsilon = 0{,}4\,^0/_{00}$ und die Einhaltung von $\sigma = 40\,\dfrac{\text{kg}}{\text{cm}^2}$ erwünscht. Daraus folgt $a \approx 14$ m. Mit Rücksicht auf die Elastizität des Riegels könnte man $a \approx 20$ m wählen.

Bei Tragwerken, die aus Fertigteilen montiert werden, wird das Dehnmaß ε kleiner, da beim Einbau ein Teil des Schwindvorganges abgeschlossen ist. Die Fugenabstände können also in diesem Fall größer sein.

2.62 Fugenherstellung

Obwohl nach Abschn. 2.72 im allgemeinen (außer im Brandfalle) nur ein Öffnen der Fugen zu erwarten ist, kann bei einer Temperatursteigerung kurz nach der Herstellung vor dem Schwinden aber auch ein „Wachsen" des Tragwerkes eintreten. Es muß deshalb auch eine Verringerung der Fugenbreite möglich sein. Eine Arbeitsfuge mit Pappeinlage genügt also meist nicht. Nur sehr weiche Faserplatten, Schaumplatten oder bituminierte, gewellte Pappen sind brauchbar. Man überzeuge sich gewissenhaft, daß diese Einlagen beim Betonieren nicht beschädigt werden. Beispielsweise entstanden ärgerliche Schäden ähnlich Abb. 2.4/7 am Mauerwerk von 80 m langen Reihen-Bungalows, obgleich das Flachdach alle 12 m eine 1 cm breite Fuge erhalten hatte. Deren Wirkung war aber durch einige Betonbrücken von nur etwa 1 dm² Größe, die durch Beschädigung der Styropor-Einlagen beim Betonieren entstanden waren, vollständig ausgeschaltet worden.

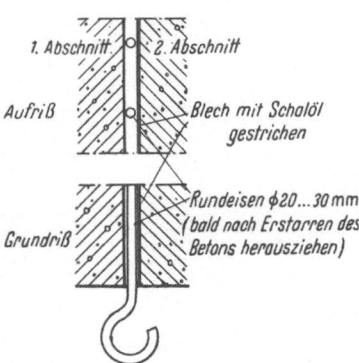

Abb. 2.6/7. Herstellung von Fugen ohne Einlagen

Raumfugen können auch durch Anbringen einer leicht entfernbaren Putzschicht (z. B. gipsgebundene Sägespäne) oder mittels Blechschalung (Abb. 2.6/7), breitere Fugen mittels Holz- oder Plattenschalung hergestellt werden.

2.63 Fugenausbildung

Auf die Fugenausbildung ist große Sorgfalt zu verwenden, da Schäden später kaum zu beheben sind [503].

2.631 Fugenanordnung

a) Bei Deckenplatten werden Fugen parallel zur Tragrichtung durch Aufschneiden gebildet. Senkrecht zur Tragrichtung sind Fugen nur bei

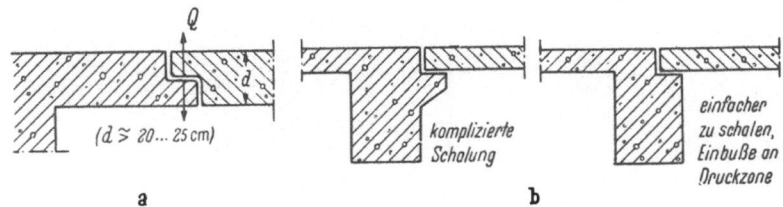

a   b

Abb. 2.6/8a u. b. Fugenanordnung in Platten senkrecht zur Tragrichtung. a) bei größerer Plattendicke wie Gerbergelenk ausgebildet, b) bei geringer Plattendicke

größeren Plattendicken möglich (Abb. 2.6/8a), da Abkröpfungen zur Übertragung der Querkraft als Konsolen zu bewehren sind (vgl. Abschn. 2.26). Die ordnungsgemäße Führung und Überdeckung der Bewehrung ist nur bei mind. 10 cm Konsolenhöhe (Plattendicke 20 cm) möglich. Dünne Platten (Abb. 2.6/8b) sind verschieblich auf Balken aufzulegen.

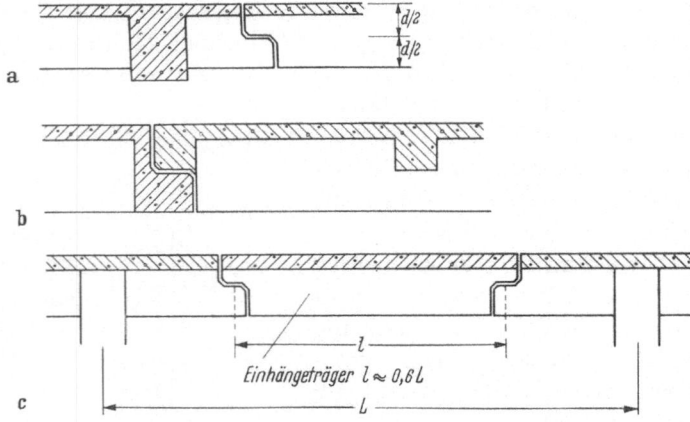

Abb. 2.6/9a—c. Fugenanordnung in Balken. a) parallel zur Tragrichtung der Platte, b) senkrecht zur Tragrichtung der Platte, c) zum Ausgleich größerer Setzungsdifferenzen benachbarter Bauteile

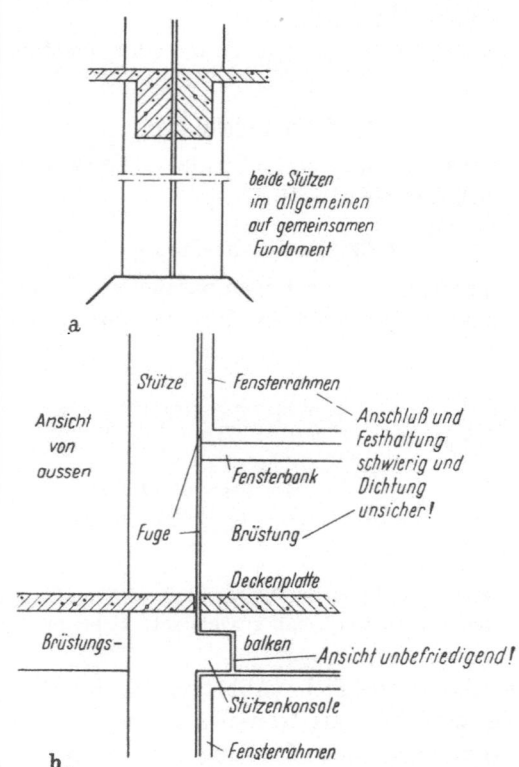

Abb. 2.6/10a u. b. Dehnungsfugen an Stützen. a) Ausbildung von Doppelstützen (vorzuziehen), b) einfache Stützen mit Konsolen

b) In Balken werden Konsolen ausgebildet (Abb. 2.6/9), je nach Spannrichtung der Deckenplatte ohne oder mit Randbalken. Sind gegenseitige, wesentliche Setzungen der getrennten Bauteile zu erwarten, ordnet man ein Einhängefeld an (Abb. 2.6/9 c).

c) Bei Stützen ist die Aufspaltung in Doppelstützen entschieden vorzuziehen (Abb. 2.6/10a). Die Konsolanordnung (Abb. 2.6/10 b) führt zu Schwierigkeiten des Fenster- oder Mauerwerkanschlusses im beweglichen Feld.

d) In Wänden genügen nur bei sehr festem Baugrund ebene Fugen. Meist ist eine bewehrte Verzahnung vorzuziehen (Abb. 2.6/11), die das Fluchten der Wand gewährleistet.

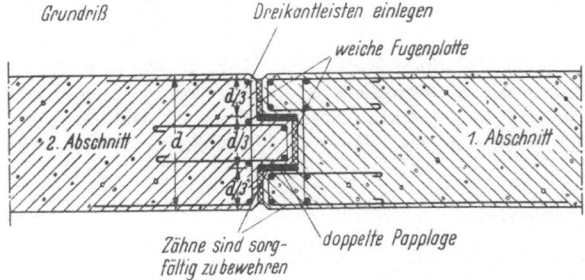

Abb. 2.6/11. Verzahnung einer Mauer, um die Flucht aufrechtzuerhalten. Doppelte Papplage in den Berührungsflächen in Mauerlängsrichtung

2.632 Fugenschutz und -dichtung

1. Deckenplatten im Hochbau. Betonkanten sind stets beim Ausschalen und durch Verkehr gefährdet; daher sollten sie mittels Dreikantleisten abgefast werden. Bei stärkerem Verkehr sind verankerte Kantenschutzwinkel nötig (Abb. 2.6/12), die erst nach dem Erhärten des Betons zu verlegen sind, denn für eine genaue Lage ($1 \div 2$ mm) genügt ihre Befestigung an der Schalung nicht (Toleranzen $10 \div 20$ mm). Einen einfachen Schutz gegen Verschmutzung zeigt Abb. 2.6/13. Die Wasserabdichtung einer Deckenfuge erreicht man mit einer Blech- oder Kunststoffüberdeckung (Abb. 2.6/14a). Über Dachfugen wird die Deckung meist wellenförmig hinweggezogen (Abb. 2.6/14b).

2. Fugen von Brückenplatten. Fugen von Brückenplatten erfordern eine sorgfältigere Ausbildung, da hier größere Bewegungen auftreten. Fugen in Fußwegkragplatten sollten stets zuverlässig gedichtet werden (Abb. 2.6/15), um die Verschmutzung der Hauptträger zu vermeiden. In Fahrbahnplatten haben freiliegende Schleppbleche nicht befriedigt, da sie beim Befahren klappern. Versteckte (Abb. 2.6/16a) oder federnde Schleppbleche (Abb. 2.6/16b) sind für mittlere Verschiebungswege geeignet, erfordern aber eine Entwässerungsrinne. Diese wird bei aus-

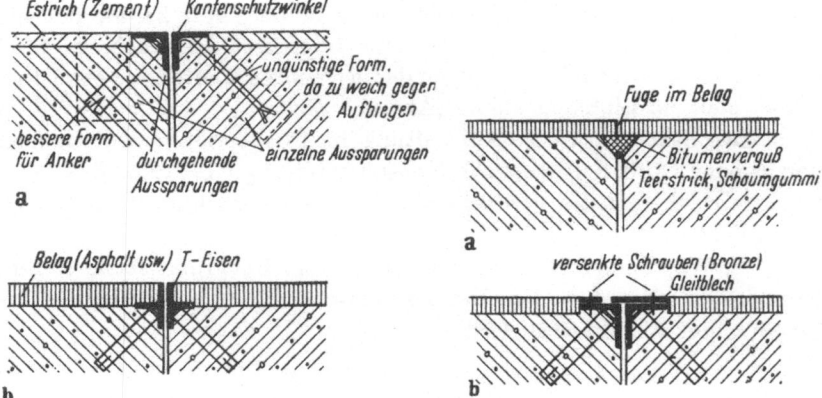

Abb. 2.6/12a u. b. Kantenschutz an Deckenfugen mit Stahlprofilen. a) sichtbare Winkel, b) versenkte Anordnung für größere Belagstärke

Abb. 2.6/13a u. b. Schutz gegen Verschmutzung, nicht wasserdicht. a) bei kleinen Verschiebungen (über festen Auflagern), b) bei größeren Verschiebungen

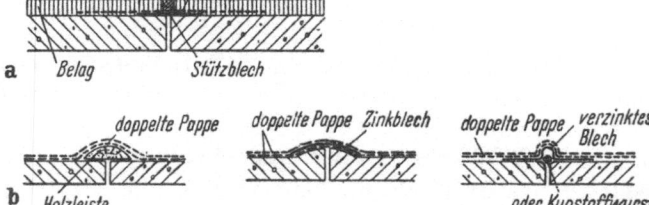

Abb. 2.6/14a u. b. Wasserdichte Fugenüberdeckung.
a) für Deckenplatten, b) für Dachplatten

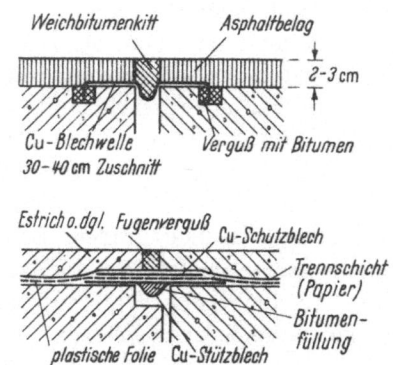

Abb. 2.6/15a u. b. Fugenausbildung in Fußwegplatten bei Brücken (vgl. auch AIB [504]). a) Kupferdichtung, b) Plastikdichtung

wechselbaren Gummiplattendichtungen (Abb. 2.6/16c) erspart. Für
große Verschiebungswege verwendet man Fingerplatten (Abb. 2.6/16d)

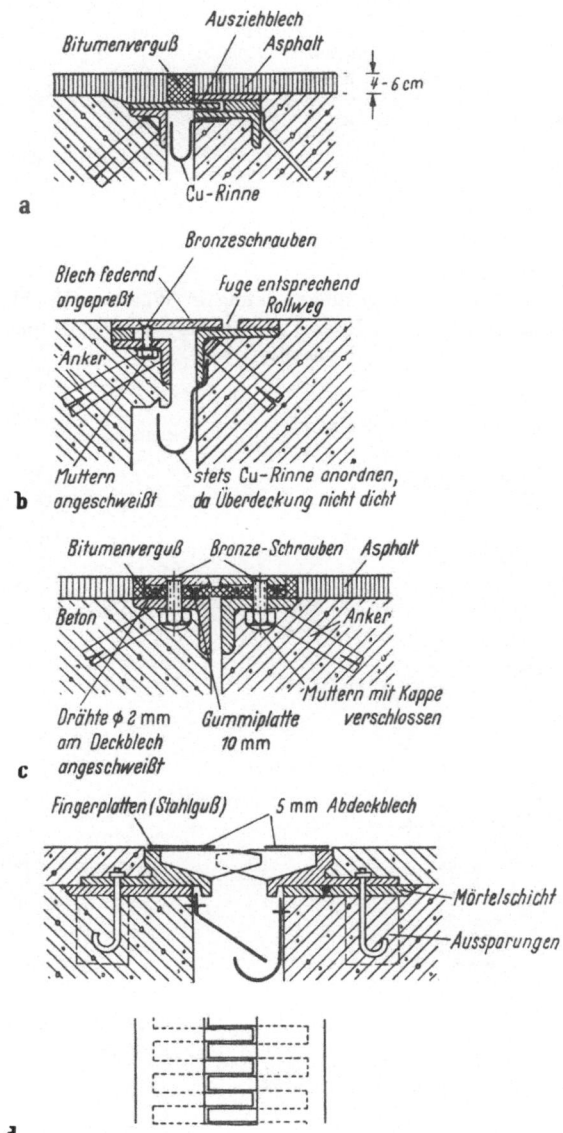

Abb. 2.6/16a—d. Fugenabdeckung in Brücken-Fahrbahnplatten.

a) verdecktes Schleppblech, b) federndes Schleppblech, c) Fugendichtung mit
Gummiplatte für kleine Verschiebungen (am festen Lager), d) Überdeckung mit
rostartigen Fingerplatten bei größeren Verschiebungen

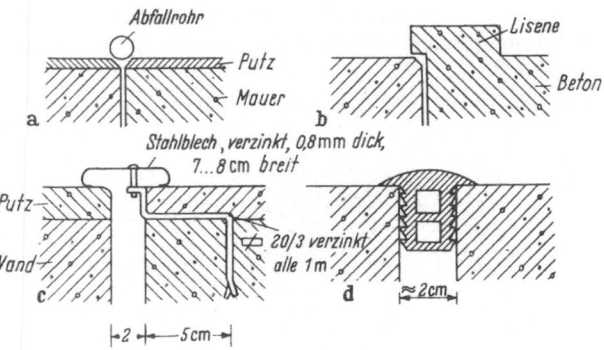

Abb. 2.6/17a–d. Fugenüberdeckung in Wänden (Hochbau).
a) durch Abfallrohr, b) durch Lisene, c) durch Deckblech, d) durch profilierte
Kunststoffleiste

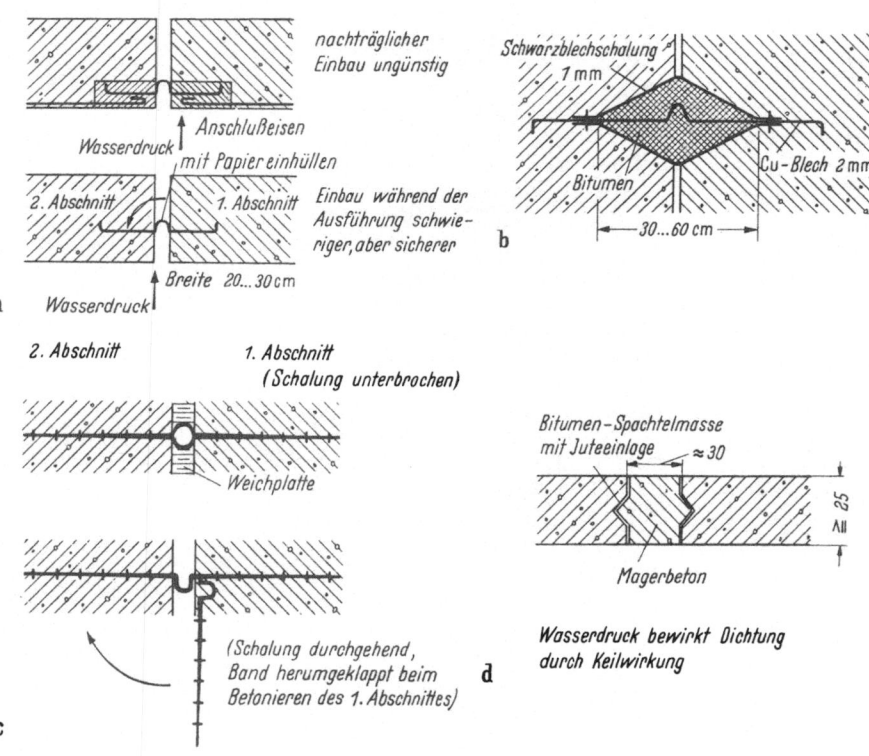

Abb. 2.6/18a–d. Dichtung von Wandfugen im Ingenieurbau gegen Wasser.
a) durch Kupferbleche in Ω-Form, b) schwere Form für größere Drücke (Sperr-
mauern), c) durch Plastikbänder, d) durch Betonpfropfen bei geringer Wandhöhe (bis etwa 2 m)

und andere Varianten [505]. Manche Verwaltungen bevorzugen bestimmte Normalien [504, 506].

3. Stützen und Wände. Im Hochbau genügt meist die Ausfüllung von Fugen in Stützen und Wänden mit Weichplatten oder Steinwolle. Auf der Außenseite von Gebäuden werden sie ungern gezeigt und daher überdeckt (Abb. 2.6/17), z. B. mit Abfallrohren, mit Lisenen, oder mit Profilblechen oder -streifen [507].

Wandfugen werden im Ingenieurbau gegen Wasser durch Omega-Schlaufen aus Kupferblech gedichtet (Abb. 2.6/18a), die nachträglich in einer Nische oder besser bereits in der Schalung verlegt und einbetoniert werden. Diese Bleche sind aber gegen Wandsetzungen sehr empfindlich, was sich durch größere Breite des Kupferbleches mildern läßt (Talsperrendichtung Abb. 2.6/18b). Deshalb werden jetzt verschieden profilierte Plastik-Fugenbänder bevorzugt (Abb. 2.6/18c), die auch geringe Setzungsdifferenzen auszuhalten vermögen. Sie setzen eine Wanddicke von wenigstens 25 cm voraus, damit die seitlichen Wangen nicht zu schwach werden und abbrechen. Von Ölen und Treibstoffen werden sie zumeist angegriffen. Für kleine Höhen (2 m) und Wandabschnitte (10 m) haben sich Füllstücke aus magerem Beton und Dreiecknuten bewährt (Abb. 2.6/18d).

2.7 Lager und Gelenke

Lager und Gelenke haben die Aufgabe, Bewegungen von Tragwerken an den Auflagerstellen zu ermöglichen. Da die Verschiebungen zumeist mit Verdrehungen verbunden sind, läßt sich eine Konzentration der Kräfte in Gelenken nicht umgehen. Lager haben weiterhin die Kräfte so auf den Beton zu verteilen, daß die zulässige Pressung eingehalten wird.

2.71 Lageranordnung

Bei Wahl und Anordnung der Lager pflegt man meist nur in der Aufrißebene des Tragwerkes zu denken und die dafür gewünschten Be-

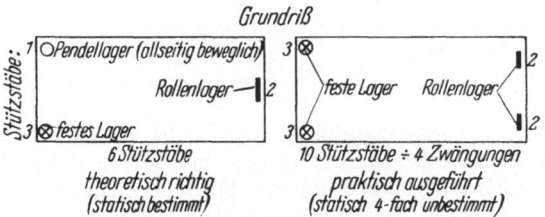

Abb. 2.7/1. Abstützung einer Brückentafel als ein „starrer Körper"

wegungsmöglichkeiten zu schaffen. Hiermit ist aber stets eine statisch unbestimmte Lagerung verbunden (Abb. 2.7/1), die zu Zwängungen führt. Diese sind bei geringen Bauwerksbreiten (etwa ≤ 10 m) unbedeutend. Bei größeren Breiten (Plattenbrücken für städtische Straßen oder Autobahnbrücken für beide Fahrbahnen zusammen) können aber erhebliche Kräfte infolge von Schwind- und Temperaturdehnungen in

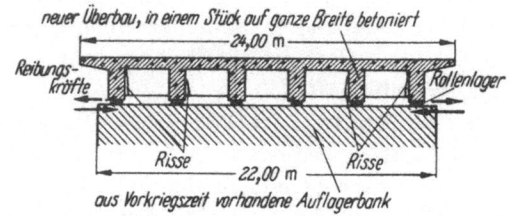

Abb. 2.7/2. Schäden an dem Auflagerquerträger einer breiten Brückentafel infolge Behinderung der Schwindverkürzung durch Lagerreibung

der Querrichtung entstehen, die manchmal zu unangenehmen Schäden führen (Abb. 2.7/2). Die Aufgabe, sowohl axialen Längenänderungen

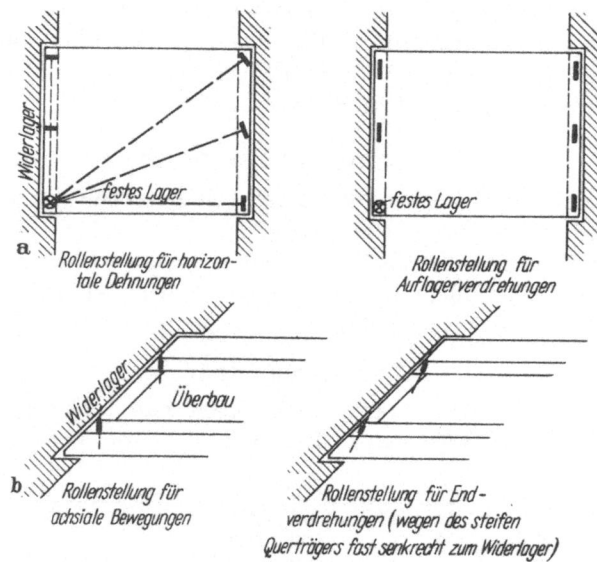

Abb. 2.7/3a u. b. Unverträglichkeit der üblichen Lageranordnungen von Brückentafeln mit den Auflagerbedingungen infolge von Dehnungen und Durchbiegungen. a) rechtwinklige Plattenbrücke, b) schiefwinklige Balkenbrücke (Untersicht, Seite des beweglichen Auflagers)

aus Schwinden und Temperatur, elastischen und plastischen Verkürzungen (infolge Kriechens bei Spannbeton) als auch Auflagerverdrehungen infolge von Durchbiegungen gleichzeitig Rechnung zu tragen, läßt sich mit den üblichen Kipp- und Rollenlagern nicht lösen (Abb. 2.7/3). Eine allseitige Verschieblichkeit und Drehbarkeit (einstäbige Stützung) wird im allgemeinen nur mit Pendellagern (Abb. 2.7/19) oder am elegantesten und billigsten mit Gummilagern (Abb. 2.7/21) erreicht.

2.72 Lagerverschiebungen

Zur Bemessung der Lager müssen außer den zu übertragenden Kräften die möglichen Verdrehungen und Verschiebungen bekannt sein. Sie werden aus den Angaben der statischen Berechnung ermittelt. Für einen einfachen Stahlbetonbalken (Abb. 2.7/4) lassen sich die benötigten Werte leicht abschätzen (vgl. Abschn. 2.224). Für parabolischen Momenten-

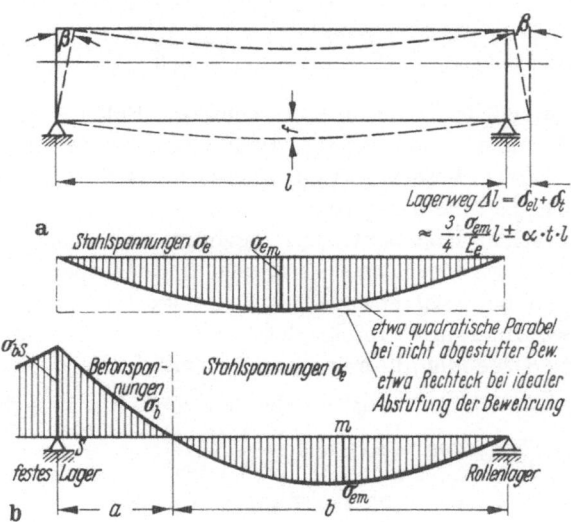

Abb. 2.7/4a u. b. Abschätzung des Lagerweges Δl aus der Längenänderung der unteren Balkenfaser.

a) einfacher Balken, b) durchlaufender Balken, Endfeld.

Bereich a	Bereich b	
$\delta_{el} \approx -\dfrac{1}{2} \cdot \dfrac{\sigma_b s}{E_b} a$	$\delta_{el} \approx \dfrac{3}{4} \dfrac{\sigma_e m}{E_e} b$	elastische Verkürzung
$\delta_{pl} \approx \varphi \cdot \delta_{el}$	$\delta_{pl} \approx 0$	Kriechverkürzung
$\delta_s \approx -\varepsilon_s \cdot a$	$\delta_s \approx 0$	Schwindverkürzung
$\delta_t = \pm \alpha_t \cdot t\, a$	$\delta_t = \pm \alpha_t\, t\, b$	Temperaturverkürzung

verlauf ist bei gerissener Zugzone die Verlängerung des Untergurtes $\delta_{el} \approx \dfrac{3}{4} \dfrac{\sigma_e m}{E_e} \cdot l$. Die Stahlspannung σ_{em} in der Mitte kann in die Anteile σ_{emg} für ständige Last und σ_{emp} für Nutzlast unterteilt werden. Hierzu kommen die Längenänderungen aus Temperaturschwankungen $\pm t°$ mit $\delta_t = \pm \alpha_t \cdot t \cdot l$. Schwinden und Kriechen ändern die Stahlspannung nur wenig und wirken sich daher auf den Lagerweg kaum aus. Als Beispiel betrachten wir einen Balken mit folgenden Daten: $l = 20{,}0$ m; Bewehrung St II mit $\sigma_{em} = 1800$ kg/cm², davon entfallen auf ständige Last und Nutzlast je $\sigma_{em} = 900$ kg/cm², $t = \pm 20\ °C$. Dann ist:

$$\delta_{elg} = \frac{3}{4} \cdot \frac{900 \cdot l}{2\,100\,000} \approx 0{,}3^0/_{00} \cdot l \quad \text{und} \quad \delta_t = \frac{20 \cdot l}{100\,000} = 0{,}2^0/_{00}\,l.$$

Daraus ergeben sich folgende Grenzwerte der Verlängerungen und Verkürzungen der unteren Faser:

Ursache	Verlängerungen (+)	Verkürzungen (−)
g . . . . δ_{elg}	$+0{,}3^0/_{00}$	$+0{,}3^0/_{00}$
Temperatur . . . . δ_t	$+0{,}2^0/_{00}$	$-0{,}2^0/_{00}$
p . . . . δ_{elp}	$+0{,}3^0/_{00}$	−
Gesamtverschiebungen	$+0{,}8^0/_{00}$	$+0{,}1^0/_{00}$

Das bewegliche Lager des betrachteten Balkens wird sich somit nicht nach innen, sondern um $20\,000 \cdot 0{,}8^0/_{00} = 16$ mm nach außen bewegen. Da sich diese Werte nur schätzen lassen, sollten die Verschiebungen nicht zu knapp angesetzt werden.

Bei einfachen Hochbauträgern begnügt man sich i. allg. mit den axialen Verlängerungen aus Schwinden und Temperatur.

Bei Spannbetonbalken bewirkt die elastische und plastische Verkürzung des Untergurtes infolge der Vorspannung eine zusätzliche negative Lagerverschiebung, die man zusammen mit der Eigengewichtswirkung zu $\delta \approx \frac{3}{4} \cdot \frac{\sigma_{bm\,(g+z)}}{E_b} \cdot l \cdot (1 + \varphi)$ abschätzen wird. Für Verkehrslast ergibt sich eine Verlängerung von etwa $\delta \approx \frac{3}{4} \cdot \frac{\sigma_{bm}\,p}{E_b} \cdot l$.

2.73 Die Lagerbauarten

Sie sollen dem jeweiligen Verwendungszweck angepaßt und müssen sorgfältig ausgewählt werden.

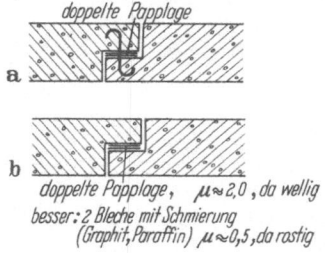

doppelte Papplage

a

b

doppelte Papplage, $\mu \approx 2{,}0$, da wellig
besser: 2 Bleche mit Schmierung
(Graphit, Paraffin) $\mu \approx 0{,}5$, da rostig

Abb. 2.7/5 a u. b. Einfachste Lager im Hochbau (Platten, kleine Balken). a) festes Lager, b) Gleitlager

2.731 Einfachste Lager

Sie sind bei Hochbauten (Abb. 2.7/5) nur für sehr kleine Stützkräfte brauchbar (Platten; Balken geringer Spannweite), da die Reibung erheblich ist (Pappe: $\mu_R \approx 1\div 2$, da wellig; Bleche: verrostet $\mu_R \approx 0{,}5$; glatt $\mu_R \approx 0{,}2$).

2.732 Stahllager

Einfache Stahllager (Abb. 2.7/6), für $1\div 2$ t/cm Druck, weisen je nach Zustand Reibungswerte von $\mu_R = 0{,}2\div 0{,}5$ auf. Die hierdurch entstehenden Horizontalkräfte H sind bei der Bewehrung der Auflagerbank zu berücksichtigen, da sonst Risse auftreten (Abb. 2.7/7).

Ein Stahlgleitlager für mittlere Drücke von etwa 2 t/cm zeigt Abb. 2.7/8. Abb. 2.7/9. dient als Beispiel für ein festes aus Blechen gearbeitetes Lager für 4 t/cm Belastung, das wie folgt bemessen wurde:

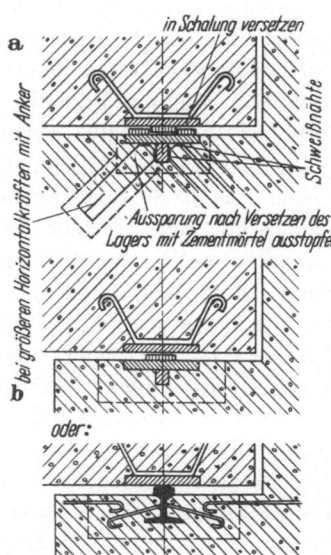

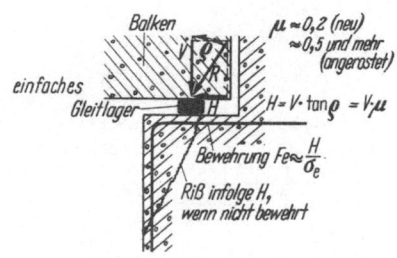

Abb. 2.7/7.Beanspruchung der Auflager-bank

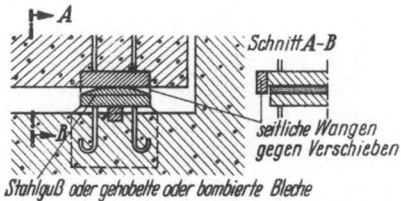

Abb. 2.7/6 a u. b. Einfachste Stahllager.
a) festes Lager, b) Gleitlager

Abb. 2.7/8. Stahlgleitlager für $\approx$ 2 t/cm
Stützkraft

Festigkeitsnachweis (maßgebende zulässige Spannungen vgl. DIN 1075)
Lagerkörper: Hertzsche Pressung

$$\sigma = 610 \cdot \sqrt{\frac{P}{r}}$$

$$= 610 \cdot \sqrt{\frac{4000}{50}} = 5400 \text{ kg/cm}^2$$

$$< 6500 = \sigma_{zul} \quad \text{für St 37,}$$

obere und untere Platte:

Betonpressung $\sigma_b = \frac{4000}{46} = 87 \text{ kg/cm}^2 < \sigma_{zul} = 100 \text{ kg/cm}^2$ für B 300,

Biegung $M = 87 \frac{23^2}{2} = 23\,000 \text{ kg cm/cm}$

$$W = \frac{11^2}{6} \cdot \frac{80 - 12\,^*}{80} = 17,0 \text{ cm}^3/\text{cm}$$

$$\sigma_e = \frac{23\,000}{17,0} = 1350 \text{ kg/cm}^2 < \sigma_{zul} = 1750 \quad \text{für St 50.}$$

* Abzug für Dollenlöcher.

Bei dem Stahlrollenlager für 2 t/cm (Abb. 2.7/10a) ist die Rolle seitlich abgeflacht, so daß ein Pendel entsteht, das aus Blech St 52 gearbeitet werden kann. Eine Parallelführung des Pendels durch seitlich aufgesetzte Bleche mit Nasen, die in Ausnehmungen der Ober- und Unterplatte ein-

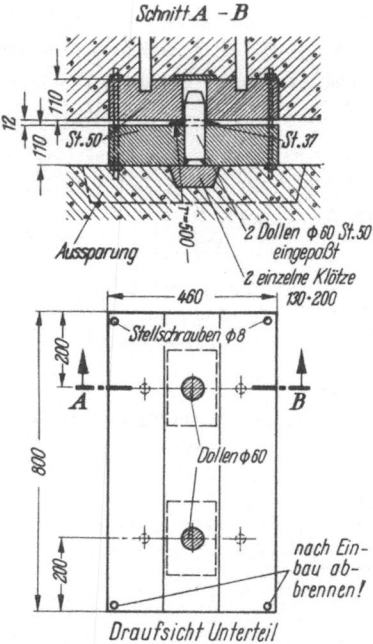

Schnitt A – B

St. 50   St. 37

Aussparung   2 Dollen φ60 St.50
              eingepaßt
              2 einzelne Klötze
              130·200

460

Stellschrauben φ8

A   B

800

Dollen φ60

nach Ein-
bau ab-
brennen!

Draufsicht Unterteil

Abb. 2.7/9. Festes Stahllager für 4 t/cm
(Beispiel)

greifen, ist erforderlich. Stahlgußlager für größere Drücke (2÷6 t/cm)
sind in kleiner Stückzahl wegen der
Formkosten sehr teuer (Abb. 2.7/11)
und werden daher nur noch wenig
verwendet. Bewegliche Lager müssen oft mehrere Rollen erhalten
(Abb. 2.7/12), um die Bauhöhe zu
beschränken. Diese fällt ohnehin
durch das oberhalb der Rollen nötige
Kipplager, das die Stützkraft gleichmäßig auf die Rollen verteilt, hoch
aus. Die mittlere Platte ist aus dem
gleichen Grunde sehr steif auszubilden. Die Abmessungen der Rollen
werden wesentlich kleiner, wenn
diese mit hochwertigem Stahl gepanzert werden (Abb. 2.7/10b), so
daß eine höhere „Hertzsche Pressung" zugelassen werden kann.

Alle Stahllager werden als Gan-
zes, genau justiert und mit Halte-
schrauben in sich fixiert (später mit

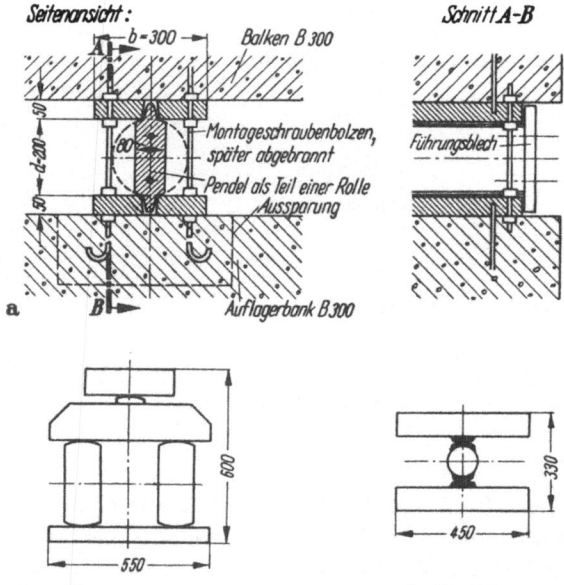

Seitenansicht:

b = 300   Balken B 300

Montageschraubenbolzen,
später abgebrannt
Pendel als Teil einer Rolle
Aussparung

a   Auflagerbank B.300

Schnitt A-B

Führungsblech

b   Gewicht: 1535 kg

Gewicht: 800 kg

Abb. 2.7/10a u. b. Stahl-
rollenlager aus Form-
stahl. a) übliche Bauart
b) Gegenüberstellung
von einem Stahllager
üblicher Bauart und
einem mit hochwertigem
Stahl gepanzerten Rol-
lenlager [551]. Auflager-
druck = 6 t/cm; Lager-
verschiebung = ±50 mm

Schweißbrenner entfernt) (Abb. 2.7/10a), in Aussparungen eingebaut, da
das Einsetzen in die Schalung des Widerlagers nicht mit genügender
Genauigkeit möglich ist. Zum Unterstopfen ist steif-plastischer Mörtel
zu verwenden. Ein „Untergießen" ist zu unzuverlässig. Die Lager sind
vor dem Betonieren des Überbaues zu versetzen; ein nachträglicher
Einbau ist sehr schwierig. Die Reibungszahl für Rollenlager wird mit

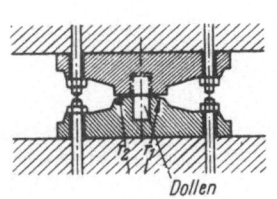
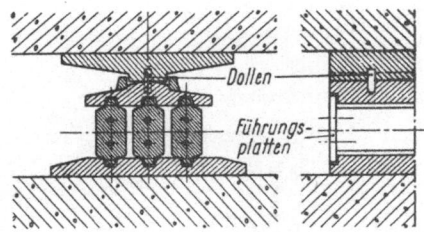

Abb. 2.7/11. Festes Stahlgußlager   Abb. 2.7/12. Bewegliches Stahlguß-Dreirollen-
lager (teuer, daher selten)

$\mu_R = 0{,}03$ angenommen. Sie kann jedoch durch Rost und Schmutz
erheblich höher werden.

Stahllager sollten so eingebracht werden, daß sie durch Luftbewegung
trocken gehalten werden. Das Verbergen durch Blendwände sollte
daher unterbleiben.

2.733 Gemischte Lager

Stahlgepanzerte Betonlagerkörper sind wirtschaftlich oftmals vor-
teilhafter. Für bewegliche Lager benutzt man Rollen aus betongefülltem
Mannesmann-Rohr mit aufgeschweißten Deckeln (Abb. 2.7/13a). Sie
werden mit einem mittleren Elastizitätsmodul $E = 400000$ kg/cm² und
der Hertzschen Pressung $\sigma = 3500$ kg/cm² bemessen, woraus sich $d = \dfrac{P}{87}$
ergibt (P kg/cm, d in cm). Größere Rollen bestehen aus Betonkörpern
mit Stahlguß- (Abb. 2.7/13b) oder Stahlblech- (Abb. 2.7/13c) Panzerung.
In der gleichen gemischten Bauart werden Wälzgelenke für Bogenbrücken (Abb. 2.7/13d) ausgeführt. Sie werden mit $E = 140000$ kg/cm²;
$\nu = 0{,}3$; B 450 und, je nach Durchmesser, mit einer Hertzschen
Pressung von $\sigma_m = 400 \div 1000$ kg/cm² bemessen und können bis zu
5 t/cm aufnehmen [552]. Nachteilig ist bei ihnen das Auswandern der
Berührungslinie infolge der Verdrehung α um den Betrag $w = \alpha \cdot \dfrac{r_1 r_2}{r_1 - r_2}$
(Wälzweg), wodurch sich die Stützlinie im gleichen Maß verschiebt. Je
mehr man bestrebt ist, die Differenz $r_1 - r_2$ klein zu machen, um die
Hertzsche Pressung zu vermindern, um so größere Wälzwege stellen
sich ein.

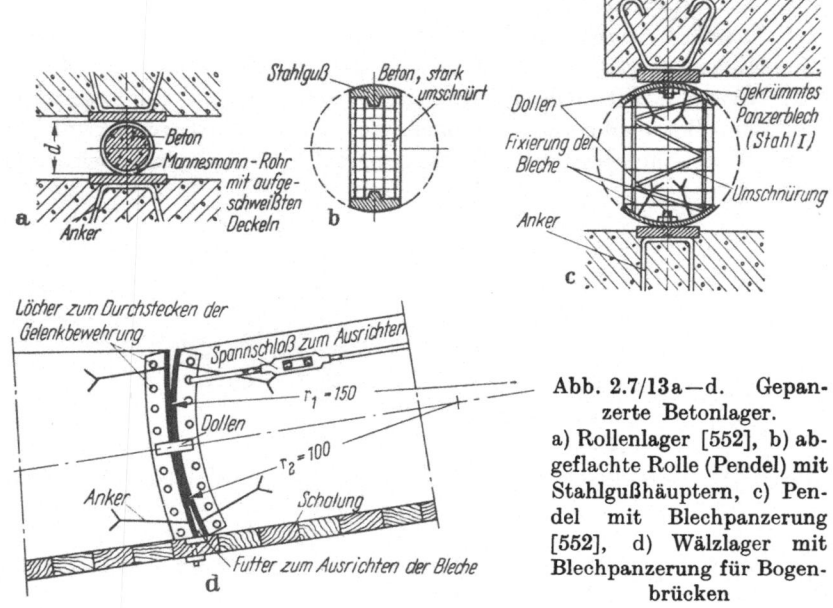

Abb. 2.7/13a–d. Gepanzerte Betonlager.
a) Rollenlager [552], b) abgeflachte Rolle (Pendel) mit Stahlgußhäuptern, c) Pendel mit Blechpanzerung [552], d) Wälzlager mit Blechpanzerung für Bogenbrücken

2.734 Betonlager

Neuerdings bürgern sich die reinen Betongelenke ein, die sich in Frankreich seit über 20 Jahren bewährt haben. Sie bestehen aus einer schmalen Leiste, in der der Beton so hoch beansprucht wird, daß seine Stauchungen rascher anwachsen als die Spannungen, wodurch ein Ausgleich der Spannungsspitzen eintritt (Abb. 2.7/14). Außerdem nehmen die anschließenden Gelenkkörper an der Verformung teil, so daß gewisse gegenseitige Verdrehungen möglich sind. Die Größe der Verdrehung nimmt naturgemäß mit wachsender Breite der Leiste ab. Die Wir-

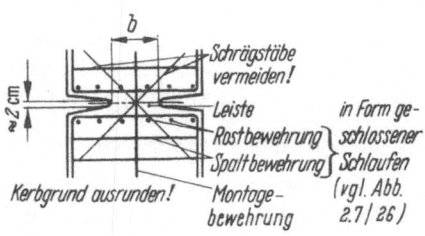

Abb.2.7/14. Betongelenke für kleine Verdrehungen

kungsweise der Betonlager ist durch ausländische Versuche [553] und neuerdings auch durch statische und dynamische Untersuchungen in Deutschland [554] so weit geklärt, daß ihre Eigenschaften genügend bekannt sind, um sie mit Erfolg anzuwenden. Für die Bemessung wurden folgende Angaben abgeleitet: Die Breite soll möglichst gering gehalten werden. Charakteristisch ist das Stauchungsmaß $s = \alpha \cdot \dfrac{b}{2}$ (b Breite der Leiste, α Verdrehungswinkel). Durch die mittlere Lagerpressung K_b (Prismenfestigkeit $\approx 0,8\,W_{28}$) werden die Abmessungen für Rechtecklager (Abb. 2.7/15a) und für Kreislager (Verdrehungsrichtung beliebig) (Abb. 2.7/15b) festgelegt. Zur Vermeidung von zu hohen Kerbspannun-

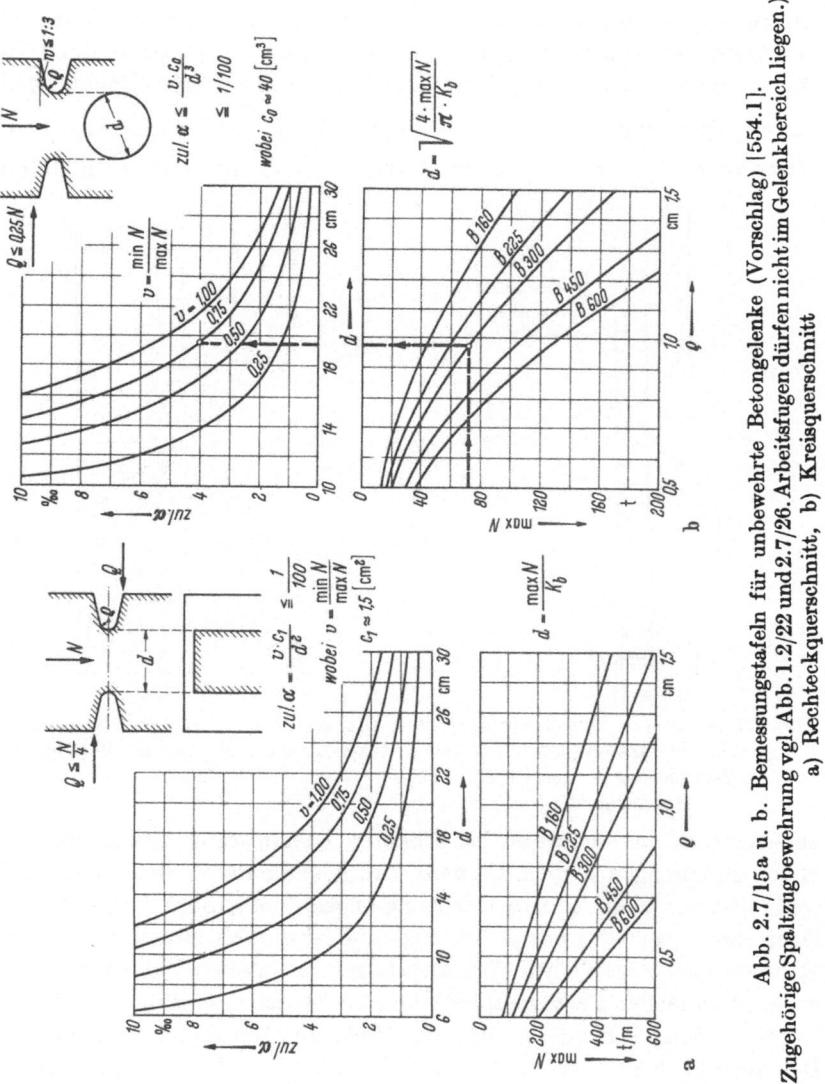

Abb. 2.7/15a u. b. Bemessungstafeln für unbewehrte Betongelenke (Vorschlag) [554.1]. (Zugehörige Spaltzugbewehrung vgl. Abb. 1.2/22 und 2.7/26. Arbeitsfugen dürfen nicht im Gelenkbereich liegen.) a) Rechteckquerschnitt, b) Kreisquerschnitt

gen wird der Grund der Einkerbung ausgerundet (Abb. 2.7/15). Die durchgehende Bewehrung ist auf schwache, zentrische Montagestäbe zu beschränken, da sich gezeigt hat, daß diese, an den Außenseiten der Leiste eingelegt, bei höherer Belastung ausknicken. Die früher angewandte

Umschnürung (Abb. 2.7/16) ist daher zu vermeiden. Sie kommt ohnehin bei der geringen Höhe der Leiste nicht zur Wirkung und hilft auch nicht bei der Aufnahme der Querzugspannungen in den anschließenden Lagerkörpern (vgl. Abschn. 2.7/4), da sie dafür zu schmal ist. Der für die Lagerwirkung erforderliche dreidimensionale Spannungszustand, auf dem die hohe Beanspruchungsmöglichkeit beruht, bildet sich schon durch die Einschnürung aus (Abb. 2.7/17). Das Lager soll nur in geringem Maße durch Querkräfte beansprucht werden $\left(Q \leqq \dfrac{N}{4}\right)$. Schrägstäbe lassen keine wesentliche Erhöhung der Querkraft zu, da sie erst bei Rißbildung

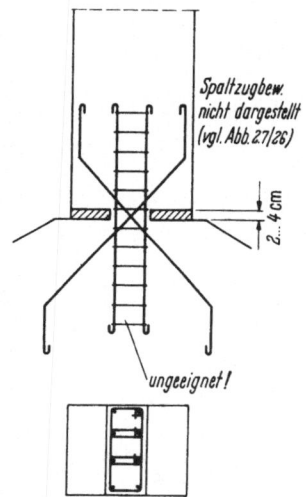

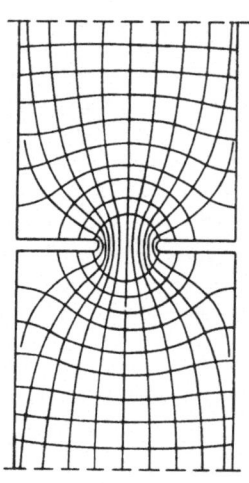

Abb. 2.7/16. Innere Umschnürung der Längsstäbe bei festen, unvollkommenen Stahlbetongelenken [214.2] (ungeeignet)

Abb. 2.7/17. Verlauf der Spannungstrajektorien bei einem Betongelenk [556]

zur Wirkung kommen und bei erhöhten Lasten durch Stauchung den Beton zu sprengen suchen. Deshalb wird die Lagerleiste stets annähernd senkrecht zur mittleren Druckrichtung angeordnet (Abb. 2.7/18a). Betonlager eignen sich wegen des begrenzten Drehwinkels in erster Linie für Rahmen und Bögen sowie für feste Lager von steifen Balken mit vorwiegend ruhender Last, hauptsächlich an Zwischenstützen. Bewegliche Lager werden als Pendel ausgebildet (Gelenke oben und unten). Bei der Bemessung ist zu berücksichtigen (Abb. 2.7/18b), daß bei dem oberen Lager außer dem Drehwinkel des Pendels aus der Untergurtverlängerung (Abb. 2.7/4) noch der Auflagerdrehwinkel des Balkens auftritt, der sich bei Stahlbetonbalken zu jenem addiert. Bei Spannbetonbalken liegen die Verhältnisse meist umgekehrt: Der Balken wölbt sich unter ständiger Last auf, während Δl infolge elastischer und plastischer Verkürzung des

Untergurtes negativ wird. Die langsamen Formänderungen des Balkens (Schwinden, Kriechen) dürfen um etwa $^1/_4$ vermindert angesetzt werden,

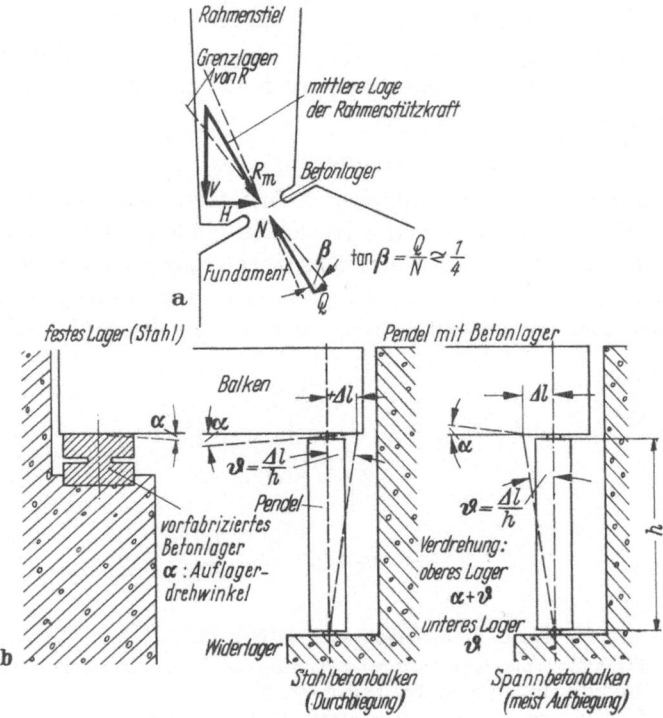

Abb. 2.7/18a u. b. Anordnung der Betonlager. a) bei Rahmen und Bogen etwa senkrecht zur Kraftrichtung, b) bei Balken mit größeren Stützweiten

da ihre Wirkung auf das Lager durch dessen plastische Verformungen abgebaut wird. Die ungünstigsten Kombinationen unter Berücksichtigung aller Umstände (ungleichförmige Temperaturverteilung, Werfen usw.) ergeben meist so große Pendelhöhen, daß man als bewegliche Lager besser Rollen verwendet.

Die Weiterentwicklung der Betonlager geht von der Beobachtung aus, daß die Zerstörung durch Abbröckeln der Leistenflanken eingeleitet wird. Es erwies sich daher als zweckmäßig, für die Leisten Fertigteile aus höchstwerti-

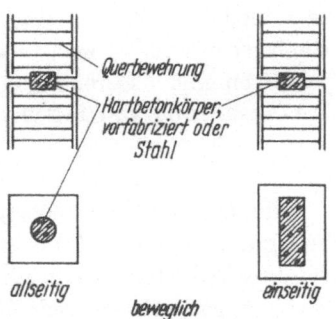

Abb. 2.7/19. Weiterentwicklung der Betonlager, um größere Drehwinkel zu ermöglichen. Bewehrung vgl. Abb. 2.7/26

gem Beton (B 600 und mehr) zu verwenden [554] (Abb. 2.7/19). Die
Verformungszonen werden dann vorwiegend in die Lagerkörper aus
B 300 hinein verlegt, in denen sich durch Umschnürung ein dreiaxialer
Spannungszustand herstellen läßt, der die Festigkeit des Betons um
ein Mehrfaches erhöht (vgl. Abschn. 1.12). Weitere Versuche müssen
zeigen, wie weit dadurch die Lagerbeanspruchung und -verdrehung
gesteigert werden kann.

2.735 Bleilager

Bleilager wurden früher ihrer Billigkeit halber viel verwendet. Sie
werden nach DIN 1075 bemessen und ermöglichen größere Drehwinkel
als Betonlager [557]. Nach langer Gebrauchsdauer zeigte sich bei frei-
gelegten Bleilagern, daß die Platten durch Kriecherscheinungen und
Lagerbewegungen breit gequetscht worden sind, so daß die Stützkraft

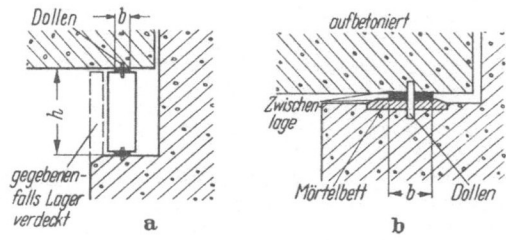

Abb. 2.7/20a u. b. Bleilager nach DIN 1075.
Blei und Beton durch Zwischenlage trennen (Plastikplatte, Bitumenpappe), da
Blei durch feuchten Beton angegriffen wird.
a) Pendellager mit zwei Bleiplatten, b) festes Lager

stark auswanderte. Außerdem wird das Blei durch chemische Reaktionen
mit dem Kalk des Zementes bei Zutritt von Feuchtigkeit angefressen
und vielfach völlig zerstört. Wenn man trotz dieser Nachteile noch
Bleilager anwenden will, müssen Beton und Blei durch dünne Bitumen-
schichten mit Fasereinlagen (Glasvlies) voneinander getrennt werden.
Die Ausbildung von festen und beweglichen Lagern zeigt Abb. 2.7/20.

2.736 Gummilager

Alle bisher beschriebenen Lager ermöglichen nur ein oder zwei Freiheitsgrade, so daß sie fünf- bzw. vierstäbige Festhaltungen des gelagerten
Punktes bedeuten. Wie in Abschn. 2.71 gezeigt wurde, entstehen hierdurch
Zwängungen, die bei gedrungenen Brückentafeln mitunter zu Schäden
geführt haben. Eine einstäbige Abstützung ist mit Stahlkugeln zu erreichen, die aber wegen der kleinen Berührungsfläche nur geringe Kräfte
aufzunehmen vermögen und recht teuer sind. Bei geringen Verdrehungen
stehen Betonpendel mit zwei kreisförmigen Betonlagern zur Verfügung

(vgl. Abschn. 2.734). Wesentlich einfacher in der Anwendung sind aber Gummilager, die zudem den Vorzug geringer Bauhöhe und großer Wirtschaftlichkeit besitzen. Bei Einhängeträgern kommt diese geringe Bauhöhe besonders vorteilhaft zur Geltung (Abb. 2.2/4 b, c). Sie bestehen aus Kunstgummi (Neoprene) (Abb. 2.7/21), dessen Querdehnung durch Stahleinlagen so stark behindert wird, daß in ihm ein dreidimensionaler, annähernd hydrostatischer Spannungszustand entsteht, der die einaxiale Festigkeit sowie die Elastizitätszahl des Gummis vervielfacht und eine sehr kleine Zusammendrückung zur Folge hat. Die Fähigkeit, sich durch Schub zu verformen, wird jedoch nur wenig durch die Stahleinlagen beeinträchtigt. Auch eine Verdrehung der Ober- und Unterfläche der Lager gegeneinander ist ohne großen Widerstand möglich, da bei annähernder Volumenkonstanz eine geringe Verquetschung des Gummis zwischen den Einlagen von einer Seite zur anderen eintritt. Bei einer Auflagerverdrehung von 1% wandert die Resultierende der Spannungen im Lager nur um etwa 10% der Lagerbreite aus. Ein derartiges Lager stellt mithin praktisch eine senkrechte, einstäbige Stützung dar,

Abb.2.7/21. Gummilager (angenähert einstäbige Abstützung). Neoprene mit Stahlblecheinlagen. Beispiel: Lager für 60 t und eine waagrechte Verschiebung von 50 mm. Vier Lagerelemente aufeinandergelegt, in jedes drei Stahlblechtafeln von 1 mm Dicke eingebettet

die waagrechten Verschiebungen und Verdrehungen nur geringen Widerstand entgegensetzt. Immerhin lassen sich kleine Horizontalkräfte (z. B. Bremskräfte von Straßenbrücken) durch die Lager aufnehmen. Auf Grund von Tragfähigkeits- und Verformungsversuchen [558] wird eine mittlere senkrechte Pressung von 100 kg/cm² zugelassen. Die minimale Pressung soll etwa 20 kg/cm² betragen, um ein Gleiten auf dem Beton zu vermeiden. Die Elastizitätszahl für senkrechte Belastung bei einem Lager mit den Abmessungen 200 × 300 mm beträgt 5000 kg/cm², die Schubzahl für waagrechte Verschiebung 20 kg/cm². Diese Werte ändern sich jeweils mit den Lagerabmessungen und der Shore-Härte des Neoprenes. Den Lagern kann eine waagrechte Verschiebung infolge äußerer Kräfte (Bremskräfte) von 30% der Lagerhöhe und infolge Formänderungen des Überbaues von 70% der Lagerhöhe zugemutet werden, woraus sich die Lagerdicke ergibt. Bei Hochbauträgern und einfeldigen Straßenbrücken empfiehlt es sich, beiderseits Gummilager anzuordnen. Der Bewegungsnullpunkt liegt dann in der Mitte der Spannweite, man kommt mit der halben Lagerhöhe aus und erspart außerdem das feste Lager. Die Lagerkörper werden auf der Widerlagerbank im Mörtelbett verlegt und von der Sohlenschalung des Tragwerkes umgeben, damit dieses unmittelbar und satt auf das Lager betoniert werden kann. Um das Entfernen der Schalung aus dem schmalen Schlitz zu vermeiden, kann

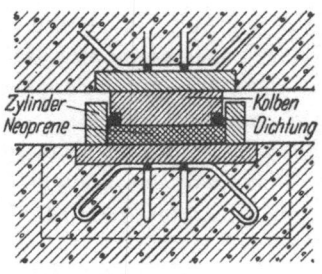

man die Unterschalung des Tragwerkes durch Schaumstoffplatten oder durch eine andere weiche Füllung bis zur Oberkante des Lagers ersetzen (etwa mit Dachpappe oder mit Folie abgedeckter Sand, gipsgebundene Sägespäne), die sich später mit einem Wasserstrahl leicht ausspülen läßt.

Abb. 2.7/22. Gummilager mit seitlicher Führung (angenähert dreistäbige Abstützung); „Topflager" [559]

Die chemische Stabilität des Neoprenes gewährleistet eine lange Lebensdauer. Da Sauerstoff und Licht nicht zutreten können. ist ohnehin ein Oxydationsvorgang kaum möglich. Äußerstenfalls sind die Lager durch geringes Anheben des Überbaues leicht auszuwechseln.

Die Gummilager lassen sich durch seitliche Führung zu festen Lagern umgestalten [559], die Verdrehungen um zwei Achsen erlauben (Abb. 2.7/22). Man gewinnt hierbei den Vorteil, daß die Querdehnung vollständig behindert wird und sich ein hydrostatischer Druck im Gummi einstellt. Wenn für eine gute Abdichtung gesorgt wird, kann die Füllung mit etwa 300 kg/cm² beansprucht werden, wodurch die Lagerflächen sehr klein werden.

2.737 Lager für besondere Zwecke

1. Zuglager. Bei den Endlagern unter den spitzen Ecken von schiefen Platten sind oft die negativen Stützkräfte aus Verkehrslast größer als

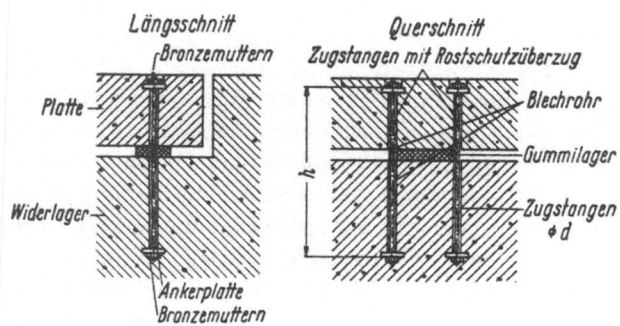

Abb. 2.7/23. Zuglager für Plattenbrücken

die positiven Kräfte aus ständiger Last, so daß Zugkräfte auftreten können. Außerdem erfordern gewisse Lager einen bestimmten minimalen

Druck. Eine einfache Zugverankerung läßt sich mit Rundstahl bewerkstelligen, der beweglich in Hülsen geführt wird (Abb. 2.7/23). Unter der Annahme starrer Einspannung oben und unten ergibt sich aus dem hori-

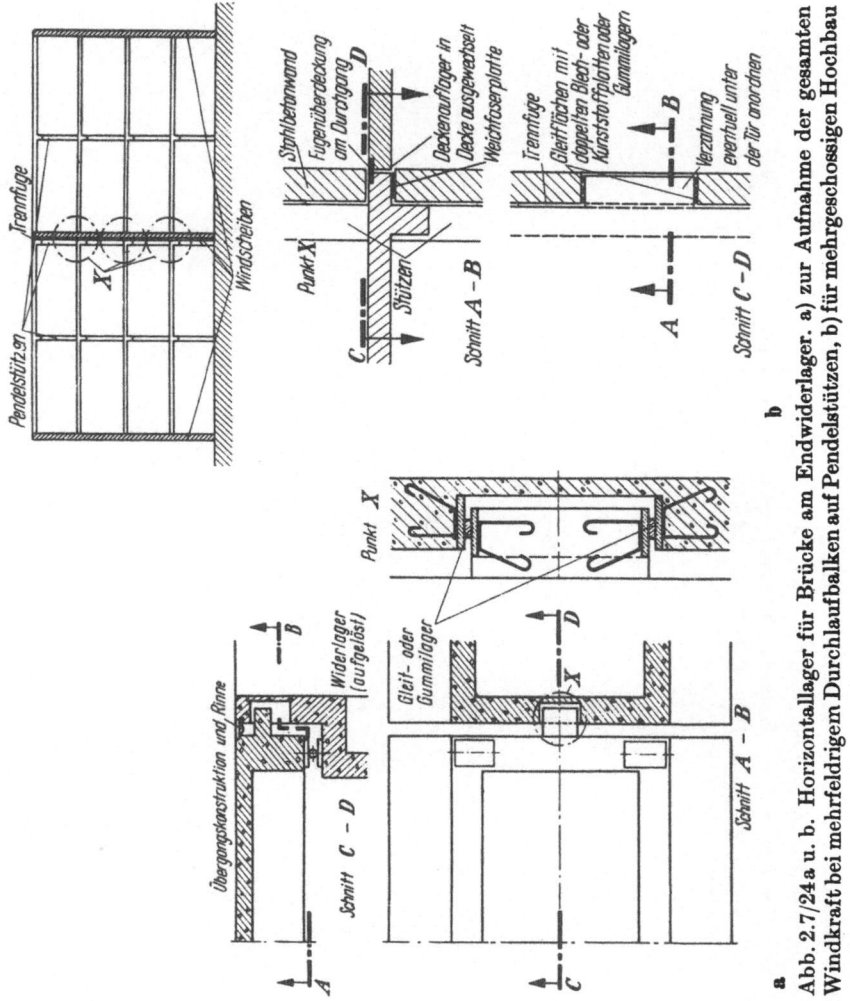

Abb. 2.7/24 a u. b. Horizontallager für Brücke am Endwiderlager. a) zur Aufnahme der gesamten Windkraft bei mehrfeldrigen Durchlaufbalken auf Pendelstützen, b) für mehrgeschossigen Hochbau

zontalen Lagerweg δ eine Zusatzspannung $\sigma_2 = \dfrac{3\,E\,d\cdot\delta}{h^2}$, die sich zu der Grundspannung $\sigma_1 = \dfrac{Z\cdot 4}{d^2\cdot\pi}$ addiert. Um die Stäbe gut ausnutzen zu können, muß man sie lang und ihren Durchmesser klein halten (hochwertiger Stahl mit aufgerolltem Gewinde). Die Stäbe werden möglichst dauerhaft angestrichen und leicht vorgespannt, um eine ständige Anpressung zu erzeugen.

25*

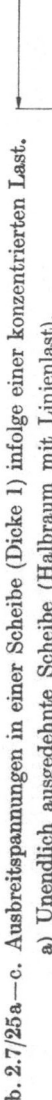

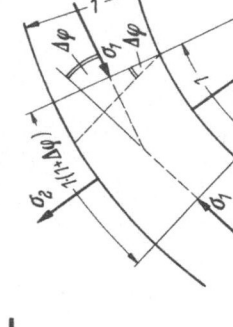

Abb. 2.7/25a—c. Ausbreitspannungen in einer Scheibe (Dicke 1) infolge einer konzentrierten Last.

a) Unendlich ausgedehnte Scheibe (Halbraum mit Linienlast),

b) endlich breite Scheibe. Das Gleichgewicht am Element bei vorherrschender Krümmung einer Hauptrichtung (σ_1) liefert Zunahme der Hauptspannungen in der anderen Richtung.

Punkt „X": Gleichgewichtsbedingung am Element gegen Verschieben in radialer Richtung:

$$\Delta\sigma_2 \cdot 1 - \sigma_2 \cdot 1 \cdot \Delta\varphi = \sigma_1 \cdot \Delta\varphi \cdot 1$$

wenn $\sigma_2 \ll \sigma_1$, ist, wird mit $\Delta\varphi = \dfrac{1}{\varrho}$

$\Delta\sigma_2 = \dfrac{\sigma_1}{\varrho}$, d. h. $\Delta\sigma_2$ Seilkräfte zu σ_1 als Seilzug.

Voraussetzung: σ_1-Linien angenähert parallel verlaufend.

Pressung angenähert gleichförmig verteilt

Spannungen bei $x = c$
(10-facher Maßstab wie σ_m)

$$\sigma_r = \frac{2P}{\pi} \cdot \frac{\sin\varphi}{r}$$

$$\sigma_x = \frac{2P}{\pi} \cdot \frac{x^2}{r^4} \cdot y$$

$$\tau_{xy} = \frac{2P}{\pi} \cdot \frac{xy}{r^2} \cdot y$$

Spannungen bei $x = 0$

$$\sigma_t = 0$$

$$\sigma_y = \frac{2P}{\pi} \cdot \frac{y^2}{r^4} \cdot y$$

Punkt A

a

b

2. Horizontallager. Waagrechte Stützkräfte können meist von den senkrechten Abstützungen übernommen werden, die sie in Querrichtung durch Reibung übertragen. Mitunter reicht diese aber nicht aus, wenn beispielsweise das Endlager eines mehrfeldigen Balkens die gesamte Windlast mehrerer Felder auf die Widerlager übertragen soll. Dort wird daher ein Horizontallager nötig (Abb. 2.7/24 a). Ein ähnlicher Fall liegt bei einem mehrgeschossigen Hochbau vor, wenn an einer Trennfuge nur *eine* Windscheibe angeordnet wird. Die Windkräfte der anderen Seite sind dann mittels eines einfachen Horizontallagers, das in der Deckenplatte untergebracht wird, in die Windscheibe überzuleiten (Abb. 2.7/24 b). Die Kontaktflächen werden mit Blech, besser noch mit Kunststoffplatten belegt (Dachpappe ist zu wellig), oder es werden Gummilager verwendet.

2.74 Ausbreitspannungen (Spaltzugkräfte)

Ausbreitspannungen (vgl. 1.231) entstehen durch die Eintragung konzentrierter Kräfte. In einer unendlichen Scheibe treten dabei nur

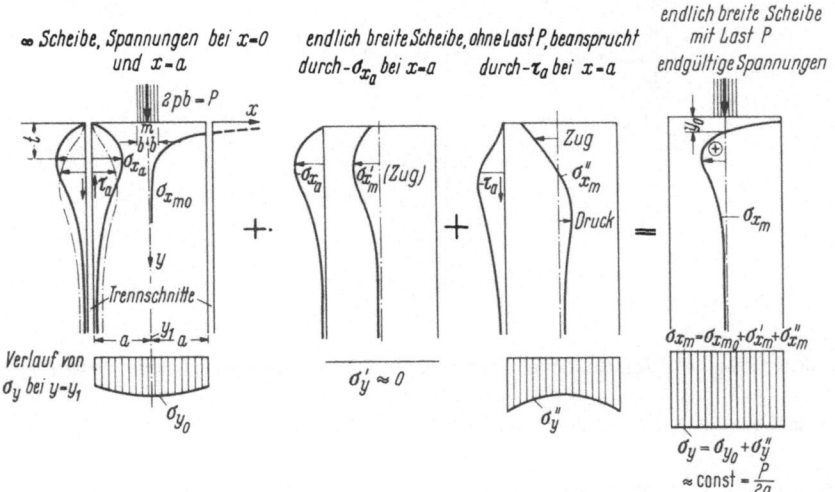

c) Ableitung der Spannungen in einer unendlich langen Scheibe begrenzter Breite aus denen einer unendlich breiten Scheibe durch Überlagerung der negativen Werte der Spannungen in den Trennschnitten als äußere Kräfte. Verlauf der hieraus resultierenden Spannungen σ_{xm} vgl. Abb. 2.2/85 (schematische Darstellung).

Gleichgewichtsbedingungen:

Senkrecht:
$$p\,b = \frac{P}{2} = \int_0^a (\sigma_{y_0} + \sigma_y' + \sigma_y'')\,dx,$$

Waagrecht:
$$0 = D - Z = \int_0^{y_0} \sigma_{xm}\,dy - \int_{y_0}^{y=\infty} \sigma_{xm}\,dy,$$

d. h. Ausgleich der +- und —-Flächen.

Bemerkung: Die äußeren Kräfte sind jeweils nur für einen Trennschnitt gezeichnet

radial verlaufende Druckspannungen auf (Abb. 2.7/25a). Wenn die Scheibe eine endliche Breite besitzt, stellen sich auch Zugspannungen aus der Umlenkung der Druckspannungen ein (Abb. 2.7/25b). Man gewinnt hiervon eine Vorstellung, wenn man sich von der unendlichen Scheibe zwei Seitenteile abgeschnitten denkt und die Ränder der Restscheibe

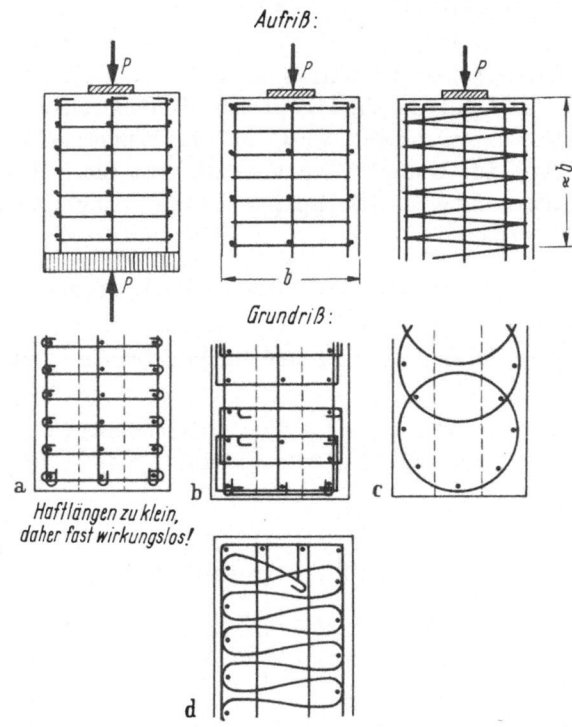

Aufriß:

Grundriß:

a　*Haftlängen zu klein, daher fast wirkungslos!*　b　c　d

Abb. 2.7/26a—d. Verschiedene Anordnungen der Spaltbewehrung zur Aufnahme der Querzugspannungen.

a) einzelne Querteile,　b) geschlossene Bügel,　c) Umschnürung (Wendel),　d) Roste

dadurch kräftefrei macht, daß man den dort angetroffenen entgegengesetzt gleich große Spannungen überlagert (Abb. 2.7/25c). Die hierdurch verursachten Querzugspannungen sind am größten, wenn $\frac{b}{a} = 0$ ist, und verschwinden, wenn die Restscheibe die gleiche Breite wie die Lasteintragungsfläche besitzt ($b = a$). Die größte Querdruckspannung unter der Last entspricht der gleichförmig verteilten Lagerpressung p_m. Da diese durch die Breite der Lagerplatte unter dem für den Beton zulässigen Maß gehalten wird, braucht man sich nicht um den waagrechten Druck zu kümmern. Verteilung und Resultierende der „Spaltzugkräfte" [560] werden meist durch eine von Mörsch eingeführte angenäherte Summenbetrachtung ermittelt [561]. Sicherheitshalber sollte stets mit einer verkleinerten Lasteintragungsbreite (etwa auf 50%) gerechnet werden, da sich zumeist die Lagerplatten verbiegen und dadurch die Last konzentriert wird.

Es wird nun bei der zur Aufnahme der Querzugkraft eingelegten Bewehrung oft nicht beachtet, daß der Querzug durch Umlenkung der Druckkräfte hauptsächlich nahe den senkrechten Rändern entsteht (Abb. 2.7/25b). Die Haftlänge gerader Querstäbe mit Haken reicht daher nicht aus, diese Kräfte „einzufangen". Auf diese Weise konnte bei Versuchen [562] die irrige Auffassung entstehen, daß eine Querbewehrung hinsichtlich der Tragfähigkeit fast nichts bringe. Sie ist daher in Form von geschlossenen Bügeln oder Rosten, besser noch von Umschnürungen zu verlegen (Abb. 2.7/26c), letztere ist besonders zweckmäßig bei einer Lastausbreitung nach zwei Richtungen. Da bei der Überschreitung der Zugfestigkeit des Betons sofort ein Riß über die gesamte Zugzone in der Mittellinie eintritt, muß unter *allen* konzentrierten Lasten eine Querbewehrung angeordnet werden. Nur in untergeord-

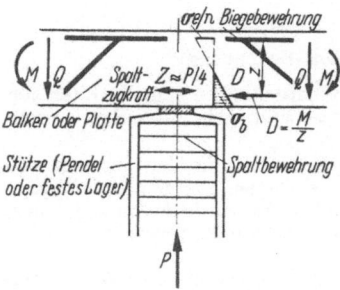

Abb. 2.7/27. Überlagerung von Biegedruck- und Spaltzugkraft im Untergurt eines durchlaufenden Balken. Keine Spaltbewehrung in Längsrichtung nötig, wenn $D > Z$, jedoch in Querrichtung anzuordnen, wenn Lagerbreite < Balkenbreite

neten Fällen, wenn σ_x kleiner als die Schubspannung bleibt, die man dem Beton allein zumuten darf (DIN 1045, Tafel V, Zeile 26: $4 \div 8$ kg/cm²), kann man darauf verzichten.

Anders zu beurteilen ist der Fall, daß die Lagerkraft P nicht durch einen Gegendruck in gleicher Achse, sondern durch Querkräfte Q aufgenommen wird (Abb. 2.7/27). Das damit verbundene Moment M erzeugt eine Druckzone, die gegebenenfalls eine waagrechte Spaltbewehrung überflüssig macht.

Literaturverzeichnis

Hinweise für die Benützung:

Die angeführten Literaturstellen haben verschiedene Bedeutung:

1. Für die Anwendung unmittelbar wichtige Veröffentlichungen sind im Literaturverzeichnis mit einem • bezeichnet. Normblätter sind nicht besonders hervorgehoben.
2. Lehr- und Handbücher sowie Tabellenwerke, die am Beginn der einzelnen Abschnitte erwähnt werden, enthalten Rechenanweisungen, Formeln und Zahlenangaben, die hier nicht abgedruckt werden konnten. Es wurde davon abgesehen, die einzelnen Kapitel dieser Werke jeweils dort nochmals anzuführen, wo in diesem Buch auf sie eingegangen wird.
3. Veröffentlichungen in Zeitschriften sind zumeist Quellen, die das Verständnis spezieller Zusammenhänge vertiefen sollen. Hiervon konnte jeweils nur eine Auswahl aufgenommen werden.
4. In den angeführten Literaturstellen finden sich in der Regel Hinweise auf ältere Arbeiten. Diese wurden nicht nochmals zitiert. Auf diese Weise wird die Möglichkeit umfassender Orientierung erreicht, ohne das Schrifttumsverzeichnis allzu umfangreich werden zu lassen.

[1]   KLÖPPEL, K.: Über zulässige Spannungen im Stahlbau. Veröffentlichungen des Deutschen Stahlbau-Verbandes, H. 6. Köln: Stahlbau-Verlags-GmbH 1958

[2.1] NERVI, P. L.: Bauten und Projekte. Stuttgart: Gerd Hatje 1957

[2.2] NERVI, P. L.: Costruire Correttamente. Mailand: Ulrico Hoepli 1955

[3.1] TORROJA, E.: Logik der Form. München: Georg D. W. Callwey 1961

[3.2] TORROJA, E.: Philosophy of Structures. Berkeley, USA: University of California Press 1958

[4]   SIEGEL, CURT: Strukturformen der modernen Architektur. München: Georg D. W. Callwey 1960

• [5] MÖRSCH, E.: Der Eisenbetonbau, seine Theorie und Anwendung, 6. Aufl. Stuttgart: Konrad Wittwer 1929

[6.1] RÜSCH, H.: Der Einfluß des Sicherheitsbegriffes auf die technischen Regeln für vorgespannten Beton. Schweizer Archiv 20 (1954), S. 85—93

[6.2] TORROJA, E.: Load Factors. Journal of the American Concrete Institute 55 (1958/59), S. 567—572

[7]   Vorläufige Leitsätze für die Vorbereitung, Ausführung und Prüfung von Eisenbetonbauten. (Aufgestellt vom AIV und Deutschen Beton-Verein.) Berlin: 1904 (vgl. [5], 5. Aufl., S. 663ff.)

• [8] WEDLER, B.: Bestimmungen des Deutschen Ausschusses für Stahlbeton, 7. Aufl. Berlin: Wilhelm Ernst & Sohn 1960

[9.1] SIEBEL, E.: Handbuch der Werkstoffprüfung, 3. Band: Die Prüfung nichtmetallischer Baustoffe. Berlin/Göttingen/Heidelberg: Springer 1957

[9.2] L'HERMITE, R.: Méthodes Générales d'Essai et de Contrôle en Laboratoire, Livre I: Mesures Géométriques et Mécaniques. Paris: Eyrolles 1959

• [10.1] GRAF, O.: Die Eigenschaften des Betons, 2. Aufl. Berlin/Göttingen/Heidelberg: Springer 1960

[10.2] GRÜN, W.: Beton richtig und gut, 3. Aufl. Düsseldorf: Werner-Verlag GmbH. 1959

• [10.3] HUMMEL, A.: Das Beton-ABC, 12. Aufl. Berlin: W. Ernst & Sohn 1959

[10.4] Roš, M.: Versuche und Erfahrungen an ausgeführten Eisenbeton-Bauwerken in der Schweiz, EMPA-Bericht 99. Zürich: 1937

[10.5] Saliger, R.: Der Stahlbetonbau, 7. Aufl. Wien: Franz Deuticke 1949

[10.6] Schulze, W.: Der Baustoff Beton. Berlin: VEB Verlag für Bauwesen 1961

[11.1] Bundesministerium für Wohnungsbau: Erhebungen über die Betongüte beim Wohnungsbau. Bundesbaublatt 7 (1958), S. 124—129

[11.2] Minetti, H.: Die Güte der Stahlbetonarbeiten. Beton- und Stahlbetonbau 55 (1960), S. 169—171

[11.3] Blaut, H.: Zur statistischen Güteprüfung von Beton. Die Bautechnik 38 (1961), S. 51—53

• [11.4] Blaut, H.: Über den Zusammenhang zwischen Qualität und Sicherheit im Betonbau. DAfSt-Heft 149. Berlin: Wilhelm Ernst & Sohn 1962

• [12] Deutscher Beton-Verein E. V.: Erfahrungen aus der Bauberatung des Deutschen Beton-Vereins, 3. Aufl. Wiesbaden: (Eigenverlag) 1962

• [13.1] Deutscher Beton-Verein E. V.: Leitsätze für die Bauüberwachung im Beton- und Stahlbetonbau, 11. Aufl. Wiesbaden: (Eigenverlag) 1962

• [13.2] Rothfuchs, G.: Betonfibel, 2. Aufl. Wiesbaden: Bauverlag 1957

[13.3] Kluge, F.: Vorausbestimmung der Wassermenge bei Betonmischungen für bestimmte Betongüten und Frischbetonkonsistenzen. Der Bauingenieur 24 (1949), S. 172—175

• [13.4] Deutsche Reichsbahn: Anweisung für Mörtel und Beton (AMB). München: 1947

[14] DIN 1048: Bestimmungen für Betonprüfungen bei Ausführung von Bauwerken aus Beton und Stahlbeton. Berlin: Beuth-Vertrieb GmbH. 1947

[15] Forum, C. S.: Alkali-Reaktion der Zuschlagstoffe im Beton. Beton- und Stahlbetonbau 60 (1965), S. 163—168

[16.1] Prüfstellen für Betonversuche (vgl. Beton-Kalender 1969, I. Teil, S. 1072 bis 1080. Berlin/München: Wilhelm Ernst & Sohn 1969)

[16.2] Bauberatungsstellen des Fachverbandes Zement e. V. (vgl. Zement-Taschenbuch des Vereins Deutscher Zementwerke. Wiesbaden: Bauverlag GmbH.)

[16.3] Bauberater des Deutschen Beton-Vereins E. V. (Wiesbaden, Bahnhofstraße 61)

• [17.1] Vocke, E.: Kleine Leichtbetonkunde für die Praxis. Wiesbaden: Bauverlag GmbH. 1959

• [17.2] DAfSt-Hefte Nr. 108, 110, 114, 117, 121, 133, 136, 143. Berlin: Wilhelm Ernst & Sohn 1952—1961

[17.3] Granholm, H.: Light Weight Concrete. Göteborg: Akademiförlaget Gumperts 1961

• [18.1] Walz, K.: Anleitung für die Zusammensetzung und Herstellung von Beton mit bestimmten Eigenschaften. Beton- und Stahlbetonbau 53 (1958), S. 163—169

[18.2] vgl. [10.3]

[18.3] Jelen, L.: Neues rationelles Verfahren zur Bestimmung der Betonzusammensetzung mit Hilfe von Nomogrammen. Bauplanung — Bautechnik 13 (1959), S. 392—400

[18.4] Bendel, L.: Richtlinien für die Herstellung von Beton, 5. Aufl. Zürich

[18.5] Leviant, J.: Graphische Methode zum Studium der Frischbetone. Betonstein-Zeitung 27 (1961), S. 15—23

[18.6] vgl. [10], [13] und [35]

[19] Kozak, R.: Versuche über wirtschaftliche Betonmischungen mit Kiessanden als Zuschlagstoff. Die Bautechnik 37 (1960), S. 77—79

• [20.1] Czernin, W.: Zementchemie für Bauingenieure. Wiesbaden: Bauverlag 1960

• [20.2] Keil, F.: Eigenschaften des Zementsteins. beton 11 (1961), S. 395—398

[20.3] Bonzel, J.: Über die neuere zement- und betontechnische Entwicklung. beton 17 (1967), S. 221—224, 263—267

[21] Conrad, D.: Über die Abhängigkeit der Betondruckfestigkeit vom W/Z-Wert. beton 11 (1961), S. 740—742

[22.1] RÜSCH, H.: Betrachtungen zur Prüfung der Betonfestigkeit. Beton- und Stahlbetonbau 51 (1956), S. 135−138

[22.2] RÜSCH, H.: Über die zweckmäßigste Art der Güteprüfung und ihren Einfluß auf die Baukosten. Beton- und Stahlbetonbau 53 (1958), S. 56−60

[22.3] GAEDE, K.: Zur Auswertung von Betongüteprüfungen. Beton- und Stahlbetonbau 54 (1959), S. 7−9

[22.4] vgl. [11]

[23.1] MISCH, P.: Die vorläufigen Richtlinien für Transportbeton. Beton- und Stahlbetonbau 56 (1961), S. 97−102

• [23.2] WISCHERS, G.: Transportbeton. beton 12 (1962), S. 20−24

[24.1] DIN 4235: Innenrüttler zum Verdichten von Beton. Berlin: Beuth-Vertrieb 1952

[24.2] GRAF, O., und F. KAUFMANN: Versuche über das Verdichten von Beton durch Innenrüttler und über die Eigenschaften des gerüttelten Betons. DAfSt-Heft 96. Berlin: Wilhelm Ernst & Sohn 1941

• [24.3] WALZ, K.: Rüttelbeton, 3. Aufl. Berlin: Wilhelm Ernst & Sohn 1959

[24.4] WALZ, K.: Verdichten von Beton mit Innenrüttlern und Rütteltischen. DAfSt-Heft 116. Berlin: Wilhelm Ernst & Sohn 1954

[24.5] WADDELL, J.J.: Consolidation of Concrete. Journal of the ACI 56 (1959/60), S. 985−1011

[25.1] DIN 4246: Rütteltische zum Verdichten von Beton. Berlin: Beuth-Vertrieb 1954

[25.2] KREMER, P.: Der gegenwärtige Stand und die Erkenntnisse über die Rütteltechnik bei der Betonverdichtung, insbesondere bei der Verwendung von Tischrüttlern. Betonstein-Zeitung 26 (1960), S. 149−158

[25.3] WALZ, K.: Verdichten von Beton aus leichten Zuschlagstoffen auf Rütteltischen. beton 10 (1960), S. 268−270

[25.4] WALZ, K.: Untersuchungen über das Verdichten des Betons auf Rütteltischen in aufgespannten und lose aufgesetzten Formen. beton 10 (1960), S. 270−272

[25.5] STREY, J.: Versuche über die Verdichtung von Beton auf einem Rütteltisch in lose aufgesetzter und in aufgespannter Form. DAfSt-Heft 135. Berlin: Wilhelm Ernst & Sohn 1960

[26.1] L'HERMITE, R.: Französische Forschungen über das Rütteln des Betons. Die Bautechnik 36 (1959), S. 56−59

[26.2] BACK, G.: Der Einfluß von Erschütterungen und ähnlichen Störungen auf Beton während seines Erstarrens und seiner anfänglichen Erhärtung. Betonstein-Zeitung 27 (1961), S. 464−467

[27.1] WALZ, K.: Undurchlässiger Beton. Bautechnik-Archiv Heft 13. Berlin: Wilhelm Ernst & Sohn 1956

[27.2] WEBER, F.: Betonzusatzmittel und ihre Bedeutung bei der Herstellung von Beton mit bestimmten Eigenschaften. Betonstein-Zeitung 26 (1960), S. 13−19

[27.3] SCHULZE, W.: Die Bedeutung der Gesteinsmehle bei der Betonsteinherstellung. Betonstein-Zeitung 25 (1959), S. 453−458

[27.4] SCHULZE, W.: Der Einfluß des Feinstkorns auf die Eigenschaften des Betons. beton 10 (1960), S. 45−52

[27.5] vgl. [20.1], S. 100

[27.6] KREMSER, H.: Wasserundurchlässiger Bauwerksbeton. Der Tiefbau 2 (1960), S. 595−598

[27.7] WESCHE, K.: Charakteristik und Technologie des Massenbetons. beton 11 (1961), S. 685−688

[28.1] GRÜN, W.: Beton-Zusätze, Spezial-Beton. Düsseldorf: Werner 1959

• [28.2] HUMMEL, A.: Beton. Beitrag S. 1−35 in: Beton-Kalender 1969, II. Teil. Berlin/München: Wilhelm Ernst & Sohn 1969

[28.3] MENG, W., Ritter von: Zusatz- und Anstrichmittel für Mörtel und Beton, 7. Aufl. Wiesbaden: Bauverlag GmbH. 1960

[28.4] ALBRECHT, W.: Über die Wirkung von Betondichtungsmitteln. Betonstein-Zeitung 32 (1966), S. 568−573

[29.1] BRUX, G.: Das Vacuum-Concrete-Verfahren und seine Anwendung beim Herstellen vorgespannter Betonrohre mit großen Abmessungen in Italien. Betonstein-Zeitung 27 (1961), S. 295—300

[29.2] LEVIANT, J.: Die Grundzüge des Vacuum-Concrete-Verfahrens. Zement und Beton 1957, H. 9, S. 15—20

[30.1] BRUX, G.: Kolloidaler Beton. Zement—Kalk—Gips 10 (1957), S. 18—22

[30.2] BRUX, G.: Das Colcrete-Verfahren beim Bau von Staumauern und anderen Wasserkraftanlagen. beton 10 (1960), S. 91—102

[30.3] BRUX, G.: Betontechnologische Betrachtungen zum Colcrete-Verfahren. Zement—Kalk—Gips 14 (1961), S. 189—201

[30.4] BRANTS, J. F.: Injectiebeton. Cement 12 (1960), S. 680—684

[30.5] DALEBOUDT, C. H.: Proeven met Prepakt-beton en toepassing van dit beton bij het maken van schachtbekledingen. Cement 14 (1962), S. 215 bis 224

[31] SEETZEN, J.: Technologie der Abschirmbetone. Düsseldorf: Werner 1960

[32] FRANZ, G.: Versuche über die Querkraftaufnahme in Fugen von Spannbetonträgern aus Fertigteilen. Beton- und Stahlbetonbau 54 (1959), S. 137—140

[33.1] GRAF, O., und G. WEILL: Versuche über den Verbund zwischen Stahlbetonfertigbalken und Ortbeton. DAfSt-Heft 119. Berlin: Wilhelm Ernst & Sohn 1954

[33.2] WOLFRAM, A.: Die Festigkeit der Arbeitsfuge im Beton. Dissertation München: 1958

[33.3] WATERS, E. H.: A note on the tensile strength of concrete across construction joints. Magazine of Concrete Research 11 (1959), S. 163—164

[34] vgl. [87]

[35] TUTHILL, L. H.: Recommended Practice for Measuring, Mixing, and Placing Concrete. Journal of the ACI 55 (1958/59), S. 535—565

[36] MENG, W. von: Über den Einfluß von Frost auf frischen Beton. beton 11 (1961), S. 79—84

[37.1] DETERS, R.: Zusatzmittel für das Betonieren im Winter. VDI-Zeitschrift 103 (1961), S. 711

[37.2] vgl. [108] und [109]

[38] KEIL, F.: Gedanken zur Theorie der hydraulischen Erhärtung. Zement—Kalk—Gips 20 (1967), S. 201—213

[39.1] HIGGINSON, Elmo C.: Effect of Steam Curing on the Important Properties of Concrete. Journal of the ACI 58 (1961/62), S. 281—298

• [39.2] WALZ, K.: Der Einfluß einer Wärmebehandlung auf die Festigkeit von Beton aus verschiedenen Zementen. Forschungsberichte des Landes Nordrhein-Westfalen Nr. 9). Köln und Opladen: Westdeutscher Verlag

[40.1] BONZEL, J.: Ausblühungen auf Betonflächen. Betonstein-Zeitung 26 (1960), S. 441—442

[40.2] METZNER: Sichtbeton-Eigeschaften. Bau und Bauindustrie 21 (1959), S. 548—556

• [40.3] WALZ, K., und J. BONZEL: Ausblühungen auf Betonflächen. beton 12 (1962), S. 115—120, 157—161

[40.4] BLÜMEL, O. W., und F. JUNG: Untersuchungen über Zementausblühungen. Betonstein-Zeitung 28 (1962), S. 286—291, 363—370

[41] CAMPBELL, B.: Naturbetong. Concrete Quarterly Nr. 44 (1960), S. 13—21

[42] ERNST, E.: Oberflächenbehandlung unverkleideter Beton- und Stahlbetonbauten. Berlin 1949

[43] Arbeitsgruppe Anstriche auf Beton des DAfSt

[44.1] HERRMANN, E.: Zementfarben. Betonstein-Zeitung 26 (1960), S. 110—113

[44.2] BURNETT, G. E.: Guide for Painting Concrete (For paints other than portland cement paint). Journal of the ACI 53 (1956/57), S. 817—832

• [45.1] HAEBERLEN, K., und F. KRESS: Schalungen im Betonbau. Ravensburg: Otto Maier Verlag 1959

[45.2] EUTING, H. H.: Schalungsbau im Fortschritt. Der Tiefbau 4 (1962), S. 59 bis 70

• [46.1] Böhm/Labutin: Schalung und Rüstung. Berlin: Wilhelm Ernst & Sohn
        1957
  [46.2] Labutin, N.: Wirtschaftlicher Schalplatteneinsatz. Düsseldorf: Werner
        1961
  [46.3] Ebinghaus, H.: Beton-Schalungsbau. Gießen: Fachbuchverlag Dr. Pfan-
        neberg & Co. 1962
  [46.4] vgl. [45.2]
  [46.5] Pörschmann, M.: Formen und Schalungen für Fertigteile aus Beton und
        Stahlbeton. Betonstein-Zeitung 27 (1961), S. 141-154
  [47.1] Schjödt, R.: Schalungsdruck des Betons und Porenwasserdruck. Beton-
        und Stahlbetonbau 51 (1956), S. 241-243
  [47.2] Portland, E. G.: Über den Schalungsdruck des Betons. beton 9 (1959),
        S. 387-388
  [47.3] Ellsberg, H.: Pressures on Formwork. Journal of the ACI 55 (1958/59),
        S. 173-190
• [48.1] Graf, O., und E. Kaufmann: Versuche über die beim Betonieren an den
        Schalungen entstehenden Belastungen. DAfSt-Heft 135. Berlin: Wilhelm
        Ernst & Sohn 1960
  [48.2] Witte, A. M.: Factoren, die de zijdelingse druk van verse betonspecie op de
        zijwand van de bekisting beinvloeden. Cement 12 (1960), S. 1057-1065
  [49.1] Noack, P.: Versuche zur Bestimmung des Seitendruckes von feuchtem
        Zementbeton. Schweizerische Bauzeitung 82 (1923), S. 109-111
  [49.2] Böhm, F.: Über den Seitendruck des frisch eingebrachten Betons. Beton
        und Eisen 28 (1929), S. 329-335
• [50] Beyer, K.: Die Statik im Stahlbetonbau, 2. Aufl. Berlin/Göttingen/
        Heidelberg: Springer 1956
  [51.1] Muhs, H.: Messung des Schalungsdruckes an einem Massenbetonkörper.
        Beton- und Stahlbetonbau 46 (1951), S. 150-155
  [51.2] vgl. [47.1]
  [51.3] Boersma, L., und A. J. M. van Eyle: Schalungsdruck des Betons. Beton-
        bau des Auslands Nr. 69. Wiesbaden: Eigenverlag des Deutschen Beton-
        vereins E. V. 1960 (vgl. auch Cement 1959, S. 262-266)
  [52] Timoshenko, S.: The Approximate Solution of Two-Dimensional Pro-
        blems in Elasticity. The Philosophical Magazine and Journal of Science 47
        (1924), S. 1095-1104
  [53.1] Gaede, K.: Versuche über die Festigkeit und die Verformung von Beton
        bei Druck-Schwellbeanspruchung und über den Einfluß der Größe der
        Proben auf die Würfeldruckfestigkeit von Beton. DAfSt-Heft 144. Berlin:
        Wilhelm Ernst & Sohn 1962
  [53.2] Shelson, W.: Bearing Capacity of Concrete. Journal of the ACI 54
        (1957/58), S. 405-414
  [53.3] Bonzel, J.: Ein Beitrag zur Frage der Festigkeit des Betons. Beitrag
        S. 108-123 in: Konstruktiver Ingenieurbau (Hirschfeld-Festschrift).
        Düsseldorf: Werner 1967
  [54] Föppl, A., und L. Föppl: Drang und Zwang, Band 1. München und Ber-
        lin: R. Oldenbourg 1920, S. 116 ff.
  [55] Tesař, V.: Experimentelle Spannungsbestimmung in den Enden pris-
        matischer Stäbe mit unvollkommenem Gelenk. Abhandlungen der Inter-
        nationalen Vereinigung für Brückenbau und Hochbau, I. Band, S. 497
        bis 506. Zürich 1932
  [56.1] Mohr, O.: Abhandlungen aus dem Gebiete der Technischen Mechanik,
        2. Aufl. Berlin: Wilhelm Ernst & Sohn 1914
  [56.2] Stabilini, L.: Die Plastizität und der Bauingenieur. Der Bauingenieur 35
        (1960), S. 202-207
• [56.3] Roš, M.: Die materialtechnischen Grundlagen und Probleme des Eisen-
        betons im Hinblick auf die zukünftige Gestaltung der Stahlbetonbauweise.
        EMPA-Bericht Nr. 162. Zürich: 1950
• [56.4] Roš, M., und A. Eichinger: Die Bruchgefahr fester Körper bei ruhender
        – statischer – Belastung. EMPA-Bericht Nr. 172. Zürich: 1949

[57] LEON, A.: Über das Maß der Anstrengung bei Beton. Ingenieur-Archiv 4 (1933), S. 421–431

[58.1] HILSDORF, H.: Die Bestimmung der zweiachsigen Festigkeit des Betons. DAfSt-Heft 173. Berlin: Wilhelm Ernst & Sohn 1965

[58.2] SCHRÖDER, S., und H. OPITZ: Festigkeit und Verformungseigenschaften des Betons bei zweiachsiger Druckbeanspruchung. Bauplanung – Bautechnik 22 (1968), S. 190–196

[59.1] POHLE, W.: Konzentrierte Lasteintragung in Beton. DAfSt-Heft 122. Berlin: Wilhelm Ernst & Sohn 1957

[59.2] GUERRIN, A.: Traité de Béton Armé, Tome I. Paris: Dunod 1959

[59.3] AKROYD, T. N. W.: Concrete under triaxial stress. Magazine of Concrete Research. Vol. 13, Number 39. London: Nov. 1961, S. 111–118

[59.4] SPIETH, H.: Das Verhalten von Beton unter hoher örtlicher Pressung und Teilbelastung unter besonderer Berücksichtigung von Spannbetonverankerungen. Dissertation Stuttgart, 1959

[60.1] vgl. [56.3]

[60.2] NORDBY, G. M.: Fatigue of Concrete. A Review of Research. Journal of the ACI 55 (1958/59), S. 191–219

[60.3] vgl. [53.2]

[60.4] MEHMEL, A., und E. KERN: Elastische und plastische Stauchungen von Beton infolge Druckschwell- und Standbelastung. DAfSt-Heft 153. Berlin: Wilhelm Ernst & Sohn 1962

[61] FRANZ, G.: Ermüdungsfestigkeit von vorgespannten, auf Biegung beanspruchten Betonquerschnitten. Der Bauingenieur 34 (1959), S. 205–207

[62.1] BAKER, A. L. L.: An analysis of deformation and failure characteristics of concrete. Magazine of Concrete Research. Vol. 11, Number 33. London: Nov. 1959, S. 119–128

[62.2] vgl. [53.1]

[62.3] GAEDE, K.: Haben größere Betonkörper eine geringere Festigkeit als kleine? Beton- und Stahlbetonbau 46 (1951), S. 51–53

[63] COKER, E. G., und L. N. G. FILON: A Treatise on Photo-Elasticity. Cambridge: University Press 1957

[64] WRIGHT, P. J. F.: Comments on an indirect tensile test on concrete cylinders. Magazine of Concrete Research. Vol. 7, Number 20. London: July 1955, S. 87–96

[65] BLACKMAN, J. S., G. M. SMITH und L. E. YOUNG: Stress distribution affects ultimate tensile strength. Journal of the ACI 55 (1958/59), S. 679–684

[66.1] GAEDE, K.: Kugelschlagprüfung von Beton mit dichtem Gefüge. Einfluß des Prüfalters. DAfSt-Heft 128. Berlin: Wilhelm Ernst & Sohn 1957

[66.2] WESCHE, K.: Kritische Betrachtung der Verfahren zur zerstörungsfreien Prüfung des Betons im Bauwerk. Bau und Bauindustrie 13 (1960), S. 9–15

[66.3] BACK, G.: Die zerstörungsfreie Betonprüfung an Betonsteinerzeugnissen mittels Schlaggeräten zum Zwecke einer betrieblichen Eigenüberwachung. Betonstein-Zeitung 27 (1961), S. 93–100

[66.4] DIN 4240: Kugelschlagprüfung von Beton mit dichtem Gefüge. Richtlinien für die Anwendung. April 1962

[66.5] FREY, H.: Erfahrungen bei der Prüfung mit dem Rückprallhammer. Beton- und Stahlbetonbau 64 (1969), S. 76–78

[67] „Hütte", des Ingenieurs Taschenbuch, Band I (Theoretische Grundlagen), 28. Aufl. Berlin: Wilhelm Ernst & Sohn 1955

[68.1] WESCHE, K.: Betonprüfung mit Hilfe von Ultraschall. Beton- und Stahlbetonbau 48 (1953), S. 116–119

[68.2] WEIGLER, H., und E. KERN: Über die Anwendungsmöglichkeiten des Ultraschallverfahrens zur Bestimmung der Betongüte. Betonstein-Zeitung 31 (1965), S. 279–286

[69] RÜSCH, H.: Der Einfluß der Deformationseigenschaften des Betons auf den Spannungsverlauf. Schweizerische Bauzeitung 77 (1959), S. 119–126

[70.1] HADDAD, G. J.: Versuche über das Verhalten von Stahlbetonbalken unter ruhender Dauerbelastung. Dissertation Karlsruhe 1960

[70.2] vgl. [53.2]

• [71] KORDINA, K.: Physikalische Grundlagen der Festigkeit und der Verformung der Werkstoffe. Arbeitstagung München 1959, S. 22–35. Wiesbaden: Eigenverlag des Deutschen Beton-Vereins E. V. 1959

• [74] MÜLLER, F. P.: Über den dynamischen E-Modul von Spannbeton. Beton- und Stahlbetonbau 54 (1959), S. 192–197

• [75.1] DAfSt-Heft 120, 139, 190, 191, 196. Berlin: Wilhelm Ernst & Sohn 1955 bis 1967

[75.2] KNITTEL, G.: Der Einfluß der Querschnittsform und der Lage der Nullinie auf die Spannungsverteilung und auf die Randstauchung des Betons. Einfluß der Druckbewehrung. Arbeitstagung München 1959, S. 102–104. Wiesbaden: Eigenverlag des Deutschen Beton-Vereins E. V. 1959

[76] RASCH, Chr.: Einfluß der Belastungsgeschwindigkeit auf die Spannungsverteilung. Arbeitstagung München 1959, S. 86–94. Wiesbaden: Eigenverlag des Deutschen Beton-Vereins E. V. 1959

[77] Roš, M., und A. EICHINGER: Versuche zur Klärung der Frage der Bruchgefahr, II: Nichtmetallische Stoffe. EMPA-Bericht Nr. 28. Zürich: 1928

• [78] BRANDTZAEG, A.: Wirkungsweise umschnürter Betondruckkörper. Beton und Eisen 31 (1932), S. 236–238

[79.1] SELL, R.: Einfluß dauernd wirkender Lasten auf die Spannungsverteilung. Arbeitstagung München 1959, S. 94–101. Wiesbaden: Eigenverlag des Deutschen Beton-Vereins E. V. 1959

[79.2] vgl. [60.4]

• [80.1] DISCHINGER, F.: Untersuchungen über die Knicksicherheit, die elastische Verformung und das Kriechen des Betons bei Bogenbrücken. Der Bauingenieur 18 (1937), S. 487–520, 539–552, 595–621

• [80.2] DISCHINGER, F.: Elastische und plastische Verformungen der Eisenbetontragwerke und insbesondere der Bogenbrücken. Der Bauingenieur 20 (1939), S. 53–63, 286–294, 426–437, 563–572

[81] vgl. [83.1] und [83.3]

[82] L'HERMITE, R.: What do we know about the plastic deformation and creep of concrete? RILEM-Bulletin 1959 no 1, S. 21–51

[83.1] NEVILLE, A. M.: Theories of Creep in Concrete. Journal of the ACI 52 (1955/56), S. 47–60 (vgl. auch Zement–Kalk–Gips 9 (1956), S. 296–297)

• [83.2] WAGNER, O.: Das Kriechen unbewehrten Betons. DAfSt-Heft 131. Berlin: Wilhelm Ernst & Sohn 1958

[83.3] NEVILLE, A. M.: Der Einfluß des Zements auf das Kriechen von Beton. Zement–Kalk–Gips 12 (1959), S. 585–586

[83.4] WALLOSCHKE, E.: Beitrag zum Kriechen des Betons bei zeitlich veränderter Spannung. Beton- und Stahlbetonbau 52 (1957), S. 307–308

• [84.1] HUMMEL, A.: Vom Einfluß der Zementart, des Wasserzementverhältnisses und des Belastungsalters auf das Kriechen von Beton. Zement–Kalk–Gips 12 (1959), S. 181–187

• [84.2] HUMMEL, A., und H. RÜSCH: Versuche über das Kriechen unbewehrten Betons. DAfSt-Heft 146. Berlin: Wilhelm Ernst & Sohn 1962

[85.1] Roš, M.: Materialqualität und Sicherheit im Bauen und in der Maschinenindustrie. EMPA-Bericht Nr. 143. Zürich 1943

[85.2] vgl. [83.4]

[86] GAEDE, K.: Knicken von Stahlbetonstäben unter Kurz- und Langzeitbelastung. DAfSt-Heft 129. Berlin: Wilhelm Ernst & Sohn 1958

• [87] LERCH, W.: Risse infolge plastischer Schwindung im frischen Beton. Zement–Kalk–Gips 10 (1957), S. 332–333

• [88] CZERNIN, W.: Das Schwinden des Betons. Betonstein-Zeitung 26 (1960), S. 460–465

[89.1] vgl. [20] und [152.2]

[89.2] POWERS, T. C., L. E. COPELAND and H. M. MANN: Capillary Continuity or Discontinuity in Cement Pastes. Journal of the PCA Research and Development Laboratories, USA, 1 (1959), Nr. 2, S. 38–48

[90] vgl. [10.1], S. 246 ff.

[91]   WISCHERS, G.: Die mathematische Erfassung der Spannungen infolge
         Schwindens. beton 10 (1960), S. 273–276
• [92.1]   SAUTTER, L.: Wärmeschutz und Feuchtigkeitsschutz im Hochbau. Berlin:
         Max Lipfert 1948
• [92.2]   WEINER, G.: Schall- und Wärmeschutz von Decken und Wänden im
         Wohnungsbau. Stuttgart: Deutscher Fachzeitschriften- und Fachbuch-
         Verlag GmbH. 1957
[92.3]   SCHÄFFLER, H.: Der dampfgehärtete Gasbeton und die Eigenschaften der
         daraus gefertigten Bauteile. Betonstein-Zeitung 26 (1960), S. 98–105
[92.4]   GÖSELE, K., und W. SCHÜLE: Schall – Wärme – Feuchtigkeit. FBW Heft
         75. Wiesbaden/Berlin: Bauverlag GmbH 1965
[93.1]   RICKENSTORF, G.: Baustatische Berechnung von Temperaturspannungen
         infolge nicht linearer Temperaturverteilung in Stäben, Scheiben und
         Platten. Bauplanung – Bautechnik 13 (1959), S. 498–503
[93.2]   vgl. [27.7]
[93.3]   JÄGER, K.: Wärmespannungen in Stahlbeton-Stabwerken. Österreichische
         Ingenieur-Zeitschrift 103 (1958), S. 184–191, 219–224
[94]   SCHACK, A.: Der industrielle Wärmeübergang. 5. Aufl. Düsseldorf: Stahl-
         eisen mbH. 1957
[95.1]   vgl. [5], 1. Band, 2. Hälfte, S. 339
• [95.2]   EHLERS, G.: Die Temperaturspannungen in Eisenbetonwänden. Beton
         und Eisen 32 (1933), S. 14–19
• [96.1]   HAMPE, B.: Temperaturschäden im Beton und Maßnahmen zu ihrer
         Verhütung. Vorträge auf dem Betontag 1957, S. 310–327. Wiesbaden:
         Eigenverlag des Deutschen Beton-Vereins E. V. 1957
[96.2]   STÜSSI, H.: Eigenschaften des Eisenbetons. Schweizerische Bauzeitung
         76 (1958), S. 479–483
[96.3]   WISCHERS, G., und J. DAHMS: Untersuchungen zur Beherrschung von
         Temperaturrissen in Brückenwiderlagern durch Raum- und Scheinfugen.
         beton 18 (1968), S. 439–442, 483–490
[100]   DIN 488 und Zulassungen: vgl. Beton-Kalender 1969, I. Teil, S. 69–139
         und 997–1049. Berlin/München: Wilhelm Ernst & Sohn 1969
[101]   KREMSER, H.: Die Festigkeit eines Zugkörpers in Abhängigkeit von seiner
         Länge. Die Bautechnik 38 (1961), S. 169–171
[102]   JÄNICHE, W., u. a.: Weitere Untersuchungen über die Festigkeitseigen-
         schaften von Spannstählen. Technische Mitteilungen H. 2, S. 106–119.
         Eigenverlag Hüttenwerk Rheinhausen AG 1953
• [103]   Der Bundesminister für Verkehr: Spannstähle und Spannverfahren. All-
         gemeiner Runderlaß Straßenbau Nr. 2/1960, Sachgebiet 5, Brückenbau.
         Bonn 1960 (vgl. Straße und Autobahn 1960, H. 10)
[104.1] POMP, A.: Stahldraht, 2. Aufl. Düsseldorf: Stahleisen mbH. 1952
[104.2] SCHWIER, F.: Stahldrähte für Spannbeton. Beton- und Stahlbetonbau
         47 (1952), S. 201–207
• [105]   LEONHARDT, F.: Spannbeton für die Praxis, 2. Aufl. Berlin: Wilhelm
         Ernst & Sohn 1962
[106.1] ROŠ, M., und A. EICHINGER: Festigkeitseigenschaften der Stähle bei hohen
         Temperaturen. EMPA-Bericht Nr. 87. Zürich 1934
[106.2] wie [106.1], jedoch Nr. 138. Zürich 1941
[106.3] ABRAMS, M. S., und C. R. CRUZ: Verhalten von Spannlitzen unter hohen
         Temperaturen. Betonbau des Auslandes Nr. 74. Wiesbaden: Eigenverlag
         des Deutschen Beton-Vereins E. V. 1962 (vgl. auch Journal of the Port-
         land Cement Association, September 1961, S. 8–19)
[106.4] vgl. [168] und [571]
[107.1] GILLE, F.: Über die Tiefe der karbonisierten Schicht von alten Beton-
         proben. beton 10 (1960), S. 328–330
[107.2] SNECK, T.: Corrosion of Iron and Steel Embedded in Concrete. Nordisk
         Beton 5 (1961), S. 1–28
[107.3] Verein Deutscher Zementwerke E. V.: Tätigkeitsbericht 1959. Düssel-
         dorf 1959

[107.4] DIN 4231: Instandsetzung beschädigter Stahlbetonhochbauten, Richtlinien für Ausführung und Berechnung. Berlin: Beuth-Vertrieb GmbH. 1949

[107.5] MEYER, A., H.-J. WIERIG und K. HUSMANN: Karbonatisierung von Schwerbeton. DAfSt-Heft 182. Berlin: Wilhelm Ernst & Sohn 1967

[107.6] REHM, G.: Korrosionsschutz von Stahl in Beton. beton 19 (1969), S. 159 bis 161

[108.1] L'ALLEMAND: Die Korrosion des Stahles im bewehrten Beton. Der Bauingenieur 34 (1959), S. 444–447

[108.2] DURIEZ, M.: Die Betonzusatzmittel. Betonstein-Zeitung 24 (1958), S. 122–135

[108.3] vgl. [37.1]

[108.4] KAESCHE, H.: Die Prüfung der Korrosionsgefährdung von Stahlarmierungen durch Betonzusatzmittel. Zement–Kalk–Gips 12 (1959), S. 289 bis 294

[108.5] BÄUMEL, A.: Die Auswirkung von Betonzusatzmitteln auf das Korrosionsverhalten von Stahl in Beton. Zement–Kalk–Gips 12 (1959), S. 294–305

[108.6] NAUMANN, F. K., und A. BÄUMEL: Bruchschäden an Spanndrähten durch Wasserstoffaufnahme in Tonerdezementbeton. Archiv für das Eisenhüttenwesen 32 (1961), S. 89–94

[109] MENG, W. von: Die Bedeutung von Chloriden als Zusatzmittel für Zementmörtel, Beton und Stahlbeton. Betonstein-Zeitung 26 (1960), S. 113–116

[110.1] BÄUMEL, A.: Die Auswirkung von Kalziumchlorid auf das Korrosionsverhalten von Stahl in Beton. beton 10 (1960), S. 256–259

[110.2] vgl. [108.6]

[111] FORRESTER, J. A.: The Use of Gamma Radiography to Detect Faults in Grouting. Technical Report of the Cement and Concrete Association. London 1958

[112.1] Forschungsgemeinschaft Bauen und Wohnen: Der Eisensucher. Die Bauzeitung – Deutsche Bauzeitung 63 (1958), H. 9, S. XX–XXII

[112.2] ZELGER, C.: Vergleichsversuche an drei verschiedenen Bewehrungs-Suchgeräten. Materialprüfung 3 (1961), S. 337–344

[113] FÖPPL, A.: Drang und Zwang. 2. Band, S. 296. München und Berlin: R. Oldenbourg 1928

[114] MÖLL, H.: Spannbeton. Stuttgart: Berliner Union GmbH. 1954

[115.1] REHM, G., und D. RUSSWURM: Die Anwendung des Schweißens im Stahlbetonbau. Betonstein-Zeitung 34 (1968), S. 568–576, 604–611

[115.2] vgl. [130]

[116.1] WEIL, G.: Versuche mit Stahlleichtträgern für Massivdecken. DAfSt-Heft 119. Berlin: Wilhelm Ernst & Sohn 1955

• [116.2] HALÁSZ, R. v.: Massive Decken. Beton-Kalender 1968, II. Teil, S. 186–261. Berlin/München: Wilhelm Ernst & Sohn 1968

[117] FRITSCHE, J.: Massivbrücken (S. 427 ff. Die Bauweise Melan). Wien: Franz Deuticke 1948

• [118] Vorläufige Richtlinien für das Einpressen von Zementmörtel in Spannkanäle, Fassung Juli 1957 (vgl. Beton-Kalender 1969, I. Teil, S. 964)

[119.1] ALBRECHT, W., und H. SCHMID: Versuche mit Einpreßmörtel für Spannbeton. DAfSt-Heft 142. Berlin: Wilhelm Ernst & Sohn 1960

[119.2] JOHANSEN, R.: Grouting of posttensioned prestressed concrete members. Extrait du Bulletin RILEM Nr. 13, Dezember 1961, S. 9

[119.3] WALZ, K., und H. MATHIEU: Der Einfluß des Zementes auf die Eigenschaften von Zementsuspensionen zum Auspressen von Hohlräumen. beton 11 (1961), S. 411–420

[119.4] WEINHOLD, J., und H. G. MEYER: Über den Einfluß der Mahlfeinheit des Zementes auf die Eigenschaften von Einpreßmörteln für Spannkanäle. beton 11 (1961), S. 604–606

[120] FINSTERWALDER, U.: Eisenbetonträger mit selbsttätiger Vorspannung. Der Bauingenieur 19 (1938), S. 495–499

[121]   GUYON, Y.: Béton Précontraint, Tome I, Etude théorique et expéri-
mentale. Paris: Eyrolles 1951, S. 175

[122]   vgl. [256], S. 630

• [123.1] WYSS, Th.: Die Kraftfelder in festen elastischen Körpern. Berlin: Springer 1926

[123.2] ALBRECHT, R.: Spannungsoptische Untersuchung von Rahmenecken mit
Aussparungen. Beton- und Stahlbetonbau 45 (1950), S. 279–283

[123.3] WALTER, H.: Über die spannungsoptischen Untersuchungen von Rahmenecken. Der Bauingenieur 35 (1960), S. 81–85

[123.4] TOPALOFF, B.: Berechnung des gekrümmten Stahlbetonbalkens. Beton-
und Stahlbetonbau 55 (1960), S. 113–117

• [124.1] REHM, G.: Über die Grundlagen des Verbundes zwischen Stahl und Beton.
DAfSt-Heft 138. Berlin: Wilhelm Ernst & Sohn 1961

[124.2] MATHEY, R. G., und D. WATSTEIN: Investigation of Bond in Beam and
Pull-Out Specimens with High-Yield-Strength Deformed Bars. Journal
of the ACI 57 (1960/61), S. 1071–1090

[124.3] WEST, H.: Versuch einer rechnerischen Erfassung der Verbundwirkung im
Bereich der Übertragungslängen von Spannbetonträgern mit Verankerung
durch Haftung und Reibung. Bau und Bauindustrie 14 (1961), S. 424–427

[124.4] vgl. [10.5], S. 83

[125]   KUPFER, H.: Über die Berechnung von Spannbetonbalken bei Belastung
bis zum Bruch unter besonderer Berücksichtigung der Haftspannungen.
Dissertation TH München 1955

[126]   DJABRY, W.: Contribution à l'étude de l'adhérence des fers d'armatures
au béton. EMPA-Bericht 184. Zürich 1952

[127]   PEATTIE, K. R., und J. A. POPE: Tests of the Bond between Concrete
and Steel. Civil Engineering and Public Works Review 51 (1956), S. 181
bis 184, 314–316

[128]   SWIDA, W.: Über die innere Anpressung bei Vorspannung mit Verbund
und bei Stahlsaitenbeton. Der Bauingenieur 31 (1956), S. 52–55

[129]   KERN, K.: Spannbetonbalken mit glatten und profilierten Spannstählen
bei statischer und wiederholter Belastung. Der Bauingenieur 35 (1960),
S. 31–34

[130]   Beton-Kalender, 1969, I. Teil, S. 997–1049. Berlin/München: Wilhelm
Ernst & Sohn 1969

[131]   NEUBER, H.: Kerbspannungslehre, 2. Aufl. Berlin/Göttingen/Heidelberg:
Springer 1958

[132]   JÄNICHE, W., und H. WASCHEIDT: Zur Entwicklung eines Sonderbeton-
rippenstahles (Rippen-Torstahl). Beton- und Stahlbetonbau 56 (1961),
S. 6–10

[134]   Bayer. Staatsministerium des Innern: Zulassung des Dywidag-Spann-
verfahrens. Erlaß v. 14. 9. 1957

[135]   Der Hessische Minister des Innern: Zulassungsbescheid für das Spannverfahren KA vom 20. 7. 1961

[136]   EL-BEHAIRY, Sh.: Zugkräfte in der Nähe der Ankerplatte eines im Inneren
einer Rechteckscheibe verankerten Spanngliedes. Beton- und Stahlbetonbau 63 (1968), S. 135–137

[137]   vgl. [59.2]

[138]   SCHRÖDER, S.: Theorien über die Rißbildung in Stahlbetonbalken. Dissertation TH Dresden 1959

• [139]   HOGNESTAD, E.: High strength bars as concrete reinforcement, Part 2:
Control of flexural cracking. Journal of the PCA Research and Development Laboratories Vol. 4, Nr. 1, Januar 1961, S. 46

• [140]   WALTHER, R.: Über die Beanspruchung der Schubarmierung von Eisen-
betonbalken. Schweizerische Bauzeitung 75 (1956), S. 8–17, 34–37

[141]   SORETZ, S.: Beitrag stahlbetontechnologischer Forschung zur Gestaltung
von Fertigteilen. Beitrag S. 377–385 in: Die Montagebauweise mit Stahlbetonfertigteilen im Industrie- und Wohnungsbau. Wiesbaden: Bauverlag 1959

[142] LUNDIN, T.: Mit hochwertigem Stahl bewehrter Balken unter Schwinglast. Betonstein-Zeitung 26 (1960), S. 522—525

[143] LEONHARDT, F.: Die Mindestbewehrung im Stahlbetonbau. Beton- und Stahlbetonbau 56 (1961), S. 218—223

[150.1] KIESLINGER, A.: Zerstörungen an Steinbauten. Leipzig und Wien: Franz Deuticke 1932

[150.2] RILEM: Durability of Concrete, International Symposium, Preliminary Report. Prag: Nakladatelstvi československé Akademie VĚD 1961

• [150.3] KARSTEN, R.: Bauchemie. Heidelberg: Straßenbau, Chemie und Technik Verlagsgesellschaft mbH. 1960

[150.4] BICZÓK, J.: Betonkorrosion – Betonschutz. Berlin: VEB Verlag für Bauwesen 1960

[150.5] vgl. [565]

[151.1] PFEIFFER, H.: Frostwirkung in Natur und Technik. Betonstein-Zeitung 27 (1961), S. 497—501

[151.2] vgl. [155]

[152.1] WALZ, K.: Über den Einfluß des Zementes auf den Widerstand des Betons gegen häufiges Durchfrieren. beton 10 (1960), S. 164—169

[152.2] WALZ, K.: Wie werden betontechnische Erkenntnisse für das Bauen nutzbar gemacht? beton 10 (1960), S. 483—490

[152.3] WALZ, K.: Eigenschaften und Wirkung luftporenbildender Zusatzmittel bei der Verwendung zu Beton. DAfSt-Heft 123. Berlin: Wilhelm Ernst & Sohn 1956

[153] Länder-Sachverständigenausschuß für neue Baustoffe und Bauarten. Richtlinien für die Prüfung von Luftporenbildnern. Januar 1958

[154] DIN 52104: Frostbeständigkeit – Prüfung von Naturstein. Berlin: Beuth-Vertrieb GmbH. 1942

[155.1] BREYER, H.: Schätzung oder Messung des Frostbeständigkeitsgrades fester, mineralischer Baustoffe. beton 10 (1960), S. 378—380

[155.2] BREYER, H.: Füllsande, Luftporenbildner, Wasseraufnahme und Frostbeständigkeit von Betonwerksteinen. Betonstein-Zeitung 26 (1960), S. 306—309

[156] ZOLLINGER, R.: Ist der Ebener-Prüfer nach DIN 51951 als geeignetes Prüfgerät für die Ermittlung des Trocken-Roll-Verschleißes von Belägen anzusehen? Die Bautechnik 34 (1957), S. 336—341

[157.1] SEIDEL, K.: Über das Verhalten von Beton in chemisch angreifenden Wässern. DAfSt-Heft 134. Berlin: Wilhelm Ernst & Sohn 1959

[157.2] vgl. [162.1]

[157.3] CZERNIN, W.: 10 Jahre Forschungsinstitut des Vereins der österreichischen Zementfabrikanten. Zement und Beton (1961), Nr. 21 (April), S. 1—9

[158.1] LYSE, J.: Durability of Concrete in Sea Water. Journal of the ACI 57 (1960/61), S. 1575—1584

• [158.2] WIERIG, H. J.: Hinweise für die Herstellung von Beton in betonschädlichen Wässern und Böden. Bau und Bauindustrie 14 (1961), S. 200—208

[158.3] ECKHARDT, A., und W. KRONSBEIN: Versuche über das Verhalten von Beton im Seewasser. DAfSt-Heft 102. Berlin: Wilhelm Ernst & Sohn 1950

[158.4] HUMMEL, A., und K. WESCHE: Verhalten von Beton im Seewasser. DAfSt-Heft 124. Berlin: Wilhelm Ernst & Sohn 1956

[159] SHALON, R., und M. RAPHAEL: Der Einfluß von Seewasser auf die Korrosion von Stahlarmierungen. Zement—Kalk—Gips 13 (1960), S. 30—34 [vgl. auch Journal of the ACI 55 (1958/59), S. 1251—1268]

[160.1] DIN 4030: Beton in betonschädlichen Wässern und Böden. Berlin: Beuth-Vertrieb GmbH. 1954

• [160.2] KLEINLOGEL, A.: Einflüsse auf Beton und Stahlbeton, 5. Auflage. Berlin: Wilhelm Ernst & Sohn 1950

[161] MEIER-GROLMANN, F. W.: Über die Bedeutung des freien Kalkes im Portlandzement für die Widerstandsfähigkeit des Betons gegen aggressive Einwirkungen. Zement—Kalk—Gips 9 (1956), S. 15—28, 58—71

[162.1] LIEBER, W., und K. BLEHER: Die Beurteilung der Sulfatbeständigkeit von Zementen nach konventionellen Schnellmethoden. Zement–Kalk–Gips 13 (1960), S. 310–316

[162.2] vgl. [160]

[163] vgl. [157.1]

[164] ASTM-Bulletin Nr. 212, Febr. 1956, S. 27–44

[165.1] Der dritte internationale Kongreß über Betonwaren, Stockholm, 16. bis 22. Juni 1960. Generalbericht Nr. 5: Schutz von Betonrohren gegen verschiedenartige Angriffe. Vgl.: Cement 12 (1960), S. 890–891

[165.2] SCHWARZ, R.: Schutzüberzüge für Beton auf Kunststoffbasis. beton 9 (1959), S. 410

[165.3] Kunststoffbeschichtete Rohre. Betonstein-Zeitung 27 (1961), S. 34–36

[165.4] vgl. [28.3], [43] und [565.2]

[166] WITTEKINDT, W.: Der säurefeste Ocrat-Beton. Betonstein-Zeitung 20 (1954), S. 469–474, und Zement–Kalk–Gips 5 (1952), S. 203–205

• [167.1] Deutsche Bundesbahn: Anweisung für Abdichtung von Ingenieurbauwerken (AIB), 2. Ausgabe, 1953

[167.2] DIN 4031: Wasserdruckhaltende bituminöse Abdichtungen für Bauwerke. Berlin: Beuth-Vertrieb GmbH. 1959

[167.3] LUFSKY, K.: Bituminöse Dichtungen im Hochbau, 1. und 2. Teil. Berlin: VEB Verlag Technik 1958

[168.1] SEEKAMP, H.: Brandversuche mit starkbewehrten Stahlbetonsäulen. – HANNEMANN, M., und H. THOMS: Widerstandsfähigkeit von Stahlbetonbauteilen und Stahlsteindecken bei Bränden. DAfSt-Heft 132. Berlin: Wilhelm Ernst & Sohn 1959

[168.2] DANNENBERG, DEUTSCHMANN und MELCHIOR: Warmzerreißversuche mit Spannstählen. DAfSt-Heft 122. Berlin: Wilhelm Ernst & Sohn 1956

[168.3] KRISTEN, HERRMANN, WEDLER: Brandversuche mit belasteten Eisenbetonbauteilen und Steineisendecken. Teil 1: Decken. DAfSt-Heft 89. Berlin: Wilhelm Ernst & Sohn 1938

[168.4] MALKOTRA, H. L.: The effect of temperature on the compressive strength of concrete. Magazine of Concrete Research 8 (1956), Nr. 23, S. 85–94

[168.5] vgl. [106]

[169.1] KRISTEN, T., und P. BORNEMANN: Das Verhalten von Deckenkonstruktionen aus Stahlbetonfertigteilen bei Brandversuchen. Bau und Bauindustrie 12 (1959), S. 575–579

[169.2] KORDINA, K., und C. MEYER-OTTENS: Die Feuerwiderstandsfähigkeit von biegebeanspruchten Stahlbeton- und Spannbetonbauteilen. Betonstein-Zeitung 29 (1963), S. 11–21

[169.3] BÜSCHER, G.: Ausführung von feuerwiderstandsfähigen Pfeilern und Stützen im Stahl- und Stahlbetonbau. Bau und Bauindustrie 13 (1960), S. 334–338

[169.4] CUR: Brandproeven op vorgespannen Betonliggers. Rapport 4. Delft: Holländischer Betonverein

[169.5] TROXELL, G. E.: US-Brandversuche an einer vorgespannten Decke. Betonstein-Zeitung 26 (1960), S. 74–76

[170.1] KRISTEN, Th., und H. J. WIERIG: Der Einfluß hoher Temperatur auf Bauteile aus Spannbeton. Der Bauingenieur 35 (1960), S. 6–11

[170.2] ASHTON, L. A., and S. C. C. BATE: Fire Resistance of Prestressed Concrete Beams. Journal of the ACI 57 (1960/61), S. 1417–1440

[170.3] SCHRADER, G.: Feuerbeständigkeit von Spannbetonträgern. Der Bauingenieur 37 (1962), S. 106–107

• [171] DOORENTZ, R.: Bauwerk im Großbrand. Berlin: Verlag Technik 1952

[172] Reconstruction en béton précontraint des hangars à coton du Port du Havre. La Technique Moderne–Construction 6 (1951), Dezember-Heft. Paris: Dunod

• [173.1] NEKRASSOW, K. D.: Hitzebeständiger Beton. Wiesbaden: Bauverlag GmbH. 1961

26*

[173.2] LUDERA, L.: Feuerbeton auf Portlandzement-Basis. Zement–Kalk–Gips 12 (1959), S. 575–581

[173.3] DIN 1061: Prüfverfahren für feuerfeste Baustoffe. Berlin: Beuth-Vertrieb GmbH 1959

[174.1] HEIMBÜCHEL: Die Betonlanze. Beton- und Stahlbetonbau 45 (1950), S. 169–170

[174.2] BACHUS, E.: Das Flammstrahlbohren und -schneiden von Beton. Der Bauingenieur 37 (1962), S. 47–49

[175.1] TRENDELENBURG, F.: Einführung in die Akustik, 3. Aufl. Berlin/Göttingen/Heidelberg: Springer 1961

[175.2] ZELLER, W.: Technische Lärmabwehr. Stuttgart: Alfred Kröner 1950

• [175.3] BRUCKMAYER, F.: Handbuch der Schalltechnik im Hochbau. Wien: Franz Deuticke 1962

• [175.4] ROTHFUCHS, G.: Schall- und Wärmeschutz (Berechnungstabellen und Arbeitstafeln). Wiesbaden: Bauverlag GmbH 1960

[175.5] Forschungsgemeinschaft Bauen und Wohnen: FBW-Blätter über Schallschutz. Stuttgart

[175.6] vgl. [92.2] und [92.4]

• [175.7] Bundesminister für Wohnungsbau: Körperschall in Gebäuden. Berlin: Wilhelm Ernst & Sohn 1960

[175.8] ROTHFUCHS, G.: Schalldämmung zweischaliger Wände. Bau und Bauindustrie 14 (1961), S. 216–219

[175.9] SCHÜTZE, W.: Der schwimmende Zementestrich, 2. Aufl. Wiesbaden: Bauverlag GmbH. 1958

• [176.1] KLOTTER, K.: Technische Schwingungslehre, Erster Band: Einfache Schwinger und Schwingungsmeßgeräte, 2. Aufl., 1951. Zweiter Band: Schwinger von mehreren Freiheitsgraden, 2. Aufl. Berlin/Göttingen/Heidelberg: Springer 1960

• [176.2] LORENZ, H.: Grundbau-Dynamik. Berlin/Göttingen/Heidelberg: Springer 1960

[176.3] TIMOSHENKO, S., und D. H. YOUNG: Advanced Dynamics. New York: McGraw-Hill Book Company, Inc. 1948

[176.4] HÜBNER, E.: Technische Schwingungslehre in ihren Grundzügen. Berlin/Göttingen/Heidelberg: Springer 1957

[176.5] DIN 4150: Erschütterungsschutz im Bauwesen. Berlin: Beuth-Vertrieb GmbH. 1939

• [176.6] Messungen mechanischer Schwingungen. VDI-Richtlinien 205–210. Düsseldorf: Oktober 1956

[177] DEN HARTOG, J. P., und E. MESMER: Mechanische Schwingungen, 2. Aufl. Berlin/Göttingen/Heidelberg: Springer 1952

• [178.1] RAUSCH, E.: Maschinenfundamente und andere dynamisch beanspruchte Baukonstruktionen, 3. Auflage. Düsseldorf: VDI-Verlag GmbH. 1959

• [178.2] MAJOR, A.: Berechnung und Planung von Maschinen- und Turbinenfundamenten. Berlin: VEB Verlag für Bauwesen 1961

[178.3] NORRIS, C. H., u. a.: Structural design for dynamic loads. New York: McGraw-Hill Book Company, Inc. 1959

[179] HOHENEMSER, K., und W. PRAGER: Dynamik der Stabwerke. Berlin: Springer 1933

[180.1] EHLERS, G.: Die · Berechnung der Schwingungen von Turbinenfundamenten. Festschrift der Wayss & Freytag A.G., S. 160–182. Stuttgart: Konrad Wittwer 1925

• [180.2] BERGSTRÄSSER, G.: Turbinenfundamente in Stahlbeton. Beton- und Stahlbetonbau 56 (1961), S. 62–67

• [181] EHLERS, G.: Berücksichtigung von Stabversteifungen an Knoten. Festschrift der Wayss & Freytag A.G. 1925

[182.1] vgl. [178.1]

[182.2] vgl. [178.2], S. 434

• [200] HASENJÄGER, S.: Standsicherheit von Bauten. Düsseldorf: Werner 1960

[201.1] DIN 1080: Zeichen für statische Berechnungen im Bauingenieurwesen. Berlin: Beuth-Vertrieb GmbH. 1961
[201.2] DIN 4224: Bemessung im Stahlbetonbau. Berlin: Beuth-Vertrieb GmbH. 1959
• [202.1] BORNSCHEUER, F. W., und E. STEIN: Die Elastizitätslehre im Schrifttum. VDI-Zeitschrift 103 (1961), S. 1563–1577
[202.2] Mathematische Hilfsmittel
• [202.21] SAUER, R.: Ingenieur-Mathematik, Erster Band: Differential- und Integralrechnung, 4. Aufl., 1969. Zweiter Band: Differentialgleichungen und Funktionentheorie, 3. Aufl. Berlin/Heidelberg/New York: Springer 1968
• [202.22] BRONSTEIN, J. N., und K. A. SEMENDJAJEW: Taschenbuch der Mathematik. Frankfurt: Harri Deutsch 1962
• [203.1] BEYER, K.: Die Statik im Stahlbetonbau, 2. Aufl. Berlin/Göttingen/Heidelberg: Springer 1956
• [203.2] HIRSCHFELD, K.: Baustatik, 2 Bände, 3. Aufl. Berlin/Heidelberg/New York: Springer 1969
[203.3] KAUFMANN, W.: Statik der Tragwerke, 4. Aufl. Berlin/Göttingen/Heidelberg: Springer 1957
[204.1] MÖRSCH, E.: Das Cross'sche Verfahren. Stuttgart: Konrad Wittwer 1947
• [204.2] DERNEDDE, W., und R. BARBRÉ: Das Cross'sche Verfahren, 4. Aufl. Berlin: Wilhelm Ernst & Sohn 1961
• [204.3] KANI, G.: Die Berechnung mehrstöckiger Rahmen, 9. Aufl. Stuttgart: Konrad Wittwer 1962
• [205.1] FLÜGGE, W.: Statik und Dynamik der Schalen, 3. Aufl. Berlin/Göttingen/Heidelberg: Springer 1962
[205.2] FLÜGGE, W.: Stresses in Shells. Berlin/Göttingen/Heidelberg: Springer 1960
• [205.3] GIRKMANN, K.: Flächentragwerke, 6. Aufl. Wien: Springer 1963
[205.4] GRAVINA, P. B. J.: Theorie und Berechnung der Rotationsschalen. Berlin/Göttingen/Heidelberg: Springer 1961
• [205.5] PFLÜGER, A.: Elementare Schalenstatik, 4. Aufl. Berlin/Heidelberg/New York: Springer 1967
[205.6] TIMOSHENKO, S. P.: Theory of Plates and Shells, 2. Aufl. New York: McGraw-Hill Book Company, Inc., 1959
[206.1] vgl. [203.1]
[206.2] BLEICH, F., und E. MELAN: Die gewöhnlichen und partiellen Differenzengleichungen der Baustatik. Berlin/Wien: Springer 1927
[207] STÜSSI, F.: Ausgewählte Kapitel aus der Theorie des Brückenbaues. Beitrag S. 905–963 in: Taschenbuch für Bauingenieure, herausgegeben von F. Schleicher, Band 1, 2. Aufl. Berlin/Göttingen/Heidelberg: Springer 1955
• [208.1] COLLATZ, L.: Differentialgleichungen für Ingenieure, 2. Aufl. Stuttgart: B. G. Teubner 1960
[208.2] ZURMÜHL, R.: Praktische Mathematik, 5. Aufl. Berlin/Heidelberg/New York: Springer 1965
• [209] FEUCHT, W.: Einführung in die Modelltechnik. Beitrag im Handbuch der Spannungs- und Dehnungsmessung, herausgegeben von K. Fink und C. Rohrbach, S. 381–484. Düsseldorf: VDI-Verlag GmbH. 1958
[210.1] BAKER, A. L. L.: Further Research in Reinforced Concrete, and its Application to Ultimate Load Design. Paper No. 5894 of the Institution for Civil Engineers. London: 1953
• [210.2] BAKER, A. L. L.: Das Traglastverfahren für die Bemessung von Rahmentragwerken. Wiesbaden: Bauverlag 1960
[210.3] ABDANK, R.: Traglast, Elastostatik und Naviersche Hypothese. Bauplanung – Bautechnik 14 (1960), S. 256–261
[210.4] DS 411: Dänische Normen für Beton- und Stahlbetonkonstruktion vom 1. 11. 1949. Vgl. Betonkalender 1962, II. Teil, S. 485–506 und Beton- und Stahlbetonbau 46 (1951), S. 20–21

[211] EWERS, N.: Berechnungsgrundlagen, Sicherheitsfaktoren und Materialprüfung im Stahlbeton (Stellungnahme zur Reform des Bemessungsverfahrens im Stahlbeton vom Standpunkt der Materialprüfung). Bauplanung–Bautechnik 7 (1953), S. 243–251

• [212.1] HABERSTOCK, K. B.: Die n-freien Bemessungsweisen des einfach bewehrten, rechteckigen Stahlbetonbalkens. DAfSt-Heft 103. Berlin: Wilhelm Ernst & Sohn 1951

[212.2] SCHEUNERT, A.: n-Verfahren oder n-freies Verfahren im Stahlbetonbau? Bauplanung – Bautechnik 8 (1954), S. 262 ff.

[212.3] Das Für und Wider der n-freien Bemessung. Beton- und Stahlbetonbau 51 (1956), S. 39–42, 64–69, 89–92, 114–116, 255–259

[212.4] vgl. [238–247]

[213.1] GEHLER, W., und A. HÜTTER: Knickversuche mit Stahlbetonsäulen. DAfSt-Heft 113. Berlin: Wilhelm Ernst & Sohn 1954

[213.2] GAEDE, K.: Knicken von Stahlbetonsäulen unter Kurz- und Langzeitbelastung. DAfSt-Heft 129. Berlin: Wilhelm Ernst & Sohn 1958

[213.3] CHWALLA, E.: Kollapsgefahr bei schlank gebauten Stahlbetontragwerken. Arbeitstagung München 1959, S. 135–149. Wiesbaden: Eigenverlag des Deutschen Beton-Vereins E. V. 1959

[213.4] KORDINA, K.: Die Bemessung knickgefährdeter Stahlbetonbauteile. Arbeitstagung München 1959, S. 150–169. Wie [213.3]

[213.5] AAS-JAKOBSEN, A.: Das CEB-Verfahren zur Bemessung schlanker Betonkonstruktionen. Der Bauingenieur 35 (1960), S. 268–270

• [214.1] OUVRIER, E.: Die Bemessung von gedrückten Stahlbetonsäulen, unter besonderer Berücksichtigung der zweiachsigen Biegung, 2. Aufl. Düsseldorf: Werner-Verlag 1962

• [214.2] PUCHER, A.: Lehrbuch des Stahlbetonbaues, 3. Aufl. Wien: Springer 1961

[214.3] ROUSSOPOULOS, A.: Die allgemeine Lösung des Problems des exzentrisch beanspruchten Eisenbetonquerschnitts. Beton und Eisen 38 (1939), S. 79–87

[214.4] SÄGER, W.: Ein Verfahren zur Bemessung rechteckiger Eisenbetonquerschnitte bei schiefer Biegung mit und ohne Längskraft. Der Bauingenieur 22 (1941), S. 217–230

• [214.5] KREBS, G.: Schiefe Biegung, 2. Aufl. Wiesbaden: Bauverlag GmbH. 1962

[214.6] PETERS, J.: Vorschlag für eine n-freie Bemessung bei schiefer Biegung. Dissertation Karlsruhe, 1959

• [215.1] LEWICKI, E.: Die Montagebauweise mit Stahlbetonfertigteilen im Industrie- und Wohnungsbau. Berlin: VEB Verlag Technik 1958, bzw. Wiesbaden: Bauverlag GmbH. 1959

[215.2] MOKK, L.: Bauen mit Stahlbetonfertigteilen. Berlin: VEB Verlag für Bauwesen 1960

• [215.3] KONCZ, T.: Handbuch der Fertigteil-Bauweise. Wiesbaden: Bauverlag GmbH. 1962

[216] Deutsche Bundesbahn: Richtlinien für die mechanische Prüfung von Kunststoffen, die auf der Baustelle erhärten. Ausgabe Juni 1962. Die Bauwirtschaft (1963), H. 3, S. 80 ff.

• [220] GUYON, Y.: Béton Précontraint. Tome II: Constructions Hyperstatiques. Paris: Eyrolles 1958, vgl. auch [121]: Tome I

• [221] FRANZ, G.: Spannbeton. Beitrag in: Hütte, des Ingenieurs Taschenbuch, Bd. III, Bauingenieurwesen, 28. Aufl., S. 1249–1311. Berlin: Wilhelm Ernst & Sohn 1956

[222] vgl. [203.2]

[223.1] vgl. [203.1]

• [223.2] GULDAN, R.: Rahmentragwerke und Durchlaufträger, 6. Aufl. Wien: Springer 1959

• [223.3] KAMMÜLLER, K.: Theorie des Stahlbetons, Bd. II: Statik der biegefesten ebenen Stabwerke. Karlsruhe: C. F. Müller 1948

[223.4] KLEINLOGEL, A., und A. HASELBACH: Durchlaufträger besonderer Feldsteifigkeit, 7. Aufl. Berlin: Wilhelm Ernst & Sohn 1952

• [224.1] ANGER, G.: Zehnteilige Einflußlinien für durchlaufende Träger. Bd. I und II, 7. Aufl.; Bd. III, 9. Aufl. Berlin: Wilhelm Ernst & Sohn 1958

[224.2] vgl. [223.2]

• [224.3] GRAUDENZ, H.: Momenten-Einflußzahlen für Durchlaufträger mit beliebigen Stützweiten, 5. Aufl. Berlin/Heidelberg/New York: Springer 1966

• [224.4] HAHN, J.: Durchlaufträger, Rahmen und Platten, 6. Aufl. Düsseldorf: Werner-Verlag GmbH. 1962

[225.1] vgl. [105], [220] und [221]

[225.2] KANI, G.: Spannbeton in Entwurf und Ausführung. Stuttgart: Konrad Wittwer 1955

[226] ROSE, E. A.: Die Berechnung der Vorspannmomente nach der Umlenkkraftmethode. Die Bautechnik 39 (1962), S. 153–160

[227.1] Beton-Kalender 1969, I. Teil, S. 41–44. Berlin/München: Wilhelm Ernst & Sohn 1969

[227.2] SZABÓ, J.: Mathematik, Beitrag S. 39–46 in: Hütte, des Ingenieurs Taschenbuch, Bd. 1, herausgegeben vom Akademischen Verein Hütte, E. V. in Berlin, 28. Aufl. Berlin: Wilhelm Ernst & Sohn 1955

[228] SATTLER, K.: Kriechen und Schwinden bei vorgespannten Verbund-Stahlbetonkonstruktionen und beliebigen Stahlträger-Verbundkonstruktionen. Beton- und Stahlbetonbau 49 (1954), S. 8–13, 38–41, 173

[229.1] HABEL, A.: Zwängungsspannungen nicht vorgespannter statisch unbestimmter Beton- und Stahlbetontragwerke. Die Bautechnik 38 (1961), S. 186–191

• [229.2] SÄGER, W.: Der Einfluß des Kriechens und Schwindens in Spannbetonkonstruktionen. Düsseldorf: Werner-Verlag GmbH. 1955

[229.3] HAHN, V., und R. HOLZ: Berechnung des Einflusses von Kriechen und Schwinden bei statisch unbestimmten Betontragwerken mit Hilfe des Momentenausgleichsverfahrens von Kani. Beton- und Stahlbetonbau 55 (1960), S. 274–284

[229.4] ZUMPE, G.: Allgemeine Darstellung der Verfahren zur Berechnung vorgespannter statisch unbestimmter Stabwerke. Bauplanung–Bautechnik 14 (1960), S. 165–166

[229.5] SATTLER, K.: Beitrag zur Berechnung von Spannbeton-Konstruktionen. Der Bauingenieur 31 (1956), S. 444–457

• [229.6] BUSEMANN, R.: Anwendung des Kriechfaserverfahrens bei statisch unbestimmten Systemen mit veränderlichen Verbund-Querschnitten. Der Stahlbau 23 (1954), S. 201–206; vgl. auch [572]

[229.7] Cement and Concrete Association: Proceedings of a Symposium on the Strength of Concrete Structures. London: Cement and Concrete Association 1958

[229.8] RÜHLE, H.: Die Herstellung statisch unbestimmter Systeme durch nachträgliche Verbindung von Stahlbetonfertigteilen. Beton- und Stahlbetonbau 49 (1954), S. 32–86

[229.9] RÜHLE, H.: Vorschläge für Bemessung und Konstruktion von Betonverbundkonstruktionen mit schlaffer oder vorgespannter Bewehrung. Bauplanung–Bautechnik 12 (1958), S. 201 ff und 267 ff

[230] HABEL, A.: Der Einfluß des Kriechens auf die statisch unbestimmten Größen vorgespannter Durchlaufträger und Zweigelenkrahmen. Beton- und Stahlbetonbau 50 (1955), S. 99–106

[231.1] LEVI, F., et PIZZETTI, G.: Fluage, Plasticité, Précontrainte. Paris: Dunod 1951

[231.2] AROUTIOUNIAN, N. Rh.: Applications de la théorie du fluage. Paris: Eyrolles 1957

[232.1] BAKER, A. L. L., Y. GUYON und G. MACCHI: Veröffentlichungen der Commission „Hyperstatique". Bulletin d'Information Nr. 21 des Comité Européen du Béton (CEB). Paris: Januar 1960

[232.2] JONES, L. L.: Ultimate Load Analysis of Reinforced and Prestressed Concrete Structures. London: Chatto and Windus 1962

[232.3] vgl. [229.7], S. 277–304

[232.4] vgl. [210]

[232.5] vgl. [220]

• [233] MÖRSCH, E.: Die Ermittlung des Bruchmomentes von Spannbetonbalken. Beton- und Stahlbetonbau 45 (1950), S. 149–157

[234.1] LEONHARDT, F.: Anfängliche und nachträgliche Durchbiegungen von
Stahlbetonbalken im Zustand II. Beton- und Stahlbetonbau 54 (1959),
S. 240–247

[234.2] MEHMEL, A.: Über eine sinnvolle Beschränkung der Durchbiegungen von
Stahlbetonbauteilen. Der Bauingenieur 36 (1961), S. 293–300

• [234.3] Runderlaß des Ministers für Wiederaufbau des Landes Nordrhein-Westfalen vom 25. 7. 1960 – II A4 – 2.750 Nr. 500/60, veröffentlicht in:
Ministerialblatt für das Land Nordrhein-Westfalen, Ausgabe B, 13. Jahr-
gang, Nr. 96, 1960

• [235] RABICH, R.: Die Formänderung des Stahlbetonbalkens infolge Belastung.
Bauplanung – Bautechnik 10 (1956), S. 497–503

[236] vgl. [53.1], [53.2], [60.4], [75] und [76]

[237] vgl. [212.1]

[238.1] vgl. [211]

[238.2] RYCHNER, G. A.: Über die Bedeutung der Dimensionierungsformeln für
einfache Biegung im Eisenbetonbau. Schweizerische Bauzeitung 67 (1949),
S. 548–552

[238.3] KNITTEL, G., u. a.: Bemessung auf Biegung und Biegung mit Längskraft.
Beitrag S. 71–115 in Arbeitstagung München 1959, herausgegeben vom
Deutschen Betonverein E. V. Wiesbaden 1959

[239.1] HERZOG, M.: Die Eisenbetondimensionierung mit dem Bruchlastverfahren
des Comité Européen du Béton. Schweizerische Bauzeitung 80 (1962),
S. 115–118

• [239.2] RÜSCH, H.: Bemessungsformeln und Bemessungsdiagramme. Beitrag
S. 104–116 in Arbeitstagung 1959, herausgegeben vom Deutschen Beton-
Verein E. V. Wiesbaden 1959

[240.1] vgl. [5]

[240.2] vgl. [10.5]

[240.3] vgl. [214.2]

• [240.4] BRENDEL, G.: Stahlbetonbau, Bd. 1, 2. Aufl. Leipzig: B. G. Teubner
1955

• [240.5] LÖSER, B.: Bemessungsverfahren, 17. Aufl. Berlin: Wilhelm Ernst &
Sohn 1962

[240.6] KAMMÜLLER, K.: Theorie des Stahlbetons, Bd. I. Karlsruhe: C. F. Müller
1952

• [240.7] DISCHINGER, F.: Massivbau. Beitrag S. 762–904 in: Taschenbuch für
Bauingenieure, herausgegeben von F. Schleicher, Band 1, 2. Aufl. Berlin/
Göttingen/Heidelberg: Springer 1955

[241.1] vgl. [214.1]

[241.2] LINDNER, H.: Bemessung von Rechteckquerschnitten bei schiefer Biegung.
Beton- und Stahlbetonbau 54 (1959), S. 167–171

[242] vgl. [214.3]

• [243] MÖRSCH, E.: Die Bemessung im Eisenbetonbau. 5. Aufl. Stuttgart:
Konrad Wittwer 1950

[244.1] BRENDEL, G.: Der Plattenbalken und die mitwirkende Plattenbreite.
Beitrag S. 116–123 in Arbeitstagung München 1959, herausgegeben vom
Deutschen Beton-Verein E. V. Wiesbaden 1959

• [244.2] BRENDEL, G.: Die mitwirkende Plattenbreite nach Theorie und Versuch.
Beton- und Stahlbetonbau 55 (1960), S. 177–185

[245] CUR-Rapport Nr. 9: Vergelijking Plasticiteitsberekening met de n-
Methode bij zuivere Buiging. Herausgegeben vom Sekretariat der hollän-
dischen Betonvereinigung, Den Haag

[246] RÜSCH, H., et M. M. GRASSER: Principes de Calcul du Béton Armé Sous
des Etats de Contraintes Monoaxiaux. Comité Européen du Béton. Bulletin
d'information Nr. 36, Paris, Juni 1962, S. 36–42 und 71

[247] BRENDEL, G.: Grundsätzliche Betrachtungen zur Bemessung von Stahlbetonquerschnitten nach dem Traglastverfahren. Bauplanung–Bautechnik 14 (1960), S. 554–558

• [248] BAY, H.: Die Schubkraftfläche und ihre Verminderung durch die lot-
rechten Balkenpressungen. Beton- und Stahlbetonbau 50 (1955), S. 79–81

[249.1] vgl. [140]

[249.2] KANI, G.: Über das Wesen der sogenannten Schubsicherung. Der Bauingenieur 33 (1958), S. 375–382

• [249.3] LEONHARDT, F., und R. WALTHER: Beiträge zur Behandlung der Schub-
probleme im Stahlbetonbau. Beton- und Stahlbetonbau 56 (1961), S. 280
bis 290, und 57 (1962), S. 32–44, 54–64, 141–149, 161–173, 184–188,
und 58 (1963), S. 216–224

[249.4] RÜSCH, H., F. R. HAUGLI und H. MAYER: Schubversuche an Stahlbeton-
Rechteckbalken mit gleichmäßig verteilter Belastung. –
HAUGLI, F. R.: Stahlbetonbalken bei gleichzeitiger Einwirkung von
Querkraft und Moment. DAfSt-Heft 145. Berlin: Wilhelm Ernst & Sohn
1962

• [249.5] LEONHARDT, F., und R. WALTHER: Schubversuche an einfeldrigen Stahlbetonbalken mit und ohne Schubbewehrung zur Ermittlung der Schub-
tragfähigkeit und der oberen Schubspannungsgrenze. DAfSt-Heft 151.
Berlin: Wilhelm Ernst & Sohn 1962

• [249.6] LEONHARDT, F., und R. WALTHER: Versuche an Plattenbalken mit hoher
Schubbeanspruchung. DAfSt-Heft 152. Berlin: Wilhelm Ernst & Sohn
1962

• [250.1] MÖRSCH, E.: Die Bemessung im Eisenbetonbau, 5. Aufl. Stuttgart:
Konrad Wittwer 1950

[250.2] BACH, C., und O. GRAF: Versuche über die Widerstandsfähigkeit von
Beton und Eisenbeton gegen Verdrehung. DAfSt-Heft 16. Berlin: Wilhelm
Ernst & Sohn 1912

[251] RÜHL, K. H.: Abschnitt Festigkeitslehre in: Hütte, des Ingenieurs
Taschenbuch, Bd. 1: Theoretische Grundlagen, S. 923–929, 28. Aufl.
Berlin: Wilhelm Ernst & Sohn 1955

• [252] CHWALLA, E.: Einführung in die Baustatik, 2. Aufl. Köln: Stahlbau-
Verlags-GmbH 1954

• [253] RAUSCH, E.: Berechnung des Eisenbetons gegen Verdrehung (Torsion)
und Abscheren, 2. Aufl. Berlin: Springer 1938

[254.1] vgl. [221]

[254.2] vgl. [121] und [220]

• [254.3] HERBERG, W.: Spannbetonbau, 2. Aufl. Leipzig: B. G. Teubner 1960

[254.4] vgl. [225.2] und [105]

[254.5] MEHMEL, A.: Vorgespannter Beton, 2. Aufl. Berlin/Göttingen/Heidelberg:
Springer 1963

[255.1] DIN 4227: Spannbeton, Richtlinien für Bemessung und Ausführung.
Berlin: Beuth-Vertrieb GmbH. 1953. Siehe auch Beton-Kalender 1969,
I. Teil, S. 916–958

• [255.2] RÜSCH, H.: Spannbeton–Erläuterungen zu DIN 4227. Berlin: Wilhelm
Ernst & Sohn 1954

• [256] RÜSCH, H., und H. KUPFER: Bemessung von Spannbetonbauteilen. Beitrag S. 558–634 in: Beton-Kalender 1969, I. Teil. Berlin/München:
Wilhelm Ernst & Sohn 1969

[257.1] REIFFENSTUHL, H.: Spannungsumlagerung durch Schwinden und Kriechen bei mehrsträngiger Vorspannung. Beton- und Stahlbetonbau 54
(1959), S. 172–173

[257.2] VIK, B.: Zur Spannungsumlagerung durch Schwinden und Kriechen bei
mehrsträngiger Vorspannung. Beton- und Stahlbetonbau 55 (1960),
S. 185–187

• [257.3] HABEL, A.: Berechnung von Querschnitten mit mehrlagiger Spannbewehrung nach dem Verfahren von Busemann. Beton- und Stahlbetonbau 49 (1954), S. 25 ff.

[257.4] vgl. auch [228] und [229.2]
[258] Rüsch, H., und G. Vigerust: Schubversuche an Spannbetonbalken. – Vigerust, G.: Die Schubfestigkeit von Spannbetonbalken ohne Schubbewehrung. DAfSt-Heft 137. Berlin: Wilhelm Ernst & Sohn 1960
[259] Walther, R.: The shear strength of prestressed concrete beams. 3. FIP-Kongress. Berlin 1958. Band I. S. 80–100
• [260] Franz, G.: Grundsätzliches zum Vorspannen von Flächentragwerken. Beton- und Stahlbetonbau 48 (1953), S. 78–83, 120–123, 140–144
[261.1] Rüsch, H., und G. Rehm: Versuche zur Bestimmung der Übertragungslänge von Spannstählen. – Gaede, K.: Ermittlung der Eigenspannungen und der Eintragungslänge bei Spannbetonfertigteilen. DAfSt-Heft 147. Berlin: Wilhelm Ernst & Sohn 1963
[261.2] Dix, J.: Die statische Berechnung der vorgespannten Deckenträger. Betonstein-Zeitung 26 (1960), S. 561–568
• [262] Mörsch, E.: Die Ermittlung des Bruchmoments von Spannbetonbalken. Beton- und Stahlbetonbau 45 (1950), S. 149–157
[263] vgl. [249.4]
[264.1] Ligtenberg, F. K., und T. Prins: Proeven over de wijze waerop een voorgespannen – en een gewapendbetonbalk dynamische belastingen kunnen weerstaan. Cement 13 (1961), S. 372–379
[264.2] Kern, K.: Spannbetonbalken mit glatten und profilierten Spannstählen bei statischer und wiederholter Belastung. Der Bauingenieur 35 (1960), S. 31–34
[265] vgl. [140]
[266.1] Bay, H., H. Rüsch, H. Kupfer: Die Schubfestigkeit. Beitrag S. 177–230 in Arbeitstagung München 1959, herausgegeben vom Deutschen Beton-Verein E. V. Wiesbaden 1959
[266.2] vgl. [261.1]
[267.1] vgl. [248]
[267.2] Ritter, K.: Beitrag zur spannungsoptischen Untersuchung des räumlichen Spannungszustandes im Stützenbereich von Flachdecken. Dissertation TH Karlsruhe, 1961
[268] vgl. [249.3]
[269] Seybold, B.: Über die Scherfestigkeit spröder Baustoffe. Dissertation TH Stuttgart, 1933
[270] Lundin, T.: Ein Versuch mit pulsierender Last auf einem Betonbalken mit Bewehrung hoher Festigkeit. Stockholm: 3. Internationaler Kongreß der Betonstein-Industrie 1960. Vgl. auch [142]
[271] Soretz, S.: Beitrag stahlbetontechnologischer Forschung zur Gestaltung von Fertigteilen. Beitrag in: Die Montagebauweise mit Stahlbetonfertigteilen im Industrie- und Wohnungsbau, S. 377–385. Wiesbaden: Bauverlag GmbH. 1959
[272] Bay, H.: Schubbruch und Biegemoment. Beton- und Stahlbetonbau 55 (1960), S. 230–235
[273] Comité Européen du Béton (CEB): Recommandations Pratiques du Comité Européen du Béton. Première Edition. Bulletin d'information Nr. 39, März 1963, S. 137
[275.1] Franz, G.: Längste Straßenbrücke in den USA. Der Bauingenieur 31 (1956), S. 143–144
[275.2] L'Allemand, F.: Die Spannbetonbrücke über den Pontchartrain-See. Der Bauingenieur 33 (1958), S. 437–438
[276] Wolf, W.: Das Kreuzungsbauwerk Kirchheim als Beispiel einer Spannbetonbrücke. Beton- und Stahlbetonbau 45 (1950), S. 145–146
• [277] vgl. [105], Kapitel 7
[278] Giehrach, U., und Ch. Sättele: Die Versuche der Bundesbahn an Spannbetonträgern in Kornwestheim. DAfSt-Heft 115. Berlin: Wilhelm Ernst & Sohn 1954
[279] vgl. [108], [109] und [119]
[280] vgl. [46.1]

[281] WERNER, H.: Einsatz von Gleitfertigern im Spannbett. Betonstein-Zeitung 26 (1960), S. 259–262

[282.1] KIRCHNER, G., und K. WIMMER: Entwurf und Bauausführung der Hochbrücke in München-Freimann. Die Bautechnik 37 (1960), S. 335–341

[282.2] vgl. [228]–[230]

[283.1] vgl. [215.3]

[283.2] RABICH, R.: Die monolithische Verbindung von Stahlbetonfertigteilen. Bauplanung – Bautechnik 8 (1954), S. 253

[284.1] MORICE, P. B.: Reinforced concrete joints between prestressed concrete members. Magazine of Concrete Research 13 (1961, Nr. 37

[284.2] KAAR, P. H., und L. B. KRIZI: Precast-Prestressed Concrete Bridges. 1.: Pilot Tests of Continuous Girders. PCA Journal of the Research and Development Laboratories 2 (1960), Nr. 2, S. 21–37

[284.3] MATTOCK, A. H., und P. KAAR: Precast-Prestressed Concrete Bridges. 4.: Shear Tests of Continuous Girders. PCA Journal of the Research and Development Laboratories 3 (1961), Nr. 1, S. 19–46

[285] FRANZ, G., und F.-P. MÜLLER: Hallen. Beitrag S. 51–123 in: Beton-Kalender 1968, II. Teil. Berlin/München: Wilhelm Ernst & Sohn 1968

[286] TRITTLER, G.: Herstellung und Montage vorgespannter Betonfertigteile für Förderbrücken. Betonstein-Zeitung 25 (1959), S. 465–471

[287] FRANZ, G.: Versuche über die Querkraftaufnahme in Fugen von Spannbetonträgern aus Fertigteilen. Beton- und Stahlbetonbau 54 (1959), S. 137–140

[288] FRANZ, G.: Entwicklung des Spannbetons in Frankreich. Die Bauwirtschaft 6 (1952), S. 405–410

[289.1] RÜHLE, H.: Das Problem der Zwängungsspannungen infolge Kriechen und Schwinden bei aus Stahlbetonfertigteilen hergestellten Konstruktionen und seine praktische Bedeutung. IVBH Vorbericht 1960, S. 759 bis 778

[289.2] RÜHLE, H.: Vorgespannte Betonverbundkonstruktion. Betonstein-Zeitung 25 (1959), S. 527–533

[289.3] BIRKELAND, H. W.: Differential Shrinkage in Composite Beams. Journal of the ACI 55 (1959/60), S. 1123–1136

[289.4] KIRSCH, W.: Spannungsumlagerungen bei ortbetonverstärkten Stahlbeton- und Spannbetonquerschnitten infolge Kriechens und Schwindens. Bauplanung–Bautechnik 15 (1961), S. 34–37

[289.5] WOLTER, F.: Die Spannungsumlagerung bei Spannbeton-Verbundkonstruktionen. Bauplanung–Bautechnik 16 (1962), S. 71–76

[290] VOGT, H.: Vorgespannte Stahlkonstruktionen. Beitrag S. 227–231 in: Die Montagebauweise mit Stahlbetonfertigteilen im Industrie- und Wohnungsbau. Wiesbaden: Bauverlag GmbH. 1959

[291] FRANZ, G.: Weitgespannte Flugzeughallen aus Spannbeton. Der Bauingenieur 26 (1951), S. 184–187

• [292] PFLÜGER, A.: Stabilitätsprobleme der Elastostatik, 2. Aufl. Berlin/Göttingen/Heidelberg: Springer 1964

[293] ESSLINGER, M., und O. KRAUTWURST: Zur Stabilität von auf Biegung beanspruchten I-Trägern. Der Stahlbau 19 (1950), S. 4–6

• [294] TIMOSHENKO, S.: Theory of Elastic Stability. New York and London: McGraw-Hill Book Company, Inc., 1936

[295] NIEDENHOFF, H.: Untersuchungen über das Tragverhalten von Konsolen und kurzen Kragarmen. Dissertation TH Karlsruhe, 1961

[296] JONES, L. L.: Shear tests on joints between precast post-tensioned units. Magazine of Concrete Research 11 (1959), Nr. 31, S. 25–30

[297] MÜLLER, R. K.: Ein Beitrag zur spannungsoptischen Untersuchung von bewehrten Balkenmodellen. Dissertation TH Darmstadt, 1960

[300] GRAF, O., und K. WALZ: Versuche zur Ermittlung der Rißbildung und der Widerstandsfähigkeit von Stahlbetonplatten mit verschiedenen Bewehrungsstählen bei stufenweise gesteigerter Last. DAfSt-Heft 101. Berlin: Wilhelm Ernst & Sohn 1948

412   Literaturverzeichnis

[301.1] vgl. [203.1], [205.3] und [205.6]
• [301.2] Föppl, A., und L. Föppl: Drang und Zwang. München und Berlin: R. Oldenbourg 1920
• [301.3] Nadai, A.: Elastische Platten. Berlin: Springer 1925
• [302] Bittner, E.: Platten und Behälter. Wien/New York: Springer 1965
• [303] Pucher, A.: Einflußfelder elastischer Platten, 3. Aufl. Wien: Springer 1964
• [304] Hoeland, G.: Stützmomenten-Einflußfelder durchlaufender Platten. Berlin/Göttingen/Heidelberg: Springer 1957
• [305] Olsen, H., und F. Reinitzhuber: Die zweiseitig gelagerte Platte. Bd. 1, 3. Aufl., Bd. 2, 2. Aufl. Berlin: Wilhelm Ernst & Sohn 1959 und 1960
• [306] Rüsch, H.: Fahrbahnplatten von Straßenbrücken. 5. Aufl. DAfSt-Heft 106. Berlin: Wilhelm Ernst & Sohn 1960
[307] vgl. [203.1] und [206.2]
• [307.3] Marcus, H.: Die Theorie elastischer Gewebe und ihre Anwendung auf die Berechnung biegsamer Platten. Berlin: Springer 1924
[308.1] Schmidt, E.: Modellversuche zur Bemessung von Baukonstruktionen. Schweizerische Bauzeitung 67 (1949), S. 555—562
[308.2] Soutter, P.: Schiefe Straßenunterführung bei Koblenz. Schweizerische Bauzeitung 68 (1950), S. 694—703
[309.1] Koepcke, W.: Ermittlung von Biegemomenten in Platten mittels eines spiegeloptischen Verfahrens. Beton- und Stahlbetonbau 50 (1955), S. 210—216
[309.2] Weidemann, K., und W. Koepcke: Das spiegeloptische Verfahren. DAfSt-Heft 141. Berlin: Wilhelm Ernst & Sohn 1962
[310.1] Ligtenberg, F. K.: The Moiré-Method. A New Experimental Method for the Determination of Moments in Small Slab Models. Proc. ESAS, Vol. 12, Nr. 2 (1955), S. 83—98
[310.2] Vreedenburgh, C. G. J., und H. van Wijngaarden: New Progress in our Knowledge about the Moment Distribution in Flat Slabs by Means of the Moiré-Method. Proc. ESAS, Vol. 12, Nr. 2 (1955), S. 99—114
[311] Franz, G.: Die Brücke für die Umgehungsstraße Bacharach über die Eisenbahngleise der linken Rheinuferbahn. Der Bauingenieur 29 (1954), S. 182—190
• [312.1] Andrä, W., und F. Leonhardt: Vereinfachtes Verfahren zur Messung von Momenteneinflußflächen bei Platten. Der Bauingenieur 33 (1958), S. 407—414
[312.2] Weigler, H., und H. Weise: Modellstatische Verfahren zur Aufnahme von Einflußflächen von Platten. Beton- und Stahlbetonbau 54 (1959), S. 123—128
• [313] Fink, K., und Chr. Rohrbach: Handbuch der Spannungs- und Dehnungsmessung. Düsseldorf: VDI-Verlag 1958
[314.1] Favre, H., und B. Gilg: Sur une méthode purement optique pour la mesure directe des moments dans les plaques minces fléchies. Schweizerische Bauzeitung 68 (1950), S. 253f. und S. 265f.
[314.2] Goodier, J. N., und G. H. Lee: An extension of the photoelastic method of stress measurement to plates in transverse bending. J. Appl. Mech. (1941), S. A 27
[314.3] Kuske, A.: Verfahren der Spannungsoptik. Düsseldorf: VDI-Verlag 1951
[314.4] Oppel, G.: Das polarisationsoptische Schichtverfahren zur Messung der Oberflächenspannung am beanspruchten Bauteil oder Modell. VDI-Zeitschrift 81 (1937), S. 803—804
[315.1] Teepe, W.: Beitrag zur spannungsoptischen Untersuchung von Schalen. Dissertation TH Karlsruhe, 1959
[315.2] Zandmann, F.: Analytische Untersuchung der Beanspruchung von Werkstücken mit Hilfe photoelastischer Lacke. Acier, Stahl, Steel 9 (1957), S. 375f.
[316] Teepe, W., und K.-H. Hehn: Die Anwendung des spannungsoptischen Reflexions-Verfahrens bei der modellstatischen Untersuchung von Platten. „Internationales spannungsoptisches Symposium". Berlin: Akademie-Verlag 1962

• [317] BECK, H.: Über die Lastverteilungsbreite von Einzel- und Streckenlasten auf zweiseitig gelagerten Platten. Der Bauingenieur 34 (1959),
S. 94—101

[318.1] FRANZ, G.: Platten — mitwirkende Breite, Berechnungsverfahren. Flachdecken. Vorträge auf dem Betontag 1961, S. 387—393. Wiesbaden:
Eigenverlag des Deutschen Beton-Vereins E. V. 1961

[318.2] Deutscher Ausschuß für Stahlbeton: DIN 1045, Entwurf März 1968.
Berlin/Köln: Beuth-Vertrieb 1968, Abschnitt 20.1.3

[319] BITTNER, E.: Momententafeln und Einflußflächen für kreuzweise bewehrte Eisenbetonplatten. Wien: Springer 1938

• [320] KOEPCKE, W.: Querbewehrung einseitig gespannter Stahlbetonplatten
des Hochbaus. Beton- und Stahlbetonbau 45 (1950), S. 274—276

• [321.1] MARCUS, H.: Die vereinfachte Berechnung biegsamer Platten. Der Bauingenieur 5 (1924), H. 20/21

[321.2] MARCUS, H.: Kreuzweise bewehrte Rechteckplatten. Beitrag S. 192—201
in: Beton-Kalender 1961, I. Teil. Berlin: Wilhelm Ernst & Sohn 1961

• [322.1] CZERNY, F.: Tafeln für hydrostatisch belastete Rechteckplatten. Bautechnik-Archiv H. 14. Berlin: Wilhelm Ernst & Sohn 1959

• [322.2] CZERNY, F.: Tafeln für vierseitig und dreiseitig gelagerte Rechteckplatten.
Beitrag S. 162—216 in: Beton-Kalender 1969, I. Teil. Berlin/München:
Wilhelm Ernst & Sohn 1969

• [322.3] STIGLAT, K., und H. WIPPEL: Platten. Berlin/München: Wilhelm Ernst
& Sohn 1966

• [322.4] ERTÜRK, N.: Zwei-, drei- und vierseitig gestützte Rechteckplatten. Berlin/
München: Wilhelm Ernst & Sohn 1965

• [322.5] BAREŠ, R.: Berechnungstafeln für Platten und Wandscheiben. Wies-
baden/Berlin: Bauverlag 1969

[323.1] BRUNNER, W.: Momentenausgleichverfahren zur Berechnung durchlaufender Platten für gleichmäßig verteilte Belastung. Schweizerische
Bauzeitung 73 (1955), S. 771

[323.2] BRUNNER, W.: Momentenausgleichsverfahren durchlaufender Platten
mit Berücksichtigung des Torsionswiderstandes der Unterstützungs-
träger. Schweizerische Bauzeitung 75 (1957), S. 187—191

• [323.3] BRUNNER, W.: Drehwinkel-Ausgleichsverfahren zur Berechnung beliebig
belasteter durchlaufender Platten. Beton- und Stahlbetonbau 56 (1961),
S. 140—149

[323.4] BECHERT, H.: Über die Stützenmomente durchlaufender Platten bei voll-
ständiger Lastumordnung. Die Bautechnik 38 (1961), S. 384—387

• [324] GORIUPP, K.: Die dreiseitig gelagerte Rechteckplatte. Ingenieur-Archiv
16 (1947), S. 77—98, 153—163

[325.1] vgl. [322.2], [322.3], [322.4] und [322.5]

• [325.2] HAHN, J.: Durchlaufträger, Rahmen und Platten, 6. Aufl. Düsseldorf:
Werner-Verlag GmbH. 1962

• [325.3] CZERNY, F.: Die hydrostatisch belastete Platte beliebiger Form mit einem
freien Rand in der Wasserspiegelebene. Der Bauingenieur 35 (1960),
S. 302—309

[326.1] vgl. [203.1]

[326.2] WORCH, G.: Elastische Platten. Beitrag S. 203—343 in: Beton-Kalender
1964, II. Teil. Berlin/München: Wilhelm Ernst & Sohn 1964

[327.1] WOINOWSKY-KRIEGER, S.: Der Spannungszustand in dicken, elastischen
Platten. Ingenieur-Archiv 4 (1933), S. 305—331

[327.2] GÖTTLICHER, H.: Die ringsum fest eingespannte Dreiecksplatte von
gleichbleibender und von veränderlicher Stärke. Ingenieur-Archiv 9
(1938), S. 12 f.

[327.3] vgl. [205.3]

[327.4] MODOR, Z.: Berechnung der Platten in Polygonalform. Der Bauingenieur
34 (1959), S. 427—437

• [329.1] NIELSEN, N. J.: Skävvinklede plader. Ingeniörvidenskabelige Skrifter,
Nr. 3. Kopenhagen: G. E. G. Gad 1944

414   Literaturverzeichnis

• [329.2] HOMBERG, H., und W. R. MARX: Schiefe Stäbe und Platten. Düsseldorf: Werner-Verlag GmbH. 1958

• [329.3] RÜSCH, H., und A. HERGENRÖDER: Einflußfelder der Momente schiefwinkliger Platten. München: Selbstverlag der MPA für das Bauwesen der TH München 1961

[329.4] BALAŠ, J., und A. HANUŠKA: Der Einfluß der Querdehnungszahl auf den Spannungszustand einer 45° schiefen Platte. Der Bauingenieur 36 (1961), S. 100–107

[329.5] BASAR, Y., und F. YÜKSEL: Zur Berechnung schiefwinkliger orthotroper und isotroper Platten. Beton- und Stahlbetonbau 56 (1961), S. 268–275

[329.6] BAŽANT, Z. P.: Beitrag zur Differenzenlösung schiefer Platten und eine neue Art der Relaxationsmethode. Bauplanung–Bautechnik 16 (1962), S. 24–27, 82–86

[329.7] PALAZZOLO, A.: Die Berechnung von Parallelogrammplatten nach dem Mehrstellenverfahren. Dissertation TH Karlsruhe 1961

[330.1] HOMBERG, H., H. JÄCKLE und W. R. MARX: Einfluß einer elastischen Lagerung auf Biegemomente und Auflagerkräfte schiefwinkliger Einfeldplatten. Der Bauingenieur 36 (1961), S. 19–26

[330.2] HEHN, K.-H.: Modellstatische Untersuchung dünner Platten unter besonderer Berücksichtigung ihrer Rand- und Stützbedingungen. Dissertation TH Karlsruhe 1962

[331.1] vgl. [301.3] und [569]

[331.2] LEWE, V.: Pilzdecken und andere trägerlose Eisenbetondecken. Berlin: Springer 1929

[332] DUDDECK, H.: Praktische Berechnung der Pilzdecke ohne Stützenkopfverstärkung (Flachdecke). Beton- und Stahlbetonbau 58 (1963), S. 56–63

[333.1] RABE, J.: Zur Spannungsverteilung in Eck- und Randfeldern von Flachdecken mit Randträgern. Dissertation TH Karlsruhe 1963

[333.2] RABE, J.: Schnittkräfte der Eckfelder von Flachdecken mit und ohne Randträger. Beton- und Stahlbetonbau 64 (1969), S. 69–76

• [334] GREIN, K.: Pilzdecken, Theorie und Berechnung, 2. Aufl. Berlin: Wilhelm Ernst & Sohn 1941

• [335] Hess. Minister des Innern: Ergänzungserlaß vom 27. 11. 57. Betr.: Ergänzende Bestimmungen für die Bemessung von Pilzdecken ohne Säulenköpfe gem. § 26 von DIN 1045. Beton-Kalender 1969, 1. Teil, S. 868. Berlin/München: Wilhelm Ernst & Sohn 1969

[336.1] NYLANDER, H., und S. KINNUNEN: Punching of Concrete Slabs without Shear Reinforcement. Göteborg: Elanders Boktryckeri Aktiebolag 1960

[336.2] MOE, J.: Shearing Strength of Reinforced Concrete Slabs and Footings under Concentrated Loads. Illinois: Portland Cement Association, Bulletin D 47, April 1961

[336.3] ROSENTHAL, J.: Experimental Investigation of Flat Plate Floors. Journal of the ACI 56 (1959/60), S. 153–166

[336.4] HOGNESTAD, E., und R. ELSTNER: Shearing Strength of Reinforced Concrete slabs. Journal of the ACI 53 (1956/57), S. 29–58

[337] STIGLAT, K.: Rechteckige und schiefe Platten mit Randbalken. Berlin: Wilhelm Ernst & Sohn 1962

[338] STIGLAT, K., und H. WIPPEL: Punktgestützte Rechteckplatten. Schweizerische Bauzeitung 80 (1962), S. 507–509

[339] vgl. [121] und [220]

[340.1] JOHANSEN, K. W.: The Ultimate Strength of Reinforced Concrete Slabs. Final Report, 3. Congress, International Assn. for Bridge and Structural Engineering, Liège 1948

• [340.2] HAASE, H.: Bruchlinientheorie von Platten. Düsseldorf: Werner-Verlag 1962

[340.3] SCHELLENBERGER, R.: Beitrag zur Berechnung von Platten nach der Bruchtheorie. Dissertation TH Karlsruhe 1958

[340.4] WOOD, R. H.: Plastic and elastic design of slabs and plates. London: Thames and Hudson 1961

• [341] Sawczuk, A., und T. Jaeger: Grenztragfähigkeits-Theorie der Platten. Berlin/Göttingen/Heidelberg: Springer 1963

[343] Angervo, K.: On the Accounting of Crack Formation in the Statical Treatment of Massury Structures. RILEM, Bulletin, 1959, S. 71–82

• [344] Säger, W.: Über die Berücksichtigung der Torsionssteifigkeit der Randbalken von Stahlbetondecken. Beton- und Stahlbetonbau 45 (1950), S. 230–235

[345.1] Hoischen, A.: Die praktische Berechnung von Verbundträgern. Stuttgart: Konrad Wittwer 1955

[345.2] Utescher, G.: Bemessungsverfahren für Verbundträger. Berlin/Göttingen/Heidelberg: Springer 1956

• [345.3] Sattler, K.: Theorie der Verbundkonstruktionen, 2. Auflage. Berlin: Wilhelm Ernst & Sohn 1959

• [345.4] Fritz, B.: Verbundträger, Berechnungsverfahren für die Brückenbaupraxis. Berlin/Göttingen/Heidelberg: Springer 1961

• [345.5] Wippel, H.: Berechnung von Verbundkonstruktionen aus Stahl und Beton, Spannbetonverbund, Stahlträgerverbund, Montagebau. Berlin/Göttingen/Heidelberg: Springer 1963

[346] Fey, T.: Die auf ein elastisches Linienlager aufgelegte quadratische Platte. Dissertation TH Darmstadt 1960

[347.1] vgl. [205.1]

• [347.2] Leitz, H.: Die Drillungsmomente bei kreuzweise bewehrten Platten. Die Bautechnik 3 (1925), S. 717–719

• [347.3] Scholz, G.: Zur Frage der Netzbewehrung von Flächentragwerken. Beton- und Stahlbetonbau 53 (1958), S. 250–255

[347.4] Ebner, F.: Über den Einfluß der Abweichung der Bewehrungsrichtung von der Richtung der Hauptspannungen auf das Tragverhalten von Stahlbetonplatten. Dissertation TH Karlsruhe 1963

[348] Fluhr, E., u. a.: Theoretical analysis of the effects of openings on the bending moments in square plates with fixed edges. University of Illinois, Structural Research Series, No. 203, July 1960

[349] Wassiljew, B. F.: Projektierung von Stahlbeton-Montagebauteilen für Industrie- und Wohnungsbauten in der UdSSR. Internationaler Kongreß für Montagebau mit Stahlbetonfertigteilen, Dresden 31. August–4. September 1954, S. 217 ff. Berlin: VEB Verlag Technik

[350] DIN 4223: Bewehrte Dach- und Deckenplatten aus dampfgehärtetem Gas- und Schaumbeton. Berlin: Beuth-Vertrieb GmbH. 1958

[400] vgl. [234.3]

• [401.1] Henn, W.: Das flache Dach, 4. Aufl. München: Georg D. W. Callwey 1962

• [401.2] Rick, A. W.: Das flache Dach, 3. Aufl. Heidelberg: Straßenbau, Chemie und Technik Verlagsgesellschaft mbH. 1962

• [401.3] Forschungsgemeinschaft Bauen & Wohnen: Hinweise für die Planung und Ausführung von Flachdächern im Wohnungsbau, FBW-Blätter, Folge 5, Oktober 1960. Stuttgart: Eigenverlag

[401.4] Eichler, F.: Das konstruktive Flachdach. Berlin: VEB Verlag Technik 1956

[402] Schaupp, W.: Das Flachdach. Nürnberg: Nürnberger Presse 1960

[403.1] Ankerschienen. Beitrag S. 94–99 in: Beton-Kalender 1969, 1. Teil. Berlin/München: Wilhelm Ernst & Sohn 1969

[403.2] Ankerschienen und Transmissionsträger. Beitrag S. 75 in: Stahl im Hochbau, 12. Aufl. Düsseldorf: Stahleisen GmbH. 1953

• [404] Sattler, K.: Betrachtungen zum Berechnungsverfahren von Guyon-Massonnet für freiaufliegende Trägerroste und Erweiterung dieses Verfahrens auf beliebige Systeme. Der Bauingenieur 30 (1955), S. 77–89

[405] Kusnezow, G. F.: Beton- und Stahlbetonfertigteile für Wohnbauten und öffentliche Bauten in der UdSSR. Beitrag S. 109–119 in: Die Montagebauweise mit Stahlbetonfertigteilen im Industrie- und Wohnungsbau. Wiesbaden: Bauverlag GmbH. 1959

416 Literaturverzeichnis

[406] „Güterschuppen Hamburg". Technische Blätter der Wayss & Freytag
A. G. 1954, S. 45—46
[407] vgl. [240.7]
[408.1] vgl. [244]
• [408.2] SCHLEEH, W.: Die Mitwirkung der Gurtscheibe beim vorgespannten
Plattenbalken. Beton- und Stahlbetonbau 52 (1957), S. 112—117
[410] vgl. [5]
[411] vgl. [116]
• [412.1] LEONHARDT, F., und W. ANDRÄ: Die vereinfachte Trägerrostberechnung.
Stuttgart: Julius Hoffmann 1950
[412.2] HOMBERG, H.: Kreuzwerke, Statik der Trägerroste und Platten. Berlin/
Göttingen/Heidelberg: Springer 1951
• [412.3] HOMBERG, H., und J. WEINMEISTER: Einflußflächen für Kreuzwerke,
2. Aufl. Berlin/Göttingen/Heidelberg: Springer 1956
• [412.4] TROST, H.: Lastverteilung bei Plattenbalkenbrücken. Düsseldorf: Werner-Verlag 1961
• [412.5] HOMBERG, H., und K. TRENKS: Drehsteife Kreuzwerke. Berlin/Göttingen/
Heidelberg: Springer 1962
[413.1] BECHERT, H.: Die vierseitig starr eingespannte Platte auf elastischen
Trägern unter Gleichlast. Beton- und Stahlbetonbau 56 (1961), S. 14—20
[413.2] vgl. [337]
[414.1] vgl. [404]
• [414.2] CORNELIUS, W.: Die Berechnung der ebenen Flächentragwerke mit Hilfe
der Theorie der orthogonal-anisotropen Platte. Der Stahlbau 21 (1952),
S. 21—24, 43—48, 60—64
• [414.3] KRUG, S., und P. STEIN: Einflußfelder orthogonal-anisotroper Platten.
Berlin/Göttingen/Heidelberg: Springer 1961
[414.4] vgl. [205.3]
[415.1] vgl. [116.1] und [215]
[415.2] NEUBARTH, E.: Decken aus Stahlbetonfertigteilen. Betonstein-Zeitung 28
(1962), S. 281—285, 357—362, 381—388
• [416] MÖRSCH, E.: Brücken aus Stahlbeton und Spannbeton, Entwurf und
Konstruktion, 6. Aufl. Stuttgart: Konrad Wittwer 1958
• [417] BECK, H.: Das Bauen mit Beton- und Stahlbetonfertigteilen. Beitrag S. 122
bis 197 im Beton-Kalender 1963, 2. Teil. Berlin: Wilhelm Ernst & Sohn 1963
[450] PFEFFERKORN, W.: Wände im Wohnungsbau. FBW-Blätter, Heft 47.
Stuttgart: Forschungsgemeinschaft Bauen & Wohnen, Eigenverlag
[451] GRAF, O.: Gasbeton, Schaumbeton, Leichtkalkbeton. Stuttgart: Konrad
Wittwer 1949
[452.1] KAMMÜLLER, K.: Forschungs- und Entwicklungsarbeiten im Institut für
Beton und Stahlbeton der TH Karlsruhe. Die Bauwirtschaft 1954
[452.2] DEININGER, K.: Wohnhochhäuser in massiver Bauart. Der Bau und die
Bauindustrie 7 (1954), S. 187—189, 322—326
• [454.1] DISCHINGER, F.: Beitrag zur Theorie der Halbscheibe und des wandartigen
Balkens. Abhandlungen IVBH 1 (1932), S. 69—93; vgl. auch [240.7]
[454.2] BAY, H.: Bemessung wandartiger Träger. Beton- und Stahlbetonbau 47
(1952), S. 54—56
• [455.1] THEIMER, O. F.: Hilfstafeln zur Berechnung wandartiger Stahlbetonträger, 2. Aufl. Berlin: Wilhelm Ernst & Sohn 1958
[455.2] PFEIFFER, G.: Berechnung und Bemessung von wandartigen Trägern.
Düsseldorf: Werner 1968
[455.3] LINSE, H.: Wandartige Träger mit Pfeilervorsprüngen. Die Bautechnik 38
(1961), S. 191—197, 264—268
[456.1] THON, R.: Beitrag zur Berechnung und Bemessung durchlaufender wandartiger Träger. Dissertation TH München 1958. Siehe auch: Beton- und
Stahlbetonbau 53 (1958), S. 297—306
[456.2] ZELLERER, E., und H. THIEL: Über das Kraftfeld einer Stahlbetonwand
mit einer Türöffnung unter unsymmetrisch wirkender Einzellast. Beton-
und Stahlbetonbau 51 (1956), S. 267—274

[457]   SCHÜTT, H.: Über das Tragvermögen wandartiger Stahlbetonträger. Beton- und Stahlbetonbau 51 (1956), S. 220—224

[458.1] FROCHT, M. M.: Photoelasticity. New York: John Wiley and Sons, Inc. 1957

[458.2] COKER, E. G., and L. N. G. FILON: A Treatise on Photo-Elasticity. Cambridge: University Press 1957

[458.3] HEYWOOD, R. B.: Designing by Photoelasticity. London: Chapman & Hall 1952

• [458.4] MESSMER, G.: Spannungsoptik. Berlin: Springer 1939

[458.5] JESSOP, H. F., and F. C. HARRIS: Photoelasticity. New York: Dover Publications, Inc. 1950

[458.6] HÉMAN, H. W. F. C.: Grafische spannungsbepaling uit een gegeven trajectoriennet. Cement — Beton 12 (1960), S. 979—987

• [459.1] FÖPPL, L., und E. MÖNCH: Praktische Spannungsoptik, 2. Aufl. Berlin/Göttingen/Heidelberg: Springer 1959

[459.2] ROSMAN, R.: Spannungsoptische Untersuchung einer waagrecht belasteten Querwand eines Hochhauses. Der Bauingenieur 37 (1962), S. 466—469

[459.3] FRANZ, G.: Untersuchungen von Flächentragwerken mit Hilfe der Spannungsoptik. Beitrag in: Aus Lehre und Forschung, H. 3, der Abteilung für Bauingenieurwesen, TH Karlsruhe. Darmstadt: Carl Röhrig 1959

[460.1] KUSKE, A.: Verfahren der Spannungsoptik. Düsseldorf: Deutscher Ingenieur-Verlag GmbH. 1951

[460.2] vgl. [458.1]

• [460.3] WOLF, H.: Spannungsoptik. Berlin/Göttingen/Heidelberg: Springer 1961

[461.1] vgl. [260]

[461.2] SCHLEEH, W.: Die Rissesicherheit in den Randzonen periodisch vorgespannter Scheiben. Beton- und Stahlbetonbau 55 (1960), S. 93—95

[461.3] SCHLEEH, W.: Die Zwängsspannungen in einseitig festgehaltenen Wandscheiben. Beton- und Stahlbetonbau 57 (1962), S. 64—72

[462]   vgl. [463.1]

[463.1] FRANZ, G.: Neuzeitliche Gleit- und Kletterschalungen. VDI-Zeitschrift 100 (1958), S. 81—92

[463.2] vgl. [46.1]

[463.3] DRECHSEL, W.: Die Gleitschalung. Berlin: Wilhelm Ernst & Sohn 1950

[501]   FRANZ, G.: Textilfabrik Rivière-Casalis in: Überblick über den 2. Kongreß der Association Scientifique de la Précontrainte (ASP) in Paris vom 16. bis 18. Oktober 1950. Beton- und Stahlbetonbau 46 (1951), S. 105

[503.1] KLEINLOGEL, A.: Bewegungsfugen im Beton- und Stahlbetonbau, 6. Aufl. Berlin: Wilhelm Ernst & Sohn 1958

[503.2] LUFSKY, K.: Dichtungsanordnung im Bereich von Bauwerksfugen. Bauplanung — Bautechnik 8 (1954), S. 7 und 205

[504]   vgl. [167.1]

• [505.1] KOCH: Brückenbau, Teil I und II. Düsseldorf: Werner-Verlag 1961

• [505.2] UNGER, H.: Massivbrücken. Teil I: Platten- und Balkenbrücken. Leipzig: B. G. Teubner 1956

[505.3] FRITSCHE, J.: Massivbrücken. Herausgegeben von Dr.-Ing. E. Melan: Der Brückenbau, 2. Band. Wien: Franz Deuticke 1948

[505.4] vgl. [552]

[505.5] BUSCH, G., und O. FASSBINDER: Der vorgespannte elastische Fahrbahnübergang. Die Bautechnik 40 (1963), S. 75—80

• [506]   SCHMERBER, L.: Fahrbahnausbildung, Isolierungen und Fahrbahnübergänge bei Straßenbrücken. Die Bautechnik 30 (1953), S. 110—114

[507.1] Forschungsgemeinschaft Bauen & Wohnen: Bewegungsfugen im Wohnungsbau, FBW-Blätter, H. 33, 2. Aufl., Juli 1961. Stuttgart: Eigenverlag

[507.2] LAMPRECHT, H. O.: Ausbildung und Abdichtung von Bauwerksfugen. Der Tiefbau 3 (1961), S. 275—286

[551]   FEIGE, A.: Stahlbrückenbau. Abschnitt S. 571 ff. in: Stahlbau, Band 2, Handbuch für Studium und Praxis. Köln: Stahlbau-Verlags-GmbH 1957

[552] KAISER, A.: Massivbrücken. Beitrag in: Beton-Kalender 1960, 2. Teil, S. 68–186. Berlin: Wilhelm Ernst & Sohn 1960

[553] RIESSAUW-PASSELECQ: Essais sur les articulations en béton armé. Annales des Travaux Publics de Belgique. Bruxelles: 1948

[554.1] DIX, J.: Betongelenke unter oftmals wiederholter Druck- und Biegebeanspruchung. DAfSt-Heft 150. Berlin: Wilhelm Ernst & Sohn 1962

[554.2] LEONHARDT, F., und H. REIMANN: Betongelenke. Versuchsbericht, Vorschläge zur Bemessung und konstruktiven Ausbildung. DAfSt-Heft 175. Berlin: Wilhelm Ernst & Sohn 1965

[556] vgl. [123.1]

[557.1] LEONHARDT, F., und L. WINTERGERST: Über die Brauchbarkeit von Bleigelenken. Beton- und Stahlbetonbau 56 (1961), S. 123–131

[557.2] VEIT, O.: Bleigelenke für massive Bogenbrücken. Beton- und Stahlbetonbau 47 (1952), S. 183–185

• [558.1] FRANZ, G.: Gummilager für Brücken. VDI-Zeitschrift 101 (1959), S. 471 bis 478

[558.2] TOPALOFF, B.: Gummilager für Brücken. Beton- und Stahlbetonbau 54 (1959), S. 229–230

[558.3] JÖRN, R.: Gummi im Bauingenieurwesen. Der Bauingenieur 35 (1960), S. 122–125

• [559.1] BEYER, E., und L. WINTERGERST: Neue Brückenlager, neue Pfeilerform. Der Bauingenieur 35 (1960), S. 227–230

[559.2] ANDRÄ, W., und F. LEONHARDT: Neue Entwicklungen für Lager von Bauwerken, Gummi- und Gummitopf-Lager. Die Bautechnik 39 (1962), S. 37 bis 50

[559.3] ANDRÄ, W., E. BEYER und L. WINTERGERST: Versuche und Erfahrungen mit neuen Kipp- und Gleitlagern. Der Bauingenieur 37 (1962), S. 174–179

[560.1] vgl. [121] und [105]

[560.2] POHLE, W.: Übertragung hoher örtlicher Pressungen auf Stahlbeton. DAfSt-Heft 122. Berlin: Wilhelm Ernst & Sohn 1957

[560.3] ARNOLD: Dreidimensionale Spannungsverteilung im Bereich der Endverankerung eines Spannbetonträgers. Beton- und Stahlbetonbau 54 (1959), S. 44–47

[560.4] WEIGLER, H., und J. HENZEL: Untersuchungen über spiraläquivalente Bewehrungen. Die Bautechnik 38 (1961), S. 80–84

[561.1] vgl. [256] und [552]

[561.2] SARGIOUS, M.: Hauptzugkräfte am Endauflager vorgespannter Betonbalken. Die Bautechnik 38 (1961), S. 91–97

[562] MÖRSCH, E.: Der Eisenbetonbau, 6. Aufl., 1. Band, 2. Hälfte, S. 472 f. Stuttgart: Konrad Wittwer 1929

[563] KORDINA, K.: Knicksicherheitsnachweis ausmittig belasteter Druckglieder. Beton- und Stahlbetonbau 59 (1964), S. 181–189

[564] KÜHL, H.: Der Baustoff Zement. Berlin: VEB Verlag für Bauwesen 1963

[565.1] LOCHER, F. W.: Chemischer Angriff auf Beton. beton 17 (1967), S. 17–19, 47–50

[565.2] WEIGLER, H., und E. SEGMÜLLER: Schutz von Beton gegen chemische Angriffe. beton 17 (1967), S. 293–299, 331–337

[566] THÜRLIMANN, B., und H. ZIEGLER: Plastische Berechnungsmethoden. ETH Zürich, Vorlesungen anläßlich des Fortbildungskurses für Bau- und Maschinen-Ingenieure, März 1963

[567] DILGER, W.: Veränderlichkeit der Biege- und Schubsteifigkeit bei Stahlbetontragwerken und ihr Einfluß auf Schnittkraftverteilung und Traglast bei statisch unbestimmter Lagerung. DAfSt-Heft 179. Berlin: Wilhelm Ernst & Sohn 1966

[568.1] KOLOUŠEK, V.: Dynamik der Baukonstruktionen. Berlin: VEB Verlag für Bauwesen 1962

[568.2] KOLOUŠEK, V.: Baudynamik der Durchlaufträger und Rahmen. Leipzig: Fachbuchverlag GmbH 1953

[569.1] BRETTHAUER, G., und H.-F. SEILER: Die Pilzdecke ohne verstärkte Säulenköpfe (Flachdecke) bei verschiedenen Randbedingungen. Beton- und Stahlbetonbau 61 (1966), S. 229–236, 279–283

[569.2] BRETTHAUER, G., und F. NÖTZOLD: Zur Berechnung von Pilzdecken. Beton- und Stahlbetonbau 63 (1968), S. 221–226, 251–261, 277–281

[570.1] RILEM: Symposium on bond and crack formation in reinforced concrete, Stockholm 1957

[570.2] ROMUALDI, J. P., und G. B. BATSON: Behavior of reinforced concrete beams with closely spaced reinforcement. Journal of the ACI 1963, S. 775 bis 790

[570.3] PALOTÁS, L.: Beiträge zur Berechnung der Rißsicherheit. IVBH-Abhandlungen 26 (1966), S. 365–397

[570.4] REHM, G., und H. MARTIN: Zur Frage der Rißbegrenzung im Stahlbetonbau. Beton- und Stahlbetonbau 63 (1968), S. 175–182

[571] WIERIG, H.-J.: Das Verhalten von Betonwaren und Stahlbetonfertigteilen im Feuer. Betonstein-Zeitung 29 (1963), S. 395–407, S. 443–451 und S. 503–510

[572] BUSEMANN, R., und H. BALDAUF: Spannungsumlagerung infolge von Kriechen und Schwinden in Verbundkonstruktionen aus vorgespannten Fertigteilen und Ortbeton. Beton- und Stahlbetonbau 58 (1963), S. 137 bis 143

[573] MAYER, H., und H. RÜSCH: Bauschäden als Folge der Durchbiegung von Stahlbeton-Bauteilen. DAfSt-Heft 193. Berlin: Wilhelm Ernst & Sohn 1967

Sachverzeichnis